煤矿防治水标准汇编
（2021 版）

国家矿山安全监察局　编

应急管理出版社
·北　京·

图书在版编目（CIP）数据

煤矿防治水标准汇编：2021 版 / 国家矿山安全监察局编．--北京：应急管理出版社，2022（2024.6 重印）

ISBN 978－7－5020－9256－6

Ⅰ.①煤… Ⅱ.①国… Ⅲ.①煤矿—矿山防水—标准—汇编—中国 Ⅳ.①TD745－65

中国版本图书馆 CIP 数据核字(2021)第 262720 号

煤矿防治水标准汇编（2021 版）

编　　者　国家矿山安全监察局
责任编辑　史　杰
编　　辑　贾　音
责任校对　邢蕾严　李新荣
封面设计　解雅欣

出版发行　应急管理出版社（北京市朝阳区芍药居 35 号　100029）
电　　话　010－84657898（总编室）　010－84657880（读者服务部）
网　　址　www.cciph.com.cn
印　　刷　北京建宏印刷有限公司
经　　销　全国新华书店

开　　本　880mm×1230mm 1/16　**印张**　33 1/2　**字数**　995 千字
版　　次　2022 年 4 月第 1 版　2024 年 6 月第 2 次印刷
社内编号　20211360　**定价**　140.00 元

编　委　会

主　编　赵苏启　国家矿山安全监察局

　　　　　董书宁　中煤科工集团西安研究院有限公司

副主编　丁百川　国家矿山安全监察局

　　　　　姬亚东　中煤科工集团西安研究院有限公司

　　　　　王　皓　中煤科工集团西安研究院有限公司

编　委　赵恩彪　国家矿山安全监察局

　　　　　苗耀武　国家矿山安全监察局

　　　　　朱开鹏　中煤科工集团西安研究院有限公司

　　　　　王世东　中煤科工集团西安研究院有限公司

　　　　　薛建坤　中煤科工集团西安研究院有限公司

　　　　　宁殿艳　中煤科工集团西安研究院有限公司

　　　　　李宇翔　中煤科工集团西安研究院有限公司

前　　言

煤矿防治水是煤矿安全生产工作的重要组成部分，经过监管监察部门、煤炭企业、科研院所、高校等社会各界共同努力，建立了部门规章、行业标准体系，提升了技术人员及装备整体水平，攻克了一系列技术难题，全国煤矿防治水工作形势发生了翻天覆地的变化，煤矿水灾事故数量、伤亡人数均大幅度下降，为保障国家能源安全及国民经济社会发展作出了历史性贡献。

为便于煤矿防治水相关从业人员使用，针对归口管理的煤炭防治水行业标准进行了汇总梳理。中煤科工集团西安研究院有限公司在国家矿山安全监察局组织和指导下，将《煤矿安全规程（防治水部分）》《煤矿防治水细则》《煤矿水害防治监管监察执法要点（2020 年版）》等 3 项部门规章及规范性文件，以及 MT、NB、AQ、DZ 等不同标准体系中与煤矿防治水工作密切相关、使用频率较高的现行国家标准、行业标准，按照时间从早到晚的顺序进行汇编，共计收录部门规章及规范性文件 3 项、国家标准 11 项、行业标准 28 项，供煤矿安全监管监察、煤矿防治水安全从业人员、相关科研院所及高校技术研发人员查询使用。本次标准汇编截止时间为 2021 年 12 月，编录过程中可能存在遗漏之处，恳请广大读者多提宝贵意见。

编　者

2022 年 1 月

目　录

第一篇　部门规章及规范性文件

第二篇　国　家　标　准

第三篇　行　业　标　准

目　　录

第一篇　部门规章及规范性文件

煤矿安全规程(防治水部分)

第一节 一 般 规 定

第二百八十二条 煤矿防治水工作应当坚持“预测预报、有疑必探、先探后掘、先治后采”基本原则，采取“防、堵、疏、排、截”综合防治措施。

第二百八十三条 煤矿企业应当建立健全各项防治水制度，配备满足工作需要的防治水专业技术人员，配齐专用探放水设备，建立专门的探放水作业队伍，储备必要的水害抢险救灾设备和物资。

水文地质条件复杂、极复杂的煤矿，应当设立专门的防治水机构。

第二百八十四条 煤矿应当编制本单位防治水中长期规划(5～10年)和年度计划，并组织实施。

矿井水文地质类型应当每3年修订一次。发生重大及以上突(透)水事故后，矿井应当在恢复生产前重新确定矿井水文地质类型。

水文地质条件复杂、极复杂矿井应当每月至少开展1次水害隐患排查，其他矿井应当每季度至少开展1次。

第二百八十五条 当矿井水文地质条件尚未查清时，应当进行水文地质补充勘探工作。

第二百八十六条 矿井应当对主要含水层进行长期水位、水质动态观测，设置矿井和各出水点涌水量观测点，建立涌水量观测成果等防治水基础台账，并开展水位动态预测分析工作。

第二百八十七条 矿井应当编制下列防治水图件，并至少每半年修订1次：

(一)矿井充水性图。

(二)矿井涌水量与相关因素动态曲线图。

(三)矿井综合水文地质图。

(四)矿井综合水文地质柱状图。

(五)矿井水文地质剖面图。

第二百八十八条 采掘工作面或者其他地点发现有煤层变湿、挂红、挂汗、空气变冷、出现雾气、水叫、顶板来压、片帮、淋水加大、底板鼓起或者裂隙渗水、钻孔喷水、煤壁溃水、水色发浑、有臭味等透水征兆时，应当立即停止作业，撤出所有受水患威胁地点的人员，报告矿调度室，并发出警报。在原因未查清、隐患未排除之前，不得进行任何采掘活动。

第二节 地 面 防 治 水

第二百八十九条 煤矿每年雨季前必须对防治水工作进行全面检查。受雨季降水威胁的矿井，应当制定雨季防治水措施，建立雨季巡视制度并组织抢险队伍，储备足够的防洪抢险物资。当暴雨威胁矿井安全时，必须立即停产撤出井下全部人员，只有在确认暴雨洪水隐患消除后方可恢复生产。

第二百九十条 煤矿应当查清井田及周边地面水系和有关水利工程的汇水、疏水、渗漏情况；了解当地水库、水电站大坝、江河大堤、河道、河道中障碍物等情况；掌握当地历年降水量和最高洪水位资料，建立疏水、防水和排水系统。

煤矿应当建立灾害性天气预警和预防机制，加强与周边相邻矿井的信息沟通，发现矿井水害可能影响相邻矿井时，立即向周边相邻矿井发出预警。

第二百九十一条 矿井井口和工业场地内建筑物的地面标高必须高于当地历年最高洪水位；在山区还必须避开可能发生泥石流、滑坡等地质灾害危险的地段。

矿井井口及工业场地内主要建筑物的地面标高低于当地历年最高洪水位的，应当修筑堤坝、沟渠或者采取其他可靠防御洪水的措施。不能采取可靠安全措施的，应当封闭填实该井口。

第二百九十二条 当矿井井口附近或者开采塌陷波及区域的地表有水体或者积水时，必须采取安全防范措施，并遵守下列规定：

（一）当地表出现威胁矿井生产安全的积水区时，应当修筑泄水沟渠或者排水设施，防止积水渗入井下。

（二）当矿井受到河流、山洪威胁时，应当修筑堤坝和泄洪渠，防止洪水侵入。

（三）对于排到地面的矿井水，应当妥善疏导，避免渗入井下。

（四）对于漏水的沟渠和河床，应当及时堵漏或者改道；地面裂缝和塌陷地点应当及时填塞，填塞工作必须有安全措施。

第二百九十三条 降大到暴雨时和降雨后，应当有专业人员观测地面积水与洪水情况、井下涌水量等有关水文变化情况和井田范围及附近地面有无裂缝、采空塌陷、井上下连通的钻孔和岩溶塌陷等现象，及时向矿调度室及有关负责人报告，并将上述情况记录在案，存档备查。

情况危急时，矿调度室及有关负责人应当立即组织井下撤人。

第二百九十四条 当矿井井口附近或者开采塌陷波及区域的地表出现滑坡或者泥石流等地质灾害威胁煤矿安全时，应当及时撤出受威胁区域的人员，并采取防治措施。

第二百九十五条 严禁将矸石、杂物、垃圾堆放在山洪、河流可能冲刷到的地段，防止淤塞河道和沟渠等。

发现与矿井防治水有关系的河道中存在障碍物或者堤坝破损时，应当及时报告当地人民政府，清理障碍物或者修复堤坝，防止地表水进入井下。

第二百九十六条 使用中的钻孔，应当安装孔口盖。报废的钻孔应当及时封孔，并将封孔资料和实施负责人的情况记录在案，存档备查。

第三节 井下防治水

第二百九十七条 相邻矿井的分界处，应当留防隔水煤（岩）柱；矿井以断层分界的，应当在断层两侧留有防隔水煤（岩）柱。

矿井防隔水煤（岩）柱一经确定，不得随意变动，并通报相邻矿井。严禁在设计确定的各类防隔水煤（岩）柱中进行采掘活动。

第二百九十八条 在采掘工程平面图和矿井充水性图上必须标绘出井巷出水点的位置及其涌水量、积水的井巷及采空区范围、底板标高、积水量、地表水体和水患异常区等。在水淹区域应当标出积水线、探水线和警戒线的位置。

第二百九十九条 受水淹区积水威胁的区域，必须在排除积水、消除威胁后方可进行采掘作业；如果无法排除积水，开采倾斜、缓倾斜煤层的，必须按照《建筑物、水体、铁路及主要井巷煤柱留设与压煤开采规程》中有关水体下开采的规定，编制专项开采设计，由煤矿企业主要负责人审批后，方可进行。

严禁开采地表水体、强含水层、采空区水淹区域下且水患威胁未消除的急倾斜煤层。

第三百条 在未固结的灌浆区、有淤泥的废弃井巷、岩石洞穴附近采掘时，应当制定专项安全技术措施。

第三百零一条 开采水淹区域下的废弃防隔水煤柱时，应当彻底疏干上部积水，进行安全性论证，确保无溃浆(砂)威胁。严禁顶水作业。

第三百零二条 井田内有与河流、湖泊、充水溶洞、强或者极强含水层等存在水力联系的导水断层、裂隙(带)、陷落柱和封闭不良钻孔等通道时，应当查明其确切位置，并采取留设防隔水煤(岩)柱等防治水措施。

第三百零三条 顶、底板存在强富水含水层且有突水危险的采掘工作面，应当提前编制防治水设计，制定并落实水害防治措施。

在火成岩、砂岩、灰岩等厚层坚硬岩层下开采受离层水威胁的采煤工作面，应当分析探查离层发育的层位和导含水情况，超前采取防治措施。

开采浅埋深煤层或者急倾斜煤层的矿井，必须编制防止季节性地表积水或者洪水溃入井下的专项措施，并由煤矿企业主要负责人审批。

第三百零四条 煤层顶板存在富水性中等及以上含水层或者其他水体威胁时，应当实测垮落带、导水裂隙带发育高度，进行专项设计，确定防隔水煤(岩)柱尺寸。当导水裂隙带范围内的含水层或者老空积水等水体影响采掘安全时，应当超前进行钻探疏放或者注浆改造含水层，待疏放水完毕或者注浆改造等工程结束、消除突水威胁后，方可进行采掘活动。

第三百零五条 开采底板有承压含水层的煤层，隔水层能够承受的水头值应当大于实际水头值；当承压含水层与开采煤层之间的隔水层能够承受的水头值小于实际水头值时，应当采取疏水降压、注浆加固底板改造含水层或者充填开采等措施，并进行效果检验，制定专项安全技术措施，报企业技术负责人审批。

第三百零六条 矿井建设和延深中，当开拓到设计水平时，必须在建成防、排水系统后方可开拓掘进。

第三百零七条 煤层顶、底板分布有强岩溶承压含水层时，主要运输巷、轨道巷和回风巷应当布置在不受水害威胁的层位中，并以石门分区隔离开采。对已经不具备石门隔离开采条件的应当制定防突水安全技术措施，并报矿总工程师审批。

第三百零八条 水文地质条件复杂、极复杂或者有突水淹井危险的矿井，应当在井底车场周围设置防水闸门或者在正常排水系统基础上另外安设由地面直接供电控制，且排水能力不小于最大涌水量的潜水泵。在其他有突水危险的采掘区域，应当在其附近设置防水闸门；不具备设置防水闸门条件的，应当制定防突(透)水措施，报企业主要负责人审批。

防水闸门应当符合下列要求：

(一)防水闸门必须采用定型设计。

(二)防水闸门的施工及其质量，必须符合设计。闸门和闸门硐室不得漏水。

(三)防水闸门硐室前、后两端，应当分别砌筑不小于 5 m 的混凝土护碹，碹后用混凝土填实，不得空帮、空顶。防水闸门硐室和护碹必须采用高标号水泥进行注浆加固，注浆压力应当符合设计。

(四)防水闸门来水一侧 15～25 m 处，应当加设 1 道挡物箅子门。防水闸门与箅子门之间，不得停放车辆或者堆放杂物。来水时先关箅子门，后关防水闸门。如果采用双向防水闸门，应当在两侧各设 1 道箅子门。

(五)通过防水闸门的轨道、电机车架空线、带式输送机等必须灵活易拆；通过防水闸门墙体的各种管路和安设在闸门外侧的闸阀的耐压能力，都必须与防水闸门设计压力相一致；电缆、管道通过防水闸门墙体时，必须用堵头和阀门封堵严密，不得漏水。

(六)防水闸门必须安设观测水压的装置，并有放水管和放水闸阀。

(七)防水闸门竣工后，必须按设计要求进行验收；对新掘进巷道内建筑的防水闸门，必须进行注水耐压试验，防水闸门内巷道的长度不得大于 15 m，试验的压力不得低于设计水压，其稳压时间应当在 24 h 以上，试压时应当有专门安全措施。

(八)防水闸门必须灵活可靠，并每年进行 2 次关闭试验，其中 1 次应当在雨季前进行。关闭闸门所用的工具和零配件必须专人保管，专地点存放，不得挪用丢失。

第三百零九条　井下防水闸墙的设置应当根据矿井水文地质条件确定，防水闸墙的设计经煤矿企业技术负责人批准后方可施工，投入使用前应当由煤矿企业技术负责人组织竣工验收。

第三百一十条　井巷揭穿含水层或者地质构造带等可能突水地段前，必须编制探放水设计，并制定相应的防治水措施。

井巷揭露的主要出水点或者地段，必须进行水温、水量、水质和水压(位)等地下水动态和松散含水层涌水含砂量综合观测和分析，防止滞后突水。

第四节　井　下　排　水

第三百一十一条　矿井应当配备与矿井涌水量相匹配的水泵、排水管路、配电设备和水仓等，并满足矿井排水的需要。除正在检修的水泵外，应当有工作水泵和备用水泵。工作水泵的能力，应当能在 20 h 内排出矿井 24 h 的正常涌水量(包括充填水及其他用水)。备用水泵的能力，应当不小于工作水泵能力的 70%。检修水泵的能力，应当不小于工作水泵能力的 25%。工作和备用水泵的总能力，应当能在 20 h 内排出矿井 24 h 的最大涌水量。

排水管路应当有工作和备用水管。工作排水管路的能力，应当能配合工作水泵在 20 h 内排出矿井 24 h 的正常涌水量。工作和备用排水管路的总能力，应当能配合工作和备用水泵在 20 h 内排出矿井 24 h 的最大涌水量。

配电设备的能力应当与工作、备用和检修水泵的能力相匹配，能够保证全部水泵同时运转。

第三百一十二条　主要泵房至少有 2 个出口，一个出口用斜巷通到井筒，并高出泵房底板 7 m 以上；另一个出口通到井底车场，在此出口通路内，应当设置易于关闭的既能防水又能防火的密闭门。泵房和水仓的连接通道，应当设置控制闸门。

排水系统集中控制的主要泵房可不设专人值守，但必须实现图像监视和专人巡检。

第三百一十三条　矿井主要水仓应当有主仓和副仓，当一个水仓清理时，另一个水仓能够正常使用。

新建、改扩建矿井或者生产矿井的新水平，正常涌水量在 1000 m^3/h 以下时，主要水仓的有效容量应当能容纳 8 h 的正常涌水量。

正常涌水量大于 1000 m^3/h 的矿井，主要水仓有效容量可以按照下式计算：

$$V=2(Q+3000)$$

式中　V——主要水仓的有效容量，m^3；

Q——矿井每小时的正常涌水量，m^3。

采区水仓的有效容量应当能容纳 4 h 的采区正常涌水量。

水仓进口处应当设置箅子。对水砂充填和其他涌水中带有大量杂质的矿井，还应当设置沉淀池。水仓的空仓容量应当经常保持在总容量的 50%以上。

第三百一十四条　水泵、水管、闸阀、配电设备和线路，必须经常检查和维护。在每年雨季之前，必须全面检修 1 次，并对全部工作水泵和备用水泵进行 1 次联合排水试验，提交联合排水试验报告。

水仓、沉淀池和水沟中的淤泥，应当及时清理，每年雨季前必须清理 1 次。

第三百一十五条　大型、特大型矿井排水系统可以根据井下生产布局及涌水情况分区建设，每个排水分区可以实现独立排水，但泵房设计、排水能力及水仓容量必须符合本规程第三百一十一条至第三百一十四条要求。

第三百一十六条　井下采区、巷道有突水危险或者可能积水的，应当优先施工安装防、排水系统，并保证有足够的排水能力。

第五节　探　　放　　水

第三百一十七条　在地面无法查明水文地质条件时，应当在采掘前采用物探、钻探或者化探等方法查清采掘工作面及其周围的水文地质条件。

采掘工作面遇有下列情况之一时，应当立即停止施工，确定探水线，实施超前探放水，经确认无水害威胁后，方可施工：

（一）接近水淹或者可能积水的井巷、老空区或者相邻煤矿时。

（二）接近含水层、导水断层、溶洞和导水陷落柱时。

（三）打开隔离煤柱放水时。

（四）接近可能与河流、湖泊、水库、蓄水池、水井等相通的导水通道时。

（五）接近有出水可能的钻孔时。

（六）接近水文地质条件不清的区域时。

（七）接近有积水的灌浆区时。

（八）接近其他可能突（透）水的区域时。

第三百一十八条　采掘工作面超前探放水应当采用钻探方法，同时配合物探、化探等其他方法查清采掘工作面及周边老空水、含水层富水性以及地质构造等情况。

井下探放水应当采用专用钻机，由专业人员和专职探放水队伍施工。

探放水前应当编制探放水设计，采取防止有害气体危害的安全措施。探放水结束后，应当提交探放水总结报告存档备查。

第三百一十九条　井下安装钻机进行探放水前，应当遵守下列规定：

（一）加强钻孔附近的巷道支护，并在工作面迎头打好坚固的立柱和拦板，严禁空顶、空帮作业。

（二）清理巷道，挖好排水沟。探放水钻孔位于巷道低洼处时，应当配备与探放水量相适应的排水设备。

（三）在打钻地点或者其附近安设专用电话，保证人员撤离通道畅通。

（四）由测量人员依据设计现场标定探放水孔位置，与负责探放水工作的人员共同确定钻孔的方位、倾角、深度和钻孔数量等。

探放水钻孔的布置和超前距离，应当根据水压大小、煤（岩）层厚度和硬度以及安全措施等，在探放水设计中做出具体规定。探放老空积水最小超前水平钻距不得小于 30 m，止水套管长度不得小于 10 m。

第三百二十条　在预计水压大于 0.1 MPa 的地点探放水时，应当预先固结套管，在套管口安装控制闸阀，进行耐压试验。套管长度应当在探放水设计中规定。预先开掘安全躲避硐室，制定避灾路线等安全措施，并使每个作业人员了解和掌握。

第三百二十一条　预计钻孔内水压大于 1.5 MPa 时，应当采用反压和有防喷装置的方法钻进，并制定防止孔口管和煤（岩）壁突然鼓出的措施。

第三百二十二条　在探放水钻进时，发现煤岩松软、片帮、来压或者钻孔中水压、水量突然增大和顶钻等突（透）水征兆时，应当立即停止钻进，但不得拔出钻杆；现场负责人员应当立即向矿井调度室汇报，撤出所有受水威胁区域的人员，采取安全措施，派专业技术人员监测水情并进行分析，妥善处理。

第三百二十三条　探放老空水前，应当首先分析查明老空水体的空间位置、积水范围、积水量和水压等。探放水时，应当撤出探放水点标高以下受水害威胁区域所有人员。放水时，应当监视放水全过程，核对放水量和水压等，直到老空水放完为止，并进行检测验证。

钻探接近老空时，应当安排专职瓦斯检查工或者矿山救护队员在现场值班，随时检查空气成分。如果甲烷或者其他有害气体浓度超过有关规定，应当立即停止钻进，切断电源，撤出人员，并报告矿调度室，及时采取措施进行处理。

第三百二十四条　钻孔放水前，应当估计积水量，并根据矿井排水能力和水仓容量，控制放水流量，防止淹井；放水时，应当有专人监测钻孔出水情况，测定水量和水压，做好记录。如果水量突然变化，应当立即报告矿调度室，分析原因，及时处理。

第三百二十五条　排除井筒和下山的积水及恢复被淹井巷前，应当制定安全措施，防止被水封闭的有毒、有害气体突然涌出。

排水过程中，应当定时观测排水量、水位和观测孔水位，并由矿山救护队随时检查水面上的空气成分，发现有害气体，及时采取措施进行处理。

煤矿防治水细则

第一章　总　　则

第一条　为了加强煤矿防治水工作，防止和减少事故，保障职工生命安全和健康，根据《中华人民共和国安全生产法》《中华人民共和国矿山安全法》《国务院关于预防煤矿生产安全事故的特别规定》和《煤矿安全规程》等，制定本细则。

第二条　煤炭企业、煤矿和有关单位的防治水工作，适用本细则。

第三条　煤矿防治水工作应当坚持预测预报、有疑必探、先探后掘、先治后采的原则，根据不同水文地质条件，采取探、防、堵、疏、排、截、监等综合防治措施。

煤矿必须落实防治水的主体责任，推进防治水工作由过程治理向源头预防、局部治理向区域治理、井下治理向井上下结合治理、措施防范向工程治理、治水为主向治保结合的转变，构建理念先进、基础扎实、勘探清楚、科技攻关、综合治理、效果评价、应急处置的防治水工作体系。

第四条　煤炭企业、煤矿的主要负责人（法定代表人、实际控制人，下同）是本单位防治水工作的第一责任人，总工程师（技术负责人，下同）负责防治水的技术管理工作。

第五条　煤矿应当根据本单位的水害情况，配备满足工作需要的防治水专业技术人员，配齐专用的探放水设备，建立专门的探放水作业队伍，储备必要的水害抢险救灾设备和物资。

水文地质类型复杂、极复杂的煤矿，还应当设立专门的防治水机构、配备防治水副总工程师。

第六条　煤炭企业、煤矿应当结合本单位实际情况建立健全水害防治岗位责任制、水害防治技术管理制度、水害预测预报制度、水害隐患排查治理制度、探放水制度、重大水患停产撤人制度以及应急处置制度等。

煤矿主要负责人必须赋予调度员、安检员、井下带班人员、班组长等相关人员紧急撤人的权力，发现突水（透水、溃水，下同）征兆、极端天气可能导致淹井等重大险情，立即撤出所有受水患威胁地点的人员，在原因未查清、隐患未排除之前，不得进行任何采掘活动。

第七条　煤炭企业、煤矿应当编制本单位防治水中长期规划（5年）和年度计划，并组织实施。煤矿防治水应当做到“一矿一策、一面一策”，确保安全技术措施的科学性、针对性和有效性。

第八条　当矿井水文地质条件尚未查清时，应当进行水文地质补充勘探工作。在水害隐患情况未查明或者未消除之前，严禁进行采掘活动。

第九条　矿井应当建立地下水动态监测系统，对井田范围内主要充水含水层的水位、水温、水质等进行长期动态观测，对矿井涌水量进行动态监测。受底板承压水威胁的水文地质类型复杂、极复杂矿井，应当采用微震、微震与电法耦合等科学有效的监测技术，建立突水监测预警系统，探测水体及导水通道，评估注浆等工程治理效果，监测导水通道受采动影响变化情况。

第十条　煤炭企业、煤矿应当对井下职工进行防治水知识的教育和培训，对防治水专业人员进行新技术、新方法的再教育，提高防治水工作技能和有效处置水灾的应急能力。

第十一条　煤炭企业、煤矿和相关单位应当加强防治水技术研究和科技攻关，推广使用防治水的新技术、新装备和新工艺，提高防治水工作的科技水平。

第二章　矿井水文地质类型划分及基础资料

第一节　矿井水文地质类型划分

第十二条　根据井田内受采掘破坏或者影响的含水层及水体、井田及周边老空（火烧区，下同）水分布状况、矿井涌水量、突水量、开采受水害影响程度和防治水工作难易程度，将矿井水文地质类型划分为简单、中等、复杂和极复杂 4 种类型（表 2－1）。

表 2－1　矿井水文地质类型

分类依据		类别			
		简单	中等	复杂	极复杂
井田内受采掘破坏或者影响的含水层及水体	含水层（水体）性质及补给条件	为孔隙、裂隙、岩溶含水层，补给条件差，补给来源少或者极少	为孔隙、裂隙、岩溶含水层，补给条件一般，有一定的补给水源	为岩溶含水层、厚层砂砾石含水层、老空水、地表水，其补给条件好，补给水源充沛	为岩溶含水层、老空水、地表水，其补给条件很好，补给来源极其充沛，地表泄水条件差
井田内受采掘破坏或者影响的含水层及水体	单位涌水量 $q/(L \cdot s^{-1} \cdot m^{-1})$	$q \leqslant 0.1$	$0.1 < q \leqslant 1.0$	$1.0 < q \leqslant 5.0$	$q > 5.0$
井田及周边老空水分布状况		无老空积水	位置、范围、积水量清楚	位置、范围或者积水量不清楚	位置、范围、积水量不清楚
矿井涌水量/$(m^3 \cdot h^{-1})$	正常 Q_1	$Q_1 \leqslant 180$	$180 < Q_1 \leqslant 600$	$600 < Q_1 \leqslant 2100$	$Q_1 > 2100$
矿井涌水量/$(m^3 \cdot h^{-1})$	最大 Q_2	$Q_2 \leqslant 300$	$300 < Q_2 \leqslant 1200$	$1200 < Q_2 \leqslant 3000$	$Q_2 > 3000$
突水量 $Q_3/(m^3 \cdot h^{-1})$		$Q_3 \leqslant 60$	$60 < Q_3 \leqslant 600$	$600 < Q_3 \leqslant 1800$	$Q_3 > 1800$
开采受水害影响程度		采掘工程不受水害影响	矿井偶有突水，采掘工程受水害影响，但不威胁矿井安全	矿井时有突水，采掘工程、矿井安全受水害威胁	矿井突水频繁，采掘工程、矿井安全受水害严重威胁
防治水工作难易程度		防治水工作简单	防治水工作简单或者易于进行	防治水工作难度较高，工程量较大	防治水工作难度高，工程量大

注：1. 单位涌水量 q 以井田主要充水含水层中有代表性的最大值为分类依据；

2. 矿井涌水量 Q_1、Q_2 和突水量 Q_3 以近 3 年最大值并结合地质报告中预测涌水量作为分类依据。含水层富水性及突水点等级划分标准见附录一；

3. 同一井田煤层较多，且水文地质条件变化较大时，应当分煤层进行矿井水文地质类型划分；

4. 按分类依据就高不就低的原则，确定矿井水文地质类型。

第十三条　矿井应当收集水文地质类型划分各项指标的相关资料，分析矿井水文地质条件，编制矿井水文地质类型报告，由煤炭企业总工程师组织审批。

矿井水文地质类型报告，应当包括下列主要内容：

（一）矿井所在位置、范围及四邻关系，自然地理，防排水系统等情况；

（二）以往地质和水文地质工作评述；

（三）井田地质、水文地质条件；

（四）矿井充水因素分析，井田及周边老空水分布状况；

(五)矿井涌水量的构成分析,主要突水点位置、突水量及处理情况;

(六)矿井未来3年采掘和防治水规划,开采受水害影响程度和防治水工作难易程度评价;

(七)矿井水文地质类型划分结果及防治水工作建议。

第十四条 矿井水文地质类型应当每3年修订1次。当发生较大以上水害事故或者因突水造成采掘区域或矿井被淹的,应当在恢复生产前重新确定矿井水文地质类型。

第二节 基础资料

第十五条 矿井应当根据实际情况建立下列防治水基础台账,并至少每半年整理完善1次。

(一)矿井涌水量观测成果台账;

(二)气象资料台账;

(三)地表水文观测成果台账;

(四)钻孔水位、井泉动态观测成果及河流渗漏台账;

(五)抽(放)水试验成果台账;

(六)矿井突水点台账;

(七)井田地质钻孔综合成果台账;

(八)井下水文地质钻孔成果台账;

(九)水质分析成果台账;

(十)水源水质受污染观测资料台账;

(十一)水源井(孔)资料台账;

(十二)封孔不良钻孔资料台账;

(十三)矿井和周边煤矿采空区相关资料台账;

(十四)防水闸门(墙)观测资料台账;

(十五)物探成果验证台账;

(十六)其他专门项目的资料台账。

第十六条 建设矿井应当按照矿井建设的有关规定,在建井期间收集、整理、分析有关水文地质资料,并在建井完成后将井田地质勘探报告、建井设计及建井地质报告等资料全部移交给生产单位。

建设矿井应当编制下列主要成果及图件:

(一)水文地质观测台账和成果;

(二)突水点台账,防治水的技术总结,注浆堵水记录和有关资料;

(三)井筒及主要巷道水文地质实测剖面;

(四)建井水文地质补充勘探成果(如井筒检查孔等);

(五)建井地质报告,应当包含防治水的相关内容。

第十七条 生产矿井应当编制包括防治水内容的生产地质报告,并按照规定编制下列水文地质图件:

(一)矿井综合水文地质图;

(二)矿井综合水文地质柱状图;

(三)矿井水文地质剖面图;

(四)矿井充水性图;

(五)矿井涌水量与相关因素动态曲线图。

矿井水文地质图件主要内容及要求见附录二,并至少每半年修订1次。

其他有关防治水图件由矿井根据实际需要编制。

第十八条　矿井闭坑报告应当包括下列防治水相关内容：

(一)闭坑前的矿井采掘空间分布情况，对可能存在的充水水源、通道、积水量和水位等情况的分析评价；

(二)闭坑对邻近生产矿井安全的影响和采取的防治水措施；

(三)矿井关闭时采取的水害隐患处置工作及关闭后淹没过程检测监控情况。

第十九条　矿井应当建立水文地质信息管理系统，实现矿井水文地质文字资料收集、数据采集、台账编制、图件绘制、计算评价和水害预测预报一体化。

第三章　矿井水文地质补充勘探

第一节　一　般　规　定

第二十条　矿井有下列情形之一的，应当开展水文地质补充勘探工作：

(一)矿井主要勘探目的层未开展过水文地质勘探工作的；

(二)矿井原勘探工作量不足，水文地质条件尚未查清的；

(三)矿井经采掘揭露煤岩层后，水文地质条件比原勘探报告复杂的；

(四)矿井水文地质条件发生较大变化，原有勘探成果资料难以满足生产建设需要的；

(五)矿井开拓延深、开采新煤系(组)或者扩大井田范围设计需要的；

(六)矿井采掘工程处于特殊地质条件部位，强富水松散含水层下提高煤层开采上限或者强富水含水层上带压开采，专门防治水工程设计、施工需要的；

(七)矿井井巷工程穿过强含水层或者地质构造异常带，防治水工程设计、施工需要的。

第二十一条　矿井水文地质补充勘探应当针对具体问题合理选择勘查技术、方法，井田外区域以遥感水文地质测绘等为主，井田内以水文地质物探、钻探、试验、实验及长期动态观(监)测等为主，进行综合勘查。

第二十二条　矿井水文地质补充勘探应当根据相关规范编制补充勘探设计，经煤炭企业总工程师组织审批后实施。

补充勘探工作完成后，应当及时提交矿井水文地质补充勘探报告和相关成果，由煤炭企业总工程师组织评审。

第二节　水文地质补充调查

第二十三条　水文地质测绘应当采用遥感水文地质测绘方法，应用全球卫星定位系统、地理信息系统、数字影像、互联网等技术手段，提高测绘质量。区域水文地质测绘比例尺应当采用1∶100000～1∶10000，矿区应当采用1∶10000～1∶2000。

第二十四条　水文地质补充调查应当包括下列主要内容：

(一)资料收集。收集降水量、蒸发量、气温、气压、相对湿度、风向、风速及其历年月平均值、两极值等气象资料。收集调查区内以往勘查研究成果，动态观测资料，勘探钻孔、供水井钻探及抽水试验资料；

(二)地貌地质。调查收集由开采或者地下水活动诱发的崩塌、滑坡、地裂缝、人工湖等地貌变化、岩溶发育矿区的各种岩溶地貌形态。对松散覆盖层和基岩露头，查明其时代、岩性、厚度、富水性及地下水的补排方式等情况，并划分含水层或者相对隔水层。查明地质构造的形态、产状、性质、规模、破碎带(范围、充填物、胶结程度、导水性)及有无泉水出露等情况，初步分析研究其对矿井开采的影响；

（三）地表水体。调查收集矿区河流、水渠、湖泊、积水区、山塘、水库等地表水体的历年水位、流量、积水量、最大洪水淹没范围、含泥沙量、水质以及与下伏含水层的水力联系等。对可能渗漏补给地下水的地段应当进行详细调查，并进行渗漏量监测；

（四）地面岩溶。调查岩溶发育的形态、分布范围。详细调查对地下水运动有明显影响的补给和排泄通道，必要时可进行连通试验和暗河测绘工作。分析岩溶发育规律和地下水径流方向，圈定补给区，测定补给区内的渗漏情况，估算地下水径流量。对有岩溶塌陷的区域，进行岩溶塌陷的测绘工作；

（五）井泉。调查井泉的位置、标高、深度、出水层位、涌水量、水位、水质、水温、气体溢出情况及类型、流量（浓度）及其补给水源。素描泉水出露的地形地质平面图和剖面图；

（六）老空。调查老空的位置、分布范围、积水量及补给情况等，分析空间位置关系以及对矿井生产的影响；

（七）周边矿井。调查周边矿井的位置、范围、开采层位、充水情况、地质构造、采煤方法、采出煤量、隔离煤柱以及与相邻矿井的空间关系，以往发生水害的观测资料，并收集系统完整的采掘工程平面图及有关资料；

（八）本矿井历史资料。收集整理矿井充水因素、突水情况、矿井涌水量动态变化情况、防治水措施及效果等。

第二十五条 煤矿应当加强与当地气象部门沟通联系，及时收集气象资料，建立气象资料台账；矿井 30 km 范围内没有气象台（站），气象资料不能满足安全生产需要时，应当建立降水量观测站。

第二十六条 矿井应当对与充水含水层有水力联系的地表水体进行长期动态观测，掌握其动态规律，分析研究地表水与地下水的水力联系，掌握其补给、排泄地下水的规律，测算补给、排泄量。

第二十七条 井下水文地质观测应当包括下列主要内容：

（一）对新开凿的井筒、主要穿层石门及开拓巷道，应当及时进行水文地质观测和编录，并绘制井筒、石门、巷道的实测水文地质剖面图或者展开图；

（二）井巷穿过含水层时，应当详细描述其产状、厚度、岩性、构造、裂隙或者岩溶的发育与充填情况，揭露点的位置及标高、出水形式、涌水量和水温等，并采取水样进行水质分析；

（三）遇裂隙时，应当测定其产状、长度、宽度、数量、形状、尖灭情况、充填物及充填程度等，观察地下水活动的痕迹，绘制裂隙玫瑰花图，并选择有代表性的地段测定岩石的裂隙率。较密集裂隙，测定的面积可取 1～2 m^2；稀疏裂隙，可取 4～10 m^2。其计算公式为

$$K_T=\frac{\sum lb}{A}\times 100\% \qquad (3-1)$$

式中 K_T——裂隙率，%；

A——测定面积，m^2；

l——裂隙长度，m；

b——裂隙宽度，m；

（四）遇岩溶时，应当观测其形态、发育情况、分布状况、充填物成分及充水状况等，并绘制岩溶素描图；

（五）遇断裂构造时，应当测定其产状、断距、断层带宽度，观测断裂带充填物成分、胶结程度及导水性等；

（六）遇褶曲时，应当观测其形态、产状及破碎情况等；

（七）遇陷落柱时，应当观测陷落柱内外地层岩性与产状、裂隙与岩溶发育程度及涌水等情况，并编制卡片，绘制平面图、剖面图和素描图；

（八）遇突水点时，应当详细观测记录突水的时间、地点、出水形式，出水点层位、岩性、厚度以及围岩破坏情况等，并测定水量、水温、水质和含砂量。同时，应当观测附近出水点涌水量和观测孔水位的变

化，并分析突水原因。各主要突水点应当作为动态观测点进行系统观测，并编制卡片，绘制平面图、素描图和水害影响范围预测图。

对于大中型煤矿发生300 m^3/h以上、小型煤矿发生60 m^3/h以上的突水，或者因突水造成采掘区域或矿井被淹的，应当将突水情况及时上报地方人民政府负责煤矿安全生产监督管理的部门、煤炭行业管理部门和驻地煤矿安全监察机构；

（九）应当加强矿井涌水量观测和水质监测。

矿井应当分水平、分煤层、分采区设观测站进行涌水量观测，每月观测次数不得少于3次。对于涌水量较大的断裂破碎带、陷落柱，应当单独设观测站进行观测，每月观测1～3次。水质的监测每年不得少于2次，丰、枯水期各1次。涌水量出现异常、井下发生突水或者受降水影响矿井的雨季时段，观测频率应当适当增加。

对于井下新揭露的出水点，在涌水量尚未稳定或者尚未掌握其变化规律前，一般应当每日观测1次。对溃入性涌水，在未查明突水原因前，应当每隔1～2 h观测1次，以后可以适当延长观测间隔时间，并采取水样进行水质分析。涌水量稳定后，可按井下正常观测时间观测。

当采掘工作面上方影响范围内有地表水体、富水性强的含水层，穿过与富水性强的含水层相连通的构造断裂带或者接近老空积水区时，应当每作业班次观测涌水情况，掌握水量变化。

对于新凿立井、斜井，垂深每延深10 m，应当观测1次涌水量；揭露含水层时，即使未达规定深度，也应当在含水层的顶底板各测1次涌水量。

矿井涌水量观测可以采用容积法、堰测法、浮标法、流速仪法等测量方法，测量工具和仪表应当定期校验；

（十）对含水层疏水降压时，在涌水量、水压稳定前，应当每小时观测1～2次钻孔涌水量和水压；待涌水量、水压基本稳定后，按照正常观测的要求进行。

第三节　地面水文地质补充勘探

第二十八条　应当根据勘探区的水文地质条件、探测地质体的地球物理特征和探测工作目的等编写地面水文地质物探设计，由煤炭企业总工程师组织审批。

应当采用多种物探方法进行综合勘探，可以采用地震与电法相结合的勘探技术方法查明构造及其富水性。水文物探主要以电法勘探为主，宜采用直流电法、瞬变电磁法或者可控源音频大地电磁测深等技术方法。可以采用高精度三维地震勘探查明火成岩侵入范围和断层、陷落柱等构造。

物探作业时，野外施工、资料处理和解释应当符合国家、行业标准。

施工结束后应当提交成果报告，由煤炭企业总工程师组织审批。物探成果应当与其他勘探成果相结合，相互验证。

第二十九条　水文地质钻探工程量应当根据水文地质补充勘探目的、具体任务及综合勘探的要求等确定；应当充分利用已有钻孔（井）及钻探成果，与长期水文动态观（监）测网的建设（完善）统筹考虑，形成控制地下水降落漏斗形态的水文地质剖面线。

第三十条　按照水文地质补充勘探设计要求，编写单孔设计，内容包括钻孔结构、套管结构、孔斜、岩芯采取、封孔止水、终孔直径、终孔层位、简易水文观测、抽水试验、地球物理测井及采样测试、封孔质量、孔口装置和测量标志等要求。

水文地质钻探主要技术指标应当符合下列要求：

（一）以煤层底板水害为主的矿井，其钻孔终孔深度以揭露下伏主要含水层段为原则；

（二）所有勘探钻孔均应当进行水文测井工作，配合钻探取芯划分含、隔水层，取得有关参数；

（三）主要含水层或者试验观测段采用清水钻进。遇特殊情况可以采用低固相优质泥浆钻进，并采取有效的洗孔措施；

（四）抽水试验孔试验段孔径，以满足设计的抽水量和安装抽水设备为原则；水位观测孔观测段孔径，应当满足止水和水位观测的要求；

（五）抽水试验钻孔的孔斜，应当满足选用抽水设备和水位观测仪器的工艺要求；

（六）钻孔应当取芯钻进，并进行岩芯描述。岩芯采取率：岩石，大于70%；破碎带，大于50%；黏土，大于70%；砂和砂砾层，大于30%。当采用水文物探测井，能够正确划分地层和含（隔）水层位置及厚度时，可以适当减少取芯；

（七）在钻孔分层（段）隔离止水时，通过提水、注水和水文测井等不同方法，检查止水效果，并作正式记录；不合格的，应当重新止水；

（八）除长期动态观测钻孔外，其余钻孔应当使用高标号水泥封孔，并取样检查封孔质量；

（九）水文地质钻孔应当做好简易水文地质观测，其技术要求参照相关规程规范。否则，应当降低其钻孔质量等级或者不予验收；

（十）观测孔竣工后，应当进行洗孔，以确保观测层（段）不被淤塞，并进行抽水试验。水文地质观测孔，应当安装孔口装置和长期观测测量标志，并采取有效保护措施。

第三十一条 编制抽水试验设计，应当根据矿井水文地质条件、水文地质概念模型和水文地质计算的要求，选择稳定流或者非稳定流抽水试验。抽水试验时，应当对其影响范围内的观测孔同步观测水位。

抽水试验成果应当满足矿井涌水量预测、防治水工程设计施工的要求，取得含水层渗透系数、导水系数、给水度、释水系数等水文地质参数。

应当利用抽水试验资料分析研究地下水、地表水及不同含水层（组）之间水力联系，确定断层、陷落柱等构造的导（含）水性，必要时进行抽（放）水连通（示踪）试验。

第三十二条 需要进行注水试验的，应当编制注水试验设计。设计包括试验层段的起、止深度，孔径及套管下入层位、深度及止水方法，采用的注水设备、注水试验方法，以及注水试验质量要求等内容。

注水试验施工主要技术指标，应当符合下列要求：

（一）根据岩层的岩性和孔隙、裂隙发育深度，确定试验孔段，并严格做好止水工作；

（二）注水试验前，彻底洗孔，以确保疏通含水层，并测定钻孔水温和注入水的温度；

（三）注水试验前后，应当分别进行静止水位和恢复水位的观测。

第四节　井下水文地质补充勘探

第三十三条 矿井有下列情形之一的，应当进行井下水文地质补充勘探：

（一）采用地面水文地质勘探难以查清问题，需要在井下进行放水试验或者连通（示踪）试验的；

（二）受地表水体、地形限制或者受开采塌陷影响，地面没有施工条件的；

（三）孔深或者地下水位埋深过大，地面无法进行水文地质试验的。

第三十四条 井下水文地质补充勘探应当采用井下钻探、物探、化探、监测、测试等综合勘探方法，针对井下特殊作业环境，采取可靠的安全技术措施。

第三十五条 放水试验应当符合下列要求：

（一）编制放水试验设计，确定试验方法、降深值和放水量。放水量视矿井现有最大排水能力而确定，原则上放水试验的观测孔应当有明显的水位降深。其设计由煤矿总工程师组织审批；

（二）做好放水试验前的准备工作，检验校正观测仪器和工具，检查排水设备能力和排水线路，采取可靠的安全技术组织措施；

（三）放水前，在同一时间对井上下观测孔和出水点的水位、水压、涌水量、水温和水质进行统测；

（四）根据具体情况确定放水试验的延续时间。当涌水量、水位难以稳定时，试验延续时间一般不少于10～15日。选取观测时间间隔，应当考虑非稳定流计算的需要。中心水位或者水压与涌水量进行同步观测；

（五）观测数据及时录入台账，并绘制涌水量与水位历时曲线；

（六）放水试验结束后，及时整理资料，提交放水试验总结报告。

第三十六条　井下物探应当符合下列要求：

（一）物探作业前，应当根据采掘工作面的实际情况和工作目的等编写设计，设计时充分考虑控制精度，设计由煤矿总工程师组织审批；

（二）可以采用直流电阻率电测深、瞬变电磁、音频电穿透、探地雷达、瑞利波及槽波、无线电坑透等方法探测，采煤工作面应当选择两种以上方法，相互验证；

（三）采用电法实施掘进工作面超前探测的，探测环境应当符合下列要求：

1. 巷道断面、长度满足探测所需要的空间；

2. 距探测点20 m范围内不得有积水，且不得存放掘进机、铁轨、皮带机架、锚网、锚杆等金属物体；

3. 巷道内动力电缆、大型机电设备必须停电；

（四）施工结束后，应当提交成果报告，由煤矿总工程师组织验收。物探成果应当与其他勘探成果相结合，相互验证。

第四章　井下探放水

第三十七条　矿井应当加强充水条件分析，认真开展水害预测预报及隐患排查工作。

（一）每年年初，根据年度采掘计划，结合矿井水文地质资料，全面分析水害隐患，提出水害分析预测表及水害预测图；

（二）水文地质类型复杂、极复杂矿井应当每月至少开展1次水害隐患排查，其他矿井应当每季度至少开展1次；

（三）在采掘过程中，对预测图、表逐月进行检查，不断补充和修正。发现水患险情，及时发出水害通知单，并报告矿井调度室；

（四）采掘工作面年度和月度水害预测资料及时报送煤矿总工程师及生产安全部门。

采掘工作面水害分析预报表和预测图模式见附录三。

第三十八条　在地面无法查明水文地质条件时，应当在采掘前采用物探、钻探或者化探等方法查清采掘工作面及其周围的水文地质条件。

采掘工作面遇有下列情况之一的，必须进行探放水：

（一）接近水淹或者可能积水的井巷、老空或者相邻煤矿时；

（二）接近含水层、导水断层、溶洞或者导水陷落柱时；

（三）打开隔离煤柱放水时；

（四）接近可能与河流、湖泊、水库、蓄水池、水井等相通的导水通道时；

（五）接近有出水可能的钻孔时；

（六）接近水文地质条件不清的区域时；

（七）接近有积水的灌浆区时；

（八）接近其他可能突水的地区时。

第三十九条　严格执行井下探放水“三专”要求。由专业技术人员编制探放水设计，采用专用钻机进行探放水，由专职探放水队伍施工。严禁使用非专用钻机探放水。

严格执行井下探放水“两探”要求。采掘工作面超前探放水应当同时采用钻探、物探两种方法，做到相互验证，查清采掘工作面及周边老空水、含水层富水性以及地质构造等情况。有条件的矿井，钻探可采用定向钻机，开展长距离、大规模探放水。

第四十条 矿井受水害威胁的区域，巷道掘进前，地测部门应当提出水文地质情况分析报告和水害防治措施，由煤矿总工程师组织生产、安检、地测等有关单位审批。

第四十一条 工作面回采前，应当查清采煤工作面及周边老空水、含水层富水性和断层、陷落柱含(导)水性等情况。地测部门应当提出专门水文地质情况评价报告和水害隐患治理情况分析报告，经煤矿总工程师组织生产、安检、地测等有关单位审批后，方可回采。发现断层、裂隙或者陷落柱等构造充水的，应当采取注浆加固或者留设防隔水煤(岩)柱等安全措施；否则，不得回采。

第四十二条 采掘工作面探水前，应当编制探放水设计和施工安全技术措施，确定探水线和警戒线，并绘制在采掘工程平面图和矿井充水性图上。探放水钻孔的布置和超前距、帮距，应当根据水头值高低、煤(岩)层厚度、强度及安全技术措施等确定，明确测斜钻孔及要求。探放水设计由地测部门提出，探放水设计和施工安全技术措施经煤矿总工程师组织审批，按设计和措施进行探放水。

第四十三条 布置探放水钻孔应当遵循下列规定：

(一)探放老空水和钻孔水。老空和钻孔位置清楚时，应当根据具体情况进行专门探放水设计，经煤矿总工程师组织审批后，方可施工；老空和钻孔位置不清楚时，探水钻孔成组布设，并在巷道前方的水平面和竖直面内呈扇形，钻孔终孔位置满足水平面间距不得大于 3 m，厚煤层内各孔终孔的竖直面间距不得大于 1.5 m；

(二)探放断裂构造水和岩溶水等时，探水钻孔沿掘进方向的正前方及含水体方向呈扇形布置，钻孔不得少于 3 个，其中含水体方向的钻孔不得少于 2 个；

(三)探查陷落柱等垂向构造时，应当同时采用物探、钻探两种方法，根据陷落柱的预测规模布孔，但底板方向钻孔不得少于 3 个，有异常时加密布孔，其探放水设计由煤矿总工程师组织审批；

(四)煤层内，原则上禁止探放水压高于 1 MPa 的充水断层水、含水层水及陷落柱水等。如确实需要的，可以先构筑防水闸墙，并在闸墙外向内探放水。

第四十四条 上山探水时，应当采用双巷掘进，其中一条超前探水和汇水，另一条用来安全撤人；双巷间每隔 30～50 m 掘 1 个联络巷，并设挡水墙。

第四十五条 在安装钻机进行探水前，应当符合下列规定：

(一)加强钻孔附近的巷道支护，并在工作面迎头打好坚固的立柱和拦板，严禁空顶、空帮作业；

(二)清理巷道，挖好排水沟。探水钻孔位于巷道低洼处时，应当施工临时水仓，配备足够能力的排水设备；

(三)在钻探地点或附近安设专用电话；

(四)由测量人员依据设计现场标定探放水钻孔位置，与负责探放水工作的人员共同确定钻孔的方位、倾角、深度和钻孔数量；

(五)制定包括紧急撤人时避灾路线在内的安全措施，使作业区域的每个人员了解和掌握，并保持撤人通道畅通。

第四十六条 在预计水压大于 0.1 MPa 的地点探水时，预先固结套管，并安装闸阀。止水套管应当进行耐压试验，耐压值不得小于预计静水压值的 1.5 倍，兼做注浆钻孔的，应当综合注浆终压值确定，并稳定 30 min 以上；预计水压大于 1.5 MPa 时，采用反压和有防喷装置的方法钻进，并制定防止孔口管和煤(岩)壁突然鼓出的措施。

第四十七条 探放水钻孔除兼作堵水钻孔外，终孔孔径一般不得大于 94 mm。

第四十八条 探放水钻孔超前距和止水套管长度，应当符合下列规定：

(一)老空积水范围、积水量不清楚的，近距离煤层开采的或者地质构造不清楚的，探放水钻孔超前距不得小于 30 m，止水套管长度不得小于 10 m；老空积水范围、积水量清楚的，根据水头值高低、煤(岩)层厚度、强度及安全技术措施等确定；

（二）沿岩层探放含水层、断层和陷落柱等含水体时，按表 4—1 确定探放水钻孔超前距和止水套管长度。

表 4—1　岩层中探放水钻孔超前距和止水套管长度

水压 p/MPa	钻孔超前距/m	止水套管长度/m
$p<1.0$	>10	>5
$1.0\leqslant p<2.0$	>15	>10
$2.0\leqslant p<3.0$	>20	>15
$p\geqslant 3.0$	>25	>20

第四十九条　在探放水钻进时，发现煤岩松软、片帮、来压或者钻孔中水压、水量突然增大和顶钻等突水征兆时，立即停止钻进，但不得拔出钻杆；应当立即撤出所有受水威胁区域的人员到安全地点，并向矿井调度室汇报，采取安全措施，派专业技术人员监测水情并分析，妥善处理。

第五十条　探放老空水时，预计可能发生瓦斯或者其他有害气体涌出的，应当设有瓦斯检查员或者矿山救护队员在现场值班，随时检查空气成分。如果瓦斯或者其他有害气体浓度超过有关规定，应当立即停止钻进，切断电源，撤出人员，并报告矿井调度室，及时处理。揭露老空未见积水的钻孔应当立即封堵。

第五十一条　钻孔放水前，应当估计积水量，并根据排水能力和水仓容量，控制放水流量，防止淹井淹面；放水时，应当设有专人监测钻孔出水情况，测定水量和水压，做好记录。如果水量突然变化，应当分析原因，及时处理，并立即报告矿井调度室。

第五章　矿井防治水技术

第一节　地 表 水 防 治

第五十二条　煤矿应当查清矿区、井田及其周边对矿井开采有影响的河流、湖泊、水库等地表水系和有关水利工程的汇水、疏水、渗漏情况，掌握当地历年降水量和历史最高洪水位资料，建立疏水、防水和排水系统。

煤矿应当查明采矿塌陷区、地裂缝区分布情况及其地表汇水情况。

第五十三条　矿井井口和工业场地内建筑物的地面标高，应当高于当地历史最高洪水位；否则，应当修筑堤坝、沟渠或者采取其他可靠防御洪水的措施。不具备采取可靠安全措施条件的，应当封闭填实该井口。

在山区还应当避开可能发生泥石流、滑坡等地质灾害危险的地段。

第五十四条　当矿井井口附近或者塌陷区波及范围的地表水体可能溃入井下时，必须采取安全防范措施。

在地表容易积水的地点，应当修筑沟渠，排泄积水。修筑沟渠时，应当避开煤层露头、裂隙和导水岩层。特别低洼地点不能修筑沟渠排水的，应当填平压实。如果低洼地带范围太大无法填平时，应当采取水泵或者建排洪站专门排水，防止低洼地带积水渗入井下。

当矿井受到河流、山洪威胁时，应当修筑堤坝和泄洪渠，防止洪水侵入。

对于排到地面的矿井水，应当妥善处理，避免再渗入井下。

对于漏水的沟渠(包括农田水利的灌溉沟渠)和河床,如果威胁矿井安全,应当进行铺底或者改道。地面裂缝和塌陷地点应当及时填塞。进行填塞工作时,应当采取相应的安全措施,防止人员陷入塌陷坑内。

在有滑坡危险的地段,可能威胁煤矿安全时,应当进行治理。

在井田内季节性沟谷下开采前,需对是否有洪水灌井的危险进行评价,开采应避开雨季,采后及时做好地面裂缝的填堵工作。

第五十五条 严禁将矸石、炉灰、垃圾等杂物堆放在山洪、河流可能冲刷到的地段,以免淤塞河道、沟渠。

发现与煤矿防治水有关系的河道中存在障碍物或者堤坝破损时,应当及时报告当地人民政府,采取措施清理障碍物或者修复堤坝,防止地表水进入井下。

第五十六条 使用中的钻孔,应当按照规定安装孔口盖。报废的钻孔应当及时封孔,防止地表水或者含水层的水涌入井下,封孔资料等有关情况记录在案,存档备查。观测孔、注浆孔、电缆孔、下料孔、与井下或者含水层相通的钻孔,其孔口管应当高出当地历史最高洪水位。

第五十七条 报废的立井应当封堵填实,或者在井口浇注坚实的钢筋混凝土盖板,设置栅栏和标志。

报废的斜井应当封堵填实,或者在井口以下垂深大于 20 m 处砌筑 1 座混凝土墙,再用泥土填至井口,并在井口砌筑厚度不低于 1 m 的混凝土墙。

报废的平硐,应当从硐口向里封堵填实至少 20 m,再砌封墙。

位于斜坡、汇水区、河道附近的井口,充填距离应当适当加长。报废井口的周围有地表水影响的,应当设置排水沟。

封填报废的立井、斜井或者平硐时,应当做好隐蔽工程记录,并填图归档。

第五十八条 每年雨季前,必须对煤矿防治水工作进行全面检查,制定雨季防治水措施,建立雨季巡视制度,组织抢险队伍并进行演练,储备足够的防洪抢险物资。对检查出的事故隐患,应当制定措施,落实资金,责任到人,并限定在汛期前完成整改。需要施工防治水工程的应当有专门设计,工程竣工后由煤矿总工程师组织验收。

第五十九条 煤矿应当与当地气象、水利、防汛等部门进行联系,建立灾害性天气预警和预防机制。应当密切关注灾害性天气的预报预警信息,及时掌握可能危及煤矿安全生产的暴雨洪水灾害信息,采取安全防范措施;加强与周边相邻矿井信息沟通,发现矿井水害可能影响相邻矿井时,立即向周边相邻矿井发出预警。

第六十条 煤矿应当建立暴雨洪水可能引发淹井等事故灾害紧急情况下及时撤出井下人员的制度,明确启动标准、指挥部门、联络人员、撤人程序和撤退路线等,当暴雨威胁矿井安全时,必须立即停产撤出井下全部人员,只有在确认暴雨洪水隐患消除后方可恢复生产。

第六十一条 煤矿应当建立重点部位巡视检查制度。当接到暴雨灾害预警信息和警报后,对井田范围内废弃老窑、地面塌陷坑、采动裂隙以及可能影响矿井安全生产的河流、湖泊、水库、涵闸、堤防工程等实施 24 h 不间断巡查。矿区降大到暴雨时和降雨后,应当派专业人员及时观测矿井涌水量变化情况。

第二节 顶板水防治

第六十二条 当煤层(组)顶板导水裂隙带范围内的含水层或者其他水体影响采掘安全时,应当采用超前疏放、注浆改造含水层、帷幕注浆、充填开采或者限制采高等方法,消除威胁后,方可进行采掘活动。

第六十三条 采取超前疏放措施对含水层进行区域疏放水的,应当综合分析导水裂隙带发育高度、顶板含水层富水性，进行专门水文地质勘探和试验，开展可疏性评价。根据评价成果，编制区域疏放水方案，由煤炭企业总工程师审批。

第六十四条　采取注浆改造顶板含水层的，必须制定方案，经煤炭企业总工程师审批后实施，确保开采后导水裂隙带波及范围内含水层改造成弱含水层或者隔水层。

第六十五条　采取充填开采、限制采高等措施控制导水裂隙带高度的，必须制定方案，经煤炭企业总工程师审批后实施，确保导水裂隙带不波及含水层。

第六十六条　疏干（降）开采半固结或者较松散的古近系、新近系、第四系含水层覆盖的煤层时，开采前应当遵守下列规定：

（一）查明流砂层的埋藏分布条件，研究其相变及成因类型；

（二）查明流砂层的富水性、水理性质，预计涌水量和评价可疏干（降）性，建立水文动态观测网，观测疏干（降）速度和疏干（降）半径；

（三）在疏干（降）开采试验中，应当观测研究导水裂隙带发育高度，水砂分离方法、跑砂休止角，巷道开口时溃水溃砂的最小垂直距离，钻孔超前探放水安全距离等；

（四）研究对溃水溃砂引起地面塌陷的预测及处理方法。

第六十七条　被富水性强的松散含水层覆盖的缓倾斜煤层，需要疏干（降）开采时，应当进行专门水文地质勘探或者补充勘探，根据勘探成果确定疏干（降）地段、制定疏干（降）方案，经煤炭企业总工程师组织审批后实施。

第六十八条　矿井疏干（降）开采可以应用“三图双预测法”进行顶板水害分区评价和预测。有条件的矿井可以应用数值模拟技术，进行导水裂隙带发育高度、疏干水量和地下水流场变化的模拟和预测；观测研究多煤层开采后导水裂隙带综合发育高度。

第六十九条　受离层水威胁（火成岩等坚硬覆岩下开采）的矿井，应当对煤层覆岩特征及其组合关系、力学性质、含水层富水性等进行分析，判断离层发育的层位，采取施工超前钻孔等手段，破坏离层空间的封闭性、预先疏放离层的补给水源或者超前疏放离层水等。

第三节　底板水防治

第七十条　底板水防治应当遵循井上与井下治理相结合、区域与局部治理相结合的原则。根据矿井实际，采取地面区域治理、井下注浆加固底板或者改造含水层、疏水降压、充填开采等防治水措施，消除水害威胁。

第七十一条　当承压含水层与开采煤层之间的隔水层能够承受的水头值大于实际水头值时，可以进行带压开采，但应当制定专项安全技术措施，由煤炭企业总工程师审批。

第七十二条　当承压含水层与开采煤层之间的隔水层能够承受的水头值小于实际水头值时，开采前应当遵守下列规定：

（一）采取疏水降压的方法，把承压含水层的水头值降到安全水头值以下，并制定安全措施，由煤炭企业总工程师审批。矿井排水应与矿区供水、生态环境保护相结合，推广应用矿井排水、供水、生态环保“三位一体”优化结合的管理模式和方法；

（二）承压含水层的集中补给边界已经基本查清情况下，可以预先进行帷幕注浆，截断水源，然后疏水降压开采；

（三）当承压含水层的补给水源充沛，不具备疏水降压和帷幕注浆的条件时，可以采用地面区域治理，或者局部注浆加固底板隔水层、改造含水层的方法，但应当编制专门的设计，在有充分防范措施的条件下进行试采，并制定专门的防止淹井措施，由煤炭企业总工程师审批。

安全水头值计算公式见附录四。各矿区应当总结适合本矿区的安全水头值。

第七十三条 煤层底板存在高承压岩溶含水层，且富水性强或者极强，采用井下探查、注浆加固底板或者改造含水层时，应当符合下列要求：

(一)掘进前应当同时采用钻探和物探方法，确认无突水危险时方可施工。巷道底板的安全隔水层厚度，钻探与物探探测深度按附录五式(附5-1)合理确定，钻孔超前距和帮距参考附录六式(附6-3)确定；

(二)应当编制注浆加固底板或者改造含水层设计和施工安全技术措施，由煤矿总工程师组织审批。可结合矿井实际情况，建立地面注浆系统；

(三)注浆加固底板或者改造含水层结束后，由煤炭企业总工程师组织效果评价。采煤工作面突水系数按附录五式(附5-2)计算，不得大于0.1 MPa/m。

第七十四条 煤层底板存在高承压岩溶含水层，且富水性强或者极强，采用地面区域治理方法时，应当符合下列要求：

(一)煤矿总工程师组织编制区域治理设计方案，由煤炭企业总工程师审批；

(二)地面区域治理可以采用定向钻探技术，根据矿井水文地质条件确定治理目标层和布孔方式，并根据注浆扩散距离确定合理孔间距，施工中应当逢漏必注，循环钻进直至设计终孔位置，注浆终压不得小于底板岩溶含水层静水压力的1.5倍，达到探测、治理、验证"三位一体"的治理效果；

(三)区域治理工程结束后，对工程效果做出结论性评价，提交竣工报告，由煤炭企业总工程师组织验收。采煤工作面突水系数按附录五式(附5-2)计算，不得大于0.1 MPa/m；

(四)实施地面区域治理的区域，掘进前应当采用物探方法进行效果检验，没有异常的，可以正常掘进；发现异常的，应当采用钻探验证并治理达标。回采前应同时采用物探、钻探方法进行效果验证。

第七十五条 有条件的矿井可以采用"脆弱性指数法"或者"五图双系数法"等，对底板承压含水层突水危险性进行综合分区评价。

第四节 老空水防治

第七十六条 煤矿应当开展老空分布范围及积水情况调查工作，查清矿井和周边老空及积水情况，调查内容包括老空位置、形成时间、范围、层位、积水情况、补给来源等。老空范围不清、积水情况不明的区域，必须采取井上下结合的钻探、物探、化探等综合技术手段进行探查，编制矿井老空水害评价报告，制定老空水防治方案。

(一)地面物探可以采用地震勘探方法探查老空范围，采用直流电法、瞬变电磁法、可控源音频大地电磁测深法探查老空积水情况；

(二)井下物探可以采用槽波地震勘探、瑞利波勘探、无线电波透视法(坑透)探测老空边界，采用瞬变电磁法、直流电法、音频电穿透法探测老空积水情况；

(三)物探等探查圈定的异常区应当采用钻探方法验证；

(四)可以采用化探方法分析老空水来源及补给情况。

第七十七条 煤矿应当根据老空水查明程度和防治措施落实到位程度，对受老空水影响的煤层按威胁程度编制分区管理设计，由煤矿总工程师组织审批。老空积水情况清楚且防治措施落实到位的区域，划为可采区；否则，划为缓采区。缓采区由煤矿地测部门编制老空水探查设计，通过井上下探查手段查明老空积水情况，防治措施落实到位后，方可转为可采区；治理后仍不能保证安全开采的，划为禁采区。

第七十八条 煤矿应当及时掌握本矿及相邻矿井距离本矿200 m范围内的采掘动态，将采掘范围、积水情况、防隔水煤(岩)柱等填绘在矿井充水性图、采掘工程平面图等图件上，并标出积水线、探水线和警戒线的位置。

第七十九条 当老空有大量积水或者有稳定补给源时，应当优先选择留设防隔水煤(岩)柱；当老空积水量较小或者没有稳定补给源时，应当优先选择超前疏干（放）方法；对于有潜在补给源的未充水老空，应当采取切断可能补给水源或者修建防水闸墙等隔离措施。

第八十条　疏放老空水时，应当由地测部门编制专门疏放水设计，经煤矿总工程师组织审批后，按设计实施。疏放过程中，应当详细记录放水量、水压动态变化。放水结束后，对比放水量与预计积水量，采用钻探、物探方法对放水效果进行验证，确保疏干放净。

第八十一条　近距离煤层群开采时，下伏煤层采掘前，必须疏干导水裂隙带波及范围内的上覆煤层采空区积水。

第八十二条　沿空掘进的下山巷道超前疏放相邻采空区积水的，在查明采空区积水范围、积水标高等情况后，可以实行限压（水压小于 0.01 MPa）循环放水，但必须制定专门措施由煤矿总工程师审批。

第八十三条　应当对老空积水情况进行动态监测，监测内容包括水压、水量、水温、水质、有害气体等；采用留设防隔水煤（岩）柱和防水闸墙措施隔离老空水的，还应当对其安全状态进行监测。

第五节　水体下采煤

第八十四条　在矿井、水平、采区设计时必须划定受河流、湖泊、水库、采煤塌陷区和海域等地表水体威胁的开采区域。受地表水体威胁区域的近水体下开采，应当留足防隔水煤（岩）柱。

在松散含水层下开采时，应当按照水体采动等级留设防水、防砂或者防塌等不同类型的防隔水煤（岩）柱。

在基岩含水层（体）或者含水断裂带下开采时，应当对开采前后覆岩的渗透性及含水层之间的水力联系进行分析评价，确定采用留设防隔水煤（岩）柱或者采用疏干（降）等方法保证安全开采。

第八十五条　水体下采煤，应当根据矿井水文地质及工程地质条件、开采方法、开采高度和顶板控制方法等，按照《建筑物、水体、铁路及主要井巷煤柱留设与压煤开采规范》中有关规定，编制专项开采方案设计，经有关专家论证，煤炭企业主要负责人审批后，方可进行试采。采煤过程中，应当严格按照批准的设计要求，控制开采范围、开采高度和防隔水煤（岩）柱尺寸。

第八十六条　进行水体下采煤的，应当对开采煤层上覆岩层进行专门水文地质工程地质勘探。

专门水文地质工程地质勘探应当包括下列内容：

（一）查明与煤层开采有关的上覆岩层水文地质结构，包括含水层、隔水层的厚度和分布，含水层水位、水质、富水性，各含水层之间的水力联系及补给、径流、排泄条件，断层的导（含）水性；

（二）采用钻探、物探等方法探明工作面上方基岩面的起伏和基岩厚度。在松散含水层下开采时，应当查明松散层底部隔水层的厚度、变化与分布情况；

（三）通过岩芯工程地质编录和数字测井等，查明上覆岩土层的工程地质类型、覆岩组合及结构特征，采取岩土样进行物理力学性质测试。

第八十七条　水体下采煤，其防隔水煤（岩）柱应当按照裂缝角与水体采动等级所要求的防隔水煤（岩）柱相结合的原则设计留设。煤层（组）垮落带、导水裂隙带高度、保护层厚度可以按照《建筑物、水体、铁路及主要井巷煤柱留设与压煤开采规范》中的公式计算，或者根据实测、类似地质条件下的经验数据结合力学分析、数值模拟、物理模拟等多种方法综合确定。放顶煤开采或者大采高（3 m 以上）综采的垮落带、导水裂隙带高度，应当根据本矿区类似地质条件实测资料等多种方法综合确定。煤层顶板存在富水性中等及以上含水层或者其他水体威胁时，应当实测垮落带、导水裂隙带发育高度，进行专项设计，确定防隔水煤（岩）柱尺寸。

放顶煤开采的保护层厚度，应当根据对上覆岩土层结构和岩性、垮落带、导水裂隙带高度以及开采经验等分析确定。

留设防砂和防塌煤（岩）柱开采的，应当结合上覆土层、风化带的临界水力坡度，进行抗渗透破坏评价，确保不发生溃水和溃砂事故。

第八十八条 临近水体下的采掘工作，应当遵守下列规定：

（一）采用有效控制采高和开采范围的采煤方法，防止急倾斜煤层抽冒。在工作面范围内存在高角度断层时，采取有效措施，防止断层导水或者沿断层带抽冒破坏；

（二）在水体下开采缓倾斜及倾斜煤层时，宜采用倾斜分层长壁开采方法，并尽量减少第一、第二分层的采厚；上下分层同一位置的采煤间歇时间不得小于6个月，岩性坚硬顶板间歇时间适当延长。留设防砂和防塌煤（岩）柱，采用放顶煤开采方法时，先试验后推广；

（三）严禁开采地表水体、老空水淹区域、强含水层下且水患威胁未消除的急倾斜煤层；

（四）开采煤层组时，采用间隔式采煤方法。如果仍不能满足安全开采的，修改煤柱设计，加大煤柱尺寸，保障矿井安全；

（五）当地表水体或者松散层富水性强的含水层下无隔水层时，开采浅部煤层及在采厚大、含水层富水性中等以上、预计导水裂隙带大于水体与开采煤层间距时，采用充填法、条带开采、顶板关键层弱化或者限制开采厚度等控制导水裂隙带发育高度的开采方法。对于易于疏降的中等富水性以上松散层底部含水层，可以采用疏降含水层水位或者疏干等方法，以保证安全开采；

（六）开采老空积水区内有陷落柱或者断层等构造发育的下伏煤层，在煤层间距大于预计的导水裂隙带波及范围时，还必须查明陷落柱或者断层等构造的导（含）水性，采取相应的防治措施，在隐患消除前不得开采。

第八十九条 进行水体下采掘活动时，应当加强水情和水体底界面变形的监测。试采结束后，提出试采总结报告，研究规律，指导类似条件下的水体下采煤。

第九十条 在采掘过程中，当发现地质条件变化，需要缩小防隔水煤（岩）柱尺寸、提高开采上限时，应当进行可行性研究和工程验证，组织有关专家论证评价，经煤炭企业主要负责人审批后方可进行试采。

缩小防隔水煤（岩）柱的，工作面内或者其附近范围内钻孔间距不得大于500 m，且至少有2个以上钻孔控制含水层顶、底界面，查明含水层顶、底界面及含水层岩性组合、富水性等水文地质工程地质条件。

进行缩小防隔水煤（岩）柱试采时，必须开展垮落带和导水裂隙带的实测工作。

第六节 防隔水煤（岩）柱留设

第九十一条 相邻矿井的分界处，应当留设防隔水煤（岩）柱。矿井以断层分界的，应当在断层两侧留设防隔水煤（岩）柱。

第九十二条 有下列情况之一的，应当留设防隔水煤（岩）柱：

（一）煤层露头风化带；

（二）在地表水体、含水冲积层下或者水淹区域邻近地带；

（三）与富水性强的含水层间存在水力联系的断层、裂隙带或者强导水断层接触的煤层；

（四）有大量积水的老空；

（五）导水、充水的陷落柱、岩溶洞穴或者地下暗河；

（六）分区隔离开采边界；

（七）受保护的观测孔、注浆孔和电缆孔等。

第九十三条 矿井应当根据地质构造、水文地质条件、煤层赋存条件、围岩物理力学性质、开采方法及岩层移动规律等因素确定相应的防隔水煤（岩）柱的尺寸。防隔水煤（岩）柱的尺寸要求见附录六，但不得小于20 m。

防隔水煤(岩)柱应当由矿井地测部门组织编制专门设计,经煤炭企业总工程师组织有关单位审批后实施。

第九十四条　矿井防隔水煤(岩)柱一经确定,不得随意变动。严禁在各类防隔水煤(岩)柱中进行采掘活动。

第九十五条　有突水淹井历史或者带压开采并有突水淹井威胁的矿井,应当分水平或者分采区实行隔离开采,留设防隔水煤(岩)柱。多煤层开采矿井,各煤层的防隔水煤(岩)柱必须统一考虑确定。

第七节　防水闸门与防水闸墙

第九十六条　水文地质类型复杂、极复杂或者有突水淹井危险的矿井,应当在井底车场周围设置防水闸门或者在正常排水系统基础上另外安设由地面直接供电控制,且排水能力不小于最大涌水量的潜水泵排水系统。不具备形成独立潜水泵排水系统条件,与正常排水系统共用排水管路的老矿井,必须安装控制阀门,实现管路间的快速切换。

第九十七条　有突水危险的采区,应当在其附近设置防水闸门;不具备设置防水闸门条件的,应当制定防突水措施,由煤炭企业主要负责人审批。

第九十八条　建筑防水闸门应当符合下列规定:

(一)防水闸门由具有相应资质的单位进行设计,门体应当采用定型设计;

(二)防水闸门的施工及其质量,应当符合设计要求。闸门和闸门硐室不得漏水;

(三)防水闸门硐室前、后两端,分别砌筑不小于 5 m 的混凝土护碹,碹后用混凝土填实,不得空帮、空顶。防水闸门硐室和护碹采用高标号水泥进行注浆加固,注浆压力应当符合设计要求;

(四)防水闸门来水一侧 15～25 m 处,加设 1 道挡物箅子门。防水闸门与箅子门之间,不得停放车辆或者堆放杂物。来水时,先关箅子门,后关防水闸门。如果采用双向防水闸门,应当在两侧各设 1 道箅子门;

(五)通过防水闸门的轨道、电机车架空线、带式输送机等必须灵活易拆。通过防水闸门墙体的各种管路和安设在闸门外侧的闸阀的耐压能力,与防水闸门所设计压力相一致。电缆、管道通过防水闸门墙体处,用堵头和阀门封堵严密,不得漏水;

(六)防水闸门必须安设观测水压的装置,并有放水管和放水闸阀;

(七)防水闸门竣工后,必须按照设计要求进行验收。对新掘进巷道内建筑的防水闸门,必须进行注水耐压试验;防水闸门内巷道的长度不得大于 15 m,试验的压力不得低于设计水压,其稳压时间在 24 h 以上,试压时应当有专门安全措施;

(八)防水闸门必须灵活可靠,并保证每年进行 2 次关闭试验,其中 1 次在雨季前进行。关闭闸门所用的工具和零配件必须专人保管,专门地点存放,不得挪用丢失。

第九十九条　井下防水闸墙的设置应当根据矿井水文地质条件确定,其设计经煤炭企业总工程师批准后方可施工,投入使用前应当由煤炭企业总工程师组织竣工验收。

第一百条　报废的暗井和倾斜巷道下口的密闭防水闸墙必须留泄水孔,每月定期进行观测记录,雨季加密观测,发现异常及时处理。

第八节　注　浆　堵　水

第一百零一条　井筒预注浆应当符合下列规定:

(一)当井筒(立井、斜井)预计穿过较厚裂隙含水层或者裂隙含水层较薄但层数较多时,可以选用地面竖孔预注浆或者定向斜孔预注浆;

（二）在制定注浆方案前，施工井筒检查孔，获取含水层的埋深、厚度、岩性及简易水文观测、抽（压）水试验、水质分析等资料；

（三）注浆起始深度确定在风化带以下较完整的岩层内。注浆终止深度大于井筒要穿过的最下部含水层底板的埋深或者超过井筒深度10～20 m；

（四）当含水层富水性弱时，可以在井筒工作面直接注浆；

（五）井筒预注浆方案，经煤炭企业总工程师组织审批后实施。

第一百零二条 注浆封堵突水点时，应当根据突水水量、水压、水质、水温及含水层水位动态变化特征等，综合分析判断突水水源，结合地层岩性、构造特征，分析判断突水通道性质特征，制定注浆堵水方案，经煤炭企业总工程师批准后实施。

第一百零三条 需要疏干（降）与区域水源有水力联系的含水层时，可以采取帷幕注浆截流措施。帷幕注浆方案编制前，应当对帷幕截流进行可行性研究，开展帷幕建设条件勘探，查明地层层序、地质构造、边界条件以及含水层水文地质工程地质参数，必要时开展地下水数值模拟研究。帷幕注浆方案经煤炭企业总工程师组织审批后实施。

第一百零四条 当井下巷道穿过含水层或者与河流、湖泊、溶洞、强含水层等存在水力联系的导水断层、裂隙（带）、陷落柱等构造前，应当查明水文地质条件，根据需要可以采取井下或者地面竖孔、定向斜孔超前预注浆封堵加固措施，巷道穿过后应当进行壁后围岩注浆处理。巷道超前预注浆封堵加固方案，经煤炭企业总工程师组织审批后实施。

第一百零五条 矿井闭坑前，应当采用物探、化探和钻探等方法，探测矿井边界防隔水煤（岩）柱破坏状况及其可能的透水地段，采取注浆堵水措施隔断废弃矿井与相邻生产矿井的水力联系，避免矿井发生水害事故。

第九节　井下排水系统

第一百零六条 矿井应当配备与矿井涌水量相匹配的水泵、排水管路、配电设备和水仓等，并满足矿井排水的需要。除正在检修的水泵外，应当有工作水泵和备用水泵。工作水泵的能力，应当能在20 h内排出矿井24 h的正常涌水量（包括充填水及其他用水）。备用水泵的能力，应当不小于工作水泵能力的70%。检修水泵的能力，应当不小于工作水泵的25%。工作和备用水泵的总能力，应当能在20 h内排出矿井24 h的最大涌水量。

水文地质类型复杂、极复杂的矿井，除符合本条第一款规定外，可以在主泵房内预留一定数量的水泵安装位置，或者增加相应的排水能力。

排水管路应当有工作管路和备用管路。工作管路的能力，应当满足工作水泵在20 h内排出矿井24 h的正常涌水量。工作和备用管路的总能力，应当满足工作和备用水泵在20 h内排出矿井24 h的最大涌水量。

配电设备的能力应当与工作、备用和检修水泵的能力相匹配，能保证全部水泵同时运转。

第一百零七条 矿井主要泵房至少有2个出口，一个出口用斜巷通到井筒，并高出泵房底板7 m以上；另一个出口通到井底车场，在此出口通路内，应当设置易于关闭的既能防水又能防火的密闭门。泵房和水仓的连接通道，应当设置控制闸门。

第一百零八条 矿井主要水仓应当有主仓和副仓，当一个水仓清理时，另一个水仓能够正常使用。

新建、改扩建矿井或者生产矿井的新水平，正常涌水量在1000 m^3/h以下时，主要水仓的有效容量应当能容纳所承担排水区域8 h的正常涌水量。

正常涌水量大于1000 m^3/h的矿井，主要水仓有效容量可以按照下式计算

$$V=2(Q+3000) \tag{5-1}$$

式中　V——主要水仓的有效容量，m^3；

Q——矿井每小时的正常涌水量，m^3。

采区水仓的有效容量应当能容纳 4 h 的采区正常涌水量，排水设备应当满足采区排水的需要。

矿井最大涌水量与正常涌水量相差大的矿井，排水能力和水仓容量应当由有资质的设计单位编制专门设计，由煤炭企业总工程师组织审批。

水仓进口处应当设置箅子。对水砂充填和其他涌水中带有大量杂质的矿井，还应当设置沉淀池。各水仓的空仓容量应当经常保持在总容量的 50%以上。

第一百零九条　水泵、水管、闸阀、配电设备和线路，必须经常检查和维护。在每年雨季之前，应当全面检修 1 次，并对全部工作水泵、备用水泵及潜水泵进行 1 次联合排水试验，提交联合排水试验报告。

水仓、沉淀池和水沟中的淤泥，应当及时清理；每年雨季前必须清理 1 次。检修、清理工作应当做好记录，并存档备查。

第一百一十条　特大型矿井根据井下生产布局及涌水情况，可以分区建设排水系统，实现独立排水，排水能力根据分区预测的正常和最大涌水量计算配备，但泵房总体设计需满足第一百零六条至第一百零九条要求。

第一百一十一条　采用平硐自流排水的矿井，平硐内水沟的总过水能力应当不小于历年矿井最大涌水量的 1.2 倍；专门泄水巷的顶板标高应当低于主运输巷道底板的标高。

第一百一十二条　新建矿井永久排水系统形成前，各施工区应当设置临时排水系统，并按该区预计的最大涌水量配备排水设备、设施，保证有足够的排水能力。

第一百一十三条　生产矿井延深水平，只有在建成新水平的防、排水系统后，方可开拓掘进。

第六章　露天煤矿防治水

第一百一十四条　露天煤矿应当制定防治水中长期规划，对地下水、地表水和降水可能对排土场、工业广场、采场等区域造成的危害进行风险评估；应当在每年年初制定防排水计划和措施，由煤炭企业负责人审批。雨季前必须对防排水设施作全面检查，并完成防排水设施检修。新建的重要防排水工程必须在雨季前完工。

第一百一十五条　露天煤矿各种设施要充分考虑当地历史最高洪水位的影响，对低于当地历史最高洪水位的设施，必须按规定采取修筑堤坝沟渠、疏通水沟等防洪措施，矿坑内必须形成可靠排水系统。

第一百一十六条　露天煤矿地表及边坡上的防排水设施，应当避开有滑坡危险的地段；当采场内有滑坡区时，应当在滑坡区周围采取设置截水沟等措施。排水沟应当经常检查、清淤，不应渗漏、倒灌或者漫流；当水沟经过有变形、裂缝的边坡地段时，应当采取防渗措施。排土场应当保持平整，不得有积水，周围应当修筑可靠的截泥、防洪或者排水设施。

第一百一十七条　用露天采场深部做储水池排水时，必须采取安全措施，备用水泵的能力不得小于工作水泵能力的 50%。

第一百一十八条　地层含水影响采矿工程正常进行时，应当进行疏干，当疏干不可行，可以采取帷幕注浆截流等措施，疏干、帷幕注浆截流等工程应当超前于采矿工程。在矿床疏干漏斗范围内，如果地面出现裂缝、塌陷时，应当圈定范围加以防护、设置警示标志，并采取安全措施；（半）地下疏干泵房应当设通风装置。

第一百一十九条　受地下水影响较大和已进行疏干排水工程的边坡，应当施工水文观测孔，进行地下水位、水压及矿坑涌水量的观测，分析地下水对边坡稳定的影响程度及疏干的效果，并制定地下水治理措施。

第一百二十条　排土场进行排弃时，底部应当排弃易透水的大块岩石，确保排土场正常渗流。对含有泉眼、冲沟等水文地质条件复杂的排土场，应当采用引水隧道、暗涵、盲沟等工程措施，确保排土场排水畅通。因地下水水位升高，可能造成排土场或者采场滑坡时，必须进行地下水疏干。

第一百二十一条 露天煤矿采排场周围存在地表河流、水库或者地下水体，且水体难以疏干，应当进行专门的水文地质勘探，确定含水区域准确边界，进行专门设计，确定防隔水煤（岩）柱尺寸。并定期对水位水情进行观测，分析防隔水煤（岩）柱稳定情况。

第七章 水害应急处置

第一节 应急预案及实施

第一百二十二条 煤炭企业、煤矿应当开展水害风险评估和应急资源调查工作，根据风险评估结论及应急资源状况，制定水害应急专项预案和现场处置方案，并组织评审，形成书面评审纪要，由本单位主要负责人批准后实施。应急预案内容应当具有针对性、科学性和可操作性。

第一百二十三条 煤炭企业、煤矿应当组织开展水害应急预案、应急知识、自救互救和避险逃生技能的培训，使矿井管理人员、调度室人员和其他相关作业人员熟悉预案内容、应急职责、应急处置程序和措施。

第一百二十四条 每年雨季前至少组织开展1次水害应急预案演练。演练结束后，应当对演练效果进行评估，分析存在的问题，并对水害应急预案进行修订完善。演练计划、方案、记录和总结评估报告等资料保存期限不得少于2年。

第一百二十五条 矿井必须规定避水灾路线，设置能够在矿灯照明下清晰可见的避水灾标识。巷道交叉口必须设置标识，采区巷道内标识间距不得大于200 m，矿井主要巷道内标识间距不得大于300 m，并让井下职工熟知，一旦突水，能够安全撤离。

第一百二十六条 井下泵房应当积极推广无人值守和地面远程监控集控系统，加强排水系统检测与维修，时刻保持排水系统运转正常。水文地质类型复杂、极复杂的矿井，应当实现井下泵房无人值守和地面远程监控。

第一百二十七条 煤矿调度室接到水情报告后，应当立即启动本矿水害应急预案，向值班负责人和主要负责人汇报，并将水患情况通报周边所有煤矿。

第一百二十八条 当发生突水时，矿井应当立即做好关闭防水闸门的准备，在确认人员全部撤离后，方可关闭防水闸门。

第一百二十九条 矿井应当根据水患的影响程度，及时调整井下通风系统，避免风流紊乱、有害气体超限。

第一百三十条 煤矿应当将防范灾害性天气引发煤矿事故灾难的情况纳入事故应急处置预案和灾害预防处理计划中，落实防范暴雨洪水等所需的物资、设备和资金，建立专业抢险救灾队伍，或者与专业抢险救灾队伍签订协议。

第一百三十一条 煤矿应当加强与各级抢险救灾机构的联系，掌握抢救技术装备情况，一旦发生水害事故，立即启动相应的应急预案，争取社会救援，实施事故抢救。

第一百三十二条 水害事故发生后，煤矿应当依照有关规定报告政府有关部门，不得迟报、漏报、谎报、瞒报。

第二节　排水恢复被淹井巷

第一百三十三条　恢复被淹井巷前，应当编制矿井突水淹井调查分析报告。报告应当包括下列主要内容：

（一）突水淹井过程，突水点位置，突水时间，突水形式，水源分析，淹没速度和涌水量变化等；

（二）突水淹没范围，估算积水量；

（三）预计排水过程中的涌水量。依据淹没前井巷各个部分的涌水量，推算突水点的最大涌水量和稳定涌水量，预计恢复过程中各不同标高段的涌水量，并设计排水量曲线；

（四）分析突水原因所需的有关水文地质点（孔、井、泉）的动态资料和曲线、矿井综合水文地质图、矿井水文地质剖面图、矿井充水性图和水化学资料等。

第一百三十四条　矿井恢复时，应当设有专人跟班定时测定涌水量和下降水面高程，并做好记录；观察记录恢复后井巷的冒顶、片帮和淋水等情况；观察记录突水点的具体位置、涌水量和水温等，并作突水点素描；定时对地面观测孔、井、泉等水文地质点进行动态观测，并观察地面有无塌陷、裂缝现象等。

第一百三十五条　排除井筒和下山的积水及恢复被淹井巷前，应当制定防止被水封闭的有害气体突然涌出的安全措施。排水过程中，矿山救护队应当现场监护，并检查水面上的空气成分；发现有害气体，及时处理。

第一百三十六条　矿井恢复后，应当全面整理淹没和恢复两个过程的图纸和资料，查明突水原因，提出防范措施。

第八章　附　　则

第一百三十七条　本细则下列用语的含义：

老空，是指采空区、老窑和已经报废井巷的总称。

采空区，是指回采以后不再维护的空间。

火烧区，是指出露或者接近地表的煤层经过氧化燃烧，并伴随其高温引起顶底板岩层的物化特征发生变化，形成的空间区域。

水淹区域，是指被水淹没的井巷和被水淹没的老空的总称。

矿井正常涌水量，是指矿井开采期间，单位时间内流入矿井的平均水量。一般以年度作为统计区间，以“m^3/h”为计量单位。

矿井最大涌水量，是指矿井开采期间，正常情况下矿井涌水量的高峰值。主要与采动影响和降水量有关，不包括矿井灾害水量。一般以年度作为统计区间，以“m^3/h”为计量单位。

突水，是指含水层水的突然涌出。

透水，是指老空水的突然涌出。

离层水，是指煤层开采后，顶板覆岩不均匀变形及破坏而形成的离层空腔积水。

安全水头值，是指隔水层能承受含水层的最大水头压力值。

防隔水煤（岩）柱，是指为确保近水体安全采煤而留设的煤层开采上（下）限至水体底（顶）界面之间的煤岩层区段。

探放水，是指包括探水和放水的总称。探水是指采矿过程中用超前勘探方法，查明采掘工作面顶底板、侧帮和前方等水体的具体空间位置和状况等情况。放水是指为了预防水害事故，在探明情况后采用施工钻孔等安全方法将水体放出。

垮落带，是指由采煤引起的上覆岩层破裂并向采空区垮落的岩层范围。

导水裂隙带，是指垮落带上方一定范围内的岩层发生断裂，产生裂隙，且具有导水性的岩层范围。

抽冒，是指在浅部厚煤层、急倾斜煤层及断层破碎带和基岩风化带附近采煤或者掘进时，顶板岩层或者煤层本身在较小范围内垮落超过正常高度的现象。

带压开采，是指在具有承压水压力的含水层上进行的采煤。

隔水层厚度，是指开采煤层底板至含水层顶面之间的厚度。

三图双预测法，是指一种解决煤层顶板充水水源、通道和强度三大问题的顶板水害评价方法。三图是指煤层顶板充水含水层富水性分区图、顶板垮裂安全性分区图和顶板涌（突）水条件综合分区图；双预测是指顶板充水含水层预处理前、后采煤工作面分段和整体工程涌水量预测。

脆弱性指数法，是指将可以确定底板突水多种主控因素权重系数的信息融合与具有强大空间信息分析处理功能的 GIS 耦合于一体的煤层底板水害评价方法。

五图双系数法，是指一种煤层底板水害评价方法。五图是指底板保护层破坏深度等值线图、底板保护层厚度等值线图、煤层底板以上水头等值线图、有效保护层厚度等值线图、带压开采评价图；双系数是指带压系数和突水系数。

积水线，是指经过调查确定的积水边界线。

探水线，是指用钻探方法进行探水作业的起始线。

警戒线，是指开始加强水情观测、警惕积水威胁的起始线。

超前距，是指探水钻孔沿巷道掘进前方所控制范围超前于掘进工作面迎头的最小安全距离。

帮距，是指最外侧探水钻孔所控制范围与巷道帮的最小安全距离。

煤炭企业，是指从事煤炭生产与煤矿建设具有法人地位的企业。

煤矿，是指直接从事煤炭生产和煤矿建设的业务单元，可以是法人单位，也可以是非法人单位，包括井工和露天煤矿。

矿井，是指从事地下开采的煤矿。

第一百三十八条　本细则自 2018 年 9 月 1 日起施行。原国家安全生产监督管理总局 2009 年 9 月 21 日公布的《煤矿防治水规定》同时废止。

附录一　含水层富水性及突水点等级划分标准

一、按照钻孔单位涌水量 q 值大小，将含水层富水性分为以下 4 级。

1. 弱富水性：$q \leqslant 0.1\ \mathrm{L/(s \cdot m)}$；
2. 中等富水性：$0.1\ \mathrm{L/(s \cdot m)} < q \leqslant 1.0\ \mathrm{L/(s \cdot m)}$；
3. 强富水性：$1.0\ \mathrm{L/(s \cdot m)} < q \leqslant 5.0\ \mathrm{L/(s \cdot m)}$；
4. 极强富水性：$q > 5.0\ \mathrm{L/(s \cdot m)}$。

注：评价含水层的富水性，钻孔单位涌水量以口径 91 mm、抽水水位降深 10 m 为准；若口径、降深与上述不符时，应当进行换算后再比较富水性。换算方法：先根据抽水时涌水量 Q 和降深 S 的数据，用最小二乘法或者图解法确定 $Q=f(S)$ 曲线，根据 $Q-S$ 曲线确定降深 10 m 时抽水孔的涌水量，再用下面的公式计算孔径为 91 mm 时的涌水量，最后除以 10 m 即单位涌水量。

$$Q_{91}=Q\left(\frac{\lg R-\lg r}{\lg R_{91}-\lg r_{91}}\right) \qquad (附 1-1)$$

式中　Q_{91}、R_{91}、r_{91}——孔径为 91 mm 的钻孔的涌水量、影响半径和钻孔半径；

Q、R、r——拟换算钻孔的涌水量、影响半径和钻孔半径。

二、按照突水量 Q 值大小，将突水点分为以下 4 级。

1. 小突水点：$30\ \mathrm{m^3/h} \leqslant Q \leqslant 60\ \mathrm{m^3/h}$；

2. 中等突水点：60 $m^3/h<Q\leqslant600$ m^3/h；
3. 大突水点：600 $m^3/h<Q\leqslant1800$ m^3/h；
4. 特大突水点：$Q>1800$ m^3/h。

附录二　矿井水文地质图件主要内容及要求

一、矿井综合水文地质图

矿井综合水文地质图是反映矿井水文地质条件的图纸之一，也是进行矿井防治水工作的主要参考依据。综合水文地质图一般在井田地形地质图的基础上编制，比例尺为1∶2000、1∶5000或者1∶10000。主要内容有：

1. 基岩含水层露头(包括岩溶)及冲积层底部含水层(流砂、砂砾、砂礓层等)的平面分布状况；
2. 地表水体，水文观测站，井、泉分布位置及陷落柱范围；
3. 水文地质钻孔及其抽水试验成果；
4. 基岩等高线(适用于隐伏煤田)；
5. 已开采井田井下主干巷道、矿井回采范围及井下突水点资料；
6. 主要含水层等水位(压)线；
7. 老窑、小煤矿位置及开采范围和涌水情况；
8. 有条件时，划分水文地质单元，进行水文地质分区。

二、矿井综合水文地质柱状图

矿井综合水文地质柱状图是反映含水层、隔水层及煤层之间的组合关系和含水层层数、厚度及富水性的图纸。一般采用相应比例尺随同矿井综合水文地质图一道编制。主要内容有：

1. 含水层年代地层名称、厚度、岩性、岩溶发育情况；
2. 各含水层水文地质试验参数；
3. 含水层的水质类型；
4. 含水层与主要开采煤层之间距离关系。

三、矿井水文地质剖面图

矿井水文地质剖面图主要是反映含水层、隔水层、褶曲、断裂构造等和煤层之间的空间关系。主要内容有：

1. 含水层岩性、厚度、埋藏深度、岩溶裂隙发育深度；
2. 水文地质孔、观测孔及其试验参数和观测资料；
3. 地表水体及其水位；
4. 主要井巷位置；
5. 主要开采煤层位置。

矿井水文地质剖面图一般以走向、倾向有代表性的地质剖面为基础。

四、矿井充水性图

矿井充水性图是综合记录井下实测水文地质资料的图纸，是分析矿井充水规律、开展水害预测及制定防治水措施的主要依据之一，也是矿井防治水的必备图纸。一般采用采掘工程平面图作底图进行编制，比例尺为1∶2000或者1∶5000。主要内容有：

1. 各种类型的出（突）水点应当统一编号，并注明出水日期、涌水量、水位（水压）、水温及涌水特征；
2. 古井、废弃井巷、采空区、老硐等的积水范围和积水量；
3. 井下防水闸门、防水闸墙、放水孔、防隔水煤（岩）柱、泵房、水仓、水泵台数及能力；
4. 井下输水路线；
5. 井下涌水量观测站（点）的位置；
6. 其他。

矿井充水性图应当随采掘工程的进展定期补充填绘。

五、矿井涌水量与相关因素动态曲线图

矿井涌水量与相关因素动态曲线是综合反映矿井充水变化规律，预测矿井涌水趋势的图件。各矿井应当根据具体情况，选择不同的相关因素绘制下列几种关系曲线图。

1. 矿井涌水量与降水量、地下水位关系曲线图；
2. 矿井涌水量与单位走向开拓长度、单位采空面积关系曲线图；
3. 矿井涌水量与地表水补给量或者水位关系曲线图；
4. 矿井涌水量随开采深度变化曲线图。

六、矿井含水层等水位（压）线图

等水位（压）线图主要反映地下水的流场特征。水文地质复杂型和极复杂型的矿井，对主要含水层（组）应当坚持定期绘制等水位（压）线图，以对照分析矿井疏干（降）动态。比例尺为1：2000、1：5000或者1：10000。主要内容有：

1. 含水层、煤层露头线，主要断层线；
2. 水文地质孔、观测孔、井、泉的地面标高，孔（井、泉）口标高和地下水位（压）标高；
3. 河、渠、山塘、水库、塌陷积水区等地表水体观测站的位置、地面标高和同期水面标高；
4. 矿井井口位置、开拓范围和公路、铁路交通干线；
5. 地下水等水位（压）线和地下水流向；
6. 可采煤层底板隔水层等厚线（当受开采影响的主含水层在可采煤层底板下时）；
7. 井下涌水、突水点位置及涌水量。

七、区域水文地质图

区域水文地质图一般在1：10000～1：100000区域地质图的基础上经过区域水文地质调查之后编制。成图的同时，尚需写出编图说明书。矿井水文地质复杂型和极复杂型矿井，应当认真加以编制。主要内容有：

1. 地表水系、分水岭界线、地貌单元划分；
2. 主要含水层露头，松散层等厚线；
3. 地下水天然出露点及人工揭露点；
4. 岩溶形态及构造破碎带；
5. 水文地质钻孔及其抽水试验成果；
6. 地下水等水位线，地下水流向；
7. 划分地下水补给、径流、排泄区；
8. 划分不同水文地质单元，进行水文地质分区；
9. 附相应比例尺的区域综合水文地质柱状图、区域水文地质剖面图。

八、矿区岩溶图

岩溶特别发育的矿区，应当根据调查和勘探的实际资料编制矿区岩溶图，为研究岩溶的发育分布规律和矿井岩溶水防治提供参考依据。

岩溶图的形式可以根据具体情况编制成岩溶分布平面图、岩溶实测剖面图或者展开图等。

1. 岩溶分布平面图可以在矿井综合水文地质图的基础上填绘岩溶地貌、汇水封闭洼地、落水洞、地下暗河的进出水口、天窗、地下水的天然出露点及人工出露点、岩溶塌陷区、地表水和地下水的分水岭等；

2. 岩溶实测剖面图或者展开图，根据对溶洞或者暗河的实际测绘资料编制。

附录三　采掘工作面水害分析预报表和预测图模式

一、采掘工作面水害分析预报表

附表 3－1　采掘工作面水害分析预测表

矿井	项号	预测水害地点	采掘队	工作面上下标高	煤层			采掘时间	水害类型	水文地质简述	预防及处理意见	责任单位	备注
					名称	厚度/m	倾角/(°)						
	1												
	2												
	3												
	4												
	5												

注：水害类型指地表水、孔隙水、裂隙水、岩溶水、老空水、断裂构造水、陷落柱水、钻孔水、顶板水、底板水等。

二、水害预测图

在矿井采掘工程图(月报图)上，按预报表上的项目，在可能发生水害的部位，用红颜色标上水害类型符号。符号图例如附图 3－1 所示。

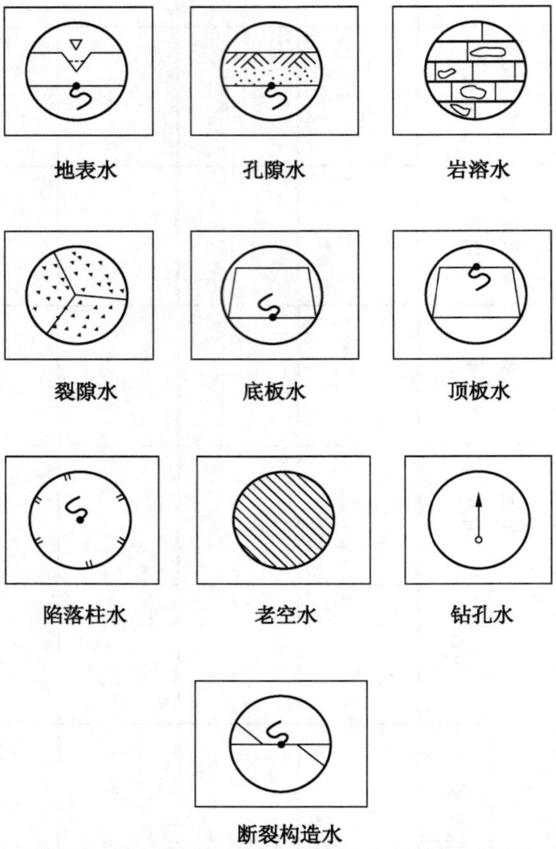

附图 3－1　矿井采掘工作面水害预测图例

附录四　安全水头值计算公式

一、掘进巷道底板隔水层安全水头值计算公式

$$p_s = 2K_p \frac{t^2}{L^2} + \gamma t \qquad (附 4-1)$$

式中　p_s——底板隔水层安全水头值，MPa；

t——隔水层厚度，m；

L——巷道底板宽度，m；

γ——底板隔水层的平均重度，MN/m^3；

K_p——底板隔水层的平均抗拉强度，MPa。

二、采煤工作面安全水头值计算公式

$$p_s = T_s M \qquad (附 4-2)$$

式中 p_s——底板隔水层安全水头值，MPa；

M——底板隔水层厚度，m；

T_s——临界突水系数，MPa/m。

T_s 值应当根据本区资料确定，一般情况下，底板受构造破坏的地段按 0.06 MPa/m 计算，隔水层完整无断裂构造破坏的地段按 0.1 MPa/m 计算。

附录五　安全隔水层厚度和突水系数计算公式

一、掘进工作面安全隔水层厚度计算公式

$$t=\frac{L(\sqrt{\gamma^2L^2+8K_pp}-\gamma L)}{4K_p} \quad \text{(附 5—1)}$$

式中 t——安全隔水层厚度，m；

L——巷道底板宽度，m；

γ——底板隔水层的平均重度，MN/m^3；

K_p——底板隔水层的平均抗拉强度，MPa；

p——底板隔水层承受的实际水头值，MPa。

二、突水系数计算公式

$$T=\frac{p}{M} \quad \text{(附 5—2)}$$

式中 T——突水系数，MPa/m；

p——底板隔水层承受的实际水头值，MPa；水压应当从含水层顶界面起算，水位值取近 3 年含水层观测水位最高值；

M——底板隔水层厚度，m。

式(附 5—2)适用于采煤工作面，就全国实际资料看，底板受构造破坏的地段突水系数一般不得大于 0.06 MPa/m，隔水层完整无断裂构造破坏的地段不得大于 0.1 MPa/m。

附录六　防隔水煤(岩)柱的尺寸要求

一、煤层露头防隔水煤(岩)柱的留设

1. 煤层露头无覆盖或者被黏土类微透水松散层覆盖时，其计算公式为

$$H_f=H_k+H_b \quad \text{(附 6—1)}$$

2. 煤层露头被松散富水性强的含水层覆盖时(附图 6—1)，其计算公式为

$$H_f=H_d+H_b \quad \text{(附 6—2)}$$

式中 H_f——防隔水煤(岩)柱高度，m；

H_k——垮落带高度，m；

H_d——最大导水裂隙带高度，m；

H_b——保护层厚度，m。

式中 H_k、H_d 的计算，参照《建筑物、水体、铁路及主要井巷煤柱留设与压煤开采规范》的相关规定。

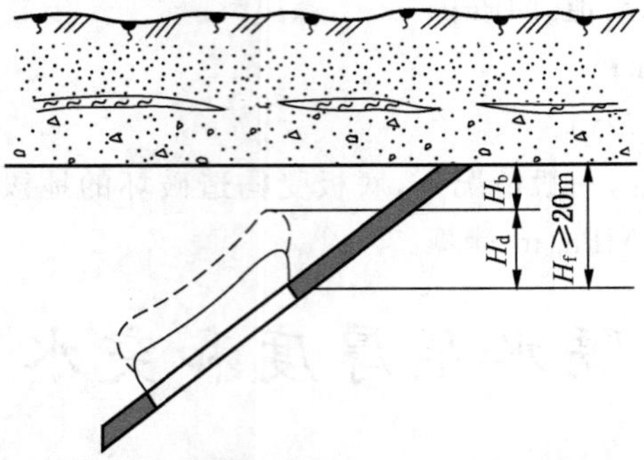

附图 6－1　煤层露头被松散富水性强含水层覆盖时防隔水煤（岩）柱留设图

二、含水或者导水断层防隔水煤（岩）柱的留设

可以参照下列经验公式计算（附图 6－2）：

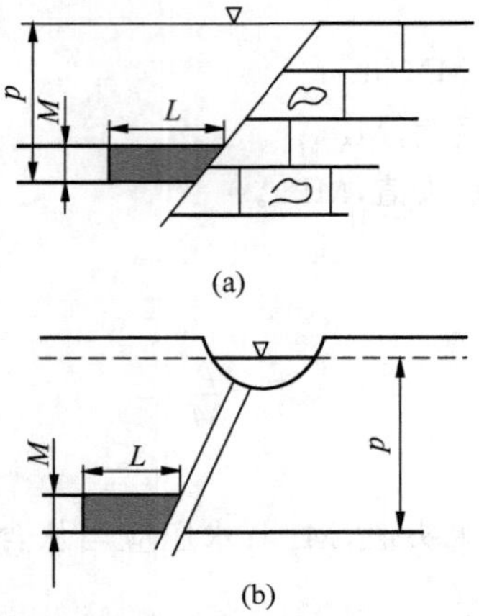

附图 6－2　含水或者导水断层防隔水煤（岩）柱留设图

$$L = 0.5KM\sqrt{\frac{3p}{K_p}} \qquad (附 6－3)$$

式中　L——煤柱留设的宽度，m；

K——安全系数，一般取 2～5；

M——煤层厚度或者采高，m；

p——实际水头值，MPa；

K_p——煤的抗拉强度，MPa。

三、煤层与强含水层或者导水断层接触防隔水煤（岩）柱的留设

1. 当含水层顶面高于最高导水裂隙带上限时，防隔水煤（岩）柱可以按附图 6－3a、附图 6－3b 留设。其计算公式为

$$L = L_1 + L_2 + L_3 = H_a \csc\theta + H_d \cot\theta + H_d \cot\delta \qquad (附 6－4)$$

2. 最高导水裂隙带上限高于断层上盘含水层时，防隔水煤（岩）柱按附图 6－3c 留设。其计算公式为

$$L = L_1 + L_2 + L_3 = H_a(\sin\delta - \cos\delta\cot\theta) + (H_a\cos\delta + M)(\cot\theta + \cot\delta) \qquad (附 6－5)$$

式中　L——防隔水煤（岩）柱宽度，m；

L_1、L_2、L_3——防隔水煤(岩)柱各分段宽度,m;

H_d——最大导水裂隙带高度,m;

θ——断层倾角,(°);

δ——岩层塌陷角,(°);

M——断层上盘含水层顶面高出下盘煤层底板的高度,m;

H_a——安全防隔水煤(岩)柱的宽度,m。

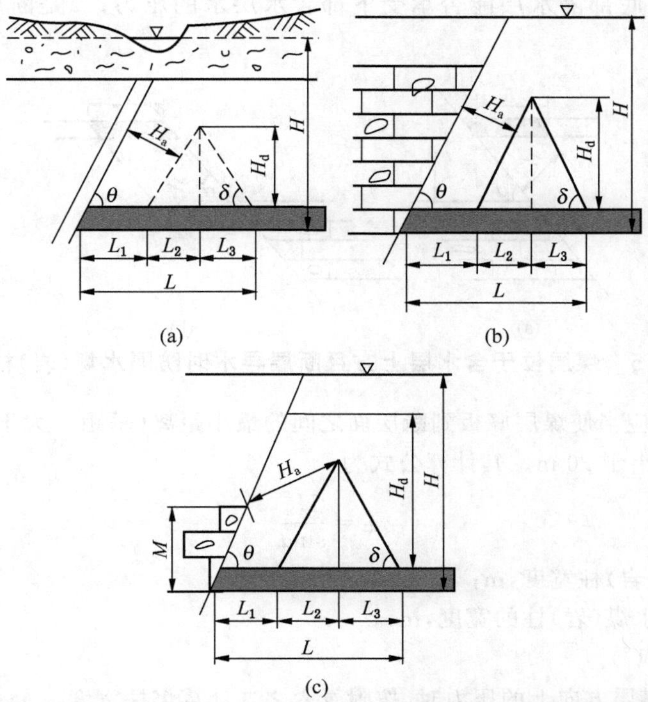

附图 6-3 煤层与富水性强的含水层或者导水断层接触时防隔水煤(岩)柱留设图

H_a 值应当根据矿井实际观测资料来确定,即通过总结本矿区在断层附近开采时发生突水和安全开采的地质、水文地质资料,按公式(附 5-2)计算其临界突水系数 T_s,并将各计算值标到以 T_s 为横轴、以埋藏深度 H_0 为纵轴的坐标系内,找出 T_s 值的安全临界线(附图 6-4)。

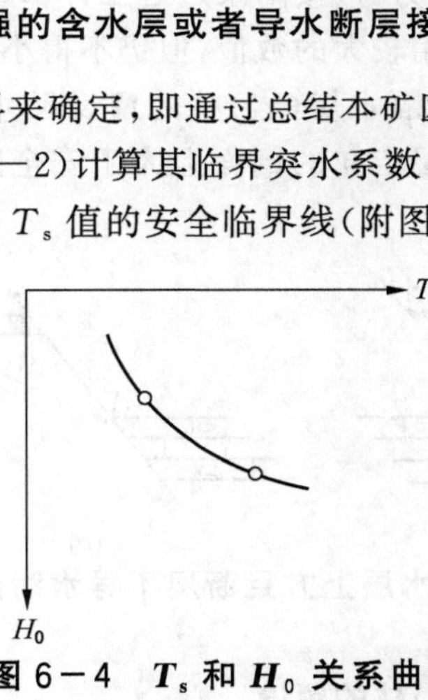

附图 6-4 T_s 和 H_0 关系曲线图

H_a 值也可以按下列公式计算:

$$H_a=\frac{p}{T_s}+10 \qquad (附 6-6)$$

式中 p——防隔水煤(岩)柱所承受的实际水头值,MPa;

T_s——临界突水系数,MPa/m;

10——保护层厚度，一般取 10 m。

本矿区如无实际突水系数，可以参考其他矿区资料，但选用时应当综合考虑隔水层的岩性、物理力学性质、巷道跨度或者工作面的空顶距、采煤方法和顶板控制方法等一系列因素。

四、煤层位于含水层上方且断层导水时防隔水煤（岩）柱的留设

1. 在煤层位于含水层上方且断层导水的情况下（附图 6－5），防隔水煤（岩）柱的留设应当考虑 2 个方向上的压力：一是煤层底部隔水层能否承受下部含水层水的压力；二是断层水在顺煤层方向上的压力。

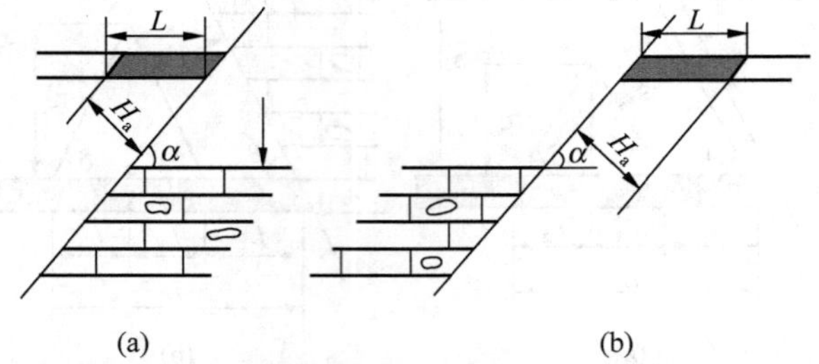

附图 6－5　煤层位于含水层上方且断层导水时防隔水煤（岩）柱留设图

当考虑底部压力时，应当使煤层底板到断层面之间的最小距离（垂距），大于安全防隔水煤（岩）柱宽度 H_a 的计算值，但不得小于 20 m。其计算公式为

$$L=\frac{H_a}{\sin\alpha} \qquad (附 6－7)$$

式中　L——防隔水煤（岩）柱宽度，m；

H_a——安全防隔水煤（岩）柱的宽度，m；

α——断层倾角，(°)。

当考虑断层水在顺煤层方向上的压力时，按附录六之二计算煤柱宽度。

根据以上两种方法计算的结果，取用较大的数值，但仍不得小于 20 m。

2. 如果断层不导水（附图 6－6），防隔水煤（岩）柱的留设尺寸，应当保证含水层顶面与断层面交点至煤层底板间的最小距离，在垂直于断层走向的剖面上大于安全防隔水煤（岩）柱宽度 H_a，但不得小于 20 m。

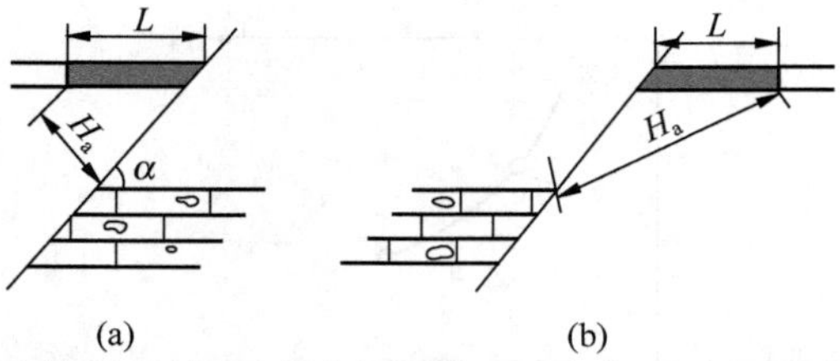

附图 6－6　煤层位于含水层上方且断层不导水时防隔水煤（岩）柱留设图

五、水淹区域下采掘时防隔水煤（岩）柱的留设

1. 巷道在水淹区域下掘进时，巷道与水体之间的最小距离，不得小于巷道高度的 10 倍；

2. 在水淹区域下同一煤层中进行开采时，若水淹区域的界线已基本查明，防隔水煤（岩）柱的尺寸应当按附录六之二的规定留设；

3. 在水淹区域下的煤层中进行回采时，防隔水煤（岩）柱的尺寸，不得小于最大导水裂隙带高度与保护层厚度之和。

六、保护地表水体防隔水煤(岩)柱的留设

保护地表水体防隔水煤(岩)柱的留设,可以参照《建筑物、水体、铁路及主要井巷煤柱留设与压煤开采规范》执行。

七、保护通水钻孔防隔水煤(岩)柱的留设

根据钻孔测斜资料换算钻孔见煤点坐标,按附录六之二的办法留设防隔水煤(岩)柱,如无测斜资料,应当考虑钻孔可能偏斜的误差。

八、相邻矿(井)人为边界防隔水煤(岩)柱的留设

1. 水文地质类型简单、中等的矿井,可以采用垂直法留设,但总宽度不得小于 40 m;

2. 水文地质类型复杂、极复杂的矿井,应当根据煤层赋存条件、地质构造、静水压力、开采煤层上覆岩层移动角、导水裂隙带高度等因素确定;

3. 多煤层开采,当上、下两层煤的层间距小于下层煤开采后的导水裂隙带高度时,下层煤的边界防隔水煤(岩)柱,应当根据最上一层煤的岩层移动角和煤层间距向下推算(附图 6－7a);当上、下两层煤之间的层间距大于下层煤开采后的导水裂隙带高度时,上、下煤层的防隔水煤(岩)柱,可以分别留设(附图 6－7b)。

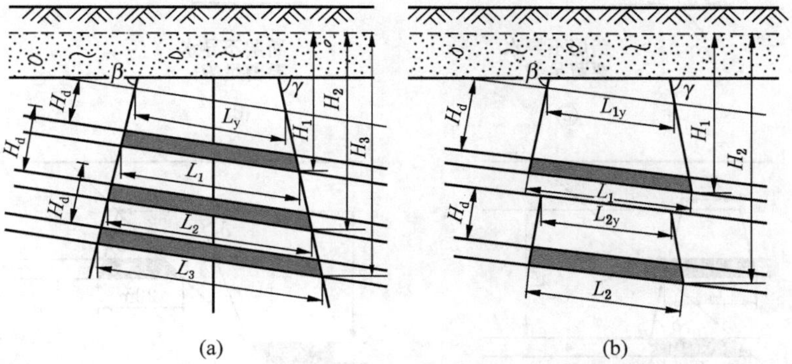

L_y、L_{1y}、L_{2y}—导水裂隙带上限岩柱宽度;L_1—上层煤防水煤柱宽度;

L_2、L_3—下层煤防水煤柱宽度;γ—上山岩层移动角;β—下山岩层移动角;

H_d—最大导水裂隙带高度;H_1、H_2、H_3—各煤层底板以上的静水位高度

附图 6－7　多煤层开采边界防隔水煤(岩)柱留设图

导水裂隙带上限岩柱宽度 L_y 的计算,可以采用下列公式:

$$L_y=\frac{H-H_d}{10}\times\frac{1}{\lambda}\qquad(附 6-8)$$

式中　L_y——导水裂隙带上限岩柱宽度,m;

H——煤层底板以上的静水位高度,m;

H_d——最大导水裂隙带高度,m;

λ——水压与岩柱宽度的比值,可以取 1。

九、以断层为界的井田防隔水煤(岩)柱的留设

以断层为界的井田,其边界防隔水煤(岩)柱可以参照断层煤柱留设,但应当考虑井田另一侧煤层的情况,以不破坏另一侧所留煤(岩)柱为原则(除参照断层煤柱的留设外,尚可参考附图 6－8 所示的例图）。

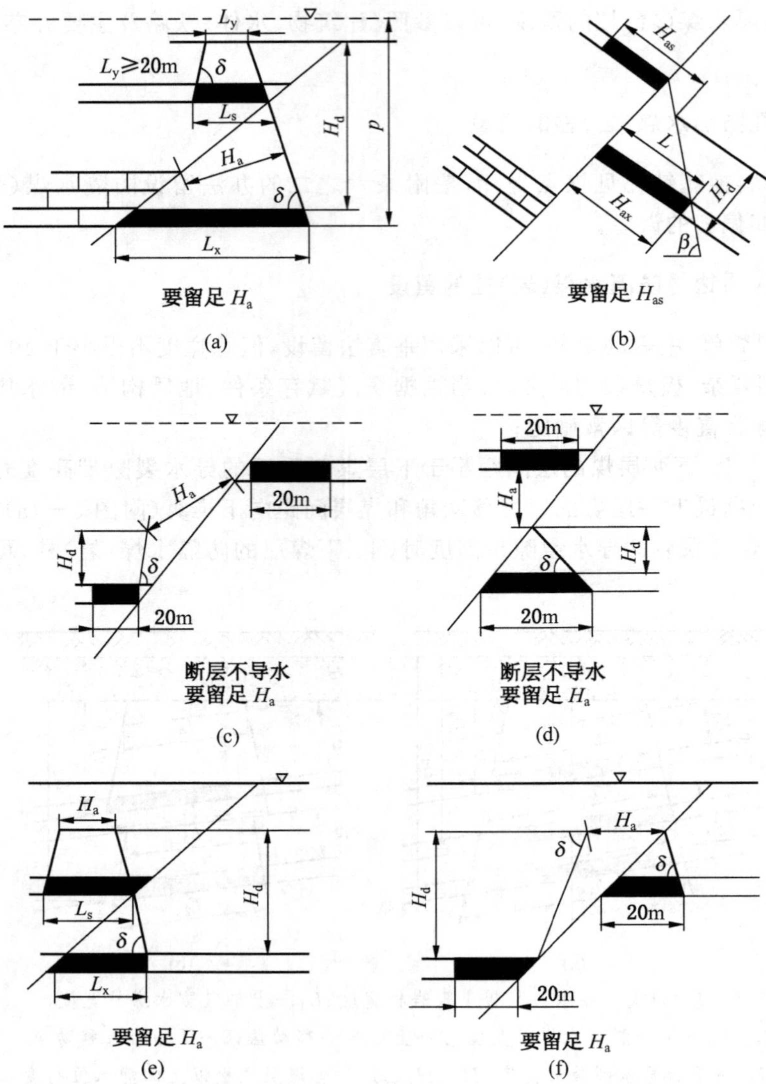

L—煤柱宽度；L_s、L_x—上、下煤层的煤柱宽度；L_y—导水裂隙带上限岩柱宽度；H_a、H_{as}、H_{ax}—安全防水岩柱宽度；H_d—最大导水裂隙带高度；p—底板隔水层承受的实际水头值

附图 6－8　以断层分界的井田防隔水煤(岩)柱留设图

煤矿水害防治监管监察执法要点
(2020 年版)

一、防治水专业技术人员

(一)检查要点

1. 每个煤矿必须配备满足工作需要的防治水专业技术人员;

2. 水文地质类型复杂、极复杂的煤矿应当设立专门的防治水机构,配备防治水副总工程师,防治水专业技术人员不少于 3 人;

3. 防治水专业技术人员、防治水副总工程师必须受过地质、水文地质专业教育或有煤矿防治水工作经验。

(二)执法要求

1. 水文地质类型复杂、极复杂的煤矿未设立专门的防治水机构,或未配备防治水副总工程师、防治水专业技术人员仍然进行生产的,责令停产整顿,暂扣安全生产许可证,并移送相关部门,建议暂扣采矿许可证和营业执照;对煤矿处 50 万元以上 200 万元以下的罚款;对煤矿负责人处 3 万元以上 15 万元以下的罚款;

2. 水文地质类型简单、中等的煤矿未配备防治水专业技术人员的,责令限期改正,可以处 5 万元以下的罚款;逾期未改正的,责令停产停业整顿,并处 5 万元以上 10 万元以下的罚款,对其直接负责的主管人员和其他直接责任人员处 1 万元以上 2 万元以下的罚款。

(三)执法依据

1.《煤矿防治水细则》(以下简称《防治水细则》)第五条;

2.《煤矿安全规程》(以下简称《规程》)第二百八十三条;

3.《煤矿重大生产安全事故隐患判定标准》(以下简称《重大隐患标准》)第九条第(二)项、第十八条第(一)项;

4.《国务院关于预防煤矿生产安全事故的特别规定》(以下简称《特别规定》)第八条第(六)项、第(十五)项,第十条第一款、第十一条第一款;

5.《安全生产法》第九十四条第(一)项。

二、专门的探放水作业队伍

(一)检查要点

1. 水文地质类型简单、中等的煤矿配备探放水作业人员不少于 3 人;

2. 水文地质类型复杂、极复杂的煤矿配备探放水作业人员不少于 6 人;

3. 探放水作业人员必须取得特种作业操作证。

(二)执法要求

1. 水文地质类型复杂、极复杂的煤矿未配备专门的探放水队伍仍然进行生产的,责令停产整顿,暂扣安全生产许可证,并移送相关部门,建议暂扣采矿许可证和营业执照;对煤矿处 50 万元以上 200 万元以下的罚款;对煤矿负责人处 3 万元以上 15 万元以下的罚款;

2. 水文地质类型简单、中等的煤矿未配备专门的探放水队伍的，责令限期改正；逾期未改正的，责令停产整顿，并处10万元以上50万元以下的罚款，对其直接负责的主管人员和其他直接责任人员处2万元以上5万元以下的罚款；

3. 探放水作业人员未取得特种作业操作证上岗作业的，责令限期改正，可以处5万元以下的罚款；逾期未改正的，责令停产整顿，并处5万元以上10万元以下的罚款，对其直接负责的主管人员和其他直接责任人员处1万元以上2万元以下的罚款。

（三）执法依据

1.《防治水细则》第五条；

2.《规程》第二百八十三条；

3.《特种作业人员安全技术培训考核管理规定》第五条；

4.《重大隐患标准》第九条第（二）项；

5.《特别规定》第八条第（六）项，第十条第一款、第十一条第一款；

6.《安全生产法》第九十四条第（七）项、第九十九条。

三、专用探放水设备

（一）检查要点

1. 水文地质类型简单、中等的煤矿至少配备2台专用的探放水钻机及配套设备；

2. 水文地质类型复杂、极复杂的煤矿至少配备3台专用的探放水钻机及配套设备；

3. 严禁使用煤电钻等非专用钻机探放水。

（二）执法要求

1. 水文地质类型复杂、极复杂的矿井未配齐专用探放水设备仍然进行生产的，责令停产整顿，暂扣安全生产许可证，并移送相关部门，建议暂扣采矿许可证和营业执照；对煤矿处50万元以上200万元以下的罚款；对煤矿负责人处3万元以上15万元以下的罚款；

2. 水文地质类型简单、中等的矿井未配备专用探放水钻机及配套设备的，责令限期改正；逾期未改正的，责令停产整顿，并处10万元以上50万元以下的罚款，对其直接负责的主管人员和其他直接责任人员处2万元以上5万元以下的罚款。

（三）执法依据

1.《防治水细则》第五条；

2.《规程》第二百八十三条；

3.《重大隐患标准》第九条第（二）项；

4.《特别规定》第八条第（六）项、第十条第一款、第十一条第一款；

5.《安全生产法》第九十九条。

四、矿井水文地质类型划分

（一）检查要点

1. 矿井应当按照相关指标正确划分矿井水文地质类型，编制矿井水文地质类型报告；

2. 矿井水文地质类型报告由煤炭企业总工程师组织审批；

3. 矿井水文地质类型应当每3年修订1次；当发生较大以上水害事故或者因突水造成采掘区域被淹的，应当在恢复生产前重新确定矿井水文地质类型。

（二）执法要求

矿井未划分水文地质类型、未按要求正确划分的或到期未修订水文地质类型的，责令限期改正；逾期未改正的，责令停产整顿，并处10万元以上50万元以下的罚款，对其直接负责的主管人员和其他直接责任人员处2万元以上5万元以下的罚款。

(三)执法依据

1.《防治水细则》第四条、第十二条、第十三条、第十四条;

2.《规程》第二百八十四条;

3.《安全生产法》第九十九条。

五、防治水基础资料

(一)检查要点

1. 井田地质勘探报告、建井地质报告、生产地质报告;

2. 矿井涌水量、钻孔水位、突水点、封闭不良钻孔、采空区相关资料等台账;

3. 矿井综合水文地质图、矿井综合水文地质柱状图、矿井水文地质剖面图、矿井充水性图、矿井涌水量与相关因素动态曲线图等相关图件。

(二)执法要求

1. 报告、台账、图件不齐全的,责令限期改正;逾期未改正的,责令停产整顿,并处10万元以上50万元以下的罚款,对其直接负责的主管人员和其他直接责任人员处2万元以上5万元以下的罚款;

2. 图纸作假仍然进行生产的,责令停产整顿,暂扣安全生产许可证,并移送相关部门,建议暂扣采矿许可证和营业执照;对煤矿处50万元以上200万元以下的罚款;对煤矿负责人处3万元以上15万元以下的罚款。

(三)执法依据

1.《防治水细则》第四条、第十五条、第十六条、第十七条;

2.《规程》第三十条、第三十三条、第二百八十六条、第二百八十七条;

3.《重大隐患标准》第十八条第(四)项;

4.《特别规定》第八条第(十五)项、第十条第一款、第十一条第一款;

5.《安全生产法》第九十九条。

六、采空区(含废弃老窑)普查

(一)检查要点

1. 具有采空区(含废弃老窑)普查相关资料;

2. 编制老空水害分区管理设计,划分可采区、缓采区、禁采区,推行水患区域“四线”(积水线、警戒线、探水线、停采线)管理;

3. 由煤矿总工程师组织审定。

(二)执法要求

未查明井田范围内采空区、废弃老窑积水等情况而组织生产建设的,责令停产整顿,暂扣安全生产许可证,并移送相关部门,建议暂扣采矿许可证和营业执照;对煤矿处50万元以上200万元以下的罚款;对煤矿负责人处3万元以上15万元以下的罚款。

(三)执法依据

1.《煤矿地质工作规定》第二十九条、第三十条、第三十一条;

2.《防治水细则》第七十六条、第七十七条;

3.《规程》第三十二条、第二百九十八条;

4.《重大隐患标准》第九条第(一)项;

5.《特别规定》第八条第(六)项、第十条第一款、第十一条第一款。

七、水害隐患排查

（一）检查要点

1. 水文地质类型复杂、极复杂矿井每月至少开展 1 次水害隐患排查；

2. 其他矿井每季度至少开展 1 次。

（二）执法要求

1. 未将水害隐患排查治理情况如实记录或者未向从业人员通报的，责令限期改正，可以处 5 万元以下的罚款；逾期未改正的，责令停产整顿，并处 5 万元以上 10 万元以下的罚款，对其直接负责的主管人员和其他直接责任人员处 1 万元以上 2 万元以下的罚款；

2. 未建立水害隐患排查治理制度的，责令限期改正，可以处 10 万元以下的罚款；逾期未改正的，责令停产整顿，并处 10 万元以上 20 万元以下的罚款，对其直接负责的主管人员和其他直接责任人员处 2 万元以上 5 万元以下的罚款。

（三）执法依据

1.《防治水细则》第三十七条；

2.《规程》第四条、第二百八十四条；

3.《安全生产法》第九十四条第（五）项、第九十八条第（四）项。

八、井下探放水

（一）检查要点

1. 采掘工作面遇有下列情况之一的，必须进行探放水：

(1)接近水淹或者可能积水的井巷、老空或者相邻煤矿时；

(2)接近含水层、导水断层、溶洞或者导水陷落柱时；

(3)打开隔离煤柱放水时；

(4)接近可能与河流、湖泊、水库、蓄水池、水井等相通的导水通道时；

(5)接近有出水可能的钻孔时；

(6)接近水文地质条件不清的区域时；

(7)接近有积水的灌浆区时；

(8)接近其他可能突水的地区时。

2. 严格执行井下探放水“两探”要求（同时采用钻探、物探两种方法，做到相互验证）。

（二）执法要求

未按要求进行探放水仍然进行生产的，责令停产整顿，暂扣安全生产许可证，并移送相关部门，建议暂扣采矿许可证和营业执照；对煤矿处 50 万元以上 200 万元以下的罚款；对煤矿负责人处 3 万元以上 15 万元以下的罚款。

（三）执法依据

1.《防治水细则》第三十八条、第三十九条；

2.《规程》第三百一十七条、第三百一十八条；

3.《重大隐患标准》第九条第（三）项；

4.《特别规定》第八条第（六）项、第十条第一款、第十一条第一款。

九、防隔水煤（岩）柱

（一）检查要点

1. 矿井边界煤柱；

2. 断层等各类防隔水煤(岩)柱。

(二)执法要求

未按规定留设或者擅自开采各种防隔水煤(岩)柱的,责令停产整顿,暂扣安全生产许可证,并移送相关部门,建议暂扣采矿许可证和营业执照;对煤矿处50万元以上200万元以下的罚款;对煤矿负责人处3万元以上15万元以下的罚款。

(三)执法依据

1.《防治水细则》第八十四条、第九十一条、第九十二条、第九十三条、第九十四条;

2.《规程》第二百九十七条;

3.《重大隐患标准》第九条第(四)项;

4.《特别规定》第八条第(六)项、第十条第一款、第十一条第一款。

十、采掘工作面水害分析与评价

(一)检查要点

1. 掘进工作面提出水文地质情况分析报告和水害防治措施;

2. 回采工作面提出专门水文地质情况评价报告和水害隐患治理情况分析报告;

3. 煤矿总工程师组织生产、安检、地测等有关单位审批。

(二)执法要求

1. 在受水害威胁的区域掘进巷道时,未提出水文地质情况分析报告和水害防治措施或未经审批的,责令改正;

2. 工作面回采时,未提出专门水文地质情况评价报告和水害隐患治理情况分析报告或未经审批的,责令改正。

(三)执法依据

《防治水细则》第四十条、第四十一条。

十一、水体下采煤

(一)检查要点

1. 编制专项开采方案设计,经有关专家论证,煤炭企业主要负责人审批后,方可进行试采;

2. 严禁开采地表水体、强含水层、采空区水淹区域下且水患威胁未消除的急倾斜煤层。

(二)执法要求

1. 未按要求编制专项开采方案设计进行水体下试采的,责令改正;

2. 在地表水体、强含水层、采空区水淹区域下开采急倾斜煤层的,责令立即停止作业;煤矿拒不执行的,责令停产整顿,并处10万元以上50万元以下的罚款,对其直接负责的主管人员和其他直接责任人员处2万元以上5万元以下的罚款。

(三)执法依据

1.《防治水细则》第八十五条、第八十八条;

2.《规程》第一百二十三条、第二百九十九条;

3.《安全生产法》第九十九条。

十二、排水系统

(一)检查要点

1. 水泵、排水管路、水仓、沉淀池等符合相关要求;

2. 水文地质类型复杂、极复杂或者有突水淹井危险的矿井,应当在井底车场周围设置防水闸门或者在正常排水系统基础上另外安设潜水泵排水系统；

3. 建设矿井进入三期工程前，必须按设计建成永久排水系统。

（二）执法要求

1. 水泵、排水管路、水仓、沉淀池等不符合相关要求的，责令限期改正；逾期未改正的，责令停产整顿，并处10万元以上50万元以下的罚款，对其直接负责的主管人员和其他直接责任人员处2万元以上5万元以下的罚款；

2. 建设矿井进入三期工程前，没有按设计建成永久排水系统的，责令停产整顿，对煤矿处50万元以上200万元以下的罚款；对煤矿负责人处3万元以上15万元以下的罚款。

（三）执法依据

1.《防治水细则》第九十六条、第一百零六条、第一百零七条、第一百零八条、第一百零九条；

2.《规程》第三百一十一条、第三百一十二条、第三百一十三条、第三百一十四条；

3.《重大隐患标准》第九条第（七）项；

4.《特别规定》第八条第（六）项、第十条第一款、第十一条第一款；

5.《安全生产法》第九十九条。

十三、防水闸门与防水闸墙

（一）检查要点

1. 防水闸门设计符合有关规定；

2. 防水闸墙设计经煤炭企业总工程师批准后方可施工，投入使用前应当由煤炭企业总工程师组织竣工验收；

3. 每年对防水闸门进行2次关闭试验，其中1次在雨季前进行；

4. 定期巡查防水闸墙，雨季加密观测。

（二）执法要求

防水闸门、防水闸墙的设计、竣工验收或管理不符合要求的，责令限期改正；逾期未改正的，责令停产整顿，并处10万元以上50万元以下的罚款，对其直接负责的主管人员和其他直接责任人员处2万元以上5万元以下的罚款。

（三）执法依据

1.《防治水细则》第九十七条、第九十八条、第九十九条、第一百条；

2.《规程》第三百零八条、第三百零九条；

3.《安全生产法》第九十九条。

十四、超层越界

（一）检查要点

矿井应当在采矿许可证批准的范围内开采，禁止越层、越界开采。

（二）执法要求

发现煤矿超层越界开采的，应当及时移送自然资源部门并形成记录备查；或责令停产整顿，暂扣安全生产许可证，并移送相关部门，建议暂扣采矿许可证和营业执照；对煤矿处50万元以上200万元以下的罚款；对煤矿负责人处3万元以上15万元以下的罚款。

（三）执法依据

1.《矿山安全法实施条例》第十三条；

2.《重大隐患标准》第十条；

3.《特别规定》第八条第（七）项、第十条第一款、第十一条第一款；

4.《安全生产法》第六十六条。

十五、雨季“三防”

(一)检查要点

1. 煤矿成立雨季“三防”领导机构,制定雨季防治水措施;

2. 煤矿应当与当地气象、水利、防汛等部门建立灾害性天气预警和预防机制;

3. 每年雨季之前对全部工作水泵、备用水泵及潜水泵进行1次联合排水试验;

4. 雨季期间,开展地面和井下巡查,当暴雨、洪水可能引发淹井时,必须立即停产撤人。

(二)执法要求

1. 煤矿未建立灾害性天气预警和预防机制或雨季前未进行联合排水试验的,责令限期改正;逾期未改正的,责令停产整顿,并处10万元以上50万元以下的罚款,对其直接负责的主管人员和其他直接责任人员处2万元以上5万元以下的罚款;

2. 受地表水倒灌威胁的矿井在强降雨天气或其来水上游发生洪水期间未实施停产撤人仍然进行生产的,责令停产整顿,暂扣安全生产许可证,并移送相关部门,建议暂扣采矿许可证和营业执照;对煤矿处50万元以上200万元以下的罚款;对煤矿负责人处3万元以上15万元以下的罚款。

(三)执法依据

1.《防治水细则》第五十八条、第五十九条、第六十条、第六十一条、第一百零九条;

2.《规程》第二百八十九条、第二百九十条、第二百九十三条、第三百一十四条;

3.《重大隐患标准》第九条第(六)项;

4.《特别规定》第八条第(六)项、第十条第一款、第十一条第一款;

5.《安全生产法》第九十九条。

十六、应急预案

(一)检查要点

1. 每年雨季前至少组织开展1次水害应急预案演练;

2. 煤矿主要负责人必须赋予调度员、安检员、井下带班人员、班组长等相关人员紧急撤人的权力,发现突水(透水、溃水)征兆,立即撤出所有受水患威胁的人员;

3. 井下建立供水管路、通讯线路、压风管路“三条生命线”并确保可靠管用。

(二)执法要求

1. 未按照规定组织应急预案演练的,责令限期改正,可以处5万元以下的罚款;逾期未改正的,责令停产整顿,并处5万元以上10万元以下的罚款,对其直接负责的主管人员和其他直接责任人员处1万元以上2万元以下的罚款;

2. 有透水征兆未撤出井下受水患威胁的作业人员仍然进行生产的,责令停产整顿,暂扣安全生产许可证,并移送相关部门,建议暂扣采矿许可证和营业执照;对煤矿处50万元以上200万元以下的罚款;对煤矿负责人处3万元以上15万元以下的罚款;

3. 未建立供水管路、通讯线路、压风管路“三条生命线”或“三条生命线”不符合要求的,责令限期改正;逾期未改正的,责令停产整顿,并处10万元以上50万元以下的罚款,对其直接负责的主管人员和其他直接责任人员处2万元以上5万元以下的罚款。

(三)执法依据

1.《防治水细则》第六条、第一百二十二条、第一百二十三条、第一百二十四条;

2.《规程》第二百八十九条、第二百九十三条、第五百零七条、第六百七十五条、第六百八十五条、第六百八十七条;

3.《重大隐患标准》第九条第(五)项;

4.《特别规定》第八条第(六)项、第十条第一款、第十一条第一款;

5.《安全生产法》第七十八条、第九十四条第(六)项、第九十九条。

第二篇　国　家　标　准

ICS 73.020
D 14

中华人民共和国国家标准

GB/T 22205—2008

煤矿采区或工作面水文地质条件分类

Hydrogeological classification of mining district or working face

2008-07-29 发布　　2009-05-01 实施

中华人民共和国国家质量监督检验检疫总局
中国国家标准化管理委员会　发布

前 言

本标准的附录 A 为资料性附录。

本标准由中国煤炭工业协会提出。

本标准由全国煤炭标准化技术委员会归口。

本标准起草单位:煤炭科学研究总院西安研究院。

本标准的主要起草人:王经明、靳德武。

本标准为首次发布。

引言

由于一个煤矿内不同采区或工作面的水文地质条件差异很大，难以用矿井水文地质条件分类规范对采区或工作面作统一分类，同时采区或工作面的水文地质条件的分类要求更加具体、定量，因此本标准是对煤矿安全规程、矿井水文地质规程、煤矿水文地质条件分类规范的补充，可作为我国煤矿采区和工作面水文地质条件分类的依据。

煤矿采区或工作面水文地质条件分类

1 范围

本标准规定了煤矿采区或工作面水文地质条件的分类原则、分类依据及其分类方法。

本标准适用于井工类煤矿。

2 术语和定义

下列术语和定义适用于本标准。

2.1

充水方向 recharge direction

工作面涌水来自上方、下方、侧方。

2.2

充水途径 recharge pass

导水通道是断层、裂隙、陷落柱。

2.3

充水水源 recharge resource

涌入工作面的水是地下水、老塘水、地表水。

2.4

底板水害类型 water hazard due to floor aquifers

采区或工作面受到煤层以下承压水威胁或危害的。

2.5

顶板水害类型 water hazard due to over burden aquifers

采区或工作面受到顶板水威胁或危害的。

2.6

地表水害类型 water hazard due to surface waters

采区或工作面受到来自地表河流、湖泊、水库、海洋及其他地表水体威胁或危害的。

2.7

陷落柱水害类型 water hazard due to sinking columns

采区或工作面受到导水陷落柱威胁或危害的。

2.8

断层水害类型 water hazard due to faults

采区或工作面受到导水断层威胁或危害的。

2.9

老塘水害类型 water hazard due to mined areas

采区或工作面受到老塘积水威胁或危害的。

3 分类原则

3.1 采区或工作面水文地质条件根据复杂程度分为简单(Ⅰ)、中等(Ⅱ)、复杂(Ⅲ)、极复杂(Ⅳ)四个类别。

3.2 煤矿生产以来发生过任何形式的出水淹井灾害的，且目前技术水平或经济能力尚不能消除水害隐患的采区或工作面一律划分为极复杂型(Ⅳ)。

3.3 虽然没有发生过淹井灾害，但采区内或条件相似采区内发生过淹工作面灾害的，应一律划为复杂型(Ⅲ)。

3.4 煤层底板隔水层的厚度小于采矿破坏深度，且下伏为强含水层的采区或工作面划为复杂型。

3.5 复杂程度的分类应该能对利用现代科技手段得到的数据加以量化。

3.6 采区水文地质条件复杂程度的界定，以采区中水文地质条件最复杂的工作面为准。

3.7 同时为顶板、底板、断层、陷落柱、老塘水害类型的采区或工作面，以最复杂的划分为准。

3.8 采区或工作面分类应在对表1所列7个因素求和后才能做出。

4 分类依据

分类依据为包括完整岩体单轴抗压强度、岩心采取率、裂隙间距、裂隙宽度、裂隙含水性、突水系数、涌水量、工作面宽度、导水断裂与采面的夹角在内的各种因素。

5 水文地质条件复杂程度分类

5.1 底板水害类型水文地质条件分类

5.1.1 底板水害类型水文地质条件分类因素及取值(见表1)

表1 煤层底板类型水文地质条件分类因素及取值表

序号	因素	取值范围				插值公式
1	完整岩石单轴抗压强度/MPa	>100	[100,50)	[50,25)	≤25	公式1 $y=\frac{y_2-y_1}{x_2-x_1}(x-x_1)+y_1$ 式中， y 为待求数值； x 为指标值； y_1 为取值区间下限； y_2 为取值区间上限； x_1 为指标区间下限； x_2 为指标区间上限
	取值	[15,10)	[10,7)	[7,3)	3	
2	岩芯采取率/%	(100,75]	[75,50)	[50,25)	≤25	
	取值	[20,15)	[15,10)	[10,5)	5	
3	裂隙间距/m & 含水或潮湿	>2 &F	[2,0.8) &F	[0.8,0.08) &T	≤0.08 &T	
	裂隙充填率/% 含水或潮湿	>75	[75,50)	[50,25) &T	≤25 &T	
	裂隙宽度/m 含水或潮湿	<0.001 &F	[0.001, 0.005) &F	[0.005, 0.01) &T	≥0.01 &T	
	取值	20	[15,10)	[10,5)	5	公式2 $y=y_2-\frac{y_2-y_1}{x_2-x_1}(x-x_1)$ 符号的意义同公式1
4	突水系数/(MPa/m)	<0.025	[0.025,0.05)	[0.05,0.075)	≥0.075	
	取值	30	[20,10)	[10,0)	0	
5	涌水量/($m^3\cdot h^{-1}$)	<10	[10,30)	[30,100)	≥100	
	水压/最小主应力	<0.1	[0.1,0.5)	[0.5,1.0)	≥1.0	
	取值	15	[15,10)	[15,5)	5	
6	工作面宽度/m	≤90	[90,120)	[120,150)	>150	
	取值	0	[−1,−2.5)	[−2.5,−5)	−5	
7	导水断裂与采面的夹角/(°)	(90,75]	(75,50]	(50,25]	[25,0]	$y=\frac{y_2-y_1}{x_2-x_1}(x-x_1)+y_1$
	取值	(0,−1.25]	(−1.25, −2.5]	(−2.5, −3.75]	[−3.25, −5]	

注1：表中3、5项的多项中以分类复杂的一项分类为准。

注2：突水系数的计算公式为：$\frac{P}{M-T}$。式中：P、M、T 分别为水压力，底板厚度和底板破坏深度。

注3：表中符号 & 和 F,T 分别表示“并且”、“裂隙不含水(或与格架相比不潮湿)”、“裂隙含水(或与格架相比潮湿)”。

注4：[ )为数学上的闭区间和开区间符号，例如，[10,5)表示10～5之间的数据区间，包括10，不包括5。区间的具体数值按照表格给出的公式计算。

注5：地应力定义压为正。

5.1.2 复杂程度分类

对表1的7个因素求和后形成复杂程度划分见表2。

表2 煤层底板类型水文地质条件复杂程度分类

水文地质条件复杂程度	简单(Ⅰ)	中等(Ⅱ)	复杂(Ⅲ)	极复杂(Ⅳ)
总值	(75,100]	(50,7]	(25,50]	≤25

5.2 顶板水害类型水文地质条件分类

5.2.1 顶板水害类型水文地质条件分类因素及取值(见表3)

表3 煤层顶板水文地质条件复杂程度分类因素及取值表

分类因素	取值范围			
淋水量/($m^3 \cdot h^{-1}$)	[0,25)	[25,50)	[50,100)	≥100
含水层距裂隙带顶端距离/m	>10	[10,5)	[5,0)	≤0
取值	>80	[80,60)	[60,40)	≤40

注1:表中2项中以分类复杂的一项分类为准。

注2:表中的数学符号[ )的意义同表1注4。

5.2.2 复杂程度分类

对表3的2个因素求最小值后形成复杂程度划分见表4。

表4 煤层顶板水害类型水文地质条件复杂程度分类

水文地质条件复杂程度	简单(Ⅰ)	中等(Ⅱ)	复杂(Ⅲ)	极复杂(Ⅳ)
总值	(80,100]	(80~60]	(60~40]	≤25

5.3 老塘水害类型水文地质条件分类(见表5)

表5 受老塘水威胁的采区或工作面水文地质条件复杂程度分类

水文地质条件复杂程度	简单(Ⅰ)	中等(Ⅱ)	复杂(Ⅲ)	极复杂(Ⅳ)
老塘资料	防水煤柱符合规范要求	防水煤柱不符合规范要求但易疏干	防水煤柱不符合规范要求且不易疏干,但可以防范	未知边界且难以疏干和防范

5.4 陷落柱水害类型水文地质条件分类(见表6)

表6 陷落柱水害类的采区或工作面水文地质条件复杂程度分类

水文地质条件复杂程度	简单(Ⅰ)	中等(Ⅱ)	复杂(Ⅲ)	极复杂(Ⅳ)
导水陷落柱资料	位置清楚且煤柱符合规范要求	位置清楚但煤柱不符合规范要求	位置不清楚但可以探测到	位置不清楚且难以探测到

5.5 断层水害类型水文地质条件分类(见表7)

表7 断层水害类的采区或工作面水文地质条件复杂程度分类

水文地质条件复杂程度	简单(Ⅰ)	中等(Ⅱ)	复杂(Ⅲ)	极复杂(Ⅳ)
导水断层资料	位置清楚且煤柱符合规范要求	位置清楚但煤柱不符合规范要求	位置不清楚但可以探测到	位置不清楚且难以探测到

附 录 A
（资料性附录）
采区或工作面水文地质类型及复杂程度划分举例

A.1 某工作面顶板砂岩淋水量 210 m^3/h，工作条件十分恶劣。该工作面属于顶板水害水文地质条件极复杂的工作面。

A.2 某矿工作面受到下伏灰岩含水层水的威胁，属于底板水害类型工作面。分类因素分别为：单轴抗压强度为 75 MPa，岩芯采取率为 70%，裂隙开口宽度为 0.005 m，含水，突水系数为 0.06 MPa/m，水压与最小主应力比为 0.15，工作面宽度为 130 m，主要裂隙与采面的夹角为 75°。由差值公式 1，求得单轴抗压强度的取值为 8.5，岩芯采取率的取值为 14；由公式 2，求得裂隙开口宽度的取值为 10，突水系数对应的取值为 6，水压与最小主应力比对应的取值为 8.125，工作面宽度对应的取值为 −5.83，主要裂隙与采面的夹角的取值为 −1.25。合计为 39.545。根据表 2 可知工作面为水文地质条件复杂类。

ICS 13.100
D 09

中华人民共和国国家标准

GB/T 24505—2009

矿井井下高压含水层探水钻探技术规范

Technical specification of drilling for high pressure aquifer water detection in underground mine

2009-10-30 发布　　　　2010-04-01 实施

中华人民共和国国家质量监督检验检疫总局
中国国家标准化管理委员会　发布

前　言

本标准的附录 A、附录 B、附录 C、附录 D 均为资料性附录。

本标准由中国煤炭工业协会提出并归口。

本标准起草单位：煤炭科学研究总院西安研究院。

本标准主要起草人：孙荣军、南生辉、董书宁、叶根飞、王新、马培智。

矿井井下高压含水层探水钻探技术规范

1 范围

本标准规定了矿井井下高压含水层探水钻探作业的施工条件和作业技术要求。

本标准适用于井工开采煤矿井的井下高压含水层探水钻探作业，其他高压含水体探水钻探作业可参考本标准。

2 规范性引用文件

下列文件中的条款通过本标准的引用而成为本标准的条款。凡是注日期的引用文件，其随后所有的修改单(不包括勘误的内容)或修订版均不适用于本标准，然而，鼓励根据本标准达成协议的各方研究是否可使用这些文件的最新版本。凡是不注日期的引用文件，其最新版本适用所于本标准。

MT/T 632—1996 井下探放水技术规范

煤矿安全规程

电力工程地质钻探技术规定

3 术语和定义

下列术语和定义适用于本标准。

3.1

高压含水层 high pressure aquifer

探水钻孔孔口压力不小于 3 MPa 的含水层。

3.2

钻杆外射 drill rocker outshoot from the borehole

探水钻探过程中，由于水压大，当钻机卡盘松开瞬间，钻杆被高压水突然顶出钻孔的现象。

3.3

套管失效 borehole casing out of action

在高压水作用下，由于套管生锈、固结不牢等原因造成的套管松动、鼓出、破裂、孔口冒水等现象。

4 总则

4.1 为适应井下探水钻探技术的要求，确保探水安全，特制定本标准。

4.2 井下高压含水层探水钻进过程中极易发生喷孔、顶钻、套管失效等问题，探水作业应制定严格的探水钻探技术措施。

4.3 探水钻探应严格按照探水钻孔设计要求，编制探水钻探施工组织设计及安全技术措施。

4.4 本标准是按现有井下常规钻探设备和机具编制的，对各种钻探设备的使用除执行本标准外，还应按设备使用说明书的要求操作。

4.5 本标准中未涉及的新技术、新方法、新工艺、新设备、新材料，各施工单位可根据实际情况制订实施细则或做出补充技术规定。

5 探水钻探的准备工作

5.1 一般规定

5.1.1 接到探水钻探任务后，钻探负责人及工程技术人员应熟悉探水钻孔设计，了解现场施工条件件，编制探水钻探施工组织设计。

5.1.2 探水钻探施工组织设计应包括以下内容：

a） 探水目的和任务；

b） 探水钻孔设计；

c） 钻探设备和工具；

d） 探水钻探作业流程；

e） 探水钻探技术要求；

f） 探水钻探安全措施；

g） 施工后对探水孔的管理；

h） 避灾路线。

5.1.3 探水钻探施工组织设计应由矿总工程师(技术负责人)组织审批后方可实施。

5.1.4 探水钻探施工组织设计在实施前应向参加施工的有关人员进行贯彻，对施工中所涉及的技术方法、注意事项等进行培训。

5.2 钻场条件和配套设施要求

5.2.1 钻场位置不应布置在断层破碎带、松软岩层内。

5.2.2 钻场应满足钻探设备的安装和施工条件，设备进场前钻场应具备场地平整、通风、通水、通电（三通一平）条件。

5.2.3 井下钻场应具备的条件：

a） 钻场顶板及两帮的支护应安全可靠；

b） 钻场周围应具备排、泄水条件；

c） 独头巷道探水时，应有安全躲避硐室及临时排水系统；

d） 钻场应设照明及专用电话。

5.3 钻机的安装和固定

5.3.1 钻机的安装、固定工作应在班长的统一指挥下进行。

5.3.2 安装好钻机接电时，应严格按照《煤矿安全规程》的有关规定执行。

5.3.3 钻机应采用专用锚杆或立柱固定，安装平稳牢固，单根锚杆拉拔力不小于98 kN。水平孔或斜孔施工还要采用锚链或顶柱对钻机进行前后加固，防止钻进过程中钻机前后串动。

5.3.4 垂直孔施工钻机安装应遵守下列规定：

a） 钻机安装应稳固、水平、周正，各相应的传动部件应对正；

b） 天车、钻机立轴或转盘与孔口的中心线应在同一直线上；

c） 配套电器设备应安装在清洁干燥的地方，严防油水及杂物侵入电线，应绝缘良好，电机配电盘起动装置的外壳应接地；

d）皮带轮和机械传动部分应设有牢固的防护栏或防护罩；

5.3.5 水平孔或斜孔施工钻机安装应遵守下列规定：

a）钻机机架应摆放在平整的枕木上，保持钻机周正水平；

b） 钻机回转器和夹持器中心轴线应与钻孔方向在同一中心线上；

c） 其他要求参照5.3.4中的c)、d)执行。

5.4　钻探前准备工作

5.4.1　开钻前，应由班长检查开孔位置、方位、倾角是否与设计相符，检查钻机各部件安装是否稳定牢固，并进行试运转。

5.4.2　钻进前各设备安装质量和安全防护措施：

a）　钻探设备和附属设备的安装位置应正确牢固，各部件润滑应符合要求，试运转应正常；

b）　各类安全防护设施应齐全可靠；

c）　各种钻具、工具应摆放整齐、位置适当，检查钻具丝扣，并涂油保护；

d）　操作系统各手把、按钮、仪表应齐全，灵敏可靠；

e）　液压系统的油量和各油管接头控制阀密封是否完好，油压系统应调整到"0"位；

f）　制动装置、摩擦离合器、锁紧装置应正常，必要时进行调整；

g）　泥浆泵转动应正常，排量、压力应达到要求。

5.5　孔口装置及其安装要求

5.5.1　高压含水层探水钻孔应安装孔口装置，孔口装置包括孔口套管、下部高压阀门、孔口防喷帽、钻杆控制器、孔口三通及上部高压阀门等。

5.5.2　孔口套管应设在稳定的岩层内，套管的长度和层数根据钻孔地层情况及水文地质条件确定。

5.5.3　孔口套管应采用注浆固结法进行固定，确保固结质量，严防漏水和套管鼓出。注浆固结应遵守下列规定：

a）　套管孔口处可用棉纱、黄麻等缠绕后再下入孔内；

b）　多级套管时，各级套管应牢固地连为一体，各级套管管口位置应预留返浆口，最外一层套管应在返浆口安装截止阀；

c）　注浆用水泥强度等级不低于42.5，浆液水灰比应控制在0.6～0.7之间。

5.5.4　孔口套管注浆固结后，一般待凝48 h以上可进行扫孔，扫孔深度应超过孔口管0.5 m～1 m；待凝72 h以上可采用清水进行打压试验，试验压力不小于预揭露含水层水压的1.5倍，持续稳压时间不小于30 min，确保孔口套管不松动、孔口周围不漏水后方可继续钻进，否则重新注浆固结。

5.5.5　孔口套管应根据钻孔用途和水质情况进行防腐处理。

5.5.6　在揭露高压含水层前，应安装好下部高压阀门、孔口防喷帽和钻杆控制器，下部高压阀门和套管法兰的连接口应经耐压试验，不应渗漏。

5.5.7　当孔口返水压力超过正常循环水压力进行钻进或起下钻时，应采用钻杆控制器控制钻杆，防止因卡盘松开，高压水顶钻造成钻杆外射事故。

5.5.8　钻探结束后，根据需要安装孔口三通及上部高压阀门。下部高压阀门应保留，上部高压阀门可经常启闭，观测水压、水量，以防单阀门失效而难以更换。

6　钻探工艺

6.1　一般规定

6.1.1　井下探水钻探宜采用孔口回转的硬质合金钻进或金刚石复合片(PDC)钻进工艺，不宜采用钢粒钻进、冲击钻进等工艺。

6.1.2　在遇到坚硬、高研磨性岩层时，可采用金刚石钻进工艺穿过坚硬岩层后，再换用硬质合金钻进或金刚石复合片(PDC)钻进工艺继续钻进，以提高钻进效率。

6.1.3　根据钻孔目的、钻孔结构和钻孔深度等要求合理选配钻具，采用合理的钻进工艺方法和钻进工艺参数。

6.1.4　换径钻进时应采用带导向的钻头钻进。

6.2　硬质合金钻进

6.2.1　对于可钻性Ⅰ～Ⅶ级和部分Ⅷ级岩石可采用硬质合金钻进工艺，其技术参数应根据地层条件、钻头结构、设备能力及技术水平确定。

6.2.2　硬质合金钻进给进压力、钻头转速和不同孔径的冲洗液量按照《电力工程地质钻探技术规定》中5.1.2、5.1.3和5.1.4的规定执行，具体参数选择参考附录A。

6.2.3　钻进过程中应遵守下列规定：

a）　正常钻进时应保持孔底压力均匀，钻进硬岩石在压力不足时，不应采用单纯加快转速的办法提高进尺；

b）　在换径、扩孔、扫孔和钻遇破碎带时，应轻压慢转，适当控制水量钻进；

c）　拧卸钻头时不应损伤钻头合金，钻具将要下到孔底时应带水缓慢下放，边回转边给进；

d）　松散塑性地层使用肋骨或刮刀钻头时，钻进一段后应及时修孔，保持孔径一致；

e）　合金钻头应分组（5～6个为一组）轮换修磨使用，以保持孔径一致；

f）　每次提钻后应检查钻头的磨损情况，以确定下一回次的钻进技术参数。

6.3　金刚石复合片（PDC）钻进

对于可钻性Ⅰ～Ⅷ级岩石均可采用金刚石复合片钻进工艺，其切削碎岩方式与硬质合金钻进相同，钻头结构与和工艺要求也大致相同，因此其钻进工艺参数可参考硬质合金钻进的工艺参数和相关规定执行。

6.4　金刚石钻进

6.4.1　对于可钻性Ⅷ级以上的岩石可采用金刚石钻进工艺，其技术参数应根据地层条件、钻头结构、设备能力及技术水平确定。

6.4.2　金刚石钻头、扩孔器的选择应根据岩石可钻性、研磨性和岩石完整程度确定，参考附录B。

6.4.3　金刚石钻进给进压力、钻头转速和不同直径钻头冲洗液量按照《电力工程地质钻探技术规定》中5.3的规定执行，具体参数选择参考附录C。

6.4.4　金刚石钻进应遵守下列规定：

a）　钻头和扩孔器使用时应外径的大小排好顺序，轮换使用，即扩孔器外径大的先用，外径小的后用；钻头应内径小的先用，内径大的后用；

b）　新钻头到达孔底后，应采用轻压（正常压力的1/3）、慢转（100 r/min左右）进行10 min左右的初磨，然后才能按正常参数钻进；

c）　钻压、转速应与岩石等级相适应，不应盲目加压或提高转速，不应使用弯曲度超过规定的钻杆和钻具；

d）　钻进过程中应随时注意观察冲洗液量大小、泵压的变化情况，发现异常应立即停止钻进，查明原因；

e）　金刚石钻头钻进过程中严禁上下窜动钻具；遇下钻受阻、岩芯堵塞、钻速骤降时应提钻。

7　探水钻探的技术要求

7.1　一般要求

7.1.1　探水钻探设计应充分考虑各种问题的预防和处理，并向现场人员明确问题的危害性和预防处理措施。

7.1.2　钻孔施工人员应按照批准的设计施工，未经审批单位允许，不应擅自改变设计。

7.1.3　钻进中要配备高压注水泵，保证停钻不停泵，应做到现场交接班。

7.1.4　对所有钻探设备，做到每班一检查，发现松动，立即紧固处理，确保其正常运转。

7.1.5　各种安全装置应在揭露高压含水层前安装完毕，并投入正常使用，严防钻孔见高压水失控。

7.1.6 钻孔竣工后，应核实钻孔的方位、倾角、重新丈量钻具长度，核实钻孔实际深度；对探水孔的管理按照 MT/T 632—1996 的 9.9、9.10 执行。

7.2 钻探设计的技术要求

7.2.1 钻孔直径应大于套管直径的 1～2 级，每一级钻进深度应大于套管长度的 0.5 m～1.0 m。

7.2.2 钻杆直径和钻头匹配应根据所适应的钻孔深度情况选择，一般要求钻杆直径不小于 50 mm，揭露含水层时的钻头直径不大于 75 mm，具体钻杆直径和钻头匹配可参考附录 D。

7.2.3 钻机型号应根据设计孔深、孔径和含水层水压选择，钻机钻进能力应满足设计钻孔的施工要求，钻机最大给进力应大于含水层水压的 1.5 倍。

7.3 钻进操作的技术要求

7.3.1 正常钻进时，应保持压力均匀，要随时观察仪表，注意钻速、钻井液消耗量和回水颜色变化等，发现孔内异常应及时处理。

7.3.2 钻进中发现“见软”、“见空”、“见水”和变层，要立即停钻，丈量残尺并记录其深度；发现孔内涌水时，应测定水压和涌水量。

7.3.3 钻进时发现孔内水量、水压突然增大，有顶钻等现象时，应立即停钻，记录孔深，分析原因；如需继续钻进时，应采取防喷和控钻措施。

7.3.4 钻进过程中应准确判别煤、岩层厚度并记录换层深度。一般每钻进 15 m～30 m 或更换钻具时，测量一次钻杆，并核实孔深。终孔前再复核一次，需要确定终孔位置时应进行钻孔测量。

7.3.5 钻进中发现有害气体喷出时，应立即停止钻进，切断电源，人员撤到安全地点。

7.3.6 钻进过程中，钻机后面或正对孔口方向一定范围内，不准站人，防止钻杆外射伤人。

7.3.7 钻孔施工过程中应加强出水征兆的观察，发现涌水量增大应立即停止钻进，及时处理。情况紧急时应立即发出警报，撤出所有受水威胁地区的人员。

7.4 起下钻具操作的技术要求

7.4.1 每次起下钻具前，都要认真检查制动装置、升降（起下）装置等是否安全可靠，发现问题及时处理。

7.4.2 起下钻具时应保持钻具运行平稳，不应强拉、猛提钻具；钻头下至距孔底 1 m～2 m 时，应缓慢下放，并开泵送水，见返水后才能继续进钻。

7.4.3 遇高压水顶钻时，可用卡瓦和钻杆控制器交替控制起下钻具。

7.4.4 采用升降机起下钻具应遵守以下规定：

a） 升降机拉起或放倒钻具时，钻具下面不应站人；

b） 不应用手直接接触钻杆和钢丝绳，应使用垫叉，不应用牙钳、链钳代替；

c） 机器运转时，不应拆卸和修理；

d） 孔口人员抽、插垫叉时，不应手扶或用脚勾垫叉。

8 孔内事故的预防与处理

8.1 一般规定

8.1.1 钻探现场应配备常用的孔内事故处理工具。

8.1.2 孔内发现异常情况后应立即采取措施，避免事故发生和扩大。

8.1.3 事故发生后应弄清事故孔段的孔深、地层情况、钻具的位置、规格、数量，判明事故类型，提出处理方案，并组织实施。

8.1.4 事故排除后应总结经验教训，采取预防措施。

8.2 孔内事故的预防

8.2.1 现场所用的各种规格的管材、接头、接箍均应按新旧程度分类存放和使用。

8.2.2 发现钻杆、钻具有裂纹、丝扣严重损伤、加工不当等现象时均不应下入孔内使用。

8.2.3 旧钻杆使用前应逐个检查磨损程度，发现局部偏磨严重或平均测量直径比新钻杆直径小 2 mm 以上的钻杆不应使用。

8.2.4 钻进中若遇动力机响声异常、孔内的钻具回转突然减慢、上下提动困难、泵压升高、孔口返水中断等情况，应停钻分析原因，防止卡钻、埋钻等事故的发生。

8.2.5 每次加接钻杆应确保拧紧丝扣，应根据孔内岩层情况正确掌握钻进工艺参数，采取合理的护孔措施。

8.2.6 长期停用的打捞工具在下入孔内之前，应经过严格检查。

8.3 孔内事故的处理

8.3.1 在钻进过程中，常见的孔内事故类型主要有卡钻、埋钻、掉钻等事故，事故发生后应及时判明事故类型，确定处理工具和处理方法。

8.3.2 发现钻具遇卡时应保持冲洗液畅通，宜先用扭、打、拉等方法转动或上下窜动钻具，也可采用液压油缸或振动器强力起拔，若处理无效，再采用反出钻杆进行扩孔或掏心钻进等方法处理。

8.3.3 在孔壁不稳定情况下，应先考虑护孔，再处理事故。

8.3.4 提拉被卡钻具时，应核实钻机起拔能力和钻具抗拉强度，不应超过其额定负荷。

8.3.5 处理掉钻事故时，应根据孔内钻具的情况合理选用打捞工具。如反丝公锥、反丝母锥等。

8.3.6 采用丝锥打捞钻具时，当丝锥对上事故钻具后应立即提钻，不应带丝锥长时间旋转。

附 录 A
(资料性附录)
硬质合金钻进压力、转速和冲洗液量

A.1 硬质合金钻头每块切削具可施加的轴向压力见表A.1。

表A.1 硬质合金钻头每块切削具可施加的轴向压力

岩石性质和级别	切削具型式	给进压力/kN
软、塑Ⅰ～Ⅲ性级	片状合金	0.50～0.60
中硬、均质Ⅳ～Ⅵ级	方柱状合金	0.70～1.20
硬、致密Ⅶ～Ⅷ级	八角柱状合金	0.90～1.60
硬、研磨性Ⅶ级	针状合金胎块	1.50～2.00

注：切削具合金型号为YG8。

A.2 硬质合金钻进转速见表A.2。

表A.2 硬质合金钻进转速

单位为转每分

岩石性质	钻头直径/mm				
	75	94	113	133	153
软、无研磨性无裂隙、硬度均匀	400～500	300～350	250～300	220～260	180～220
较软、无研磨性无裂隙、硬度均匀	350～400	250～300	180～250	180～220	150～180
中硬、研磨性较小、裂隙小	300～350	200～250	150～200	120～150	100～120
硬、研磨性较大有裂隙	160～180	140～160	120～140	100～120	80～100
硬、破碎、裂隙多	90～100	70～90	60～70	50～60	50～60

A.3 硬质合金钻进冲洗液量见表A.3。

表A.3 硬质合金钻进冲洗液量

单位为升每分

岩石性质	钻头直径/mm			
	75	94	113	133/153
松软、易破碎、怕水冲	<60	<60	<80	<100
塑性、无研磨性、均质	100～120	120～150	150～180	180～200
致密、有研磨性	80～100	100～120	120～150	150～180

附　录　B
（资料性附录）
金刚石钻头和扩孔器的级配

B.1　金刚石钻头和扩孔器的级配表见表 B.1。

表 B.1　金刚石钻头和扩孔器的级配表

<table>
<tr><td colspan="4">硬度</td><td colspan="2">中硬</td><td colspan="2">硬</td><td colspan="2">坚硬</td></tr>
<tr><td colspan="4">可钻性</td><td colspan="2">Ⅳ～Ⅵ</td><td colspan="2">Ⅶ～Ⅸ</td><td colspan="2">Ⅹ～Ⅻ</td></tr>
<tr><td colspan="4">研磨性</td><td>弱</td><td>中</td><td>中</td><td>强</td><td>强</td><td>弱</td></tr>
<tr><td rowspan="8">表镶钻头</td><td colspan="3">人造聚晶</td><td>—</td><td>—</td><td>—</td><td></td><td></td><td></td></tr>
<tr><td colspan="2" rowspan="4">天然金刚石粒度粒/克拉</td><td>15～25</td><td>—</td><td>—</td><td></td><td></td><td></td><td></td></tr>
<tr><td>25～40</td><td></td><td>—</td><td>—</td><td></td><td></td><td></td></tr>
<tr><td>40～60</td><td></td><td></td><td>—</td><td>—</td><td></td><td></td></tr>
<tr><td>60～100</td><td></td><td></td><td></td><td>—</td><td>—</td><td>—</td></tr>
<tr><td colspan="2" rowspan="3">胎体硬度HRC</td><td>Ⅰ(20～30)</td><td>—</td><td></td><td></td><td></td><td></td><td>—</td></tr>
<tr><td>Ⅱ(35～40)</td><td></td><td>—</td><td>—</td><td></td><td></td><td></td></tr>
<tr><td>Ⅲ(>45)</td><td></td><td></td><td></td><td>—</td><td>—</td><td></td></tr>
<tr><td rowspan="9">孕镶钻头</td><td rowspan="4">人造金刚石网目数</td><td rowspan="4">天然金刚石粒度目</td><td>>46　20～30</td><td>—</td><td>—</td><td></td><td></td><td></td><td></td></tr>
<tr><td>46～60　30～40</td><td></td><td>—</td><td>—</td><td>—</td><td></td><td></td></tr>
<tr><td>60～80　40～60</td><td></td><td></td><td>—</td><td>—</td><td>—</td><td></td></tr>
<tr><td>80～100　60～80</td><td></td><td></td><td></td><td>—</td><td>—</td><td>—</td></tr>
<tr><td colspan="2" rowspan="5">胎体硬度HRC</td><td>0(20～30)</td><td></td><td></td><td></td><td></td><td></td><td>—</td></tr>
<tr><td>Ⅰ(20～30)</td><td>—</td><td></td><td></td><td></td><td></td><td>—</td></tr>
<tr><td>Ⅱ(35～40)</td><td></td><td>—</td><td>—</td><td></td><td></td><td></td></tr>
<tr><td>Ⅲ(>45)</td><td></td><td></td><td>—</td><td>—</td><td></td><td></td></tr>
<tr><td>Ⅳ(20～30)</td><td></td><td></td><td></td><td>—</td><td>—</td><td></td></tr>
<tr><td colspan="4">表镶扩孔器</td><td>—</td><td>—</td><td>—</td><td>—</td><td></td><td>—</td></tr>
<tr><td colspan="4">孕镶扩孔器</td><td></td><td>—</td><td>—</td><td>—</td><td>—</td><td>—</td></tr>
</table>

附 录 C
（资料性附录）
金刚石钻进钻压、转速和冲洗液量

C.1 金刚石钻进钻压见表 C.1。

表 C.1 金刚石钻进钻压

单位为千牛

钻头种类		钻头直径/mm				
		46	59	66	75	91
表镶钻头	初压力	0.50～1.00	1.00～2.00			2.50
	正常压力	3.00～6.00	4.00～7.50	5.00～8.50	6.00～10.00	8.00～11.00
孕镶钻头		4.00～7.00	4.50～8.50	5.00～10.00	6.00～11.00	8.00～15.00

C.2 金刚石钻进转速见表 C.2。

表 C.2 金刚石钻进转速

单位为转每分

钻头种类	钻头直径/mm				
	46	59	66	75	91
表镶钻头	500～1 000	400～800	350～650	300～550	250～500
表镶钻头	750～1 500	600～1 200	500～1 000	400～850	350～700

C.3 金刚石钻进冲洗液量见表 C.3。

表 C3 金刚石钻进冲洗液量

钻头直径/mm	46	59	66	75	91
冲洗液量/(L·min^{-1})	25～40	35～45	35～55	40～60	50～70

注：适应于单管不取芯钻进。

附 录 D
（资料性附录）
不同钻杆直径和钻头匹配所适应的钻孔深度

D.1 不同钻杆直径和钻头匹配所适应的钻孔深度参照表见表D.1。

表D.1 不同钻杆直径和钻头匹配所适应的钻孔深度参照表

单位为米

匹配钻头直径/mm	钻杆直径/mm				
	42	50	63.5	73	89
65	0～150	0～300	—	—	—
75	0～100	0～200	0～400	—	—
94	0～50	0～150	0～300	0～600	—
113/113(扩)	—	—/0～100	—/0～150	—/0～300	0～800/—
133(扩)	—	0～50	0～100	0～200	0～400
153(扩)	—	—	0～50	0～100	0～200
注：113(扩)、133(扩)、153(扩)是指扩孔钻头，要达到所适应的钻孔深度，需采用扩孔钻头进行二次或三次扩孔。					

UDC

中华人民共和国国家标准

P　　　　GB 51070—2014

煤炭矿井防治水设计规范

Code for design of water prevention and control of coal mine

2014-12-02 发布　　　　2015-08-01 实施

中华人民共和国住房和城乡建设部
中华人民共和国国家质量监督检验检疫总局
联合发布

前言

本规范是根据住房和城乡建设部《关于印发〈2011年工程建设标准规范制订、修订计划〉的通知》(建标〔2011〕17号)的要求,由中煤科工集团武汉设计研究院有限公司会同有关单位共同编制完成的。

本规范在编制过程中,编制组开展了大量的调查研究及专题论证,认真总结了近年来国内外矿井防治水的设计和现场生产实践经验,采用了矿井防治水方面的新技术、新设备及新的科研成果,广泛征求了有关单位的意见,经反复研究、多次修改,最后经审查定稿。

本规范共分13章和3个附录,主要技术内容包括:总则、术语、基本规定、水文地质及基础资料分析、开拓开采、水体下采煤、探测及探放水、防隔水煤(岩)柱的留设、疏干开采及带压开采、防水闸门与防水闸墙设施、排水系统设计、供配电与控制、地面防治水等。

本规范中以黑体字标志的条文为强制性条文,必须严格执行。

本规范由住房和城乡建设部负责管理和对强制性条文的解释,由中国煤炭建设协会负责日常管理工作,由中煤科工集团武汉设计研究院有限公司负责具体技术内容的解释。本规范在执行过程中,如发现需要修改或补充之处,请将意见和建议寄交中煤科工集团武汉设计研究院有限公司(地址:湖北省武汉市武昌区武珞路442号;邮政编码:430064;传真:027－87717101;电子邮箱:zsl0713@sina.com),以便今后修订时参考。

本规范主编单位、参编单位、主要起草人和主要审查人:

主编单位:中煤科工集团武汉设计研究院有限公司

参编单位:中煤科工集团南京设计研究院有限公司
中煤科工集团重庆设计研究院有限公司
中煤西安设计工程有限责任公司

主要起草人:李书兴 张世良 周秀隆 于新胜 王先锋
张建民 辛德林 张建平 胡家运 周裕枢
饶云普 姚华 王秋里 陈团团 吴兆吉
于新锋 薛耀兵 李定明 胡仕倖 伍育群
门小莎

主要审查人:耿建平 武强 赵苏启 付小敏 何建平
李竞生 李奇斌 张晓四 白锦胜 杨庆铭
单丽 韩学增 张泊

煤炭矿井防治水设计规范

1 总则

1.1 为了执行国家现行法律、法规和政策，贯彻以人为本、安全、科学发展的理念，坚持“安全第一、预防为主、综合治理”的方针，确保煤炭矿井防治水设计可靠、技术先进、经济合理，保障矿井安全生产，制定本规范。

1.2 本规范适用于新建、改建、扩建及生产的煤炭矿井防治水设计。

1.3 煤炭矿井防治水设计应根据矿井水文地质条件和防治水安全要求，积极推广使用国内外已有的科研成果和成熟经验，因地制宜地采用新技术、新工艺、新材料、新设备，设计应遵循安全、环保、节能、高效、技术经济合理的原则。

1.4 煤炭矿井防治水设计，除应符合本规范外，尚应符合国家现行有关标准的规定。

2 术语

2.1 采空区 goaf

采煤以后不再维护的地下空间。

2.2 老空区 old goaf

采空区、老窑和已报废井巷的总称。

2.3 矿井正常涌水量 mine normal inflow

矿井开采期间，单位时间内流入矿井的水量。

2.4 矿井最大涌水量 mine peak inflow

矿井开采期间，正常情况下矿井涌水量的高峰值。

2.5 安全水头 safety water head

不致引起矿井突水的承压水头最大值。

2.6 开采上限 upper mining limit

水体下采煤时用安全煤(岩)柱设计方法确定的煤层最高开采标高。

2.7 防水安全煤(岩)柱 waterproof safety coal(rock)pillar

为确保水体下(上)安全采煤而留设的煤层开采上(下)限至水体底(顶)界面之间的煤岩层区段。

2.8 防砂安全煤(岩)柱 sand prevention safety coal(rock) pillar

在松散弱含水层底界面至煤层开采上限之间设计的用于防止水、砂溃入井巷的煤岩层区段。

2.9 防塌安全煤(岩)柱 anti-falling safety coal(rock) pillar

在松散黏土层或已疏干的松散含水层底界面至煤层开采上限之间设计的用于防止泥砂溃入采空区的煤岩层区段，也称防塌煤柱。

2.10 探放水 exploration and discharge

探水和放水的总称。

2.11 探水 exploration

采用超前勘探方法，查明采掘工作面顶底板、侧帮和前方等水体的空间位置和状况等情况的行为。

2.12 放水 discharge

为预防水害事故，在探明情况后采取钻孔等安全方法将水放出的行为。

2.13 垮落带 caving zone

由采煤引起的上覆岩层破裂，并向采空区垮落的岩层范围。

2.14 导水裂缝带 water flowing fractured zone

开采煤层上方一定范围内的岩层发生垮落和断裂，产生裂缝，且具有导水性的岩层范围。

2.15 底板阻水带 bottom water blocking tape

煤层底板采动导水破坏带以下、底部含水体以上具有阻水能力岩层的范围。

2.16 松散层 loose layer

第四系、新近系未成岩的沉积物，如冲积层、洪积层、残积层等。

2.17 水体底界面 bottom interface of warer body

地表水体或地下含水体(层)的底部界面。

2.18 底板采动导水破坏带 floor mining water conducted zone

煤层底板岩层受采动影响而产生的采动导水裂隙范围，其深度为自煤层底面至采动破坏带最深处的法线距离。

2.19 承压水导升带 lifting belt of confined water

煤层底板承压含水层的水在水压力和矿压作用下上升到其顶板岩层中的范围。

2.20 带压开采 mining under water pressure

在具有承压水压力的含水层上进行的采煤。

2.21 隔水层厚度 waterproof stratum thickness

开采煤层底(顶)面至含水层顶(底)面之间隔水的完整岩层厚度。

2.22 防水闸门 water door

在井下可能受水害威胁地段，为预防地下水突然涌入其他巷道而专门设置的截水闸门。

2.23 防水闸门硐室 water door chamber

井下用于设置防水闸门和相关设施的硐室。

2.24 防水闸墙 waterproof dam;bulkhead

在井下受水害威胁的巷道内，为防止地下水突然涌入其他巷道而设置的截流墙。

2.25 防水闸墙硐室 waterproof dam chamber

井下用于设置防水闸墙的硐室。

2.26 矿井正常排水系统 mine natural drainage system

为保证矿井安全生产而设置的能满足排出矿井正常涌水量和最大涌水量的排水系统，包括排水设备、排水管路、电控设备、辅助设施、设备硐室和水仓等。

2.27 矿井抗灾排水系统 mine disaster resistance drainage system

除矿井正常排水系统外，为应对矿井突发的水害事故而设置替代井底车场附近的防水闸门的潜水电泵排水系统，包括潜水电泵、排水管路、电气设施、辅助设施、设备硐室及水仓等。

3 基本规定

3.1 矿井防治水设计应按“预测预报、有疑必探、先探后掘、先治后采”的原则，编制防、堵、疏、排、截等综合防治水技术措施。

3.2 矿井防治水设计应配设专门的探放水作业队伍和满足工作需要的防治水专业技术人员，并应选配专用的探放水设备。

3.3 矿井防治水设计所采用的技术措施，应根据矿区和矿井水文地质条件、开拓开采系统、巷道布置、老窑和采空区情况，以及地表水体、邻近矿井及条件类似矿井的防治水经验等因素，经技术经济比较后确定。

3.4 矿井防治水设计应根据矿井水害类型和可能发生水害事故的区域，确定避灾线路和紧急避险系统。

3.5 矿井水文地质类型划分应符合国家现行有关煤矿防治水的规定。

4 水文地质及基础资料分析

4.1 新建矿井防治水设计应根据评审备案的井田地质勘探报告及其他相关资料编制，水文地质条件复杂、极复杂的矿井防治水设计，还应根据经企业组织审查的水文地质勘探报告编制。

4.2 改建、扩建矿井及生产矿井的防治水设计，除应具备本规范第4.1条规定的基础资料外，还应有矿井建井地质报告、生产矿井地质报告及矿井水文地质资料或水文地质补充勘探资料。

4.3 矿井防治水设计应对井田勘探报告及其他相关资料进行分析评价，必要时，还应提出水文地质补充勘探要求。

5 开拓开采

5.1 井筒、井底车场、主要硐室及主要巷道布置时，宜避开富水性强的含水层、导水构造带等受水害威胁的煤、岩层。

5.2 井筒穿过表土层、断层破碎带、富水性强的含水层，用普通法施工难以通过时，经技术经济论证后，应采用注浆、冻结、帷幕或钻井等特殊施工方法。

5.3 井巷不应穿过老(采)空区，当井巷确需穿过老(采)空区时，应采取相关安全技术措施。

5.4 井下巷道宜设置坡度不小于3‰的排水沟，水沟断面应按过水量设计。

5.5 煤层顶、底部有强承压含水层时，主要巷道应布置在不受水害威胁的层位中，并应分区隔离开采。

5.6 在有底板突水危险的区域进行井田开拓、开采布置时，应符合下列要求：

1 应按本规范附录A计算突水系数；

2 在底板构造破坏块段突水系数不大于0.06 MPa/m，且正常块段不大于0.10 MPa/m的区域，可布置开拓巷道；

3 在底板构造破坏块段突水系数大于0.06 MPa/m，且正常块段大于0.10 MPa/m的区域，应采取疏水降压、注浆加固等措施，并应对其突水危险性进行评价后，再布置开拓开采巷道。

5.7 采用仰斜开采时，回采工作面应设置相应的排水系统。

5.8 巷道低洼处有可能积水的区域应设置相应的排水设施。

5.9 采掘工作面接近或穿过导水构造时，应提出探、防、堵等综合防治水措施。

5.10 当布置的采掘工作面需接近煤层(组)顶板导水裂缝带范围内富水性强的含水层或积水区时，应采用以钻孔探水为主、物探等其他方法为辅的综合探测方法，并应查清积水范围和水量、水压等参数，再设计采用超前疏干、放水等方法排除水害威胁。

6 水体下采煤

6.1 在河流、湖泊、水库和海域等地面水体下采煤时，应留设防隔水煤(岩)柱。在松散含水层下开采时，应按水体采动等级留设不同类型的防隔水煤(岩)柱。

6.2 在水体下采煤时，应根据矿井水文地质及工程地质条件、开采方法、开采高度和顶板控制方法等，按有关水体下开采的规定，控制开采范围和开采高度，并应留设防隔水煤(岩)柱。防隔水煤(岩)柱应按本规范附录B的方法计算。

6.3 在基岩含水层(体)、地面水体或含水断裂带下布置采煤工作面时，应对开采前后覆岩的渗透性及含水层之间的水力联系进行分析评价，并应采用留设防隔水煤(岩)柱、疏干开采或充填开采等防治水措施进行安全开采。

6.4 水体下布置采掘工作面时，应符合下列要求：

1 **在水体下的急倾斜煤层中，严禁布置采掘工作面。**

2 矿井水文地质条件复杂，采放后有可能与地表水、老窑积水和富水性强的含水层导通的煤层，不应采用放顶煤开采。

3 在工作面范围内存在高角度断层时，应提出防止断层导水或沿断层带抽冒破坏的措施。

4 在水体下开采缓倾斜及倾斜厚煤层时，宜采用倾斜分层长壁开采方法，并宜减少第一、第二分层的采高。

5 上下分层同一位置的采煤间歇时间应根据顶板岩性确定，且不应小于 6 个月。

6 开采煤层组时，应采用间隔式开采顺序，并应满足安全开采的间歇要求。

6.5 在水体下布设采、掘工作面时，应配置水情和水体底界面变形的监测系统，并应配设相应设备。

7 探测及探放水

7.1 矿井防治水设计应根据水文地质条件确定探测方法，并应配备相应类型的探测设备及仪器仪表。

7.2 矿井防治水设计应根据水文地质条件配备水文观测系统。

7.3 采掘工作面遇有下列情况之一时，应进行探放水设计：

1 接近水淹或可能积水的井巷、老空区或相邻煤矿；

2 接近含水层、导水断层、暗河、溶洞和导水陷落柱；

3 打开防隔水煤(岩)柱进行放水前；

4 接近可能与河流、湖泊、水库、蓄水池、水井等相通的断层破碎带；

5 接近有出水可能的钻孔；

6 接近水文地质条件复杂的区域；

7 采掘破坏影响范围内有承压含水层或者含水构造、煤层与含水层间的防隔水煤(岩)柱厚度不清楚可能发生突水；

8 接近有积水的灌浆区；

9 接近其他可能突水的区域。

7.4 采掘工作面探放水前应编制探放水设计，并应根据水患威胁区的积水范围、水位标高、积水量等资料，确定积水线、探水线、警戒线的位置，同时应绘制在采掘工程平面图上。

7.5 采掘工作面探放水设计应根据水头高低、煤(岩)层厚度和硬度等条件，确定探放水参数，并应配备相应的探放水设备。

7.6 井下探放水应根据超前探放距离等因素，选用专用的探放水钻机及相应的配套设备和仪器仪表。

7.7 探放水钻孔参数的确定，应符合下列要求：

1 放水钻孔孔径应根据煤(岩)层坚硬程度、放水孔深度等因素确定。

2 放水钻孔数量应结合积水区静储量或老窑、老空区总积水量、钻孔孔径，依据单孔出水量、平均放水量计算确定。

7.8 探放水钻机及配套设备的选型，应根据钻孔孔径、探放水深度、放水钻孔数量等确定。

7.9 探放水钻机及配套设备的数量应与井下需要进行探放水的采掘工作面数量匹配，其备用量不应低于 30%。

7.10 井下探放水钻孔除兼作堵水或疏水用的钻孔外，终孔孔径不应大于 75 mm。

7.11 探放水设计的探水钻孔超前距离和止水套管长度，应符合下列要求：

1 探放老空积水的超前钻距应根据水压、煤(岩)层厚度和强度及安全措施等情况确定，但最小水平钻距不应小于 30 m，止水套管长度不应小于 10 m。

2 沿岩层探放含水层、断层和陷落柱等含水体时，探水钻孔超前钻距和止水套管长度应符合表 1 的要求。

表1 探水钻孔超前钻距和止水套管长度

水压(MPa)	钻孔超前钻距(m)	止水套管长(m)
<1.0	>10	>5
1.0～2.0	>15	>10
2.0～3.0	>20	>15
>3.0	>25	>20

7.12 探放水钻孔应配设与水压匹配的固定套管、放水控制阀门、压力观测系统等孔口安全装置，并应具有防喷、反压、分流、带杆密闭的功能。

7.13 钻场所在巷道不具备自排条件时，应配备与钻孔放水能力相匹配的由临时水仓、水泵、排水管路及配套设施等组成的排水系统。

8 防隔水煤(岩)柱的留设

8.1 受水害威胁的区域应留设防隔水煤(岩)柱。防隔水煤(岩)柱应根据地质构造、水文地质条件、煤层赋存条件、围岩物理力学性质、开采方法及岩层移动规律等因素，通过计算确定，计算方法应符合本规范附录B的规定。

8.2 在水体下采煤时，当同一水体的底界面至煤层间距、基岩厚度、各煤层采高、倾角及煤层之间岩性差别悬殊时，应在倾斜剖面和走向剖面上分别计算确定安全煤(岩)柱。

8.3 相邻矿井边界处保护煤柱的设置，应符合下列要求：

1 水文地质条件简单到中等型的矿井，煤柱留设的总宽度不应小于40 m，且每矿不应小于20 m。

2 水文地质条件复杂和极复杂型的矿井，煤柱留设的宽度除应符合本条第1款的要求外，还应根据煤层赋存条件、地质构造、静水压力、开采上覆岩层移动角、导水裂缝带高度等因素计算确定。

3 以断层为界的矿井，其边界防隔水煤(岩)柱应按断层防水煤柱留设，同时相邻两矿的开采不应破坏邻矿的保护煤柱。

8.4 有突水历史或带压开采的矿井，应分水平或分采区实行隔离开采，并应编制相应的综合防治水措施。

9 疏干开采和带压开采

9.1 疏干开采

9.1.1 煤层(组)顶板导水裂缝带范围内分布有富水性强的含水层时，应进行疏干开采。垮落带与导水裂缝带最大高度应根据本规范附录B的公式计算结果和现场实测等方法综合确定。

9.1.2 矿井有下列情况之一时，宜采用疏干开采方式：

1 被富水性强的松散含水层覆盖且浅埋的缓倾斜煤层；

2 被半固结或较松散的含水层覆盖的煤层；

3 煤层顶板受开采破坏后，其导水裂缝带波及范围内存在富水性强的含水层(体)的煤层。

9.1.3 疏干开采的疏水量应与矿井排水系统的排水能力相匹配。

9.1.4 矿井疏干开采设计时，应进行定性、定量分析，并应采用三图一双预测法等方法对顶板水害分区进行评价和预测。

9.2 带压开采

9.2.1 当承压含水层与开采煤层之间的隔水层能够承受的水头值大于实际水头值时，可进行带压开采，但应编制相应的安全技术措施。安全隔水层厚度和突水系数应按本规范附录B计算。

9.2.2 当承压含水层与开采煤层之间的隔水层能够承受的水头值小于实际水头值时，应进行带压开采设计，并应采用脆弱性指数法等方法对底板突水危险性进行综合分区与评价，同时应符合下列要求：

1 应采取疏水降压的方法，并应将承压含水层的水头值降到隔水层允许的安全水头值以下，同时还应编制相应的安全技术措施。矿井排水系统应协调矿区排水、供水和生态环境保护三者关系，并应做到三位一体的优化结合。

2 承压含水层的集中补给边界已基本查清时，应预先进行帷幕注浆、截断水源，再按本条第1款的要求进行疏水降压开采设计。

3 承压含水层的补给水源充沛，不具备疏水降压和帷幕注浆条件时，应根据矿井的具体条件，通过采用注浆加固底板隔水层及改造含水层为弱含水层等方法，满足本规范第9.2.1条的规定后，可进行带压开采。

4 安全水头压力值应按本规范附录A计算。

9.3 注浆堵水

9.3.1 当井筒难以穿过含水层时，宜采用预注浆技术，并应符合下列要求：

1 井筒预计穿过基岩风化带含水层、较厚或层数较多的裂隙含水层时，宜选用地面预注浆方法。

2 含水层厚度较薄、层段分散或含水层富水性较弱时，宜选用施工井筒的工作面预注浆方法。

3 注浆方案应根据井筒检查孔含水层的埋深、厚度、岩性及简易水文观测、抽(压)水试验、水质分析等资料进行编制。

4 注浆起始深度应在风化带及以下较完整的岩层内。注浆终止深度，应大于井筒要穿过的最下部含水层底界面的埋深或超过井筒深度10 m～20 m。

9.3.2 采用注浆堵水措施的井巷和硐室的掘进漏水量、工程建成后的总漏水量及防水标准，应符合现行国家标准《煤矿井巷工程质量验收规范》GB 50213的有关规定。

9.3.3 注浆封堵突水点位置，应根据突水点附近的地质构造及突水前后水文观测孔和井、泉的动态变化进行选择，并应经验证后实施。

9.3.4 帷幕注浆应根据水文地质条件对注浆方案进行论证。

9.3.5 穿过与河流、湖泊、溶洞、含水层等存在水力联系的导水构造、裂隙(带)、陷落柱等构造的井巷，应探水前进，前方有水，应超前预注浆封堵加固，必要时应预先构筑防水闸门或采取其他防治水措施。穿过含水层段的井巷，应按防水要求进行壁后注浆处理。

9.3.6 矿井采掘范围内有充水或导水的断层、裂隙和陷落柱等构造时，应留设防隔水煤(岩)柱或采用注浆方法封堵导水通道，封堵方法应经论证后确定。

9.3.7 采用注浆改造工作面时，应先进行物探，并应查明水文地质条件后打孔注浆，再用物探与钻探验证注浆改造效果。

9.3.8 分期建设、分期投产的矿井，注浆堵水系统宜一次设计、分期建设、分期投入使用。

9.3.9 矿井注浆系统及其能力应根据水文地质条件、开拓布置方式、生产规模、采掘工作面数量、生产接续、注浆堵水方法，以及堵水注浆量等因素综合确定。

9.3.10 注浆材料应根据注浆效果、施工和环境保护的要求选用。

9.3.11 注浆终孔压力应根据水压和水文地质条件选择，不宜小于水压的1.5倍，并不应引起井巷支护结构和围岩破裂、变形。

9.3.12 注浆系统设备选型应根据注浆堵水系统类型、注浆量、注浆系统所要求的压力，以及注浆堵水材料类别等因素确定。

9.3.13 井下移动式注浆站应设置在注浆地点附近的全风压通风新鲜风流中，并应满足注浆设备运输、安装及检修的要求。

9.3.14 注浆堵水管路系统设计应符合下列要求：

1 注浆堵水管路系统设置，应符合矿井开拓、开采部署、注浆地点分布、注浆站布置等要求。

2 注浆管路敷设应避免中凹布置方式。无法避免时，应在管路最低点设置排空阀。

3 井下巷道中的注浆管路应布置在人行道的对侧。

4 当注浆管路距离较长时，经方案比较，可采用钻孔固管下井。

5 管路直径应根据注浆量，按浆液流速大于临界流速计算确定。

6 注浆管路趟数应根据同时需要注浆的钻孔数量确定，并应留有备用管路。

7 注浆管路壁厚应结合管材、注浆材料、服务年限及注浆管路最大工作压力计算确定。

10 防水闸门与防水闸墙设施

10.1 防水闸门

10.1.1 存在下列情况之一时，应设置防水闸门及硐室：

1 水文地质条件复杂、极复杂或有突水淹井危险的矿井，井下未设置抗灾排水系统的井底车场周围；

2 在有突水危险的区域布置采掘工作面时；

3 受承压水威胁的煤层需分水平或分采区隔离开采时；

4 钻孔打透富水性强的含水层或老空积水区，有突水危险时。

10.1.2 水害威胁严重的矿井设置防水闸门及硐室时，应与排水系统、防水闸墙统一规划、综合布置。

10.1.3 防水闸门及硐室所承受的设计水压，应根据矿井水文地质资料和含水层的水位标高计算或通过实际观测水压等确定，并应与矿井井巷所承受的水头压力相一致。

10.1.4 防水闸门的选型应根据通过设备的最大外形尺寸、人行道宽度、巷道通过的最大风量和风速等因素确定。

10.1.5 防水闸门及其控制系统中的各种机械设备、电控设备、零部件和主要材料及计量、检测器具、仪器、仪表等，均应符合现行煤矿安全规程的有关规定，其精度等级应满足被检测项目的精度要求。

10.2 防水闸墙

10.2.1 水文地质条件复杂的矿井，井巷、采区布置或生产矿井开拓延深设计时，应预留建筑防水闸墙的位置，并应在其附近留设足够的防水煤(岩)柱。

10.2.2 钻孔打透富水性强的含水层或老空积水区时，应设置防水闸墙及硐室。

10.2.3 防水闸墙应嵌入围岩中，并应与围岩形成整体。

10.3 防水闸门与防水闸墙硐室

10.3.1 防水闸门硐室的选址应结合矿井的水文地质条件、围岩条件、开拓布置等因素确定。有冲击地压的区域不宜设置防水闸门硐室。

10.3.2 防水闸门硐室的设置应符合下列要求：

1 应设于坚硬、稳定、完整致密的岩(煤)层中；

2 不应设于岩溶、断层、节理、裂隙发育的破碎地带；

3 不应受井下采动影响，并应符合通风、运输、行人、放水、安全等要求；

4 应有利于施工和灾后恢复生产；

5 硐室四周应留设保护煤(岩)柱。

10.3.3 防水闸门的设计应有闸门和闸门硐室防渗漏技术措施。

10.3.4 防水闸门硐室泄水方式应根据硐室所处巷道的水沟泄水流量确定。可采用水管泄水、水沟泄水或泄水巷泄水。

10.3.5 防水闸门来水侧 15 m～25 m 处应设箅子门。采用双向防水闸门时，在两侧应分别设箅子门。

10.3.6 通过防水闸门的轨道、电机车架空线、带式输送机等，应灵活、易拆装。

10.3.7 通过防水闸门硐室的预埋件应符合下列要求：

1 管路和闸阀等的耐压能力不应低于防水闸门的设计压力。

2 通过防水闸门硐室墙体的泄水管、压风管、洒水管等各种管路，应配置闸阀或在来水侧设置盲盖或堵头封堵严密。

3 预埋通过硐室的钢管，应采取防止钢管滑动、位移措施。

4 通过硐室的电缆应封堵严实。

10.3.8 防水闸门与防水闸墙硐室墙体前、后两端，应分别设长度不小于5 m的混凝土砌碹。

10.3.9 防水闸门与防水闸墙硐室的混凝土强度等级不应低于C25，并应符合现行国家标准《混凝土结构设计规范》GB 50010的有关规定。

10.3.10 防水闸门墙体和两端护砌段应整体砌筑，在门硐四周、门框附近，砌筑时应采取加固措施。硐室承受1.6 MPa以上水压时，闸门墙体迎水端及门框背后混凝土应通过计算配置钢筋，并应核算闸门及门框、墙体的抗剪能力。

10.3.11 防水闸门与防水闸墙硐室围岩强度低于防水和抗压强度时，对硐室围岩应采取加固措施。

10.3.12 防水闸门硐室和两端护碹砌筑时应预留注浆管，预留注浆管径应与注浆材料相适宜，壁厚应根据注浆压力等因素确定。砌筑后应对硐室壁进行注浆加固，其最终注浆压力应大于防水闸门设计压力的1.5倍。

10.3.13 防水闸门与防水闸墙硐室墙体结构形式，可根据硐室承受水压，选用圆柱形结构、楔形结构、倒截锥形结构，并应符合下列要求：

1 承受水压不大于1.6 MPa的硐室应选用圆柱形或楔形结构；

2 承受水压大于1.6 MPa的硐室应选用倒截锥形结构。

10.3.14 防水闸门硐室应设隔离煤(岩)柱，并应按本规范附录A的规定对隔离煤(岩)柱进行详细分析和核算。

10.3.15 防水闸门硐室和防水闸墙的长度和基础深度，宜根据硐室结构形式按本规范附录C计算。计算硐室壁厚及嵌入围岩深度时，应视围岩情况取2.0～2.5的安全系数。硐室混凝土承压和抗剪安全系数应按现行国家标准《混凝土结构设计规范》GB 50010的有关规定执行。

10.3.16 防水闸门硐室内壁两侧应有闸门完全开启的空间。防水闸门完全打开后，门后应有不小于200 mm的空间。

10.3.17 防水闸门硐室应设有观测水压的装置、放水管和放水闸阀。

10.3.18 电气设备硐室应就近布置在防水闸门非来水侧。电气设备硐室底板应高于防水闸门硐室底板1.0 m以上。电气设备硐室的建设不应影响防水闸门硐室强度。

11 排水系统设计

11.1 一般规定

11.1.1 矿井应设置与矿井涌水量相匹配的正常排水系统。

11.1.2 水文地质条件复杂、极复杂或有突水危险的矿井，在井底车场周围未设置防水闸门时，应在正常排水系统的基础上增设抗灾排水系统。

11.1.3 矿井排水设备必须选用取得煤矿矿用产品安全标志的产品。

11.1.4 矿井正常排水系统设计除应执行本规范外，尚应符合现行国家标准《煤矿井下排水泵站及排水管路设计规范》GB 50451的有关规定。

11.1.5 抗灾排水系统的排水能力应按不小于矿井最大涌水量进行设计。

11.1.6 水文地质条件复杂、极复杂或有突水危险的矿井，采用下山开采时，应在下山采区下部车场附近设置采区正常排水系统和采区抗灾排水系统或在采区正常排水系统基础上采取其他防治水措施。

11.1.7　水文地质条件复杂、极复杂或有突水危险的矿井，当采用多水平或多采区开采时，抗灾排水系统宜采用直排方式。

11.2　矿井正常排水系统

11.2.1　矿井正常排水系统泵站设备选型，应符合下列要求：

1　泵站排水设备宜采用吸入式矿用多级离心水泵。

2　下列情况，且采用其他措施不经济时，泵站排水设备宜采用潜水泵：

1）　矿井水文地质条件复杂或极复杂、涌水量大、有突水危险；

2）　采用吸入式矿用多级离心水泵不能满足吸水高度要求；

3）　采用吸入式矿用多级离心水泵泵站硐室温度不能满足要求；

4）　采用吸入式矿用多级离心水泵泵站噪声超标。

11.2.2　矿井正常排水系统必须设置工作水泵、备用水泵和检修水泵。工作水泵的排水能力应能在20 h内排出矿井24 h的正常涌水量，应包括充填水及其他用水。备用水泵的能力不应小于工作水泵能力的70%。工作和备用水泵的总能力，应能在20 h内排出矿井24 h的最大涌水量，应包括充填水及其他用水。检修水泵的能力，不应小于工作水泵能力的25%。

11.2.3　矿井正常排水系统必须设置工作管路和备用管路，工作管路应能配合工作水泵在20 h内排出矿井24 h的正常涌水量，应包括充填水及其他用水；工作管路和备用管路应能配合工作水泵和备用水泵在20 h内排出矿井24 h的最大涌水量，应包括充填水及其他用水。

11.2.4　矿井正常排水系统主排水泵站布置应符合下列要求：

1　主排水泵站宜与主变电所联合布置，并宜靠近敷设排水管路的井筒。硐室与井筒垂直距离不宜小于20 m。

2　主排水泵站应至少有两个出口，一个出口应用斜巷通到井筒，并应高出泵站底板7 m以上；另一个出口应通到井底车场，在通到井底车场出口通道内，应设置易于关闭的既防水又防火的密闭门和栅栏门。

3　主排水泵站通道断面设计应满足通过最大设备、行人、通风等要求，并应与密闭门、栅栏门相匹配。

4　主排水泵站地面应高出硐室通道与井底车场巷道或大巷连接处底板0.5 m。与硐室通道相连接的巷道铺设双轨且为高低道时，应以高道侧巷道底板计算硐室地面高程。

11.2.5　矿井正常排水系统主排水泵站尺寸与管路及电缆布置，应符合下列要求：

1　泵站尺寸应符合现行国家标准《煤矿井下排水泵站及排水管路设计规范》GB 50451的有关规定，并应满足水泵、排水管路与电动机安装、检修的要求。

2　电缆敷设宜采用电缆沟或墙壁悬挂电缆方式，至电机接线盒段宜敷设在硐室底板电缆沟内或穿套管保护。

11.2.6　矿井正常排水系统主排水泵站及吸水井、配水巷断面和支护，应符合下列要求：

1　泵站断面形状与支护方式，应符合现行国家标准《煤矿巷道断面及交岔点设计规范》GB 50419的有关规定。

2　吸水井、配水巷断面宜采用半圆拱形。吸水井井壁应设便于检修的爬梯，上部井口应铺设盖板。

3　泵站地面应向吸水井侧设不小于3‰的流水坡度，硐室积水宜引入吸水井内。

4　电缆沟应设不小于3‰的流水坡度，积水宜引入吸水井内。电缆沟底和壁的砌筑厚度不宜小于0.1 m，电缆沟砌筑宜采用混凝土，其强度等级不应低于C15。

11.2.7　矿井主排水泵站内设备运输应符合下列要求：

1　泵站设备宜采用轨道运输，轨面高程宜与硐室地面一致。

2　泵站轨道转向方式宜采用转盘。

3　硐室通道与车场巷道连接处的设备转运，宜采用吊装方式。在不影响车辆运行的线路上，也可采用转盘或道岔。

11.2.8　管子道布置应符合下列要求：

1　管子道净断面应满足安装、维护排水管路的要求；当管子道兼作运送设备的通道时，还应满足运送最大设备的要求。

2　当管子道作为主排水泵站安全出口时，管子道应有通往井筒的通道；通向立井的管子道应设与井筒梯子间或提升容器的连接通道。

3　管子道倾角不宜大于30°，并宜铺设轨道，轨道上、下竖曲线半径宜取6 m～12 m。管子道通往井筒连接处应设平台，平台应高出泵站地面7 m以上。

11.2.9　管子道设施的布置应符合下列要求：

1　管子道应根据设备布置要求设置托管梁、管墩、轨道及转盘。当有电缆通过时，还应设置电缆沟(架)。

2　立井管子道平台与井筒连接处应设向内开启的栅栏门。

3　当管子道兼作运送设备的通道时，在立井管子道平台与井筒连接处，应设便于拆卸的罐道和固定活动短轨的钢梁或起重梁，在管子道上部平台处应留出提升绞车的安装位置；斜井管子道与井筒连接处宜加设道岔或起吊梁。

11.2.10　水仓布置应符合下列要求：

1　水仓不应布置在松软、破碎的岩层和断层带。水仓入口应设在井底车场、大巷最低点或靠近最低点。

2　水仓应由互不渗漏的主仓和副仓组成，并应满足在清理时交替使用的要求。

3　水仓入口通道的水沟，应设铁箅子与闸板。水仓入口斜巷应设人行台阶，斜巷坡度不宜大于20°，轨道上、下竖曲线半径宜取9 m～12 m，水仓底板应向吸水井方向设1‰～2‰的上坡，水仓可不设水沟。

11.2.11　水仓容量应符合下列要求：

1　水仓有效容量应根据矿井涌水量，按有关规定计算确定。

2　水仓总长度应根据水仓有效容量、断面等因素确定，并应宜压缩水仓入口与吸水井之间的贯通长度。

3　水仓最高存水面应低于水仓入口水沟底面和主排水泵站电缆沟底面，水仓平均有效水深不宜小于2 m。

11.2.12　水仓支护方式应符合下列要求：

1　水仓支护方式宜采用混凝土或防渗混凝土砌碹，围岩较硬、稳定且无渗水时，可采用锚网喷支护等其他支护方式。

2　在水仓、吸水井及配水巷连接处应采用混凝土或钢筋混凝土支护。围岩裂隙发育可能渗水时，应加强混凝土防渗能力。

3　水仓底板宜采用混凝土铺底。

11.2.13　水仓清理方式应符合下列要求：

1　水仓清理方式应根据水仓清理量等因素确定，宜采用机械清理。

2　采用水砂充填、水力采煤和其他污水中带有大量杂质的矿井，以及采用潜水泵排水的矿井，井下应设置专门的沉淀及清理系统。

3　当水仓清理采用矿车运输时，应铺设轨道。

11.2.14　采区及井下其他排水系统泵房、水仓、管子道，除应按现行国家标准《煤矿井底车场硐室设计规范》GB 50416等有关规定进行设计外，可按本节的相关规定执行。

11.3 抗灾排水系统

11.3.1 矿井抗灾排水系统设计应符合下列要求：

1 矿井抗灾排水系统的排水能力应按管路淤积后潜水泵的工况流量计算。

2 矿井抗灾排水系统管路淤积的附加阻力系数不应小于1.7。

3 矿井抗灾排水系统排水设备应选用高效节能的矿用型产品。

4 潜水泵电动机的容量应根据矿井水比重进行校验。

5 潜水电泵应满足全扬程安全运行要求。

11.3.2 潜水泵的布置形式应根据潜水泵的结构形式、安装检修要求、井巷布置及围岩条件等采用卧式、斜式或立式布置。

11.3.3 潜水泵站内应设置便于安装、检修的辅助设施。

11.3.4 潜水泵配套电动机应能承受额定转速1.2倍的反转转速，且历时2 min不应有有害变形。

11.3.5 潜水泵距吸水井墙壁的最小间距不宜小于水泵吸水口的直径，且净间距不宜小于800 mm。

11.3.6 当2台或多台潜水泵布置于同一个吸水井内时，潜水泵吸水口宜交错布置，吸水口净间距不应小于吸水口直径的1.5倍。

11.3.7 当矿井正常排水系统采用潜水泵时，抗灾排水泵站宜与正常排水泵站统一布置。

11.3.8 抗灾潜水泵排水系统布置应满足其定期试用和维护的要求。

11.3.9 抗灾排水系统水泵房布置、水仓布置、支护、清理方式等，可按本规范第11.2节的规定设计。

11.3.10 抗灾排水系统水仓宜与正常排水系统水仓共用，也可设置独立水仓。设置独立水仓时，水仓的有效容积不应小于1 h的矿井最大涌水量。

11.3.11 抗灾排水系统水仓入口前应设置专门的沉淀池和带检修门的全断面格栅，检修门应能满足最大设备通过及行人要求。

11.3.12 抗灾排水管路应独立设置，排水能力应与抗灾潜水泵的排水能力相匹配。

11.3.13 潜水泵出口管路上应设置逆止阀和放空管。

12 供配电与控制

12.1 主排水泵站、下山采区排水泵站和抗灾潜水泵站变(配)电所的供电线路不得少于两回路。当任一回路停止供电时，其余回路应能担负全部负荷。主排水泵站、下山采区排水泵站和抗灾潜水泵站变(配)电所的供电线路应来自不同的变压器和母线段，线路上不应分接任何负荷。

12.2 不兼作矿井主排水或下山采区排水的井下煤水泵、井底水窝水泵变(配)电所，宜由两回线路供电。

12.3 煤矿井下排水泵站的配电设备的能力应与工作、备用和检修水泵的能力相匹配，并应能保证全部水泵同时运转。

12.4 矿井正常排水系统和抗灾排水系统供电及控制设备的安装地点，应符合下列要求：

1 抗灾潜水泵站的供电及控制设备应安装在地面。

2 当抗灾排水系统采用接力排水时，在保证安全的前提下，经技术经济比较后，其供电和控制设备可设置在上部水平的电控室内。

3 水文地质条件复杂或极复杂的矿井，采用潜水泵作为矿井正常排水系统主排水泵时，其供电及控制设备宜安装在地面或上部水平的电控室内。

4 当矿井正常排水系统主排水泵采用吸入式矿用多级离心水泵，且主泵站与井下主变(配)电所相邻时，主排水泵的高、低压变配电装置宜布置在井下主变(配)电所内。

5 当采区排水泵采用吸入式矿用多级离心水泵且泵站与井下采区变(配)电所相邻时，采区排水泵的高、低压变配电装置宜布置在井下采区变(配)电所内。

12.5　排水泵高压电动机的高压控制设备，应具有短路、过负荷、接地和低电压释放保护功能。低压电动机的控制设备应具有短路、过负荷、单相断线、低电压、漏电保护装置。

12.6　排水泵的电动机选型及启动应符合下列要求：

1　主排水泵电动机宜选用笼型电动机，并宜采用直接启动方式。当电网条件不允许时，可采用降压起动。

2　主排水泵的高、低压电动机采用直接启动时，其变(配)电所母线上的电压不宜低于额定电压的85%。

3　配电室设置在井下时，排水泵电动机容量在630 kW及以上应采用高压供电，630 kW以下时，供电电压等级应进行技术经济比较后确定。

12.7　用于煤矿井下排水潜水泵的电力电缆和控制电缆，除应符合矿用电缆要求外，还应符合防水、耐压要求。

12.8　主排水泵、下山采区排水泵和抗灾潜水电泵等井下主要水泵站，以及其电气控制设备所在的井下中央变电所、向下山采区排水泵供电的变电所和抗灾潜水泵站地面电气控制室，应设置直通矿调度室的电话。

12.9　排水泵电动机及井下各电气设备应做接地保护，其接地干线应与井下总接地系统相接。

12.10　排水泵站的照明灯具，应采用矿用防爆节能灯，排水泵站硐室底板上高度为0.8 m水平面处的最低照度不应小于75 lx。

12.11　矿井正常排水系统应设计为自动化排水系统，并应具有手动功能，同时应符合下列要求：

1　应装设电动机电流及温度、启动水泵时真空度、水泵出口压力、排水管流量、水仓水位等监测装置，并应集中显示，同时应能实现超限报警。

2　应根据水仓水位及水位变化率完成水泵的自动注水、闸阀的自动操作和多功能水泵控制阀的监测，自动开停水泵，并应能实现水泵的自动轮换工作。

3　主控装置与排水泵站分设时，应设置标志明显的启动联系信号。

4　应具备机旁及远程紧急停车功能。

12.12　抗灾潜水电泵应采取地面集中控制。集中控制系统应具有潜水电泵电流、温度、内腔贫水、动静态绝缘、轴承温度和排水管流量、水仓水位等监测功能，并应集中显示，同时应能实现超限报警。

12.13　矿井正常排水系统和抗灾排水系统应设置水仓水位传感器和设备开停传感器，其信号应接入矿井安全监控系统。

12.14　井底水窝水泵宜采用自动控制，其声光信号应接到有人值班的场所。

12.15　防水闸门供配电及控制系统的电源应引自非来水侧，并应采用双回路供电。电源应来自不同的变压器和母线段，线路上不应分接任何负荷。

12.16　防水闸门处应装设集中监控装置，控制系统应具备就地和远程控制功能，并应能实现故障报警，同时应能将防水闸门的状态及闸门内巷道的水位、水压等监测信息传入矿井安全监控系统。

12.17　防水闸门电气设备硐室应设固定照明和直通电话。

12.18　防水闸门内外应设置下列装置：

1　工业电视监视器；

2　声光报警装置；

3　固定照明。

12.19　防水闸门硐室处应设置人员定位监控基站。

13　地面防治水

13.1　井口及工业场地的防洪设计标准，应符合现行国家标准《煤炭工业矿井设计规范》GB 50215的有关规定。

13.2 矿井地面防治水的疏水、防水和排水系统设计，应根据矿区及其附近地表水系统的汇水、渗漏及当地历年降水量和最高洪水位等因素确定。

13.3 当工业场地位于山坡地带时，应在场地上方设置截水沟。截水沟设计应符合现行国家标准《煤炭工业矿井设计规范》GB 50215 的有关规定。

13.4 工业场地地面排水坡度不宜小于 5‰，条件困难时不应小于 3‰。

13.5 当内涝或洼地积水有可能浸入井下时，应采用拦截疏导、压实防渗、填矸造田或设泵站排出等消除矿井水害措施，并应符合当地农田水利和环境保护规划的有关规定。

13.6 场地雨水排放宜采用管道或明沟加盖板为主的排水系统。

13.7 在洪水、河流冲刷到的地段，严禁设置矸石、炉灰、垃圾等堆放场地。

ICS 13.020.01
D 04

中华人民共和国国家标准

GB/T 31392—2015

煤矿矿井水利用技术导则

Technical guidance for the utilization of coal mine water

2015-05-15 发布 2015-07-01 实施

中华人民共和国国家质量监督检验检疫总局
中国国家标准化管理委员会 发布

前 言

本标准按照 GB/T 1.1—2009 给出的规则起草。

本标准由中国煤炭工业协会提出。

本标准由全国煤炭标准化技术委员会(SAC/TC 42)归口。

本标准起草单位:重庆地质矿产研究院、天源环保有限公司、煤炭科学研究总院杭州环保研究院、四川环能德美科技股份有限公司。

本标准主要起草人:朱振忠、张凇慧、童春临、孙秋渊、吴伯明、高亮、周如禄、郭中权、张科、胡尚英。

煤矿矿井水利用技术导则

1 范围

本标准规定了煤矿矿井水利用的通则和技术要求。

本标准适用于煤矿矿井水的综合利用。

2 规范性引用文件

下列文件对于本文件的应用是必不可少的。凡是注日期的引用文件,仅注日期的版本适用于本文件。凡是不注日期的引用文件,其最新版本(包括所有的修改单)适用于本文件。

GB/T 1576 工业锅炉水质

GB 5749 生活饮用水卫生标准

GB 8537 饮用天然矿泉水

GB/T 18920 城市污水再生利用 城市杂用水水质

GB/T 18921 城市污水再利用 景观环境用水水质

GB/T 19923 城市污水再生利用 工业用水水质

GB 20426 煤炭工业污染物排放标准

GB 20922 城市污水再生利用 农田灌溉用水水质

GB 50215 煤炭工业矿井设计规范

GB 50359 煤炭洗选工程设计规范

CJ/T 337 城镇污水热泵热能利用水质

MT 76 液压支架(柱)用乳化油、浓缩物及其高含水液压液

NY 5051 无公害食品 淡水养殖用水水质

3 通则

3.1 煤矿矿井水经处理后可作为生活用水、工业用水、农业用水、城市杂用水和景观环境用水等。

3.2 煤矿矿井水处理利用一般需要经过净化处理或/和深度处理。净化处理工艺可包括混凝、沉淀、气浮、砂虑、中和、曝气、超磁分离、化学氧化、消毒等;深度处理工艺可包括精密过滤、微滤、超滤、纳滤、反渗透、离子交换、电渗析、蒸馏、软化等。

3.3 煤矿矿井水排放需满足 GB 20426 的要求。

3.4 煤矿矿井水利用率按式(1)计算。

$$U=\frac{V_1}{V}\times 100\% \qquad (1)$$

式中:

U——煤矿矿井水利用率,%;

V_1——煤矿矿井水实际利用量,单位为吨(t);

V——煤矿矿井总排水量,单位为吨(t)。

3.5 煤矿矿井水利用率不宜小于 70%。

4 煤矿矿井水利用的技术要求

4.1 生活用水用煤矿矿井水技术要求

4.1.1 用于生活饮用水的煤矿矿井水应满足 GB 5749 的要求。

4.1.2 用于生产矿泉水的煤矿矿井水应满足 GB 8537 的要求。

4.2 工业用水用煤矿矿井水技术要求

4.2.1 用于选煤厂补充水的煤矿矿井水应满足 GB 50359 的要求。

4.2.2 用于井下防尘、消防洒水的煤矿矿井水应满足 GB 50215 的要求。

4.2.3 用于井下配制乳化液用水的煤矿矿井水应满足 MT 76 的要求。

4.2.4 用于工业锅炉用水的煤矿矿井水应满足 GB/T 1576 的要求。

4.2.5 用于热能能源利用的煤矿矿井水应满足 CJ/T 337 的要求。

4.2.6 用于其他工业用水的煤矿矿井水应满足 GB/T 19923 的要求。

4.3 农业用水用煤矿矿井水技术要求

4.3.1 用于农业灌溉用水的煤矿矿井水应满足 GB 20922 的要求。

4.3.2 用于养殖业用水的煤矿矿井水应满足 NY 5051 的要求。

4.4 城市杂用水用煤矿矿井水技术要求

用于城市杂用水的煤矿矿井水应满足 GB/T 18920 的要求。

4.5 生态景观用水用煤矿矿井水技术要求

用于景观娱乐用水的煤矿矿井水应满足 GB/T 18921 的要求。

UDC

中华人民共和国国家标准

P

GB 51173—2016

煤炭工业露天矿疏干排水设计规范

Code for design of dewatering and draining in open pit mine of coal industry

2016-04-15 发布

2016-12-01 实施

中华人民共和国住房和城乡建设部
中华人民共和国国家质量监督检验检疫总局
联合发布

前 言

本规范根据住房城乡建设部《关于印发〈2013 年工程建设标准规范制订修订计划〉的通知》建标〔2013〕6 号文要求，由大地工程开发(集团)有限公司及各参编单位共同编制完成。

本规范在编制过程中，编制组进行了广泛调查研究，认真总结了近年来我国露天矿疏干排水设计和生产经验，参考了相关行业露天矿疏干排水规范、标准，并广泛征求意见，最后经审查定稿。

本规范共分 7 章，主要技术内容包括：总则、术语和符号、地下水控制、防水和排水、辅助工程、节能减排及综合利用和安全防护。

本规范以黑体字标志的条文为强制性条文，必须严格执行。

本规范由住房城乡建设部负责管理和对强制性条文的解释，由中国煤炭建设协会负责日常管理工作，由大地工程开发(集团)有限公司负责具体技术内容的解释。本规范在执行过程中，请各单位结合工程实践，认真总结经验，如发现需要修改或补充之处，请将意见反馈给大地工程开发(集团)有限公司(地址：北京市利泽中一路 1 号博雅国际中心写字楼 15 层，邮政编码：100102，传真：010－82847309)，以便今后修订时参考。

本规范主编单位、参编单位、主要起草人和主要审查人：

主编单位：大地工程开发(集团)有限公司

参编单位：中煤西安设计工程有限责任公司
中煤科工集团沈阳设计研究院有限公司
昆明煤炭设计研究院
内蒙古煤矿设计研究院有限责任公司
中煤科工集团北京华宇工程有限公司
国电内蒙古平庄煤业(集团)有限责任公司元宝山露天煤矿
中国矿业大学

主要起草人：李　静　周龙义　董宝弟　范丽娟　褚振尧
谭立伟　孙亚军　王玉丰　臧彦超　柏　乐
高　源　金祎民　张占彪　朱　琳　可雪杰
刘珉瑛　万　方　任红成　宋景辉　曲传凯
李声春　张福思　祝英振

主要审查人：孟建华　侯云建　刘建华　杨光辉　杨朝阳

煤炭工业露天矿疏干排水设计规范

1 总则

1.0.1 为规范露天矿疏干排水设计,防止和减少水害,保证生产安全,提高生产效率,制定本规范。

1.0.2 本规范适用于新建、改建、扩建的露天煤矿初步可行性研究、可行性研究和工程设计阶段的疏干排水设计。

1.0.3 露天煤矿疏干排水设计应积极采用国内外先进技术、实践经验和成熟可靠的新技术、新工艺、新设备和新材料。

1.0.4 疏干排水应与露天煤矿设计同时进行。技术方案应经技术经济比较确定。

1.0.5 露天煤矿疏干排水设计除应执行本规范外,尚应符合国家现行有关标准的规定。

2 术语和符号

2.1 术语

2.1.1 水文地质条件 hydrogeological condition

地下水埋藏、分布、补给、径流和排泄条件,水质和水量及其形成地质条件等的总称。

2.1.2 疏干 dewatering

根据合理的经济、技术原则,使用各种排水工程,对威胁露天矿采掘、运输、排土工作的含水层进行排水的工作。

2.1.3 地下水控制 groundwater control

根据合理的经济、技术原则,采用截水、排水工程,对威胁露天矿采掘、运输、排土工作的含水层进行截水、排水的工作。

2.1.4 采掘场排水 open－pit drainage

采用合理的技术、经济排水方式,排除进入露天矿采掘场内的大气降水、地表汇水、地下水渗入水,保障采掘场安全工作的技术措施。

2.1.5 地面防排水 surface water prevention and drainage

防止地表水流入露天矿采掘场或排土场,提高露天矿采剥效率,保障采掘场或排土场安全工作的技术措施。

2.1.6 露天矿疏干排水 prevention and control of groundwater and surface water

地下水控制、采掘场排水和地面防排水的总称。

2.1.7 移动式变电站 movable substation

由一次侧供电装置、电力变压器、二次侧配电及保护装置、底盘和防护外壳组成,可整体移动或解体搬移的成套变配电装置。

2.1.8 集散控制系统 distributed control system

以微处理器为基础的对生产过程进行集中监视、操作、管理和分散自动控制的控制系统。

2.2 符号

2.2.1 正常降雨径流量

a_j——各地段的径流系数;

F_j——各地段的汇水面积;

H_1——多年雨季月平均降水量;

Q_1——正常降雨径流量。

2.2.2 暴雨径流量

a_i——各地段的径流系数；

F_i——各地段的汇水面积；

H_2——设计暴雨重现期时段 T 的暴雨量；

Q_2——时段 T 的暴雨径流量。

2.2.3 突水系数

M——底板隔水层厚度；

p——底板隔水层承受的水头压力；

T_s——突水系数。

2.2.4 采掘场排水水质

SS——悬浮物；

COD_{cr}——化学需氧量。

3 地下水控制

3.1 一般规定

3.1.1 露天矿初步可行性研究阶段疏干排水设计，应根据经评审、备案的详查或勘探地质报告编制；可行性研究阶段和初步设计阶段，应根据经评审、备案的勘探地质报告编制。

3.1.2 水文地质条件复杂的矿田，应符合现行国家标准《矿区水文地质工程地质勘探规范》GB 12719和矿山防治水要求，应对水文地质勘查资料可靠性和水文地质勘查程度进行分析评价。当水文地质勘查资料不能满足疏干设计要求时，应提出水文地质补充勘查要求。

3.1.3 当地表水对地下水疏干有补给影响时，应对地表水系采取改道、防渗、堵截等措施。

3.1.4 下列情况必须采取疏干措施或堵截等地下水控制措施：

1 地下水对露天矿采掘、运输、排土构成严重影响；

2 地下水降低露天矿边坡稳定性，采掘场边坡或排土场边坡可能产生失稳；

3 煤层底板赋存水压高、含水丰富的含水层在开采过程中可能产生突水。

3.1.5 采用预先疏干方式降低地下水位时，应根据采剥推进和开拓降段强度要求，并应结合水文地质条件，确定预先疏干时间和水位的降低深度。

3.1.6 布置专门地下水控制工程的露天矿或地下水对开采造成危害的露天矿，应建立地下水动态观测系统。

3.1.7 疏降地下水对露天矿周边重要建(构)筑物、民井、农田灌溉产生严重影响时，应采取防治措施。

3.1.8 疏干水应作为水资源综合利用。

3.2 地下水控制方法

3.2.1 地下水控制方法应根据矿区水文地质条件，经技术经济比较后确定。

3.2.2 渗透系数大于 2 m/d 的含水层，地下水控制宜采用地面垂直降水孔法。

3.2.3 地下水补给条件较差时，降低露天矿边坡地下水压或排放含水层剩余水，地下水控制宜采用水平放水孔法。

3.2.4 水文地质条件简单、埋深较浅、厚度较小且产状较稳定的松散含水层，地下水控制宜采用明沟和暗沟法。

3.2.5 下列情况，地下水控制宜采用巷道法：

1 可通过平硐自流排水疏干；

2 水文地质条件复杂、水力联系小的多含水层，或含水层厚度、水压及透水性变化较大，埋藏较深且不适用降水孔法疏干。

3.2.6 符合下列条件之一时，地下水控制宜采用地下隔水墙法：

1 水文地质条件复杂，采用疏干排水措施难以有效降低地下水位；

2 对以补给量为主，且补给来源丰富，底部有稳定的隔水层，深度较浅的松散含水层，可采用地下隔水墙法。

3.2.7 采用地下隔水墙截水时，隔水墙位置应保证采掘场边坡的稳定性。

3.3 水文地质计算

3.3.1 采掘场地下水涌水量计算应根据矿区水文地质条件和采掘场位置、水文地质边界条件选取合适的计算方法。水文地质条件复杂且水文地质勘探程度较高的矿区，宜采用数值法计算采掘场地下水涌水量，并应预测疏干后地下水位。

3.3.2 含水层初始地下水位应根据观测资料确定，地下水位观察数据连续观测时间不宜少于一个水文年。

3.3.3 水文地质计算应符合下列规定：

1 采掘场地下水涌水量计算，应选取计算区内地下水位观测资料的最高值；

2 应根据含水层给水度、疏干范围、露天矿采剥进度，确定对地下水储存量的排水能力；

3 地下水控制设施的排水能力，应大于地下水的补给能力及对地下水储存量的排水能力之和；

4 地下水动水位及水压，应符合露天开采安全要求的水位及水压。

3.3.4 计算降水孔涌水量时，对无压含水层可不计算水跃值，当确定地下水的降落曲线时，应考虑水跃值的影响。

3.3.5 当煤层底板下伏承压含水层水头高于其上覆隔水层顶面时，应采用突水系数法进行突（涌）水验算，必要时应采取降压措施。

3.4 疏干工程布置

3.4.1 降水孔宜选择在渗透性较强、含水层底板标高较低、含水层厚度较大的部位。

3.4.2 永久性降水孔排应靠近被保护区，并宜布置在露天采掘场地表最终境界线 20 m 以外。

3.4.3 水平放水孔宜布置在地下水汇集、易发生滑坡的边帮部位。

3.4.4 明沟和暗沟宜布置在有自流条件的地表或平盘，并应验算水对边坡机械潜蚀。必要时应采取边坡防护措施。明沟的纵坡应根据岩土性质、护砌类型通过水力计算确定。土沟纵坡宜为 2‰～3‰，有条件时明沟和暗沟可铺设土工膜。

3.4.5 巷道应设置在稳定的隔水层或弱含水层中，如煤层顶底板无隔水层或弱含水层，巷道可布置在含水层中。当在松散含水层底板设置巷道时，巷道底部嵌入隔水岩层深度宜为 0.5 m～1.0 m。巷道的纵坡不宜小于 2‰。

3.4.6 地下隔水墙应布置在渗透系数小于 5×10^{-8}m/s 的稳定隔水岩层上，其底部嵌入隔水岩层的深度不应小于 1 m。隔水墙应进行稳定性和渗流计算。当采用混凝土隔水墙时，还应以墙两侧最大水位差进行隔水墙的强度计算。

3.4.7 降水孔结构应根据地层岩性、地层结构特征、地下水埋深、钻进工艺等条件确定，并应符合下列规定：

1 应按成孔要求确定安泵段孔径；

2 应根据地层、钻进工艺确定孔的变径及其相应长度和开口孔径；

3 应根据采掘场充水含水层埋深、厚度等因素综合确定孔深。

3.5 疏干设备及过滤器

3.5.1 降水孔、巷道的排水设备，宜根据水量、水质选用合适的潜水泵。经技术经济比较后，巷道的排水设备可采用卧式水泵。

3.5.2 降水孔排水泵的排水能力，应按一昼夜24 h运转计算。降水孔的数量应为计算降水孔数量的1.2倍。

3.5.3 降水孔排水泵备用及检修台数，应为工作台数的40%～50%；当工作台数小于10台时，不应小于工作台数的50%。

3.5.4 巷道排水泵数量、水仓容积等，应符合现行国家标准《煤炭工业矿井设计规范》GB 50215的相关规定。

3.5.5 过滤器类型，应根据含水层性质按表1选用。

表1 过滤器类型

含水层性质	过滤器类型
坚硬、半坚硬且较稳定岩层，无泥沙涌入	不设过滤器
半坚硬较破碎不稳定岩层，无泥沙涌入	骨架过滤器(圆孔或缝隙式)
涌泥沙的岩层	缠丝过滤器(骨架为金属、非金属)、填砾过滤器
卵石、砾石、砂砾、粗砂、中砂	骨架或缠丝过滤器、填砾过滤器
细砂、粉砂	缠丝过滤器、包网过滤器、填砾过滤器

3.5.6 过滤器材质应根据地下水水质、受力条件和经济合理等因素确定。

3.5.7 填砾过滤器滤料规格、滤料厚度、骨架管孔眼或缝隙尺寸及缠丝过滤器缠丝面孔隙率应符合现行国家标准《供水管井技术规范》GB 50296的有关规定。

3.5.8 降水孔允许过滤管进水流速不宜大于0.03 m/s。

3.5.9 过滤器直径应根据设计出水量、水泵及电动机最大外径、允许过滤管进水流速等因素综合确定。过滤器最小内径不得小于表2的规定。

表2 过滤器内径

过滤器名称	过滤器内径(mm)
降水孔过滤器	孔深小于或等于90 m时，应比水泵及电动机最大外径大70 mm；孔深大于90 m时，应比水泵及电动机最大外径大100 mm
穿透式过滤器	50
打入式过滤器	25
观测孔过滤器	50

3.5.10 过滤器筛管孔隙率，钢管宜为20%～35%，铸铁管宜为20%～25%，钢筋混凝土管和石棉水泥管宜为15%～20%，塑料管宜为10%～13%。

3.5.11 松散含水层中的降水孔，应设置底部封闭的沉砂管，其长度不应小于表3的规定。

表3 沉砂管长度

降水孔中含水层厚度(m)	沉砂管长度(m)
<30	3
30～90	5
>90	7～10

3.6 疏干管道

3.6.1 采掘场周围疏干管道宜布置在远离采掘场地表境界一侧。

3.6.2 疏干管道转弯处及干管与支管连接处水流转角不应小于90°。

3.6.3 疏干管道宜采用钢管、铸铁管或塑料管。经常移动的疏干管道宜采用钢管。有条件时可采用明沟排水。

3.6.4 疏干管道敷设较长时，在管道最低处应设置排泥阀，最高处应设置排气阀。

3.6.5 疏干管道基础应根据管道材质、接口形式和地质条件确定。对地基松软和不均匀沉降地段，管道基础应采取加固措施。

3.6.6 金属管道应采取外防腐措施。埋地金属管道外防腐宜采用环氧煤涂料；明设金属管道外防腐应根据气象、环境等因素选择防腐涂料。

3.6.7 管道连接应根据管道材质和地质条件确定，可采用刚性接口或柔性接口，合流管道宜采用柔性接口。当管道穿过粉砂、细砂层并在最高地下水位以下，或在地震设防烈度为8度设防区时，应采用柔性接口。

3.6.8 管道穿越铁路、道路时，应采取加防护套管或管沟等保护措施。

3.6.9 管道的最小覆土厚度，应根据冰冻情况、外部荷载、管材性能、抗浮要求等因素确定，并应根据需要采取防冻保温措施，管顶覆土厚度不应小于当地最大冻土深度。非寒冷地区穿越农田的管道不应妨碍耕作，农田内埋地敷设的管道，管顶最小覆土厚度不宜小于1 m。

3.6.10 明设管道应考虑温差影响引起的胀缩，并应根据需要采取相应的管道补偿措施。

3.6.11 管道及材料应按不同品种及规格留有备用量，不同材质管材的备用量应按下列规定选取：

1 预应力钢筋混凝土管应为10％～15％；

2 铸铁管应为7％～12％；

3 钢管和塑料管应为5％～10％。

3.6.12 永久性疏干管道及附属设施设计，宜符合国家现行相关标准的规定。

3.7 地下水动态观测

3.7.1 地下水动态观测系统布置，应根据地下水对露天开采的影响程度和水文地质条件确定，并应符合本规范第3.1.6条的规定。

3.7.2 地下水动态观测孔网宜以采掘场为中心布置。在主要来水方向、采掘场四周、地表水体附近、导水构造带两侧等地段，应加密地下水动态观测孔。

3.7.3 观测孔深度应以控制观测的含水层水位为准，观测孔孔径应大于91 mm，寒冷地区孔径宜大于150 mm。

3.7.4 过滤器材质和规格，可按照本规范第3.5.5～3.5.7条、第3.5.10条的规定确定。

3.7.5 观测孔孔口管宜高出地面0.5 m，并宜在孔口安装保护装置。

4 防水和排水

4.1 采掘场排水

4.1.1 采掘场排水设计应结合地下水控制和地面防水系统，综合确定采掘场排水方式。

4.1.2 采掘场排水量应包括进入采掘场内的大气降水径流量和地下水涌水量。露天采掘场排水应采用防、排、贮及其组合的排水方式，并应符合下列规定：

1 有地形高差条件的露天矿应采用自流排水方式；

2 当有分段截流条件时，宜采用分段截流排水方式；

3 采掘场坑底贮水对露天矿生产影响较小的凹陷露天矿，宜采用坑底贮水排水方式；

4 当采用水泵排水时，可采用移动或半固定泵站排水方式，排水泵宜采用潜水泵；

5 汇水量大、坑底贮水空间有限，且当露天煤矿内有可利用的旧巷或可利用疏干巷道时，经技术经济比较，可采用井巷贮水的排水方式。

4.1.3 井巷排水方式设计，应符合现行国家标准《煤炭工业矿井设计规范》GB 50215的有关规定。

4.1.4 采掘场排水设计应符合下列规定：

1 计算正常降雨量应为10 a或以上的多年雨季月平均降雨量；

2 采掘场的径流量应采用长历时暴雨量；

3 排水沟的径流量应采用短历时暴雨量。

4.1.5 采掘场排水计算的设计暴雨重现期，大型露天煤矿不应小于50 a，中型露天煤矿不应小于20 a。

4.1.6 暴雨径流量形成的集水，其排出期限应小于表4的规定。

表4 排出期限

停产的采煤工作面(%)	30	50	70	100
集水排出时间(d)	15	7	5	3

4.1.7 正常降雨径流量和暴雨径流量，应采用径流系数法计算，土岩径流系数应采用实测值，当缺乏实测值时可按表5选用。

表5 径流系数

序号	岩土类型	径流系数
1	泥岩、砂质泥岩、凝灰岩、砂岩、石灰岩	0.6～0.7
2	重黏土	0.7
3	轻黏土、亚黏土、砂质黏土、腐殖土	0.5～0.6
4	煤、大孔性黄土、黄土	
5	粉砂	0.2～0.5
6	细砂、中砂	0～0.4
7	粗砂、砾石	0～0.2
8	土壤为主的排土场	0.2～0.4
9	岩石为主的排土场	0～0.2

注：1 表中1～7类岩土的径流系数，当用于长历时暴雨径流量计算时，其值应减去0.1～0.2；

2 当煤岩有少量裂隙时，径流系数应减去0.1～0.2；当有中等裂隙时，径流系数应减去0.3～0.4。

4.1.8 采掘场排水量可分为正常降雨排水量和暴雨排水量，并应符合下列规定：

1 有地下水流入采掘场时，排水量应包括地下水涌水量。正常降雨排水量和暴雨排水量不应低于正常降雨径流量和暴雨径流量。

2 正常降雨径流量可按下式计算：

$$Q_1=\frac{H_1\sum a_j F_j}{30\times 24} \qquad (4-1)$$

式中：

Q_1——正常降雨径流量(m^3/h)；

H_1——多年雨季月平均降水量(m)；

a_j——各地段的径流系数；

F_j——各地段的汇水面积(m^2)。

3 暴雨径流量可按下式计算：

$$Q_2 = H_2 \sum (a_i F_i) \tag{4-2}$$

式中：

Q_2——时段 T 的暴雨径流量（m^3）；

H_2——设计暴雨重现期时段 T 的暴雨量（m）；

a_i——各地段的径流系数；

F_i——各地段的汇水面积（m^2）。

4.1.9 采掘场排水设备应根据排水分期选择，并应符合下列规定：

1 排水泵工作时间应按每天 20 h 计算；

2 暴雨排水量较小的露天矿，设在同一水平上的暴雨排水泵和正常降雨排水泵，宜选择同型号的水泵；

3 当暴雨排水量为正常降雨排水量的 3 倍及以上时，暴雨排水泵和正常降雨排水泵可选用不同型号的水泵；

4 正常降雨排水泵应设备用泵和检修泵，其数量应为工作水泵数量的 50%；

5 暴雨排水泵可不设备用。

4.1.10 采掘场排水泵站水池容积不宜小于正常降雨排水泵 0.5 h 的排水量。

4.1.11 排水管选择应符合下列规定：

1 应满足工作压力的要求；

2 正常降雨排水管径宜按经济流速 1.5 m/s～2.2 m/s 确定，暴雨排水管径应按流速不大于 3.5 m/s 确定；

3 排水管数量不应少于 2 条，每一条应能满足正常降雨排水要求，全部排水管应能满足暴雨排水要求。

4.1.12 排水泵房设备布置，应符合现行国家标准《室外排水设计规范》GB 50014 的有关规定。

4.1.13 采掘场排水管道技术要求应符合本规范第 3.6 节的规定。

4.2 地面防排水

4.2.1 露天矿受洪水威胁时应设置专门防水和排水设施，汇水量大的露天矿山应设置排（截）水沟、拦水坝。

4.2.2 露天矿的防水和排水系统，应有与当地地表水体、防洪排涝等水利系统结合的可行性。

4.2.3 河流改道，防洪水库等规模较大的防洪工程设计，应符合国家现行有关标准的规定。

4.2.4 防洪堤坝修筑材料应就地取材。有条件时，可利用剥离物修筑防洪堤坝。

4.2.5 中小河流、天然沟壑等洪峰流量，应根据当地水文站的实测资料确定。当缺乏实测资料时，可选用下列方法计算，有条件时应用其他方法校核：

1 形态调查法；

2 公路科学研究所简化公式法；

3 当地经验公式法。

4.2.6 防洪标准应根据露天煤矿规模、服务年限等因素确定，并应符合表 6、表 7 的规定。

表6 河流改道、堤坝及排水沟防洪标准

露天煤矿规模	重现期(a)			
	小河改道及堤坝		排水沟	
			Ⅰ类	Ⅱ类
	设计	校核	设计	设计
大型	50～100	100～300	50～100	20～50
中型	20～50	50～100	20～50	20

注:1 Ⅰ类排水沟系指洪水泛滥时危及采掘场安全的排水沟;

2 Ⅱ类排水沟系指洪水泛滥时不危及采掘场安全的排水沟;

3 服务年限短、受淹后果不严重取下限值。

表7 调洪水库设计重现期

调洪水库容积($10^4 m^3$)	重现期(a)	
	设计	校核
<100	30	200～300
100～1000	50	300～500

4.2.7 当露天矿与矿井共用防洪工程时,防洪标准应符合现行国家标准《煤炭工业矿井设计规范》GB 50215的有关规定。

4.2.8 排水沟设计应符合下列规定:

1 地面排水沟距采掘场地表境界不宜小于50 m;

2 采掘场和排土场平盘排水沟设计应避免因渗漏引起边帮滑坡,纵坡不宜过多,坡度差不宜过大;

3 石质排水沟宜采用矩形断面,土质排水沟宜采用梯形断面,土质排水沟可采用浆(干)砌片石或浆(干)砌块石加固,加固厚度不宜小于300 mm,有条件时可铺设土工膜;

4 地面排水沟弯段最小半径不应小于设计水位时水面宽度的5倍;

5 地面排水沟与河道交汇处的交角应小于60°,排水沟出口底部标高应高于河道常水位标高;

6 排水沟的安全高度,应根据设计水深确定。当水深大于或等于2 m时,安全高度不应小于0.5 m;当水深小于2 m时,安全高度不应小于0.3 m。

4.2.9 排水沟出水口应设沉淀池。

4.2.10 河流改道应满足采掘场防洪和安全要求,新河道与采掘场地表境界的距离应根据河流对边坡的影响进行技术论证后确定。

4.2.11 河流改道工程应取得地方水利主管部门的批准,并应由具有相应资质的设计单位完成。

4.2.12 当采掘场或排土场有内涝水时,应采取排涝措施。当地形条件适宜时,应采取拦截方法或排土填平洼地。

4.2.13 在采掘场、排土场上游自然沟道宜修筑拦水坝,建设时间按剥离、排土计划确定。在积水不能自然蒸发时,可采用移动泵站分散疏导。

4.2.14 防洪堤坝的安全高度,平原地区不应小于0.5 m,丘陵地区不应小于1 m。

5 辅助工程

5.1 供配电及自动控制

5.1.1 露天矿疏干排水电力负荷划分应符合下列规定:

1 疏干巷道需要巷道巡视和维护时,水泵应按一级负荷供电;

2 采掘场排水泵站应按二级负荷供电；

3 不属于一级和二级负荷的排水设备可按三级负荷供电。

5.1.2 排水设备供电电压应根据用电容量、用电设备特性、供电距离等因素，经技术经济比较确定，电压等级宜采用10(6) kV或0.4 kV。

5.1.3 采掘场排水泵站应有两回线路供电，当一回线路故障时，另一回线路应满足工作排水泵正常启动和最大排水时的负荷。

5.1.4 排水泵站变电站的变压器不应少于2台，当其中一台故障时，其余变压器应满足水泵正常启动和最大排水量时的负荷。

5.1.5 降水孔水泵群宜采用单独回路的架空线路供电，当单回线路不能满足供电要求时，可采用多回配电线路环式或放射式供电。(半)地下式泵房的电气控制设备应设置于泵房室外。

5.1.6 降水孔水泵群配电设施宜采用移动式变电站。在供电距离允许范围内，每台移动式变电站应向多台降水孔水泵配电。

5.1.7 排水设备配电系统接地方式应符合下列规定：

1 10(6) kV供电系统不得采用中性点直接接地方式；

2 低压配电宜采用TN－S或IT系统。

5.1.8 降水孔排水设备宜设置集散控制系统。

5.1.9 降水孔水泵群集散控制系统设备选型，应根据降水孔数量及分布等条件确定。

5.2 土建及通风

5.2.1 严寒和寒冷地区的疏干泵房宜采用钢筋混凝土结构，并宜采用防冻构造。

5.2.2 疏干水储水池宜采用钢筋混凝土水池。

5.2.3 (半)地下式疏干泵房应设机械通风设施，通风设备应防爆。

5.3 疏干排水处理

5.3.1 疏干水与采掘场排水宜分别进行处理。

5.3.2 疏干水处理规模和采掘场排水处理规模，宜分别按达产年疏干水量和正常排水量乘以不小于1.2倍的系数确定。

5.3.3 疏干水水质应按实测资料确定。无实测资料时，可按煤田地质勘查报告的水质资料确定。

5.3.4 采掘场排水水质应按实测资料或本矿区、类似矿区已有同类型煤矿实测水质资料确定。当缺乏资料时，常规性指标可按下列数据确定：

1 SS为600 mg/L～3000 mg/L；

2 石油类为1.0 mg/L～20 mg/L；

3 COD_{cr}为100 mg/L～300 mg/L；

4 酸碱性、含盐量等特殊水质指标，可按实测或按煤田地质勘查报告水质参数确定。

5.3.5 疏干水处理工艺和采掘场排水处理工艺，应根据原水、复用水和排放水水质要求，经技术经济比较后确定。

5.3.6 采掘场排水处理应设置调节预沉池，调节容积应根据正常降雨排水量，并应结合排水泵工作制度确定。在缺乏资料时，可按6 h～10 h的正常降雨排水量计算。调节预沉池不应少于两座或至少分成可单独排空的两格，并应设置排泥设施。

5.3.7 暴雨时采掘场排水可不进行处理。

5.3.8 疏干水和采掘场正常排水外排时，水质均应达到现行国家标准《煤炭工业污染物排放标准》GB 20426、《污水综合排放标准》GB 8978和当地环境保护主管部门确认的排放标准的要求。

5.3.9 疏干排水处理设计应按现行国家标准《室外给水设计规范》GB 50013、《室外排水设计规范》GB 50014和《煤炭工业给水排水设计规范》GB 50810的有关规定执行。

6 节能减排及综合利用

6.1 一般规定

6.1.1 疏干排水设计应符合节约能源、综合利用水资源、保护生态环境等国家相关政策。

6.1.2 疏干排水设计应最大限度地提高疏干水和采掘场排水的综合利用水平,并应建立循环经济型生产体系。

6.1.3 露天矿应设置水资源再利用的收集处理设施,并应实现疏干水和采掘场排水的综合利用。

6.1.4 疏干排水设计宜采用自流排水方式。

6.2 节能

6.2.1 地下水控制方案应根据节约能源、提高水资源综合利用水平的原则,经技术经济比较确定。

6.2.2 降水孔布置应根据露天矿采剥推进及开拓降段进度合理布置。疏干管道布置应利用地形敷设。

6.2.3 疏干排水设计应采取有效的防排水措施,并应采用堵、截、引等方法防止或减少流入采掘场和排土场的水量。

6.2.4 地表防洪堤坝修筑材料应就地取材。有条件时,可利用剥离物修筑防洪堤坝。地面防排水系统设备宜利用矿山辅助设备。

6.2.5 防排水系统应考虑与自然水体、防洪排涝及农业排灌等水利系统统筹兼顾的可行性。

6.2.6 疏干排水设备和材料均应符合节能标准的规定。不得选用高耗能的落后生产工艺和已淘汰的高能耗机电设备。

6.2.7 疏干排水设备应装设计量仪表采集数据。

6.2.8 疏干排水设计宜设置自动控制系统。

6.2.9 供配电系统节能设计应符合下列规定:

1 应根据排水设备用电性质、用电容量,选择合理的供电电压和供电方式;

2 供配电设施宜靠近负荷中心,并应合理选择导线或电缆截面;

3 应合理设置集中与就地无功补偿装置;

4 功率在 200 kW 及以上的电动机,应采用高压电动机。

6.2.10 疏干排水控制系统节能设计应符合下列规定:

1 应根据集散控制方式控制排水设备的依次启动,并应避免设备同时启动对电网的冲击;

2 应选用高节能型电气元件;

3 应采用低损耗控制电路。

6.3 减排及综合利用

6.3.1 疏干水和采掘场排水应综合利用,减少排放。

6.3.2 疏干水和采掘场排水回用应符合下列规定:

1 用于生活用水时,水质应按现行国家标准《生活饮用水卫生标准》GB 5749 有关规定执行;

2 回用于洗车用水应按现行国家标准《城市污水再生利用城市杂用水水质》GB/T 18920 中车辆冲洗标准执行;

3 回用于其他生产及绿化用水时,水质应按现行国家标准《煤炭工业露天矿设计规范》GB 50197 的防尘洒水水质标准执行。

6.3.3 疏干水和采掘场排水处理工艺、规模等应符合本规范第 5.3 节的规定。

6.3.4 疏干水和采掘场排水回用工程设计应符合现行国家标准《煤炭工业露天矿设计规范》GB 50197、《室外给水设计规范》GB 50013、《煤炭工业给水排水设计规范》GB 50810 的有关规定。

7 安全防护

7.0.1 因地下水疏干使地面出现裂缝、沉陷、坍塌时,应划定范围加以防护,并应采取安全措施。

7.0.2 布置在采掘场工作帮的降水孔截管利用时，应在降水孔周围圈定防护区并设置警示标志。

7.0.3 疏干排水设备和井管、排水管材质，应根据含水层地下水水质特征确定，并应采取防腐措施。

7.0.4 永久地面排水沟宜布置在采掘场非工作帮，地面排水沟应避开采掘场、外排土场可能滑坡地段，地面排水沟距采掘场地表境界不宜小于 50 m。

7.0.5 对采掘场、排土场边坡有影响的地面排水沟应采取防渗措施。

7.0.6 疏干排水管道穿道路段应采取深埋、设套管或管涵等保护措施。

7.0.7 排水沟出口应采取防渗、防冲刷措施，并应设置警示标志。

7.0.8 露天矿排水不得影响采掘场、排土场及露天矿地面设施的安全。

7.0.9 电气安全应符合下列规定：

1 交流电压大于 50 V 的线路应安装漏电保护装置，短路和单相接地保护应采取二级保护；

2 全封闭移动式变电站箱体应有可靠的保护接地；

3 用电设备防护应符合现行国家标准《户外严酷条件下的电气设施》GB/T 9089 的有关规定；

4 暴雨泵电动机不宜设直接用于跳闸的过负荷保护装置；

5 疏干(半)地下式泵房内的排风系统与检修入口应设连锁装置。

ICS 13.060.30
Z 23

中华人民共和国国家标准

GB/T 33686—2017

煤矿水水质分析的一般规定

General rules for analytical and testing methods of coal mine water

2017-05-12 发布　　2017-12-01 实施

中华人民共和国国家质量监督检验检疫总局
中国国家标准化管理委员会　发布

前　言

本标准按照 GB/T 1.1—2009 给出的规则起草。

本标准由中国煤炭工业协会提出。

本标准由全国煤炭标准化技术委员会(SAC/TC 42)归口。

本标准起草单位:重庆地质矿产研究院、重庆巨能建设(集团)有限公司。

本标准主要起草人:朱振忠、童春临、李成涛、杨天富。

煤矿水水质分析的一般规定

1 范围

本标准规定了煤矿水水质分析的总则、样品、测定、溶液及其浓度、结果表述、方法精密度、检测记录和检测报告。

本标准适用于煤矿水水质分析。

2 规范性引用文件

下列文件对于本文件的应用是必不可少的。凡是注日期的引用文件,仅注日期的版本适用于本文件。凡是不注日期的引用文件,其最新版本(包括所有的修改单)适用于本文件。

GB/T 601 化学试剂 标准滴定溶液的制备

GB 3100 国际单位制及其应用

GB/T 3101 有关量、单位和符号的一般原则

GB 3102(所有部分) 量和单位

GB/T 6379.2 测量方法与结果的准确度(正确度与精密度) 第2部分:确定标准测量方法重复性与再现性的基本方法

GB/T 6682 分析实验室用水规格和试验方法

GB/T 8170 数值修约规则与极限数值的表示和判定

GB/T 8538 饮用天然矿泉水检验方法

3 总则

3.1 煤矿水水质分析标准中所列分析方法,可用于仲裁分析、验证其他分析方法、标准物质定值分析及例行分析。

3.2 煤矿水水质分析标准中同一个项目如果有两个或两个以上的检验方法时,第一法为仲裁法。

3.3 制(修)订煤矿水水质分析方法时,应采用国际原子量。

3.4 物质的量、单位和符号按GB 3100、GB/T 3101和GB 3102的要求执行。

3.5 数字修约方法按GB/T 8170的规定执行。

3.6 检测中使用的试剂,凡未指明规格者,均为分析纯(AR)。当需要其他规格时应另作说明,但指示剂和生物染料不分规格。应注意试剂的保存方法及有效时间。

3.7 实验用水的规格、纯度应符合GB/T 6682的规定。

3.8 检测中使用的基准物质、标准溶液应进行核查比对。

3.9 检测中使用的所有对分析结果准确度有影响的仪器、设备和计量器具均应在检定/校准有效期内。

3.10 容量器具(容量瓶、滴定管、移液管、比色管等)应选用国家标准A级产品,并按有关规定进行校准。

3.11 配制、贮存试剂溶液,一般采用硬质玻璃容器。对玻璃有腐蚀性的试剂以及容易分解的试剂,应指明使用何种材料的容器贮存、贮存时的注意事项及贮存时间。

4 样品

4.1 一般要求

4.1.1 采取的水样应有代表性。

4.1.2 分析水样时，须保证分取水样的代表性。

4.2 容器

4.2.1 容器应洁净，不被污染。

4.2.2 容器器壁不应吸收或吸附某些待测组分。

4.2.3 容器不应与某些待测组分发生反应。

4.2.4 容器应密封良好。

4.3 水样保存

水样的保存方法按 GB/T 8538 规定的样品保存的一般技术要求执行。

5 测定

5.1 方法要求

5.1.1 所有检测方法和程序应以技术规范或标准的形式予以规定，并严格执行。检测方法对煤矿水应有良好的适用性，测定结果的重复性、准确性和测量不确定度均要满足要求。

5.1.2 检测方法和程序中应根据情况对方法原理、试剂和材料、仪器设备、样品、测定步骤、结果计算和表述，以及方法精密度等做出规定。

5.2 测定时间

水温、pH 值、游离二氧化碳、溶解氧、硫化氢项目应在采取水样后现场测定。若受条件限制，只能送到实验室分析时(水温除外)，则水样应在 GB/T 8538 规定的保存时间内分析。

5.3 测定次数

除特别要求外，每项分析试验对同一水样进行 2 次测定(一般为重复测定)。2 次测定的差值如不超过重复性限 r，则取其算术平均值作为测定结果；否则，需进行第 3 次测定。如 3 次测定值的极差小于或等于 $1.2r$，则取 3 次测定值的算术平均值作为测定结果；否则，需进行第 4 次测定。如 4 次测定值的极差小于或等于 $1.3r$，则取 4 次测定值的算术平均值作为测定结果；如极差大于 $1.3r$，而其中 3 个测定值的极差小于或等于 $1.2r$，则可取此 3 个测定值的算术平均值作为测定结果。如上述条件均未达到，则应舍弃全部测定结果，并检查仪器和操作，然后重新进行测定。

5.4 空白试验

测定样品时，化学分析应进行空白试验。空白试验应与样品试验使用同一瓶试剂配制溶液，同时、同过程、同条件操作。计算结果应扣除空白值。

6 溶液及其浓度

6.1 配制溶液与分析过程中所用的水，除特殊说明外，均应符合 GB/T 6682 要求的三级水的规格。

6.2 凡以水作溶剂的溶液称为水溶液，一般简称溶液，以其他液体为溶剂的溶液，则在其前面冠以溶剂的名称。

6.3 标准中常用的溶液浓度用以下方式表示：

a) 物质 B 的质量浓度：物质 B 的质量除以混合物之总体积。其单位常用 g/L、mg/L、mg/mL、μg/mL 或 ng/mL 等表示。

b) 物质 B 的物质的量浓度或物质 B 的浓度：物质 B 的物质的量除以混合物之总体积。其单位常用 mol/L、mmol/L 等表示，在实际应用时应指明溶质的基本单元形式。

c) 物质 B 的质量分数：溶质的质量与溶液(溶质＋溶剂)的质量之比，亦即物质 B 的质量与混合物的质量之比，常用%、10^{-2}、10^{-4}、10^{-6}、10^{-9} 等表示。

d) 质量比：混合物中两特定成分同类量之比。用“m_1+m_2”表示，即将质量为 m_1 和质量为 m_2 的试剂混合均匀。

e) 物质B的体积分数：纯物质B与混合物在相同温度和压力下的体积之比，常用mL/L或其分倍数表示。

f) 体积比：液体试剂与溶剂体积之比。用“V_1+V_2”表示，即将体积为V_1的特定溶液加入到体积为V_2的溶剂中。

6.4 方法标准中的换算因数、标准溶液的浓度，均应保留四位有效数字。

6.5 标定标准溶液按GB/T 601的要求执行。

6.6 配制的标准系列溶液，应用标准贮备液逐级稀释配制而成，用时现配。

7 结果表述

煤矿水水质分析结果一般以质量浓度ρ(B)表示，单位可使用mg/L、g/L、mg/mL、μg/mL或ng/mL等。特定项目的结果按照该项目的特定形式表示，如总α、总β以Bq/L表示。煤矿水中可溶性固体、悬浮物检测结果以个位表示，油检测结果保留小数点后三位，总α和总β放射性检测结果保留两位有效数字，其他项目检测结果保留小数点后两位。

8 方法精密度

煤矿水水质分析检测方法的精密度，以重复性限和再现性临界差表示。

重复性限和再现性临界差，按GB/T 6379.2的要求确定。

重复性限r按式(1)计算：

$$r=\sqrt{2}\times t_{0.05}\times s_r \qquad (1)$$

再现性临界差R按式(2)计算：

$$R=\sqrt{2}\times t_{0.05}\times s_R \qquad (2)$$

式中：

s_r——实验室内重复测定的单个结果的标准差；

s_R——实验室间测定结果(单个实验室重复测定结果的平均值)的标准差；

$t_{0.05}$——95%概率下的t值。

9 检测记录和检测报告

9.1 检测记录

检测记录应按规定的格式、术语、符号和法定计量单位填写，一般包括以下内容：

a) 检测项目名称，记录表格管理编号，页码、总页数的标识；

b) 检测日期；

c) 检测依据的标准或方法及使用主要仪器设备名称及编号；

d) 样品的实验室编号；

e) 样品前处理情况(必要时)；

f) 检测数据；

g) 检测结果及计算；

h) 检测时的环境条件；

i) 检测人和校核人；

j) 其他需要说明的问题或需要增加的内容(必要时)。

9.2 检测报告

检测报告应按规定的格式、术语、符号和法定计量单位编制，一般包括以下内容：

a） 报告名称、编号、页码、总页数；
b） 检测单位名称、地址；
c） 报告的唯一性标识，以及报告结束的清晰标识；
d） 委托单位的名称和地址（必要时）；
e） 所用标准或方法的识别；
f） 样品的状态描述和标识；
g） 样品送样日期；
h） 检测日期（必要时）；
i） 检测项目及其结果；
j） 样品采取程序（必要时）；
k） 主检、审核和报告批准人签字或等效的标识；
l） 报告批准日期；
m） 加盖检验检测专用章；
n） 实验室对报告的有关声明（适用时）。

UDC

中华人民共和国国家标准

P GB/T 50451—2017

煤矿井下排水泵站及排水管路设计规范

Code for design of pumping station and pipeline under coal mine

2017-01-21 发布 2017-07-01 实施

中华人民共和国住房和城乡建设部
中华人民共和国国家质量监督检验检疫总局 联合发布

前　言

本规范是根据住房城乡建设部《关于印发〈2014年工程建设标准规范制订修订计划〉的通知》(建标〔2013〕169号)的要求，由中煤邯郸设计工程有限责任公司会同有关单位，在原国家标准《煤矿井下排水泵站及排水管路设计规范》GB 50451—2008的基础上进行修订编制完成。

本规范在修订过程中，编制组对部分生产煤矿的排水泵站和排水管路进行了调查，认真分析、总结和吸取了近年来煤矿排水泵站及排水管路安装和使用的实践经验，特别是矿用潜水电泵在抗灾排水系统中的应用，注意与相关标准的衔接，并广泛征求设计、生产、安全监察和院校等单位的意见，经反复研究、修改和审查后定稿。

本规范共6章和4个附录，主要内容包括：总则，术语和符号，泵站型式的选择，排水设备及管路选择，排水设备及管路布置与安装，供配电、控制和照明等。

本次修订的主要内容：

1. 增加矿井抗灾排水系统的设计原则、潜水电泵的布置型式相关内容。
2. 补充完善排水管路的材质、许用应力内容。
3. 补充完善排水管路试验压力的内容。
4. 修订与近几年颁布的规程、规范、政策、标准不一致的条文。

本规范由住房城乡建设部负责管理，中国煤炭建设协会负责日常管理，中煤邯郸设计工程有限责任公司负责具体技术内容的解释。在本规范执行过程中，如有新的实践经验或意见，请将有关资料寄送中煤邯郸设计工程有限责任公司《煤矿井下排水泵站及排水管路设计规范》编制组(地址：河北省邯郸市滏河北大街114号，邮政编码：056031)，以供今后修订时参考。

本规范主编单位、参编单位、主要起草人和主要审查人：

主编单位：中煤邯郸设计工程有限责任公司

参编单位：煤炭工业合肥设计研究院
中煤科工集团武汉设计研究院有限公司
中煤科工集团南京设计研究院有限公司
中煤科工集团沈阳设计研究院有限公司
煤炭工业太原设计研究院
煤炭工业济南设计研究院有限公司
山西约翰芬雷华能设计工程有限公司

主要起草人：张晓四　冯冠学　李德春　赵书忠　邢国仓
孔凡平　马中成　宋建国　宋中扬　黄通才
包　勇　李书兴　李定明　李惠平　梁祖金
韩　猛　李永强　崔汉涛　刘海清　孙黔茂

主要审查人：何建平　刘晓群　李玉瑾　寇子明　李同达
门小莎　陈继方

煤矿井下排水泵站及排水管路设计规范

1 总则

1.0.1 为在煤矿井下排水泵站及排水管路设计中贯彻执行国家煤炭工业的法规和技术政策，确保矿井安全生产及所采用的工艺系统和设备等安全可靠、技术先进、经济合理、节能、环保，制定本规范。

1.0.2 本规范适用于新建、改建和扩建煤矿的下列工程设计：

1 主排水泵站；

2 采区排水泵站；

3 井底水窝泵站；

4 抗灾排水泵站；

5 井下排水管路。

1.0.3 矿井水的处理应比较井下处理的合理性。

1.0.4 当矿井水的 pH 值小于 5 时，应采取防酸措施。

1.0.5 煤矿井下排水泵站及排水管路设计除应符合本规范外，尚应符合国家现行有关标准的规定。

2 术语和符号

2.1 术语

2.1.1 井下排水泵站　pumping station of under coal mine

由水泵、电动机、电气设施、管路、阀门、管件和辅助设备以及硐室等所构成的井下排水工程的统称。

2.1.2 主排水泵站　main pumping station

用以排除全矿井、一个水平或一个分区涌水的排水泵站。

2.1.3 吸入式离心泵站　pumping station of suction pumps

由矿用吸入式离心泵承担排水任务的泵站。

2.1.4 吸入式离心泵与潜水电泵联合泵站　pumping station of suction pumps combined with submersible pumps

由矿用吸入式离心泵与潜水电泵联合设置共同承担排水任务的泵站。

2.1.5 正常排水系统　mine normal drainage system

为保证矿井安全生产而设置的能满足排除矿井正常涌水和最大涌水的排水系统，包括水泵、电动机、电气设施、管路、阀门、管件、辅助设备、硐室和水仓等。

2.1.6 抗灾排水系统　a sudden influx of mine water drain age system

为应对矿井水害事故而设置的排水系统，包括潜水电泵、电气设施、管路、阀门、管件、辅助设备、泵井和水仓等。

2.1.7 抗灾排水泵站　a sudden influx of mine water drain age pumping station

为应对矿井水害事故而设置的排水泵站。

2.2 符号

B——泵站硐室宽度；

DN——公称直径；

D_w——管子外径；

D_x——吸水管滤网直径；

G——水泵机组总重；

H——泵井起重设备起吊高度；

H_{qg}——泵站底板至起重梁底面或起重机轨面高度；

H_{smax}——水泵允许的最大吸水高度；

H_w——管路未淤积时的水泵工况扬程；

H_z——水泵轴中心线至水仓底板的安装高度；

k_f——电动机的富余系数；

L——泵站硐室长度；

N——电动机计算功率；

p——计算管段的最大工作压力；

p'_a——水泵安装地点的大气压力；

p'_v——水泵安装地点实际水温的饱和蒸汽压力；

PN——公称压力；

Q_p——通过配水闸阀的最大流量；

Q_w——管路未淤积时的水泵工况流量；

T_a——管路安装时的环境温度；

T_j——计算管段的环境极限温度；

$[\sigma]$——管材许用应力；

$[\Delta h]$——水泵样本必需的汽蚀余量；

η_w——管路未淤积时的水泵工况效率；

η_m——机械传动效率；

δ——计入附加厚度后的管壁计算厚度；

δ'——管子计算壁厚；

φ——管子焊缝系数。

3 泵站型式的选择

3.0.1 在满足水泵吸程和通风条件下，正常排水系统宜采用吸入式离心泵站。

3.0.2 正常排水系统在下列情况下宜采用潜水泵站：

1 采用吸入式离心泵，吸水高度不能满足要求时；

2 采用吸入式离心泵站，导致通风困难，泵站温度过高，而采取降温措施又不经济时；

3 采用吸入式离心泵站，噪声超过规定，而采取降噪措施又不经济时。

3.0.3 抗灾排水系统应采用潜水泵站。

4 排水设备及管路选择

4.1 主排水设备选择

4.1.1 主排水泵站的能力应符合下列规定：

1 主排水泵站必须有工作、备用和检修水泵；

2 工作水泵的能力，应能在 20 h 内排出矿井 24 h 的正常涌水量（包括充填水及其他用水）；备用水泵的能力不应小于工作水泵能力的 70%；

3 工作和备用水泵的总能力，应能在 20 h 内排出矿井 24 h 的最大涌水量；

4 检修水泵的能力不应小于工作水泵能力的 25%；

5 水文地质条件复杂、极复杂或有突水淹井危险的矿井，当设置防水闸门时，可根据情况增设水泵或在泵站内预留安装水泵的位置；

6 工作水泵能力的计算应按备用管路不投入使用，且工作管路已淤积情况下的水泵工况排水量为准；工作和备用水泵总能力的计算应按全部管路投入使用，且管路已淤积情况下的水泵工况排水量为准；管路淤积所引起的附加阻力系数可取 1.7；

7 计算泵站能力时，如果管路内径不同，阻力损失宜分段计算。

4.1.2 主排水水泵的选择应符合下列规定：

1 应选用同型号同性能的高效节能产品，并宜选用吸入式矿用耐磨多级离心泵；

2 水泵在整个运转期间其工况应位于高效区，效率不宜低于 70%；

3 吸入式离心泵的安装高度应符合下列条件：

$$H_z \leqslant H_{smax} \tag{1}$$

$$H_{smax} = \frac{p'_a - p'_v}{\gamma} - [\Delta h] - \Delta h_s \tag{2}$$

式中：

H_z——水泵轴中心线至水仓底板的安装高度(m)；

H_{smax}——水泵允许的最大吸水高度(m)；

p'_a——水泵安装地点的大气压力(Pa)；

p'_v——水泵安装地点实际水温的饱和蒸汽压力(Pa)；

γ——矿井水重度(N/m^3)；

$[\Delta h]$——水泵样本必需的汽蚀余量(m)；

Δh_s——吸水管阻力损失(m)。

4 当矿井水含沙量超过 5 kg/m^3～10 kg/m^3 时，应适当降低吸水高度或增大矿井水的计算重度。

4.1.3 如果水泵与管路经各种匹配计算，所选水泵的扬程和流量仍超过实际需要很多，或超出水泵的工业利用区时，可根据具体条件采取下列措施：

1 切削离心泵叶轮，并做静平衡试验；

2 采用变频调速装置降低转速；

3 与厂家协商特殊订货。

4.1.4 水泵电动机功率计算及选择应符合下列规定：

1 电动机功率应按下式计算：

$$N = k_f \times \frac{\gamma \times H_w \times Q_w}{1000 \times 3600 \times \eta_w \times \eta_m} \tag{3}$$

式中：

N——电动机计算功率(kW)；

H_w——管路未淤积时的水泵工况扬程(m)；

Q_w——管路未淤积时的水泵工况流量(m^3/h)；

η_w——管路未淤积时的水泵工况效率(%)；

η_m——机械传动效率，可取 0.98；

k_f——电动机的富余系数，水泵轴功率大于 100 kW 时，可取 1.1；水泵轴功率小于或等于 100 kW 时，可取 1.1～1.2。

2 电动机选择应符合本规范第 6 章的有关规定，并应能承受额定转速 1.2 倍的反转转速，且历时 2 min 而无有害变形。

4.2 采区排水和井底水窝排水设备选择

4.2.1 采区排水设备的选择应符合下列规定：

1　正常涌水量为 50 m^3/h 及以下，且最大涌水量为 100 m^3/h 及以下的采区，可选用 2 台水泵，其中 1 台工作 1 台备用，可敷设 1 条管路。工作水泵配合管路应能在 20 h 内排出采区 24 h 的正常涌水量，工作和备用水泵配合管路应能在 20 h 内排出采区 24 h 的最大涌水量；

2　正常涌水量大于 50 m^3/h 或最大涌水量大于 100 m^3/h、有突水危险或有综采工作面的采区，应按本规范第 4.1.1 条第 1 款～第 4 款和第 4.5.1 条第 1 款执行。

4.2.2　井底水窝排水设备的选择应符合下列规定：

1　应设置 2 台同型号水泵，其中 1 台工作 1 台备用；

2　水泵排水能力应能在 20 h 内排出水窝 24 h 的积水量；

3　宜根据水窝条件选用矿用潜污泵或泥浆泵；

4　水窝水泵配套的非潜水电动机应选用矿用隔爆型电动机。

4.3　抗灾排水设备选择

4.3.1　水文地质条件复杂、极复杂或有突水淹井危险的矿井，当井底车场周围未设置防水闸门时，应在正常排水系统的基础上另外安设由地面直接供电控制，且排水能力不小于最大涌水量的潜水电泵。

4.3.2　抗灾排水设备的能力应符合下列规定：

1　抗灾排水设备的能力不应小于矿井最大涌水量；

2　抗灾排水设备的能力应以管路淤积时的水泵工况排水量计算，管路淤积所引起的附加阻力系数可取 1.7；

3　抗灾潜水电泵数量不应少于 2 台，可不设备用和检修泵；

4　计算抗灾排水设备能力时，如果管路内径不同，阻力损失宜分段计算。

4.3.3　抗灾排水设备的选择应符合下列规定：

1　应选用高效节能的矿用潜水电泵，潜水电泵应具有全扬程无过载的性能；

2　潜水电泵配套电动机应能承受额定转速 1.2 倍的反转转速，且历时 2 min 而无有害变形；

3　并联运行于同一趟管路的潜水电泵不应超过 2 台，且应选用同型号同性能的产品。

4.4　辅助设备和监测仪表选择

4.4.1　引水设备选择应符合下列规定：

1　吸入式离心水泵应采用无底阀射流引水方式；当水泵台数多，经技术经济比较确认合理时，可采用真空泵引水；

2　射流泵宜以排水管中的压力水作为能源，以压缩空气或洒水管中的压力水作为备用能源，两者不得同时使用；两种能源之间应装设隔离阀门，其压力应按两种能源中压力较大者取值；

3　当采用真空泵时，其台数不应少于 2 台，且应互为备用。

4.4.2　起重设备的选择应符合下列规定：

1　井下排水泵站水泵电动机功率大于 100 kW 时，应设置起重梁；

2　吸入式离心泵站水泵总台数超过 5 台或单台电动机功率在 1600 kW 及以上时，可设置起重机。

4.4.3　监测仪表的选择应符合下列规定：

1　排水泵站的水泵出水管上应装设压力测量装置，并应符合下列规定：

1)　吸入式离心泵采用自动化控制时，水泵出水管上应装设数显压力变送器；

2)　潜水电泵出水管上应装设压力变送器，且压力变送器应能满足潜水运行的要求。

2　吸入式离心泵的吸水管上应装设真空表。

3　主排水泵站的水泵出水管上宜装设流量计量装置。

4　以上仪表应具有防冲击功能。

4.4.4　排水泵站的干管上应装设放水管和放水阀，其直径宜为 50 mm～80 mm。放水管应伸入吸水井或配水井内。

4.5 管路、阀门及管件选择

4.5.1 正常排水系统排水管路的直径和趟数应结合水泵选型,经技术经济比较确定,并应符合下列规定:

1 主排水必须设有工作管路和备用管路,其中工作管路的能力应能配合工作水泵在 20 h 内排出矿井 24 h 的正常涌水量;工作和备用管路的总能力,应能配合工作和备用水泵在 20 h 内排出矿井 24 h 的最大涌水量;

2 管路和水泵的匹配,宜采用 1 泵 1 管;当水泵需要并联工作时应做并联计算,1 趟管路宜并联 2 台水泵,最多不宜超过 3 台,但应验算 1 泵 1 管且管路未淤积时的电动机功率和水泵吸程;

3 1 台水泵也可并联多趟管路,但必须验算电动机功率和水泵吸程,且综合经济效益应明显优于 1 泵 1 管工作方式。

4.5.2 排水管路设计应进行水锤计算,并应采取消除水锤危害的措施。

4.5.3 吸水管直径不得小于水泵吸入口直径,宜大 1 级～3 级,管内流速宜取 0.8 m/s～1.5 m/s。

4.5.4 抗灾排水管路的排水能力应与抗灾潜水电泵的排水能力相匹配。

4.5.5 抗灾排水系统宜采用 2 泵 1 管工作方式,并应验算 1 泵 1 管且管路未淤积时的电动机功率。当单台泵流量大于 725 m^3/h 时,宜采用 1 泵 1 管工作方式。

4.5.6 排水管路宜选用无缝钢管、螺旋焊接钢管或直缝焊接钢管。

4.5.7 管材许用应力可按表 1 取值,表中未列入的,其许用应力可按屈服强度的 0.4 倍或抗拉强度的 0.25 倍取值,并应圆整。

表 1 管材许用应力(MPa)

钢号	无缝钢管	螺旋焊接钢管(双面焊,全探伤)	直缝焊接钢管
10	85	85	79
20	100	100	92
Q295	110	110	100
Q345	130	130	110
Q390	140	140	128
Q420	160	160	147

4.5.8 排水管路的管壁厚度计算和选择应符合下列规定:

1 钢管管壁厚度应按下列公式计算:

$$\delta = \delta' + c \qquad \cdots\cdots(4)$$

$$\delta' = \frac{p \times D_w}{2.3 \times ([\sigma] \times \varphi - 6.4) + p} \qquad \cdots\cdots(5)$$

$$c = 0.15(\delta' + 1) \qquad \cdots\cdots(6)$$

式中:

δ——计入附加厚度后的管壁计算厚度(cm);

δ'——管子计算壁厚(cm);

c——计入制造负偏差和腐蚀的附加厚度(cm);

p——计算管段的最大工作压力(MPa);

D_w——管子外径(cm);

$[\sigma]$——管材许用应力(MPa);

φ——管子焊缝系数,无缝钢管可取 1;螺旋焊接钢管双面焊(全部探伤)可取 1;螺旋焊接钢管双面焊(不探伤)可取 0.7。

2 若排水高度较大，应分段选择管壁厚度。

4.5.9 排水泵站的阀门选择应符合下列规定：

1 当泵站的操作闸阀符合下列条件之一时，宜选用电动闸阀或电动液控闸阀，电动液控闸阀不应设液压站：

1） $PN \geqslant 2.5$ MPa，且 $DN \geqslant 250$ mm；

2） $PN \geqslant 4.0$ MPa，且 $DN \geqslant 200$ mm；

3） $PN \geqslant 6.4$ MPa，且 $DN \geqslant 150$ mm；

4） $PN \geqslant 10.0$ MPa，且 $DN \geqslant 125$ mm。

2 当水泵采用自动化控制时，应选用电动闸阀或电动液控闸阀。

3 水泵的出水管上应装设闸阀和止回阀或微阻缓闭止回阀；采用潜水电泵时微阻缓闭止回阀应为防水型。

4 抗灾排水系统为单泵单管时，潜水电泵出水管上可不装设闸阀。

5 以上各阀门的压力等级不应小于水泵零流量时的压力值。

6 抗灾潜水电泵出水管上装设的操作闸阀必须处于常开状态；当抗灾排水系统的配水巷装有控制阀门时，控制阀门必须处于常开状态。

4.5.10 配水闸阀应操作可靠，其直径可根据下式计算：

$$DN \geqslant 27\sqrt{Q_p} \qquad \text{……………………………(7)}$$

式中：

DN——配水闸阀公称直径（mm）；

Q_p——通过配水闸阀的最大流量（m^3/h）。

5 排水设备及管路布置与安装

5.1 排水设备布置与安装

5.1.1 主排水泵站的布置应符合下列规定：

1 主排水泵站宜布置在敷设排水管路的井筒附近，且与主变电所联合布置。当泵站与变电所为串联通风时，应将主排水泵站布置在变电所的上风侧，泵站与变电所之间应设置栅栏防火两用门；

2 主排水泵站应至少有2个出口，一个出口应采用斜巷通往井筒，且井筒处应高出泵站底板7 m以上；另一个出口应通往井底车场，在此出口通路内，应设置易于关闭的防水防火密闭门；

3 泵站出口应设置栅栏门，通往井筒出口的栅栏门应向内开。当矿井采用轨道运输时，通往井筒和井底车场的通道内应铺设轨道，转运通道的宽度应使转运最大设备时两侧的间隙均不小于150 mm，转运通道的转向处应设置转运设施；

4 所有泵站底板均应有流向吸水井一侧不小于3‰的坡度；

5 吸入式主排水泵站底板应比其出口与车场或大巷连接处的底板高出500 mm；

6 泵站与水仓之间必须装设控制阀门；

7 泵站硐室设计应按现行有关国家标准的规定执行。

5.1.2 吸入式离心泵站的布置应符合本规范附录A的规定。

5.1.3 吸入式离心泵站设备安装应符合本规范附录B的规定。

5.1.4 潜水泵站的布置应符合下列规定：

1 抗灾排水泵站宜与井底车场正常排水泵站就近布置，与正常排水系统共用水仓。水仓不能共用时应设置独立水仓，其有效容积不应小于1 h的矿井最大涌水量；在下山采区设置抗灾排水系统时，不应设在采区最低处。

2 泵井布置方式应采用立式或斜卧式，并应符合下列规定：

1） 有多个泵井时宜靠近布置；

2） 立式布置时，泵井内应设置爬梯和操作平台，并应铺设活动盖板；泵井应有通往起吊平台的通道，并应满足通风要求；

3） 斜卧式布置时，泵井内应设置台阶；泵井、钻孔排水的管子道、配水闸阀通道长度不能满足扩散通风时，应采取通风措施。

3 设备通道与泵井连接处应留有直线段，其长度应能满足潜水电泵的组装、检修要求。

4 设备通道应设置带检修门的全断面格栅，检修门应能满足行人及运输设备要求；通往起吊平台的通道应设置防护栏杆；配水通道内控制阀门前应设置箅子。

5 不得利用提升井筒或水仓作为泵井。

5.1.5 立式泵井起重设备的选择应符合下列规定：

1 泵井应设置起重设备，起重量应按整体起吊质量计算；

2 泵井起重设备起吊高度可按下式计算：

$$H = h_a + h_{qb} + h_{sh} + h_g \quad \cdots\cdots(8)$$

式中：

H——泵井起重设备起吊高度（m）；

h_a——设备底面高出运输通道底板高度（m）；

h_{qb}——潜水电泵长度（m）；

h_{sh}——绳环高度（m）；

h_g——吊钩中心至起重梁底面或起重机轨面高度（m）。

5.1.6 泵井内设备布置应符合下列规定：

1 当一个泵井内布置多台潜水电泵时，其中一台故障检修，不应影响其他潜水电泵的正常运行；

2 采用立式布置方式时，一个泵井内最多宜安装4台潜水电泵；采用斜卧式布置方式时，一个泵井内宜安装2台潜水电泵，最多不应超过3台；

3 当一个泵井内布置多台潜水电泵时，相邻潜水电泵应上下交错布置；

4 潜水电泵吸水口至泵井底应留有沉淀空间，并应设置清理设施；

5 潜水电泵上部应留有足够的淹没高度，避免潜水电泵脱水运行；

6 潜水电泵出口的止回阀宜安装在直管座的上部。

5.1.7 采区排水泵站可按照主排水泵站布置。

5.1.8 斜井水窝泵站应布置在井底人行道一侧。

5.2 排水管路布置与安装

5.2.1 主排水泵站内的管路布置应符合下列规定：

1 每台水泵应能经两趟管路排水，并宜做环形布置；

2 吸入式离心泵吸水管的任何部分均不应高于水泵的吸入口；

3 吸水管下口应装设滤网，滤网的总过流面积不应小于吸水管口面积的2倍；

4 泵站内所有管路均应采用支架固定；

5 泵站内管路宜采用法兰连接，也可采用焊接连接；

6 泵站内管路布置不得妨碍行人及设备搬运；排水管路架高敷设时，其最低处距泵站底板的高度不应小于1.8 m。

5.2.2 排水管路敷设与安装应符合下列规定：

1 排水管路宜敷设于副井或主井井筒内；如地质地形条件允许，且技术经济合理时，也可通过钻孔壁管排水，钻孔壁管宜采用钢管，并应全部焊接连接。

2 斜管子道和斜井井筒中的排水管路敷设与安装应符合下列规定：

1） 当排水管路沿底板敷设时可采用混凝土墩支承，沿井壁敷设时可采用梁支承或吊挂，间距可取4 m～10 m；沿人行道侧巷道壁敷设时，若需架高敷设，其最低点至人行道踏步的高度不得小于1.8 m；

2） 在倾斜管路的最下部和中间若干处设置的防滑支墩或支承梁应按防止管路下滑设计；支墩和支承梁应做强度和防滑稳定性计算；防滑稳定系数允许值，对基本荷载组合可取1.3，对偶然荷载组合可取1.1。

3 立井井筒排水管路设计应符合下列规定：

1） 当井筒中有梯子间或罐道梁时，排水管路宜靠近梯子间梁或罐道梁，并宜与提升容器长边平行布置；

2） 排水管路在井筒中的布置应留有安装、检修和更换空间；

3） 在排水管路下部应设置弯头管座或直管座及其支承梁；当排水管路垂高较大时，宜在中间加设若干直管座及其支承梁，其间距可取100 m～150 m；

4） 在下端与支承梁刚性连接的排水管路段，当上端设有支承梁时，宜设置管路伸缩装置，并应与上端直管座连接；

5） 排水管路应卡定在井筒中的防弯梁上，相邻防弯梁的间距不得大于管路纵向稳定计算值，防弯梁宜借用罐道梁或梯子间梁，不能借用时应设置单独的防弯梁，管子和梁的卡定方式应为导向卡。

5.2.3 排水管路的连接应符合下列规定：

1 条件允许时应采用焊接连接，垂直管段宜采用外套管焊接；

2 焊条应根据钢管母材材质选择，并应符合国家现行有关焊接标准的规定；

3 井深超过1000 m时，1000 m以下的管路宜对连接处采取加强措施，管路与通往管子道弯头的连接宜采取加强措施；

4 不便焊接处，排水管路可部分或全部采用法兰连接或快速管接头连接。

5.2.4 井筒排水管路安装完毕后，应进行水压试验。试验压力可取工作压力的1.1倍。

5.2.5 立井排水管路应按本规范附录C进行纵向稳定性计算。

5.2.6 排水管路、附件及支承梁应做防腐蚀处理，防腐方法宜采用长效防腐涂层体系，施工工艺和验收应符合现行行业标准《煤矿井筒装备防腐蚀技术规范》MT/T 5017的有关规定。

5.3 排水管路支承梁

5.3.1 排水管路支承梁的荷载应按本规范附录D的有关规定确定。

5.3.2 排水管路支承梁可视作在一个主平面内受弯的构件，其稳定性计算应符合现行国家标准《钢结构设计规范》GB 50017的有关规定。

5.3.3 排水管路支承梁的材料选取应符合下列规定：

1 宜采用Q235钢、Q345钢、Q390钢，等级不应低于B级；支承梁的钢材不应采用沸腾钢；在腐蚀性较强的环境下宜采用耐蚀钢；

2 焊条应符合现行国家标准《非合金钢及细晶粒钢焊条》GB/T 5117或《热强钢焊条》GB/T 5118的有关规定，其型号应与主体金属力学性能相适应；

3 当支承梁由两段拼接成整体时，宜采用高强螺栓连接；螺栓、螺母和垫圈应符合现行国家标准《钢结构用高强度大六角头螺栓》GB/T 1228、《钢结构用高强度大六角螺母》GB/T 1229、《钢结构用高强度垫圈》GB/T 1230和《钢结构用高强度大六角头螺栓、大六角螺母、垫圈技术条件》GB/T 1231的有关规定。

6 供配电、控制和照明

6.1 井下主排水泵站

6.1.1 主排水泵站电源供电线路不得少于两条回路，且应引自变电所的不同母线段。当任一回路因故障停止供电时，其余回路应能担负最大涌水量时的全部负荷，设备的控制回路和辅助设备，必须设置与主要设备同等可靠的供电电源。

6.1.2 主排水泵站的电气设备选型应根据煤矿井下瓦斯等级和安装位置的要求，分别选择矿用一般型或矿用防爆型设备，但在突出矿井和瓦斯喷出区域，不得使用矿用增安型设备。其配置应与所选择的水泵台数相适应，并应能使工作和备用水泵同时运行。

6.1.3 主排水泵宜选用鼠笼型高、低压电动机。采用直接启动时，变(配)电所母线上的电压不宜低于额定电压的85%。

6.1.4 主排水泵的控制，应设计为计算机集中监控自动化排水，宜实现远距离集中监控。并应设置机旁就地控制箱，可实现就地控制，且应符合下列规定：

1 集中监控应装设电动机电流、电动机温度、轴承温度、启动水泵时真空度、排水管流量和压力、水仓水位等监测装置，除上述规定外，潜水电泵还应装设内腔贫水、电动机绝缘等监测装置，并应就地和集中显示，同时应能超限报警；

2 自动化排水集中监控，应根据水仓水位监测信号及水位变化率完成自动注水、闸阀的自动操作、自动开停，并应能轮换工作水泵；

3 集中监控装置与主排水泵站分设时，与主排水泵站之间应设置标志明显的启动联系信号；

4 机旁就地控制箱和集中监控装置应装设水泵紧急按钮；

5 矿井装备的安全生产监控系统，应在主排水泵站设置系统分站(监控设备)，并应将工况参数及必要的监测信息纳入安全生产监控系统。

6.1.5 主排水泵高压电动机的控制设备应具有短路、过负荷、接地和低电压释放保护功能。低压电动机的控制设备应具有短路、过负荷、单相断线、漏电闭锁保护及远程控制功能。

6.1.6 主排水泵电动机功率在200 kW及以下时，宜选用低压电动机；355 kW及以上时，宜选用高压电动机；200 kW～355 kW时，电动机电压等级的选择应结合国家节能政策进行技术经济比选。条件允许时，启动方式宜采用直接启动，并应符合下列规定：

1 高压鼠笼型电动机：

1） 直接启动，应利用变电所具有断路器和接触器功能的高压开关装置作启动设备；

2） 降压启动，应选用高压电抗器综合启动装置或经技术经济比较后，选用软启动装置。

2 低压鼠笼型电动机：

1） 直接启动与降压启动，均应利用变电所内低压配电装置作启动设备；

2） 40 kW及以上电动机，应采用真空电磁启动器控制，降压启动方式可用星－三角或自耦变压器，经技术经济比较后，可选用软启动装置。

6.1.7 主排水泵站的配电装置宜与井下主变电所联合布置。主排水泵站与井下主变电所之间应设置带有栅栏防火两用门的隔墙，并应符合下列规定：

1 硐室内设备布置应符合现行国家标准《煤矿井下供配电设计规范》GB 50417的相关规定；

2 电抗器不在柜内的高压综合启动装置可单台或两台一组布置，各台(组)之间应留有800 mm及以上的间距；若电抗器布置在柜内且在柜前或柜后检修的可不留间距。

6.1.8 井下主排水泵用电力电缆和控制电缆的选择应符合现行国家标准《煤矿井下供配电设计规范》GB 50417相关规定。用于潜水电泵的电缆除应符合本规范的要求外，还应具有防水性能。

6.1.9 电缆可沿硐室壁敷设，在穿过泵站底板时应穿钢管保护。主排水泵站内电缆宜沿电缆沟或桥架敷设，沟中电缆应放在托架上，沟底应有通向吸水井不小于3‰的流水坡度。

6.1.10 主排水泵站应装设与矿调度室直接联系的电话。泵站内有值班室时，电话宜设置在值班室内，并应加装外引信号；无值班室时，电话宜设置在毗邻的井下主变电所。

6.1.11 主排水泵电动机及各电气设备应做接地保护，其接地干线应与井下总接地系统相接。

6.1.12 主排水泵站的照明灯具宜采用矿用防爆节能灯，硐室底板上+0.75 m水平面处的最低照度不应小于75 lx。

6.1.13 井底水窝水泵电动机的控制宜采用自动控制，其声光信号应接到有人值班的场所；其供电电源应按矿井二级负荷设计。

6.1.14 采区排水泵站的配电、控制和照明，应参照上述条款执行。

6.2 抗灾排水系统

6.2.1 抗灾排水系统供电电源的配置应符合矿井一级负荷的要求。

6.2.2 抗灾排水系统应设置地面变(配)电所，可与矿井的变(配)电所合建，也可单独建设；其中监控室可单独布置或与同类功能间联合布置。

6.2.3 变(配)电所高(低)压配电室电气部分的型式和布置、防雷电及接地保护、缆线选择与敷设、对建筑专业的要求等应符合现行国家标准《20 kV及以下变电所设计规范》GB 50053、《建筑物防雷设计规范》GB 50057和《供配电系统设计规范》GB 50052的相关规定。

6.2.4 潜水电泵高压电动机启动方式的确定，应按本规范第6.1.6条执行；低压电动机的直接启动应采用真空启动装置控制，降压启动宜选用软启动装置。

6.2.5 变(配)电所高(低)压馈出回路的保护配置和井下电气设施选择，应按本规范第6.1.2条、第6.1.5条和第6.1.8条执行。

6.2.6 抗灾排水系统宜实现计算机监控自动化排水，并宜具备手动、自动顺序启动水泵功能，宜实现远方监控。其主要监测信息应按本规范第6.1.4条执行。

6.2.7 监控室应装设与矿井调度室和井下排水泵站直接联系的电话。

附 录 A
吸入式离心泵站的布置

A. 0. 1 吸入式离心泵站宜轴向单排布置。水泵台数较多，泵站长度过长时，如硐室围岩条件好，可采用双排布置。

A. 0. 2 单排布置泵站的硐室长度和宽度宜符合下列规定：

1 泵站硐室长度可按下式计算，当采用真空泵引水时，泵站硐室应增加真空泵布置所需长度：

$$L \geqslant (N_{jz}-1)\times L_{jj}+N_{jz}\times L_{jz}+2\times(L_{dj}+0.3)+L_{jx}+L_{zb} \qquad \text{(A. 1)}$$

式中

L——泵站硐室长度(m)；

N_{jz}——机组台数；

L_{jj}——机组净间距(m)，应满足电动机转子抽芯和水泵的检修要求，如果设有集中检修区，则可适当减小，但不得小于0.8 m；

L_{jz}——机组长度(m)；

L_{dj}——大件(水泵、电动机、平板车)中的最大长度(m)；

L_{jx}——集中检修区长度(m)，如果机组台数多，L_{jj} 又较长，则宜设检修区，以减小 L_{jj}；如果不设，则为零；

L_{zb}——值班室长度(m)，如果不设，或与集中检修区合并，或设置值班壁龛时，则为零。

2 泵站硐室宽度可按下列公式计算，并应取其大者：

$$B \geqslant B_1+B_2+B_4+B_5+0.3 \qquad \text{(A. 2)}$$

$$B \geqslant B_1+\frac{1}{2}\times B_2+B_3+B_4+B_5+0.3 \qquad \text{(A. 3)}$$

式中

B——泵站硐室宽度(m)；

B_1——基础边(靠吸水井侧)至硐室壁的距离(m)，宜取为0.8～1.0m，并不应小于0.7 m；

B_2——基础宽度(m)；

B_3——水泵或电动机外形(靠轨道侧)至基础宽度中心线的距离(m)；

B_4——大件(水泵、电动机、平板车)中的最大宽度(m)；

B_5——控制箱的厚度(m)。

A. 0. 3 双排布置泵站的硐室长度和宽度宜符合下列规定：

1 泵站硐室长度可按下列公式计算：

1) 当 N_{jz} 为偶数时

$$L \geqslant \frac{1}{2}\times N_{jz}\times(L_{jj}+L_{jz})-L_{jj}+2\times(L_{dj}+0.3)+L_{jx}+L_{zb} \qquad \text{(A. 4)}$$

2) 当 N_{jz} 为奇数时

$$L \geqslant \frac{1}{2}\times(N_{jz}+1)\times(L_{jj}+L_{jz})-L_{jj}+2\times(L_{dj}+0.3)+L_{jx}+L_{zb} \qquad \text{(A. 5)}$$

3） 当采用真空泵引水时，泵站硐室长度应增加真空泵布置所需长度。

2 泵站硐室宽度可按下列公式计算，并应取其大者：

$$B \geqslant 2 \times (B_1 + B_2) + B_4 + 0.3 \qquad \text{(A.6)}$$

$$B \geqslant 2 \times (B_1 + B_3) + B_2 + B_4 + 0.3 \qquad \text{(A.7)}$$

A.0.4 泵站底板至起重梁底面或起重机轨面的高度可按下列公式计算，并应取其大者：

$$H_{qg} \geqslant h_j + h_b + h_{dg} + h_{zf} + h_n + h_{st} + (n_c - 0.5) \times h_{fl} + h_g \qquad \text{(A.8)}$$

$$H_{qg} \geqslant h_j + h_{\Delta} + h_{dj} + h_{sh} + h_g \qquad \text{(A.9)}$$

$$h_{sh} = k \times B_{dj} \qquad \text{(A.10)}$$

式中

H_{qg}——泵站底板至起重梁底面或起重机轨面高度(m)；

h_j——水泵基础顶面至泵站底板高度(m)；

h_b——水泵高度(包括底座)(m)；

h_{dg}——短管长度(如果需要)(m)；

h_{zf}——闸阀高度(m)；

h_n——止回阀高度或微阻缓闭止回阀高度(m)；

h_{st}——三通高度(m)；

h_{sh}——绳环高度(m)；

h_{fl}——法兰直径(m)；

n_c——泵站干管层数；

h_{Δ}——设备吊离基础的高度(m)，($h_{\Delta}+h_j$)不小于平板车的高度；

h_{dj}——大件(水泵、电动机)中的最大高度(m)；

B_{dj}——大件(水泵、电动机)中的最大宽度(m)；

h_g——吊钩中心至起重梁底面或起重机轨面高度(m)；

k——系数，起吊水泵可取 0.8，起吊电动机可取 1.2。

A.0.5 水泵吸水管和排水管(包括阀门)的质量不得由水泵支撑，应分别由支架承担。

A.0.6 每台水泵应有单独的吸水管，其长度不宜超过 10 m，并应减少弯头的数量。

A.0.7 水泵、吸水管、配水井(吸水井)及水仓相互之间主要相关尺寸的确定，应满足图 A.1 和图 A.2 中有关尺寸的规定。

A.0.8 每台水泵宜单独使用一个吸水小井，吸水井直径不得小于 $3D_x$，且不应小于 1.2 m。单台水泵流量小于 100 m^3/h 时，可两台泵共用一个吸水小井，但两吸水管滤网中心线距离不宜小于 $3.5D_x$。

A.0.9 配(吸)水井井口应装设活动盖板，盖板宜采用不小于 5 mm 厚的花纹钢板。

A.0.10 配(吸)水井内应设有爬梯，必要时可设搭板窝。

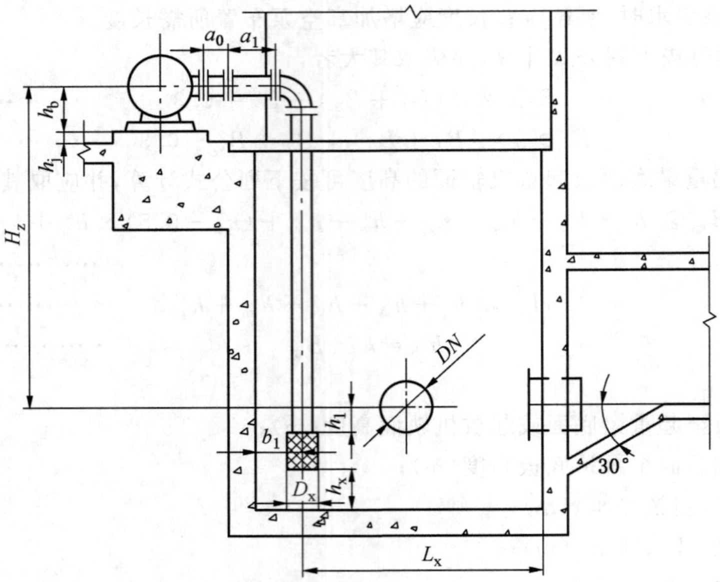

a_0——短管长度(mm),大于或等于0;a_1——偏心异径管长度(mm),不宜小于大小管径差的5倍;(a_0+a_1)——水泵入口前直管段总长度(mm),不宜小于3倍的水泵吸水口直径;b_1——吸水管滤网中心线距最近井壁的间距(mm),距水泵侧井壁可取(0.8～1.0)D_x,距侧壁可取1.5D_x,且不小于D_x+100 mm;D_x——吸水管滤网直径(mm);h_1——配(吸)水井最低水位到吸水管滤网上缘的距离(mm),不得小于(1.0～1.25)D_x,且不得小于500 mm;h_x——吸水管滤网下缘距配(吸)水井底距离(mm),不应小于(0.6～0.8)D_x,且不得小于700 mm;L_x——吸水管滤网中心线至配(吸)水井入口距离(mm),不得小于4D_x

图 A.1 水泵、吸水管、配水井(吸水井)及水仓之间相互关系

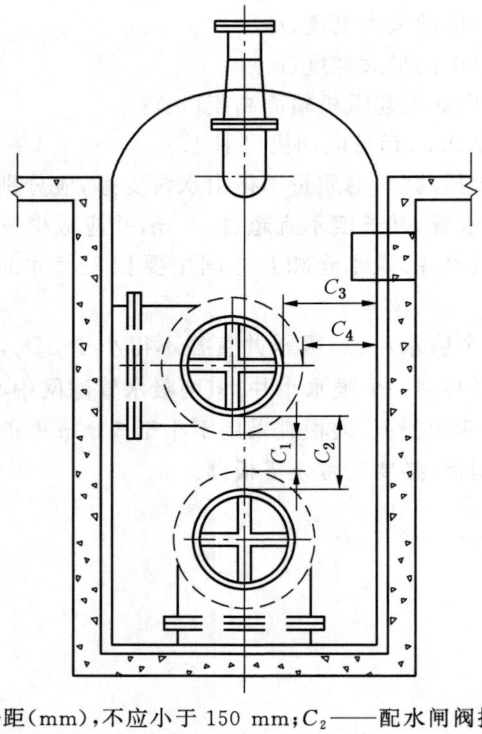

C_1——配水闸阀法兰之间最小净距(mm),不应小于150 mm;C_2——配水闸阀操作手轮之间净距(mm),不应小于500 mm;C_3——配水闸阀操作手轮距配水井井壁间距(mm),不应小于700 mm,当双配水井集中布置共享一个壁龛时,可不受限制;C_4——配水闸阀法兰距配水井井壁间距(mm),不应小于200 mm

图 A.2 配水闸阀与配水井(吸水井)之间相互关系

附 录 B
吸入式离心泵站设备安装

B.0.1 地脚螺栓应选用标准地脚螺栓，并应符合下列规定：

1 地脚螺栓直径应根据设备底座上地脚螺栓孔的孔径，按表B.1确定：

表B.1 地脚螺栓直径(mm)

地脚螺栓孔径 D	12～13	14～17	18～22	23～27	28～33	34～40	41～48	49～55	56～65
地脚螺栓直径 d	10	12	16	20	24	30	36	42	48

2 地脚螺栓长度应按下列情况分别计算(图B.1)：

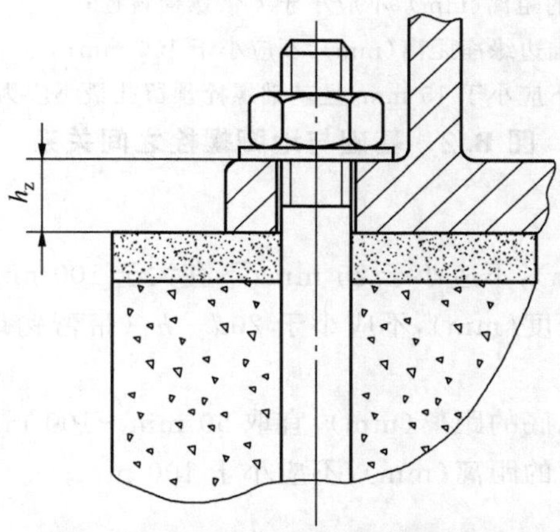

图B.1 地脚螺栓长度计算示意图

1) 带弯钩地脚螺栓的长度应按下式计算：

$$l \geqslant 22d + h_z \qquad \text{(B.1)}$$

2) 带锚板地脚螺栓的长度应按下式计算：

$$l \geqslant 17d + h_z \qquad \text{(B.2)}$$

式中

l——螺栓长度(mm)；

d——螺栓直径(mm)；

h_z——底座厚度(mm)。

B.0.2 水泵和电动机基础设计应符合下列规定：

1 水泵和电动机应安装在同一个混凝土基础之上，混凝土强度等级不应低于C20。

2 当基础位于整体性较好的基岩上时，可采用锚桩(杆)基础；锚桩(杆)基础的设计应按现行国家标准《动力机器基础设计规范》GB 50040的有关规定执行。

3 水泵和电动机的混凝土基础各部分尺寸的确定应符合下列规定(图B.2)：

4 基础厚度应按下列公式计算，并应取其大者：

$$H_j \geqslant h_1 + h_0 + h_2 + h_3 \qquad \text{(B.3)}$$

$$H_j \geqslant (2.0 \sim 2.5) \times G/(\gamma_c \times S) \qquad \text{(B.4)}$$

式中

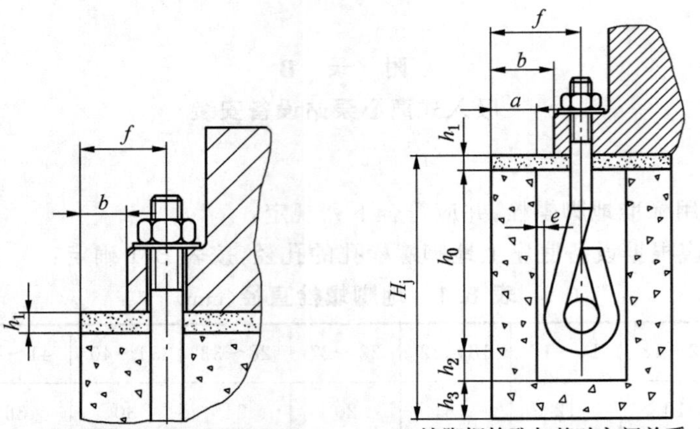

b——机器底座边缘距基础边缘的距离(mm),不宜小于 100 mm;

f——基础螺栓轴线距基础边缘的距离(mm),不应小于 4 倍螺栓直径;

a——基础螺栓预留孔边缘距基础边缘净距离(mm),不应小于 100 mm;

e——螺栓距孔壁的距离(mm),不应小于 15 mm,且基础螺栓预留孔最小应为 80 mm×80 mm

图 B.2 基础与地脚螺栓之间关系

H_j——基础厚度(mm);

h_1——二次灌浆层厚度(mm),不应小于 25 mm,不宜大于 100 mm,并以微膨胀混凝土填充密实;

h_0——地脚螺栓一次埋入长度(mm),不应小于 $20d-h_1$(带弯钩地脚螺栓)或 $15d-h_1$(带锚板地脚螺栓);

h_2——地脚螺栓底至预留孔底的距离(mm),宜取 50 mm～100 mm;

h_3——预留孔底至基础底面的距离(mm),不应小于 100 mm;

G——水泵机组总重(N);

S——基础平面面积(mm^2);

γ_c——混凝土重度(N/mm^3),可取$(22\sim24)\times10^{-6}$ N/mm^3。

5 机组的基础初步确定后,除工程实例证明可行者外,有条件时应按有关规范做静力计算和动力校核。

6 机组基础的四周应设集水槽,并应引入吸(配)水井。

B.0.3 水泵与电动机之间的联轴器应设防护罩。

附　录　C
钢管路纵向稳定性计算

C.0.1　立井井筒排水管路可视为中心受压杆件，在确保纵向稳定的条件下，其最大允许约束长度应按下列公式计算，$\lambda\sqrt{\frac{\sigma_s}{235}}$ 可按表 C.0.1 根据 φ 查得：

$$l_w \leqslant \frac{i}{\mu}\lambda\sqrt{\frac{\sigma_s}{235}} \qquad (C.1)$$

$$\varphi \geqslant \frac{N}{A[\sigma]} \qquad (C.2)$$

式中

l_w——最大允许约束长度(m)；

i——管子横断面惯性半径(m)；

μ——长度系数，取决于两端约束条件：两端固定，可取 0.65；一端固定，一端铰支，可取 0.8；一端固定，另一端允许侧移，可取 1.2；一端铰支，另一端允许侧移，可取 2.1；

λ——长细比；

σ_s——管材屈服极限(MPa)；

φ——轴心受压杆件稳定系数；

N——管路轴心压力(N)；

A——管子横断面金属面积(mm^2)；

$[\sigma]$——管材许用应力(MPa)，可按本规范第 4.5.7 条规定取值。

表 C.1　轴心受压杆件稳定系数

$\lambda\sqrt{\frac{\sigma_s}{235}}$	0	1	2	3	4	5	6	7	8	9
0	1.000	1.000	1.000	1.000	0.999	0.999	0.998	0.998	0.997	0.996
10	0.995	0.994	0.993	0.992	0.991	0.989	0.988	0.986	0.985	0.983
20	0.981	0.979	0.977	0.976	0.974	0.972	0.970	0.968	0.966	0.964
30	0.963	0.961	0.959	0.957	0.955	0.952	0.950	0.948	0.946	0.944
40	0.941	0.939	0.937	0.934	0.932	0.929	0.927	0.924	0.921	0.919
50	0.916	0.913	0.910	0.907	0.904	0.900	0.897	0.894	0.890	0.886
60	0.883	0.879	0.875	0.871	0.867	0.863	0.858	0.854	0.849	0.844
70	0.839	0.834	0.829	0.824	0.818	0.813	0.807	0.801	0.795	0.789
80	0.783	0.776	0.770	0.763	0.757	0.750	0.743	0.736	0.728	0.721
90	0.714	0.706	0.699	0.691	0.684	0.676	0.668	0.661	0.653	0.645
100	0.638	0.630	0.622	0.615	0.607	0.600	0.592	0.585	0.577	0.570
110	0.563	0.555	0.548	0.541	0.534	0.527	0.520	0.514	0.507	0.500

表 C.1(续)

$\lambda\sqrt{\frac{\sigma_s}{235}}$	0	1	2	3	4	5	6	7	8	9
120	0.494	0.488	0.481	0.475	0.469	0.463	0.457	0.451	0.445	0.440
130	0.434	0.429	0.423	0.418	0.412	0.407	0.402	0.397	0.392	0.387
140	0.383	0.378	0.373	0.369	0.364	0.360	0.356	0.351	0.347	0.343
150	0.339	0.335	0.331	0.327	0.323	0.320	0.316	0.312	0.309	0.305
160	0.302	0.298	0.295	0.292	0.289	0.285	0.282	0.279	0.276	0.273
170	0.270	0.267	0.264	0.262	0.259	0.256	0.253	0.251	0.248	0.246
180	0.243	0.241	0.238	0.236	0.233	0.231	0.229	0.226	0.224	0.222
190	0.220	0.218	0.215	0.213	0.211	0.209	0.207	0.205	0.203	0.201
200	0.199	0.198	0.196	0.194	0.192	0.190	0.189	0.187	0.185	0.183
210	0.182	0.180	0.179	0.177	0.175	0.174	0.172	0.171	0.169	0.168
220	0.166	0.165	0.164	0.162	0.161	0.159	0.158	0.157	0.155	0.154
230	0.153	0.152	0.150	0.149	0.148	0.147	0.146	0.144	0.143	0.142
240	0.141	0.140	0.139	0.138	0.136	0.135	0.134	0.133	0.132	0.131

附　录　D
排水管路支承梁的荷载

D.0.1 排水管路支承梁的荷载标准值应符合下列规定：

1 永久荷载标准值 G_k：支承梁自重、相应管路段管子和连接件以及防腐蚀材料的自重。

2 可变荷载标准值 Q_k：

1) 水柱重标准值 Q_{1k}：底部支承梁所支承管路中的水柱重；

2) 温度变化标准值 Q_{2k}：不能自由伸缩的管路段因温差引起的作用力，可按下式计算：

$$Q_{2k}=A\times E\times \alpha \times (T_j-T_a) \quad \text{(D.1)}$$

式中

A——管子横断面金属面积（mm^2）；

E——钢材弹性模量（MPa）；

α——钢材的线膨胀系数；

T_j——计算管段的环境极限温度（℃）；

T_a——管路安装时的环境温度（℃）。

3 偶然荷载标准值 A_k：水锤力根据止回阀设置情况和水泵机组等条件计算确定。

D.0.2 排水管路支承梁的荷载效应组合应符合下列规定：

1 支承梁设计应按承载能力极限状态进行荷载效应组合，并应符合下式要求：

$$\gamma_0\times S\leqslant R \quad \text{(D.2)}$$

式中

γ_0——结构重要性系数，矿井寿命大于 50 a 时，可取 1.1；小于或等于 50 a 时，可取 1.0；

S——荷载效应组合的设计值；

R——结构构件承载力设计值。

2 荷载基本组合可按下式计算：

$$S=\gamma_G\times S_{Gk}+\gamma_{Q1}\times S_{Q1k}+\gamma_{Q2}\times S_{Q2k} \quad \text{(D.3)}$$

式中

γ_G——永久荷载分项系数，可取 1.2；

γ_{Q1}——水柱重分项系数，可取 1.2；

γ_{Q2}——温度变化分项系数，可取 1.4；

S_{Gk}——按永久荷载标准值 G_k 计算的荷载效应值；

S_{Q1k}——按水柱重标准值 Q_{1k} 计算的荷载效应值；

S_{Q2k}——按温度变化标准值 Q_{2k} 计算的荷载效应值。

3 荷载偶然组合可按下式计算：

$$S=S_{Gk}+S_{Q1k}+S_{Q2k}+S_{Ak} \quad \text{(D.4)}$$

式中

S_{Ak}——按偶然荷载标准值 A_k 计算的荷载效应值。

UDC

中华人民共和国国家标准

P

GB/T 51229—2017

矿井建井排水技术规范

Technical code for drain of mine water during the period of the mine construction

2017-05-04 发布

2018-01-01 实施

中华人民共和国住房和城乡建设部
中华人民共和国国家质量监督检验检疫总局

联合发布

前 言

本规范根据住房城乡建设部《关于印发〈2013 年工程建设标准规范制订修订计划〉的通知》(建标〔2013〕6 号),由湖南楚湘建设工程有限公司会同有关单位共同编制。

本规范在编制过程中,进行了广泛深入调研,查阅分析了有关文献资料,认真总结了多年来实践证明有效的矿井建井排水新技术、新设备和新经验,并以多种形式征求了全国煤炭建设有关单位和专家的意见,经反复研究,多次修改,最后审查定稿。

本规范共分 9 章,主要技术内容包括:总则,术语和符号,基本规定,一期工程排水,二期工程排水,三期工程排水,排水设备及设施,配电、控制、照明和通信,环境保护。

本规范由住房城乡建设部负责管理,中国煤炭建设协会负责日常管理,湖南楚湘建设工程有限公司负责具体技术内容的解释。本规范在执行过程中,如有新的经验或意见,请将意见和有关资料寄送湖南楚湘建设工程有限公司(地址:湖南省长沙市天心区新梅路 102 号,邮政编码:410114),以供今后修订时参考。

本规范主编单位、参编单位、主要起草人和主要审查人:

主编单位:湖南楚湘建设工程有限公司
江苏省矿业工程集团有限公司

参编单位:唐山开滦建设(集团)有限责任公司
平煤神马建工集团有限公司
湘潭大学

主要起草人:聂秋洪 金　鑫 侯辉华 谭新高 吴　戈
刘长鸣 桂志明 谢先斌 张发亨 李积红
李德群 孙晓锋 李国柱 马　龙 唐兴富
吴洪福 潘海波 胡兴华 宗永宏 许　军
戴旭敏 刘俊杰 邢贵坡 孙鹏翔 闫昕岭
卢海军

主要审查人:安和人 刘培年 李理化 邓维国 长孙学亨
居宪博 卢相忠 冯旭东 张家勋 马贵纯
梁爱堂 赵　斌 杨建民 钱会军 王鹏越
刘志强

矿井建井排水技术规范

1 总则

1.0.1 为规范矿井建井时期排水工作，做到安全可靠、技术先进、经济合理、节能环保，制定本规范。

1.0.2 本规范适用于新建、改扩建井工煤矿建井时期排水。

1.0.3 矿井建井施工组织设计应编制专项施工排水方案。水文地质条件复杂的矿井，应根据矿井突水专项应急预案，配备排水应急设备和物资。

1.0.4 矿井建井时期排水除应符合本规范外，尚应符合国家现行有关标准的规定。

2 术语和符号

2.1 术语

2.1.1 矿井建井期 mine construction stage

又称施工期。矿井建设从井筒正式开工之日起到应完成的井下、地面和有关配套工程，经试运转、试生产、交付生产的全部时间。

2.1.2 矿井排水 mine drainage

通过排水系统，将井下水排到地面的过程。

2.1.3 电动潜水泵 submersible pump

泵体和电动机可浸入水中工作的排水设备。

2.1.4 风动潜水泵 air driven pump

以压缩空气作为动力的潜水泵。

2.1.5 吊泵 sinking pump

立井井筒凿井期间，沿井筒轴线方向通过钢丝绳吊挂方式工作的排水设备。

2.1.6 卧泵 horizontal pump

泵轴水平布置的离心式水泵。

2.1.7 临时水仓 temporary sump；drain sump

临时用于贮存和沉淀井下涌水的巷道或硐室。

2.1.8 中间转水站 intermediate water transfer station

二段或多段排水方式中，用于贮存、转运矿井水及安装排水设备的场所。

2.1.9 一段排水 single-stage drainage

工作面积水由水泵直接排至地面的排水方式。

2.1.10 二段及多段排水 relay drainage

井下涌水由井筒下部水泵排至井筒中间转水站，再通过水泵排至地面的排水方式。

2.1.11 一期工程 phase-1 project

从施工井筒开始到井底车场施工前的全部井下工程。

2.1.12 二期工程 phase-2 project

从施工井底车场开始，到进入采(盘)区车场施工前的工程，包括井底车场、主石门、主要运输大巷、回风大巷、中央变电所、水泵房、水仓、井底煤仓、炸药库等。

2.1.13 三期工程 phase-3 project

从施工采(盘)区车场开始，到整个采(盘)区布置的工程，包括采(盘)区车场、采区上下山(盘区大巷)、采(盘)区变电所、采煤工作面、运输巷、回风巷、切眼、运煤通道等。

2.2 符号

2.2.1 流量、流速

Q——排水流量;

Q_b——水泵的计算流量;

Q_c——井筒正常涌水量;

Q_z——井筒最大涌水量;

K——涌水量不均衡系数;

V_p——管道中水流平均速度。

2.2.2 扬程、高度

H_b—泵的计算扬程;

H_c——测地高度;

H_p—排水管高度;

H_x——吸水管高度。

2.2.3 管径、厚度

d_p—标准排水管内径;

d'_p——排水管内径计算值;

c—管壁附加厚度;

δ——管道壁厚。

2.2.4 应力、效率

P——管内水压应力;

σ_z—管材许用应力;

η_g—管路效率。

2.2.5 时间

t_1——放炮前将水泵提离工作面的时间;

t_2——工作面通风及下放泵时间;

t_3—排除(t_1+t_2)时间内井筒工作面聚集水量时间。

2.2.6 岩石松散系数、孔隙率

K_1—矸石松散系数;

K_2——矸石的孔隙率。

2.2.7 其他

l——炮眼深度;

η——炮眼利用率;

S——井筒掘进断面积;

α——管路倾斜敷设时的倾角。

3 基本规定

3.0.1 矿井建井施工前,应制定排水方案,建立健全排水质量安全保障体系。

3.0.2 矿井建井施工前,应对从业人员进行上岗安全培训。

3.0.3 矿井建井时期,在穿过含水层时应采取防治水措施。

3.0.4 矿井建井时期,井下设备、设施应采用本质安全型设备,并应具有煤矿矿用产品安全标志及产品合格证。

3.0.5 矿井建井时期，预计涌水量立井不大于 10 m^3/h、斜井不大于 5 m^3/h 时，宜采用工作面施工排水；预计涌水量立井大于 10 m^3/h、斜井大于 5 m^3/h 时，应先进行治水。

3.0.6 井筒施工期间，应进行涌水量观测和水质监测。

3.0.7 矿井水质的 pH 值不大于 5.5 时，排水设备应采取防酸措施。

3.0.8 建井排水系统形成后，应进行试运转，并应编制试运转报告。

4 一期工程排水

4.1 立井井筒施工排水

4.1.1 立井井筒施工应建立排水系统，排水设施的能力宜根据井筒预计涌水量确定。

4.1.2 井筒涌水量不大于 10 m^3/h 时，宜选用风动水泵或隔膜泵配合吊桶排水。水泵及吊桶排水能力应满足掘进工作面的施工要求；井筒涌水量大于 10 m^3/h 时，宜根据井筒深度及设备排水能力，选用一段或二(多)段排水方案。

4.1.3 深井井筒施工采用二(多)段排水时，中间转水站宜采用中间泵房、弓形盘和水箱、吊盘水箱。

4.1.4 中间转水站排水设备布置形式宜按表 1 确定。

4.1.5 中间泵房转水应符合下列规定：

1 中间泵房入口应靠近排水管路悬吊位置，其高程应根据水泵扬程和所处围岩情况确定；中间泵房靠井筒侧的外沿应安设弓形固定盘，并设高度不低于 1.2 m 的安全护栏；

2 两个相邻施工的井筒使用同一个中间泵房时，应采用钻孔连通并安设阀门，钻孔向中间泵房方向的俯角不应小于 5°，钻孔直径应大于井筒排水管直径；

3 中间泵房水仓容量，不应小于 0.5 h 预计最大涌水量；水仓宜隔成使用和清理两个空间。

4.1.6 中间转水站上部应设置截水槽将上部井帮淋水截入。

4.1.7 井筒开凿到底后，临时水仓和排水硐室形成前，可采用井底水窝作临时水仓，并利用原有排水系统增设卧泵，增设卧泵宜安装在马头门一侧，与原有排水管路连接，原有水泵与增设卧泵互为备用，增设卧泵和原有水泵技术特征宜保持一致，紧急情况下可并联运行。

4.2 斜井井筒施工排水

4.2.1 斜井井筒施工应建立排水系统，排水设施的能力宜根据井筒预计涌水量确定。

4.2.2 斜井井筒涌水量不大于 5 m^3/h 时，宜选用风动或隔膜泵配合矿车或箕斗排水。排水泵的排水能力和矿车或箕斗的提水能力应满足掘进工作面施工要求。

4.2.3 斜井井筒涌水量大于 5 m^3/h，且排水高度大于 150 m 时，应在井筒中段增设一个或多个中间泵房和临时水仓接力排水；临时水仓容量不应小于 0.5 h 预计最大涌水量。

4.2.4 斜井井筒排水设备布置形式应符合下列规定：

1 预计涌水量不大于 5 m^3/h，宜利用躲避硐室或水箱做临时转水站；

2 预计涌水量大于 5 m^3/h，宜利用躲避硐室做临时水仓，在联络巷建立临时排水系统；

3 也可采用本规范第 4.1.4 条立井中间转水站布置形式。

4.2.5 斜井井筒施工时，应设临时水沟，临时水沟距工作面距离不应大于 40 m。

4.2.6 斜井施工穿过含水段，宜在底板设置横向水沟，将水引入纵向水沟中。

4.2.7 斜井井筒施工到底后，宜增设临时水仓，利用原有排水管路增设卧泵进行排水。

4.3 平硐施工排水

4.3.1 平硐施工过程中，临时水沟总过水能力不应小于预计最大涌水量的 1.2 倍。

4.3.2 临时水沟的位置宜与永久水沟一致，按永久水沟毛断面施工，水沟有沉淀物时应即时清理。

4.3.3 平硐掘进方向为负坡施工时，工作面积水应采用电动潜水泵排至临时水仓。

4.3.4 平硐底板涌水时，宜在底板设置横向水沟，将水引入纵向排水沟中。

表 1　中间转水站及排水设备布置形式

转水站布置形式	适用范围	图　示
排水设备与水箱并列，水箱设清扫孔和水位指示器	适用于涌水量不大于 15 m^3/h 的井筒	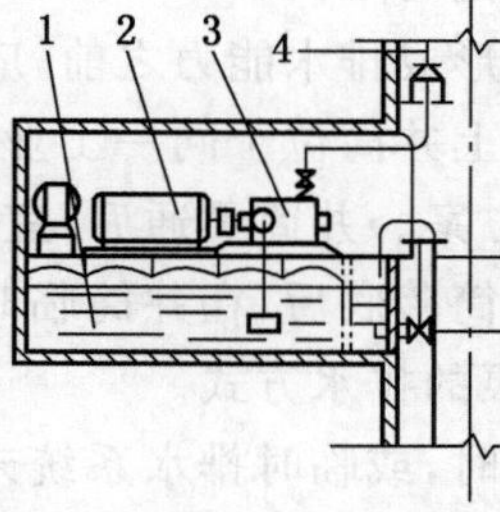 1—水箱；2—电机；3—水泵；4—排水管；5—来水管；6—排污阀
用混凝土墙将硐室分隔成两部分，排水设备设置于外侧，内侧为水池	适用于涌水量不大于 15 m^3/h 的井筒	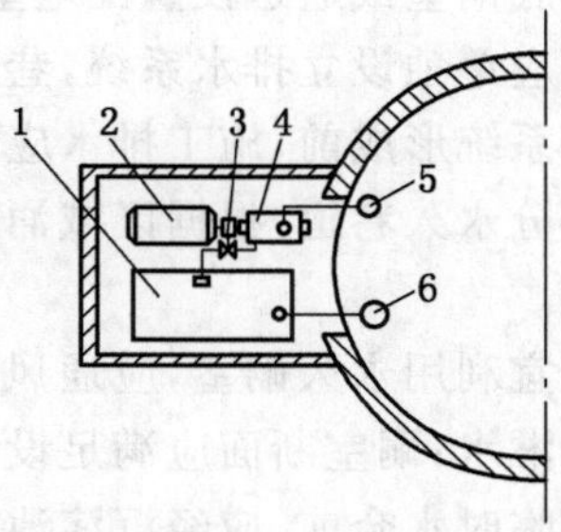 1—水仓；2—闸阀；3—电机；4—水泵；5—排水管；6—来水管
排水设备 1～2 台设置在水仓上的钢梁或钢筋混凝土平台上，水仓下部设排污阀门	适用于涌水量不大于 50 m^3/h 的井筒	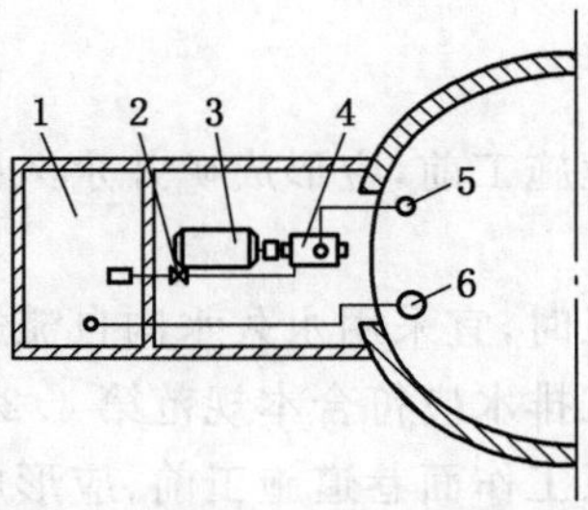 1—水箱；2—电机；3—闸阀；4—水泵；5—排水管；6—来水管
排水设备设置在外侧，内侧分隔设两个水池	适用于涌水量大于 50 m^3/h 的立井井筒	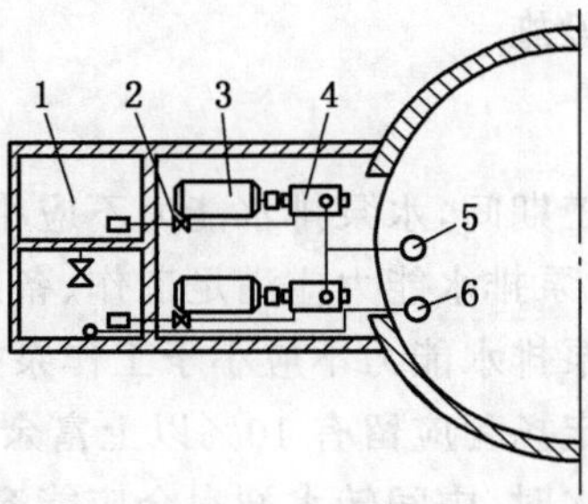 1—水仓；2—闸阀；3—电机；4—水泵；5—排水管；6—来水管

5 二期工程排水

5.0.1 二期工程应优先施工永久排水系统。井筒施工到底后，应先行施工临时排水系统，临时排水系统形成前，不宜施工其他巷道。

5.0.2 永久排水系统形成排水能力之前，应设置具有足够排水能力的临时排水系统进行集中排水。

5.0.3 两个或两个以上井筒位于同一工业广场，且井筒深度处于同一水平时，宜采用临时改绞的井筒承担几个井筒的排水方案。井筒贯通后，宜将水引至临时水仓，由承担排水的井筒排至地面。

5.0.4 单立井施工井筒落底后，在井筒临时改绞期间，宜采用高扬程电动潜水泵一段排水或电动潜水泵经中间转水站一卧泵的排水方式。

5.0.5 临时罐笼改绞时，或临时排水系统未形成前，宜在马头门附近安设临时排水设备。可利用井底水窝、水仓和井筒中的排水管，形成临时排水系统。

5.0.6 井底临时泵房排水设备布置形式应符合下列规定：

1 可利用井底硐室或通道设置配电室和临时泵房，可利用井筒井底水窝或硐室作为临时水仓；

2 独立风井应单独设立排水系统，巷道内的涌水宜用小水泵或经水沟自流进入临时水仓。

5.0.7 永久排水系统形成前，施工排水应符合下列规定：

1 宜采用部分永久巷道，根据区域涌水量确定排水能力和临时水仓容量，临时水仓容量应大于 8 h 预计涌水量；

2 临时泵房宜利用永久硐室，应通风良好，运输方便，管线短；临时排水硐室应采用锚喷支护或混凝土修筑，不得有淋水；硐室断面应满足设备布置需要，底板标高应比大巷轨面高 300 mm；

3 涌水进入临时水仓前，应经沉淀池沉淀，沉淀池应定期清理；

4 二期工程巷道施工涌水，应采用自流式经沉淀池流入临时水仓，并应符合本规范第 4.2.6 条、第 4.2.7 条的规定。

6 三期工程排水

6.0.1 三期工程施工前，应形成矿井永久排水系统；矿井贯通前，边界风井施工三期工程时，应形成独立排水系统。

6.0.2 上山施工时，宜采用永久水沟自流式排水，巷道内设置横向水沟，将水引入纵向排水沟中。

6.0.3 下山施工排水应符合本规范第 4.2 节的规定。

6.0.4 下山采区工作面巷道施工前，应形成采区永久排水系统。

6.0.5 水平巷道应采用永久水沟自流式排水，永久水沟距工作面的距离不应大于 40 m。

6.0.6 回采工作面巷道及切眼施工前，应形成排水系统。

7 排水设备及设施

7.1 一般规定

7.1.1 井筒施工期间，水泵排水能力不应小于预计涌水量的 1.5 倍，并应配备同等能力的备用泵；二期工程临时泵房水泵排水能力应满足工作、备用要求，工作泵排水能力应满足 20 h 排出施工期间 24 h 预计涌水量，备用泵排水能力不应小于工作泵排水能力的 70%。

7.1.2 水泵额定扬程应留有 10%以上富余量，水泵排水管路应与水泵排水能力相匹配。

7.1.3 多段排水时，中间转水站水仓应能容纳 0.5 h 预计最大涌水量，水仓应定期清理。

7.1.4 使用吊盘设置卧泵排水时，吊盘应有足够的空间和承载能力，满足水泵、水箱等排水设施的安装需要。

7.1.5 临时泵房温度不应高于 34 ℃，否则应采取降温措施。

7.1.6 中间泵房布置应符合下列规定：

1 中间泵房应满足水仓、设备布置及人员操作要求；

2 中间泵房入口处高度不得小于1.8 m，开口宽度不宜小于3 m，自井壁向里永久支护的长度不得小于4 m，入口处应设置弓形盘；

3 中间泵房应设置在稳定岩层中。

7.1.7 弓形盘转水应符合下列规定：

1 弓形盘平面位置和高程与中间泵房要求应一致；

2 弓形盘面积应满足排水设备和水箱布置要求，并留有人员安全操作的位置；

3 弓形盘承重结构制作和安装应符合施工设计要求。

7.1.8 吊盘水箱转水应符合下列规定：

1 吊盘上设卧泵转水，在井筒布置和制作吊盘时，应预留上层盘设置水箱和下层盘安设水泵的位置；

2 工作面积水应采用风动水泵或隔膜泵排至吊盘上的水箱中；

3 吊盘水箱容量应满足转水要求。

7.2 排水设备选择

7.2.1 一期工程水泵选择应符合表2的规定。

表2 一期工程水泵选择

使用条件	计算公式	公式符号及数据
泵的计算流量	$Q_b \geqslant \frac{KQ_c(t_1+t_2+t_3)-Sl\eta K_1K_2}{t_3}$	Q_b——水泵的计算流量(m^3/h)； K——涌水量不均衡系数，取1.5； Q_c——井筒正常涌水量(m^3/h)； t_1——放炮前将水泵提离工作面的时间，宜为0.25 h～0.5 h； t_2——工作面通风及下放泵时间，宜为0.5 h～0.7 h； t_3——排除(t_1+t_2)时间内井筒工作面聚集水量时间(h)； K_1——矸石松散系数，见表3； K_2——矸石的孔隙率，见表3； l——炮眼深度(m)； S——井筒掘进断面积(m^2)； η——炮眼利用率；
泵的计算扬程	$H_b \geqslant \frac{H_c}{\eta_g} = \frac{H_p+H_x}{\eta_g}$ 或 $H_b \geqslant H_c\left(1+\frac{0.1\sim0.12}{\sin\alpha}\right)$	H_b——泵的计算扬程(m)； H_c——测地高度(m)； H_p——排水管高度(m)； H_x——吸水管高度(m)； η_g——管路效率，见表4； α——管路倾斜敷设时的倾角

注：按以上计算结果选择标准型号水泵。

表3 常见岩石孔隙率及松散系数

岩石类别	松散系数 K_1	孔隙率 K_2
页岩	1.4	0.3
砂质页岩	1.60～1.80	0.37～0.45
砂岩	1.50～1.80	0.33～0.45

7.2.2 二期水泵选择应符合下列规定：

1 泵流量应按下式计算：

$$Q_b \geqslant \frac{24Q_c}{20} \quad \cdots\cdots(1)$$

2 泵扬程应按下式计算：

$$H_b \geqslant \frac{H_c}{\eta_g} = \frac{H_p + H_x}{\eta_g} \quad \cdots\cdots(2)$$

泵扬程也可按下式估算：

$$H_b \geqslant H_c\left(1 + \frac{0.1 \sim 0.12}{\sin\alpha}\right) \quad \cdots\cdots(3)$$

式中：

Q_b——水泵的计算流量(m^3/h)；

Q_c——井筒正常涌水量(m^3/h)；

H_b——泵的计算扬程(m)；

H_c——测地高度(m)，吸水面至排水管出水口的高度；

H_p——排水管高度(m)；

H_x——吸水管高度(m)；

η_g——管路效率，见表4；

α——管路倾斜敷设时的倾角。

按以上参数计算结果选择标准型号水泵。

表4 管路效率表

管路敷设角度 α	$\alpha<20°$	$20°\leqslant\alpha<30°$	$30°\leqslant\alpha<90°$	$\alpha=90°$
管路效率 η_g	0.74～0.77	0.77～0.80	0.80～0.90	0.90

7.2.3 同一地点排水泵应选用经过鉴定的高效节能同型号产品，水泵运行工况应位于高效区。

7.3 排水管路选择

7.3.1 一期工程施工，排水管路排水能力不应小于预计涌水量的1.5倍。

7.3.2 二期工程施工，工作排水管排水能力应满足工作水泵在20 h内排出矿井24 h预计涌水量。

7.3.3 排水管径应按下式计算：

$$d'_p = \sqrt{\frac{4 \times 10^3 Q}{3.6\pi V_p}} = 18.8\sqrt{\frac{Q}{V_p}} \quad \cdots\cdots(4)$$

式中：

d'_p——排水管内径计算值(mm)，计算值圆整到标准管内径 d_p；

Q——排水流量(m^3/s)；

V_p——管道中水流平均速度(m/s)。

吸水管径宜比排水管径高一个等级。

7.3.4 排水钢管壁厚应按下式计算：

$$\delta = 0.5d_p\left(\sqrt{\frac{\sigma_z + 0.4P}{\sigma_z - 1.3P}} - 1\right) + c \quad \cdots\cdots(5)$$

式中：

δ——管道壁厚(mm)，理论计算值，取大值圆整；

d_p——标准排水管内径(mm)；

σ_z——管材许用应力(MPa),见表5;
P——管内水压应力(MPa);
c——管壁附加厚度(mm),见表5。

表5 常见管材许用应力及附加厚度

项目＼管材	焊接管	无缝钢管
许用应力(MPa)	60	80
附加厚度(mm)	2	1～2

7.3.5 水泵排水管宜装设多功能水泵控制阀或缓闭止回阀、放水管和放水阀。

7.3.6 负压吸水卧泵吸水管不应有窝存气体的地方,吸水管的任何部分均不应高于水泵的吸入口;吸水管下口应装设滤网,滤网总过流面积不应小于吸水管口面积的2倍,并应采用无底阀排水形式。

7.3.7 排水管宜选用无缝钢管。管径应按经济流速1.2 m/s～2.2 m/s选择,最大不应超过3 m/s。单段扬程超过500 m时,排水管路宜分段选择管壁厚度。

7.3.8 吸水管应装配严密,长度、管径和吸水高度应选配得当,管径宜比排水管大一级。

7.4 排水设备及管路安装

7.4.1 使用吊泵排水时,吊泵安装和使用应符合下列要求:

1 吊泵与井壁间隙不应小于300 mm;

2 吊泵通过的孔口周围间隙不应小于50 mm;

3 两台吊泵外缘间隙不应小于500 mm;

4 工作面吊泵悬挂方式应保证吊泵随时升降。

7.4.2 泵房内排水设备与硐室侧壁之间应留出500 mm以上的通道,设备之间应留有800 mm以上的通道,不经两侧或后面检修时,可不留通道。

7.4.3 井筒施工时,排水钢管宜采用法兰连接。

7.4.4 立井井筒排水管路应采用钢丝绳悬挂或沿井壁敷设,并应符合下列规定:

1 排水管路在井筒中的布置应留有安装、检修或更换空间。

2 钢丝绳悬挂应满足排水管路的承重要求,钢丝绳宜选用不旋转或左右捻双绳悬吊。

3 沿井壁敷设的排水管路宜用管托架固定于井壁上。

4 每节排水管宜安装两副管卡。

5 采用钢丝绳悬吊时,悬吊管线最突出部分与提升容器最突出部分的距离应符合下列规定:

1) 井深在400 m以内时不应小于500 mm;

2) 井深在400 m～500 m时不应小于600 mm;

3) 井深超过500 m时不应小于800 mm。

7.4.5 斜井井筒排水管路敷设与安装应符合下列规定:

1 排水管路沿底板敷设时,宜采用水泥墩支承,沿井壁敷设时宜采用梁支承或吊挂,间距可取4 m～8 m;沿人行道侧壁高架敷设时,其最低点至人行道踏步的高度不得小于1.8 m;

2 在倾斜管路的最下部和中间若干处应设置防滑支墩或支承梁,防止管路下滑;

3 斜井中的排水管路敷设应留有安装和检修位置;

4 条件允许时,可安装永久管路。

7.4.6 泵房干管应预留出增设水泵的连接阀门。

8 配电、控制、照明和通信

8.0.1 矿井建井时期排水系统配电应有两回路供电。不能实现两回路供电时,应设备用电源。

8.0.2 排水电气设备应具有煤矿安全标志。配电设备应满足同时启动工作水泵和备用水泵要求。

8.0.3 高压控制设备应具有短路、过负荷、接地和欠压释放保护功能;低压电动机的控制设备应具有短路、过负荷、单相断线、低电压、漏电闭锁等保护装置。

8.0.4 井筒中使用的电气设备应有防淋水措施。

8.0.5 水泵应有断水保护装置。

8.0.6 泵房应配备隔爆型照明设备。

8.0.7 排水系统应有设备监控、视频监控及通信联系。

8.0.8 井下排水通信、信号和控制等装置,应采用本质安全型设备。

9 环境保护

9.0.1 矿井排放水应符合污水排放标准要求。矿井水和生活污水宜采用分流、合流或部分合流的排水系统,应根据污水性质、数量,排放和处理要求等因素,经技术与经济比较后确定;污水处理时,宜采用生活污水和井下排水分流的排水系统。

9.0.2 矿井水应综合利用。水质不符合灌溉要求时,应对水质进行处理。避免污染农田和水源。

9.0.3 矿井水地面排水沟应结合矿井疏水、防水和排水系统统一布置,且应避开煤层露头、塌陷、裂隙、透水层、钻孔和建筑群等。

9.0.4 矿井建井时期排水工作,应结合施工项目特点,采用绿色施工方案,并对整个施工排水过程实施动态管理。

ICS 13.060.25
P 41

中华人民共和国国家标准

GB/T 37758—2019

高矿化度矿井水处理与回用技术导则

Technical guidelines for the treatment and reuse of mine water with high TDS

2019-06-04 发布　　2019-10-01 实施

国家市场监督管理总局
中国国家标准化管理委员会　发布

前 言

本标准按照GB/T 1.1—2009给出的规则起草。

本标准由全国节水标准化技术委员会(SAC/TC 442)提出并归口。

本标准起草单位：中国矿业大学(北京)、煤炭科学技术研究院有限公司、重庆地质矿产研究院、新汶矿业集团有限责任公司、新矿内蒙古能源有限责任公司。

本标准主要起草人：章丽萍、杨柳、孙红福、董东林、赵峰华、丁华、白向飞、蔡志丹、朱振忠、卢小海、张磊鑫、单绍磊、吴菠、刘法存。

高矿化度矿井水处理与回用技术导则

1 范围

本标准规定了高矿化度矿井水处理与回用的术语和定义、总则、处理技术要求、回用技术要求、监测要求。

本标准适用于矿山企业高矿化度矿井水处理与回用。

2 规范性引用文件

下列文件对于本文件的应用是必不可少的。凡是注日期的引用文件，仅注日期的版本适用于本文件。凡是不注日期的引用文件，其最新版本(包括所有的修改单)适用于本文件。

GB/T 1576　工业锅炉水质
GB 5084　农田灌溉水质标准
GB 5749　生活饮用水卫生标准
GB 11607　渔业水质标准
GB/T 11901　水质　悬浮物的测定　重量法
GB/T 12145　火力发电机组及蒸汽动力设备水汽质量
GB/T 18920　城市污水再生利用　城市杂用水水质
GB/T 18921　城市污水再生利用　景观环境用水水质
GB/T 19223　煤矿矿井水分类
GB/T 19249　反渗透水处理设备
GB/T 19923　城市污水再生利用　工业用水水质
GB 20426　煤炭工业污染物排放标准
GB/T 23954　反渗透系统膜元件清洗技术规范
GB 25466　铅、锌工业污染物排放标准
GB 25467　铜、镍、钴工业污染物排放标准
GB 26451　稀土工业污染物排放标准
GB 30770　锡、锑、汞工业污染物排放标准
GB/T 50050　工业循环冷却水处理设计规范
GB 50359　煤炭洗选工程设计规范
GB 50383　煤矿井下消防、洒水设计规范
GB 50810　煤炭工业给水排水设计规范
HJ/T 270　环境保护产品技术要求　反渗透水处理装置
HJ 501　水质　总有机碳的测定　燃烧氧化—非分散红外吸收法
HJ 579　膜分离法污水工程技术规范
HJ 586　水质　游离氯和总氯的测定　*N*,*N*—二乙基—1,4—苯二胺分光光度法
MT/T 76　液压支架用乳化油、浓缩物及其高含水液压液
NY 5051　无公害食品　淡水养殖用水水质
SL 79　矿化度的测定(重量法)

3 术语和定义

GB/T 11901、GB/T 19223、GB/T 19249、GB/T 23954、GB 50810、HJ/T 270、HJ 501、HJ 586、SL 79 界定的以及下列术语和定义适用于本文件。

3.1

矿井水 mine water

在矿山建设和矿产开采过程中，由地下涌水、地表渗透水、生产排水汇集所产生的废水。

3.2

高矿化度矿井水 mine water with high total dissolved solids (TDS)

溶解性总固体大于或等于 1000 mg/L 的矿井水。

4 总则

4.1 矿山企业对所产生的高矿化度矿井水经处理后应优先回用。

4.2 高矿化度矿井水应优先选择矿区企业自用，技术经济合理条件下可外供。

4.3 高矿化度矿井水应根据水质、水量、排放标准和回用途径，进行清污分流、分级处理和分质回用。

4.4 高矿化度矿井水处理与回用的一般流程见图 1。

4.5 高矿化度矿井水处理与回用技术选择，应根据水质水量、排放标准要求，经技术经济比较后确定。

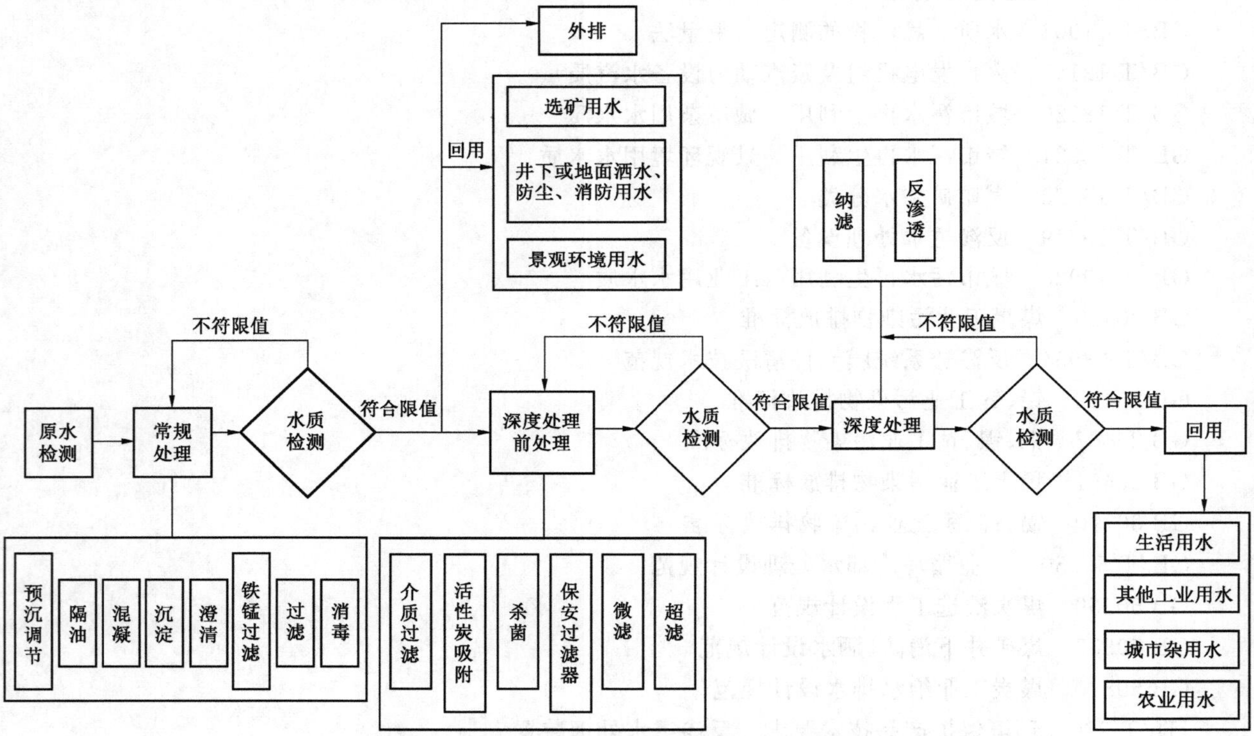

图 1 高矿化度矿井处理与回用的一般流程

5 处理技术要求

5.1 一般要求

5.1.1 高矿化度矿井水净化处理工程设计规模宜按相关矿山给水排水设计规范确定。

5.1.2 高矿化度矿井水处理一般包括常规处理、深度处理前处理和深度处理。常规处理工艺可采用预沉调节、隔油、混凝、沉淀、过滤、澄清、铁锰过滤、消毒等技术；深度处理前处理宜采用介质过滤、活性炭吸附、精密过滤、微滤、超滤等技术；深度处理宜采用纳滤、反渗透等脱盐技术。

5.1.3 高矿化度矿井水常规处理、深度处理工程设计的进水水质应按实测水质确定，水质分析项目参见附录A。各水质项目分析方法可参见附录B。

5.1.4 在设计膜系统时，应按进水水质、出水水质、回收率指标选择膜分离工艺技术。

5.1.5 高矿化度矿井水回用包括企业自用和外供。回用途径包括矿区选煤选矿用水、井下或地面洒水、防尘、消防用水和景观环境用水，以及生活用水、其他工业用水、城市杂用水、农业用水。

5.2 常规处理

5.2.1 高矿化度矿井水常规处理技术可参照附录C，根据技术进步可采用新的处理工艺。

5.2.2 高矿化度矿井水中含悬浮颗粒和胶体物时，可采用混凝—沉淀/澄清—过滤处理工艺，其基本处理工艺流程参见图C.1。应选取与膜材料具有兼容性并利于提高膜通量的混凝剂，常用混凝剂种类及性能参见附录D。

5.2.3 高矿化度矿井水中铁含量大于0.3 mg/L、锰含量大于0.1 mg/L时，应增加除铁、锰工艺，其基本处理工艺参见图C.2和图C.3。

5.2.4 高矿化度矿井水中石油类含量超过表1水质要求时，应增加除油工艺，其基本处理工艺参见图C.4。

5.2.5 高矿化度矿井水经常规处理后需外排时，应按GB 20426、GB 25466、GB 25467、GB 26451、GB 30770等要求达标排放。

5.3 深度处理前处理

5.3.1 宜对常规处理后的高矿化度矿井水进行水质检测，并对水中残余的悬浮固体、尖锐颗粒、微溶盐类、微生物、氧化剂、有机物等污染物进一步处理。

5.3.2 可采用介质过滤＋活性炭吸附组合工艺或微滤/超滤工艺等。采用微滤/超滤工艺时，微滤/超滤系统进水水质应符合表1的基本要求，其他指标可根据膜厂家技术要求确定。

5.3.3 微滤/超滤系统前应设置保安过滤器。

5.3.4 对高矿化度矿井水宜进行物理或化学法杀菌消毒处理。

5.3.5 宜设置活性炭过滤器或向进水中投加还原剂去除余氯和其他氧化剂，余氯含量应小于或等于0.1 mg/L。

5.3.6 宜加酸、阻垢剂或进行离子交换处理，加药时应设置在保安过滤器前。

5.3.7 膜元件污染与化学清洗方法应符合HJ 579要求。

5.3.8 前处理单元反冲洗水应返送到矿井水常规处理单元。

表1 微滤/超滤处理单元进水水质基本要求

膜材质		项目限值		
		浊度/NTU	悬浮物(SS)/(mg/L)	石油类/(mg/L)
内压式中空纤维膜	聚偏氟乙烯(PVDF)	≤20	≤30	≤3
	聚丙烯(PP)	≤20	≤50	≤5
	聚乙烯(PE)	≤30	≤50	≤3
	聚丙烯腈(PAN)	≤30	颗粒物粒径＜50 μm	不允许
	聚氯乙烯(PVC)	＜200	≤30	≤8
	聚醚砜(PES)	＜200	＜150	≤30
外压式中空纤维膜	聚偏氟乙烯(PVDF)	≤50	≤300	≤3
	聚丙烯(PP)	≤30	≤100	≤5

5.4 深度处理

5.4.1 高矿化度矿井水的深度处理宜采用纳滤/反渗透除盐，根据技术进步可采用新的处理工艺。

5.4.2 反渗透系统进水水质应符合表2的基本要求，其他指标参见表A.2，可根据膜厂家技术要求确定，应符合HJ 579规范要求。

5.4.3 纳滤/反渗透处理系统前应设置过滤精度小于5 μm的保安过滤器。

5.4.4 当矿井水进纳滤/反渗透膜前水温低于12 ℃时，宜设置进水加热装置，具体水温根据所选用的膜材质及工艺要求确定。

5.4.5 纳滤/反渗透系统出水pH回调单元宜设置在纳滤/反渗透产水管与产品水池（槽）之间，并加装在线pH监测仪进行联动。

5.4.6 深度处理后出水远距离回用时宜增加杀菌、消毒单元，可采用加氯、臭氧、紫外等方式；采用氯消毒时，余氯含量应满足不同用水水质要求。

5.4.7 反渗透膜元件清洗应符合GB/T 23954要求，纳滤膜元件污染与化学清洗方法应符合HJ 579要求。

表2 反渗透处理单元进水水质基本要求

膜材质	项目限值		
	浊度/NTU	污染指数(SDI_{15})	余氯/(mg/L)
聚酰胺复合膜(PA)	≤1	≤5	≤0.1
醋酸纤维素膜(CA/CTA)	≤1	≤5	≤0.5

6 回用技术要求

6.1 当高矿化度矿井水回用于生活用水时，其处理基本工艺可参考图C.5，处理后出水水质应符合GB 5749要求。

6.2 当高矿化度矿井水回用于工业用水时，应符合下列要求：

a） 回用于选矿用水时，其基本处理工艺可参考图C.6，处理后出水回用于煤炭洗选时水质应符合GB 50359要求，回用于其他选矿过程时水质应符合GB/T 19923要求。

b） 回用于矿区井下或地面洒水、防尘、消防、洗车及机修厂设备清洗时，其基本处理工艺可参考图C.7，处理后出水回用于煤矿区井下洒水、防尘、消防时水质应符合GB 50383要求，回用于煤矿区洗车及机修厂设备清洗时水质应符合GB 50810要求，回用于其他矿区井下或地面洒水、防尘、消防、洗车及机修厂设备清洗时水质应符合GB/T 19923要求。

c） 回用于循环冷却用水、工业锅炉用水、液压支柱乳化液用水时，其基本处理工艺可参考图C.8，处理后出水回用于选煤厂设备冷却用水时水质应符合GB 50359要求，回用于其他循环冷却用水时水质质应符合GB/T 50050要求，回用于工业锅炉用水时水质应符合GB/T 1576，回用于火力发电机组及蒸汽动力设备用水时水质应符合GB/T 12145，回用于液压支柱乳化液用水时水质应符合MT/T 76要求。

6.3 当高矿化度矿井水回用于农田灌溉、养殖业用水时，其基本处理工艺可参考图C.9，处理后出水回用于农田灌溉时水质应符合GB 5084要求，回用于渔业用水时水质应符合GB 11607要求，回用于其他无公害食品淡水养殖用水时水质应符合NY 5051要求。

6.4 当高矿化度矿井水回用于城市杂用水时，其处理基本工艺可参考图C.10，处理后出水水质应符合GB/T 18920要求。

6.5 当高矿化度矿井水回用于景观环境用水时，其处理基本工艺可参考图C.11，处理后出水水质应符合GB/T 18921要求。

7 监测要求

7.1 应在各个处理系统进出水位置设置采样口，制定监测计划并定期对出水水质进行取样监测分析，以满足回用或排放水质要求。

7.2 根据矿井水处理工程规模和工艺要求，设水质监测化验室，检测项目宜包括 pH、SS、浊度、COD_{cr}、电导率等。

7.3 宜根据具体工艺流程设置相应在线监测装置，检测位置和检测项目如下：

a） 各类水池宜设置液位计；

b） 加药装置的检测宜包括药箱液位、药剂的投加流量；

c） 常规处理宜检测进水流量、进水浊度、出水浊度；

d） 过滤单元宜检测进水压力、出水压力；

e） 微滤/超滤单元宜检测进水压力、进水流量、产水流量、浓水流量、浓水压力、反冲洗压力；

f） 纳滤/反渗透单元宜检测进水压力、进水流量、进水电导率、产水流量、产水电导率、浓水流量、浓水压力、产水 pH。

附 录 A
（资料性附录）
高矿化度矿井水水质分析项目

已建矿的高矿化度矿井水进行净化处理设计时原水水质分析项目可参考表 A.1；进行深度处理设计时水质分析项目可参考表 A.2。

表 A.1 高矿化度矿井水原水水质分析项目

检测单位：________	分析人：________
原水概况：________	日　期：________

水质分析项目：

pH	________
悬浮物(SS)	________
浊度	________
化学需氧量(COD_{cr})	________
总铁(Fe^{2+}/Fe^{3+})	________
锰离子(Mn^{2+})	________
石油类	________
溶解性总固体(TDS)	________
氯离子(Cl^-)	________
硫酸根(SO_4^{2-})	________
总硬度(以 $CaCO_3$ 计)	________

注：pH 为无量纲，浊度单位为 NTU，其他项目单位均为 mg/L。

表 A.2　高矿化度矿井水深度处理水质分析项目

检测单位：______________________　分析人：______________________

原水概况：______________________　日　期：______________________

电导率 ______________ μs/cm　pH：______________　水样温度 ______________ ℃

水质分析项目：(pH 为无量纲，浊度单位为 NTU，其他项目单位均为 mg/L)

铵离子(NH_4^+)________	碳酸根(CO_3^{2-})________
钾离子(K^+)________	碳酸氢根(HCO_3^-)________
钠离子(Na^+)________	亚硝酸根(NO_2^-)________
钙离子(Ca^{2+})________	硝酸根(NO_3^-)________
镁离子(Mg^{2+})________	氯离子(Cl^-)________
钡离子(Ba^{2+})________	氟离子(F^-)________
锶离子(Sr^{2+})________	硫酸根(SO_4^{2-})________
总铁(Fe^{2+}/Fe^{3+})________	磷酸根(PO_4^{3-})________
锰离子(Mn^{2+})________	活性二氧化硅(SiO_2)________
铝离子($A1^{3+}$)________	胶体二氧化硅(SiO_2)________
铜离子(Cu^{2+})________	游离氯(Cl)________
锌离子(Zn^{2+})________	化学需氧量(COD_{cr})________
溶解性总固体(TDS)________	生化需氧量(BOD_5)________
总有机碳(TOC)________	总硬度(以 $CaCO_3$ 计)________
浊度(NTU)________	细菌(个/mL)________
污染指数(SDI_{15})________	

备注(颜色、异味、生物活性等)：________________

注：当阴阳离子存在较大不平衡时，应重新分析测试。相差不大时，可添加钠离子或氯离子进行人工平衡。

附 录 B
（资料性附录）
高矿化度矿井水主要水质指标及监测方法标准

高矿化度矿井水主要水质指标及监测方法标准见表 B.1。

表 B.1 高矿化度矿井水主要水质指标及监测方法标准

序号	水质指标	标准名称	方法标准编号
1	pH 值	水质 pH 值的测定 玻璃电极法	GB 6920
2	悬浮物(SS)	水质 悬浮物的测定 重量法	GB/T 11901
3	浊度	水质 浊度的测定	GB 13200
4	化学需氧量(COD_{Cr})	水质 化学需氧量的测定 重铬酸盐法 水质 化学需氧量的测定 快速消解分光光度法	HJ 828 HJ/T 399
5	总铁(Fe^{2+} / Fe^{3+})	水质 铁的测定 邻菲啰啉分光光度法(试行) 水质 32 种元素的测定 电感耦合等离子体发射光谱法 水质 65 种元素的测定 电感耦合等离子体质谱法	HJ/T 345 HJ 776 HJ 700
6	总锰	水质 锰的测定 高碘酸钾分光光度法 水质 32 种元素的测定 电感耦合等离子体发射光谱法 水质 65 种元素的测定 电感耦合等离子体质谱法	GB 11906 HJ 776 HJ 700
7	石油类	水质 石油类和动植物油类的测定 红外分光光度法	HJ 637
8	溶解性总固体含量(TDS)	生活饮用水标准检验方法 感官性状和物理指标	GB/T 5750.4
9	总硬度(以 $CaCO_3$ 计)	水质 钙与镁总量的测定 EDTA 滴定法	GB/T 7477
10	生化需氧量(BOD_5)	水质 五日生化需氧量(BOD_5)的测定 稀释与接种法	HJ 505
11	总有机碳(TOC)	水质 总有机碳的测定 燃烧氧化—非分散红外吸收法	HJ 501
12	总大肠菌群	水质 总大肠菌群和粪大肠菌群的测定 纸片快速法	HJ 755
13	二氧化硅(SiO_2)	城市供水 二氧化硅的测定 硅钼蓝分光光度法	CJ/T 141
14	氯离子(Cl^-)	水质 游离氯和总氯的测定 *N*,*N*—二乙基—1,4—苯二胺分光光度法	HJ 586
15	游离氯(Cl)	水质 游离氯和总氯的测定 *N*,*N*—二乙基—1,4—苯二胺分光光度法	HJ 586
16	氟离子(F^-)	水质 氟化物的测定 氟试剂分光光度法 水质 氟化物等的测定 真空检测管—电子比色法	HJ 488 HJ 659
17	硫酸根(SO_4^{2-})	水质 硫酸盐的测定 重量法 水质 硫酸盐的测定 火焰原子吸收分光光度法	GB 11899 GB 13196

表 B.1(续)

序号	水质指标	标准名称	方法标准编号
18	硝酸根(NO_3^-)	水质　无机阴离子(F^-、Cl^-、NO^{2-}、Br^-、NO_3^-、PO_4^{3-}、SO_3^{2-}、SO_4^{2-})的测定　离子色谱法	HJ 84
19	亚硝酸根(NO_2^-)	水质　亚硝酸盐氮的测定　分光光度法	GB 7493
20	磷酸根(PO_4^{2-})	水质　磷酸盐的测定　离子色谱法 水质　磷酸盐和总磷的测定　连续流动　钼酸铵分光光度法	HJ 669 HJ 670
21	碳酸根(CO_3^{2-})	食品安全国家标准　饮用天然矿泉水检验方法	GB 8538
22	碳酸氢根(HCO_3^-)	食品安全国家标准　饮用天然矿泉水检验方法	GB 8538
23	铵离子(NH_4^+)	水质　氨氮的测定　纳氏试剂分光光度法	HJ 535
24	钾离子(K^+)	水质　钾和钠的测定　火焰原子吸收分光光度法 水质　32 种元素的测定　电感耦合等离子体发射光谱法 水质　65 种元素的测定　电感耦合等离子体质谱法	GB 11904 HJ 776 HJ 700
25	钠离子(Na^+)	水质　钾和钠的测定　火焰原子吸收分光光度法 水质　32 种元素的测定　电感耦合等离子体发射光谱法 水质　65 种元素的测定　电感耦合等离子体质谱法	GB 11904 HJ 776 HJ 700
26	镁离子(Mg^{2+})	工业循环冷却水中钙、镁离子的测定　EDTA 滴定法 水质　32 种元素的测定　电感耦合等离子体发射光谱法 水质　65 种元素的测定　电感耦合等离子体质谱法	GB/T 15452 HJ 776 HJ 700
27	钙离子(Ca^{2+})	工业循环冷却水中钙、镁离子的测定　EDTA 滴定法 水质　32 种元素的测定　电感耦合等离子体发射光谱法 水质　65 种元素的测定　电感耦合等离子体质谱法	GB/T 15452 HJ 776 HJ 700
28	铝离子(Al^{3+})	水质　32 种元素的测定　电感耦合等离子体发射光谱法 水质　65 种元素的测定　电感耦合等离子体质谱法	HJ 776 HJ 700
29	钡离子(Ba^{2+})	水质　32 种元素的测定　电感耦合等离子体发射光谱法 水质　65 种元素的测定　电感耦合等离子体质谱法	HJ 776 HJ 700
30	锶离子(Sr^{2+})	水质　32 种元素的测定　电感耦合等离子体发射光谱法 水质　65 种元素的测定　电感耦合等离子体质谱法	HJ 776 HJ 700
31	总铜	水质　铜、锌、铅、镉的测定　原子吸收分光光度法 水质　铜的测定　二乙基二硫代氨基甲酸钠分光光度法 水质　32 种元素的测定　电感耦合等离子体发射光谱法 水质　65 种元素的测定　电感耦合等离子体质谱法	GB 7475 HJ 485 HJ 776 HJ 700
32	总锌	水质　铜、锌、铅、镉的测定　原子吸收分光光度法 水质　锌的测定　双硫腙分光光度法 水质　32 种元素的测定　电感耦合等离子体发射光谱法 水质　65 种元素的测定　电感耦合等离子体质谱法	GB 7475 GB 7472 HJ 776 HJ 700
33	污染指数(SDI_{15})	污染指数 SDI 测定仪	—

附 录 C
（资料性附录）
高矿化度矿井水处理基本工艺流程

高矿化矿井水处理基本工艺流程主要包括：

a） 矿井水中悬浮颗粒和胶体去除基本工艺流程，见图 C.1；

b） 矿井水中铁、锰去除基本工艺流程，见图 C.2 和图 C.3；

c） 矿井水中石油类去除基本工艺流程，见图 C.4；

d） 高矿化度矿井水处理后回用于生活饮用水的基本工艺流程，见图 C.5；

e） 高矿化度矿井水处理后回用于工业用水的基本工艺流程，见图 C.6、图 C.7 和图 C.8；

f） 高矿化度矿井水处理后回用于农业用水的基本工艺流程，见图 C.9；

g） 高矿化度矿井水处理后回用于城市杂用水的基本工艺流程，见图 C.10；

h） 高矿化度矿井水处理后回用于景观环境用水的基本工艺流程见图 C.11。

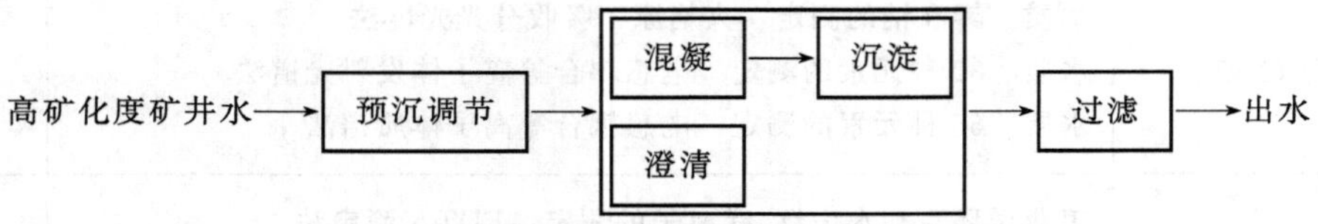

图 C.1 矿井水中悬浮颗粒和胶体去除基本工艺流程

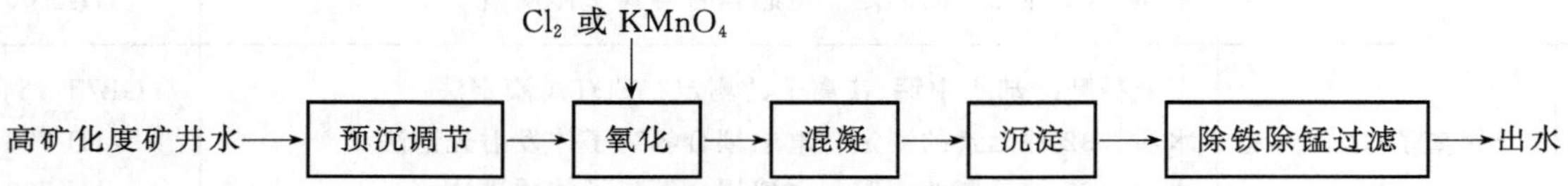

图 C.2 化学氧化除铁除锰基本工艺流程

图 C.3 接触氧化除铁除锰基本工艺流程

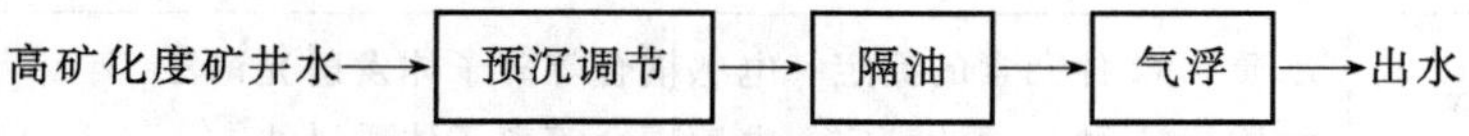

图 C.4 矿井水中石油类去除基本工艺流程

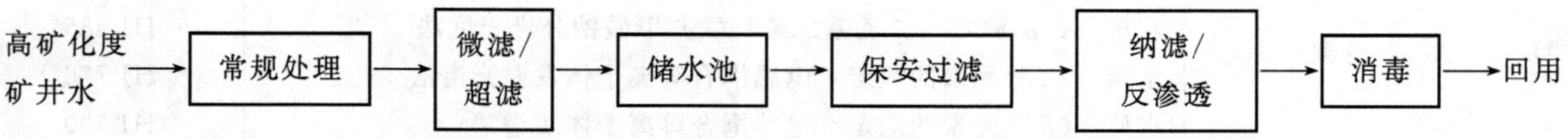

图 C.5 高矿化度矿井水处理后回用于生活饮用水的基本工艺流程

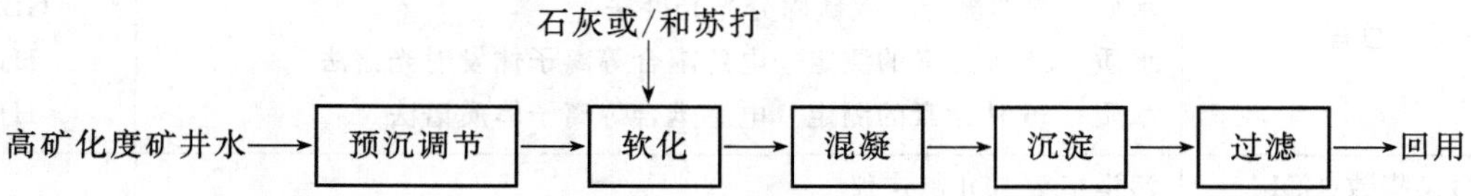

图 C.6 选矿厂补充水

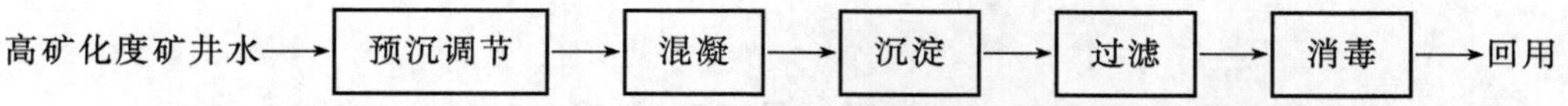

图 C.7 矿区井下或地面洒水、防尘、消防、洗车及机修厂设备清洗

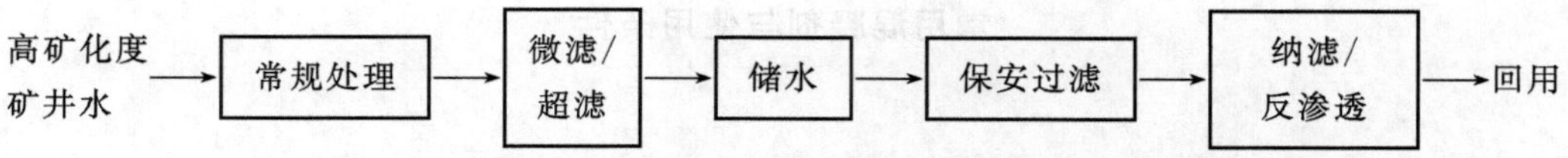

图 C.8 循环冷却用水、工业锅炉用水、液压支柱乳处液用水

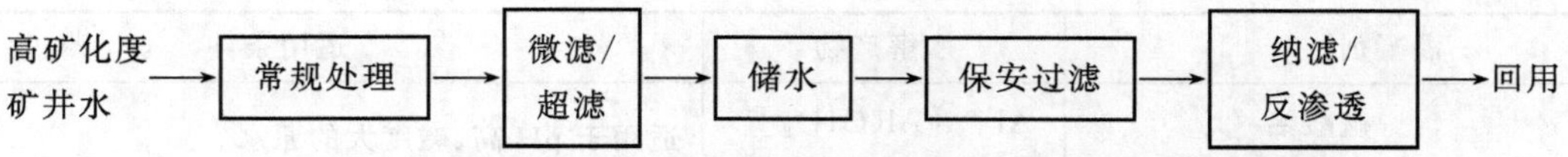

图 C.9 高矿化度矿井水处理后回用于农业用水的基本工艺流程

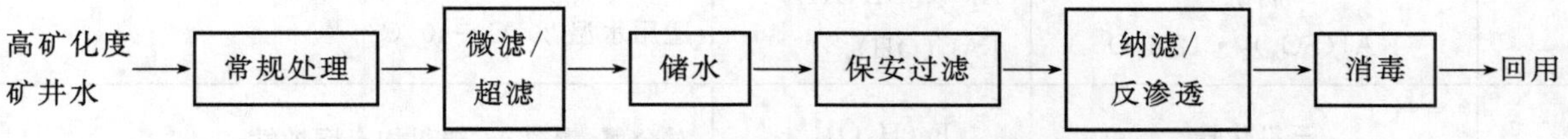

图 C.10 高矿化度矿井水处理后回用于城市杂用水的基本工艺流程

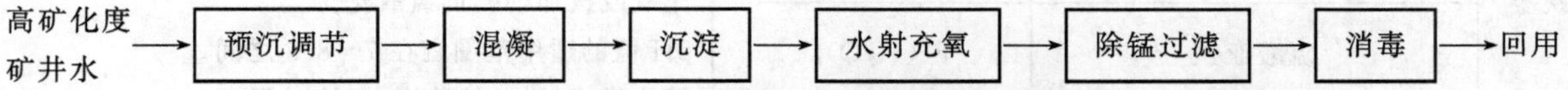

图 C.11 高矿化度矿井水处理后回用于景观环境用水的基本工艺流程

附 录 D
（资料性附录）
常用混凝剂与使用条件

常用混凝剂与使用条件见表 D.1。

表 D.1 常用混凝剂与使用条件

混凝剂		水解产物	适用条件
铝盐	硫酸铝 $Al_2(SO_4)_3 \cdot 18H_2O$	Al^{3+}、$[Al(OH)_2]^+$ $[Al_2(OH)_n]^{(6-n)+}$	适用于 pH 高、碱度大的原水。 破乳及去除水中有机物时，pH 宜在 4～7 之间。 去除水中悬浮物 pH 值宜控制在 6.5～8。 适用水温 20 ℃～40 ℃
	明矾 $KAl(SO_4)_2 \cdot 12H_2O$	Al^{3+}、$[Al(OH)_2]^+$ $[Al_2(OH)_n]^{(6-n)+}$	
铁盐	三氯化铁 $FeCl_3 \cdot 6H_2O$	$Fe(H_2O)_6^{3+}$ $[Fe_2(OH)_n]^{(6-n)+}$	对金属、混凝土、塑料均有腐蚀性。 亚铁离子须先经氧化成三价铁，当 pH 较低时须曝气充氧或投加助凝剂氯氧化。 pH 值的适用范围宜在 7～8.5 之间。 絮体形成较快，较稳定，沉淀时间短
	硫酸亚铁 $FeSO_4 \cdot 7H_2O$	$Fe(H_2O)_6^{3+}$ $[Fe_2(OH)_n]^{(6-n)+}$	
聚合盐类	聚合氯化铝 $[Al_2(OH)_nCl_{6-n}]_m$ PAC	$[Al_2(OH)_n]^{(6-n)+}$	受 pH 和温度影响较小，吸附效果稳定。 pH＝6～9 适应范围宽，一般不必投加碱剂。 混凝效果好，耗药量少，出水浊度低、色度小，原水高浊度时尤为显著。 设备简单，操作方便，劳动条件好
	聚合硫酸铁 $[Fe_2(OH)_n(SO_4)_{6-n}]_m$ PFS	$[Fe_2(OH)_n]^{(6-n)+}$	

参 考 文 献

[1] GB/T 5750.4　生活饮用水标准检验方法　感官性状和物理指标
[2] GB 6920　水质　pH值的测定　玻璃电极法
[3] GB 7472　水质　锌的测定　双硫腙分光光度法
[4] GB 7475　水质　铜、锌、铅、镉的测定　原子吸收分光光度法
[5] GB/T 7477　水质　钙和镁总量的测定　EDTA滴定法
[6] GB 7493　水质　亚硝酸盐氮的测定　分光光度法
[7] GB 8538　食品安全国家标准　饮用天然矿泉水检验方法
[8] GB 11899　水质　硫酸盐的测定　重量法
[9] GB 11904　水质　钾和钠的测定　火焰原子吸收分光光度法
[10] GB 11906　水质　锰的测定　高碘酸钾分光光度法
[11] GB 13196　水质　硫酸盐的测定　火焰原子吸收分光光度法
[12] GB 13200　水质　浊度的测定
[13] GB/T 15452　工业循环冷却水中钙、镁离子的测定　EDTA滴定法
[14] HJ 84　水质　无机阴离子(F^-、Cl^-、NO_2^-、Br^-、NO_3^-、PO_4^{3-}、SO_3^{2-}、SO_4^{2-})离子色谱法
[15] CJ/T 141　城市供水　二氧化硅的测定　硅钼蓝分光光度法
[16] HJ/T 345　水质　铁的测定　邻菲啰啉分光光度法(试行)
[17] HJ/T 399　水质　化学需氧量的测定　快速消解分光光度法
[18] HJ 485　水质　铜的测定　二乙基二硫代氨基甲酸钠分光光度法
[19] HJ 488　水质　氟化物的测定　氟试剂分光光度法
[20] HJ 505　水质　五日生化需氧量(BOD_5)的测定　稀释与接种法
[21] HJ 535　水质　氨氮的测定　纳氏试剂分光光度法
[22] HJ 637　水质　石油类和动植物油类的测定　红外分光光度法
[23] HJ 659　水质　氰化物等的测定　真空检测管－电子比色法
[24] HJ 669　水质　磷酸盐的测定　离子色谱法
[25] HJ 670　水质　磷酸盐和总磷的测定　连续流动－钼酸铵分光光度法
[26] HJ 700　水质　65种元素的测定　电感耦合等离子体质谱法
[27] HJ 755　水质　总大肠菌群和粪大肠菌群的测定　纸片快速法
[28] HJ 776　水质　32种元素的测定　电感耦合等离子体发射光谱法
[29] HJ 828　水质　化学需氧量的测定　重铬酸盐法

ICS 13.060.25
P 41

中华人民共和国国家标准

GB/T 37764—2019

酸性矿井水处理与回用技术导则

Technical guidelines for the treatment and reuse of acid mine water

2019-06-04 发布　　2019-10-01 实施

国家市场监督管理总局
中国国家标准化管理委员会　发布

前　言

本标准按照 GB/T 1.1—2009 给出的规则起草。

本标准由全国节水标准化技术委员会(SAC/TC 442)提出并归口。

本标准起草单位:中国矿业大学(北京)、煤炭科学技术研究院有限公司、重庆地质矿产研究院、新汶矿业集团有限责任公司、新矿内蒙古能源有限责任公司。

本标准主要起草人:杨柳、章丽萍、董东林、赵峰华、孙红福、丁华、白向飞、蔡志丹、朱振忠、卢小海、张磊鑫、单绍磊、吴菠、刘法存。

酸性矿井水处理与回用技术导则

1 范围

本标准规定了酸性矿井水处理与回用的术语和定义、总则、回用和处理、污染物监测要求、回用管理。

本标准适用于酸性矿井水产生的矿山企业，可作为酸性矿井水处理、回用与排放、废水处理工艺选择及回用管理的技术依据。

2 规范性引用文件

下列文件对于本文件的应用是必不可少的。凡是注日期的引用文件，仅注日期的版本适用于本文件。凡是不注日期的引用文件，其最新版本(包括所有的修改单)适用于本文件。

GB/T 1576 工业锅炉水质
GB 5084 农田灌溉水质标准
GB 5085.3 危险废物鉴别标准 浸出毒性鉴别
GB 5086.1 固体废物 浸出毒性浸出方法 翻转法
GB 11607 渔业水质标准
GB/T 12145 火力发电机组及蒸汽动力设备水汽质量
GB/T 18920 城市污水再生利用 城市杂用水水质
GB/T 18921 城市污水再生利用 景观环境用水水质
GB/T 19223 煤矿矿井水分类
GB/T 19923 城市污水再生利用 工业用水水质
GB 20426 煤炭工业污染物排放标准
GB 20922 城市污水再生利用 农田灌溉用水水质
GB 25466 铅、锌工业污染物排放标准
GB 25467 铜、镍、钴工业污染物排放标准
GB 26451 稀土工业污染物排放标准
GB/T 29999 铜矿山酸性废水综合处理规范
GB 30770 锡、锑、汞工业污染物排放标准
GB/T 50050 工业循环冷却水处理设计规范
GB 50215 煤炭工业矿井设计规范
GB 50359 煤炭洗选工程设计规范
GB 50383 煤矿井下消防、洒水设计规范
GB 50810 煤炭工业给水排水设计规范
HJ/T 299 固体废物 浸出毒性浸出方法 硫酸硝酸法
HJ/T 300 固体废物 浸出毒性浸出方法 醋酸缓冲溶液法
HJ 557 固体废物浸出毒性浸出方法 水平振荡法
MT/T 76 液压支架用乳化油、浓缩物及其高含水液压液
NY 5051 无公害食品淡水养殖用水水质

3 术语和定义

GB 19223、GB 20426、GB/T 29999、GB 30770 界定的以及下列术语和定义适用于本文件。

3.1

矿井水 mine water

在矿山建设和矿产开采过程中，由地下涌水、地表渗透水、生产排水汇集所产生的废水。

3.2

酸性矿井水 acid mine water

pH 小于 6.0 的矿井水。

4 总则

4.1 矿山企业所产生的酸性矿井水，应优先选择回用。

4.2 酸性矿井水处理后回用包括企业自用与外供，应优先选择矿区自用，最大限度地提高矿井水利用率。

4.3 应根据酸性矿井水水质、水量、排放标准和回用途径，进行清污分流、分级处理和分质回用。

4.4 酸性矿井水处理与回用技术选择，应综合考虑技术可行性和经济合理性。

4.5 酸性矿井水处理后回用部分的设计出水水质应按规划的用水水质需求确定。

4.6 酸性矿井水处理后直接排放部分的设计出水水质应符合 GB 20426、GB 25466、GB 25467、GB 26451、GB 30770 及当地环保部门等的要求。

5 回用和处理

5.1 酸性矿井水分类

5.1.1 一般酸性矿井水。水质特点：pH＜6.0，总铁≤6.0 mg/L，总锰≤4.0 mg/L，其他重金属离子浓度均低于相关排放标准。

5.1.2 高铁锰酸性矿井水。水质特点：pH＜6.0，总铁＞6.0 mg/L，总锰＞4.0 mg/L，其他重金属离子浓度均低于相关排放标准。

5.1.3 含其他重金属酸性矿井水。水质特点：pH＜6.0，总铁≤6.0 mg/L，总锰≤4.0 mg/L，部分重金属离子浓度高于相关排放标准。

5.2 一般要求

5.2.1 酸性矿井水净化处理工程设计水量按正常排水量的 1.1 倍～1.3 倍确定，回用处理工程的设计水量按目标用户用水量的 1.1 倍～1.2 倍确定。

5.2.2 中和法包括石灰乳中和法、滚筒式中和法、曝气流化床中和法、升流膨胀过滤中和法、高浓度泥浆法、硫化一石灰中和法等。

5.2.3 中和药剂可选用石灰、消石灰、飞灰、石灰石、高炉渣、白云石、碳酸钠、氢氧化钠等，宜采用石灰或石灰石为中和药剂。

5.2.4 酸性矿井水中有价金属含量较高时应优先回收。

5.2.5 酸性矿井水处理后产生的泥渣应按 GB 5085.3、GB 5086.1、HJ 557、HJ/T 299、HJ/T 300 等进行性质鉴别，分别进行综合利用或妥善处置，防止造成二次污染。

5.2.6 酸性矿井水处理后回用时宜加入适量的缓蚀阻垢剂，以减缓在输送和使用过程中对管道和设备的结垢和腐蚀作用。

5.2.7 酸性矿井水各类常用中和处理技术特点可参照附录 A。

5.2.8 混凝处理工段常用混凝剂和沉淀池特点可参照附录 B。

5.2.9 酸性矿井水净化处理工程和回用处理工程设计进水水质应按实测数据、项目可行性研究报告、环境影响评价报告等确定，水质分析项目可参照附录C。

5.3 回用处理

5.3.1 酸性矿井水回用处理技术可参照附录D，根据技术进步可采用新的处理工艺。

5.3.2 酸性矿井水处理后回用于工业用水应满足以下要求：

a） 回用于选煤或选矿生产用水的处理宜采用中和法，回用水水质应满足GB 50359、GB 50810、GB/T 29999等的要求，其基本处理工艺参见图D.1。

b） 回用于矿区井下或地面洒水、防尘、消防、洗车及机修厂设备清洗的处理宜采用中和－混凝沉淀－消毒工艺，回用水水质应满足GB 50215、GB 50383、GB 50810、GB/T 29999、GB/T 19923等的要求，其基本处理工艺参见图D.2。

c） 回用于电厂循环冷却用水、工业锅炉用水宜参照酸性矿井水处理达标排放工艺的基础上进行后续双膜处理工序，回用水水质应满足GB/T 1576、GB/T 12145、GB/T 50050的要求，其基本处理工艺参见图D.3。

d） 回用于井下配制液压支柱乳化液用水宜采用双膜处理工序，回用水水质应满足MT/T 76的要求，其基本处理工艺参见图D.3。

5.3.3 酸性矿井水处理后回用于农业用水应满足以下要求：

a） 回用于农业灌溉、养殖业用水宜参照一般酸性矿井水和高铁锰矿井水处理达标排放工艺再接后续消毒工段，其基本处理工艺参见图D.4。

b） 含其他重金属酸性矿井水宜参照达标排放工艺再接后续吸附/离子交换和消毒处理工序，其基本处理工艺见D.5，回用水水质应满足GB 5084、GB 20922的要求。

5.3.4 酸性矿井水处理后回用于养殖业用水应满足以下要求：

a） 回用于养殖业用水宜参照一般酸性矿井水和高铁锰矿井水处理达标排放工艺再接后续消毒工段，其基本处理工艺参见图D.4。

b） 含其他重金属酸性矿井水宜参照达标排放工艺再接后续吸附/离子交换和消毒处理工序，其基本处理工艺参见图D.5，回用水水质应满足NY 5051、GB 11607的要求。

5.3.5 酸性矿井水处理后回用于景观环境用水宜在各类酸性矿井水处理达标排放工艺的基础上进行后续微滤/超滤膜处理工序，回用水水质应满足GB/T 18921的要求，其基本处理工艺参见图D.6。

5.3.6 酸性矿井水处理后回用于城市杂用水应满足以下要求：

a） 城市杂用包括冲厕、道路清扫、消防、城市绿化、车辆冲洗、建筑施工的非饮用水。

b） 回用于城市杂用水宜在各类酸性矿井水处理达标排放工艺的基础上进行后续消毒工序，回用水水质应满足GB/T 18920的要求，其基本处理工艺参见图D.7。

5.4 排放处理

5.4.1 一般酸性矿井水的处理宜采用石灰乳中和法，其基本处理工艺参见图D.8。

5.4.2 高铁锰酸性矿井水的处理宜采用中和法＋化学氧化法或接触氧化法除铁除锰，当铁锰含量较高时可采用化学氧化法，其基本处理工艺参见图D.9，当铁锰含量较低时可采用接触氧化法，其基本处理工艺参见图D.10。

5.4.3 含其他重金属酸性矿井水的处理宜采用高浓度泥浆法，其基本处理工艺参见图D.11，若需要回收有价金属宜采用硫化－中和法，其基本处理工艺参见图D.12。

5.4.4 酸性矿井水处理后出水按GB 20426、GB 25466、GB 25467、GB 26451、GB 30770等要求达标排放。

6 污染物监测要求

6.1 应在各个处理系统进出水位置设置采样口，并制定监测计划定期对出水水质进行取样监测分析，以满足回用或排放水质要求。

6.2　企业污染物总排放口应设置排污口标志。

6.3　为满足水处理过程自动控制的要求，宜根据具体工艺流程设置相应的在线监测装置。

6.4　酸性矿井水回用或达标排放水质监测项目参考 GB 20426、GB 25466、GB 25467、GB/T 29999、GB/T 31392、GB/T 18921、GB 5084、GB/T 19923、GB/T 1576、GB 12145、GB/T 18920、GB 50810、GB 50215、GB 50359 等。

6.5　酸性矿井水主要水质指标及检测方法标准可参照附录 E。

7　回用管理

7.1　回用水管道要按规定涂有与新鲜水管道相区别的颜色，并标注"回用水"字样。

7.2　回用水管道用水点应标注"禁止饮用"字样。

附 录 A
（资料性附录）
酸性矿井水中和法处理技术

酸性矿井水中和法处理技术见表A.1。

表A.1 酸性矿井水中和法处理技术

处理技术	技 术 特 点
石灰乳中和法	重金属离子的去除率≥98%，石灰可就地取材，价格低廉，对水质水量适应性强。适用于酸性较强、铁锰超标较重的酸性矿井水
滚筒式中和法	采用石灰石和白云石作中和剂，在滚筒中滚动与酸性矿井水进行中和反应。对滤料粒径要求较低，对水质变化适应性强，处理费用低
曝气硫化床中和法	酸性矿井水与硫化床中石灰石填料进行中和反应，生成的碳酸在来自空压机空气的曝气作用下，迅速分解成CO_2和H_2O。操作方便，处理费用低，通过流化床的酸性水上升速度不宜超过80 m/h
升流膨胀过滤中和法	采用石灰石作中和剂，破碎筛分成0.5 mm～3 mm的滤料，装在滤池下部，酸性矿井水从下部进入滤池，与石灰石发生中和反应。操作方便、运行费用低，适于小规模处理
高浓度泥浆法	通过底泥回流到中和池，充分利用石灰的剩余碱度，减少5%～10%石灰消耗；产生的泥浆含固率为20%～30%。处理设备较大
硫化一石灰中和法	适于处理含有价金属的酸性矿井水，可进行有价金属的回收。生成的金属硫化物溶解度小，沉渣量少，含水率低

附 录 B
（资料性附录）
混凝剂、沉淀池及处理技术特性

B.1 常用混凝剂和助凝剂

常用混凝剂和助凝剂见表B.1。

表B.1 常用混凝剂和助凝剂

序号	名称	主要特性
1	三氯化铁(FC)	混凝效果不受水温影响，适宜pH值6.0～8.4，易溶解，絮凝体大而实，腐蚀性大
2	精制硫酸铝(AS)	适宜水温20 ℃～40 ℃，适宜pH值6.0～8.5；易生成坚硬铝垢
3	聚合硫酸铁(PFS)	用量小，絮凝体生成快且密实。适宜水温10 ℃～50 ℃；适宜pH值5.0～8.5
4	聚合氯化铝(PAC)	絮凝体生成快且密实，混凝性能优于其他铝盐；腐蚀性小；适宜pH值6.0～8.5
5	聚合硫酸铝(PAS)	用量小，性能好；适宜水温20 ℃～40 ℃；适宜pH值6.0～8.5
6	聚硫氯化铝(PACS)	絮凝体生成快，大而密实；对水质适应性强；脱色效果优良；适宜pH值5.0～9.0；消耗水中碱度小于其他铁铝盐
7	聚丙烯酰胺(PAM)	相对分子质量高、浓度低；其陈化程度越高，黏度降低得越快，絮凝性能越差

B.2 常见沉淀池

常见沉淀池见表B.2。

表B.2 常见沉淀池

池型	优点	缺点
平流沉淀池	沉淀效果好，对冲击负荷和温度变化适应能力强，施工简易，结构紧凑	配水不易均匀，采用多斗排泥时，每个泥斗需单独设置排泥管各自排泥，操作量大
竖流沉淀池	排泥方便，管理简单；占地面积小	池子深度大，施工困难；对冲击负荷和温度变化适应能力较差
辐流沉淀池	机械排泥，运行可靠，管理较简单	设备复杂，对施工质量要求高；占地面积大，去除效果较差
斜管沉淀池	水力负荷高，占地少	易堵塞，材料消耗多，造价较高
高效沉淀池	处理效率高于其他沉淀池；对低悬浮物(SS)、化学需氧量(COD)的原水处理效果好	结构较为复杂，一次性投入费用较高；设备维护费用较高

附　录 C
（资料性附录）
酸性矿井水水质分析项目

C.1　酸性矿井水原水水质分析项目

酸性矿井水原水水质分析项目见表 C.1。

表 C.1　酸性矿井水原水水质分析项目

序　号	水　质　指　标	单　位
1	pH	—
2	悬浮物(SS)	mg/L
3	浊度	NTU
4	化学需氧量(COD_{Cr})	mg/L
5	总铁(Fe^{2+}/Fe^{3+})	mg/L
6	锰离子(Mn^{2+})	mg/L
7	石油类	mg/L
8	溶解性总固体(TDS)	mg/L
9	总硬度(以 $CaCO_3$ 计)	mg/L
10	总砷	mg/L
11	总铜	mg/L
12	总锌	mg/L
13	总铅	mg/L
14	总镉	mg/L
15	总镍	mg/L
16	总汞	mg/L
17	总铬	mg/L

C.2　酸性矿井水回用处理水质分析项目

酸性矿井水回用处理水质分析项目见表 C.2

表 C.2　酸性矿井水回用处理水质分析项目

序号	水质指标	单位	序号	水质指标	单位
1	pH	—	5	总铁(Fe^{2+}/Fe^{3+})	mg/L
2	悬浮物(SS)	mg/L	6	锰离子(Mn^{2+})	mg/L
3	浊度	NTU	7	石油类	mg/L
4	化学需氧量(COD_{Cr})	mg/L	8	溶解性总固体(TDS)	mg/L

表 C.2(续)

序号	水质指标	单位	序号	水质指标	单位
9	总硬度(以 $CaCO_3$ 计)	mg/L	21	钠离子(Na^+)	mg/L
10	生化需氧量(BOD_5)	mg/L	22	镁离子(Mg^{2+})	mg/L
11	总有机碳(TOC)	mg/L	23	钙离子(Ca^{2+})	mg/L
12	总大肠菌群	个/mL	24	总砷	mg/L
13	二氧化硅(SiO_2)	mg/L	25	总铜	mg/L
14	氯离子(Cl^-)	mg/L	26	总锌	mg/L
15	氟离子(F^-)	mg/L	27	总铅	mg/L
16	硫酸根(SO_4^{2-})	mg/L	28	总镉	mg/L
17	硝酸根(NO_3^-)	mg/L	29	总镍	mg/L
18	亚硝酸根(NO_2^-)	mg/L	30	总汞	mg/L
19	磷酸根(PO_4^{3-})	mg/L	31	总铬	mg/L
20	钾离子(K^+)	mg/L			

附　录　D
（资料性附录）
酸性矿井水回用与排放基本处理工艺

酸性矿井水回用与排放基本处理工艺主要包括：

a）　酸性矿井水处理后回用于选煤或选矿生产用水基本处理工艺，见图 D.1；

b）　酸性矿井水处理后回用于矿区井下或地面洒水、防尘、消防、洗车及机修厂设备清洗用水基本处理工艺，见图 D.2；

c）　酸性矿井水处理后回用于电厂循环冷却用水、工业锅炉用水、液压支柱乳化液用水、基本处理工艺，见图 D.3；

d）　一般酸性矿井水处理后回用于农田灌溉、养殖业用水基本处理工艺，见图 D.4；

e）　含其他重金属酸性矿井水处理后回用于农田灌溉、养殖业用水基本处理工艺，见图 D.5；

f）　酸性矿井水处理后回用于景观环境用水基本处理工艺，见图 D.6；

g）　酸性矿井水处理后回用于城市杂用水基本处理工艺，见图 D.7；

h）　一般酸性矿井水中和法基本处理工艺，见图 D.8；

i）　高铁锰酸性矿井水中和法＋化学氧化法基本处理工艺，见图 D.9；

j）　高铁锰酸性矿井水中和法＋接触氧化法基本处理工艺，见图 D.10；

k）　含其他重金属酸性矿井水高浓度泥浆法基本处理工艺，见图 D.11；

l）　含其他重金属酸性矿井水硫化—中和法基本处理工艺，见图 D.12。

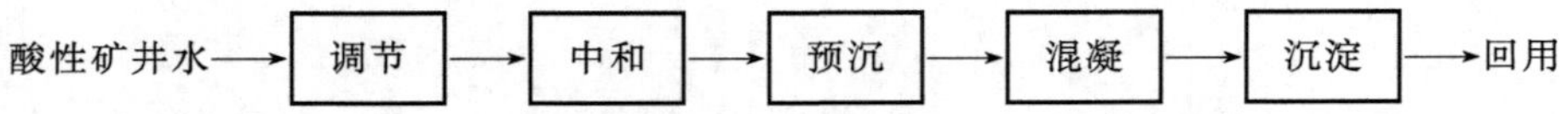

图 D.1　酸性矿井水处理后回用于选煤或选矿生产用水基本处理工艺

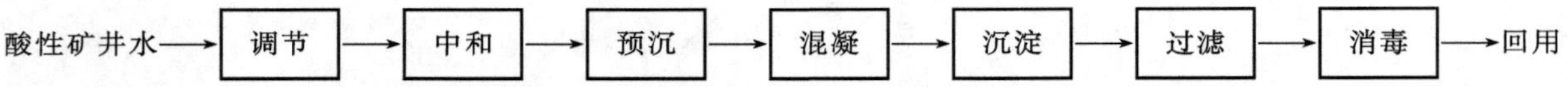

图 D.2　酸性矿井水处理后回用于矿区井下或地面洒水、防尘、消防、洗车及机修厂设备清洗用水基本处理工艺

图 D.3　酸性矿井水处理后回用于电厂循环冷却用水、工业锅炉用水、液压支柱乳化液用水、基本处理工艺

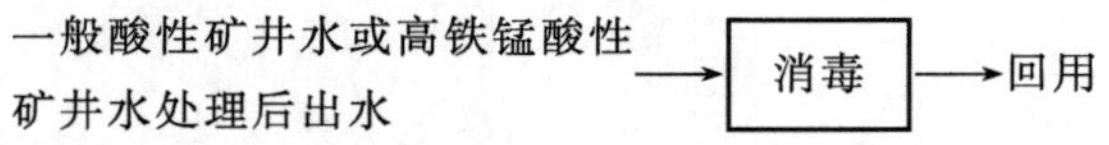

图 D.4　一般酸性矿井水处理后回用于农田灌溉、养殖业用水基本处理工艺

图 D.5　含其他重金属酸性矿井水处理后回用于农田灌溉、养殖业用水基本处理工艺

图 D.6　酸性矿井水处理后回用于景观环境用水基本处理工艺

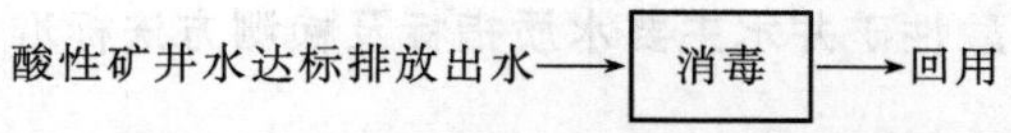

图 D.7　酸性矿井水处理后回用于城市杂用水基本处理工艺

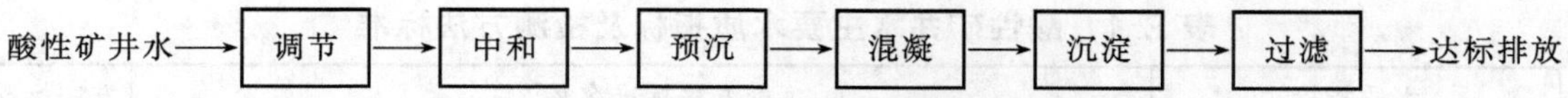

图 D.8　一般酸性矿井水中和法基本处理工艺

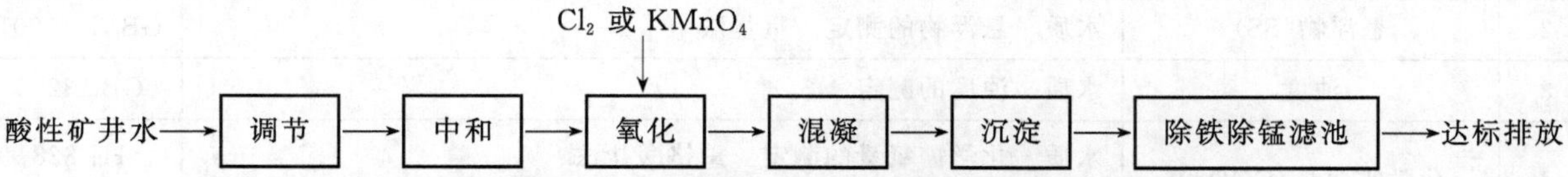

图 D.9　高铁锰酸性矿井水中和法＋化学氧化法基本处理工艺

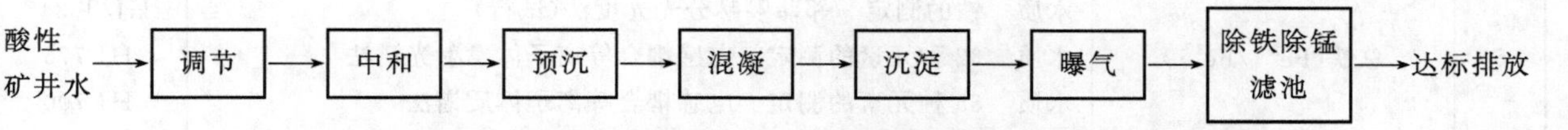

图 D.10　高铁锰酸性矿井水中和法＋接触氧化法基本处理工艺

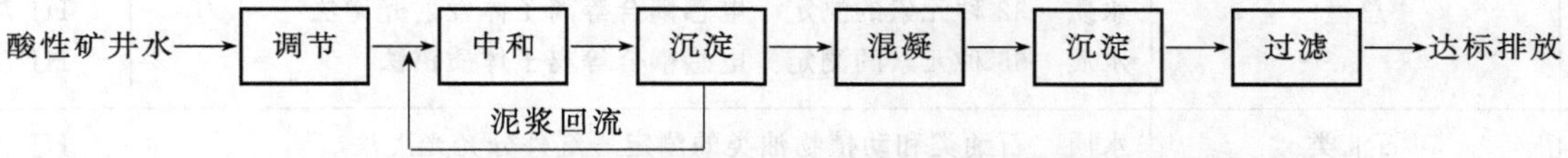

图 D.11　含其他重金属酸性矿井水高浓度泥浆法基本处理工艺

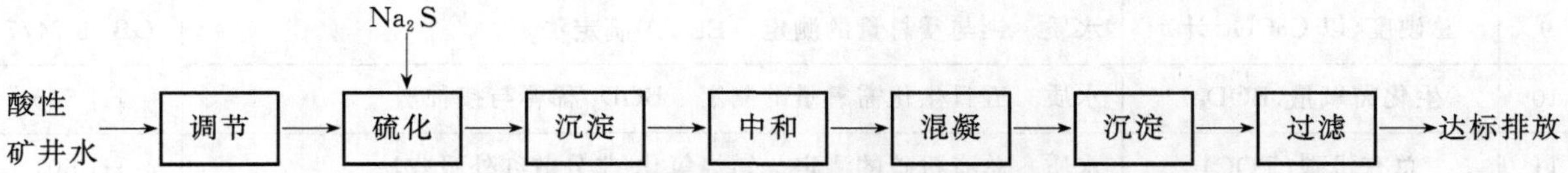

图 D.12　含其他重金属酸性矿井水硫化－中和法基本处理工艺

附 录 E
（资料性附录）
酸性矿井水主要水质指标及检测方法标准

酸性矿井水主要水质指标及检测方法标准见表 E.1。

表 E.1 酸性矿井水主要水质指标及检测方法标准

序号	水质指标	方法标准名称	方法标准编号
1	pH 值	水质 pH 值的测定 玻璃电极法	GB 6920
2	悬浮物(SS)	水质 悬浮物的测定 重量法	GB/T 11901
3	浊度	水质 浊度的测定	GB 13200
4	化学需氧量(COD_{cr})	水质 化学需氧量的测定 重铬酸盐法 水质 化学需氧量的测定 快速消解分光光度法	HJ 828 HJ/T 399
5	总铁(Fe^{2+}/Fe^{3+})	水质 铁的测定 邻菲啰啉分光光度法(试行) 水质 32 种元素的测定 电感耦合等离子体发射光谱法 水质 65 种元素的测定 电感耦合等离子体质谱法	HJ/T 345 HJ 776 HJ 700
6	总锰	水质 锰的测定 高碘酸钾分光光度法 水质 32 种元素的测定 电感耦合等离子体发射光谱法 水质 65 种元素的测定 电感耦合等离子体质谱法	GB 11906 HJ 776 HJ 700
7	石油类	水质 石油类和动植物油类的测定 红外分光光度法	HJ 637
8	溶解性总固体含量(TDS)	生活饮用水标准检验方法 感官性状和物理指标	GB/T 5750.4
9	总硬度(以 $CaCO_3$ 计)	水质 钙与镁总量的测定 EDTA 滴定法	GB/T 7477
10	生化需氧量(BOD_5)	水质 五日生化需氧量的测定 BOD_5 稀释与接种法	HJ 505
11	总有机碳(TOC)	水质 总有机碳的测定 燃烧氧化-非分散红外吸收法	HJ 501
12	总大肠菌群	水质 总大肠菌群和粪大肠菌群的测定 纸片快速法	HJ 755
13	二氧化硅(SiO_2)	城市供水 二氧化硅的测定 硅钼蓝分光光度法	CJ/T 141
14	氯离子(Cl^-)	水质 游离氯和总氯的测定 N,N－二乙基－1,4－苯二胺分光光度法	HJ 586
15	氟离子(F^-)	水质 氟化物的测定 氟试剂分光光度法 水质 氟化物等的测定 真空检测管－电子比色法	HJ 488 HJ 659
16	硫酸根(SO_4^{2-})	水质 硫酸盐的测定 重量法 水质 硫酸盐的测定 火焰原子吸收分光光度法	GB 11899 GB 13196
17	硝酸根(NO_3^-)	水质 无机离子(F^-、Cl^-、NO^{2-}、Br^-、NO_3^-、PO_4^{3-}、SO_3^{2-}、SO_4^{2-})的测定 离子色谱法	HJ 84
18	亚硝酸根(NO_2^-)	水质 亚硝酸盐氮的测定 分光光度法	GB 7493

表 E.1(续)

序号	水质指标	方法标准名称	方法标准编号
19	磷酸根(PO_4^{3-})	水质　磷酸盐的测定　离子色谱法 水质　磷酸盐和总磷的测定　连续流动　钼酸铵分光光度法	HJ 669 HJ 670
20	钾离子(K^+)	水质　钾和钠的测定　火焰原子吸收分光光度法 水质　32 种元素的测定　电感耦合等离子体发射光谱法 水质　65 种元素的测定　电感耦合等离子体质谱法	GB 11904 HJ 776 HJ 700
21	钠离子(Na^+)	水质　钾和钠的测定　火焰原子吸收分光光度法 水质　32 种元素的测定　电感耦合等离子体发射光谱法 水质　65 种元素的测定　电感耦合等离子体质谱法	GB 11904 HJ 776 HJ 700
22	镁离子(Mg^{2+})	工业循环冷却水中钙、镁离子的测定　EDTA 滴定法 水质　32 种元素的测定　电感耦合等离子体发射光谱法 水质　65 种元素的测定　电感耦合等离子体质谱法	GB/T 15452 HJ 776 HJ 700
23	钙离子(Ca^{2+})	工业循环冷却水中钙、镁离子的测定　EDTA 滴定法 水质　32 种元素的测定　电感耦合等离子体发射光谱法 水质　65 种元素的测定　电感耦合等离子体质谱法	GB/T 15452 HJ 776 HJ 700
24	总砷	水质　总砷的测定　二乙基二硫代氨基甲酸银　分光光度法 水质　汞、砷、硒、铋和锑的测定原子荧光法 水质　32 种元素的测定　电感耦合等离子体发射光谱法 水质　65 种元素的测定　电感耦合等离子体质谱法	GB 7485 HJ 694 HJ 776 HJ 700
25	总铜	水质　铜、锌、铅、镉的测定　原子吸收分光光度法 水质　铜的测定　二乙基二硫代氨基甲酸钠分光光度法 水质　32 种元素的测定　电感耦合等离子体发射光谱法 水质　65 种元素的测定　电感耦合等离子体质谱法	GB 7475 HJ 485 HJ 776 HJ 700
26	总锌	水质　铜、锌、铅、镉的测定　原子吸收分光光度法 水质　锌的测定　双硫腙分光光度法 水质　32 种元素的测定　电感耦合等离子体发射光谱法 水质　65 种元素的测定　电感耦合等离子体质谱法	GB 7475 GB 7472 HJ 776 HJ 700
27	总铅	水质　铜、锌、铅、镉的测定　原子吸收分光光度法 水质　铅的测定　双硫腙分光光度法 水质　32 种元素的测定　电感耦合等离子体发射光谱法 水质　65 种元素的测定　电感耦合等离子体质谱法	GB 7475 GB 7470 HJ 776 HJ 700
28	总镉	水质　镉的测定　双硫腙分光光度法 水质　铜、锌、铅、镉的测定　原子吸收分光光度法 水质　32 种元素的测定　电感耦合等离子体发射光谱法 水质　65 种元素的测定　电感耦合等离子体质谱法	GB 7471 GB 7475 HJ 776 HJ 700

表 E.1(续)

序号	水质指标	方法标准名称	方法标准编号
29	总镍	水质 镍的测定 丁二酮肟分光光度法 水质 镍的测定 火焰原子吸收分光光度法 水质 32 种元素的测定 电感耦合等离子体发射光谱法 水质 65 种元素的测定 电感耦合等离子体质谱法	GB 11910 GB 11912 HJ 776 HJ 700
30	总汞	水质 总汞的测定 冷原子吸收分光光度法 水质 总汞的测定 高锰酸钾—过硫酸钾消解法双硫腙分光光度法 水质 汞、砷、硒、铋和锑的测定 原子荧光法	HJ 597 GB 7469 HJ 694
31	总铬	水质 铬的测定 火焰原子吸收分光光度法 水质 总铬的测定 水质 32 种元素的测定 电感耦合等离子体发射光谱法 水质 65 种元素的测定 电感耦合等离子体质谱法	HJ 757 GB 7466 HJ 776 HJ 700

参 考 文 献

[1] GB/T 5750.4　生活饮用水标准检验方法　感官性状和物理指标

[2] GB 6920　水质　pH 值的测定　玻璃电极法

[3] GB 7466　水质　总铬的测定

[4] GB 7469　水质　总汞的测定　高锰酸钾－过硫酸钾消解法　双硫腙分光光度法

[5] GB 7470　水质　铅的测定　双硫腙分光光度法

[6] GB 7471　水质　镉的测定　双硫腙分光光度法

[7] GB 7472　水质　锌的测定　双硫腙分光光度法

[8] GB 7475　水质　铜、锌、铅、镉的测定　原子吸收分光光度法

[9] GB/T 7477　水质　钙和镁总量的测定　EDTA 滴定法

[10] GB 7485　水质　总砷的测定　二乙基二硫代氨基甲酸银分光光度法

[11] GB 7493　水质　亚硝酸盐氮的测定　分光光度法

[12] GB 11899　水质　硫酸盐的测定　重量法

[13] GB/T 11901　水质　悬浮物的测定　重量法

[14] GB 11904　水质　钾和钠的测定　火焰原子吸收分光光度法

[15] GB 11906　水质　锰的测定　高碘酸钾分光光度法

[16] GB 11910　水质　镍的测定　丁二酮肟分光光度法

[17] GB 11912　水质　镍的测定　火焰原子吸收分光光度法

[18] GB 11914　水质　化学需氧量　重铬酸钾法

[19] GB 13196　水质　硫酸盐的测定　火焰原子吸收分光光度法

[20] GB 13200　水质　浊度的测定

[21] GB/T 15452　工业循环冷却水中钙、镁离子的测定　EDTA 滴定法

[22] GB/T 31392　煤矿矿井水利用技术导则

[23] CJ/T 141　城市供水　二氧化硅的测定　硅钼蓝分光光度法

[24] HJ 84　水质　无机阴离子(F^-、Cl^-、NO^{2-}、Br^-、NO^{3-}、PO_4^{3-}、SO_3^{2-}、SO_4^{2-})离子色谱法

[25] HJ/T 345　水质　铁的测定　邻菲啰啉分光光度法(试行)

[26] HJ/T 399　水质　化学需氧量的测定　快速消解分光光度法

[27] HJ 485　水质　铜的测定　二乙基二硫代氨基甲酸钠分光光度法

[28] HJ 488　水质　氟化物的测定　氟试剂分光光度法

[29] HJ 501　水质　总有机碳的测定　燃烧氧化－非分散红外吸收法

[30] HJ 505　水质　五日生化需氧量(BOD_5)的测定　稀释与接种法

[31] HJ 586　水质　游离氯和总氯的测定　*N*,*N*－二乙基－1,4－苯二胺分光光度法

[32] HJ 597　水质　总汞的测定　冷原子吸收分光光度法

[33] HJ 637　水质　石油类和动植物油类的测定　红外分光光度法

[34] HJ 659　水质　氰化物等的测定　真空检测管－电子比色法

[35] HJ 669　水质　磷酸盐的测定　离子色谱法

[36] HJ 670　水质　磷酸盐和总磷的测定　连续流动－钼酸铵分光光度法

[37] HJ 671　水质　总磷的测定　流动注射－钼酸铵分光光度法

[38] HJ 694　水质　汞、砷、硒、铋和锑的测定原子荧光法

[39] HJ 700　水质　65 种元素的测定　电感耦合等离子体质谱法

[40] HJ 755　水质　总大肠菌群和粪大肠菌群的测定　纸片快速法
[41] HJ 757　水质　铬的测定　火焰原子吸收分光光度法
[42] HJ 776　水质　32 种元素的测定　电感耦合等离子体发射光谱法
[43] HJ 828　水质　化学需氧量的测定　重铬酸盐法

ICS 73.020
P 14

中华人民共和国国家标准

GB/T 12719—2021
代替 GB/T 12719—1991

矿区水文地质工程地质勘查规范

Exploration specification of hydrogeology and engineering geology in mining areas

2021-05-21 发布 2021-12-01 实施

国家市场监督管理总局
国家标准化管理委员会 发布

前 言

本标准按照 GB/T 1.1—2009 给出的规则起草。

本标准代替 GB/T 12719—1991《矿区水文地质工程地质勘探规范》。与 GB/T 12719—1991 相比，除编辑性修改外主要技术变化如下：

——修改了标准名称，由《矿区水文地质工程地质勘探规范》变更为《矿区水文地质工程地质勘查规范》；

——增加了规范性引用文件(见第 2 章，1991 年版的第 2 章)；

——修改了部分术语和定义(见 3.1、3.2、3.3 和 3.6，1991 年版的 B1、B2、B6 和 B16)；

——删除了部分术语和定义(见 1991 年版的 B3～B5、B7～B14、B17 和 B18)；

——增加了部分术语和定义(见 3.7～3.8)；

——增加了矿区水文地质勘查普查阶段和详查阶段的基本任务(见 4.1.1、4.1.2)；

——修改了矿区水文地质勘查勘探阶段的基本任务(见 4.1.3，1991 版的 3.1)；

——修改了矿区水文地质勘查工作基本原则(见 4.2，1991 年版的 3.2)；

——修改了各类充水矿床勘查的复杂程度划分的依据(见 5.1.3，1991 年版的 4.1.3)；

——增加了矿区水文地质勘查普查阶段和详查阶段的勘查程度要求(见 5.2.1 和 5.2.2)；

——修改了矿区水文地质勘探阶段的勘查程度要求(见 5.2.3，1991 年版的 4.2)；

——修改了矿区水文地质勘查工程量(见 5.3.2，1991 版的 4.3.2)；

——修改了矿区水文地质勘查技术要求(见 5.4.1、5.4.3、5.4.4、5.4.5、5.4.6，1991 年版的 4.4.1～4.4.5)；

——增加了水文地质物探勘查技术要求(见 5.4.2)；

——增加了同位素分析勘查技术要求(见 5.4.7)；

——增加了遥感解译勘查技术要求(见 5.4.8)；

——修改了矿井(坑)涌水量计算(见 5.5，1991 年版的 4.5)；

——增加了“涌(突)水危险性评价”(见 5.6)；

——修改了矿区水资源综合利用评价(见 5.7，1991 年版的 4.6)；

——修改了“矿区工程地质勘查类型”(见 6.1，1991 年版的 5.1)；

——增加了矿区工程地质勘查普查阶段和详查阶段的程度要求(见 6.2.1 和 6.2.2)；

——修改了矿区工程地质勘查勘探阶段的勘查程度要求(见 6.2.3，1991 年版的 5.2)；

——增加了“采空区工程地质勘查和评价”(见 6.2.3.4 和 6.5.4)；

——修改了“工程地质勘查工程布置原则和工程量”(见 6.3，1991 年版的 5.3)；

——修改了工程地质勘查技术要求(见 6.4，1991 年版的 5.4)；

——修改了矿区工程地质评价(见 6.5.1～6.5.3，1991 年版的 5.5.1～5.5.3)；

——修改了环境地质调查(见 7.1.1～7.1.4，1991 年版的 6.1.1～6.1.4)；

——增加了“矿山地质环境数据库”(见 7.1.5)；

——修改了勘查矿区环境地质评价(见 7.2.4，1991 年版的 6.2.4)；

——修改了扩大延伸勘探矿区环境地质评价(见 7.2.5，1991 年版的 6.2.5)；

——修改了“文字报告编写要求”(见 8.2，1991 年版的 7.2)；

——修改了附图和附表(见 8.3，1991 年版的 7.3)；

——删除了附录“本规范用词说明”(见1991年版附录A),附录“名词术语”放入正文中“3 术语和定义”(见1991年版的附录B);

——修改了附录(见附录A~附录C、附录E~附录I,1991年版的附录C~附录J);

——增加了“涌(突)水危险性评价”(见附录D);

——增加了参考文献。

本标准由中华人民共和国自然资源部提出。

本标准由全国自然资源与国土空间规划标准化技术委员会(SAC/TC 93)归口。

本标准起草单位:中国地质科学院水文地质环境地质研究所、中国地质调查局、中国矿业大学(北京)、华北有色工程勘察院有限公司、中国煤炭地质总局水文地质局。

本标准主要起草人:张发旺、李向全、侯新伟、武强、文冬光、傅耀军、王振兴、刘新社、马履霞、折书群、刘玲霞。

本标准所代替标准的历次版本发布情况为:

——GB/T 12719—1991。

矿区水文地质工程地质勘查规范

1 范围

本标准规定了勘查类型、勘查程度、工程量、勘查技术要求及矿区水文地质工程地质环境地质评价和报告编写的基本要求。

本标准适用于固体矿产矿区水文地质工程地质各阶段的勘查工作，是制订勘查设计、工程质量检查、验收和报告编写、审查批准的依据。

2 规范性引用文件

下列文件对于本文件的应用是必不可少的。凡是注日期的引用文件，仅注日期的版本适用于本文件。凡是不注日期的引用文件，其最新版本(包括所有的修改单)适用于本文件。

GB 3838 地表水环境质量标准

GB 5749 生活饮用水卫生标准

GB 8537 食品安全国家标准 饮用天然矿泉水

GB/T 11615 地热资源地质勘查规范

GB/T 14848 地下水质量标准

GB 18306 中国地震动参数区划图

DZ/T 0342—2020 矿坑涌水量预测计算规程

3 术语和定义

下列术语和定义适用于本文件。

3.1

主要充水含水层 main water-filling aquifer

在矿床开采条件下，对井巷产生充水量较大的一个或多个的含水层。

3.2

水文地质勘查 hydrogeological exploration

为查明一个地区的水文地质条件进行的野外和室内水文地质工作。

注：包括水文地质测绘、物探、钻探、试验、地下水动态监测等工作。

3.3

矿井(坑)涌水量 water inflows of mines

有变化规律的充水因素(不含井巷突水、地表水倒灌等)所形成的矿井(坑)涌水量。

3.4

矿山工程地质问题 engineering geological problems of mines

采矿工程与岩土体相互作用产生地质危害的总称。

3.5

矿区地质环境评价 geological environment quality assessment of mining areas

对矿区地质环境质量现状的评价和对矿山开采条件下的地质环境质量进行预测，进而提出控制和消除因采矿而产生的有害作用及合理开发和保护地质环境的对策。

3.6

水体环境背景值　environmental background value of water

未受人类活动影响情况下，水体(地表水、地下水)中各种化学组分的天然含量。

注：目前地球上几乎找不到未受人类活动影响的地方，因此，求得的背景值实际上是人类活动作用相对较轻情况下的各种化学组分的含量。

3.7

垮落带　caving zone

由采矿引起的上覆岩层破裂并向采空区垮落的岩层范围。

3.8

导水裂缝带　water-conductive fissure zone

采矿引起的上覆岩层垮落、断裂和裂隙的岩层范围。

4　总则

4.1　勘查工作的阶段划分及基本任务

4.1.1　普查阶段的基本任务

大致查明工作区的水文地质条件，初步划分水文地质和工程地质勘查类型，概略评价区域水文地质条件对矿床开发的影响，为详查工作与矿山远景规划提供依据。

4.1.2　详查阶段的基本任务

基本查明矿区的水文地质工程地质条件，划分水文地质和工程地质勘查类型，分析矿床充水因素，预测可能影响矿床开采的主要工程地质和环境地质问题，为矿床初步技术经济评价、矿山总体建设规划和矿区勘探设计提供依据。

4.1.3　勘探阶段的基本任务

4.1.3.1　查明矿区水文地质条件及矿床充水因素，预测矿井(坑)涌水量，评估突水灾害危险性，对矿床水资源综合利用进行评价，指出供水水源方向，提出含水层保护建议。

4.1.3.2　查明矿区工程地质条件，评价矿体顶底板工程地质特征、井巷围岩或露天采矿场岩体质量和稳固(定)性，分析和评价开采条件下可能发生的主要工程地质问题，预测可能出现的主要地质灾害，提出防治措施。

4.1.3.3　调查评价矿区的地质环境质量，预测矿床开发可能引起的主要环境地质问题，提出防治建议。

4.2　勘查工作基本原则

4.2.1　矿区水文地质工程地质勘查和环境地质调查评价应与矿产地质勘查工作阶段相适应。

4.2.2　水文地质和工程地质条件简单的矿区，勘查阶段可简化或合并，但提供矿山建设设计依据的地质勘查报告，均应达到勘探阶段的要求。

4.2.3　矿区水文地质工程地质勘查，应从社会的综合效益出发，既要保障矿山安全，连续生产，又要研究矿山排水的综合利用以及对附近水源地和地质环境的可能影响。

4.2.4　勘查区域宜包括一个完整的水文地质单元，当水文地质单元面积过大时，应包括疏干排水可能影响的范围。

4.2.5　水文地质工程地质条件极复杂的矿区，如确需立项建设的矿山，而勘探阶段的工作程度又难于满足设计要求，应根据矿山建设设计的实际需要，针对主要问题进行专门性的水文地质工程地质勘探，提交专项报告。

4.2.6　已确定具有工业利用价值的矿床，通过详查工作满足矿山总体建设规划需要，但矿区水文地质或工程地质条件直接影响矿山建设开发总体设计时，应超前进行水文地质或工程地质勘探。

4.2.7　扩大延深勘探矿区，应充分利用已有勘探报告和矿山生产中的资料，对矿区水文地质工程地质环境地质条件进行评价。当不能满足要求时，应根据实际需要，有针对性地进行补充勘探。

4.2.8 各矿种的矿区水文地质工程地质勘查和环境地质调查评价的基本要求以本标准为准，各矿种可依其特点，在各矿种规范中制订相应要求，与本标准配套使用。

5 矿区水文地质勘查

5.1 勘查类型划分

5.1.1 根据矿床主要充水含水层的容水空间特征，将充水矿床划分为三类：

a） 第一类 以孔隙含水层充水为主的矿床，简称孔隙充水矿床；

b） 第二类 以裂隙含水层充水为主的矿床，简称裂隙充水矿床；

c） 第三类 以岩溶含水层充水为主的矿床，简称岩溶充水矿床。本类型按岩溶形态可进一步划分为三个亚类：

1） 第一亚类 以溶蚀裂隙为主的岩溶充水矿床；

2） 第二亚类 以溶洞为主的岩溶充水矿床；

3） 第三亚类 以地下河为主的岩溶充水矿床。

5.1.2 各类充水矿床按矿体（或层，下同）与主要充水含水层接触关系、相对位置和充水方式分为：

a） 直接充水矿床：矿床主要充水含水层（含导水裂缝带和底板破坏深度，参见附录 A）与矿体直接接触，地下水直接进入矿井；

b） 顶板间接充水矿床：矿床主要充水含水层位于矿层导水裂缝带之上，矿层与主要充水含水层之间有隔水层或弱透水层，地下水通过构造破碎带、导水裂缝带或弱透水层进入矿井；

注：参照 GB 50487—2008 规定的岩土体渗透性分级，弱透水层指渗透系数 10^{-5} cm/s≤K＜10^{-4} cm/s、透水率 1.0 Lu≤q＜10 Lu 的岩土体；土体的透水性根据渗透系数分级，岩体的透水性根据透水率分级。

c） 底板间接充水矿床：矿床主要充水含水层位于矿层之下，矿层与主要充水含水层之间有隔水层或弱透水层，承压水通过底板薄弱地段、构造破碎带、弱透水层或导水的陷落柱进入矿井。

5.1.3 根据主要矿体与当地侵蚀基准面的关系，地下水的补给条件，地表水与主要充水含水层水力联系密切程度，主要充水含水层和构造破碎带的富水性、导水性，第四系覆盖情况，水文地质边界的复杂程度，老空水分布状况，疏干排水引起的地表塌陷和沉降情况，将充水矿床勘查的复杂程度划分为三型，见表 1。

表 1 充水矿床勘查的复杂程度分型表

划分依据	水文地质勘查复杂程度		
	第一型 水文地质条件简单型矿床	第二型 水文地质条件中等型矿床	第三型 水文地质条件复杂型矿床
矿体排水条件、地表水体与矿体关系	主要矿体位于当地侵蚀基准面以上，地形有利于自然排水，或主要矿体位于当地侵蚀基准面以下，但附近无地表水体	主要矿体位于当地侵蚀基准面以下，但附近地表水不构成矿床的主要充水因素	主要矿体位于当地侵蚀基准面以下，充水含水层与地表水体沟通
主要充水含水层的补给条件	差	一般	好
第四系覆盖	很少或无第四系覆盖	第四系覆盖面积小且薄	第四系覆盖层厚度大，分布广
水文地质边界条件	简单	较复杂	复杂

表 1(续)

划分依据	水文地质勘查复杂程度		
	第一型　水文地质条件简单型矿床	第二型　水文地质条件中等型矿床	第三型　水文地质条件复杂型矿床
充水含水层富水性(见附录B)	弱,单位涌水量 $q \leqslant 0.1$ L/(s·m)	中等,单位涌水量 0.1 L/(s·m)$< q \leqslant 1.0$ L/(s·m)	富水性强,单位涌水量 $q > 1.0$ L/(s·m)
隔水性能	存在良好隔水层	无强导水构造	存在强导水构造沟通充水含水层
老空水及分布状况	无老空水分布	存在少量老空水,位置、范围、积水量清楚	存在大量老空水,位置、范围、积水量不清楚
疏干排水是否产生塌陷、沉降	疏干排水不会产生塌陷、沉降	疏干排水可能产生少量塌陷	疏干排水可能产生大量地表塌陷、沉降
注:按分类依据就高不就低的原则,确定充水矿床勘查的复杂程度类型。			

5.2　**勘查程度要求**

5.2.1　**普查阶段勘查程度要求**

5.2.1.1　普查阶段的水文地质勘查结合矿产普查进行。

5.2.1.2　已进行过区域水文地质普查的地区,其资料可直接利用;对于水文地质条件复杂的矿床,应有针对性的补充调查;对于开采条件简单的矿床,可依据与同类型矿山开采条件的对比进行评价。

5.2.1.3　收集区域和相邻矿区水文地质资料;开展区域水文地质测绘;如果有钻孔,应进行钻孔简易水文地质观测与编录、坑道水文地质观测与编录;存在自流井的情况下,应做放水试验。

5.2.1.4　选择代表性的井、泉、钻孔、生产矿井进行动态观测,采取水样作水质分析。

5.2.1.5　大致查明矿区的主要含(隔)水层的岩性、空间分布、产状,地下水水位、水质、泉水的流量及地下水的补径排条件。

5.2.1.6　初步划分矿区水文地质类型,概略评价区域水文地质条件对矿床开发的影响。

5.2.2　**详查阶段勘查程度要求**

5.2.2.1　在普查工作的基础上,有针对性的布置详查阶段的工作。

5.2.2.2　继续收集资料分析资料;开展矿区水文地质测绘;进行钻孔简易水文地质观测与编录、坑道水文地质观测与编录;进行抽(放)水试验,掌握含水层的水文地质参数。

5.2.2.3　选择代表性的井、泉、钻孔、生产矿井、地表水体进行动态观测,采取水样作水质分析;以地下河充水为主的岩溶充水矿床,根据实际需求,可进行连通试验。

5.2.2.4　基本查明矿区的含(隔)水层的岩性、空间分布、产状、埋藏条件,裂隙或岩溶的发育程度、分布规律及充填程度,主要含水层的水位、富水性、水质、地下水的补径排条件,构造破碎带的导水性和富水性,地表水体的分布及其与地下水的水力联系。

5.2.2.5　分析矿床充水因素,初步确定矿床充水的主(次)要含水层及其水文地质参数。

5.2.2.6　划分矿区水文地质类型,初步评价矿区水文地质条件对矿床开发建设的影响。

5.2.3　**勘探阶段勘查程度要求**

5.2.3.1　分析矿床充水水源、充水通道和水文地质单元边界条件,初步构建水文地质模型,有针对性地部署勘探工程。

5.2.3.2　研究区域水文地质条件,确定矿区所处水文地质单元的位置,详细查明矿区地下水的补径排条件,区域地下水对矿区的补给关系,主要进水通道及其渗透性。

5.2.3.3 详细查明矿区含(隔)水层的岩性、厚度、产状、分布范围、埋藏条件,含水层的富水性,矿床顶底板隔水层的稳定性。着重查明矿床主要充水含水层的富水性、渗透性、水位、水质、水温、动态变化及地下水流场的基本特征,确定矿区水文地质边界。

5.2.3.4 详细查明对矿井充水有较大影响的构造破碎带的位置、规模、性质、产状、充填与胶结程度、风化及溶蚀特征、富水性和导水性及其变化、沟通各含水层以及地表水的程度,分析构造破碎带可能引起突水的地段,提出开采中防治水的建议。

5.2.3.5 矿层与含(隔)水层多层相间的矿床,应详细查明开采矿层顶、底板主要充水含水层的水文地质特征和隔水层的岩性、厚度、稳定性和隔水性,断裂发育程度、导水性以及沟通各含水层的情况,分析采矿对隔水层的可能破坏情况。当深部有富水性强的含水层时,应查明主要充水含水层从底部获得补给的途径和部位。着重查明在矿产开采、地下水抽排过程中含水介质性质的改变以及含水层系统结构关系的转化。

5.2.3.6 对于被松散的富水性中等和强的含水层覆盖且浅埋的矿床,当勘查工作不能满足要求时,应当进行专门水文地质勘查或者补充勘查。采用物探、钻探和地下水示踪试验等手段,详细查明疏干含水层的厚度、富水性、渗透性、水文地质边界条件、补给条件、运动规律、流场分布,预测矿井(坑)涌水量,评价涌(突)水危险性和矿床开采对含水层的影响,提出防治水和含水层保护建议。

5.2.3.7 详细查明对矿床开采有影响的地表水的汇水面积、分布范围、水位、流量、流速、动态变化、历史上出现的最高(洪)水位、最低水位(或潮位)、洪峰流量、淹没范围。详细查明地表水对矿井充水的方式、地段,分析论证其对矿床开采的影响,提出地表水防治的建议。

5.2.3.8 调查老空区的分布范围、深度、积水和塌陷情况,调查与主要含水层、地表水体之间的水力联系,大致圈定老空区,估算积水量,评价对地下水和地表水环境影响,提出开采时对老空水的防治建议。

5.2.3.9 对有热水、气(有害气体,下同)的矿床应详细查明热水、气的分布、压力、温度、梯度、流量,大致查明热水、气的来源及其控制因素,有害气体成分及其浓度,地热盖层的厚度,热异常区的范围、温度以及热水、气对矿床开采的影响。

5.2.3.10 冻土地区矿床应详细查明冻土的类型、分布、厚度、冻结层上水、层间水、冻结层下水的空间分布、富水性及其对矿床开采的影响。

5.2.3.11 水溶法开采的盐类矿床,应详细查明矿层的空间分布,查明各含水层与矿层的空间关系及其水力联系情况。对盐类矿石应进行可溶性试验。对盐类矿床顶底板的稳定性及地温应进行重点勘查。对已开采的巨厚层盐类矿床,可测定溶腔的形状和体积。

5.2.3.12 勘探阶段的地温工作应根据不同情况分别对待(参照 GB 11615 规定执行)。

5.2.3.13 勘查工作结束后,部分勘探孔留作动态观测和供水,其余勘探孔应进行封孔处理。

5.2.3.14 扩大延深勘探矿区应充分研究已有勘探和矿山生产资料,评价矿区的水文地质条件。详细查明主要充水含水层、断裂破碎带及矿区水文地质边界在平面和深部的变化,当水文地质条件变化不大时,可用比拟法预测矿坑涌水量,否则应按新矿区的要求进行勘探。当深部发现新的充水含水层和导水构造破碎带时,应按 5.2.3 执行,可根据实际条件结合已有的矿山巷道进行放水试验,查明深部含水层富水性变化及地下水流场特征,预测矿井(坑)涌水量。

5.2.3.15 孔隙充水矿床应着重查明含水层的成因类型,分布、岩性、厚度、结构、粒度、磨圆度、分选性、胶结程度、富水性、渗透性及其变化;查明流砂层的空间分布和特征,含(隔)水层的组含关系,各含水层之间、含水层与弱透水层以及与地表水之间的水力联系,评价流砂层的疏干条件,分析大气降水和地表水对矿床开采的影响。

5.2.3.16 裂隙充水矿床应着重查明裂隙含水层的裂隙性质、规模、发育程度、分布规律、充填情况及其富水性,岩石风化带的深度和风化程度,构造破碎带的性质、形态、规模及其与各含水层和地表水的水力联系,裂隙含水层与其相对隔水层的组合特征。

5.2.3.17 岩溶充水矿床应着重查明岩溶发育与岩性、构造等因素的关系，岩溶空间上的分布规律、充填深度和程度、富水性及其变化，地下水主要径流带的分布等。溶水充水矿床应查明的具体问题如下：

a）以溶隙、溶洞为主的岩溶充水矿床，应查明上覆松散层的岩性、结构、厚度，或上覆岩石风化层的厚度、风化程度及其物理力学性质，分析在疏干排水条件下产生突水、突泥、地面塌陷的可能性，塌陷的程度与分布范围以及对矿井充水的影响；查明断层、陷落柱的导(阻)水性质，岩溶陷落柱空间展布特征；对层状发育的岩溶充水矿床，还应查明相对隔水层和弱含水层的厚度及分布。

b）以地下河为主的岩溶充水矿床，应着重查明岩溶洼地、漏斗、落水洞等的位置及其与地下河之间的联系；地下河发育与岩性、构造等因素的关系；地下河的补给来源、补给范围、补给量、补给方式及其与地表水的转化关系；地下河入口处的高程、流量及其变化；地下河水系与矿体之间的相互关系及其对矿床开采的影响。

5.2.3.18 直接充水矿床应着重查明直接充水含水层的富水性、渗透性、底板充水含水层的承压性，地下水的补给来源、补给边界、补给途径和地段；直接充水含水层与其他含水层、地表水、导水断裂的关系。当充水含水层裸露时，还应查明地表汇水面积及大气降水的入渗补给强度。

5.2.3.19 顶板间接充水矿床应着重查明直接顶板隔水层或弱透水层的分布、岩性、厚度及其稳定性、岩石的物理力学性质和水理性质、裂隙发育情况、受断裂构造破坏程度，研究和估算采动导水裂缝带高度(参见附录 A)，分析主要充水含水层地下水进入矿井的地段。

5.2.3.20 底板间接充水矿床应着重查明承压含水层流场特征，直接底板的岩性、厚度及其变化，岩石的物理力学性质和水理性质，断裂构造对底板完整性的破坏程度，研究和计算采动对底板扰动破坏深度，分析论证可能产生的底鼓、突水的地段(参见附录 C)。

5.2.3.21 开展水资源综合利用评价，计算矿坑涌水量，预测开采过程中发生突水的可能性，提出含水层保护建议，指出供水水源方向。

5.3 勘查工程布置原则及工程量

5.3.1 勘查工程布置原则

5.3.1.1 结合矿区具体条件，把矿区和区域的地下水、地表水和大气降水作为统一系统进行研究。应重视水文地质测绘和钻孔简易水文地质观测与编录等基础工作，配合地面物探或井中物探，因地制宜地进行适当规模的抽水试验，运用多种勘查手段，加强综合分析研究，从而查明矿区的水文地质条件及主要充水因素。

5.3.1.2 水文地质勘探钻孔宜构成剖面，既控制地下水天然流场的补给、径流、排泄的各个地段；又要控制开采后流场的变化，特别是进水通道地段；勘探钻孔应揭穿主要含水层或含水构造带。

5.3.1.3 多孔或群孔抽水试验的主孔宜布在主要充水含水层的富水段或强径流带上。应有足够的观测孔(点)，观测孔布置建立在系统整理、研究各勘查资料的基础上，根据试验目的、水文地质分区情况、矿井(坑)涌水量计算方案等要求确定，宜利用地质勘查钻孔、地下水天然或人工露头作为观测孔(点)。对于垂向上具有明显非均质特征的巨厚含水层，在大降深疏干条件下，应分层观测地下水水位，研究地下水水位在垂向上的梯度变化。

5.3.2 勘查工程量

5.3.2.1 各类型充水矿床勘查所需的基本工程量应结合矿区的具体情况确定，以满足相应的勘查程度要求为原则。各类型的充水矿床的水文地质工作基本工程量可参照表 2、表 3 执行。

5.3.2.2 表 2、表 3 工程量指各勘查阶段的基本工程量，小型矿床可酌减。

5.3.2.3 表 2、表 3 所列抽水试验和动态观测孔的数量，指控制矿区主要充水含水层的基本工程量，次要充水含水层及构造破碎带应根据矿区的具体条件增加相应的工程量。

5.3.2.4 矿区附近有水文地质条件相似的生产矿山及水源井资料可利用时，可适当减少抽水试验的工作量。

表2 孔隙裂隙充水为主的矿床水文地质工作基本工程量表

项目		勘查阶段	工程量					
			孔隙充水为主的矿床			裂隙充水为主的矿床		
			简单	中等	复杂	简单	中等	复杂
水文地质测绘比例尺		普查、详查	1∶50 000～1∶10 000					
		勘探	1∶5 000～1∶2 000(煤矿床:1∶10 000～1∶2 000)					
钻孔简易水文地质观测与编录占地质孔的比例(%)		普查、详查、勘探	全部钻孔均进行编录和观测，可根据实际需要选择观测项目和观测频率					
坑道水文地质观测与编录		普查、详查、勘探	全部坑道均应进行编录，观测坑道排水量					
水文地质剖面数(条)		详查	1	1～2	2～4	0～1	1～2	2～3
		勘探	1～2	2～3	4～6	1～2	2～3	3～5
加深揭露底板充水含水层钻孔(个)		详查、勘探	—				各水文地质剖面不少于3孔	
分层静止水位观测孔数(个)		详查、勘探	全部水文地质孔			—	全部水文地质孔	
抽(放)水试验	单孔(个)	详查	0～2	2～4	4～6	0～2	2～3	3～5
		勘探	0～2	—	—	0～2	1～2	2～3
	多孔(组)	详查	—	—	2～3	—	—	1～2
		勘探	—	1～2	—	—	0～1	—
	群孔(组)	详查	—	—	—	—	—	—
		勘探	—		1～2	—		1
水动态长期观测	地表水(处)	普查、详查	应根据查明水文地质条件、矿井(坑)涌水量计算和水源地选择的需要，选代表性地段设站，进行长期动态观测					
		勘探	应根据实际需要对详查阶段各站取舍和补充，进行长期动态观测					
	钻孔(个)	普查、详查	0～1	3～5	5～7	1～2	3～5	7～10
		勘探	应根据需要对详查阶段钻孔取舍和补充，进行长期动态观测					
水动态长期观测	井泉(个)	普查、详查、勘探	应根据实际需要选择代表性点，进行长期动态观测					
	勘查坑道或生产矿井	普查、详查、勘探	勘探坑道和主要生产矿井应设排水量观测站，进行长期动态观测					
	水化学样、细菌样检验	普查、详查、勘探	可作水源地的井、泉、地表水应按丰、枯季取样，必要时按季度加密取样					
水化学分析		普查、详查、勘探	应选择代表性水点，以控制地表水、地下水水化学类型、评价水环境质量和侵蚀性为原则。作为生活用水水源的应按饮用水标准取样分析。矿体为含水层的，应分析与矿床相关的重金属离子					
地面物探		普查、详查、勘探	视勘查工作需求进行地面物探，宜采用多种方法综合测定					
钻孔水文物探测井		普查、详查、勘探	应在全部水文地质孔进行					
气象观测		详查、勘探	远离气象台站的矿区，气象变化大，应建立临时性的降水、气温观测站					

表 2(续)

项目	勘查阶段	工　程　量					
		孔隙充水为主的矿床			裂隙充水为主的矿床		
		简单	中等	复杂	简单	中等	复杂
遥感解译	详查、勘探	可配合水文地质测绘,开展相应比例尺的遥感解译					
同位素分析	详查、勘探	可选择代表性点取样,以控制地下水的补径排条件与转化关系为原则					
孔内电视测试	详查、勘探	裂隙充水复杂矿区,可选择 1/3～1/2 水文地质钻孔进行孔内电视测试					

注 1:表中的工程量指各勘查阶段的基本工作量,小型矿床可酌减,但对于条件复杂的矿床不能减少。

注 2:表中的地面物探、遥感解译和同位素分析根据工作需要选择,并非强制性的工作量。

注 3:能够满足勘查要求的已有技术资料,可纳入勘查工程量。

注 4:详查阶段的工程量在完成普查阶段工程的基础上布置,勘探阶段的工程量在完成详查阶段的工程量基础上布置。

注 5:在富水性弱且无法进行抽水试验时方可进行注水试验,求取的渗透系数一般仅做参考,不宜用于涌水量的计算。

表 3　岩溶充水为主的矿床水文地质工作基本工程量表

项目		勘查阶段	工程量						
			溶蚀裂隙充水为主的岩溶充水矿床			溶洞充水为主的岩溶充水矿床			地下河充水为主的岩溶充水矿床
			简单	中等	复杂	简单	中等	复杂	复杂
水文地质测绘比例尺		普查、详查	1∶50 000～1∶10 000						
		勘探	1∶5 000～1∶2 000(煤矿床:1∶10 000～1∶2 000)						
钻孔简易水文地质观测与编录占地质孔的比例(%)		普查、详查、勘探	全部钻孔均进行编录和观测,可根据实际需要选择观测项目和观测频率						
水文地质剖面数(条)		详查	0～1	1～2	2～4	0～1	1～2	2～4	3～5
		勘探	1～2	2～3	3～5	1～2	2～3	3～5	5～7
加深揭露底板充水含水层钻孔(个)		详查、勘探	—	各水文地质剖面不少于 3 孔		—	各水文地质剖面不少于 3 孔		
分层静止水位观测孔数(个)		详查、勘探	—	全部水文地质孔		—	全部水文地质孔		
抽(注、放)水试验	单孔(个)	详查	—	3～4	4～6	—	4～6	6～8	应根据实际条件和需要确定
		勘探	0～2	1～2	2～3	1～2	2～3	2～3	
	多孔(组)	详查	—	—	1～2	—	—	1～2	
		勘探	—	1～2	—	—	1～2	—	
	群孔(组)	勘探	—	—	1～2	—	—	1～2	
连通试验		勘探	—				可在钻孔和地下河中进行		

表 3(续)

项目		勘查阶段	工程量						
			溶蚀裂隙充水为主的岩溶充水矿床			溶洞充水为主的岩溶充水矿床			地下河充水为主的岩溶充水矿床
			简单	中等	复杂	简单	中等	复杂	复杂
水动态长期观测	地表水(处)	普查、详查	应根据查明水文地质条件、矿井(坑)涌水量计算和水源地选择的需要,选代表性地段设站,进行长期动态观测						
		勘探	应根据需要对详查阶段的站取舍和补充,进行长期动态观测						
	钻孔(个)	普查、详查	1	3～5	5～7	1～2	3～7	5～9	根据需要确定
		勘探	应根据需要对详查阶段钻孔取舍和补充,进行长期动态观测						
	地下河	普查、详查、勘探	—						应在出(入)口处设站长期动态观测
	井泉	普查、详查、勘探	应根据需要选择代表性点,进行长期动态观测						
	生产矿井或勘探坑道	普查、详查、勘探	勘探坑道及主要生产矿井应设排水量观测站						
	水化学样、细菌检验样	普查、详查、勘探	可作为水源地的井、泉、地表水点应按丰、枯季取样,必要时按季度加密取样						
水化学分析		普查、详查、勘探	应选择代表性水点,以控制地表水、地下水、水化学类型、评价水环境质量和侵蚀性为原则。作为生活用水水源的应按饮用水标准取样分析。矿体为含水层的,应分析与矿床相关的重金属离子						
同位素分析		勘探	—	—	代表性点可取样分析	—	—	可选择代表性点取样,以控制地下水的补径排条件与转化关系为原则	
地面物探		普查、详查、勘探	视勘查工作需求进行地面物探,宜采用多种方法综合测定						
遥感解译		普查、详查、勘探	可根据需要配合水文地质测绘,开展相应比例尺的遥感解译						
钻孔水文物探测井		普查、详查、勘探	应在全部水文地质孔进行						
气象观测		详查、勘探	远离气象台站的矿区,气象变化大时,应建立临时性的降水、气温观测站						
孔内电视测试		详查、勘探	在岩溶充水的复杂矿区,可选择 1/3～1/2 的水文地质孔进行孔内电视测试						

注 1:表中的工程量指各勘查阶段的基本工作量,小型矿床可酌减,但对于条件复杂的矿床不能减少。

注 2:表中的地面物探、遥感解译和同位素分析根据工作需要选择,并非强制性的工作量。

注 3:能够满足勘查要求的已有技术资料,可纳入勘查工程量。

注 4:详查阶段的工程量在完成普查阶段工程的基础上布置,勘探阶段的工程量在完成详查阶段的工程量基础上布置。

注 5:在富水性弱且无法进行抽水试验时方可进行注水试验,求取的渗透系数一般仅做参考,不宜用于涌水量的计算。

5.4 勘查技术要求

5.4.1 水文地质测绘

5.4.1.1 水文地质测绘分为区域和矿区两种。区域水文地质测绘范围宜包括一个完整的水文地质单元，以查明区域地下水的补给、径流、排泄条件为重点，水文地质条件简单的矿区，可不进行区域水文地质测绘；矿区水文地质测绘应包括矿床疏干可能影响的范围及补给边界，以查明矿床充水因素及矿区水文地质边界条件为重点。

5.4.1.2 水文地质测绘比例尺，区域一般采用1：50 000～1：10 000；煤矿区一般采用1：10 000～1：2 000，其他矿区一般采用1：5 000～1：2 000。不同比例尺的水文地质测绘每平方千米的观测点数和观测线路长度参见表4。

5.4.1.3 水文地质测绘一般在地质测绘的基础上进行，应全面收集和充分利用航(卫)片解译、区域水文地质普查和相邻矿区的资料。

5.4.1.4 应全面收集矿区及相邻地区历年的水文、气象资料；详细调查矿区地形地貌、地下水的天然和人工露头及其水化学特征、岩溶发育情况、第四系松散层的形成与分布、地下水的补给、径流、排泄条件，圈定矿区水文地质边界；应调查地表水体的分布、水位、水深、流量、容量、洪水淹没范围、延续时间及其与地下水的关系；调查矿山老空区的分布及积水情况；对现有生产矿井或勘探坑道进行水文地质编录，系统收集生产矿井(或露天采矿场)的水文地质资料，包括井下水仓标高、井下涌(排)水量与其同时期的降雨资料及地下水位变化情况、矿井顶、底板保护方法、矿区地表塌陷程度等；应采集代表性岩(土)样进行物理力学和水理性质测试。

表4 水文地质测绘工程量表

测绘比例尺	地质观测点数(个/km^2)		水文地质观测点数(个/km^2)	观测路线长度(km/km^2)
	孔隙充水矿床	裂隙、岩溶充水矿床		
1：50 000	0.30～0.60	0.75～2.00	0.30～0.60	1.00～2.00
1：25 000	0.60～1.80	1.50～3.00	1.00～2.50	2.50～4.00
1：10 000	1.80～3.60	3.00～8.00	2.50～7.50	4.00～6.00
1：5 000～1：2 000	3.60～7.20	6.00～16.00	5.00～15.00	6.00～12.00

注1：同时进行地质和水文地质测绘时，表中地质观测点数乘以2.5；草测水文地质测绘时，观测点数为规定数的40%～50%。水文地质条件简单时采用小值，中等时采用中间值，复杂时采用大值。

注2：进行遥感解译并取得预期效果时，野外测绘工作量可按规定指标减少30%～50%。

5.4.2 水文地质物探

5.4.2.1 水文地质物探方法可根据矿床的水文地质条件、被探物体的物理特征及需要查明的问题进行选择，工作时宜采用多种物探方法综合勘探。

5.4.2.2 物探工作量的布置、测网的密度、参数的确定、检查点的数量及精度要求，参照相关物探规范。

5.4.2.3 物探资料应结合矿区地质及水文地质条件进行综合分析。

5.4.3 钻孔简易水文地质观测与编录

5.4.3.1 钻孔简易水文地质观测与编录

5.4.3.1.1 应观测和详细记录钻进中涌(漏)水、掉块、塌孔、缩(扩)径、逸气、涌砂、掉钻等现象发生的层位和深度，测量涌(漏)水量。有条件时，应观测钻进中动水位和冲洗液消耗量的变化，必要时应测量稳定水位并进行简易放(注)水试验。

5.4.3.1.2 应描述岩芯的岩性、结构构造、裂隙性质、密度、岩石的风化程度和深度以及岩溶形态、大小、充填情况、发育深度，统计裂隙率、岩溶率，划分含水层段和隔水层(段)。

5.4.3.1.3 单一含水层(组)的钻孔应测定终孔稳定水位。

5.4.3.2 **坑道水文地质观测与编录**

5.4.3.2.1 应描述地层岩性及其产状,矿体的厚度、产状、形态变化,围岩性质、蚀变类型,矿体与围岩的风化程度,岩浆岩情况,裂隙发育特征,构造破碎带的性质、宽度、产状、充填物及充水现象,坑道顶板的稳固性及支护情况等。

5.4.3.2.2 应观测和记录干燥区、潮湿区、滴水区、淋水区的分布。

5.4.3.2.3 应观测和记录坑道出水点位置、流量、水温、pH 值,坑道总涌水量、水温、pH 值。

5.4.4 **水文地质钻探**

5.4.4.1 水文地质钻孔应具有代表性,一般布置在首期开采地段或第一开采水平、高级储量区;富水性较强、裂隙或岩溶较发育、构造破碎带发育地段;地表水体附近或地形较低处。

5.4.4.2 钻孔控制深度以揭穿主要目的层为原则,重点控制第一期开拓水平,少数孔兼顾矿体主要储量分布标高。对底板直接或间接充水的矿床,应按勘查剖面加深控制,其深度以揭穿含水层的裂隙、岩溶发育带为原则。

5.4.4.3 钻孔施工宜采用清水钻进,当地层破碎不能用清水钻进时,应在主要含水层或试验段(观测段)用清水钻进,若必须采用泥浆钻进时,应采取有效的洗井措施。

5.4.4.4 钻孔揭露多个含水层时,应测定分层稳定水位;分层抽水试验时应观测各个含水层的水位;分层抽水试验和分层测水位的钻孔,应严格止水,并检查止水效果,不合格时应重新进行。

5.4.4.5 钻孔孔径视钻孔目的确定,抽水试验孔试验段孔径视含水层富水性、满足洗孔要求和下入选定的水泵为原则,终孔孔径一般不小于 91 mm,水位观测孔观测段孔径应满足止水和水位观测的要求。

5.4.4.6 钻孔岩芯采取率:岩石应大于 70%,破碎带应大于 60%,黏土应大于 70%,砂和砂砾层应大于 50%。当采用水文物探测井,能正确划分含(隔)水层位置和厚度时,可适当减少取芯。

5.4.4.7 钻孔的孔斜应满足选用抽水设备和水位观测仪器的工艺要求。

5.4.4.8 应结合矿区的物性条件,选择有效的方法进行水文物探测井(含井中测流)。

5.4.4.9 除留作长期观测外的钻孔均应封孔,封孔方法宜结合水文地质条件和可能的开采方式确定。

5.4.5 **水文地质试验**

5.4.5.1 **抽(放)水试验**

5.4.5.1.1 **抽(放)水试验的基本要求**

抽(放)水试验前应获得自然流场水位和变化趋势的资料。试验过程中,严禁抽出的水就地排放,造成回渗或倒灌。同时注意观测地面塌陷、沉降等现象。

5.4.5.1.2 **抽(放)水试验方法**

抽(放)水试验方法分为稳定流和非稳定流,可根据概化的水文地质概念模型和水文地质参数计算的要求选择。

5.4.5.1.3 **稳定流抽(放)水试验要求**

稳定流抽(放)水试验应满足下列要求:

a) 水位降深根据试验目的和含水层富水程度确定,应尽设备能力做一次最大降深,其值宜不小于 10 m;当采用涌水量与降深相关方程预测矿井(坑)涌水量时,应进行 3 次水位降深的抽水试验。当单位涌水量小于 0.01 L/(s·m)时,可进行 1 次水位降深的抽水试验。

b) 稳定时段延续时间宜根据含水层的特征、补给条件确定。单孔抽水试验最低不少于 8 h,潜水层抽水、带观测孔抽水和有越流以及潮汐影响的抽水应适当延长。

c) 稳定时段内钻孔水位、流量稳定程度应结合区域地下水动态变化确定。观测孔水位变化不大于 2 cm。

d) 抽水试验过程中应记录水位下降、流量、水温和水位恢复的连续观测资料。

e） 对于自流井采用定降深放水试验。在条件允许的情况下，采用压力观测进行放水降压试验。

5.4.5.1.4 **非稳定流抽（放）水试验要求**

非稳定流抽（放）水试验应满足下列要求：

a） 非稳定流抽水试验宜采用定流量或阶梯定流量抽水，也可用定降深抽水，其降深值可参照5.4.5.1.3 a)执行。

b） 抽水孔水位、流量累计观测时间可按对数轴上的分格点进行。

c） 抽水延续时间应根据试验目的、参照水位降深-时间半对数曲线 S（或 Δh^2）$-\lg t$ 形态确定，当曲线出现固定斜率的渐近线时，观测时间需后延一个对数周期；有越流补给时，观测时间则需曲线经过拐点后趋于水平时为止；有观测孔时，应以代表性观测孔的 S（或 Δh^2）$-\lg t$ 曲线判定。

d） 停止抽水后，应立即观测恢复水位，观测时间参照5.4.5.1.4 b)执行。

e） 对于自流井采用定降深放水试验。在条件允许的情况下，采用压力观测进行放水降压试验。

5.4.5.1.5 **分层抽水**

具有多层含水层的矿区，需要分层评价时应进行分层抽水试验。水文地质条件允许时可用井中测流方法进行混合抽水，分层求取水文地质参数。

5.4.5.1.6 **大型抽（放）水试验**

大型抽（放）水试验应满足下列要求：

a） 大型抽（放）水试验宜在勘探后期进行，应建立在获得矿区水文地质条件和天然流场及其动态变化资料的基础上。

b） 水位降深、降深次数和延续时间视矿区水文地质条件、试验目的和计算方法确定。抽水水量应能够明显地改变原有的地下水流场，验证矿区的水文地质边界条件。

c） 观测孔（点）应根据试验目的和计算方法确定。宜布在不同的富水区、参数区、边界水量交换地段以及地表水体、“天窗”、断裂带等地段，必要时外围区亦应布少数孔控制。

d） 基建矿山补充水文地质工程地质勘查时，应充分利用已有的井巷工程，施工井下放水孔，分层观测地下水水位，进行大型放水试验。

e） 具体观测方法应按专项设计执行。

5.4.5.1.7 **水文地质参数计算**

抽水试验结束后，应充分利用水位抽降、涌水量观测数据及水位恢复观测数据，采用稳定流和非稳定流的理论，计算含水层的渗透系数、导水系数、给水度、释水系数等需要的水文地质参数。

5.4.5.2 **注水试验**

对于透水性较强且不能进行压水试验或抽水试验的区域，宜进行注水试验，计算岩土体的渗透系数，常用的注水试验方法有钻孔常水头注水试验和钻孔降水头注水试验。根据注水试验求取渗透系数，一般仅做参考，不宜用于涌水量的计算。

5.4.5.3 **连通试验**

水文地质条件复杂的以地下河充水为主的岩溶水充水矿床，条件适合区域应进行连通试验，确定地下水的流向、补给来源、补给范围、补给速度及地下水与地表水的关系，常用的方法有水位传递法、示踪法和气体传递法等。

5.4.6 **地表水、地下水动态观测**

5.4.6.1 矿区进入普查阶段即应选择代表性井、泉、钻孔、生产矿井、地表水、坑道等进行动态观测，建立长期动态观测网，详查阶段和勘探阶段应进一步充实和完善。观测内容包括：水位、水量、水温和水质。

5.4.6.2 水位、水量、水温观测，每隔5 d～10 d一次，雨季或急剧变化时段加密。日变幅大的地区，应选定一个时段进行微动态观测;水质一般按丰、枯季取样。连续观测时间不少于一个水文年,当勘查周期不足一年的中、小型矿床或水文地质条件简单的矿区可视矿区条件酌定,但应控制丰水期。

5.4.6.3 地下水动态观测设施应采取有效措施予以保护,勘查工作结束后由生产部门继续观测。

5.4.7 同位素分析

5.4.7.1 必要时可应用同位素技术,系统研究矿区地下水的来源、地下水年龄、水循环特征和转化关系。

5.4.7.2 调查精度与水文地质测绘一致,建立水化学同位素剖面。

5.4.7.3 样品采取宜统一考虑矿区范围内大气降水、地表水和地下水,采样点布置应考虑补给区、径流区、排泄区分布,沿地下水流向布置;可跨越不同水文地质单元,以分析它们之间的水力联系;注意不同高程、不同层位的样品采集;若地下水动态变化明显,应分丰、枯季节采集样品。

5.4.7.4 与水化学配套平行取样,以提供互补信息。

5.4.7.5 可采用多种同位素方法。

5.4.8 遥感解译

5.4.8.1 宜采用先进遥感技术方法,查明采矿影响区范围内环境地质问题,分析矿山地质环境演变趋势。

5.4.8.2 遥感解译包括水文地质条件解译和野外验证。

5.5 矿井(坑)涌水量计算

5.5.1 勘查设计时应根据已有水文地质资料,初步确定矿井(坑)涌水量计算方案;在勘查过程中,随着对矿区水文地质条件认识的深化逐步进行修正和完善。

5.5.2 应根据矿区水文地质特征、边界条件、充水方式,建立矿区水文地质概念模型和数学模型,选择有代表性的参数及合理的方法计算矿区先期开拓水平的正常涌水量和最大涌水量。需预先疏干的矿床,应计算相应水平疏干漏斗范围内的地下水储存量。必要时,估算最低开拓水平的正常和最大涌水量。主矿体在侵蚀基准面以上、水文地质条件简单的矿区,可计算全矿区的正常和最大涌水量。

5.5.3 矿井(坑)涌水量计算方法应根据勘查阶段要求和矿区具体条件选择。详查阶段可采用水文地质比拟法、水均衡法、试验性开采抽水法、数理统计法、解析法等;勘探阶段可采用数值模型法,水文地质条件简单或富水性较弱时,可采用均衡法、比拟法、开采试验法等。按照 DZ/T 0342—2020 的规定,根据概化的矿区水文地质概念模型和所获得的各项水文地质参数情况选择计算方法,有条件时应采用多种方法计算和对比。

5.5.4 对计算成果应进行详细评述,推荐作为矿山先期开拓水平疏干排水设计的矿井(坑)涌水量,分析论证计算涌水量可能偏大或偏小的原因及矿床开采后矿井充水因素和涌水量的变化。

5.5.5 露天开采的矿山应计算暴雨降入采坑的水量、暴雨汇入采坑的地表径流量、采坑内地下水的涌出量。

5.6 涌(突)水危险性评价

勘探阶段分析论证矿区充水水文地质条件,确定影响矿区涌(突)水特征的主要控制因素。存在顶板水害威胁的矿区可采用导水裂缝带高度(参见附录A),煤矿床可采用“三图双预测法”(参见附录D)进行矿区涌(突)水危险性预测评价;存在底板水害威胁的矿区可采用“突水系数法”(参见附录C),煤矿床可采用“脆弱性指数法”(参见附录D)等方法进行涌(突)水危险性预测评价。进行涌(突)水危险性勘查时应着重考虑以下充水因素:

a) 地表水:矿区的地形地貌、植被、水体岸线的侵蚀(淤积)情况、现有水利工程与矿区的位置关系、相关的设计标准,以往及今后矿区附近水利工程对相关水体水文参数的影响。收集并分析矿区附近气象和水文的观测资料,资料的观测年限不宜少于 20 a。当矿体位于水体之下时,应着重查明矿体之上含水层与隔水层的空间分布规律、富水性、隔水性能、断裂带的导(阻)水性质、水体与矿体的水力联系等。

b） 洪水：历史上曾经发生过的特大洪水、洪水的历史最高水位、近年来洪水最高水位、调查河段及附近测站的历年洪水水位、洪峰流量、比降及相应暴雨资料等。

c） 断层：断层破碎带的位置、规模、性质、产状、充填与胶结程度、风化及溶蚀特征、富水性和导水性及其变化、沟通各含水层以及地表水的程度。

d） 老空水：老空区的空间分布特征、积水性，老空水的水质、动态变化及与矿体的水力联系等。

e） 陷落柱：调查煤矿附近陷落柱的发育情况、煤层下伏石灰岩地层的分布特征、岩层倾角的大小、构造的展布、下伏含水层的水头等。

f） 封闭不良钻孔：钻孔贯穿的含水层的层数、厚度、富水性、隔水层的隔水性能、导水区段、与地表水体的水力联系等。

g） 岩溶管道流：岩溶管道流的动态特征、补给来源、与大气降水的关系等。

5.7 矿区水资源综合利用评价

5.7.1 可在收集资料、区域水文地质测绘、矿区水文地质勘探的基础上，宜以完整的水文地质单元进行地下水资源量评价，宜进行矿床开发对区域地下水动力场影响分析，研究地下水系统边界性质的变化，为矿区水资源综合利用和地质环境保护提供依据。

5.7.2 可按照 GB/T 14848 和 GB 5749 评价地下水质量。根据水文地质环境地质条件，预测矿床及地下水开采条件下地下水质量变化情况。

5.7.3 应对矿区排水利用的可能性、利用方向、可利用程度等进行综合利用评价。

5.7.4 矿区内有可供利用的供水水源时，应根据现有资料做出评价；矿区无可供利用的水源时，应在区域上指出供水方向。

5.7.5 综合考虑矿区排水、供水需求、生态环境保护，宜采用矿区排水、供水、生态环保三位一体优化结合的管理模式和方法。

5.7.6 矿区内有地下热水时，应按 GB/T 11615 的规定圈定热异常范围，大致查明热水的形成条件，估算热水量，测定其化学成分，分析热水开发利用前景。

5.7.7 根据矿区水化学分析成果，研究赋存矿泉水的可能性，对达到 GB 8537 规定的水点，应对其利用的可能性做出初步评价，提出进一步工作的建议。

6 矿区工程地质勘查

6.1 勘查类型划分

6.1.1 依据矿体、围岩工程地质特征、主要工程地质问题出现的层位，将矿区工程地质勘查分为五类：

a） 第一类 松散、软弱岩类：以砂、砂砾石、黏性土、弱胶结的砂质、黏土质岩石为主的岩类。岩体稳定性取决于岩性、岩层结构和饱水情况。勘查中应着重查明岩(土)体的岩性、结构及其物理力学特征。

b） 第二类 碎裂岩类：具有碎裂结构或碎斑结构的岩类，是原岩在较强的应力作用下破碎而形成的。碎裂岩完整性差、强度大大降低，呈弹塑性介质，稳定性差。岩体的稳定性取决于结构面的展布及其组合特征。勘查中应着重查明Ⅱ、Ⅲ、Ⅳ、Ⅴ级结构面(按照附录 E)的分布、产状、延伸情况、充填物、粗糙度及其组合关系。

c） 第三类 块状岩类：以火成岩、结晶变质岩为主的岩类。块状结构，岩体稳定性取决于构造破碎带、蚀变带及风化带的发育程度，一般岩体稳定性好。勘查中应着重查明Ⅱ、Ⅲ、Ⅳ级结构面(按照附录 E)的分布、产状、延伸情况、充填物、粗横度及其组合关系；蚀变带的宽度、破碎程度；风化带深度及风化程度。

d） 第四类 层状岩类：以碎屑岩、沉积变质岩、火山沉积岩为主的岩类。层状结构，岩体各向异性，强度变化大。岩体稳定性主要取决于层间软弱面、软弱夹层、构造破碎及岩体风化程度。勘查中应着重查明岩层组合特征；软弱夹层分布位置、数量、黏土矿物成分、厚度及其水理、物理力学性质；构造破碎带的成因、发育规模、充填物情况、导水性质等。

e）第五类 特殊岩类：可溶岩类以碳酸盐岩为主，次为硫酸盐岩、盐岩等岩类，工程地质条件一般较复杂，勘查中应着重查明岩溶和蚀变带的空间分布和发育程度，可溶岩的溶解性，构造对可溶岩的改造程度，溶蚀洞穴的规模及充填情况，第四系松散层和软弱层的分布、厚度、岩性、结构和物理力学性质；膨胀岩类勘查中应着重查明膨胀岩（土）体的岩性、矿物、产状、分布、节理、裂隙，膨胀性等物理力学性质，所处的地貌单元，地表水和地下水水文状况，以及气象资料等。

6.1.2 根据地形、地貌、地层岩性、地质构造、岩体风化（参见附录F）及岩溶发育程度、第四系覆盖层厚度、地下水静水压力等因素，将工程地质勘查的复杂程度划分为三型：

a）简单型：地形地貌条件简单，地形有利于自然排水，地层岩性单一，风化土（岩）层厚度小，地质构造简单，岩溶不发育，岩体结构以块状或厚层状结构为主，岩石强度高，稳定性好，不易发生矿山工程地质问题。

b）中等型：地层岩性较复杂，地质构造发育，风化及岩溶作用中等或有软弱夹层及局部破碎带和饱水砂层等因素影响岩体稳定，局部地段易发生矿山工程地质问题。

c）复杂型：地层岩性复杂，岩体破碎，风化程度高（参见附录F），岩溶作用强，构造破碎带发育，区域新构造活动强烈或松散软弱层厚度大、含水砂层多、分布广，地下水具有较大的静水压力，矿山工程地质问题经常发生且较普遍。

6.2 勘查程度要求

6.2.1 普查阶段勘查程度要求

收集资料，大致了解勘查区开发建设的工程地质条件，初步划分矿区工程地质勘查类型。

6.2.2 详查阶段勘查程度要求

基本查明矿区的工程地质条件，划分矿区工程地质勘查类型，分析可采矿体顶底板工程地质特征、露采矿区剥离物及边坡的工程地质特征，对可能影响勘查区开发建设的工程地质条件做出评价。

6.2.3 勘探阶段勘查程度要求

6.2.3.1 勘探阶段勘查程度基本要求

6.2.3.1.1 在研究矿区地层岩性、厚度及分布规律的基础上，应划分岩（土）体的工程地质岩组，查明对矿床开采不利的软弱岩组的性质、产状与分布。

6.2.3.1.2 应详细查明矿区所处构造部位，主要构造线方向，各级结构面的分布、产状、形态、张开度、充填胶结特征、规模、充水情况及其组合关系与力学效应，确定结构面的级别（见附录E）及主要不良优势结构面，指出其对矿床开采的影响。对活动构造区，应查明活动断裂对矿床开采的影响。划分和圈定易产生岩爆的岩体层位、地段位置，提出预防措施。

6.2.3.1.3 详细查明矿体及围岩的岩体结构、岩体质量，按照附录G、附录E对岩体质量及其稳定性做出评价，露天采场应对边坡稳定性提出评价意见。对活动构造区应查明活动断裂对矿床开采的影响。

6.2.3.1.4 在查明地形地貌、地层、构造、水文地质条件的基础上，进行工程地质分区，详细论述各分区的工程地质特征。

6.2.3.1.5 可溶岩类矿床应详细查明岩溶发育主要层位、深度、发育程度和主要特征、充水、充填情况、连通性及表部覆盖层的厚度、岩性、结构特征；对多层可溶性岩层，应对各可溶性岩层对矿床开采的影响做出初步评价。膨胀岩类矿床应详细查明膨胀岩（土）体的种类、物理化学性质、所在地貌单元及地下水的状况。

6.2.3.1.6 应详细查明岩体的风化程度、风化带厚度、风化带界面及标高、强风化带的物理力学性质。对强蚀变矿区，应确定主要蚀变作用，圈定蚀变范围。

6.2.3.1.7 应系统、完整地测定露采和井采影响范围内各种岩石(土)及主要软弱结构面的物理力学参数。

6.2.3.1.8 矿层及其围岩含黏土的矿区,应查明黏土的矿物成分、分布、厚度及其变化。

6.2.3.1.9 多年冻土区还需查明冻土类型、分布范围、温度(地温)、含冰量,测定多年冻土最大融化深度,季融层及覆盖层剥离后多年冻土融化速度、冻胀率、冻土层的上(下)限,确定冻土的变形特征。

6.2.3.1.10 船采砂矿区应查明松散层砾卵石的粒级、含量及分布、底板纵向和横向坡度、底板岩石硬度、岸坡的岩石组成及坡度,测量砂层水上、水下安息角。

6.2.3.1.11 扩大延深勘探矿区应详细调查矿床开采中已发生的各种工程地质问题,查明其产生的条件和原因,针对扩大延深可能产生的工程地质问题进行相应评价。

6.2.3.1.12 在高地应力矿区应专门进行地应力测量,确定现今地应力场分布特征。

6.2.3.1.13 勘查工作结束后,除了留作应用的钻孔,其余的勘探孔应进行封孔处理。

6.2.3.2 边坡勘探应重点查明的问题

6.2.3.2.1 松散岩(土)类边坡

查明岩(土)层的岩性、结构,黏土岩的矿物成分、含量、分布范围、物理力学性质(特别是抗剪切)和水理性质,查明基岩顶面形态及其埋深,查明地下水水位、含水层透水性和岩石力学强度差异明显的岩层界面位置及特征。

6.2.3.2.2 碎裂岩类边坡

查明各级结构面的空间分布、产状、组合关系,充填物成分、分布及物理力学性质,优势结构面分布、贯通性及与边坡坡向的关系。

6.2.3.2.3 块状岩类边坡

查明边坡与各类结构面的产状、组合关系、结构面的发育程度,充填物成分、分布及物理力学性质,结构面产状与边坡坡向间的关系。

6.2.3.2.4 层状岩类边坡

查明软弱夹层的层位、岩性、厚度、产状、分布;黏土矿物成分、含量、物理力学和水理性质;各类结构面的发育程度和组合关系,含水层的水压等;边坡坡向、岩层倾向和结构面产状的关系等,分析其对边坡稳定性的影响。

6.2.3.2.5 特殊岩类边坡

可溶岩类边坡着重查明岩溶和蚀变带的空间分布规律、发育程度、可溶岩的溶解性、构造对可溶岩的影响、第四系松散层和软弱层的空间分布、岩性、结构及物理力学性质;膨胀岩类主要查明膨胀岩(土)体的岩性、矿物、分布、节理、裂隙、膨胀性等物理力学性质。

6.2.3.3 剥离物强度勘探应重点查明的问题

6.2.3.3.1 对适宜建设特大型露天开采的矿床,应着重查明岩(矿)石强度的空间分布规律,为选择适合的剥(采)设备提供岩(矿)石的力学强度基础资料。

6.2.3.3.2 运用钻探、物探测井方法,配合岩石物理力学试验进行岩(矿)层对比,着重查明岩(矿)层层序、岩性、厚度、结构;岩(矿)石强度等向深部延伸的变化特点;岩(矿)石裂隙发育程度、规模、密度、产状、充填胶结情况,建立完整的地层柱状及其对比剖面。尤其应查明硬岩层的层位、岩性、厚度、分布及其在剥离物中的比例。

注:按 GB 50021—2001(2009 年版)和 GB/T 50218—2014 的规定,岩石坚硬程度分为五类:第一类坚硬岩,岩石饱和单轴抗压强度 $f_r>60$ MPa;第二类较硬岩,岩石饱和单轴抗压强度 60 MPa$\geqslant f_r>$30 MPa;第三类较软岩,岩石饱和单轴抗压强度 30 MPa$\geqslant f_r>$15 MPa;第四类软岩,岩石饱和单轴抗压强度 15 MPa$\geqslant f_r>$5 MPa;第五类极软岩,岩石饱和单轴抗压强度 $f_r\leqslant$5 MPa。

6.2.3.4 采空区工程地质勘查

6.2.3.4.1 调查采空区的地层岩性、地质构造、开采矿床的层位、层数、深度、厚度及开采方式。

6.2.3.4.2 调查因采空而产生的塌陷、裂缝、台阶的位置、形状、大小、深度、延伸方向、发生时间、发展速度、稳定时间、边建筑物的变形情况。

6.2.3.4.3 调查采空区与岩层产状、主要节理、断层、开采边界、工作面推进方向等的相互关系。

6.2.3.4.4 调查地下水水位的变化幅度，了解采空区附近工农业用水和水利工程建设情况及其对采空区稳定性的影响。

6.2.3.4.5 收集采空区地表沉降水准测量资料。

6.2.3.4.6 对于正在变形的采空区根据工程需要在地面或岩层内布置移动变形观测装置，获得沉降和变形参数。

6.3 勘查工程布置原则和工程量

6.3.1 勘查工程布置原则

6.3.1.1 勘查工程应能控制采矿工程可能影响的范围。

6.3.1.2 在详查的基础上，已确定开采方式的矿区，勘查工程的布置应结合开采方式。

6.3.1.3 井下开采矿区的主要工作量应放在首采地区(段)，兼顾深部。根据工程地质条件复杂程度，沿矿体走向和倾向以工程地质剖面控制。

6.3.1.4 应重视地表工程地质测绘和地质孔的岩芯编录等基础工作，结合采矿工程需要，布置工程地质勘查剖面。工程地质钻孔应与地质、水文地质孔相结合，一孔多用。

6.3.1.5 露天开采矿区，边坡勘查的重点是首采区开采地段的长久帮和边带，以勘查剖面进行控制。

6.3.1.6 剥离物强度勘查重点是首期开采地段，同时对全区作适当控制。勘查线沿岩石强度变化的主导方向布置，其线距视岩石强度变化程度、勘查面积大小而定。剥离物强度为第一类、第二类和第三类时，矿区一般只宜布少量钻孔进行控制；第四类线距 400 m～1 200 m；第五类可选择少量地质钻孔、水文地质钻孔岩芯进行采样试验。

6.3.1.7 应重视开采引起的地裂缝的调查，结合水准测量确定地面塌陷范围及其沉降值，仍处于变化期间的地裂缝应设置长期变形监测点。

6.3.2 勘查工程量

勘查工程量结合矿区实际情况，参照表 5 确定。

表 5 矿区工程地质勘查工程量表

项目	阶段	工程地质条件复杂程度		
		简单型	中等型	复杂型
工程地质测绘比例尺	详查	1∶50 000～1∶10 000		
	勘探	1∶10 000～1∶2 000		
钻孔工程地质编录占地质孔数(%)	详查	5～10	10～15	15～20
	勘探	10～20	20～30	30～50
工程地质钻孔/个	详查、勘探	一般不布置		根据需要布置
工程地质剖面/条	详查	—	1～2	2～3
	勘探	0～1	2～3	3～5
室内岩(土)样	详查、勘探	不同工程地质岩组分层取样，井工开采主要可采矿层控制顶板 30 m、底板 20 m 及井巷围岩位置，露天采场控制坑底 30 m～50 m。取样数：每种岩石不少于 3 组，每组岩块数按试验项目确定；松散岩类按岩性、厚度取样，剥离物强度勘查不受此限		

注：每条勘查剖面由 2～5 个工程地质孔或具有工程地质编录的地质孔、水文地质孔组成。

6.4 勘查技术要求

6.4.1 工程地质测绘

6.4.1.1 测绘范围及精度

工程地质测绘范围为采矿工程可能影响的边界外 200 m～300 m。详查阶段的比例尺为 1∶50 000～1∶10 000,勘探阶段的比例尺为 1∶10 000～1∶2 000。

6.4.1.2 测绘内容

6.4.1.2.1 应划分工程地质岩组,详细调查软弱岩组的性质、产状、分布及其工程地质特征。

6.4.1.2.2 应调查矿区内软弱夹层及各类结构面的分布、物质组成、胶结程度、结构面的特征及组合关系,按照附录 E 进行分级。

6.4.1.2.3 应按岩组和不同构造部位进行节理裂隙统计,测量其产状、宽度、密度及延伸长度,编制节理走向或倾向玫瑰花图或极射赤平投影图,确定优势节理裂隙发育方向,按照附录 H 划分岩体结构类型。

6.4.1.2.4 应对矿体主要围岩的风化特征进行研究,可参照附录 F 划分岩体的强弱风化带。必要时应通过室内研究矿物蚀变程度来确定。

6.4.1.2.5 应对自然斜坡和人工边坡进行实地测定,研究边坡坡高、坡面形态与岩体结构的关系;调查各种物理地质现象。在多年冻土区应着重调查冻融区的分布、成因以及冻胀丘、冰锥、地下冰层、融冻泥石流堆积、热融滑塌、沉陷、沼泽湿地、热融湖塘等的特征与分布。对含连续性冻土的矿床,还应测最冻土层下限深度,并绘制冻土层底板等高线及冻土层等厚线图。

6.4.1.2.6 对矿区工程地质条件有影响的地下水露头点、含水岩层与隔水层接触界面特征、构造破碎带的水理性质应进行重点调查。

6.4.1.2.7 应详细调查生产矿井及相邻矿山的各类工程地质问题;调查露采边坡变形特征、变形类型、形成条件和影响因素,井巷变形破坏特征、支护情况,变形破坏与软弱层、破碎带、节理裂隙发育带等结构面的关系。

6.4.2 钻孔工程地质编录

6.4.2.1 钻孔工程地质编录内容包括:岩芯描述、岩芯长度统计,绘制钻孔柱状图;统计节理裂隙;确定钻孔中流砂层、破碎带、裂隙密集带、风化带与软弱夹层、岩溶发育带、蚀变带的位置和深度;可按工程地质岩组用点荷载仪测定岩石力学指标。

6.4.2.2 按钻进回次测定岩石质量指标(RQD),确定不同岩组 RQD 值的范围和平均值。RQD 值按公式(1)计算确定。

$$\mathrm{RQD}=\frac{L_{\mathrm{p}}}{L_{\mathrm{T}}}\times 100\% \qquad \cdots\cdots(1)$$

式中:

RQD——岩石质量指标,当钻头内径小于 54.1 mm 时,RQD 值可适当降低;

L_{p}——某岩组大于 10 cm 完整岩芯度之和,单位为米(m),小于 10 cm 岩芯若为钻进过程中机械破碎,则应上、下对接,长度大于 10 cm 时应参与计算;

L_{T}——某岩组钻探总进尺,单位为米(m)。

6.4.2.3 根据 RQD 值,按照附录 G 划分岩石质量等级和岩体质量等级,进行岩石、岩体完整性评价。

6.4.3 坑道工程地质编录

6.4.3.1 对矿区的勘查坑道应全部进行工程地质编录,工程地质条件简单的矿区可适当减少,有生产坑道时可选择典型坑道进行。

6.4.3.2 坑道工程地质编录内容包括:对坑道所揭露的岩层划分岩组,重点观察描述软弱夹层、风化带、构造破碎带、蚀变带、岩溶发育带的特征,分布、产状、溶蚀现象;系统采取岩(矿)石物理力学试验样;

统计节理裂隙;详细描述地下水活动对井巷围岩稳定性的影响,确定工程地质问题发生的位置,对不稳定地段掘进与支护方法提出建议。坑道变形地段必要时设置工程地质观测点,进行长期观测。测量计算巷道的长度支护率(简称巷道的支护率),表述巷道支护的方式。

6.4.4 **工程地质钻探**

6.4.4.1 钻孔应根据工程地质分区,布置在重要边帮部位和主要控制性剖面上。

6.4.4.2 露采矿区钻探深度宜控制到最终坡脚或坑底以下 30 m～50 m;井下开采矿区钻探深度控制到矿床主要储量标高以下 30 m～50 m。

6.4.4.3 钻孔孔径以满足采取岩、土物理力学试验样和开展必要的孔内测试的规格为准。

6.4.4.4 要求全部取芯钻进,岩芯采取率根据不同的勘查目的确定。

6.4.4.5 应进行物探测井,结合钻探地质剖面,确定岩石风化带深度、构造破碎带、岩溶发育带及层间软弱夹层的分布部位。

6.4.4.6 宜进行钻孔波速测试,获得钻孔中岩体动力参数,确定岩体风化带、构造破碎带、裂隙密集带等的位置、厚度。

6.4.4.7 宜进行钻孔电视成像探测,查明孔壁岩体不良结构面的发育程度、节理裂隙产状,研究优势结构面的空间分布规律。

6.4.4.8 工程地质钻探工作结束后,应按设计要求进行封孔处理。

6.4.5 **工程地质测试**

6.4.5.1 勘查矿区应采集代表性岩、土室内试样,测定其物理力学性质(参见附录 I)。工程地质条件中等～复杂的矿区,除采集代表性室内试样外,还可应用点荷载仪、携带式剪切仪进行钻孔及野外现场测试。

6.4.5.2 室内岩(土)样试验项目按开采方式、矿区实际情况、结合工程地质评价要求,参见附录 I 选作。

6.4.5.3 岩(土)样采样要求

岩(土)样采样应满足下列要求:

a) 井采矿区对一期开拓水平以上矿体及其围岩按不同岩石分别采样;露采矿区应在边坡地段自上而下分组采样。

b) 块状、层状岩类按不同岩石采样;若松散软弱岩类岩性较均一,厚度大于 10 m 时,每 10 m 采一组样;若松散软弱岩类岩性不均一时,根据岩性结构特征分层采样。

c) 块状、层状岩类可直接从岩芯采样;松散软弱岩类应利用坑道或山地工程采样,如在钻孔中取样,则应采取专门取芯工具,砂砾石样应保持原级配。

d) 采样规格与数量可根据实验室的具体要求确定。

6.5 **矿区工程地质评价**

6.5.1 **评价原则**

矿区工程地质评价应在查明矿区工程地质条件的基础上,结合开采方式,对边坡稳定性、井巷围岩岩体质量、采空区的稳定性及溶腔稳固性给予定性和半定量的预测评价。

6.5.2 **边坡稳定性评价**

6.5.2.1 坚硬、较坚硬岩类边坡稳定性评价:根据边坡与各类结构面的组合关系、软弱夹层情况,分析判断并预测边坡可能滑动变形的位置、范围、变形的性质及滑动面、切割面的可能位置、几何特征,根据需要运用类比法、经验数据法、极限平衡分析法、力学计算法、数值模拟法等进行稳定性评价,建议最终边坡角和坡高。

6.5.2.2 松散软岩类边坡稳定性评价:一般将拟建采场划分为不同的工程地质区,对分区进行稳定性评价,建议最终边坡角;对具有饱水砂层的边坡,应根据需要进行专门性的预先疏干试验及饱水抗剪试验,在试验的基础上建议边坡角。

6.5.3 井巷围岩岩体质量评价

6.5.3.1 井巷围岩岩体质量评价宜采用两种方法进行对比评价，常用的方法为岩体质量系数法和岩体质量指标法。

6.5.3.2 依据公式(2)求得岩体质量系数 Z，按照附录 G 中表 G.2 确定岩体质量优劣。

$$Z = I \times \mu \times S \qquad \cdots\cdots(2)$$

式中：

Z——岩体质量系数；

I——岩体完整性指数(可参照《岩土工程勘察规范》，无资料时可用 RQD 值代替)；

μ——结构面摩擦系数(影响稳定的主要结构面)；

S——岩块坚硬系数，按公式(3)求取；

$$S = \frac{f_r}{10} \qquad \cdots\cdots(3)$$

式中：

f_r——岩石饱和单轴抗压强度，单位为兆帕(MPa)。

6.5.3.3 岩体质量指标可按近似公式(4)粗略估算，并按照附录 G 评价岩体质量的优劣。

$$M = \frac{f_r}{30} \times \mathrm{RQD} \qquad \cdots\cdots(4)$$

式中：

M——岩体质量指标。

通过综合分析矿区工程地质条件，根据实际的围岩完整性特征、完整性系数对实验测试成果数据进行折减修正后，提出设计需要的岩体饱和抗压强度、天然容重、内摩擦角和内聚力等岩体工程地质参数。

6.5.4 采空区稳定性评价

采空区稳定性评价包括岩体结构稳定性分析、顶板稳定性分析、采空区中矿柱稳定性分析、塌陷区对邻近结构的影响分析。

6.5.5 溶腔稳固性评价

地下水溶开采的矿床，根据顶(底)板岩(矿)石、夹层的物理力学性质、溶解性、膨胀性和液柱压力大小，结合开采方案综合分析，初步评价溶腔的稳固性。

7 矿区地质环境调查与评价

7.1 地质环境调查

7.1.1 区域稳定性

收集矿区附近历史地震资料，调查新构造活动情况，分析其是否有活动性断裂的存在；有活动性断层存在时，评价其对矿山开采工程的影响。

7.1.2 矿区环境

调查矿区所处社会环境(建筑物的类型、密度)和自然地理环境(旅游区、文物保护区、自然保护区、地质遗迹、水源保护区、重要建筑物等)及其相互影响。

7.1.3 勘查矿区调查内容

7.1.3.1 调查、收集地表水、地下水的环境背景值(污染起始值)或对照值。

7.1.3.2 对矿区开发影响范围的滑坡、崩塌、泥石流等地质灾害及其隐患进行野外调查，包括地质灾害的种类、分布、规模、发生时间、发育特征、成因、危险性大小、危害程度等。

7.1.3.3 调查地质体中可能成为污染源的物质的赋存状态、含量及分布规律。

7.1.3.4 当调查区有热(气)水时，应查明其分布、控制因素、水温、流量，水中气体及化学组分，了解热

(气)水补给、径流、排泄条件。

7.1.3.5 当矿体埋深较大(垂深大于500 m)应在不同构造部位选择代表性钻孔进行地温测量,确定恒温带深度、温度及地温梯度,参照相关标准进行热害评估。

7.1.3.6 矿区发现有放射性元素,但确认无工业价值时,应对其影响安全生产和环境污染做出评价;在铀矿区应对有水钻孔和地下水露头取样,测试水中放射性元素含量、同位素比值和水文地球化学指标,研究其在水平与垂向的分布规律。

7.1.3.7 调查矿体及围岩二氧化硅矿物含量,对开采过程中产生的游离二氧化硅浓度进行预测评估。

7.1.4 扩大延深勘探矿区调查内容

7.1.4.1 矿山开发引发的地面塌陷、地裂缝、崩塌、滑坡等地质灾害及其隐患,包括地质灾害的种类、分布、规模、发生时间、发育特征、成因、危险性大小、危害程度等。

7.1.4.2 矿山开发引起的含水层破坏、区域地下水位下降和井、泉枯竭对当地生产生活的影响,以及地下水补给、径流、排泄条件的变化等。

7.1.4.3 固体废弃物(废石、尾矿、煤矸石)堆放和废水(矿井水、选矿废水、洗煤水、堆浸废水等)排放对土壤和水体的污染及生态资源的破坏等。

7.1.4.4 收集矿山不同开采阶段(水平)的井巷温度,确定其地温梯度。

7.1.4.5 应调查尾矿和废石堆放场的稳定性,根据地形、地貌、水文、气象等因素,分析形成山洪、泥石流的可能性以及复垦还田的情况。

7.1.5 矿山地质环境数据库

在矿区的勘查工作中,可充分应用信息化技术,建立矿区水文地质工程地质环境地质数据库,实现矿区水工环信息的采集、处理、存储、传输和交换,为矿区资源与环境调查评价服务。有条件时可建立空间分析评价模型,对矿区水文地质工程地质环境地质条件进行空间分析评价。

7.2 矿区地质环境评价

7.2.1 矿区地质环境类型

矿区地质环境质量可根据地质环境现状及矿床开采引起的变化分为三类:

a) 第一类:矿区地质环境质量良好,采矿不会产生地表变形,矿区附近无污染源,地表水、地下水水质良好(Ⅰ、Ⅱ,按照GB/T 14848和GB 3838),矿石和废石不易分解出有害组分。

b) 第二类:矿区地质环境质量中等,采矿可产生局部地表变形,但对地质环境破坏不大;区内无重大的污染源,无热害,地表水、地下水水质较好(不低于Ⅲ类,按照GB/T 14848和GB 3838),矿井排水对附近水体有一定污染;矿石和废石化学成分基本稳定,无其他环境地质隐患。

c) 第三类:矿区地质环境质量不良,矿区水文地质工程地质条件复杂,因采矿可带来严重的环境地质问题,如地面塌陷、山体开裂失稳、井泉干涸,有热害或矿井排水以及矿石、废石有害组分的分解易造成对附近水体的污染,水体水质超过Ⅲ类标准(按照GB 3838)。

7.2.2 区域稳定性评价

根据GB 18306认定本区的地震动峰值加速度和地震动反映谱特征周期;应在全国地震烈度分区的基础上,根据断裂的活动性及工程地质条件,初步阐明区域稳定性及对工程建筑物的影响。

7.2.3 矿区水环境质量评价

在查明矿区地表水、地下水的物理性质、化学成分及其变化、卫生防护条件的基础上,按GB 3838和GB/T 14848的有关规定进行评价。

7.2.4 勘查矿区地质环境评价

7.2.4.1 指出可能影响矿区安全的滑坡、崩塌、泥石流、地面塌陷等地质灾害,放射性和其他有害物质的分布及其对人身安全的影响。圈定崩塌、滑坡、泥石流、地面塌陷等地质灾害易发区段,预测评价在自然和人为作用影响下,发生地质灾害的形式、可能性大小,可能危害的对象。

7.2.4.2 评价固体废弃物堆放场地的环境地质条件，包括地形、垫层条件、汇水和排水条件、预计堆放量及稳定性，对可能产生的环境影响或地质灾害进行预测评价，并提出防范措施建议。

7.2.4.3 岩溶充水矿床应预测开采条件下可能出现的泥砂溃塌及疏干排水产生岩溶塌陷的程度、分布范围及地表水渗漏、倒灌等环境地质问题，并提出防治建议。

7.2.5 扩大延深勘探矿区地质环境评价

当开采矿区已产生环境地质问题，如水体污染、地质灾害、生态环境、含水层影响、地貌景观破坏、土地资源破坏等，应在查明其形成条件的基础上，对现状进行评价。在矿山地质环境现状评价的基础上，根据矿产资源开发利用方案和采矿地质环境条件特征，分析预测采矿活动可能引发或加剧的地质环境问题及其危害，评价矿山建设和生产可能对矿山地质环境造成的影响。

8 报告编写要求

8.1 一般要求

矿区水文地质工程地质勘查报告一般应作为矿产地质勘查报告的一章，当矿区水文地质工程地质条件复杂，或进行了专门性勘查时，应根据具体情况单独编写，与矿产地质勘探报告同时提交。

8.2 文字报告编写要求

8.2.1 基本要求

报告内容齐全，重点突出，论证的依据充分，数据可靠，文字通顺，用词准确，结论明确，文图表应协调一致，互为补充，使报告成为一个有机整体。

8.2.2 编写内容

8.2.2.1 工作概况

简述矿区水文地质、工程地质勘查和环境地质调查评价的目的任务、工作时间、完成的工作量和采用的工作方法，对各项工程的质量进行评价以及其他应说明的问题。简述矿床的概况、矿床与含水层的关系、地质构造条件、矿床的勘查类型。

8.2.2.2 水文地质

矿区水文地质勘查成果报告内容包括：

a） 区域水文地质：

简述区域地形、地貌、水文、气象特征；含(隔)水层的岩性、厚度、产状与分布；含水层的富水性及地下水的补给、径流、排泄条件。

b）矿区水文地质：

1） 矿区在水文地质单元的位置，最低侵蚀基准面标高和矿井水自然排泄面标高，首采地段或第一期开拓水平和储量计算底界的标高；矿区的水文地质边界及边界特征。

2） 含水层的岩性、厚度、产状、分布、埋藏条件、单位涌水量、渗透系数或导水系数、给水度或弹性释水系数，裂隙、岩溶发育程度、分布规律、控制裂隙及岩溶发育的因素；地下水的水位(水压)、水温、水质以及补给、径流、排泄条件；隔水层的岩性、分布、产状、稳定性及隔水性；确定矿床充水主要含水层的依据及其与矿层之间的关系。

3） 主要构造破碎带对矿床充水的影响：包括构造破碎带的位置、性质、规模、产状、埋藏条件及其在平面和剖面上的形态特征，充填物的成分、胶结程度、溶蚀和风化特征，导(阻)水性、富水性及其变化规律，与其他构造破碎带的组合关系以及沟通各含水层和地表水的情况。

4） 地表水对矿床充水的影响：当地表水为河水时，阐述河水的汇水范围，河水的流量、水位及其变化，历年最高洪水位的标高、洪峰流量及淹没的最大范围；当地表水为水库、湖泊、海水时，阐述其正常水位、最高水位、浪高、风速等；地表水与地下水的水力联系情况及其对矿床开采的影响。对船采砂矿床，还应阐明河流枯、平、丰水期的河床宽度、深度、流速及河水位标高，采矿船过河地段的最小、一般和最大流速。

5） 岩溶陷落柱和地下河对矿床充水的影响：岩溶陷落柱展布特征、阻导水性质，地下河入口处的高程、流量及其变化，地下河补给来源、补给范围、补给量、补给方式及其与地表水的转化关系，岩溶洼地、漏斗、落水洞等的位置及其与地下河之间的联系。

6） 老空水和生产井对矿床充水的影响：矿区内生产井的位置，开采的最大深度和最低标高，开采面积、产量、排水量和充水来源，历年来发生突水事故的次数、突水量和原因；老空区的分布范围、开采时间、开采方式、开采层位、开采层数、积水情况及对矿床开采的影响。

7） 矿区水文地质勘查类型及水文地质条件的复杂程度。

c） 矿井（坑）涌水量预测：

论证并确定矿区水文地质边界，建立水文地质概念模型、数学模型并论证其合理性；阐明各计算参数的来源，并论证其可靠性和代表性；对各种计算方法计算的结果进行分析对比，推荐可供矿山建设设计利用的矿井（坑）涌水量，并分析涌水量可能偏大、偏小的原因。

d） 涌（突）水危险性评价：

分析论证矿区涌（突）水的影响因素，主要包括地质构造、水文地质条件、顶底板隔水层因素、开采条件、岩溶发育程度、陷落柱、老空水分布等，条件允许时可采用不同方法对矿区进行涌（突水）危险性评价，互相验证。

e） 矿区水资源综合利用评价：

在分析地下水系统补给、径流、排泄条件的基础上，开展勘查工作区所在水文地质单元的水资源评价。对矿井水的供排结合及矿区作为供水水源的地下水、地表水、矿泉水和地下热水的水质，水量及其利用条件进行初步评价，如矿区内无可作供水的水源，则应指出供水方向。

f） 扩大延深勘探矿区水文地质专项调查：

提交扩大延深勘探矿区水文地质专项报告，论述水文地质条件和矿床充水条件的变化，划分水文地质勘查类型，预测矿井（坑）涌水量，评价矿区涌（突）水危险性，进行水资源综合利用评价。

8.2.2.3 矿区工程地质

矿区工程地质勘查成果报告内容如下：

a） 矿区工程地质特征：

1） 矿区各工程地质岩组的分布、岩性、厚度和物理力学性质。着重阐明较弱层的分布、岩性、厚度、水理和物理力学性质及其对矿床开采的影响。岩体风化带性质，结构类型和发育深度。蚀变带的性质、结构类型和分布范围。

2） 矿区所在地的构造部位，主要构造线方向，划分各级结构面并阐述各级结构面的特征、分布、产状、规模、充填情况、组合关系及优势结构面对矿床开采的影响。

3） 阐述工程地质分区原则及分区情况，各分区地层岩性、构造、水文地质特征，岩体结构、岩石质量。

4） 矿区工程地质勘查类型及工程地质条件复杂程度。

b） 工程地质评价：

1） 露天边坡的稳定性评价：根据构成边坡岩体的岩性、物理力学性质和结构面发育程度、组合关系、确定边坡类型；阐明软弱夹层的分布、产状、岩性、厚度、水理性质、物理力学性质及其对边坡稳定性的影响；着重说明首期开采地段中的长久性边坡地段的边坡特征；提出建议最终边坡角，对各边坡的稳定性做出评价，并对评价方法的合理性进行论证；根据边坡岩土体岩性、结构及其与临空面关系，预测可能出现变形破坏形式、部位，根据需要进行边坡稳定性评价，并提出建议的最终边坡角和坡高。

2） 井巷围岩稳固性评价：根据矿体及井巷围岩的工程地质特征，评述岩（矿）体的质量，对其稳固性做出评价，指出不稳定的因素，可能产生的工程地质问题及其部位，提出工程措施的建议。

3） 采空区稳定性评价：根据采空区的分布、岩体结构、顶板工程地质特征、采空区矿柱的稳定性、采空区的深度、开采厚度、变形特征、老采空区的活化等，进行采空区的稳定性评价，并提出防治措施。

4） 溶腔稳固性评价：根据溶腔的分布、地应力的大小及方向、岩体的物理力学性质、地下水、地质构造、开采层厚度等影响因素，进行溶腔稳固性评价。

8.2.2.4 矿区环境地质

矿区环境地质勘查成果报告内容如下：

a） 评述矿区及其附近地区的地震历史，活动断层的分布与活动规律，历年来地震的次数、位置及烈度，指出历史上出现的最高烈度，对区域稳定性做出评价。

b） 预测矿井水和其他污染源对地下水、地表水的水质可能污染的情况，提出保护地下水、地表水的建议；论述产生地表变形（地裂、塌陷、露采坑、废石堆）对地质环境的影响，矿山环保和复垦情况。评述地下水、地表水的环境质量，确定水环境质量等级。预测因矿山长期排水所产生的地下水位下降的深度、疏干漏斗的扩展范围及邻海矿区引起海水倒灌的情况，评述对当地居民生活用水、工农业用水的影响程度和影响范围。

c） 预测疏干排水后可能引起的地面塌陷、沉降、开裂的范围和深度，对位于旅游风景点、著名热矿水点附近的矿区还应评述对其影响程度；对位于高山、陡崖、深谷的矿区，应预测矿床开采可能引起的山体开裂、危岩崩落、滑坡复活的范围和影响程度，提出防治地质灾害的建议。

d） 对矿体（层）埋藏深度大于 500 m 的矿区，应阐明矿区内不同深度和各构造部位的地温变化和地温梯度。指出高温区的分布范围，并分析其产生的原因。

e） 对于开展环境地质专项调查评价的勘查工作，需要提交专项环境地质调查报告。说明矿山开发引发的地面塌陷、地裂缝、崩塌、滑坡等地质灾害及其防治措施；矿山开发引起的含水层的破坏范围、程度及对用水的影响；矿山“三废”对矿山环境的污染、生态资源的破坏、综合治理措施及效果。

f） 说明矿区地质环境监测系统，包括矿区地质环境监测的内容、范围、时间、监测的方法等。

g） 矿山地质环境数据库的阐述，包括矿区地质环境数据库的简介、关键技术、系统的结构、系统的功能、基础数据的采集、处理、空间分析、矿区资源与环境的动态评价等。

8.2.2.5 结论

矿区水文地质工程地质环境地质勘查成果结论要求如下：

a） 普查阶段：论述矿区水文地质工程地质和地质环境的类型，勘查成果能否满足规范的要求；简述矿区主要水文地质工程地质环境地质问题及其对矿床开发的影响；指出勘查工作中存在的主要问题，提出下一步工作的意见。

b） 详查阶段：论述矿区水文地质工程地质和地质环境的类型，勘查成果能否满足规范的要求；简述矿区主要水文地质工程地质环境地质问题的结论及其对矿床开发的影响；指出勘查工作中存在的主要问题和开采过程中可能出现的问题，提出下一步工作的意见及防治的建议。

c） 勘探阶段：论述矿区水文地质工程地质和地质环境的类型，勘查成果能否满足规范的要求，能否作为矿山建设的依据；简述矿区主要水文地质工程地质环境地质问题的结论；指出勘查工作中存在的主要问题和开采过程中可能出现的问题，提出下一步工作的意见及防治的建议；简述信息系统的建设及应用情况。

8.3 附图和附表

8.3.1 附图

8.3.1.1 基本图件

应编制的基本图件如下：

a) 实际材料图，反映出矿区勘查的主要工程手段和工程量，主要内容包括水工环调查点、调查路线、各类探矿工程的分布、样品的采集位置、样品编号、实测剖面、物化探剖面等。

b) 区域水文地质图(含水文地质剖面图及柱状图)：反映区域水文地质条件，基本内容为地下水介质类型、富水性、分布、水位、地下水溶解性总固体、地下水系统边界条件及地下水补径排条件等。水文地质剖面图反映一定垂直深度内的水文地质条件，主要内容包括含水层、隔水层、构造的分布，水位、地下水的补径排条件、埋藏条件等。柱状图反映区域地层情况，并用文字说明含、隔水层的富水性、水质、泉水的流量等。

c) 矿区水文地质图(含水文地质剖面图及柱状图)：反映矿井的水文地质条件，主要内容包括主要充水含水层的类型、分布、富水性、补径排条件、埋藏条件、矿体与主要含水层的关系、井(泉)的分布、陷落柱的范围、主要含水层的等水位线、老空区的分布、地下水与地表水的关系、矿井(坑)涌水量等。矿井水文地质剖面图主要是反映含水层、隔水层、褶曲、断裂构造等和矿体之间的空间关系，主要内容包括含水层特征、水文地质试验参数、地表水体、主要井巷位置。柱状图反映含水层、隔水层及矿层之间的组合关系和含水层层数、厚度及富水性，内容包括含水层的年代、厚度、岩性、含水层的水文地质参数、岩溶发育情况等。

d) 矿区工程地质图(含柱状图及工程地质剖面图)，反映矿区各种地质体和工程地质条件的空间分布及其特征，尤其要反映出软弱岩体的空间分布及其特征，主要内容有工程地质分区、岩土体的类型、分布、地质构造等；剖面图反映一定深度范围内的垂向地质结构，岩土体与矿体的空间分布，岩土体的工程地质参数；柱状图反映矿井区地层的组合关系，尤其是软弱层的分布。

e) 井巷水文地质工程地质图。

f) 抽水试验综合成果图。

g) 矿床主要充水含水层地下水等水位(水压)线图，反映主要充水含水层的流场特征，主要内容为矿体露头、含水层、主要断层、地表水体、矿井工程布置情况、地下水流向、地下水等水位(压)线、涌(突)水点的位置等。

h) 矿井水动态与地下水、地表水、降水量关系曲线图，反映矿井水动态与相关因素的关系，主要包括矿井涌水量、降雨量、地下水位历时曲线，矿井涌水量与地表水位或流量的关系曲线，矿井涌水量与开采深度的关系曲线等图件。

i) 矿井(坑)涌水量计算图(附剖面图)。

j) 钻孔工程地质综合柱状图或典型钻孔工程地质编录柱状图(含物探测井成果)。

k) 矿区环境地质问题现状图，反映地质灾害的现状，主要内容包括地面塌陷、崩塌、滑坡、泥石流、含水层破坏、地形地貌景观破坏等内容。

l) 矿区地质环境发展趋势预测图，反映地质灾害未来发展趋势，主要内容包括地面塌陷、崩塌、滑坡、泥石流、含水层破坏、地形地貌景观破坏等内容。

m) 代表性照片。

8.3.1.2 根据实际需要编制的图件

根据实际需要编制的图件如下：

a) 主要充水含水层上部隔水层底板标高等值线图；

b) 主要开采矿床顶底板突水危险性预测图；

c) 直接顶板(或直接底板)隔水层厚度等值线图；

d） 底板含水层地下水等压线图；
e） 地下水化学类型分区图；
f） 地貌和第四系地质图；
g） 中段岩体稳固性预测图；
h） 露天采矿场边坡稳定性预测分区图；
i） 岩体节理裂隙等优势结构面的赤平投影图；
j） 岩石强风化带厚度等值线图；
k） 露天边坡稳定性分区图；
l） 采空区稳定性评价图；
m） 地热异常区等温线图；
n） 老空区分布图，反映老空区的空间特征，主要内容包括老空区的位置、边界、积水情况等；
o） 岩溶发育程度分区图，反映岩溶的发育特征，主要内容包括岩溶地貌、汇水封闭洼地、落水洞、暗河、天窗、地下水出露点、岩溶塌陷、断层破碎带、岩溶含水层的分布、埋深、岩溶裂隙发育带等。

8.3.2 附表

应提交的附表如下：
a） 钻孔测量成果一览表；
b） 钻孔静水位一览表；
c） 钻孔(井)抽水试验成果汇总表；
d） 钻孔简易水文地质工程地质综合编录一览表；
e） 地下水、地表水、矿井水动态观测成果表；
f） 气象要素统计表；
g） 风化带、构造破碎带及含水层厚度统计表；
h） 岩溶发育情况统计表；
i） 含水层渗透系数计算表；
j） 矿井(坑)涌水量计算表；
k） 井(泉)、生产矿井和老空区调查资料综合表；
l） 水质分析成果表；
m） 同位素分析成果表；
n） 岩(土)样试验成果汇总表；
o） 工程地质动态观测资料汇总表；
p） 矿区环境地质调查资料汇总表。

8.3.3 附加说明

上述文字报告的编写内容、附图、附表适用于大中型矿床水文地质工程地质条件中等至复杂矿区勘探阶段的成果报告。水文地质工程地质条件简单的矿区以及小型矿床可根据实际情况进行精简或合并；普查和详查阶段的文字报告、附图、附表可根据实际情况精简或合并。

附 录 A
(资料性附录)
煤层开采垮落带和导水裂缝带最大高度计算

表 A.1 给出了缓倾斜(0°～35°)、中倾斜(36°～54°)厚煤层分层开采和急倾斜(55°～90°)煤层垮落法开采的垮落带和导水裂缝带计算公式。

表 A.1 煤层开采垮落带和导水裂缝带最大高度计算公式

覆岩岩性			垮落带 m	导水裂缝带高度 m	
煤层倾角 (°)	岩石饱和单轴抗压强度 MPa	岩性		计算公式之一	计算公式之二
0～54	坚硬 40～80	石英砂岩、石灰岩、砂质页岩、砾岩	$H_m = \frac{100\sum M}{2.1\sum M + 16} \pm 2.5$	$H_{li} = \frac{100\sum M}{1.2\sum M + 2.0} \pm 8.9$	$H_{li} = 30\sqrt{\sum M} + 10$
	中硬 20～40	砂岩、泥质灰岩、砂质页岩、页岩	$H_m = \frac{100\sum M}{4.7\sum M + 19} \pm 2.2$	$H_{li} = \frac{100\sum M}{1.6\sum M + 3.6} \pm 5.6$	$H_{li} = 20\sqrt{\sum M} + 10$
	软弱 10～20	泥岩、泥质页岩	$H_m = \frac{100\sum M}{6.2\sum M + 32} \pm 1.5$	$H_{li} = \frac{100\sum M}{3.1\sum M + 5.0} \pm 4.0$	$H_{li} = 10\sqrt{\sum M} + 5$
	极软弱 <10	铝土岩、风化泥岩、黏土、砂质黏土	$H_m = \frac{100\sum M}{7.0\sum M + 63} \pm 1.2$	$H_{li} = \frac{100\sum M}{5.0\sum M + 8.0} \pm 3.0$	—
55～90	坚硬 40～80	石英砂岩、石灰岩、砂质页岩、砾岩	$H_m = (0.4-0.5)H_{li}$	$H_{li} = \frac{100Mh}{4.1h + 133} \pm 8.4$	—
	中硬、软弱 10～40	砂岩、泥质灰岩、砂质页岩、页岩、泥岩、泥质页岩	$H_m = (0.4-0.5)H_{li}$	$H_{li} = \frac{100Mh}{7.5h + 293} \pm 7.3$	—

注 1:$\sum M$—— 累计采厚,单位为米(m);单层采厚 1 m～3 m,累计采厚不超过 15 m;h—— 回采阶段垂高,单位为米(m);计算公式中项为中误差。

注 2:垮落带、导水裂缝带最大高度,对于缓倾斜(0°～35°)和中倾斜(36°～54°)煤层,系指从煤层顶面算起的法向高度;对于急倾斜(55°～90°)煤层,系指从开采上限起的垂向高度。

注 3:急倾斜煤层采用垮落法开采时的计算公式。

注 4:本表引自建筑物、水体、铁路及主要井巷留设与压煤开采规程。

附 录 B
（规范性附录）
含水层富水性分级

B.1 按钻孔单位涌水量进行富水性分级

按钻孔单位涌水量(q)，含水层富水性分为以下四级：

a） 弱富水性：$q \leqslant 0.1$ L/(s·m)；

b） 中等富水性：0.1 L/(s·m)$< q \leqslant$1.0 L/(s·m)；

c） 强富水性：1.0 L/(s·m)$< q \leqslant$5.0 L/(s·m)；

d） 极强富水性：$q >$5.0 L/(s·m)。

注：评价含水层的富水性，钻孔单位涌水量以口径 91 mm，抽水水位降深 10 m 为准，若口径、降深与上述不符时，应进行换算再比较富水性。换算方法：先根据抽水时涌水量 Q 和降深 S 的数据，用最小二乘法或图解法确定 $Q=f(S)$ 曲线，根据 Q-S 曲线确定降深 10 m 时抽水孔的涌水量，再用公式(B.1)计算孔径为 91 mm 时的涌水量，最后除以 10 m 便是单位涌水量。

$$Q_{91}=Q_{孔}\frac{\mathrm{Lg}R_{孔}-\mathrm{Lg}r_{孔}}{\mathrm{Lg}R_{91}-\mathrm{Lg}r_{91}} \qquad \cdots\cdots(B.1)$$

式中：

Q_{91}——孔径为 91 mm 的钻孔的涌水量，单位为立方米每天(m^3/d)；

$Q_{孔}$——拟换算钻孔的涌水量，单位为立方米每天(m^3/d)；

$R_{孔}$——拟换算钻孔的抽水影响半径，单位为毫米(mm)；

$r_{孔}$——孔径为 91 mm 的钻孔的抽水影响半径，R_{91} 没有数据时可采用 $R_{孔}$ 代替，单位为米(m)；

R_{91}——孔径为 91 mm 的钻孔的抽水影响半径，R_{91} 没有数据时可采用 $R_{孔}$ 代替，单位为米(m)；

r_{91}——孔径为 91 mm 的钻孔半径，单位为米(m)。

B.2 按天然泉水流量富水性分级

按天然泉水流量含水层富水性划分以下四级：

a） 弱富水性：$Q \leqslant$1.0 L/s；

b） 中等富水性：1.0 L/s$< Q \leqslant$10.0 L/s；

c） 强富水性：10.0 L/s$< Q \leqslant$50.0 L/s；

d） 极强富水性：$Q >$50.0 L/s。

附 录 C
（资料性附录）
安全隔水厚度和突水系数计算

C.1 安全隔水厚度

安全隔水厚度按公式(C.1)计算。

$$t=\frac{L(\sqrt{r^2L^2-8K_pp}-rL)}{4K_p} \quad\cdots\cdots\cdots\cdots(C.1)$$

式中：

t——安全隔水层厚度，单位为米(m)；

L——巷道底板宽度，单位为米(m)；

r——底板隔水层的平均重度，单位为兆牛每立方米(MN/m^3)；

K_p——底板隔水层平均抗拉强度，单位为兆帕(MPa)；

p——底板隔水层承受的水压，单位为兆帕(MPa)。

C.2 突水系数

突水系数按公式(C.2)计算。

$$T=\frac{p}{M} \quad\cdots\cdots\cdots\cdots(C.2)$$

式中：

T——突水系数；

p——底板隔水层承受的水压，单位为兆帕斯卡(MPa)，水压从含水层顶界面起算，水位值取近3年含水层观测水位最高值；

M——底板隔水层厚度，单位为米(m)。

式(C.1)主要适用于掘进工作面，式(C.2)适用于回采和掘进工作面。按式(C.1)计算，如底板隔水层实际厚度小于计算值时，是不安全的。按式(C.2)计算，就全国实际资料看，底板受构造破坏块段突水系数一般不大于0.06 MPa/m，隔水层完整无断裂构造破坏的地段不大于0.1 MPa/m。

附 录 D
(资料性附录)
涌(突)水危险性评价

D.1 顶板涌(突)水危险性评价的“三图双预测法”

D.1.1 三图双预测法

“三图双预测法”是一种解决矿井顶板充水水源、充水通道和充水强度三大关键技术问题的顶板涌(突)水预测评价方法。“三图”是指矿层顶板冒裂安全性分区图、顶板充水含水层富水性分区图和顶板涌(突)水条件综合分区图;“双预测”是指在天然和人为改造状态下的回采工作面分段和整体工程涌水量预测。

D.1.2 顶板冒裂安全性分区图

顶板冒裂安全性分区图是指矿层回采过程中诱发的顶板导水裂缝带加保护层总高度与矿层至含水层之间覆岩厚度之差图,它是矿层回采过程中顶板突水灾害发生的前提。顶板导水裂缝带发育总高度受控因素多,具有非常复杂的非线性特征,除了受控于矿层覆岩岩性组合、塑与脆性岩沉积厚度比值和其沉积位置、倾角和构造条件以及原岩地应力分布等自然影响因素外,开采工艺、采高和工作面斜长以及具体的顶板管理方式等人为影响因素也同等重要地控制其发育总高度。导水裂缝带发育总高度一般可采用经验统计公式和数值模拟计算评价以及现场实测等方法确定。

D.1.3 充水含水层富水性分区图

充水含水层富水性分区图可通过影响控制含水层富水程度的厚度和岩性、地质构造、渗透特性、单位涌水量、钻孔岩芯描述和采取率、冲洗液消耗量、抽(放)水试验和井下涌(突)水形成的地下水流场分析、地下水水化学场和地球物理勘探场分析等资料,根据多源信息复合原理,应用叠加功能编制形成。

D.1.4 顶板涌(突)水条件综合分区图

顶板涌(突)水条件综合分区图是应用GIS(地理信息系统)的多源信息复合叠加功能,将矿层顶板冒裂安全性分区图与顶板充水含水层富水性分区图复合叠加处理后编制而成。

D.1.5 天然和人为改造状态下的回采工作面分段和整体工程涌水量预测

天然和人为改造状态下的回采工作面分段和整体工程涌水量预测是根据研究矿井具体的充水水文地质物理概念模型,建立地下水流系统的三维数值模拟模型,在反演识别基础上,根据回采工作面周期来压步骤,分别预测在天然和人为改造两种不同状态下的回采工作面分段和整体工程涌水量。

D.2 底板涌(突)水危险性评价的“脆弱性指数法”

经大量实践,应用脆弱性指数法进行底板突水危险性评价的技术条件基本成熟,主要步骤如下:

a) 根据对矿井充水水文地质条件分析,建立煤层底板突水的水文地质物理概念模型。
b) 确定煤层底板突水主控因素。
c) 采集收集各突水主控因素基础数据,并进行归一化无量纲分析和处理。
d) 应用地理信息系统,建立各主控因素的子专题层图。
e) 应用信息融合理论,采用线性或非线性数据方法,通过模型的反演识别或训练学习,确定出煤层底板突水的各主控因素的“权重”系数,建立煤层底板突水脆弱性的预测预报评价模型,见公式(D.1)。

$$VI = \sum_{i=1}^{N} S_i \times I_i \qquad \text{(D.1)}$$

式中：

VI——煤层底板突水的脆弱性指数；

S_i——第 i 个主控因素对底板突水的“贡献”或相对权重；

I_i——第 i 个主控因素归一化后的无量纲值。

f) 根据研究区各单元计算的突水脆弱性指数，采用频率直方图的统计分析方法，合理确定突水脆弱性分区阈值。

g) 提出煤层底板突水脆弱性分区方案。

附 录 E
（规范性附录）
结构面分级

岩体结构面分级及特征见表E.1。

表E.1 结构面分级

分级	特征			
	结构面形式	规模		对岩体稳定性影响
		走向	倾向垂深	
Ⅰ	区域断裂带	延伸达数千米以上	至少切穿一个构造层	控制区域稳定，应着重研究断裂力学机制，区域构造应力场方向及断裂带的活动性
Ⅱ	矿区内主要断裂或延深较稳定的原生较弱层	数千米	数百米	控制山体稳定，应着重研究结构面的产状、形态、物理力学性质
Ⅲ	矿区内次一级断裂及不稳定的原生软弱层及层间错动带	数百米以内	数十米至数百米	影响岩体稳定、应着重研究可能出现的滑动面及滑动面的力学性质
Ⅳ	节理裂隙、层理、劈理	延展有限	无明显深度及宽度	破坏岩体完整性，影响岩体的力学性质及局部稳定性，研究其节理、裂隙发育组数、密度
Ⅴ	微小的节理劈理，不发育片理	—	—	降低岩石强度

附 录 F
（资料性附录）
岩体风化程度分类

表F.1给出了岩体风化程度的分类、野外特征及风化程度的参数指标。

表F.1 岩体风化程度分类

风化程度	野外特征	风化程度参数指标	
		波速比 K_v	风化系数 K_f
未风化	岩质新鲜，偶见风化痕迹	0.9～1.0	0.9～1.0
微风化	结构基本未变，仅节理面有渲染或略有变色，有少量风化裂隙	0.8～0.9	0.8～0.9
中等风化	结构部分破坏，沿节理面有次生矿物，风化裂隙发育，岩体被切割成岩块。用镐难挖，岩芯钻方可钻进	0.6～0.8	0.4～0.8
强风化	结构大部分破坏，矿物成分显著变化，风化裂隙很发育，岩体破碎，用镐可挖，干钻不易钻进	0.4～0.6	<0.4
全风化	结构基本破坏，但尚可辨认，有残余结构强度，可用镐挖，干钻可钻进	0.2～0.4	—
残积土	组织结构全部破坏，已风化成土状，锹镐易挖掘，干钻易钻进，具可塑性	<0.4	—

附 录 G
（规范性附录）
岩石、岩体质量及岩体优劣分级

G.1 岩石质量等级

岩体质量等级见表G.1。

表G.1 岩石质量等级

等级	RQD/%	岩石质量描述	岩体完整性评价
Ⅰ	90～100	极好	岩体完整
Ⅱ	75～<90	好	岩体较完整
Ⅲ	50～<75	中等	岩体中等完整
Ⅳ	25～<50	差	岩体完整性差
Ⅴ	<25	极差	岩体破碎

G.2 岩体 Z 值范围及其优劣分级

岩体 Z 值范围及其优劣分级见表G.2。

表G.2 岩体 Z 值范围及其优劣分级

岩体结构类型	代号	岩体质量系数 Z 值一般范围			
整体结构	$Ⅰ_1$	2.5～20			
块状结构	$Ⅰ_2$	0.3～10			
层状结构	$Ⅱ_1$	0.2～5			
薄层状结构	$Ⅱ_2$	0.08～3			
镶嵌结构	$Ⅲ_1$	0.2～2.5			
碎裂结构	$Ⅲ_2$、$Ⅲ_3$	0.05～0.1			
散体结构	Ⅳ	0.002～0.1			
岩体质量系数（Z）	<0.1	0.1～0.3	0.3～2.5	2.5～4.5	>4.5
岩体质量等级	极坏	坏	一般	好	特好

G.3 岩体质量分级

岩体质量分级见G.3。

表G.3 岩体质量分级

岩体分类	Ⅰ	Ⅱ	Ⅲ	Ⅳ	Ⅴ
岩体质量指标（M）	>3	1.0～3.0	0.12～1.0	0.01～0.12	<0.01
岩体质量	优	良	中等	差	坏

附　录　H
（规范性附录）
岩体结构分类

岩体结构分类及水文地质特征见表 H.1，岩体的结构特征及工程地质评价见表 H.2。

表 H.1　岩体结构及水文地质特征

结构类型		亚类		地质背景	完整状态		结构面特征	结构体特征		水文地质特征
代号	名称	代号	名称		结构面间距 cm	完整性系数		型态	强度 MPa	
Ⅰ	整体状结构	—	—	岩性单一，构造变形轻微的巨厚层沉积岩、巨块状变质岩和岩浆岩	>100	>0.75	Ⅳ、Ⅴ级结构面存在，无或偶见Ⅲ级结构面，组数一般不超过 3 组，而且延展性极差，多呈闭合、粗糙状态，无充填或夹少最碎屑。tanΦ≥0.60	岩体呈整体状态，或由巨型块状体所组成	>60	地下水作用不明显
Ⅱ	块状结构	—	—	岩性单一，构造变形轻—中等的厚层沉积岩、块状变质岩和岩浆岩	100～50	0.57～0.35	以Ⅳ、Ⅴ级结构面为主，少见Ⅱ、Ⅲ级结构面，层间有一定的结合力，结构面一般发育有 2～3 组，以两组高角度剪切节理为发育。结构面多闭合、粗糙或夹碎屑或附薄膜，一般 tanΦ＝0.4～0.60	长方体、立方体菱形块体以及占多数的多角形块体	>30 一般均在 60 以上	裂隙水甚为微弱，沿面可以出现渗水、滴水现象，主要表现对半坚硬岩石的软化
Ⅲ	层状结构	$Ⅲ_1$	层状站构	主要指构造变形轻—中等的，中—厚（单层厚度大于 30 cm）层的层状岩体	50～30	0.6～0.30	以Ⅲ、Ⅳ级结构面（层面、片理、节理）为主，亦存在Ⅱ级结构面（原生软弱夹层、层间错动）延展性较好，一般有 2～3 组结构面，层面尤为显著，层间结合力较差，结构面的摩擦系数一般为 0.30～0.50	长方体、厚板体、块体和柱状体	>30	由于岩层的组合和变形程度的不同，岩体具有不同的水文地质结构；地下水的储存情况和水动力条件则不相同。不仅要注意地下水渗透压力所引起的问题，而且地下水的软化、泥化作用亦是明显的
		$Ⅲ_2$	薄层状结构	同$Ⅲ_1$，但层厚小于 30 cm，在构造变动作用下表现为相对强烈的褶皱（或褶曲）和层间错动	<30	<0.40	层理、片理发育，Ⅲ级、Ⅱ级结构面如原生软弱夹层、层间错动和小断层不时出现，结构面多为泥膜、碎屑和泥质物所充填，一般结合力差 tanΦ≈0.30 上下	组合板状体或薄板状体	一般 30～10	

表 H.1(续)

结构类型		亚类		地质背景	完整状态		结构面特征	结构体特征		水文地质特征
代号	名称	代号	名称		结构面间距 cm	完整性系数		型态	强度 MPa	
		Ⅳ$_1$	镶嵌结构	一般发育于脆硬岩层中的压碎岩带,节理、劈理组数多,厚度大	<50 一般为数厘米	<0.35	以Ⅳ、Ⅴ级结构面(节理、劈理及显微裂隙)为主,结构面组数多(均多于3组),密度大,但其延展性较差。结构面粗糙,闭合无充填或夹少量碎屑,$\tan\Phi=0.40\sim0.60$	形态不一,大小不同,棱角显著彼此咬合	>60	本身即为统一含水体,虽然导水性能并不显著,但渗水亦有一定的渗透压力
Ⅳ	碎裂结构	Ⅳ$_2$	层状碎裂结构	软硬相间的岩石组合,如复理石建造,火山岩建造和变质岩建造中,通常有一系列近于平行的软弱破碎带,它们与完整性较好的岩体相间存在	<100	<0.40	Ⅱ、Ⅲ、Ⅳ级结构面均发育,Ⅱ、Ⅲ级(软弱夹层和各种成因类型的破碎带)尤为突出,在岩体中大致平行分布,起着控制性作用,其摩擦系数一般为0.20~0.40;相对坚硬完整的、与软弱破碎带相间存在的骨架岩体中,以Ⅳ、Ⅴ级结构面为主,一般$\tan\Phi=0.40$	软弱破碎带以碎屑、碎块、岩粉、泥为主;骨架部分岩体为大小不等、形态不同的岩块	骨架岩体中岩块强度在30上下或更大些	亦具层状水文地质结构特性,软弱破碎带两侧地下水呈带状渗流、同时对软弱结构面(包括破碎带)的软化、泥化作用甚为明显
		Ⅳ$_3$	碎裂结构	岩性复杂,构造变动剧烈,断裂发育,亦包括风化作用下的弱风化带	<50	<0.30	Ⅱ、Ⅲ、Ⅳ、Ⅴ级结构面均发育,组数不下4~5组,彼此交切结构面多被充填;或为泥夹碎屑、或为泥膜、或为矿物薄膜,擦痕镜面多见,结构面光滑度不等,形态不一。有的破碎带中黏土矿物成分甚多。结构面的摩擦系数一般为0.20~0.40	碎屑和大小不等、形态不同的岩块	岩块中显微裂隙甚多,易破碎,强度小于30	地下水各方面作用均显著,不仅有软化、泥化作用,而且由于渗流还可能引起化学管涌和机械管涌现象
Ⅴ	散体结构	—	—	构造变动剧烈,一般为断层破碎带、岩浆岩侵入接触破碎带以及剧烈—强烈风化	—	<0.2	断层破碎带、接触破碎带中一般均具有数条滑动面,带中节理、劈理密集而且呈无序状。整个破碎带(包括剧烈—强烈风化带)呈块夹泥的松散状态或泥包块的松软状态。摩擦系数一般在0.20上下	泥、岩粉、碎屑、碎块、碎片等	岩块的强度在此无实际意义	泥质物多,所以破碎带起隔水作用,使地下水沿破碎带两侧富集;同时,地下水可以促使破碎带物质软化、泥化、崩解、膨胀,还可产生化学管涌和机械管涌

表 H.2 岩体结构特征及工程地质评价

结构类型		亚类		力学介质类型	岩体变形破坏的特征	工程地质评价要点
代号	名称	代号	名称			
Ⅰ	整体状结构	—	—	连续介质	硬脆岩石中的深埋地下工程可能出现岩爆，即脆性破裂，一般是沿裂隙端部产生。在半坚硬岩层中可能产生微弱的塑性变形	埋深大或处地震危险区的地下工程的围岩中，初始应力大能产生岩爆
Ⅱ	块状结构	—	—	连续或不连续介质	压缩变形微量，主要决定于结构面的规模、数量和方位以及结构体的强度。剪切滑移受结构面抗剪强度及岩块刚度、形状、大小所制约，部分岩石抗剪断强度可以发挥作用，滑移面多迁就已有结构面	结构面的分布与特性，尤其Ⅱ、Ⅲ级结构面的存在及其组合块体的规模、形状和方位；深埋或地震危险区地下开拓时，岩体中显微裂隙的存在，可导致岩爆
Ⅲ	层状结构	$Ⅲ_1$	层状结构	不连续介质	变形受岩石组合、结构面所控制。压缩变形取决于岩性、岩层变位程度、结构面发育情况，缓倾和陡立岩层在拱顶和边墙可能出现Ⅰ级结构面弯曲拗折现象。剪切滑移受软弱结构面及软弱夹层的抗剪强度及其方位所制约	岩石组合；层面特征及其结合力，岩层的产状；要特别注意软弱夹层、层间错动的存在和Ⅱ、Ⅲ级结构面的组合；水文地质结构和水动力条件
		$Ⅲ_2$	薄层状结构		岩体的变形受破坏整体特性所控制，特别是软弱破碎岩层可能出现压缩、挤出底鼓等现象。洞室顶部、边墙易产生拗折现象。剪切滑移受结构面抗剪强度和薄板体的强度所控制	层间结合状态、软弱岩层的褶曲和坚硬岩层的破裂及其变化情况；地下水对软弱破碎岩层的软化和泥化，块体和组合块体的存在及其稳定性
Ⅳ	碎裂结构	$Ⅳ_1$	镶嵌结构	似连续介质	压缩变形量直接与结构体的大小、形态、强度有关。结构面抗剪强度、结构体彼此镶嵌能力，在岩体变形破坏过程中起决定性作用。崩落坍塌是由表及里逐渐发展的，若及时喷锚即可改善表层的应力状态，防止变形的发展	结构面发育的组数及其特征；地下水的渗透特性以及工程岩体所处的振动、风化条件；Ⅱ、Ⅲ级结构面的存在及其组合关系，这些软弱结构面的特性以及块体、组合块体的稳定性
		$Ⅳ_2$	层状碎裂结构	不连续介质	岩体的变形破坏受软弱破碎带所控制，具备坍塌、滑移的条件，还有压缩变形的可能	控制性软弱破碎带的方位、规模、组成物质的特性及其抗剪强度；相对完整岩体的骨架作用；地下水的赋存条件及其对岩体稳定性所起的作用
		$Ⅳ_3$	破碎结构	不连续介质或连续介质	整体强度低，坍塌、滑移、压缩变形均可产生。岩体塑性强，变形时间效应明显。岩体的变形破坏受软弱结构面的规模、数量、特性及其组合特征的决定	软弱结构而方位、规模、数量特性及其组合特征；结构面软弱物质的水理性以及地下水的赋存条件和作用；岩体变形的时间效应；组合块体对变形初始阶段的控制作用

表 H.2(续)

结构类型		亚类		力学介质类型	岩体变形破坏的特征	工程地质评价要点
代号	名称	代号	名称			
V	散体结构	—	—	似连续介质	是岩体中工程地质特性最坏的部位,近松散介质,具显著的塑性特征,变形明显。基础的压缩沉降、边坡的塑性挤出、坍塌滑移、洞室的坍塌、鼓胀无不产生。其变形、破坏受破碎带的物质组成及其强度所控制	构造岩、风化岩的破碎特征;物质组成、物理—力学性质、水理特性等;注意断层破碎带多期活动和新构造应力场

附 录 I
(资料性附录)
岩(土)样室内试验项目

岩(土)样品室内试验项目参见表I.1。

表I.1 岩(土)样室内试验项目

试验项目		岩、土类别					
		砂质土	黏性土	多年冻土	软岩	较坚硬岩石	坚硬岩石
成分	颗粒成分	+	+	+	+	—	—
	矿物成分	+	+	+	+	+	+
	化学成分	—	+	+	+	+	—
	黏土矿物	—	+	+	+	—	—
物理性质	比重	+	+	+	+	+	+
	容重	+	+	+	+	+	+
	相对密度	+	—	+	—	—	—
	天然含水量	+	+	—	+	+	+
	软化系数	—	—	—	+	+	+
	孔隙度(比)	+	+	—	+	—	—
	界限含水量	—	+	—	—	—	—
	膨胀性(膨胀量、冻胀量)	—	+	+	+	—	—
	耐崩解性指标	—	—	—	+	+	—
	安息角	+	—	+	—	—	—
	吸水率(含水率)	—	—	+	+	+	+
	渗透系数	+	+	—	+	+	+
力学性质	压缩性	+	+	+	+	—	—
	抗压强度(干、湿)	—	—	+	+	+	+
	抗拉强度	—	—	+	—	+	+
	抗剪强度(干、湿)	—	+	+	+	+	+
	弹性模量(干、湿)	—	—	—	+	+	+
	泊松比	—	—	—	—	+	—
	抗冻性	—	—	—	+	+	—
	承载比试验	—	—	—	—	+	+
	拉磨试验	—	—	—	—	+	+

注1:水溶浸法开采的盐岩类矿床应进行水溶性试验。

注2:露采剥离物强度应进行切割强度试验。

注3:"+"表示应做项目,"—"表示不需要做的项目。

参 考 文 献

[1] GB 5084—2005　农田灌溉水质标准
[2] GB 8978—1996　污水综合排放标准
[3] GB/T 13908—2020　固体矿产地质勘查规范总则
[4] GB/T 14158—1993　区域水文地质工程地质环境地质综合勘查规范(比例尺 1∶50 000)
[5] GB/T 50021—2001　岩土工程勘察规范(2009 年版)
[6] GB/T 50218—2014　工程岩体分级标准
[7] GB 50330—2013　建筑边坡工程技术规范
[8] GB 50487—2008　水利水电工程地质勘察规范
[9] DZ/T 0001—1991　区域地质调查总则(1∶50 000)
[10] DZ/T 0033—2020　固体矿产地质勘查报告编写规范
[11] DZ/T 0097—1994　工程地质调查规范(1∶2.5 万～1∶5 万)
[12] DZ/T 0133—1994　地下水动态监测规程
[13] DZ/T 0207—2020　玻璃硅质原料、饰面石材、石膏、温石棉、硅灰石、滑石、石墨矿产地质勘查规范
[14] DZ/T 0214—2020　矿产地质勘查规范 铜、铅、锌、银、镍、钼
[15] DZ/T 0223—2011　矿山地质环境保护与恢复治理方案编制规范
[16] DZ/T 0282—2015　水文地质调查规范(1∶50 000)
[17] HJ 610—2016　环境影响评价技术导则地下水环境
[18] MT/T 897—2000　煤炭煤层气地震勘探规范
[19] MT/T 1091—2008　煤矿床水文地质、工程地质及环境地质勘查评价标准
[20] 国家煤矿安全监察局,煤矿防治水细则,2018 年 9 月 1 日
[21] 国家煤炭工业局,建筑物、水体、铁路及主要井巷煤柱留设与压煤开采规程,2000 年 5 月 26 日
[22] 铁三院地路处,采空区工程地质勘察设计实用手册,2004 年 10 月

第三篇　行　业　标　准

MT

中华人民共和国煤炭行业标准

MT/T 632—1996

井下探放水技术规范

1996-12-30 发布　　　　　　　　1997-11-01 实施

中华人民共和国煤炭工业部　　发布

井下探放水技术规范

1 范围

本标准规定了煤矿井下探放水的原则，探放水工程设计内容，探水钻孔布置及其施工的技术要求，探放水的安全技术措施等。

本标准适用于井工开采的矿井。

2 引用标准

下列标准包含的条文，通过在本标准中引用而构成为本标准的条文。本标准发布时，所示版本均为有效。所有标准都会被修订，使用本标准的各方应探讨使用下列标准最新版本的可能性。

煤矿安全规程 煤炭工业部 (1992)

矿井水文地质规程 煤炭工业部 (1984)

煤矿防治水工作条例 煤炭工业部 (1993)

3 探放水原则

"每一个矿井必须作好水害分析预报，坚持有疑必探、先探后掘的探水原则"(见《煤矿安全规程》第259条)。"采掘工作面遇到下列情况之一时，必须确定探水线，进行探水"(见《煤矿安全规程》第260条)。

3.1 3.1、3.5、3.6、3.7、3.8各条分别按《煤矿安全规程》第260条的一、五、六、七、九款的规定执行。

3.2 接近水文地质条件复杂的地段，并有出水征兆时。

3.3 接近含水层、导水或可能导水的断层带或裂隙密集带、溶洞和陷落柱时。

3.4 打开防水隔离煤柱前。

4 探放水工程设计内容

探放水工程设计应包括以下内容：

4.1 探放水的采掘工作面及周围的水文地质条件、水害类型、水量及水压预计。

4.2 探放水巷道的开拓方向、施工次序、规格和支护方式。

4.3 探放水钻孔组数、个数、方向、角度、深度、孔径、施工技术要求和采用的超前距、帮距及探水线确定。

4.4 探放钻孔孔口安全装置及耐压要求等。

4.5 探放水施工与掘进工作的安全规定。

4.6 受水威胁地区信号联系和避灾路线。

4.7 通风措施和瓦斯检查制度。

4.8 防排水设施，如水闸门、水闸墙、水仓、水泵、管路、水沟等排水系统及能力的安排。

4.9 水情及避灾联系汇报制度和灾害处理措施。

4.10 钻窝设计、探放水孔布置的平面图、剖面图等。

5 探水线确定

5.1 一般应沿老空积水线或老空边界平行外推60～150 m，定为老空的探水线。

5.2　用式(1)求得 a 值确定的界线，定为探放含水层水、断层水的探水线。

$$a=0.5AL\sqrt{\frac{3P}{K_p}} \quad \cdots\cdots(1)$$

式中：

a——巷道迎头或侧帮至含水层、含水构造之间的安全隔水岩柱(或煤层)宽度，m；

A——安全系数(2～5)；

L——巷道的跨度(宽或高取其大者)，m；

P——煤、岩层承受的静水压力，MPa；

K_p——隔水岩层(或煤层)的抗拉强度，MPa。

5.3　井巷通过导水或可能导水断层前，必须超前探水。探水线(探水起点)至断层交面线的最小距离不得小于 20 m，水压大于 2 MPa 时应按每增加 0.1 MPa 增加 0.5～1 m。

5.4　一般应以可能出水的老钻孔开孔点为圆心，按式(1)求出 a 值作半径画圆；或在老钻孔偏斜方位的范围打探水孔时，应以老钻孔水平偏斜距与 a 值之和为半径画圆，上述两个圆的圆周线即探水线。

6　探放水钻孔布置

6.1　探放老空水钻孔，应按巷道的设计方向在其水平面和竖直面内呈扇形布置；钻孔应成组布设，其孔数视超前距和帮距而定。

6.1.1　竖直扇形面内钻孔间的终孔垂距不得超过 1.5 m。

6.1.2　水平扇形面内各组钻孔间的终孔水平距离不得大于 3 m。

6.1.3　探水钻孔的最小超前距或帮距一般不得小于 10～20 m。亦可用式(1)计算。

6.1.4　一般倾斜煤层平巷的探放水孔，应呈半扇面形布置在巷道正前和上帮。

6.1.5　倾斜煤层上山巷道探放水孔，呈扇面形布置在巷道的前方。

6.2　探放断层水及底板岩溶水的钻孔，必须沿掘进方向的前方及下方布置；底板方向的钻孔不得少于2个。

6.3　探放水钻孔除兼做堵水或疏水用外，终孔孔径一般不得大于58 mm。

6.4　沿岩层探放强含水层水、断层水或陷落柱水，其超前距可按附录 A 表 A1 经验值选定。

6.5　巷道接近可能导水的老钻孔探水线时，应向老钻孔布设扇形探水钻孔。

6.6　对水压大于 1 MPa 的断层水、陷落柱水或强含水层水，不宜沿煤层布置探放水钻孔。必要时按《煤矿防治水工作条例》第 17 条五、六两款的规定执行。

7　探放水钻孔孔口安全装置

探放水钻孔应安设孔口安全装置。孔口安全装置由孔口管、泄水测压三通、孔口水门和钻杆逆止阀(必要时安装)等组成。

7.1　孔口管的安装与固定：

7.1.1　选择岩层坚硬完整地段开孔，孔径应大于孔口管直径 1～2 级，钻至预定深度后，将孔内冲洗干净。注浆使孔口管(管周围应焊扶正肋骨片)与孔壁间充满水泥浆。待孔口管周围水泥浆凝固后扫孔，扫孔深度应超过孔口管长度 0.5 m。

7.1.2　扫孔后对孔口管必须进行耐压试验。试验压力应大于预计水压并稳定 30 min 后，孔口管周围不漏水时，方可钻进。

7.1.3　孔口管插入孔内长度，一般可按附录 A 表 1 的经验值选定。

7.1.4　节理裂隙发育，岩石松软或破碎，无条件另选放水地点时，应注浆加固后，再安设孔口管。

7.2　探放强含水层水或需要收集放水时的水量、水压等资料时，应在孔口管上安装水压表、水门(闸门)

和汇水短管等。

7.3 对水压高于1 MPa且水量较大的积水或强含水层进行探放水时，孔口应安设防喷逆止阀。

7.4 在高压水喷出条件下继续钻进时，斜孔应使用孔口防喷逆止阀，倾角50°～90°的钻孔可使用“孔口防喷帽”或“盘根密封防喷器”，钻具可使用“防喷接头”，上下钻可用“孔口反压装置”。

7.5 探得水压高于2 MPa、水量大于60 m^3/h，需长期保留时，孔口应使用双水门，下门备用。

8 安钻探水前的技术要求

8.1 安钻地点与积水区间距小于探水规定的超前距，或有突水征兆时，应在采取加固措施或用水闸墙封闭后，另找安全地点探放水。

8.2 钻窝应避免做在断层带或松软岩层内。

8.3 按《煤矿安全规程》第262条四款规定执行。

8.4 钻机安装必须平稳牢固。安好钻机接电时，要严格执行停送电制度。

8.5 按预计流量修建排水沟，清理巷道并挂好风筒、电缆、管道等。

8.6 按《煤矿安全规程》第262条一款规定执行。

8.7 按《煤矿安全规程》第265条第一句规定执行。

9 探水施工中的技术要求

9.1 钻进中应做好岩芯的采取和编录工作；必要时可保留岩芯。

9.2 钻进时应准确判别煤、岩层厚度并记录换层深度。一般每钻进10 m或更换钻具时，测量一次钻杆并核实孔深。终孔前再复核一次，如有可能应进行孔斜测量。

9.3 钻进时，发现煤岩松软、片帮、来压或孔中的水压、水量突然增大，以及有顶钻等现象时，必须立即停钻，记录其孔深并同时将钻杆固定。要立即向矿调度室汇报，及时采取措施，进行处理。

9.4 钻进中发现有害气体喷出时，应立即停止钻进、切断电源，将人员撤到有新鲜风流的地点。立即报告矿调度室，采取措施。

9.5 钻孔内水压过大或喷高压水时，应采用反压和防喷装置的方法钻进，应有防止孔口管和煤(岩)壁突然鼓出的措施：

9.5.1 背紧工作面，在拦板外面加设顶柱或木垛，必要时还应在顶、底板坚固地点砌筑防水墙，之后方可放水。

9.5.2 对于水压大于2 MPa，中间要穿过煤层的探断层水钻孔，在打穿断层或含水层前，还应下第二层孔口管并超过煤层1 m以上。

9.6 在探水孔施工中，见到含水层、断层、陷落柱和积水区之前，应停止钻进，安好水门后再继续钻进。

9.7 遇高压水顶钻杆时，可用立轴卡瓦和逆止阀交替控制钻杆，使其慢慢地顶出孔口，操作时禁止人员直对钻杆站立。

9.8 应做到交接班时不停钻。

9.9 探放断层水的探水孔终孔后，孔内有水应进行放水试验。孔内无水时应选择一个孔进行压水试验，检验断层隔水性能；压力一般应略大于断层所承受的静水压力。

9.10 探放水钻孔，完成探测任务后必须全孔注浆封闭，并做好封孔记录。

10 放水的技术要求

10.1 钻孔探到水后，要观测水压、水质、水量和估计积水量或补给量。根据矿井排水能力及水仓容量，控制放水孔的流量或调整排水能力，并清理水仓、水沟等。

10.2 按《煤矿安全规程》第268条规定执行。

10.3 加强放水地点的通风，增加有害气体的观测次数。

10.4 必须监视放水全过程，放水结束后，应立即核算放水量与预计积水量的误差，查明原因。

11 探放水的安全措施

11.1 探水的上山、下山及平巷，中间不得有低洼积水段。

11.2 探水巷必须在探水钻孔有效控制范围内掘进，探水孔的超前距、帮距及孔间距应符合设计要求。每次探水后、掘进前，应在起点处设置标志，并建立挂牌制度。

11.3 巷道支护应牢固，顶、帮背实，无高吊棚脚，倾斜巷有撑杆，使巷道有较强的抗水流冲击能力。

11.4 探放水地点必须安设电话和报警装置。

11.5 必须向受水威胁地区的施工人员贯彻、交待报警信号及避灾路线。

11.6 探水巷道应加强出水征兆的观察，一旦发现异常应立即停止工作，及时处理。情况紧急时必须立即发出警报，撤出所有受水威胁地区的人员。

11.7 "钻孔接近老空，预计可能有瓦斯或其他有害气体涌出时，必须有瓦斯检查员或矿山救护队员在现场值班，检查空气成分。如果瓦斯或其他有害气体超过本规程有关条文规定时，必须立即停止打钻，切断电源，撤出人员，并报告矿调度室，采取措施，进行处理。"见《煤矿安全规程》第265条。

11.8 上山探水时，一般应双巷掘进。其中一条超前探水、汇水，另一条随后用来安全撤人。双巷间每隔30～50 m掘一联络巷并设挡水半墙。

11.9 放水工作应尽量避免在雨季进行。

11.10 探放水人员必须按照批准的设计施工，未经审批单位允许，不得擅自改变设计。

附 录 A
（提示的附录）

表 A1 沿岩层探断层水、强含水层水时的超前距和孔口管长度

起探距离(即探水线的圈定)		水压 MPa	超前距 m		孔口管长度 m
条件	距离 m		水平方向	垂直方向	
资料可靠,据水压大小 根据资料推定 物探圈定范围 情况不清	20～50 60～80 60～100	＜1.0 1～2 2～3 3～4 ＞4	10 15 20 25 ＞30	8 12 15 18 ＞20	5 10 15 20 ＞20

注

1 依据《煤矿防治水工作条例》20 条规定并结合开滦、淄博等矿务局经验提出。

2 水压大于 2 MPa 时孔口管应下两层,第一层约 5 m,第二层按表所列,均需注浆加固。

3 沿煤层对断层水等进行水平方向探水掘进时,应尽量在煤层顶底板岩层内开孔和下孔口管,其超前距,孔口管长度及是否用移动式孔口装置,应专门提出设计上报批准

附　录　B
（提示的附录）
参考资料

1.《煤矿安全手册》的“第五篇　矿井防治水”　煤炭工业出版社　1992 年
2.《峰峰矿务局防探水规程》　峰峰矿务局　1985 年
3.《矿床及矿井水文地质》(下册)　长春地质学院水文地质教研室　1975 年

MT

中华人民共和国煤炭行业标准

MT/T 633—1996

地下水动态长期观测技术规范

1996-12-30 发布　　　　1997-11-01 实施

中华人民共和国煤炭工业部　发布

地下水动态长期观测技术规范

1 范围

本标准适用于矿区地下水动态长期观测，是制定地下水动态长期观测规划、设计、工程质量检查、观测报告编写、审查的依据。

2 引用标准

下列标准包含的条文，通过在标准中引用而构成为本标准的条文。本标准发布时，所示版本均为有效。所有标准都会被修订，使用本标准的各方应探讨使用下列标准最新版本的可能性。

GB/T 12719—91 矿区水文地质工程地质勘探规范

供水水文地质勘察规范 冶金工业部(1979)

煤炭资源地质勘探地表水、地下水长期观测及水样采取规程煤炭工业部(1980)

矿区水文地质工程地质普查勘探规范 地质矿产部(1982)

矿井水文地质规程 煤炭工业部(1984)

煤矿防治水工作条例 煤炭工业部(1993 年修订)

3 一般要求

3.1 在矿区进入详查阶段即应选择有代表性的井、泉、钻孔、生产矿井、地表水等进行观测，勘探阶段应进一步充实和完善观测工作，勘探结束后应移交给矿山部门继续进行。

3.2 在矿区存在地表水体的情况下，地下水与地表水应统一进行观测，提供完整的地下水动态长期观测资料。

3.3 水文地质条件复杂的矿区，应尽可能在一个完整的水文地质单元内，分别选择地下水补给、径流与排泄区有代表性的观测点组成观测网。

3.4 对矿区供水和矿坑充水有意义的含水层、地表水体，以及矿坑突水点等，必须设立观测点，进行动态长期观测。

3.5 地下水动态长期观测应包括水位、流量、水温、水化学成分、气体成分、物理性质等项目。一般每 10 d 应观测一次水位、流量、水温，雨季、矿坑突水期应加密观测。水质成分和气体成分可取季节性和人为影响时期的代表水样分析化验，但每年不得少于 2 次。并且观测工作应在同一天进行。

3.6 在进行地下水动态长期观测的同时，应收集有关的气象资料，必要时可建立矿区简易气象站。

3.7 地下水观测准确度，水位应准确至厘米，流量应准确至公升，水温应准确至 0.5 ℃。

3.8 地下水动态长期观测设施应采取有效保护措施，观测所使用的工具、仪表应经常检查、校对和维修。

4 地下水的观测

4.1 观测网的布置

4.1.1 矿区地下水动态可划分为气象型、气象-水文型、水文型。长期观测工作应按不同类型的特点，布置观测网。

4.1.2 观测网由观测点、线组成，一般应能覆盖从补给区至排泄区的整个地下水系统。对与矿坑充水和矿区供水有关的含水层、构造带、地表水体等应能进行观测。在地下水系统范围过大的情况下，观测网允许以矿区为主缩小范围，但必须能控制矿坑排水后的降落漏斗。

4.1.3 长期观测孔一般应沿地下水的流向布置。若矿区内有自然或人工排泄点时，应以排泄点为中心布置至少两条互相垂直的观测线。

4.1.4 了解地下水与地表水联系的观测孔(点)，应垂直于地表水流向布置观测线。在河流流入和流出矿区的地段，亦应布置垂直于河流的观测线。

4.1.5 观测大气降水入渗情况的观测孔(点)，应结合小流域均衡观测，沿地下水流向布置观测线，必要时可布置两条互相垂直的观测线。

4.1.6 矿坑突水点和矿区水源地的地下水动态观测，应以矿坑和水源地为中心，布置观测线。

4.2 地下水观测

4.2.1 观测工作前或工作过程中，应掌握以下的资料：

1：2.5万矿区水文地质图，1：5000～1：1万观测地段水文地质图；

含水层顶板埋深线及等厚线图；

含水层等水位线图；

煤层底板等高线图；

受水威胁煤层顶、底板等水压线图；

地下水水文化学图；

水文地质剖面图；

钻孔抽水试验资料；

以往动态观测资料；

历年气象、水文资料。

4.2.2 观测孔应根据观测目的和要求，做好洗孔和隔离止水工作，其质量应符合有关规程。若有堵塞，应及时清理。

4.2.3 水位观测可根据实际情况进行选择。一般可采用电测水位计、自计水位仪或测钟测量，有条件的矿区可采用集中控制遥测系统。

4.2.4 水温观测应采用缓变温度计或热敏温度计。观测时应将温度计置于观测的含水层的深度，时间不少于10 min。

4.2.5 对泉、井、老窑与生产矿井，应选择揭露主要含水层流量大，并能反映不同水文地质特征的出水点进行观测。

4.2.6 对民井观测可按3.5条规定进行。应注意静止水位的变化，必要时可进行简易抽水试验，形成一定的水头降低，直到水位稳定2 h后为止。

4.2.7 对生产矿井突水点的观测一般可按3.5条规定进行。对井巷所揭露的大型突水点，在抢险救灾过程中，应加密观测，必要时每1～2 h观测一次，并相应加密全部观测点的动态观测工作。

4.3 原始记录和资料整理

4.3.1 观测的原始记录必须认真填写，内容齐全、清晰，不得涂改。各项观测成果，必须当日整理检查，如有疑点或异常时，应在翌日复测纠正。原始记录应及时整理装订成册。

4.3.2 根据观测内容，一般需编制下列资料：

地下水位、流量、降水量、水温等动态变化曲线图；

地下水等水位(压)线图；

地下水化学图；

水质化学分析成果表；

动态统计表；

水中微量元素、气体成分、细菌检验及其他专门分析的统计表。

5 地表水的观测

5.1 河流观测的主要内容有：水位(包括洪水位)、水深、流速、水质、结冰厚度等，必要时应测定含砂量。对与矿区内充水含水层可能有水力联系的河流，应进行河流漏失量或补给量的测定。

5.1.1 河流观测站位置选择：

5.1.1.1 河流观测站应选择在顺直匀整的河段。顺直河段的长度一般不少于洪水时主河槽河宽的3～5倍。

5.1.1.2 河流观测站的水流要平稳，避开固流、死水及有显著比降的地段。

5.1.1.3 应避开妨碍观测工作的地物、地貌、冰塞、冰坝及工业生产中排泄废水、污水的地点。

5.1.1.4 观测站的上、下游附近，不应有砂洲、浅滩、淤积故道(牛轭湖)。

5.1.1.5 山区河流观测站应选择在急滩或窄口的上游，水流比较稳定，河底比较平坦的河段。

5.1.2 河流观测要求：

5.1.2.1 主要测流断面的位置，应用全仪器法测定。测流断面两岸所设置的固定标桩及水尺的水准量，其精度不得低于等外水准点的要求。

5.1.2.2 流量测定方法，应根据观测精度要求，以及流量大小、水深、水位涨落等情况选择。流速仪法一般适用于水深不小于0.16 m的河流；浮标法仅在测量准确度要求较低，或用流速仪法测量有困难时方能允许采用。量水建筑物法在流量很小时适用，常用的有堰测法、容积法等。

5.1.2.3 采用流速仪测量时，测速垂线数可参照表1。垂线上流速测点的分布可参照表2。

表1 流速仪测速垂线数

水面宽，m	<5	20	50	100	300
测速垂线数	5	8	10	15	20

表2 流速测点分布表

m

水深或有效水深		垂线上测点数量和位置	
悬杆悬吊	悬索悬吊	畅流期	冰期
>1.0	>3.0	5点(水面、0.2、0.6、0.8水深、河底)	6点(水面、冰底或冰基底、0.2、0.4、0.6、0.8有效水深、河底)
0.6～1.0	2.0～3.0	3点(0.2、0.6、0.8水深)或2点(0.2、0.8水深)	3点(0.15、0.5、0.8有效水深)
0.4～0.6	1.5～2.0	2点(0.2、0.8水深)	2点(0.2、0.8有效水深)
0.2～0.4	0.8～1.5	1点(0.6水深)	1点(0.5有效水深)
0.16～0.2	0.6～0.8	1点(0.5水深)	1点(0.5有效水深)

5.1.2.4 各点测速历时一般不得少于100 s。洪水时期可适当缩短，但不得少于50 s。河流暴落或受漂浮物、流水严重影响，可缩短至不少于20 s。测点上流速脉动现象严重时，应延长测速历时。

5.2 池塘、湖泊等其他地表水的观测：

5.2.1 池塘、湖泊、内涝积水与塌陷集水区的观测，应选择易观测的地方设立固定标桩和水尺，测量水深、积水范围、积水时间，并计算积水量。矿区附近有水库时，应收集水库的水位标高、库容量与渗漏量等资料。

5.2.2 对矿区内地面渗水地段，应着重在雨季观测。记录其范围，估计渗漏量。漏失严重的重要地段，应在汇水范围内分段观测其漏失量。

6 水样采取

6.1 水样按其分析目的和内容的不同，分为简易分析样、全分析样、细菌检验样和专门分析样。各种水样采取数量一般要求：

简易分析样 1～1.5 L

全分析样 2.5～3 L

细菌检验样 0.5 L

专门分析样 5 L

6.2 长期观测点(站)的水样采取一般按季进行，每年至少采取两次。地下水化学成分不稳定时，应增加采样次数。

6.3 采取水样前，必须将水样瓶洗涤干净，并在采样时用采取水样的水再次冲洗。细菌检验样的水样瓶，在取样前应进行高压灭菌消毒，并遵照化验单位的要求进行清洗消毒。

6.4 在探井、民井、泉、河流、湖泊、池塘中采取水样，应在出水口中心处或离岸边 0.5 m 以外的水面下采取。采样时，应保证水样不受外界污染，尽量避免混入岩石微粒及悬浮物。

6.5 抽水过程中采取水样，可将水样瓶伸入出水口中心处采取，并同时采备用样一个。长期观测孔如取样，应先进行抽水。抽出水的体积应大于孔(井)中水柱体积的 1.5～2 倍，使钻孔中水柱更新，然后按抽水过程中取样方法采取。也可将取样器或水样瓶下入含水层深度采取。

6.6 采取气体样，一般采用排水集气法，采满气体后，在水中塞好瓶盖，瓶口要严密封闭。气体瓶在送到化验室前，应始终保持倒置。

6.7 特殊水样采取应与化验单位联系，并按其要求采取。

6.8 采取水样时，应在现场初步鉴定水的颜色、气味、透明度等物理性质。

水样采取后，应立即包装好，填写标签，注明化验项目，送往化验单位。细菌检验样应按有关规定的时间要求，及时送样。

6.9 做侵蚀性二氧化碳分析的水样，采取数量为 0.5 L，采取后应加入 5 g 碳酸钙粉末。

6.10 做重金属分析的水样，为防止水样瓶壁对重金属的吸附损失，必须先用不含重金属的纯硫酸对水样瓶进行酸化处理。

6.11 对含有机物质的水样，为控制脱硫作用，取样时必须在每升水中加入 1 mL 三氯甲烷($CHCl_3$)或甲苯($C_6H_5CH_3$)。

6.12 做光谱分析用的水样，为防止水样在水样瓶中保存时有微粒组分富集，有条件时，应在现场用白金或陶瓷坩埚进行蒸馏，取得干涸残余物的样品，送化验室作分析化验。

附　录　A
（标准的附录）

A1　量水建筑物法使用工具的制作要求

A1.1　容积测流容器，一般可用木板、钢板、混凝土或浆砌块石做成，容积的大小可根据水量的大小而定，一般不应小于 1 m^3。

A1.2　堰测法：一般用矩形堰、梯形堰、三角堰。堰板一般用木板或铁板制成，应平整光滑。堰口边应做成坡度 45°的斜坡。堰下水流应形成自由落体。

A1.3　矩形堰适用于大于 50 L/s 的流量。矩形堰堰板顶应严格保持水平，顶宽一般为 2～5 倍最大堰上水头，最小不少于 0.25 m，最大不宜大于 2 m。

A1.4　梯形堰适用于 10～300 L/s 的流量。采用坡度 1∶0.25 的梯形缺口堰板。堰口应严格保持水平，缺口底宽应大于 3 倍堰上水头，一般应在 0.25～1.5 m 范围内。

A1.5　三角堰适用于 1～70 L/s 的流量。采用底角为 90°的等腰三角形缺口堰板，使其分角线恰好在垂线上。堰上水头不宜超过 0.3 m，最小不宜小于 0.05 m。

A2　各种水样化学分析内容

A2.1　简易分析：物理性质、总硬度、干涸残渣、pH 值、氯离子、硫酸根、重碳酸根、钙、镁、钾、铁离子等项目。

A2.2　全分析：除做简易分析项目外，还需做水的暂时硬度和永久硬度，游离和固定及侵蚀性二氧化碳，耗氧量及亚硝酸根、碳酸根、三价铁、铝、铵等离子，过锰酸钾、二氧化硅、硫化氢、固形物、碱度等项目。

A2.3　细菌检验：检定 1 mL 水中的细菌总数，测定大肠杆菌指数，分析传染病等。

A2.4　专门分析：分析项目取决于样品分析的目的。一般分析水中的铜、铅、锌、砷、汞、钴、铀、氟等稀有和有害离子的含量，或按专门目的规定的项目进行分析。

MT

中华人民共和国煤炭行业标准

MT/T 672—1997

煤矿水害防治水化学分析方法

Technical reguirement for hydrochemistry approach in coal mine water control

1997-12-30 发布　　　　1998-06-01 实施

中华人民共和国煤炭工业部　　发布

煤矿水害防治水化学分析方法

1 范围

本标准适用于煤矿水化学成分的检测。是制定矿区水化学成分检测规划、编制设计、检测报告的依据。

2 引用标准

下列标准所包含的条文,通过在本标准中引用而构成为本标准的条文。本标准出版时,所示版本均为有效。所有标准都会被修订,使用本标准的各方应探讨使用下列标准最新版本的可能性。

GB/T 8538—1995 饮用天然矿泉水检验方法
MT/T 201—1995 煤矿水中氯离子的测定方法
MT/T 202—1995 煤矿水中钙离子的测定方法
MT/T 203—1995 煤矿水中钙离子和镁离子的测定方法
MT/T 204—1995 煤矿水碱度的测定方法
MT/T 205—1995 煤矿水中硫酸根离子的测定方法
MT/T 206—1995 煤矿水硬度的测定方法

3 水化学检测项目及资料整理要求

3.1 确定检测项目的根据

按 GB/T 8538—1995 标准,从水害防治角度出发,水化学分析检测内容可选择常量离子分析;微量元素分析;放射性元素分析;同位素分析。

3.2 水化学检测项目

3.2.1 主要离子分析项目:

阴离子:Cl^-、$SO_4{}^{2-}$、$HCO_3{}^-$、$CO_3{}^{2-}$、$NO_3{}^-$、$NO_2{}^-$;

阳离子:Ca^{2+}、Mg^{2+}、Na^+、K^+、Fe^{2+}、Al^{3+}、$NH_4{}^+$。

3.2.2 其他化学组分:pH、酸度、碱度、各类硬度、SiO_2、耗氧量(COD)、溶解氧、H_2S、干涸残余物、CO_2 等;

3.2.3 部分微量元素:F、Br、I、B、P 等;

3.2.4 同位素:D(氘)、^{18}O、^{3}H、^{34}S、^{14}C、U、Ra、Th、Rn 等。

3.3 资料整理要求

3.3.1 应将水样编号、分析编号、采集地点、时间、含水层、标高、出水形式、涌水量、水温、分析要求、采样人及备注等,记录在附录 A 表 A1 中。

3.3.2 主要阴阳离子分析结果用 mg/L、meq/L 和 meq/L% 表示。ΣK(阳离子 meq 总量)和 ΣA(阴离子 meq 总量)分析结果应接近平衡。

$$e(\%)=\frac{\Sigma K-\Sigma A}{\Sigma K+\Sigma A}\times 100$$

3.3.3 主要离子 meq% 大于 25 参加评定水质类型;介于 20～25 的成分作为参考成分,并用括号区别,如:

$HCO_3-Ca\cdot Mg$,$HCO_3\cdot SO_4-Ca\cdot(Mg)$等。

3.3.4 对同一矿区各种水样的 $K^{+}+Na^{+}$、Ca^{2+}、Mg^{2+}、HCO_3^-、SO_4^{2-}、Cl^- 的 mep% 汇集于附录 A 表 A2 中的水化学类型三线图中，在图上圈出不同水化学类型区间，可直观地了解水化学演变趋势。

3.3.5 对重点取样点，应绘制出水化学动态变化曲线图，以了解地下水的动态变化。

3.3.6 稳定同位素 ^{18}O、D 检测值按 $\delta^{18}O‰$、$\delta D‰$（相对标准平均海水的千分值）表示。并将矿区各水样所测同位素标人（$\delta D‰-\delta^{18}O‰$）坐标系中，同时标出全球大气降水线 $\delta D=8\delta^{18}O+10$ 以作参照。

3.3.7 根据试验矿区所测得水化学同位素资料的相关性，进行系统化整理，从中找出规律性的分布和变化。反应水化学规律的水化学图件是水化学研究的重要手段。这些图件包括：矿区水化学类型分区图、各种离子等值线图、相关离子比例等值线图、特定离子对同位素值关系图、放水试验中离子等值线图、相关离子比例等值线图、特定离子对同位素值关系图、离子和同位素对时间关系图等。

4 水样采集处理和项目检测

4.1 水样采集

4.1.1 矿区地面的水样采集应选择有代表性地点，如泉水、抽放水钻孔、抽水机井和供水孔等。对于临时为采样而抽水的钻孔，应抽放出相当于钻孔内贮水的 2～3 倍水量之后再采集水样。不抽水的钻孔不宜取样。

4.1.2 矿坑井下含水层水样应采集钻孔涌水、放水孔出水、突水点水、井筒或巷道淋水点的淋水。

4.1.3 采集时应在现场测量水温，观察和描述水的外观物理性质（色、嗅、味、肉眼可见物质等），并尽可能在现场测量 pH 值。

4.1.4 取样后及时将填好的标签贴在水样瓶上，并填好送样单注明特殊要求。

4.1.5 盛水样容器应清洗干净，并用水样水涮洗 3 次以上。

4.1.6 水样采集后应认真仔细密封。

4.2 水样处理和保存

水样采集后应按要求尽快分析，部分易变的元素和组分必须预处理后方可送样。

4.2.1 原水样：水样不加任何保护试剂处理，可供测定的项目有 pH 值、游离 CO_2、HCO_3^{2-}、CO_3^{2-}、NO_3^-、NO_2^-、Cl^-、SO_4^{2-}、HPO_4^{2-}、F^-、Br^-、I^-、K^+、Na^+、Ca^{2+}、Mg^{2+}、硬度、NH_4^+、HBO_2、耗氧量、SiO_2 等。水样量不少于 2000 mL。

4.2.2 酸化水样：如果水样因其他要求需进行多种金属离子分析，则需进行现场酸化处理。其方法是用容量 1000 mL 的干净容器，用欲取水冲洗后，加入 5 mL 1∶1 硝酸溶液，转动容器使酸浸润内壁再装满水样摇匀，使水样 pH≤2，密封，此水样可供测定 Cu、Pb、Zn、Cd、Mn、Fe、Ni、Co、总 Cr、Hg、Li、Be、Sr、Ba、Ag、V 等。如要精确测定水中 Fe^{2+}、Fe^{3+} 时需要另取水样 250 mL 于容器中，加入 2.5 mL 1∶1 硫酸摇匀、密封，供化学方法比色分析。

4.2.3 测定硫化物的水样需单独处理：在容量 500 mL 硬质玻璃瓶中加入 10 mL 20% 醋酸锌溶液和 1 mL 1 mol 氢氧化钠溶液，然后注满水样（近满）塞紧橡皮塞摇匀密封，在标签上注明外加试剂准确量。

4.2.4 水样的 pH、CO_2、Rn 需取样后尽快检测，如果水样中 HCO_3^- 含量大于 1000 mg/L 也需在取样后立即测定。

4.2.5 环境同位素 D、^{18}O、T 水样不作任何处理，要密封运送，避免蒸发分馏。

4.3 检测方法

常量离子 Ca^{2+}、Mg^{2+}、SO_4^{2-}、Cl^-、HCO_3^-、CO_3^{2-}、总硬度按 MT 201、MT 202、MT 203、MT 204、MT 205、MT 206 标准检测。

其他项目按 GB/T 8538 进行。

5 判别水源基本方法

对矿井造成威胁的水源主要来自厚层灰岩岩溶水、其他强富水含水层或地表水。不同水源存在环境和水交替强弱的信息在水化学特征上的表现不同，因此水化学特征的分析研究，是判别矿井突水来源的有效方法。

对于可能发生井下突水的矿井，应建立矿区各含水层水化学档案，以便有准备的应付突水事故，做到快速准确地判别水源。水源判别的技术要求如下：

5.1 “按 3.2”检验项目和要求采集各含水层水样，并按 GB/T 8538 进行检测。

5.2 “按 3.3”系统地整理各项检测资料，列出各主要含水层的典型水化学特征，并着重根据以下检测资料判别水源。

5.2.1 关于以主要离子的毫克当量比值确定突水水源见附录 B(B1)。

5.2.2 关于以水样中 NH_4^+、NO_2^-、NO_3^-、COD 和部分微量元素 Mn^{2+}、Fe^{3+}、Br^-、H_2S 等含量值确定地下水的地化环境和氧化还原条件见附录 B(B2)。

5.2.3 关于以放射性元素的特征判别地下水水源见附录 B(B3)。

5.2.4 关于以同位素特征判别地下水水源见附录 B(B4)。

5.3 结论的相互验证：

环境同位素研究结果与水化学各种组分分析结果以及氡的分布规律等结论必须相互一致，彼此验证，并画出相应的对比曲线进行结果比较，使其结论更符合客观实际。

6 煤矿水害防治水化学检测研究报告

报告主要内容应包含：

反映通过上述工作过程和采用的技术方法；

建立矿区不同含水层资料档案，指出不同水源的差别和联系，提出判别主要指标；

对井下突水中的混合水从水质上进行混合比例计算；

应用水文地球化学理论研究和描述试验矿区地下水贮运规律，掌握不同含水层水源现状，并预测水源变化趋势。

通过上述研究试验，不仅可以快速判别矿井各突水点水体来源，而且对矿井突水发生和变化趋势作出预测预报，为矿井防治水提供依据。

附　录 A
（标准的附录）
同一矿区各种水样分析

水样标签

孔(泉)号		样品编号	
取样地点			
取样深度(标高)		水源种类	
涌水量		出水形式	
含水岩性		透明度	
水温		气温	
取样日期		取样人	
化学处理方法			
分析要求			
备注			

水分析送样单

取样日期

送样单位　　　　送样日期

分析编号	取样编号	取样地点	采取层位标高	水源种类	水样物理性质色味透明度	分析项目	备注

收样日期　　　　送样人　　　　收样人

煤矿地下水化学分析报告单

送样编号________

实验室编号________

取样地点________矿________孔，层位________标高________m

出水年代　　　　钻孔抽水：　　　井下突水：　　　井下放水：　　　风井供水，　　　　（打√）

涌水量________m^3/min，水温________℃，颜色________其他________

取样时间____年____月____日，分析时间____年____月____日

送样单位注明和要求：

离子	mg/L	meq/L	meq/L%
Na^+			
K^+			
Ca^{2+}			
Mg^{2+}			
Fe^{2+}			
Fe^{3+}			
NH_4^+			
合计			
Cl^-			
SO_4^{2-}			
HCO_3^-			
CO_3^{2-}			
NO_3^-			
NO_2^-			
合计			

微量元素	mg/L	微量元素	mg/L
F		Al	
Br		Cn	
I		Pb	
B		Hg	
HPO_4^{2-}		Cd	
		As	
Li		Cr	
Sr			
Zn			
Mn			

同位素组分	$\delta^{18}O$‰		
	δD‰		
	^{3}H		Tn
	^{222}Rn		Bq

项目	$CaCO_3$，mg/L	项目	$CaCO_3$，mg/L
总硬度		离子总量	
总酸度		固形物	
总硬度		矿化度	
暂时硬度		COD	
永久硬度		SiO_2	
负硬度		H_2S	
pH		耗氧量	
		溶解氧	
		游离 CO_2	

（水化学类型三线图）

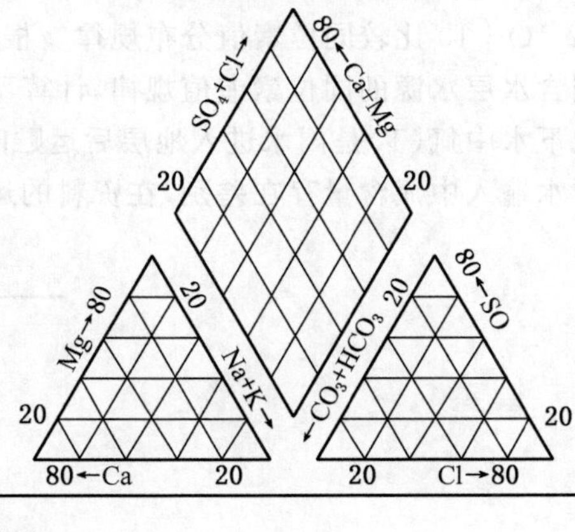

水质类型	

化验员

备注

化验单位　　　　　　　　　　　　　　　　审核

附 录 B
（提示的附录）
用主要离子的毫克当量比值确定突水水源

B1 以主要离子的毫克当量比值确定突水水源：

对于矿化度较低的溶滤水，当 rNa/rCl＞1，则多属于砂岩裂隙水或第四系冲积层水，rNa/rCl≈1 多属于灰岩水，当第四系水与奥灰水质类型一致而难以分辨时，应用该比值判别以上二种水源是一种有效的指标；（rNa－rCl）/rSO_4＞1，rNa/rCl＞1 为砂岩水的特征，rNa/（rCl＋rMg）＜1 则可能有灰岩水混入。

水样 SO_4^{2-} 含量较高，rSO_4/rCl＞5 为煤矿薄层灰岩水特征。但如矿化度较高，pH 值较低，则有可能为老窑水。

B2 以水样中 NH_4^-、NO_2^-、NO_3^-、COD 和部分微量元素 Mn^{2+}、Fe^{3+}、Br^-、H_2S 等含量值确定地下水的地化环境和氧化还原环境：

地下水中含有 NO_2^-、Mn^{2+}、Fe^{2+}、H_2S 等组分，并且溶解氧很低甚至趋近于痕量，则认为水源处于还原环境，其水交替迟缓，属于封闭性水源，这类水多属于煤系水、老窑水，一般补给量有限。对于径流条件较好，补给量丰富的奥灰水一般不出现这类还原态的离子或组分。但在水源受污染时，则有可能出现 NO_2^-。

地下水中 NH_4^-、NO_2^-、NO_3^- 含量较高，表示水源与地表污染水有联系，如只出现 NO_2^-、NO_3^-，则属于无机成因或水体虽受过污染，但已自净。含有 Br、B，反映水源处于特定的地化环境。

B3 以放射性元素的特征判别地下水水源：

对于非放射性矿床并排除火成岩入侵影响的煤矿地下水，Rn 含量背景值小于 37 B/L（10emem），其含量主要决定于岩石的射气系数即松散程度，因此冲积层水中 Rn 含量比同一水质类型的奥灰水高，使其成为判别两种水源的特征指标之一。如果井下突水中富含 Rn，并 Na^+ 含量明显增加，则有可能为冲积层水的补给。

B4 以同位素元素的特征判别地下水水源：

应用环境同位素资料，在 $\delta D‰\sim\delta^{18}O‰$坐标图中，标出所测水样在图中位置，并按全球降雨线方程 $\delta D=8\delta^{18}O+10$ 比较同位素值分布规律。根据煤矿区具体条件，应用 $\delta^{18}O$ 值计算地下水补给高程，找出不同含水层水源的同位素差值规律，计算不同水源的混合比例等。

地下水中氚（T）是雨水进入地层后运贮时间的标记，可以作为不同水源相对年龄的比较，由于不同年代雨水输入中氚含量存在差别，在资料的运用中要考虑具体的水文地质条件。

MT

中华人民共和国煤炭行业标准

MT/T 674—1997

矿井生产时期排水技术规范

Technical specification for drain of mine water during the period of production

1997-12-30 发布　　1998-06-01 实施

中华人民共和国煤炭工业部　发布

矿井生产时期排水技术规范

1 范围

本标准规定了生产矿井排水系统的技术要求。

本标准适用于井工矿井生产时期抽排直接涌入矿井的地表水和地下水使用的主要排水设备和设施。

2 引用标准

下列标准所包含的条文，通过在本标准中引用而构成为本标准的条文。本标准出版时，所示版本均为有效。所有标准都会被修订，使用本标准的各方应探讨使用下列标准最新版本的可能性。

煤矿安全规程

GB 50215—94 煤炭工业矿井设计规范

GB J17—88 钢结构设计规范

GB 8978—88 污水综合排放标准

MT 5010—1995 煤矿安装工程质量检验评定标准

煤矿机电设备检修质量标准

煤矿矿井机电设备完好标准

生产矿井质量标准化标准

矿井水文地质规程(试行)

煤矿防治水工作条例

煤矿井下排水设计技术规定(试行)

3 排水泵房

3.1 吸入式卧泵房

3.1.1 主要泵房至少有两个出口，一个出口用斜巷通到井筒，并应高出泵房地面 7 m 以上；另一个出口通到井底车场，在此出口的通道内，应设置易于关闭的既能防水又能防火的密闭门。泵房和水仓的连接通道，应设置可靠的控制闸门。

3.1.2 主要泵房的地面应高于与之相连通的井底车场底板 0.5 m。同一水平的各个泵房的地面标高宜相同。泵房应无淋水；地面、电缆沟、通路应无积水。

3.1.3 主要泵房应设置在围岩稳定的地段，必须离开采动影响范围与破碎带；硐室与井筒或巷道的距离应满足安全岩柱要求。

3.1.4 主要泵房应设置在由矿井防水闸门群构筑的保护范围内。当防水闸门关闭时，泵房必须留有形成独立通风的巷道。

3.1.5 泵房位置应在管线最短、便于撤人、运物、通风良好的地方。一般宜设置在井底车场与副井井筒连接处附近空车线一侧。泵房与井下中央变电所宜组成联合硐室。

3.1.6 每台泵应有单独的吸水井，单台水泵流置小于 100 m^3/h 时，可以两台共用一个吸水井，但两吸水罩边缘间距应大于 2 倍的吸水管公称直径。吸水井应有盖板。

3.1.7 水泵、吸水管、配水井(或吸水井)、水仓之间主要相关尺寸，应满足下列条件(见图 1，图 2)：

水泵轴中心线到水仓底板的高度按式(1)计算。

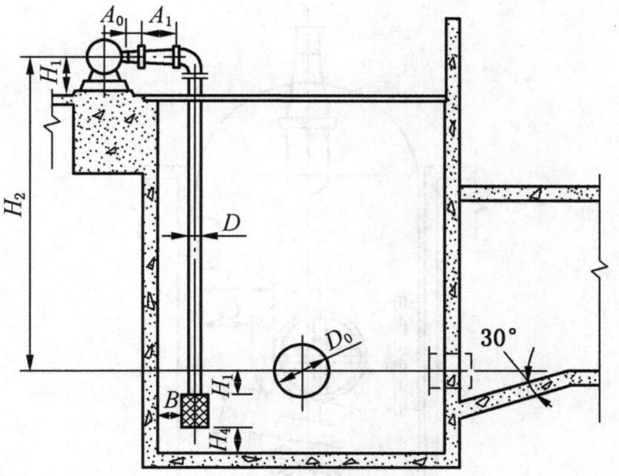

A_0——大于或等于 0；

A_1——不小于大小管径差的 5 倍；

A_0+A_1——水泵入口前直管段总长度，不小于 3 的水泵吸水口直径；

B——吸水管滤网边缘距最近井壁的间矩，不小于 1.5D；

D——吸水管公称直径，mm；

D_0——配水阀门公称直径，mm；

H_1——水泵轴中心线到泵房地面的高度，m；

H_2——水泵轴中心线到水仓底板的高度，m；

H_3——（配、吸）水井最低水位到吸水管口的距离，不小于 $1.5D$，且不小于 500 mm；

H_4——吸水管滤网下缘距井底矩离，不小于 $1.5D$，且不小于 500 mm

图 1

$$H_2 \leqslant H_{am} - \Delta H - \frac{V^2}{2g} \tag{1}$$

式中：

H_{am}——与水泵工况点对应的允许吸上真空高度，m；

ΔH——吸水管阻力损失，m；

V——水泵吸入口流速，m/s。

3.1.8 连接吸水井的配水闸阀公称直径应符合式(2)的要求：

$$D_1 = 26.3\sqrt{Q_1} \tag{2}$$

连接水仓的控制闸门公称直径应符合式(3)的要求：

$$D \geqslant 19\sqrt{Q} \tag{3}$$

式中：

D_1——配水闸阀公称直径，mm；

D——水仓控制闸门公称直径，mm；

Q_1——一台水泵的工作流量，m^3/h；

Q——泵房全部工作水泵的总流量，m^3/h。

3.1.9 主要泵房应配备有水力射流泵或气升泵、排污潜水泵等作为清理吸水井淤泥的工具。

3.1.10 泵房高度应满足检修时起吊的要求，应在吸水井壁龛和排水设备的顶部，设起重梁。

3.1.11 泵房应铺设运送排水设备的轨道，并与井底车场相通，在相通点应设有转车间隙。排水设备之间应设有充分的检修空间，泵房轮廓尺寸要满足设备最大外形尺寸、通道宽度和安装检修的要求。水泵机组的基础应高于泵房地面 50 mm 以上，基础边缘到吸水井一侧硐室壁的距离应不少于 700 mm。泵

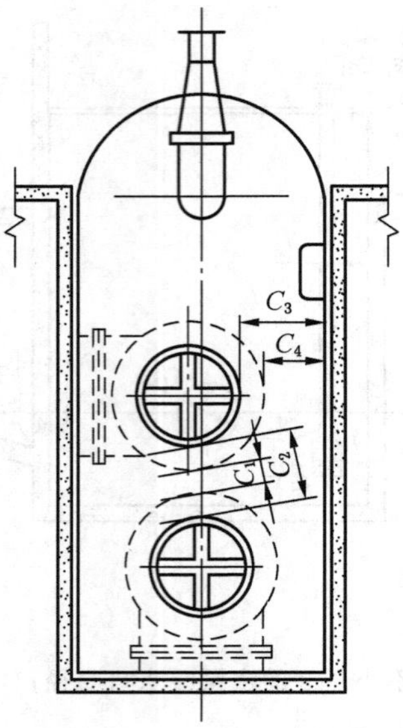

C_1——配水阀之间最小净距，不小于 150 mm；

C_2——配水阀操作手轮之间净距，不小于 500 mm；

C_3——不小于 700 mm（当双配水井集中布置共用一个壁龛时，可不受限制）；

C_4——不小于 200 mm

图 2

房地面向吸水井方向应呈负坡度。

3.1.12 当所有排水设备同时使用时，泵房温度应不高于 34 ℃，否则应采取降温措施。

3.1.13 泵房必须采用不燃材料支护。

3.1.14 按设计要求预留有备用泵及相应设施的位置。

3.2 泵房

3.2.1 泵房与井底车场连接的斜通道上口地面，应高于连接处车场底板 0.5 m，或采取其他阻水措施，防止井底车场积水流入泵房。

3.2.2 泵房与车场或大巷相通的所有通道必须设防水密闭门。

3.2.3 泵房应和操作配水闸阀的巷道有通路连通，以备密闭门关闭后控制配水闸阀。

3.2.4 泵房支护和吸水巷道的密闭墙应能防止水仓和围岩水渗漏。围岩应能承受水仓与泵房高差形成的压力。

3.2.5 必须设有安全水仓和水窝，其容积应不小于一趟最长排水管路的容积。安全水仓应至少配备两台排水泵（其中一台备用），将积水排至水仓，排水泵应能按水仓水位自动开停，并有手动控制系统备用。

3.2.6 管子道上部平台标高必须高于井底车场地面 7 m 以上，作为安全通道。

3.2.7 泵房位置、内部尺寸、温度、出口通道数量、断面形状、预留位置等方面的要求同吸入式卧泵房。

3.3 潜水泵井

3.3.1 井深应满足泵长、淹没泵顶深度、泵底容渣距离和布置清淤设备空间的要求。群泵布置时，还应满足各泵吸水口在垂直方向吸入水影响范围的间距不小于 0.5 m 或设备说明书规定距离的要求。

3.3.2 井径应满足吸水罩最大外廓尺寸、过水面积、安装间隙的要求。群泵布置时，泵间外缘距离应满足安装间隙和水平方向吸入水影响范围的间距不小于 0.5 m 或设备说明书规定距离的要求，脱罩布置时，来水流向、流速应满足电机散热、不积垢的要求。

3.3.3 采用暗井布置方式时，井窝以上反井部分高度应满足承重梁、检修操作盘、提吊机具所需高度。

3.3.4 采用大直径钻孔直通地面排水布置方式时,承重梁、操作盘、提吊机具应设置在地面。井架允许荷重应满足提吊一组泵组(泵、管)的重量。井架高度应满足潜水泵和水管装拆以及吊具所需高度。

3.3.5 承重梁的强度、刚度和总体及局部稳定性必须按"钢结构设计规范"要求计算,能承受停电时所有水泵同时发生水锤作用引起的动、静载荷。

3.3.6 承重梁应用地脚螺栓固定在混凝土基础上。在地面建筑时,基础底面积应满足上述载荷条件下承力土层的允许地耐力的要求。

3.3.7 泵井应设置在基岩中,离煤层的隔离岩柱厚度应能承受煤与瓦斯突出压力和地应力的要求。必须揭露煤层时,应采取防突和隔离措施。通过含水岩层时,应采取预处理措施防止突水(疏干井除外)。

3.3.8 潜水泵井应设置在无直接落煤的井筒内。有突水危险的大水矿井的提升井筒底应按潜水泵井要求设置,以备突水时使用。

3.3.9 斜式潜水泵井,应设有轨道、滑架提吊装置。滑架高度应满足吸入水影响范围要求,并有防脱轨装置。

3.3.10 卧式潜水泵井应设有支承泵体的底架,底架高度应满足吸入水影响范围和容淤容积的要求,卧式潜水泵井顶部应设置提运设施。

3.3.11 无论潜水泵作立式、卧式、斜式布置,其泵井底部均应留有足够的容淤容积和配备清淤机具,如潜水搅拌机或射流(水枪)器械,保证任何时候淤积物顶部距泵底不少于0.5 m。

3.3.12 矿井水应经沉淀池、水仓进入潜水泵井,与潜水泵井相接的流水通道的标高,应低于水仓水面以下,防止悬浮物进入。

4 水仓、水沟、沉淀池

4.1 矿井正常涌水量在1000 m^3/h及其以下,主要水仓的有效容量应能容纳8 h矿井正常涌水量;大于1000 m^3/h,按《煤矿安全规程》有关公式计算,但不得小于4 h,矿井最大涌水量同正常涌水量相差特大的矿井,应编制专门设计。

4.2 水仓的底板标高必须满足水泵允许吸上真空高度的要求。

4.3 水仓流水断面和坡度应满足在正常涌水量条件下的沉淀需要,否则,应另设沉淀系统。为便于淤泥沉淀和清理,水仓向配水仓方向设反坡,坡度为1‰~2‰。并应在水仓最低点设积水窝。

4.4 主要水仓必须有两个以上独立的水仓,当一个水仓清理时,其他水仓能正常使用,水仓之间应互不渗漏。

4.5 水仓位置应设置在稳定基岩中,应位于矿井防水闸门群所形成的保护范围内。水仓入口一般应位于井底车场内标高最低处。

4.6 水仓应设有水位监测设施。其空仓容量应经常保持不小于总容量的50%。水仓内的最高水位必须低于泵房底板1~2 m,水仓顶必须低于附近巷道最低点的水沟底。对潜水泵水仓的最低水位应有监控功能。

4.7 大巷水沟、分区沉淀池和水仓等应能共同承担采煤工作面出水点所带出的煤泥沉积要求。沉淀池的流动速度应限制在100 mm/s以内。

4.8 大巷水沟的坡度、断面(或称过水量)应满足最大涌水量需要。

4.9 水仓、水沟、沉淀池应配有清仓系统或清仓机具。

4.10 水仓进口处应设置篦子,篦子的孔眼尺寸应能防止岩块、木块、木渣、纤维状物料进入水仓。

5 排水管路

5.1 主排水管路必须设工作和备用的水管,工作水管的能力,应在20 h内排出矿井24 h的正常涌水量;全部管路的总能力应在20 h内排除矿井24 h的最大涌水量。

5.2 排水管路必须能承受内水静压、水锤动压、钢管自重和温度应力叠加产生的载荷。还应能承受1.25倍设计工作压力的压力试验。

5.3 立井管路应设在井筒管子间内，并用导向卡定位，最大允许卡距应满足轴心受压构件不失稳条件。

5.4 斜井管路应设在悬臂架上或底板混凝土墩上，其间距在4～8 m，每隔50 m固定，并应留有足够的安装和检修位置。管道设在人行道上方时，吊挂高度应不小于1.8 m。

5.5 管路下端应设金属弯管支座。排水高度大时，可以分段选择管壁厚度。分段设直管支座，第一道直管支座宜布置在距井口100 m左右处。管座应固定在专设钢梁上，底部和中间支座梁的强度、刚度、总体和局部稳定性及梁基础强度均应按"钢结构设计规范"计算，能承受所有管道同时发生水锤时的动、静载荷。

5.6 水泵出水管上应装逆止阀和操作闸阀，逆止阀应装在操作闸阀之上。泵排出管与泵房环形管路之间应装控制阀。环形管路上应装设放水管和放水闸阀，放水管和放水闸阀能分别将每条管路内的水放入水仓。

5.7 大比转数泵(如大型潜水泵)须开启闸门起动者，逆止阀座上要留有泄流孔，水泵不得并联布置。

5.8 水泵吸水管内不应有残存气体的地方，吸水管内的任何部分都不应高于水泵入口，吸水管径应大于水泵吸水口径，吸水罩滤网过流面积应为吸水管口面积的2～4倍。

5.9 管路、管件及连接螺栓应进行防锈处理。

5.10 排水管路通道和钻孔管路应设置在稳定地层，不受采动影响。钻孔管路的落地位置不得在泵房、硐室、巷道顶部布置，孔间距宜大于10 m，落地端必须设弯管支座支承，管座上部空帮高度应不大于5 m。

5.11 钻孔管路的钻孔直径宜比管径大50～60 mm。钻孔施工时应防止塌孔，管壁间应用水泥浆固井。应无漏水、淋水。

5.12 钻孔管路接头的强度不得低于管路材料强度。

6 排水设备

6.1 主排水泵的工作水泵能力，必须在20 h内排出矿井24 h的正常涌水量；备用水泵能力应不小于工作水泵能力的70%；工作和备用水泵的总能力，应能在20 h内排出矿井24 h的最大涌水量；有突水危险矿井可另增设排水能力或予留水泵位置。

6.2 排水设备的运行状态应达到《煤矿矿井机电设备完好标准》和《生产矿井质量标准化标准》的规定。

6.3 排水设备的检修应达到《煤矿机电设备检修质量标准》的规定。

6.4 排水设备的安装应达到《煤矿安装工程质量检验评定标准》的规定。

6.5 排水设备的经济指标：

a) 额定效率一般应不低于0.76；

b) 运行工况点的效率不得低于额定效率的0.9倍；

c) 主排水工序能耗等级指标：立井按表1规定定级，斜井按表1值乘以表2修正系数定级。均不应低于三等。

表1 主排水工序能耗等级划分

等级	一等	二等	三等
主排水工序能耗值 wh/t·hm	≤0.401	0.402～0.441	0.442～0.50

6.6 水仓的空仓容量不足水仓总量的50%时，不得高水位排水。选用水泵的允许吸程应与泵房吸水井深配套。当不能满足实际吸水高度要求时，可在吸水管中串接辅助泵。

6.7 有突水危险的矿井，正常涌水量时排水管路满足经济流速要求；最大涌水量或突水量时，实际运行工况点的排水量满足 20 h 内排出矿井 24 h 的最大排水量的要求。

6.8 设备选型应符合矿井水质要求，当矿井水 pH<5 时应按防酸要求选型；当选用污水泵效率不能满足要求时，可将矿井水清、污分流、分排或净化；排水中含有固体颗粒时，为防止颗粒沉降，排水管路流速不得低于最小临界速度。

表 2 斜井排水工序能耗修正系数

倾角 \ 垂高	100 m	200 m	300 m	400 m	500 m	600 m
10°	1.18	1.25	1.29	1.32	1.34	1.35
15°	1.11	1.15	1.18	1.19	1.21	1.21
20°	1.07	1.10	1.12	1.13	1.14	1.14
25°	1.05	1.07	1.08	1.09	1.10	1.10
30°	1.04	1.05	1.06	1.07	1.07	1.07
35°	1.03	1.04	1.05	1.05	1.07	1.07
40°	1.02	1.03	1.03	1.04	1.05	1.05
45°	1.02	1.02	1.03	1.03	1.03	1.03
50°	1.01	1.02	1.02	1.02	1.02	1.02
55°	1.01	1.01	1.01	1.01	1.02	1.02
60°	1.00	1.01	1.01	1.01	1.01	1.01

6.9 引水装置必须可靠，应能在 5 min 内起动水泵；采用高压水射流引水时，每个泵房至少有一台水泵的吸水管要设底阀，大水矿井则至少两台，并且在地面排水管口有灌水装置或以压缩空气、洒水管压力水作备用。

6.10 水泵选型应满足排水系统稳定性要求，符合公式(4)：

$$0.9H_0 > H_g \tag{4}$$

式中：

H_0——水泵关闭闸阀的扬程，m；

H_g——排水测量高度(排水高度和吸水高度之和)，m。

7 排水供电

7.1 主排水设备应有两个电源供电。当发生任何故障时，两个电源的任何部分应不致同时受到损坏；当发生任何故障在保护装置动作正常时，应有一个电源不中断供电；又当发生任何故障且主保护装置失灵，致使两个电源中断供电后，应能在有人值班处进行操作迅速恢复一个电源的供电。

7.2 对井下各水平中央变电所和主要水泵房的供电线路不得少于两回。应引自地面变电所的不同母线段，并宜按不同路径敷设，电缆通路应不受采动影响。当任一回路停止供电时，其余回路应能担负全部负荷的供电。下井电缆可沿井巷和钻孔敷设。电缆的选用、连接、悬挂应符合《煤矿安全规程》的有关规定。

7.3 排水电气设备的选用，应符合《煤矿安全规程》规定。配电设备应同工作、备用以及检修水泵相适应，并能同时开动工作和备用水泵。

7.4 井下中央变电所宜选用不充油电气设备。选用充油电气设备时，井下中央变电所与主排水泵房之间以及变电所内变压器室之间，均应设水闸门。

7.5 水泵高压电机，应有短路、过负荷和欠电压释放保护；潜水泵电机还应设水位、电机绕组温度保护；真空开关起动的电机还应设过压保护。

7.6 井下中央变电所的电源开关与联络开关的过流保护按最大负荷运行方式整定。

7.7 主排水设备应设集中监测装置；监测水泵流量、压力、真空度、闸阀开度、电流、电压、电机温度、水仓水位。采用增安型和水冷电机的排水设备，应设集中监控装置（监控冷却水系统，电机绕组、轴承的测温系统运行情况）。水冷电机的外壳应设隔热层。增安型电动机的过流保护特性曲线的动作时间（含保护装置动作的机械惯性所耗费的时间）必须小于电动机堵住温升时间 t_e 及 t_e 终了时的堵住电流 I_{te}。

7.8 露天设置的潜水泵电控设备，应采用密封结构，并设有自动加热器，保持柜内温度高于环境温度5 ℃。柜顶应设有供远距离观察电控状态的显示装置。

7.9 排水电器设备应满足井下潮湿环境的耐潮要求。水泵电机应设置防凝露设施，加热器须采用密封型电热器，隔爆型空间的加热器，尚可采用非密闭型电热器。

7.10 泵与电器控制设备相距超过 50 m 时，要设有可靠信号装置或远距离控制装置。泵房需要设置与矿井电话网相联的电话设备。

7.11 在主要泵房、井下中央变电所、井底车场布置的电气设备的标高，应不低于水泵电机绕组下部（可用于水下的电缆除外）。必须低于水泵电机绕组下部的电器设备，应另设馈电开关供电。

7.12 电缆钻孔应无淋水；电缆应采用镀锌钢丝绳悬吊在钢架上；井上、下孔口的电缆均应留有事故处理所需余量；出孔上杆电缆应设钢管保护；孔口应高出当地最高洪水位并加有盖板。

8 矿井水的地面排放

8.1 矿井水应排至矿井水力影响半径以外，不应回渗倒灌井下。

8.2 矿井水的排水沟应结合矿井疏水、防水和排水系统统一布置；尽量整治利用原有沟道；应避开露头、塌陷、裂隙、进水层、钻孔和建筑群；以较短的途径排至矿外的河沟。

8.3 矿井水应尽可能综合利用、灌溉农田。当水质不适合时，应避免污染农田和水源。在山前平原的矿井，应根据水流方向，结合农田水利布置干渠、支渠，搞河网化排水。

8.4 矿井排放水要满足国家环境保护局规定的污水排放标准。矿井水与生活污水可采用分流、合流或部分合流的排水系统，应根据污水的性质、数量，排放和处理要求等因素，经技术、经济比较后确定；当污水必须处理时，宜采用生活污水与井下排水分流的排水系统。

8.5 排水沟应设置流量测量装置。

8.6 排水沟应按矿井最大涌水量和允许的不冲、不淤流速设计，其断面、水位、纵坡、边坡系数、渠床糙率及桥涵、建造材料等尚应符合国家现行有关标准的要求。

MT

中华人民共和国煤炭行业标准

MT/T 761—1997

煤矿地下水管理模型技术要求

Technical requirements for groundwater management model of coal mine

1997-12-30 发布　　　　1998-06-01 实施

中华人民共和国煤炭工业部　　发布

煤矿地下水管理模型技术要求

1 范围

本规范规定了煤矿地下水管理模型技术中资料收集、地下水管理模型的建立、监测工作和成果报告编制的基本要求。

本规范适用于煤矿地下水管理模型技术工作。

2 引用标准

下列标准所包含的条文，通过在本标准中引用而构成为本标准的条文。本标准出版时，所示版本均为有效。所有标准都会被修订，使用本标准的各方应探讨使用下列标准最新版本的可能性。

GB/T 14497—93 地下水资源管理模型工作要求

3 总则

3.1 制定本规范的目的

为了更好地管理煤矿地下水，做到技术先进，经济合理，确保煤矿地下水的合理开发利用，以取得良好的经济效益和环境效益，制定本规范。

3.2 煤矿地下水管理模型技术工作主要任务

3.2.1 在充分收集和利用已有水文地质资料的基础上，补充必要的水文地质工作，查明含水层系统的结构、边界条件以及地下水的补给、径流和排泄等水文地质条件。

3.2.2 综合调查和分析煤矿地下水开发利用现状、与地下水开发有关的环境生态现状以及煤矿的建设、生产和发展规划等问题。针对所存在的主要问题，建立地下水系统模拟模型，并在此基础上，选择地下水管理目标和约束条件，建立地下水管理模型。

3.2.3 运用地下水管理模型采用系统工程方法寻求地下水开发利用的优化方案，并对所提出的方案进行综合评价，作出最佳决策。

3.2.4 通过监测工作及时了解新出现的情况，不断校正和完善地下水管理模型。

4 资料收集

4.1 基本原则

4.1.1 资料收集是煤矿地下水管理模型技术中的一项基础性工作，应做到边收集，边整理，边综合研究，并且应建立专项数据库。

4.1.2 资料收集应以查明煤矿水文地质条件，满足建模过程对资料的需求为宗旨。必要时可补充适当勘查工作以及开展专门性的调查研究。

4.1.3 资料收集应满足不同目的地下水管理工作对精度的要求。一般地下水管理模型要求具有详查以上勘查精度。

4.2 地下水管理中需要查明的水文地质条件

4.2.1 区域水文地质条件

4.2.1.1 地层、岩性、构造、第四纪地质及地貌特征。

4.2.1.2 地下水的补给、径流、储存和排泄条件。

4.2.1.3 地下水富水性变化规律及水化学类型。

4.2.2 煤矿水文地质条件

4.2.2.1 含水层系统的边界条件。

4.2.2.2 含水层系统的埋藏分布条件。

4.2.2.3 含水层系统的主要水文地质参数及其非均质性分区。

4.2.2.4 含水层系统地下水类型、水化学类型及其空间分布规律。

4.2.2.5 含水层系统地下水的补给、迳流、贮存和排泄特征以及渗流运动的形态。

4.2.2.6 含水层系统垂向、侧向水量交换方式及交换条件。

4.2.2.7 不同时期(枯、平、丰水期)、不同开采条件下(供水、矿井疏排水)含水层系统地下水流场及其动态规律。

4.2.2.8 地下水均衡要素及其动态特征。

4.3 地下水管理中需要调查的内容

4.3.1 地下水开发利用状况的调查

4.3.1.1 煤矿生产现状及其发展规划。

4.3.1.2 煤矿供水水源类型、水源地的开采储量、实际需水量、未来需水量预测及其供水规划。

4.3.1.3 煤矿疏(排)水网(孔)的运转状况、疏(排)水量及其利用情况、矿井污水的处理与再利用程度。

4.3.2 与地下水开发有关的环境生态问题调查

4.3.2.1 疏(排)水所形成的降落漏斗的扩展范围及其发展趋势。

4.3.2.2 地下水开发对民井水位、泉水流量以及地下水水质等方面的影响。

4.3.2.3 开采地下水所可能导致的其他环境生态问题的调查。

4.3.3 地下水水质及其污染调查

4.3.3.1 地下水中各化学组分的背景值及不良水质的分布范围和成因。

4.3.3.2 污染源的分布、污染质的运移、扩散途径以及污染的范围和程度。

4.3.3.3 污染水对生态环境的不良影响。

4.3.3.4 含水层的自净作用及其环境容量。

4.3.3.5 目前煤矿防治地下水污染的具体措施及其实施情况和效果。

4.3.4 地下水开采效益的调查

4.3.4.1 疏(排)水井的单位能耗(每抽出 1 m^3 地下水所消耗的能量)和总的能耗量。

4.3.4.2 地下水、地表水及其他再生水源的单位成本和水价。

4.3.4.3 矿井污水处理费用。

5 地下水管理模型的建立

5.1 地下水管理模型是解决地下水开发、利用和保护中最优化管理问题的重要技术手段。

5.2 地下水管理模型是将地下水系统模拟模型与最优化方法结合而形成的。

5.3 地下水系统的模型化:

5.3.1 煤矿水文地质条件的概化:

5.3.1.1 水文地质条件的概化必须符合实际的水文地质条件。

5.3.1.2 含水层系统侧向边界可根据煤矿实际情况选定在河流、分水岭、隔水边界、补给边界或排泄边界等位置,并把它们概化为第一类边界条件,第二类边界条件和第三类边界条件。垂向边界条件可概化为有水量交换的边界条件和无水量交换的边界条件。

5.3.1.3 含水层系统结构应根据含水层的类型、岩性、厚度、渗透系数等概化为均质、非均质、各向同性或各向异性的含水层。并据此进行水文地质参数分区。

5.3.1.4 地下水流运动状态应根据实际情况概化为稳定或非稳定流,一维流、二维流、三维流等。

5.3.1.5 源汇项应根据煤矿水源开采、回灌的特点将其概化为点井或面积井；降雨、蒸发、各类地表水的入渗补给以及上下含水层的顶托或下渗补给等应根据分布特征将其概化为单元入渗补给强度或单元蒸发强度。

5.3.1.6 根据地下水流速大小将水中污染质的运移机制概化为分子扩散、对流弥散。

5.3.1.7 根据含水层内部结构特征、水动力弥散实验结果以及污染途径调查等判定水头和浓度在三维方向上的变化情况，将地下水中污染质运移状态概化为一维流、二维流或三维流。

5.3.1.8 根据地下水中污染质的现状及其危害程度，选择合适的污染指标作为水质运移模型的模拟因子。

5.3.2 地下水系统模拟模型应在煤矿水文地质条件概化的基础上建立。它可分为数学模型和物理模型两类，前者又可进一步分为分布参数模型和集中参数模型。

5.3.3 模型的识别、检验和使用：

5.3.3.1 模型必须经过识别和检验后才可用于地下水资源的预报。

5.3.3.2 模型的识别应该通过对所建立的数学模型或边界条件的逐步修正，使模型输出的数据与实际观测数据达到最好的拟合。

5.3.3.3 模型的检验应该通过对已识别模型的运转，比较模型输出数据与实际观测数据的拟合效果，看模型是否正确地描述了地下水系统的本质特征。

5.3.3.4 对于降深小的地区，要求水位拟合绝对误差小于 0.5 m 的结点必须占已知水位结点的 70％以上；对于降深较大的地区（大于 5 m）要求水位拟合相对误差小于 10％的结点必须占已知水位结点的 70％以上。

5.3.3.5 水质浓度的拟合精度应视进入模型的模拟因子的现代分析误差精度而定。一般情况下，拟合的绝对误差值应控制在分析误差精度以内。满足水质浓度误差精度要求的结点应占已知水质浓度结点的 50％以上。

5.3.3.6 对于水文地质条件复杂的煤矿，地下水水位和水质浓度的拟合精度均可适当降低。

5.3.3.7 在使用模型进行地下水位或溶质浓度的预报时，必须满足模型的使用条件，同时，在预报过程中还应注意各预报时段需输入数据的对应性。

5.3.4 建模工作精度要求：

5.3.4.1 已知地下水位、水质控制点一般不宜少于模型节点总数的 5％～10％。其分布应满足对煤矿不同水文地质条件地段的控制要求。

5.3.4.2 观测时间系列的长度，对于分布参数模型一般要求有一个水文年以上的地下水动态观测系列资料；对于集中参数模型，一般要求不得少于一个小气象周期的观测资料。此外，根据建模的具体情况，也可对资料的观测提出专门的要求。

5.3.4.3 煤矿地下水集中开采量、排泄量和回灌量的观测，应尽可能与地下水水位、水质的观测同步进行。

5.3.4.4 地下水含水层系统的侧向或垂向边界存在较强的水量交换时，应尽可能开展水均衡论证或试验工作，求得水量的交换参数。

5.3.4.5 渗透系数、水动力弥散系数等参数可根据野外或室内代表性试验测定，也可以采用数值法反求参数得到。

5.3.4.6 数值模型在进行网格剖分时，应根据不同地段地下水水力梯度、水质浓度梯度以及精度要求等确定其网格剖分密度。

5.4 地下水管理的优化：

5.4.1 优化方法：

5.4.1.1 解决地下水管理优化问题的方法有线性规划、非线性规划以及动态规划等。线性规划是目前常用的方法。该法要求目标函数为一线性函数,约束条件可用一组线性等式或线性不等式来表达。

5.4.1.2 线性规划问题的标准形式见式(1):

目标函数 $$\mathrm{Max}Z=\sum_{j=1}^{n}c_j x_j \tag{1}$$

满足于 $$\begin{cases}\sum_{j=1}^{n}a_{ij}x_j=b_i & (i=1,2,\cdots,m)\\ x_j\geqslant 0 & (j=1,2,\cdots,m)\end{cases}$$

式中:

Z——目标函数值;

c_j——价值系数($j=1,2,\cdots,n$);

x_j——决策变量($j=1,2,\cdots,n$);

a_{ij}——约束方程式系数($i=1,2,\cdots,m;j=1,2,\cdots,n$);

b_i——约束方程式右端项,$b_i\geqslant 0$($i=1,2,\cdots,m$)。

若目标函数为求最小值问题,即

$$\mathrm{Min}Z=\sum_{j=1}^{n}c_j x_j$$

可令 $Z'=-Z$,将其化为如下标准形式:

$$\mathrm{Max}Z'=-\sum_{j=1}^{n}c_j x_j \tag{2}$$

对于约束条件为不等式的情况,可在其左端加上或减去一个非负的松弛变量,把它变为等式约束条件的标准形式。

5.4.1.3 地下水管理中的线性规划问题可采用单纯形法求解。

5.4.2 地下水管理模型:

5.4.2.1 地下水管理模型应该由目标函数和约束条件两部分组成。目标函数用来表示地下水管理的目标,它可以是单目标,也可以是多目标;约束条件用来表示在实现管理目标的过程中,所受到的社会、经济、环境和技术条件的限制。

5.4.2.2 地下水管理模型主要包括地下水水量管理模型和地下水水质管理模型。

5.4.2.3 地下水水量管理模型所要达到的目标一般有最佳水位降、最优开采量等,应根据煤矿的具体管理目标而定。

a) 当管理目标为满足煤矿供水要求的前提下,控制地下水位进一步下降时,目标函数可以是求各结点水位总降深的最小值。此时,式(2)中的 Z' 表示结点水位的总降深值(L),x_j 为某时段第 j 结点水位降深值(L);

b) 当管理目标为满足煤矿地下水位达到最佳状态的前提下,控制地下水开采量时,模型的目标函数可以是求煤矿总开采量的最大值。此时,式(1)中的 Z 表示煤矿的总开采量,x_j 为某时段第 j 个单元(结点)的开采量。

c) 当管理目标为满足煤矿用水要求的前提下,采用地下水人工回灌措施控制和改善地下水位的持续下降时,模型的目标函数可以是求地下水位回升的最大值。此时式(1)中的 Z 表示总水位回升值,x_j 表示由于地下水人工回灌在结点 j 处引起的水位回升值。

5.4.2.4 上述各目标函数要求的约束条件可以归纳为:

a) 均衡约束:以地下水流状态方程作为水均衡约束的等式约束条件;

b) 资源量约束:煤矿需水量之和不得大于当地可能的供水指标或煤矿各结点的回灌水量之和不得大于可用于回灌的总水量等;

c） 需求约束：地下水开采量要满足煤矿生产和生活用水的要求；

d） 环境约束，为防治某些环境生态问题，地下水位埋深必须控制在某一临界深度；

e） 非负值约束。

5.4.2.5 对于地下水水质管理模型，当管理的主要目标是为了求得地下水污染质排放的控制量时，其目标函数应是寻求地下水系统所能容纳的污染质的最大值。此时，式(1)中的 Z 为地下水系统所能容纳的污染质的最大值(M/T)；x_j 为污水入渗量(L^3/T)与某污染质的最佳排放浓度(M/L^3)之积。

5.4.2.6 地下水水质管理模型约束条件为地下水流状态方程、地下水溶质运移的对流-弥散方程，不导致地下水污染的各污染质排放浓度限制以及非负值约束等。

5.4.2.7 根据煤矿地下水管理的具体情况，也可以建立其他类型的地下水管理模型。

5.4.2.8 地下水流状态方程和地下水溶质运移的对流-弥散方程具有微分方程的形式，只有通过有限差分法或有限单元法将它们变成线性代数方程组，才允许纳入地下水管理线性规划模型的约束条件中去。

5.4.2.9 建成地下水管理模型，并求得最优解之后，还必须要进行模型灵敏度分析，确定在保持模型最优基不变的条件下，模型中各参数的最大允许变化范围。

5.4.2.10 地下水管理模型必须随着煤矿有关的社会、经济、自然条件以及人为作用因素的不断变化进行定期的修正，以保证模型的精确性和可靠性。

5.5 地下水管理优化方案的评价：

5.5.1 通过地下水管理模型的运转，可得出在若干个不同管理期内，不同开采、回灌工程布局条件下的地下水开发利用优化方案。

5.5.2 对各优化方案必须从技术上的可行性、经济上的合理性、生态环境平衡，近期开发利用和远期规划相结合等方面进行综合分析和评价，并排出执行方案时的优先序。

5.5.3 应提出不同管理期内合理开发利用地下水的结论性意见。

6 监测工作

6.1 监测工作是煤矿地下水管理模型技术工作的一项重要内容，在地下水管理方案中必须包括有监测工作的设计内容，在管理方案实施时，必须逐步地建立和完善监测网。

6.2 监测工作的目的和任务：

a） 监测煤矿在建设或生产过程中的地下水开采动态及与之有关的地表水动态；

b） 监测与地下水开发有关的环境生态问题发生和发展的状况；

c） 监测防治地下水开采动态恶化和某些环境生态问题发生与发展的工程技术措施效果；

d） 根据所获得的监测资料，建立或修正地下水管理模型，对地下水开采动态和某些环境生态问题做出预报并提出防治措施。

6.3 监测项目：

6.3.1 地下水水位和水量的监测项目。一般应包括各种取水和疏(排)水工程中的地下水水位、取水量或疏(排)水量，煤矿范围内长观孔、民井水位及泉流量等。

6.3.2 地下水水质监测项目。一般应包括水质简分析项目，三氮、汞、铬、酚、氰、砷、镉、耗氧量、细菌和大肠杆菌等，在掌握水质变化规律后，可适当减少部分项目的监测。

6.3.3 地下水人工回灌的监测项目。一般应包括回灌时间、回灌量、回灌压力以及回灌后的地下水水位、水质等。

6.3.4 地表水监测项目。一般应包括与地下水密切相关的地表河流、池塘及湖泊等的水位、水质、渗漏量和流量(或积水量)等。

6.3.5 环境生态问题的监测项目。一般应包括与地下水开发有关的环境生态变化中的诸动态指标。

6.4 监测网的布置：

6.4.1 监测网由监测点和监测线组成，其范围一般应能覆盖煤矿整个地下水系统。

6.4.2 监测点或监测线应尽可能具有多种监测功能。

6.4.3 含水层系统存在多个含水层时，必须布置分层的地下水监测网。

6.4.4 地下水位监测网的布置要求：

6.4.4.1 水位监测网应以能监控煤矿范围内及边界上的水头分布特征和某些特殊地段的地下水位变化规律为主要布置原则。

6.4.4.2 当地下水流场形态基本保持天然状态时，水位监测线的方向应与地下水主要流向一致，并应穿过主要开采区和补给、排泄区。

6.4.4.3 对于因供水或疏（排）水已形成地下水位降落漏斗的地区，监测线应沿着漏斗发展的不同方向布置，一般至少应该有两条互相垂直的监测线。

6.4.4.4 水位监测线应垂直于对地下水有补给作用的河流或人工补给工程。

6.4.4.5 水位监测点的密度应随地下水水力坡度的加大而加密。

6.4.4.6 不同的水文地质参数分区中均应该布置水位监测点。

6.4.5 地下水质监测网的布置要求：

6.4.5.1 水质监测网应以能监控煤矿范围内的地下水化学类型，污染程度、污染质扩散途径、主要污染指标浓度变化规律及边界上的水质分布特征为主要布置原则。

6.4.5.2 对于可能造成地下水污染的各种污染源分布地段均应布置监测点或辅助监测线。

6.4.5.3 水质监测点的密度应随地下水污染浓度梯度的加大而加密。

6.4.5.4 不同类型的水化学分区、污染程度分区中均应该布置水质监测点。

6.4.6 地下水水量监测网应以能监控煤矿范围内的主要地下水开采量、疏（排）水量、回灌水量、泉流量以及边界上的水量等为主要布置原则。

6.4.7 地表水监测网布置要求：

6.4.7.1 地表水监测网应以能监控煤矿范围内与地下水存在水力联系的河流（渠）、池塘及湖泊等为主要布置原则。

6.4.7.2 河流监测点一般应布置在区内河流（水渠）的流入或流出段；支流进入主流处；河（渠）的大量渗漏或渗出段等处。

6.4.8 与地下水开发有关的环境地质问题监测网的布置要求：

6.4.8.1 主要的地面沉降线应沿着沉降漏斗的长轴方向和横穿可能的沉降地带布置，在垂直方向上可布置少量辅助监测线。

6.4.8.2 地面塌陷（或地裂缝）位移监测点，在可能的情况下，应分别布置在主要塌陷漏斗的中心和边缘以及地裂缝的两侧和起止点；位移监测线应尽可能与诱发塌陷（或地裂缝）的各种地质界线垂直。

6.5 监测的频率、次数和时间：

6.5.1 地下水水位监测要求：

6.5.1.1 一般情况下应每隔 10 日观测一次地下水水位。

6.5.1.2 每年的丰水期和枯水期应进行两次煤矿范围内的地下水位统测。

6.5.1.3 地下水位的监测应尽可能与地下水量及地表水的监测同步进行。

6.5.2 地下水水量监测要求：

6.5.2.1 地下水的开采量、疏（排）水量应每月进行一次统计。

6.5.2.2 当矿坑发生突水或水量急剧变化时，应增加水量的监测次数，并做好地下水位的同步监测工作。

6.5.3 地下水水质监测要求：

6.5.3.1　一般要求在每年的丰水期和枯水期各取一次水质分析水样。严重污染区适当增加取样次数。

6.5.3.2　用于进行地下水人工回灌的水源，应每10～15日采取一次水质分析水样；回灌区的地下水要求每月或每季度采取一次水质分析水样。

6.5.4　地下水人工回灌的监测要求：

6.5.4.1　各种人工回灌入渗工程的注入水量、水头压力应每日进行记录。对于地面入渗工程，尚需观测当地的有关气象资料。

6.5.4.2　常年人工回灌区的地下水位应每10日观测一次；间歇性回灌地区的地下水位在进行人工回灌期间应每1～2日观测一次。

6.5.5　地表水的观测要求，一般应按国家水文观测部门或煤炭工业部制定的相关规范进行，但必须有与地下水位、水质同步监测的数据。

6.5.6　与地下水开发有关的环境生态问题的监测要求：

6.5.6.1　地面正在沉降的地区，应在每年地下水的高、中、低水位期分别对沉降观测标进行一次水准测量，可能沉降的地区只需在每年低水位期进行一次测量。

6.5.6.2　对于突发性的地面塌陷与开裂现象，应及时进行测量；对于逐渐发展的塌陷与地裂现象可在每年易发时期进行一次测量。

6.5.6.3　生态条件的监测要求可按照国家环保部门制定的有关规范执行。

7　成果报告的编制

7.1　工作成果包括最终成果报告、阶段性成果报告、专题研究报告和简要报告等。

7.2　最终成果由文字报告、附图和附表组成。

7.2.1　文字报告的内容包括：

a）前言；

b）社会经济概况；

c）自然地理概况；

d）地质和水文地质条件；

e）地下水开发利用现状及主要环境生态问题；

f）地下水供需分析；

g）水文地质条件概化；

h）地下水模拟模型（包括数学模型的建立、求解方法和计算程序框图说明、系统识别、误差分析、模拟成果及其评价）；

i）地下水管理模型（包括目标函数选择、约束条件的确定、优化方法和成果以及灵敏度分析）；

j）优化方案的选择及其综合评价；

k）对策和建议；

l）结论。

7.2.2　成果图件及比例尺可结合煤矿的具体条件和工作要求而定。一般可编制实际材料图、水文地质剖面图、地下水开发利用和环境生态问题现状图、地下水模拟模型成果系列图、地下水管理模型成果系列图以及地下水开发利用和保护规划图。

7.2.3　成果报告主要附表包括：

a）社会经济状况统计表；

b）水文地质试验成果统计表；

c）地下水和地表水动态观测资料统计表；

d）地下水开发利用现状统计表；

e） 地下水管理模型计算机程序；

f） 地下水管理模型成果表。

7.3 阶段性成果报告以及专题研究报告的内容，可根据工作任务要求，参照7.2所列的内容，进行适当删减和调整。

7.4 简要报告是最终成果报告摘要。

7.5 监测工作成果包括监测工作报告和监测研究报告。

7.5.1 监测工作报告是阶段性监测工作总结，其主要内容包括：

a） 概况（包括社会经济、自然地理、地质和水文地质、地下水及其开发利用和管理概况）；

b） 监测工作综述（包括监测项目、内容方法、工作量以及监测资料的质量评价等内容）；

c） 监测资料综合分析（包括地下水管理模型预测成果与实测资料对比、地下水均衡分析、地下水开采与环境生态问题之间关系及发展趋势的预测分析等内容）；

d） 结论。

7.5.2 监测研究报告是针对地下水管理中的问题，提交的监测研究成果，主要内容包括：

a） 对已有地下水管理模型预测成果的检验和分析；

b） 对已实施的地下水科学管理和防治环境生态问题对策和措施的评价；

c） 地下水管理模型及管理决策方案的修正和完善；

d） 地下水科学管理和保护对策的补充论证。

ICS 07.060
D 14

MT

中华人民共和国煤炭行业标准

MT/T 773—1998

煤矿水文地质条件分类规范

Norms for classification of hydrogeological condition of coal mine

1998-11-10 发布　　　　1999-04-01 实施

国家煤炭工业局　发布

煤矿水文地质条件分类规范

1 范围

本标准适用于生产煤矿，亦可在拟建、在建煤矿时参考使用，是煤矿水文地质条件分类的依据。

2 基本要求

2.1 根据煤矿水文地质条件的某一特征，结合实际情况进行分类，不同类型应具有显著的特点。
2.2 应具有普遍性和广泛的实用性。
2.3 本规范采用单一分类原则，其概念明确，能确定一个煤矿的水文地质和开采条件。

3 煤矿水文地质条件分类

具体分类方法是：①根据开采煤层及与其相关的含水层的埋藏深度进行分类；②根据煤层开采期间的主要充水水源进行分型；③根据煤矿的富水系数（即矿井总涌水量同产煤量之比）的大小划分其亚型；④根据潜在的水害因素作出辅助类型的划分。

3.1 按埋藏深度分类

3.1.1 裸露类（Ⅰ类）

煤矿的开采煤层全部处于当地侵蚀基准面以上。充水含水层中的水包括：上层滞水、潜水、无压或有压的层间水。矿井涌水可依靠排水沟自流排放，一般对矿井不构成威胁。矿井涌水量主要受大气降水控制。

3.1.2 半裸露类（Ⅱ类）

煤矿开采煤层的上部处于当地侵蚀基准面以上，而下部则处在该面以下，与煤层开采有关的充水含水层中的水包括：上层滞水、潜水、无压或有压的层间水。侵蚀基准面以上含水层中的水基本无压，而基准面以下含水层中的水，具一定压力。矿井涌水对煤层的开采，一般均有影响，如为岩溶水涌出，则有严重影响。采用自流和机械两种排水方式。矿井涌水量受降水季节影响显著。

3.1.3 浅埋类（Ⅲ类）

煤矿的开采煤层，全部处于当地侵蚀基准面以下，且埋深小于500 m。煤系地层的上部，一般均有第四系松散层覆盖，个别地区还有局部的第三系伏于第四系之下。对采煤工作面而言，含水层中的水都具有一定的水头压力。矿井涌水量的大小，涌水方式，对煤层的开采皆有直接影响。矿井涌水量受降水季节的影响比较明显。

3.1.4 深埋类（Ⅳ类）

煤矿的开采煤层，全部埋藏在当地侵蚀基准面500 m以下。一般在煤系地层以上覆盖着巨厚的松散地层或岩层。煤矿的主要充水含水层是承压的砂岩裂隙水、薄层灰岩岩溶裂隙水，或古岩溶系统构成的厚层灰岩裂隙岩溶水。通常没有现代岩溶发育。煤层开采工作面的顶底板一般均承受较高的水压，未遇导水构造时，矿井涌水量可能不大，且水量稳定，基本不受降水季节的影响。

3.2 按直接充水水源分型

3.2.1 大气降水型（一型）

该型煤矿充水水源主要来自大气降水，矿井涌水量受大气降水量控制，涌水量和降水量的峰值基本一致，或稍有迟后。干旱季节各含水层中的水一般均有大幅下降，矿井涌水量逐渐减少。该型多存在于Ⅰ、Ⅱ类（即裸露类和半裸露类）煤矿，Ⅲ类（即浅埋类）煤矿较为少见。通过降水量资料、开采引起的地表沉降或塌陷，以及地裂缝的情况，可大致确定降水量同矿井涌水量之间的关系。

3.2.2　地表水型(二型)

该型煤矿多见于Ⅲ类(即浅埋类)矿井。矿井多位于地表水体附近,或直接位于地表水体以下。采后产生的地表塌陷区、沉降大裂缝,多成为矿井充水的主要途径。我国南方岩溶区煤矿,雨季常见现坡立谷、暗河及塌陷区的洪水涌入矿井,甚至造成淹井事故。地表水型煤矿的涌水,一般形成定水头补给,其矿井涌水量的大小取决于导水通道的过水能力,水力梯度的大小,以及水源的充沛程度。

3.2.3　孔隙水型(三型)

赋存于松散层孔隙中的地下水为孔隙水。一般指第四系和第三系含水层水,亦有未成岩的古地层含水层水。除少数以上层滞水的形式存在外,主要以潜水和承压水存在。其主要补给源为大气降水、地表水的渗入补给。裂隙水和岩溶水也可成为补给水源。当矿井的直接充水水源为孔隙水时,称为孔隙水型煤矿。该型多见于浅埋类(Ⅲ类)煤矿,或在松散层较厚地区建井时遇到。往往以泥砂含量很高的混浊水涌入矿井,造成严重损失。在煤矿隐伏露头区,上覆有较厚的松散地层,当开采煤层时,要根据松散层底部隔水层的情况,留设足够的防水煤岩柱。

3.2.4　裂隙水型(四型)

赋存于基岩裂隙系统中的地下水,称裂隙水,以潜水、层间无压或承压水形式存在。煤层顶底板中的砂岩裂隙水,涌水量一般都不大,绝大多数可以疏干,不足为患。但在构造发育地段,亦可形成较大突水,且伴有大面积涌水现象。

3.2.5　岩溶水型(五型)

赋存于可溶性地层中的地下水统称为岩溶水。我国大多数煤矿开采石炭、二叠系煤层。北方奥陶系灰岩水(以下简称奥灰水),南方茅口灰岩水对煤层开采构成威胁。在北方煤系地层中的薄层灰岩水(以下简称薄灰水)多为直接突水水源,且多有奥灰水补给。其突水量的大小取决于薄灰水同奥灰水的连通性,以及奥灰水的富水程度。薄灰岩溶水在地质构造和水文地质单元的控制下,具极大的非均质性、区段性和地域性。

厚层灰岩岩溶水,由于接受降水和其他含水系统补给的面积大,水源丰富,所以水量充沛。厚层灰岩岩溶发育程度具更大的不均一性和极强的地区性,随埋深增加岩溶发育程度具有一定的规律性。在我南方,以现代岩溶为主,随埋深加大岩溶发育变弱的规律性极为明显;而在北方,则以古岩溶为主体,在古岩溶上又发育了现代岩溶,随深度增加岩溶发育减弱的规律性不甚明显。

3.3　根据富水系数(F)划分亚型

富水系数(F)系指煤矿的总排水量和产煤量之比值。对生产煤矿,可按开采期内的总排水量和总产煤量计算;对设计和基建煤矿,可按设计产量和年排水总量进行计算。

3.3.1　贫水亚型(1亚型)

煤矿开采煤层的充水含水层水量贫乏,矿井涌水量小,即 $F \leqslant 5$。此亚型煤矿多分布于干旱或半干旱地区。当 $F \leqslant 1$ 时,一般均严重缺水,难于在附近找到水源地,开发前需进行供水源地的论证;当 $F > 1$ 时,亦需根据水源的充沛程度确定煤矿规模。

3.3.2　较贫水亚型(2亚型)

煤矿开采煤层的充水含水层水量较贫乏,矿井涌水量不大,其 F 值介于5～10之间。该亚型煤矿投入的防治水费用一般不高,又能找到很好的供水水源地。

3.3.3　较富水亚型(3亚型)

煤矿开采煤层的充水含水层较富水,矿井涌水量较大,其 F 值介于10～20之间。该亚型煤矿的直接充水水源多为薄灰岩溶水。

3.3.4　富水亚型(4亚型)

煤矿开采煤层的充水含水层水量丰富,矿井涌水量很大,其 $F > 20$。该亚型煤矿均有厚层灰岩岩溶水构成间接或直接充水水源。当 $F > 40$ 时,应对煤矿开发前景进行论证;当 $F > 80$ 时,一般难于开发。

3.4 **根据潜在水患划分辅助类型**

潜在水患是指需要进行专门水文地质探查才能确定的煤矿突水因素。一个煤矿可能存在多种潜在水患因素。当煤矿水文地质条件类型确定之后,还应按潜在水患划分辅助类型。

3.4.1 老空水型(1型)

老空水指人类采掘活动留下的地下空间中集存的地下水。老空水突水的危害性甚大,由于大量积水在短时间内涌入煤矿,不但瞬时流量大、速度快,而且多夹带有煤泥、石块和瓦斯气味。

3.4.2 导水陷落柱型(2型)

开采煤层下伏厚层灰岩,在采掘中可能遇到岩溶陷落柱。当陷落柱具导水性时,岩溶系统内积存大量的水、泥沙和石块,瞬时突入矿井造成严重危害。须进行专门的水文地质探查,采取防治水措施,防患于未然。

3.4.3 导水断裂带型(3型)

我国煤系地层中,普遍发育规模、性质各异的断裂带,有的以断层形式,有的以节理裂隙密集带形式存在,往往构成煤层的突水通道。在岩溶水型煤矿中,导水断层构成的突水通道集中;而裂隙水型构成的则较分散,但都对生产造成严重影响。在非岩溶型煤矿中,其突水量较小,一般不构成严重威胁。

3.4.4 孔隙水天窗型(4型)

当开采煤层处于隐伏露头区时,其上覆的孔隙水含水层直接与煤系地层接触,形成天窗型潜在水患,其涌水特点是泥砂俱下,对煤矿生产危害很大。应查清这种水文地质条件的分布范围,及其孔隙含水层的性质和富水性,采取经济合理的防治水措施。

4 煤矿水文地质类型的确定

4.1 **确定原则**

4.1.1 以主采水平的深度进行分类,对有两个主采水平以上的煤矿,可根据各水平的深度范围进行分类。如开采水平埋深多数小于500 m,归入Ⅲ类,而多数大于500 m时,归为Ⅳ类。

4.1.2 以煤矿主要的充水水源分型,对两个以上的主要充水水源,应根据充水量的大小和充水时间的长短,选水量大和充水时间长的定型。

4.1.3 根据富水系数即 F 值大小划分亚型。

4.1.4 根据煤矿水文地质勘探和生产中发现的问题,在类型划分后进行辅助类型注示。

4.2 **表述方法**

以华北某煤矿为例

4.2.1 该矿地表的最低侵蚀基准面标高约80m。现分三个水平采煤,分别为－100 m、－300 m、－500 m。现主要开采一、二水平的煤层,三水平产量较少。据此,可定为Ⅲ类(浅埋类)。

4.2.2 该矿共有三个主采煤层,目前主采大煤煤层,矿井主要充水水源为砂岩裂隙水。下部的大青和下架煤层,尚未进行开采。所以,可定为四型(裂隙水型)。

4.2.3 该矿井涌水量约600 m^3/h,年排水总量约为500万t,年产煤量约130万t。计算出 F 值为4,应定为2亚型。

4.2.4 该矿的水文地质条件类型,可表述为:Ⅲ类四型2亚型。可简化为Ⅲ—四—2类型。

4.2.5 根据地质资料,井下曾揭露岩溶导水陷落柱并伴有老空水突出,因此按潜在水患划分辅助类型应为1、2型。

4.2.6 该煤矿水文地质条件类型的划分,应表述为:Ⅲ—四—2类型。且存在1、2两种类型潜在水患。

MT

中华人民共和国煤炭行业标准

MT/T 778—1998

数值法预测矿井涌水量技术规范

Technical norms for prediction of mine water quantity with numerical methods

1998-11-10 发布　　　　1999-04-01 实施

国家煤炭工业局　发布

数值法预测矿井涌水量技术规范

1 范围

本标准适用于应用数值法进行矿井涌水量预测工作，是确定计算方案、检验计算精度、编写预测报告、制定相应的规划和设计的依据。

2 一般要求

2.1 本方法可用于矿井正常涌水量、矿井最大涌水量、各开采水平的涌水量、井筒和开拓坑道的涌水量及疏干工程或专门排水装置的涌水量的预测。

2.2 计算工作前或计算过程中，应掌握以下资料：

——矿区所处水文地质单元的区域水文地质图及报告；

——1：5000～1：2.5 万矿区水文地质图及相应的文字报告；

——1：5000 矿井可行性方案开采图；

——含水层顶、底板埋深及等厚线图；

——含水层等水位线图；

——煤层底板等高线图；

——受水威胁煤层顶、底板等水压线图；

——地下水水化学图；

——水文地质剖面图；

——钻孔及群孔抽(放)水试验资料；

——地下水长期动态观测资料；

——历年气象、水文资料。

2.3 计算工作结束时提交的文件及附件：

工作报告：包括对所采用的资料、建立的模型、选用的参数、计算过程及结果的详细分析与说明；

图件：包括概念模型的示意图、水文地质参数分区图、计算区剖分图、水位拟合曲线图、计算机程序流程图、初始流场图、预测曲线和流场图、涌水量动态曲线；

附件：参数识别和正演预报时所采用的计算程序及相对应的数据文件、计算结果、水位拟合及误差分布情况，最终预测的各时段、各节点的水位值。

3 矿井涌水量数值法预测

3.1 概念模型

概念模型是连接地下水实体系统与数值模型的桥梁。概念模型应包括对地下水流系统内部结构、边界条件、地下水运动状态及输入、输出条件的概化。模型概化得合理与否直接影响计算的程度。

3.2 数学模型

3.2.1 数学模型是由概念模型来确定的，按含水层的埋藏条件分为潜水流或承压水流模型；根据地下水运动的时空变化特征又可分为：稳定流或非稳定流，平面二维流或剖面二维流、拟三维流或三维流模型。模型中的每个变量都必须给定相应的物理意义和量纲。

3.2.2 模型的边界条件按性质分为三类：

第一类：水位边界(Dirichlet 型)。选取水位边界应注意以下几点：

a） 水位边界的位置应尽可能地远离计算区内的源（汇）项，绝对不允许置抽（注）水井于水位边界上；

b） 水位边界处要有观测点控制，以确定边界水位值；

c） 在模型域中至少应有一个水位边界节点，这对保证数值模型和其逆问题解的唯一性是必要的。

第二类：流量边界（Neumann 型）。选取二类边界应以隔水边界和弱透水边界为主，尽量不用人工划成的大流量边界。在数值模型中处理大流量边界，容易造成边界附近的水位异常和整个预测结果的较大误差。因此，应尽量选取确定性较好的自然边界作为计算边界。

第三类：混合边界（Combined Boundary Condition 型）。由于边界中的两个参数较难准确估值，在实际应用中应慎重。

3.2.3 常用的数值方法有：有限单元法、有限差分法、边界元法、有限分析法等。根据实际条件选定算法后，必须简要说明该算法的计算过程和计算程序设计步骤以及计算程序框图。

3.2.4 对计算区的剖分（离散化）可根据不同的数值方法来选用线元、面元（三角形或四边形单元）和体积单元。在靠近抽（放）水井处水力坡度较大，剖分要加密一些，在水力坡度较少处或水文地质资料较少处可以剖分得疏一些。剖分的三角形单元一般不能出现钝角和角度很小的锐角，特别是在拟三维模型中，钝角三角形将可能直接影响数值解的稳定性与收敛性。

3.2.5 对于时间的离散化，应按如下公式确定时段大小：

$$\Delta t_{i+1} = 1.25\Delta t_i \quad (i=0,1,2,\cdots)$$

初始时段（Δt_0）可以取为 0.001 d，当 Δt 增大到一定程度后可以选用等步长直到计算结束。

3.3 模型参数识别

3.3.1 待识别的参数一般包括：渗透系数或导水系数，给水度或弹性释水系数，垂向越流系数，入渗系数及混合边界系数。所采用的资料来源于抽（放）水试验和长期动态观测。

3.3.2 在参数识别之前要进行参数分区，其依据为：

a） 计算区钻孔抽（放）水试验资料的计算结果，包括渗透系数、弹性释水系数、给水度及单位涌水量；

b） 含水层分布规律，即埋深、厚度、岩性组合特征及富水性分区；

c） 地下水天然流场、人工干扰流场、水化学场和温度场；

d） 构造条件及岩溶分布规律。

3.3.3 参数分区数要适中，基本保证第一参数分区内至少有一个观测孔（点来控制）。

3.3.4 参数优选问题一般都描述为非线性最优化问题，在观测噪声的情况下，非线性规划算法可能收敛于局部最优解。因此，必须反复调整保参数的上、下限及初始值，重新优选参数，直到满足收敛准则。

3.3.5 收敛准则应根据识别的参数个数和选取的观测数据的个数来确定。观测水位拟合点的相对误差（相对于该点在拟合期内的水位变幅）应小于 15%；对于抽（放）水孔，在消除井损之后，其相对误差一般应小于 20%。

3.4 涌水量预测

3.4.1 根据生产部门的实际情况与要求制定几种预测方案，给定排水孔位置与个数，按不同方案进行水位预报，便于对比分析和选用最优方案。

3.4.2 按照开采施工计划确定疏排水的期限及提前疏排时间，同时确定各控制点的水位降深。

3.4.3 涌水量预测为一正演问题，需要反复修正水量，使各控制点的计算水位降达到设计要求，最终求取各预测方案下的涌水量，包括正常涌水量和最大涌水量。

正常涌水量定义为以多年平均降水量和补给边界处平均水位、水量作为输入条件求得的涌水量；最大涌水量则为以最大年降水量和补给边界处最大水位和水量值作为输入条件求得的涌水量。

3.5 对计算结果的分析与解释

为了便于生产、设计部门应用涌水量的预测结果,必须对计算结果作详细分析与解释。根据所采用的资料的代表性和所建立的数值模型的可靠性来论证最终预测结果的正确性,同时对预测涌水量在实际应用中可能存在的局限性作出说明。

ICS 73—010
D 04
备案号:6143—2000

MT

中华人民共和国煤炭行业标准

MT/T 865—2000

导水裂缝带高度的钻孔冲洗液漏失量观测方法

Measuring method on height of water flowing fractured zone using loses of drilling fluid

2000-01-18 发布　　2000-05-01 实施

国家煤炭工业局　发布

前　言

煤层开采后，测定覆岩导水裂缝带高度是为了更加合理地留设防水煤柱，最大限度地解放水体下被压煤炭资源的一项重要技术工作。我国从50年代末期开始采用钻孔冲洗液漏失量观测方法测定导水裂缝带高度，先后在100多个矿井、数百个工作面测定了上千个钻孔，完成相关研究课题几十项，解放了数亿吨水体下被压煤量。本标准是在多年来的实践工作基础上编制的，对钻孔冲洗液漏失量观测方法在钻孔布置、钻孔施工、钻孔测量段要求、测量项目、测量仪器、测量方法和数据处理等方面作了统一的规定。

本标准的附录A为提示的附录。

本标准由国家煤炭工业局行业管理司提出。

本标准由煤炭工业煤矿专用设备标准化技术委员会归口。

本标准由煤炭科学研究总院北京开采研究所负责起草。

本标准主要起草人：文学宽、康永华、耿德庸。

本标准委托煤炭科学研究总院北京开采研究所负责解释。

导水裂缝带高度的钻孔冲洗液漏失量观测方法

1 范围

本标准规定了在煤矿采空区上方，用钻探的方法，通过观测钻进过程中钻孔冲洗液的漏失量及其变化来确定覆岩导水裂缝带高度的常规观测项目、钻孔布置、钻孔施工、钻孔测量段要求、测量方法和数据处理方法等。

本标准适用于煤矿采空区上方通过钻孔冲洗液漏失量观测方法测定覆岩导水裂缝带的高度。

2 观测项目及仪器

用钻孔冲洗液漏失量观测方法测定覆岩导水裂缝带高度的常规观测项目及相应的观测内容、观测仪器见表1。

表1 观测项目及仪器

观测项目	观测内容	观测仪器、工具	观测精度
冲洗液漏失量	水源箱内原有水量、钻进过程中加入水量、水源箱内剩余水量、测量时间、钻进的进尺数、孔深	浮标尺、秒表、测尺、钻杆	孔深误差＜0.15% 浮标尺读数误差＜5 mm 进尺读数误差＜10 mm 水位深度误差＜100 mm
孔内水位	每次下钻前孔内水位、每次起钻后孔内水位。停钻期间孔内水位、观测时间	测钟、测绳、秒表、电测深仪	
冲洗液循环中断	冲洗液不能返回水源箱时的钻孔深度、时间。如采用注水使冲洗液循环正常，则应记录注入水量	钻杆、测尺、秒表	
异常现象	向钻孔内吸风或瓦斯涌出、掉钻、卡钻、钻具振动及相应的孔深	钻具、测尺	
岩芯鉴定	全岩取芯、岩层层位、岩性、倾角、破碎状态		

3 观测钻孔设计及施工

3.1 钻孔设计

3.1.1 孔位

3.1.1.1 水平、缓倾斜煤层孔位

水平、缓倾斜煤层观测钻孔的孔位布置方式见图1。

竖直钻孔均布置在采空区上方，要求钻孔所在采空区范围沿走向和倾向的长度均大于50 m；开采厚度变化不大；钻孔距回采工作面的始采线应大于30 m，距终采线大于15 m，并在回风巷和运输巷以内。

俯斜钻孔参照竖直钻孔要求布置。

3.1.1.2 急倾斜煤层孔位

竖直钻孔均布置在采空区上方，要求钻孔所在采空区范围沿走向和倾向的长度均大于50 m；钻孔距始采线和终采线均大于10 m，并在回风巷和运输巷以内。俯斜钻孔参照竖直钻孔要求布置。

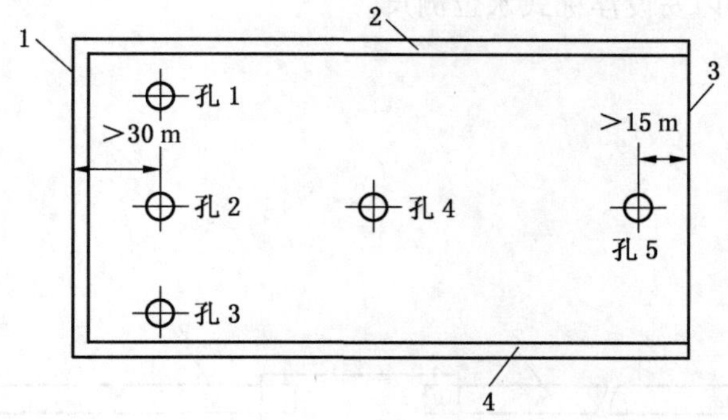

1——始采线；
2——回风巷；
3——终采线；
4——运输巷

图 1　水平、缓倾斜煤层观测钻孔布置示意图

3.1.2　孔数

观测导水裂缝带最大高度及岩层破坏特征时，观测孔至少为 2 个，见图 1 中孔 1 和孔 3；观测导水裂缝带高度及岩层破坏特征在工作面倾斜方向上的分布形态时，其观测孔数不得少于 3 个，见图 1 中孔 1、孔 2、孔 3；观测导水裂缝带高度及岩层破坏特征在工作面走向和倾斜方向上的分布形态时，观测孔数不得少于 5 个。必要时，应在采前施工对比孔 1～2 个。

3.1.3　孔径

地面钻孔进入基岩观测段的孔径不得小于 91 mm。井下钻孔孔径不得小于 60 mm。

3.2　**钻孔施工**

根据覆岩的软硬程度，钻孔施工应滞后回采时间 1～2 个月。覆岩偏软时，则滞后时间偏短。

3.2.1　钻孔非观测段下套管止水

在钻孔穿过松散层或其他上部岩层达到基岩预定的止水段后，则要对观测段以上的孔段下套管止水。止水段要求在基岩稳定的隔水层中，高度不少于 5 m。

下套管止水后应扫孔、洗孔至水清，扫孔超过套管底口以下的深度不小于 200 mm，然后对止水效果进行检查，管内水位变化经过 8h 不大于 40 mm 为止水合格。

3.2.2　钻孔观测段钻进

基岩观测段内钻进必须用清水做冲洗液，每个回次的长度不得超过 4 m，在裂缝带不得超过 2 m。

观测段钻进时，在未进入预计的导水裂缝带之前如遇原生裂隙带或含水带等地层异常引起钻孔冲洗液漏失量明显变化，则应采取堵漏措施，然后方可继续钻进。

3.2.3　终孔

孔底到达观测区所采煤层底板时或孔底进入垮落带并已知煤层底板标高时方可终孔。

3.2.4　封孔

全孔钻进完毕且观测、测井工作结束后，起拔套管后应对钻孔进行封闭，垮落带顶点以上孔段全部用水泥封堵。

4　观测方法

4.1　冲洗液漏失量观测

4.1.1　观测系统

观测系统见图 2。要求水源箱、循环槽、沉淀池不得漏水，水源箱和沉淀池容积均为不小于 1 m×

1 m×1 m 的正方体，水源箱内安设浮标式水位测尺。

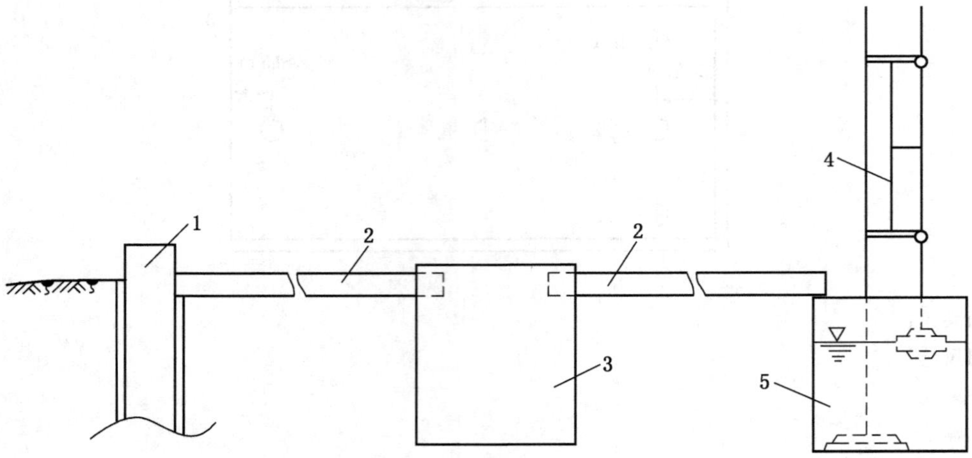

1——钻孔；
2——循环槽；
3——沉淀池；
4——浮标式水位测尺；
5——水源箱

图 2　冲洗液漏失量观测系统示意图

4.1.2　观测方法

开钻后，当冲洗液形成循环时，测定一次水源箱的水位，并记录开钻时间、钻孔深度，每钻进 0.5 m 再测定和记录一次。当漏失量变大时，可缩短为 0.3 m 测定和记录一次。完成一个回次以后，再测定和记录一次。并用钢尺测出该回次的实际进尺量，测定结果填入附录 A 的表 A1 中。

4.2　孔内水位观测

在观测段钻进时，每次起钻后下钻前均测定钻孔内水位。当停钻时间较长时，应每隔 5～10 min 观测一次水位。观测数据填入附录 A 的表 A2 中。

4.3　钻孔冲洗液循环中断状况的观测

当冲洗液循环中断时，及时记录孔深和时间，并填入附录 A 的表 A1 中，当冲洗液恢复循环时，同样记录孔深与时间。

4.4　异常现象的观测

当钻进到裂缝带时，每次起钻后，如有向钻孔内吸风或瓦斯涌出等现象时，应记录当时的钻孔深度。并将表 1 所列的异常现象填入附录 A 的表 A3 中。

4.5　岩芯鉴定

观测段的取芯率要求不低于 75%，并要求准确判断岩层的层位、岩性、倾角及描述岩芯的破碎状况，并将资料填入附录 A 的表 A3 中。

4.6　注水试验

当钻孔内冲洗液循环中断时，应将钻具提出孔外，然后用泵直接向孔内注入清水，再通过水源箱测定水量的漏失情况，并将观测数据填入附录 A 的表 A1 中。试验时要求注入量大于漏失量。

5　观测数据处理

5.1　冲洗液漏失量计算

a）　单位时间冲洗液漏失量按式(1)计算：

$$Q_t = \frac{Q_1 + Q_2 + Q_3}{t} \qquad \cdots\cdots\cdots\cdots\cdots\cdots(1)$$

式中 Q_t——单位时间漏失量，L/s；

Q_1——水源箱内原有水量，L；

Q_2——钻进过程中加入水量，L；

Q_3——水源箱内剩余水量，L；

t——时间，s。

b） 单位时间和单位进尺的冲洗液漏失量按式(2)计算：

$$Q_{tm} = \frac{Q_t}{h} \qquad \cdots\cdots\cdots\cdots\cdots\cdots(2)$$

式中 Q_{tm}——单位时间和单位进尺漏失量，L/s·m；

h——进尺，m。

以上计算均以每个回次单独计算，其计算结果填入附录 A 的表 A1 中，并将冲洗液漏失量与钻孔深度关系曲线绘入附录 A 的表 A3 中。

5.2 水位观测资料的整理与计算

计算起钻后、下钻前的水位变化速度，填入附录 A 的表 A2 中，并将钻孔水位与孔深关系曲线绘入附录 A 的表 A3 中。

5.3 注水试验资料的整理与计算

按公式(1)计算做注水试验时的漏失量。并绘出注水量随时间变化的关系曲线。

6 导水裂缝带顶点及高度的确定

导水裂缝带由裂缝带和垮落带上下两部分组成。

6.1 裂缝带顶点的确定

钻孔内导水裂缝带的顶点根据以下 3 个方面的资料并加以综合分析确定：

a） 冲洗液漏失量显著增加，并且基本上呈现出随钻孔深度增加而增加的趋势；或者冲洗液全部漏失，经堵漏后再向下钻进时仍然如此。在一般情况下，应采取对比方法，即与对比孔和本孔的正常段漏失量比较确定之。

b） 钻孔水位显著降低，水位下降速度加快，有的甚至孔内无水。

c） 岩芯有纵向裂缝及钻孔有轻微吸风现象。

6.2 垮落带顶点的确定

钻孔内垮落带的顶点应根据以下 4 个方面的资料并加以综合分析确定：

a） 掉钻次数频繁；

b） 钻进速度时快时慢，有时发生卡钻及钻具振动加剧现象；

c） 钻孔有明显的吸风现象；

d） 岩芯破碎，采取率很低，有纵向裂缝和劈开的岩芯增多，岩芯层理、倾角紊乱等。

6.3 导水裂缝带高度的确定

用钻孔所对应的开采煤层顶板的垂直深度减去裂缝带顶点所对应(采前)的垂直深度得出导水裂缝带的高度。

6.4 垮落带高度的确定

垮落带是包括在裂缝带之内的，其高度为钻孔所对应的开采煤层顶板的垂直深度减去垮落带顶点所对应(采前)的垂直深度。

附 录 A
（提示的附录）
观测数据记录和数据处理结果表

各观测项目的数据记录表格见表 A.1 和表 A.2，各种观测资料的处理结果记录见表 A.3。

表 A.1 钻孔冲洗液漏失量观测记录表

钻孔号： 观测日期： 观测： 记录：

孔深 m	进尺 m	钻进时间 min			水源箱水位 min			冲洗液漏失量		备注
		开始	结束	用时	钻前	钻后	下降	单位时间 漏失量 L/s	单位时间、单位 进尺漏失量 L/s·m	
注：“孔深”栏记录开钻时的孔深。										

表 A.2 钻孔水位观测记录表

钻孔号： 观测日期： 观测： 记录：

孔深 m	观测时间 min			水位深度 m			水位下降速度 m/min	备注

表 A.3 观测资料处理结果汇总表

层位	孔深 m	钻孔 柱状 1：200	岩芯 长度 m	岩性描述、 岩芯鉴定	异常 现象	冲洗液漏失量与 孔深关系曲线	水位与孔深 关系曲线
						冲洗液漏失量 0 10 20 30 40 50	孔内水位深度 0 100 150 200
注：“冲洗液漏失量”和“水位深度”栏中的横线刻度要根据各钻孔的实际量值标注。							

ICS 13.060.30
Z 23
备案号:8096—2001

MT

中华人民共和国煤炭行业标准

MT/T 894—2000

煤矿水水质分析的一般规定

General rules for analytical and testing methods of coal mine water

2000-12-08 发布　　2001-05-01 实施

国家煤炭工业局　发布

前 言

本标准参阅了国内外有关标准和文献资料，结合我国煤矿水水质分析的实际情况，对煤矿水水质分析作了一般规定。

本标准由国家煤炭工业局规划发展司(国家煤矿安全监察局安全技术装备保障司)提出。

本标准由全国煤炭标准化技术委员会归口。

本标准由重庆煤田地质研究所负责起草。

本标准主要起草人:朱振忠。

本标准首次发布。

本标准由国家煤炭工业局规划发展司(国家煤矿安全监察局安全技术装备保障司)负责解释。

煤矿水水质分析的一般规定

1 范围

本标准规定了煤矿水水质分析的一般规定。

本标准适用于下列分析试验方法；

煤矿水中氯离子的测定方法；

煤矿水中钙离子的测定方法；

煤矿水中钙离子和镁离子的测定方法；

煤矿水碱度的测定方法；

煤矿水中硫酸根离子的测定方法；

煤矿水硬度的测定方法；

煤矿水中亚硝酸根离子的测定方法；

煤矿水中钾离子和钠离子的测定方法；

煤矿水中硝酸根离子的测定方法；

煤矿水中铵离子的测定方法；

煤矿水中可溶性二氧化硅的测定方法；

煤矿水 pH 值的测定方法；

煤矿水游离二氧化碳的测定方法；

煤矿水中砷的测定方法；

煤矿水中氟离子的测定方法；

煤矿水中铜的测定方法　原子吸收分光光度法；

煤矿水中铅的测定方法　原子吸收分光光度法；

煤矿水中锌的测定方法　原子吸收分光光度法；

煤矿水中镉的测定方法　原子吸收分光光度法；

煤矿水中锰的测定方法　原子吸收分光光度法；

煤矿水中可溶性固体的测定方法；

煤矿水中侵蚀性二氧化碳的测定方法；

煤矿水中铁离子的测定方法；

煤矿水中化学耗氧量的测定方法；

煤矿水中溶解氧的测定方法；

煤矿水中硫离子的测定方法　对氨基二甲基苯胺比色法；

煤矿水中硫离子的测定方法　碘量法；

煤矿水中铝离子的测定方法；

煤矿酸性水中硝酸根离子的测定方法；

煤矿酸性水中可溶性固体的测定方法；

煤矿酸性水中氯离子的测定方法；

煤矿酸性水中硫酸根离子的测定方法；

煤矿酸性水中铁离子的测定方法；

煤矿酸性水中铝离子的测定方法；

煤矿酸性水中钙离子的测定；
煤矿酸性水中镁离子的测定方法；
煤矿水中铬的测定方法；
煤矿水中磷的测定方法；
煤矿水中总 α 和总 β 放射性测定方法；
煤矿水中悬浮物的测定方法；
煤矿水中微量油的测定方法；
其他煤矿水水质分析试验方法。

2 引用标准

下列标准所包含的条文，通过在本标准中引用而构成为标准的条文。本标准出版时，所示版本均为有效。所有标准都会被修订，使用本标准的各方应探讨使用下列标准最新版本的可能性。

GB 6682—1992 实验室用水规格

3 定义

本标准所谓煤矿水系指煤矿地表水、地下水、矿井水、酸性水。

4 样品

4.1 水样应按规定方法采取，采取的水样应有代表性。
4.2 分取水样时，须保证所取水样的代表性。
4.3 容器：
4.3.1 容器需经清洗。
4.3.2 容器不得引起新的玷污。
4.3.3 容器器壁不应吸收或吸附某些待测组分。
4.3.4 容器不应与某些待测组分发生反应。
4.4 水样保存措施：
4.4.1 水样可以室温保存、冷藏保存、冷冻保存。
4.4.2 水样应充满容器并溢流后密封保存，但准备冷冻保存的除外。
4.4.3 根据需要水样可加入保护剂保存。

5 测定

5.1 下列项目应在采取水样后现场测定：水温、大气温度、pH 值、游离二氧化碳、溶解氧、硫化氢等。若受条件限制，只能送到实验室分析时（水温、大气温度除外），则应于水样送达实验室后，立即分析。
5.2 除特别要求者外，每项分析试验应对同一水样进行 2 次测定（通常称为重复测定），2 次测值的差如不超过重复性限 T，则取其算术平均值作为测定结果，否则，需进行第三次测定；如 3 次测值的极差小于 1.2T，则取 3 次测值的算术平均值作测定结果，否则，需进行第四次测定；如 4 次测值的极差小于 1.3T，则取 4 次测值的算术平均值作为测定结果；如极差大于 1.3T，而其中 3 个测值的极差小于 1.2T，则可取此 3 个测值的算术平均值作为测定结果。如上述条件均未达到，则应舍弃全部结果，并检查仪器和操作，然后重新测定。

6 方法精密度

本标准所涉及的精密度，以重复性限和再现性临界差来表示。

6.1　重复性限是指在同一化验室中，由同一操作者，用同一台仪器，对同一分析水样，于短期内所做的重复测定，所得结果间的差值(在95%概率下)的临界值。

6.2　再现性临界差是指在不同化验室中，对从同一水样分取出来的、具有代表性的部分所做的重复测定，所得结果的平均值间的差值(在95%概率下)的临界值。

7　结果计算和表达

7.1　本标准采用下述数据修约规则

凡末位有效数字后边的第一位数字大于5，则在前一位上增加1，小于5则弃去。凡末位有效数字后第一位数等于5，而5后面的数字并非全部为0，则在前一位上增加1；5后面的数字全部为零时，如5前面一位为奇数，则在5前一位上增加1，如前面一位为偶数(包括0)，则将5舍去。所拟舍去的数字，若为两位以上数字时，不得连续进行2次修约，应根据拟舍去数字中左边第一个数字的大小按上述规定一次修约出结果。

7.2　测定值和报告值按7.1所述规则修约到表1规定的位数。

表1

测定项目	单位	测定值	报告值
氯离子	mg/L	小数点后三位	小数点后二位
钙离子	mg/L	小数点后三位	小数点后二位
镁离子	mg/L	小数点后三位	小数点后二位
总碱度	mg/L	小数点后三位	小数点后二位
硫酸根离子	mg/L	小数点后三位	小数点后二位
硬度	mg/L	小数点后三位	小数点后二位
亚硝酸根离子	mg/L	小数点后三位	小数点后二位
钾离子	mg/L	小数点后三位	小数点后二位
钠离子	mg/L	小数点后三位	小数点后二位
硝酸根离子	mg/L	小数点后三位	小数点后二位
铵离子	mg/L	小数点后三位	小数点后二位
可溶性二氧化硅	mg/L	小数点后三位	小数点后二位
游离二氧化碳	mg/L	小数点后三位	小数点后二位
砷	mg/L	小数点后三位	小数点后二位
氟离子	mg/L	小数点后三位	小数点后二位
铜	mg/L	小数点后三位	小数点后二位
铅	mg/L	小数点后三位	小数点后二位
锌	mg/L	小数点后三位	小数点后二位
镉	mg/L	小数点后三位	小数点后二位
锰	mg/L	小数点后三位	小数点后二位
侵蚀性二氧化碳	mg/L	小数点后三位	小数点后二位
铁离子	mg/L	小数点后三位	小数点后二位
化学耗氧量	mg/L	小数点后三位	小数点后二位

表1(续)

测定项目	单位	测定值	报告值
溶解氧	mg/L	小数点后三位	小数点后二位
硫离子	mg/L	小数点后三位	小数点后二位
铝离子	mg/L	小数点后三位	小数点后二位
磷	mg/L	小数点后三位	小数点后二位
铬	mg/L	小数点后三位	小数点后二位
可溶性固体	mg/L	小数点后一位	个位
悬浮物	mg/L	小数点后一位	个位
pH值	无	小数点后一位	小数点后一位
总α和总β放射性	Bq/L		保留二位有效数字
油	mg/L		小数点后三位

8 符号

本标准采用下列符号代表各分析试验项目。

Al^{3+}——铝离子,mg/L;

As——砷,mg/L;

Ca^{2+}——钙离子,mg/L;

Cd——镉,mg/L;

Cl^-——氯离子,mg/L;

CO_2——游离二氧化碳,mg/L;

COD——化学耗氧量,mg/L;

Cr_t——总铬,mg/L;

$Cr_{(VI)}$——六价铬,mg/L;

Cu——铜,mg/L;

DO——溶解氧,mg/L;

F^-——氟离子,mg/L;

Fe^{3+}——铁离子,mg/L;

K^+——钾离子,mg/L;

Mg^{2+}——镁离子,mg/L;

Mn——锰,mg/L;

Na^+——钠离子,mg/L;

NH_4^+——铵离子,mg/L;

NO_2^-——亚硝酸根离子,mg/L;

NO_3^-——硝酸根离子,mg/L;

Pb——铅,mg/L;

pH——pH值;

P_{hy}——水解性磷酸盐磷,mg/L;

$P_{PO_4^{3-}}$——正磷酸盐磷,mg/L;

P_t——总磷,mg/L;

S^{2-}——硫离子，mg/L；
SiO_2——可溶性二氧化硅，mg/L；
SO_4^{2-}——硫酸根离子，mg/L；
TA——总碱度，mg/L；
TH——总硬度，mg/L；
Zn——锌，mg/L。

9 溶液配制

9.1 配制溶液所用的水，在没有注明其他要求时，应符合 GB 6682—1992 中三级水的规格。
9.2 工作用计量器具均应定期校正。
9.3 溶液浓度：
9.3.1 凡以水作溶剂的溶液称为水溶液，一般简称溶液，以其他液体为溶剂的溶液，则在其前面冠以溶剂的名称。
9.3.2 物质的量浓度：单位体积中所含溶质的物质的量，单位为摩尔每升，符号为 mol/L。
9.3.3 质量浓度：单位体积溶液中所含溶质的量，单位为克每升，符号为 g/L。
9.3.4 质量比浓度：
9.3.4.1 单位质量溶液中所含溶质的质量百分数，符号为%(m/m)。
9.3.4.2 一定质量的一试剂与一定质量的另一试剂相混合，符号为(m_1+m_2)。
9.3.5 体积比浓度：
9.3.5.1 单位体积溶液中所含溶质的体积百分数，符号为%(V/V)。
9.3.5.2 一定体积的一试剂与一定体积的另一试剂相混合，符号为(V_1+V_2)。

10 试验记录和试验报告

10.1 试验记录

试验记录应按规定的格式、术语、符号和法定计量单位填写，并应包括以下内容：
10.1.1 分析试验项目名称及记录纸编号；
10.1.2 分析试验日期；
10.1.3 分析试验依据标准及使用主要仪器设备名称或编号；
10.1.4 水样试验室编号；
10.1.5 分析试验数据；
10.1.6 分析试验结果及计算；
10.1.7 分析试验过程中发现的异常现象及其处理；
10.1.8 试验者和审核者；
10.1.9 其他需要说明的问题。

10.2 试验报告

试验报告应按规定格式、术语、符号和法定计量单位填写，并应包括以下内容：
10.2.1 报告名称、编号，页号、总页数；
10.2.2 试验单位名称、地址；
10.2.3 委托单位名称、地址(如果适用)；
10.2.4 水样名称、特性和状态、原编号、送样日期；
10.2.5 实验室水样编号；
10.2.6 主要分析试验依据标准或规程；

10.2.7 主要试验项目及结果；

10.2.8 （如果适用）水样采取程序；

10.2.9 （如果适用）关于“本报告只对来样负责”的声明；

10.2.10 批准、审核和主验人员、签发日期。

ICS 73.020
D 14
备案号：18835—2006

MT

中华人民共和国煤炭行业标准

MT/T 1022—2006

废弃矿井地下水污染监测布网技术规范

Standard of groundwater pollution monitoring net in abandoned mine

2006-11-02 发布　　2006-12-01 实施

国家安全生产监督管理总局　发布

前 言

废弃矿井会引发一系列环境水文地质问题，地下水污染就是其中较为突出的问题之一。为了及时了解、掌握矿井关闭后，矿井污染物的运移、扩散动态，进而为地下水的保护以及污染的控制、治理提供可靠的依据，就必须建立和完善地下水污染监测网，实现对地下水水质动态的长期有效监测。本标准规定了废弃矿井地下水污染监测布网的基本原则、方法和相关技术要求，可作为废弃矿井所在煤矿区进行地下水污染监测布网的依据。

本标准由中国煤炭工业协会科技发展部提出。

本标准由煤矿安全标准化技术委员会提出并归口。

本标准由煤炭科学研究总院西安分院负责起草。

本标准起草人：冯利军、虎维岳。

本标准委托煤炭科学研究总院西安分院负责解释。

废弃矿井地下水污染监测布网技术规范

1 范围

本标准规定了废弃矿井地下水污染监测布网的基本原则、方法和相关技术要求，主要适用于煤矿区，是废弃矿井所在煤矿区进行地下水污染监测布网的依据，也可作为其他废弃矿井地下水污染监测布网时的参考。

2 引用标准

下列标准所包含的条文，通过在本标准中引用而构成为本标准的条文。本标准出版时，所示版本均为有效。所有标准都会被修订，使用本标准的各方应探讨使用下列标准最新版本的可能性。

GB/T 14848—1993 地下水质量标准

SL 219—1998 水环境监测规范

3 总则

3.1 制定本标准的目的

依据《中华人民共和国水法》、《中华人民共和国水污染防治法》，为了加强废弃矿井所在煤矿区的地下水资源保护和管理工作，规范地下水污染监测布网及相关技术工作，为地下水污染评价、控制和治理提供可靠的依据，特制定本规范。

3.2 地下水污染监测布网的基本任务

通过对废弃矿井所在煤矿区的调研和现场勘查工作，合理布设地下水污染监测网，查明地下水污染现状，包括主要污染源、污染途径、污染类型和污染扩散空间范围，监测地下水质的长期动态。

3.3 任何矿井在关闭前都必须采取必要的地下水保护措施，并提交矿井闭坑报告，经当地环境保护部门审核后提出是否进行地下水污染监测的意见、要求和建议，由原矿井经营者负责实施，当地环保部门负责监督。

4 地下水污染监测布网的基本原则

4.1 地下水污染监测网应根据废弃矿井具体水文地质条件及污染源分布状况合理设置。

4.2 地下水污染监测网应能对废弃矿井地下水污染区域进行有效的监测和覆盖。

4.3 地下水污染监测网的布设应尽可能与煤矿区已有的地下水水位观测井网相结合，充分利用已有的供水井和地下水天然出露点作为监测井(点)。

4.4 地下水污染监测网点的布设应有利于长期监测和采样工作，并且尽可能便于管理和维护。

5 地下水污染监测布网前期调研工作

5.1 查明废弃矿井区域和井田含水层地下水的补给、径流和排泄条件。

5.2 查明废弃矿井井田范围含水层的埋藏分布条件、非均质性和各向异性条件、边界条件以及不同含水层之间的水力联系情况。

5.3 查明废弃矿井井田范围含水层地下水的天然水化学类型及各化学组分的背景值。

5.4 查明废弃矿井在过去开采条件下含水层地下水流场及其动态规律。

5.5 查明废弃矿井在过去生产期间，井下巷道工程和采矿活动实际揭露或影响的矿井主要充水含水层。

5.6 确定矿井主要充水含水层的水文地质参数。

5.7 初步调查和了解矿井关闭后，含水层地下水的污染源、污染途径以及可能的扩散范围和程度。

5.8 调查含水层的自净作用及其环境容量。

5.9 调查污染地下水对生态环境的不良影响。

5.10 调查矿井关闭前防治地下水污染的措施及其实施情况和效果。

6 地下水污染监测网布设方法与要求

6.1 在布设地下水污染监测网之前，应通过资料收集、访问和现场查勘等形式，按照本规范第5条的要求开展前期调研工作。

6.2 地下水污染监测网由监测线和监测点组成，可根据废弃矿井井田范围含水层地下水流向及污染源分布状况，采用网格法或放射法布设。

6.3 废弃矿井处于平原(含盆地)地区时，地下水污染监测采样井(点)布设密度一般为1眼/5 km^2，重要水源地或污染严重地区可适当加密；沙漠区、山丘区、岩溶山区等可根据需要，选择典型代表区布设采样井(点)。

6.4 地下水污染监测网一般应能覆盖从补给区至排泄区的整个废弃矿井井田范围，上游补给区布网密度通常应小于下游排泄区。上游监测井(点)可用于监测背景值。

6.5 地下水污染监测井(点)一般应沿含水层地下水的主要渗流方向布设，间距可随着远离污染源，由密到疏布设，重点污染控制方向加密布置。

6.6 地下水污染监测井(点)一般应布设在矿井的主要充水含水层或受采掘活动影响较为显著的含水层中，当存在多个含水层时，应根据监测目的与要求分层布设监测网。

6.7 在以含水层地下水为主要供水水源的地区、地下水污染严重地区以及地下水水质特征差异显著的区域应布设监测井(点)。

6.8 在布设地下水污染监测井(点)时，尚应根据含水层的渗透性、非均质性、各向异性以及地下水水动力条件，优化调整井(点)间距和位置。

6.9 对于需要建立地下水水质数值模型的废弃矿井所在煤矿区，监测井(点)的密度尚应满足数值建模精度要求。

7 地下水污染监测采样技术要求

7.1 地下水水样采集可根据实际情况选用自动式或人工式采样器，采样器应能在井中准确定位，并可取得满足分析所需的足够数量的水样。

7.2 采样器应有足够强度，且使用灵活方便，与水样直接接触部分应采用不锈钢、聚四氟乙烯等惰性材料。

7.3 贮存水样的容器应具有较好的化学稳定性。

7.4 下放和提升采样器时动作要轻，尽量减少对井水和底部沉积物的扰动。

7.5 水样采集量应满足监测项目分析所需用量。

7.6 一般监测井(点)和背景井(点)每年采样两次，丰水期和枯水期各一次；地下水污染严重的控制井(点)，应每季度采样一次；以地下水作为供水水源的地区应每月采样一次。

7.7 水样采集后应及时做好标识，并尽快送交实验室分析。

7.8 水样在运输过程中应避免阳光直射、冰冻和剧烈震动。

8 地下水污染监测项目、分析方法和质量评价

8.1 地下水污染监测项目的选择应能反映废弃矿井所在煤矿区地下水主要污染质状况。

8.2 地下水污染监测项目应结合矿区地下水的实际用途选择，并且能够满足地下水质量评价与保护要求。

8.3 地下水监测项目包括：pH、总硬度、溶解性总固体、氨氮、硝酸盐、亚硝酸盐、硫酸盐、挥发性酚类、氰化物、氟化物、氯化物、砷、汞、六价铬、铅、镉、铁、锰、高锰酸盐指数、大肠菌群，以及反映本废弃矿井所在煤矿区地下水质问题的其他项目。不同煤矿区应根据废弃矿井及地下水的实际情况从以上监测项目中合理地选择本地区的必测项目和选测项目。

8.4 地下水污染监测项目分析方法可按照 SL 219—1998 第 4.3.3 条有关规定执行。

8.5 地下水质量评价可按照 GB/T 14848—1993 第 6 条有关规定执行。

ICS 73.020
D 14
备案号:26892—2010

MT

中华人民共和国煤炭行业标准

MT/T 1091—2008

煤矿床水文地质、工程地质及环境地质勘查评价标准

Standard for exploration and evaluation of hydrogeology, engineering geology and environment geology in coal beds

2009-12-11 发布　　2010-07-01 实施

国家安全生产监督管理总局　发布

前 言

本标准是为了适应煤炭资源地质勘查工作的需要，在原煤炭工业部1980年颁发的有关规程基础上，总结20多年执行过程的实践经验，结合当前我国经济发展和技术进步而制定的。

本标准自生效之日起，同时替代原煤炭工业部(80)煤地字第638号文件颁发的《煤炭资源地质勘探抽水试验规程》、《煤炭资源地质勘探地表水、地下水长期观测及水样采取规程》、《煤炭资源地质勘探钻孔简易水文地质观测规程》和《煤田水文地质测绘规程》。

本标准的附录A、B、C为规范性附录，附录D、E、F、G、H、I、J、K、L为资料性附录。

本标准由中国煤炭工业协会科技发展部提出。

本标准由全国煤炭标准化技术委员会归口。

本标准起草单位：中国煤炭地质总局、中国煤炭地质总局第一勘探局、中国煤炭地质总局水文地质局。

本标准主要起草人：孙玉臣、程爱国、王佟、傅耀军、郑柏平、华解明、袁同星、龚汉宏、牛志刚、段建华、白喜庆、李洪。

本标准为首次制定。

煤矿床水文地质、工程地质及环境地质勘查评价标准

1 范围

本标准规定了煤炭资源地质勘查水文地质、工程地质及环境地质工作的基本准则，侧重于勘查技术要求、工作方法。

本标准适用于煤炭资源地质勘查各阶段的设计编制、勘查施工、地质研究、地质报告编制和评审、资源/储量评估、矿业权评估、可行性研究。

2 规范性引用文件

下列文件中的条款通过本标准的引用而成为本标准的条款。凡是注日期的引用文件，其随后所有的修改单(不包括勘误的内容)或修订版均不适用于本标准，然而，鼓励根据本标准达成协议的各方研究是否可使用这些文件的最新版本。凡是不注日期的引用文件，其最新版本适用于本标准。

GB 3838 地表水环境质量标准

GB 12719 矿区水文地质工程地质勘探规范

GB/T 14158 区域水文地质工程地质环境地质综合勘查规范

GB/T 14848 地下水质量标准

GB 50027 供水水文地质勘察规范

DZ/T 0080 煤田地球物理测井规范

DZ/T 0215 煤、泥炭地质勘查规范

MT/T 897 煤炭煤层气地震勘探规范

MT/T 898 煤炭电法勘探规范

3 术语和定义

下列术语与定义适用于本标准。

3.1

主要充水含水层 main filling aquifer

指在矿床开采条件下，对井巷产生充水量最大的含水层。

3.2

水文地质钻探 hydrogeological drilling

指为水文地质目的钻孔的施工。

3.3

单孔抽水试验 single well pumping test

仅在一个钻孔中进行的抽水试验。

3.4

多孔抽水试验 pumping test with multiple observation wells

在一个主孔抽水，其周围设置若干观测孔观测地下水位的抽水试验。

3.5

群孔抽水试验 interference wells pumping test

在抽水影响半径范围内，同时在两个以上钻孔中进行抽水并在其周围布置若干个孔观测水位的

试验。

3.6

矿坑正常水量 normal water yield of mines

有变化规律的充水因素(不含井巷突水、地表水倒灌等)所形成的矿坑涌水量的常见值。

3.7

矿坑最大涌水量 maximum water yield of mines

有变化规律的矿坑充水因素(不含井巷突水、地表水倒灌等)所形成矿坑涌水量的最高峰值,计算方法依矿区的气象和水文地质条件具体情况确定。

3.8

工程地质钻探 engineering geological drilling

指为工程地质目的钻孔的施工。

3.9

矿山工程地质问题 engineering geological problems of mines

指采矿工程与岩体相互作用产生地质危害的总称。

3.10

岩体 rock mass

地质体的一部分,指与工程建筑有关,即工程所辖地区及相邻地段的地质体,它有特定的自然边界,而依解决岩体稳定问题的需要所圈定。

3.11

岩组 rock group

岩石的工程地质组合,每一岩组都有一定的岩石组合特征及相似的工程地质特征。

3.12

结构面 structural plane

指在地质发展历史中,岩体内形成具有一定方向、一定规模、一定形态和特征的面、缝、层、带状的地质界面。

3.13

结构体 structural block

指岩体中被结构面切割并包围的不同形状和大小的岩石块体(岩块)和岩块集合体。

3.14

岩体结构 structure of rock mass

指岩体中结构面与结构体的大小、形状及组合方式。

3.15

矿区环境地质质量评价 environmental geology quality assessment of mining areas

指对矿区地质环境质量现状的评价和对矿山开采条件下的地质环境质量进行预测,进而提出控制和消除因采矿而产生的有害作用及合理开发和保护地质环境的对策。

3.16

水体环境背景值 environ ment background value of water

指未受人类活动影响情况下,水体(地表水、地下水)中各种化学组分的天然含量,但是,目前地球几乎找不到未受人类活动影响的地方,因此,求得的背景值实际上是污染相对较轻情况下的各种化学组分含量。

3.17

矿区地质环境 geolgical environment of mining areas

指矿山开采影响到的范围和深度内的客观地质实体。

3.18

矿区环境地质 environmental geology of mining areas

指矿区地质环境现状，以及矿山建设和采选过程中人为因素与地质环境之间的相互影响，并由此产生的地质环境破坏和污染等问题的总称。

4 总则

4.1 水文地质、工程地质、环境地质勘查应与煤炭资源地质勘查工作阶段相适应，分为预查、普查、详查和勘探四个阶段。条件简单的矿区，勘查阶段可简化或合并。提供矿山建设设计依据的地质勘查报告，均应达到勘探阶段的要求。

对于拟建小型矿井的井田，勘探阶段的工作程度可根据矿井建设的实际需要适当调整。

各勘查阶段的水文地质、工程地质及环境地质工作程度，详见本标准5.1、6.2及7.1。

4.2 水文地质、工程地质、环境地质勘查应与煤炭资源地质勘查紧密结合，将地质、水文地质、工程地质、环境地质作为一个整体，运用先进和综合手段进行。

4.3 水文地质、工程地质、环境地质勘查工作应与时俱进，不断采用新方法、新技术。

5 水文地质勘查评价

5.1 工作程度

预查阶段：一般不进行水文地质工作。

普查阶段：大致了解勘查区水文地质条件，对煤炭资源的经济意义和开发建设的可能性作出评价。

详查阶段：基本查明勘查区水文地质条件，对可能影响矿区开发建设的水文地质条件作出评价，为矿区总体发展规划提供依据。

勘探阶段：详细查明井田水文地质条件，评价矿井充水因素，预算先期开采地段涌水量，预测开采过程中发生突水的可能性及地段，评述开采后水文地质条件的可能变化，评价矿井水的利用可能性及途径，为矿井建设可行性研究和初步设计提供地质资料。

5.2 水文地质勘查类型的划分

5.2.1 井工煤矿

5.2.1.1 按直接充水含水层含水空间特征，把煤矿床水文地质勘查划分为三类：

a） 第一类，以松散层孔隙含水层为主的矿床，称孔隙充水矿床；

b） 第二类，以碎屑岩裂隙含水层为主的矿床，称裂隙充水矿床；

c） 第三类，以碳酸盐岩岩溶含水层为主的矿床，称岩溶充水矿床，并按其充水方式不同，分为两个亚类：

1） 第一亚类，顶板进水为主的岩溶充水矿床；

2） 第二亚类，底板进水为主的岩溶充水矿床。

5.2.1.2 按直接充水含水层的富水性及补给条件，并结合煤层与当地侵蚀基准面的关系等其他因素，把各类矿床划分为三型：

a） 第一型，水文地质条件简单的矿床，主要包括以下情况：

1） 各主要可采煤层均位于地下水位以上或季节变化带内，以大气降水为主要充水水源；

2） 直接充水含水层单位涌水量 $q<0.1\ L/(s\cdot m)$。

b） 第二型，水文地质条件中等的矿床，主要包括以下情况：

1） 直接充水含水层单位涌水量 $0.1\ L/(s\cdot m)\leqslant q\leqslant 1.0\ L/(s\cdot m)$；

2） 直接充水含水层单位涌水量 $1.0\ L/(s\cdot m)<q\leqslant 2.0\ L/(s\cdot m)$，但补给条件不好，与地表

水体联系不密切；或直接充水含水层与煤层之间的隔水岩层较稳定，隔水性能较好，水头压力不高，断裂带导水弱。

c） 第三型，水文地质条件复杂的矿床，主要包括以下情况：

1） 直接充水含水层单位涌水量 $q>2.0$ L/(s·m)；

2） 直接充水含水层单位涌水量 1.0 L/(s·m)$<q\leqslant$2.0 L/(s·m)，但补给条件好，与地表水体联系密切；或直接充水含水层与煤层之间的隔水岩层不稳定，水头压力较高，断裂带导水强。

5.2.2 露天煤矿

5.2.2.1 第一型，水文地质条件简单，不需要专门疏干的矿床：

a） 地形有利于自然排水，地下水补给量极少；

b） 直接充水含水层单位涌水量 $q<1.0$ L/(s·m)，无难于疏干的强富水岩层。

5.2.2.2 第二型，水文地质条件中等，易于疏干的矿床：

a） 直接充水含水层单位涌水量 1.0 L/(s·m)$\leqslant q\leqslant$10.0 L/(s·m)，含水层富水性弱；

b） 直接充水含水层单位涌水量 10.0 L/(s·m)$<q\leqslant$20.0 L/(s·m)，但补给来源缺乏。

5.2.2.3 第三型，水文地质条件复杂，难于疏干的矿床：

a） 直接充水含水层单位涌水量 $q>10.0$ L/(s·m)，附近有较大的地表水体，并与地下水有水力联系；或者补给条件虽然不好，但 $q>20.0$ L/(s·m)；

b） 露天直接充水含水层厚度大、分布广、富水性强，易产生流砂等工程地质问题，不易疏干。

5.3 各类充水矿床应着重查明的问题

5.3.1 孔隙充水矿床

应着重查明含水层的成因类型，分布、岩性、厚度、深度、结构、粒度、磨圆度、分选性、胶结程度、富水性、渗透性及其变化；查明流砂层的空间分布和特征，含(隔)水层的组合关系，各含水层之间、含水层与弱透水层以及地表水之间的水力联系，评价流砂层的疏干条件及降水和地表水对矿床开采的影响。

5.3.2 裂隙充水矿床

应着重查明裂隙含水层的厚度、深度、裂隙性质、规模、发育程度、分布规律、充填情况及其富水性；岩石风化带的深度和风化程度；构造破碎带的性质、形态、规模，及其与各含水层和地表水的水力联系；裂隙含水层与其相对隔水层的组合特征和所占比例。

5.3.3 岩溶充水矿床

应着重查明含水层厚度、岩溶发育与岩性、构造等因素的关系，岩溶在空间的分布规律、充填深度和程度、富水性及其变化，地下水主要径流带的分布。

以溶隙、溶洞为主的岩溶充水矿床，应查明上覆松散层的岩性、结构、厚度，或上覆岩石风化层的厚度、风化程度及其物理力学性质，分析在疏干排水条件下产生突水、突泥、地面塌陷的可能性，塌陷的程度与分布范围以及对矿坑充水的影响。对层状发育的岩溶充水矿床，还应查明相对隔水层和弱含水层的分布。

以暗河为主的岩溶充水矿床，应着重查明岩溶洼地、漏斗、落水洞等的位置及其与暗河之间的联系，暗河发育与岩性、构造等因素的关系，暗河的补给来源、补给范围、补给量、补给方式及其地表水的转化关系，暗河入口处的高程、流量及其变化，暗河水系与煤层之间的相互关系及其对矿床开采的影响。

5.3.4 不同充水方式的矿床应着重查明的问题

5.3.4.1 直接充水的矿床，应着重查明充水含水层的岩性、厚度、富水性、渗透性，地下水的补给来源、补给边界、补给途径和地段，直接充水含水层与其他含(隔)水层、地表水、导水断裂的关系。当直接充水含水层裸露时，还应查明地表汇水面积及大气降水的入渗补给强度。

5.3.4.2 顶板间接充水的矿床，应着重查明直接顶板隔水层或弱透水层的分布、岩性、厚度及其稳定性、岩石的物理力学性质和水理性质、裂隙发育情况、受断裂破坏程度，研究和估算导水裂隙带高度，分析主要充水含水层地下水进入矿坑的地段。

5.3.4.3 底板间接充水的矿床，应着重查明承压含水层径流场特征，直接底板的岩性、厚度及其变化，岩石的物理力学性质及水理性质，以及断裂构造对底板完整性的破坏程度，分析论证可能产生底鼓、突水的地段。

5.4 勘查工程布置原则及工程量

5.4.1 勘查工程布置原则

5.4.1.1 勘查区(井田)水文地质勘查工作应与地质勘查工作结合进行。水文地质勘查工作应在研究地质和区域水文地质条件的基础上，把含水层的厚度、富水性、导水性、补给排泄条件及向矿井充水途径视为一个整体进行勘查和研究。对于水文地质条件复杂的大水矿区(每昼夜涌水量超过 100 000 m^3 的井田)，工作范围宜扩大为一个完整的水文单元。

5.4.1.2 水文地质勘查工作必须根据煤矿床水文地质类型和勘查区的具体条件，明确本次工作应着重研究的问题，因地制宜地综合运用各种勘查技术手段(包括钻孔简易水文地质——工程地质观测、水文地质测绘、水文物探、水文地质钻探、抽水试验、长期观测与采样及其他有效手段)。

5.4.1.3 对各类充水矿床一般都应进行动态观测。水文地质条件复杂的大水井田(矿区)应建立地下水动态长期观测网。

5.4.1.4 勘探阶段的抽水试验钻孔，应结合矿井建设的需要，重点布置在初期采区或先期开采地段范围内直接充水含水层富水性强和断裂比较发育的地段或补给边界附近。

5.4.1.5 大流量、大降深的孔组(群孔)抽水试验，应在地下水自然流场已经控制的条件下，布置在强富水地段。观测孔的布置应控制不同的边界条件、来水方向、强径流带及各径流分区，并注意在区域上的控制。

5.4.1.6 断裂带抽水试验，应根据井田(勘查区)断裂构造发育情况及其水文地质特征，一般布置在主要井巷穿过主要断层带部位，区内可能沟通各主要含水层或沟通地下水与地表水的主要断裂带附近，以及对本区水文地质条件有重要意义的补给边界断裂两侧。

5.4.2 水文地质勘查工程量

各类型充水矿床在各阶段所需的基本工程量以满足相应的工作程度要求为原则，一般可参照附录表I.1至表I.3。具体布置工程时，应注意以下几点：

a） 多煤层、多含水层的井田(勘查区)，应逐层分析各主要可采煤层的直接充水含水层对矿井充水的影响，确定主要的直接充水含水层，并按其类型布置工程量，对其他直接充水含水层，可适当布置工程量予以控制；

b） 表中所列抽水试验工程量为一般要求，对拟建大、中型井的井田(勘查区)所控制的面积，详查阶段为 50 km^2～100 km^2，勘探阶段为 10 km^2～20 km^2，结合勘查面积的大小，可酌情增减工程量；

c） 拟建小型井的井田(勘查区)，水文地质条件简单的一般可不布置抽水试验和钻孔长期观测，水文地质条件中等的可参照表中所列同类矿床的简单型，水文地质条件复杂的可参照表中所列同类矿床的工程量酌情减少；

d） 井田(勘查区)内或邻近地区有水文地质条件相似的生产矿井资料时，抽水试验工程量可适当减少；

e） 表中所列勘探阶段揭露煤层底板直接充水含水层的钻孔数量，对大型井为初期采区范围的要求，对中小型井则为第一水平范围内的要求，上述范围以外的其他地段，可布置少量钻孔进行控制。

5.5 水文地质测绘

水文地质测绘分为区域和勘查区。区域水文地质测绘范围应包括一个完整的水文地质单元，以查明区域地下水的补给、径流、排泄条件为重点，水文地质条件简单的矿区，可不进行区域水文地质测绘。矿区水文地质测绘应包括矿床疏干可能影响的范围及补给边界，以查明矿床充水因素及矿区水文地质边界为重点。区域水文地质测绘按照 GB/T 14158 的规定执行。

5.5.1　**一般要求**

5.5.1.1　水文地质测绘的比例尺，应根据煤炭资源勘查阶段和水文地质条件复杂程度确定。一般采用预、普、详查阶段：1∶50 000～1∶25 000；勘探阶段：1∶10 000～1∶5 000。

5.5.1.2　水文地质测绘应在全面收集矿区及相邻地区历年的水文、气象资料的基础上，进行如下水文地质测绘内容：

a）矿区地形地貌特征，第四纪沉积的成因类型、岩性特征与分布；

b）含(隔)水层层数、岩性、厚度、产状与分布范围，含水层裂隙、溶洞发育情况与富水性、隔水层的隔水性能；

c）地下水的补给、径流、排泄条件，地下水的物理性质与化学成分，各含水层间及其与地表水的水力联系，圈定矿区水文地质边界；

d）泉、井出露的标高、层位、岩性、出露的方式，测定流量、水位、水温、水的物理化学性质及其动态变化；

e）地表水的分布，平水位与洪水位标高，洪水淹没范围和淹没时间，对开采有影响的地表水(如水库、池塘等)的水深、面积与蓄水量；

f）对现有生产矿井进行水文地质编录，系统收集生产矿井(或露天采矿场)的水文地质资料。调查生产矿井的充水因素与充水方式，突水点的含水层分布与突水量，矿井涌水量的动态变化与开采水平、开采面积、产量、降水量的关系，煤层顶底板与井巷的工程地质特征，老窑分布范围、积水情况等；

g）应注意收集了解附近供水水源井的流量、水位、水质等有关供水方面的资料；

h）对有重要的水文地质意义的地表水、地下水应采取水样进行水质分析；

i）第四系覆盖的平原地区的水文地质测绘，主要进行地表水、泉、井和生产矿井的调查，了解不同成因类型的第四系的岩性、厚度、结构、岩相变化情况及其富水性；

j）冻土地区的测绘工作，应了解永冻层的性质、厚度、分布及变化情况。

5.5.1.3　水质调查应了解地下水污染的来源、途径、范围、深度、污染因子和危害程度；划分地下水的水化学类型，了解地下水水化学成分的变化规律。取样水点数按勘查区每 20 km^2～30 km^2 一般不少于 10 个。

5.5.1.4　孔隙充水矿床应着重调查孔隙充水含水层的岩性(粒度、分选性、黏土成分、胶结情况等)、厚度、富水性，同时进行地表水、大气降水的调查，必要时可采取代表性的岩(土)样进行物理力学性质与水理性质试验；调查测区内及邻近矿井在开采过程中发生流砂冲溃、巷道变形、边坡滑动等特殊的工程地质现象。

5.5.1.5　裂隙充水矿床应着重调查不同成因类型裂隙的性质、岩性、层位、位置、标高、发育程度、充填情况、充填物性质、地下水活动痕迹及富水性等；注意调查低洼沟谷汇水地带，河流通过的基岩地段及易产生塌陷、裂隙和滑坡地段等。对于褶皱断裂较密地段、裂隙极为发育易于涌漏水地段，应进行裂隙率的统计；对以大气降水与老窑水为主要充水水源的裂隙充水矿床，应详细收集降雨量及降雨强度资料，注意调查煤层顶板覆盖层岩性、力学性质、地下水位标高，有无较厚的塑性隔水层覆盖(如黏土、高岭土、泥岩)，地表植被发育情况、坡角大小，溪沟切割度和方向，圈定开采地段汇水面积与直接渗透区及渗透性。采用小流域均衡观测等方法，初步确定大气降水渗入系数，详细调查老窑开采区不同地段地表塌陷裂隙发育程度与老窑泉水分布及其水质变化。

5.5.1.6　岩溶充水矿床应着重调查各种岩溶形态和地貌，着重查明岩溶发育与岩性、构造等因素的关系，岩溶在空间的分布规律、充填程度、富水性及变化。以溶隙、溶洞为主的岩溶充水矿床应查明上覆松散层的岩性、结构、厚度，或上覆岩石风化层的厚度、风化程度及物理性质。分析在疏干排水条件下产生突水、溃砂、地面塌陷的可能性、塌陷的程度、分布范围以及对矿坑充水的影响。对层状发育的岩溶充水矿床，还应查明相对隔水层和弱含水层的分布。

5.5.2 工作方法

5.5.2.1 测绘工作开展前，应详细收集和研究测区以及邻区的以往资料，并进行现场踏勘，然后根据勘查阶段的任务编制设计书。设计书应说明测绘的目的任务、工作范围、工作程度要求、主要的工作方法、工作量以及完成测绘工作的时间和措施。设计书应经有关上级或单位批准后方能进行工作。

5.5.2.2 进入测区后，首先应选择露头条件好而有水文地质意义的地段，测制水文地质基准剖面，详细研究地层的层序、接触关系和含水层的层位、岩性、厚度、含水性及岩溶、裂隙发育情况，并对地下水露头点进行描述。

5.5.2.3 水文地质测绘的观测路线应根据地质、地貌条件，穿越与追索方法相结合。观测线、点的布置及工作量宜按表1执行。不得遗漏重要的水文地质现象。

表1 水文地质测绘的观测点数和观测路线长度

测绘比例尺	地质观测点数 个/km²		水文地质观测点数 个/km²	观测路线长度 km/km²
	孔隙充水矿床	裂隙、岩溶充水矿床		
1∶50 000	0.30～0.60	0.75～2.00	0.20～0.60	1.00～2.00
1∶25 000	0.60～1.80	1.50～3.00	1.00～2.50	2.50～4.00
1∶10 000	1.80～3.60	3.00～8.00	2.50～7.50	4.00～6.00
1∶5 000	3.60～7.20	6.00～16.00	5.00～15.00	6.00～12.00

注1：同时进行地质和水文地质测绘时，表中地质观测点数应乘以2.5；草测水文地质测绘时，观测点数为规定数的40%～50%。

注2：水文地质条件简单时采用小值，复杂时采用大值。

5.5.2.4 对区内的废弃小窑及生产矿井均应认真调查，内容包括开采深度、长度、范围、出水和积水状况，开采煤层、方式、规模，多年最大及最小涌水量，有无矿井突水淹没史及其他矿难史等。

5.5.2.5 进行水文地质测绘时，有条件的地区应利用现有遥感影像资料进行判释与填图，减少野外工作量和提高图件的精度。

5.5.2.6 遥感技术的应用

5.5.2.6.1 选择同等比例尺遥感图像。

5.5.2.6.2 水文地质要求解译，包括野外调查验证或水文地质填图：

a） 检验判释标志；

b） 检验判释结果；

c） 检验外推结果；

d） 补充室内判释难以获得的资料。

5.5.2.6.3 遥感影像填图的野外工作量，每平方公里的观测点数和路线长度可适当减少。

5.5.2.7 1∶10 000及以上的比例尺水文地质测绘的水文地质点的坐标应用全仪器法测定，其图上的点位误差一般不得大于1 mm。

5.5.3 资料整理

5.5.3.1 野外调查时，必须按规定的格式和内容进行观测、记录，勾绘实际材料图，做到准确、及时、清楚、完整。

5.5.3.2 各种观测成果必须当日检查整理完毕,发现有疑问、错误、异常或遗漏时,必须到现场据实更正和补测,严禁在室内凭记忆修改。

5.5.3.3 水文地质测绘结束后,应编制提交"水文地质测绘总结"。内容如下:

5.5.3.3.1 文字说明

a) 说明测绘的目的任务,完成的各项工作量、工作方法和精度评价;
b) 简述测区的位置、范围、面积、自然地理条件、地貌特征、水文、气象等;
c) 叙述测区的地质与地貌概况、地层层序、岩性特征、地质构造等;
d) 叙述测区水文地质条件:含水层的层数、厚度、岩性、标高、水位标高、富水性,地下水的可能的补给、径流、排泄条件;
e) 初步评述测区水文地质条件的复杂程度,叙述其直(间)接充水含水层、隔水层与煤层的关系,初步分析矿坑充水因素与边界补给条件;
f) 进一步工作的建议。

5.5.3.3.2 图件资料

根据设计要求及实际需要,选择提交下列图件:

a) 实际材料图;
b) 水文地质图;
c) 实测水文地质剖面图;
d) 地貌与第四纪地质图;
e) 综合水文地质柱状图;
f) 水质分析成果表;
g) 地表水及地下水调查统计表;
h) 老窑调查统计表;
i) 其他有关图表。

5.5.3.3.3 全部原始记录、卡片、图表。

5.6 水文地质物探

5.6.1 一般要求

5.6.1.1 采用水文地质地球物理勘探(简称物探)方法,应根据勘查区的水文地质条件、被探目标体的地球物理特征和不同的工作内容等因素确定。宜采用多种物探方法进行综合探测,以消除单一方法解释成果的多解性。

5.6.1.2 采用物探方法时,被探测体应具备下列基本条件:

a) 与相邻介质对同一物性参数有一定的差异;
b) 具有一定的规模;
c) 所引起的异常值,在干扰情况下尚有足够的显示。

5.6.1.3 采用物探方法,可探测下列内容:

a) 覆盖层的厚度、隐伏的古河床和掩埋的冲洪积扇的空间位置;
b) 新生界底部黏土层的缺失"天窗"及砂砾石层的厚度、富水性;
c) 断层、陷落柱、裂隙带、岩脉等地质构造体的产状、空间位置和富水性;
d) 煤层顶底板含水层及富水性;
e) 老空区空间位置及积水情况;
f) 地下水的可溶性固形物和咸水、淡水的分界面及分布范围;
g) 暗河的位置和隐伏岩溶的分布;

h） 多年冻土层下限的埋藏深度；

i） 地下水的水位、流向和渗透速度。

5.6.1.4 物探工作的布置、参数的确定、检查点的数量和重复测量的误差，应符合 MT/T 897 及 MT/T 898 的规定。

5.6.1.5 水文钻孔应进行水文测井工作，有条件的地区可进行流量测井、超声成像，配合钻探取芯划分含、隔水层，为取得有关参数提供依据。

5.6.1.6 对物探的实测资料，应结合矿床地质特征和水文地质条件进行综合分析，提出水文地质成果。

5.6.2 工作方法

5.6.2.1 地面物探

5.6.2.1.1 水文地质勘查工作中，地面物探方法主要有：电阻率法、自然电场法、充电法、频率测深法、激发极化法、大地电磁法及地震法等。

5.6.2.1.2 地面水文地质物探方法的选用，应根据勘查区具体情况选择。

5.6.2.2 井下物探

矿井井下应用的物探方法主要有直流电法（电阻率法）、电磁频率测深法、无线电波透视法、地质雷达法，以及浅层地震勘探、瑞利波勘探、槽波地震勘探方法等。

5.6.2.3 水文测井

在进行水文测井时，采用的技术要求按 DZ/T 0080 的规定执行。

5.6.3 资料采集与处理

水文地质物探的资料采集与处理，应符合 MT/T 897 及 MT/T 898 的规定。

5.6.4 资料解释

5.6.4.1 物探资料的解释应遵守从已知到未知、从点到面、从简单到复杂、从局部到全区的原则，力求从已获取的资料中得出尽可能多的有用的水文地质结论。

5.6.4.2 资料解释应充分收集、研究各种地质、物性和其他物探资料，并根据需要进行野外实地观察。

5.6.4.3 解释工作中，应充分考虑各种复杂因素对观测结果的影响，正确解释水文地质问题。

5.6.4.4 电法解释在依据地球物理规律分析电法观测资料和地电断面参数间关系的同时，应注意依据水文地质规律分析地电断面和地质断面之间的联系。

5.6.4.5 资料解释应结合地质理论和勘查区内的地质规律，既不单纯根据物探资料作主观推断，也不可忽视物探资料所反映的某些客观地质现象。

5.6.4.6 物探工作结束后，应提交相应的综合成果图件。

5.7 钻孔简易水文地质观测

5.7.1 一般要求

5.7.1.1 钻孔简易水文地质观测是利用地质钻孔观测编录与水文地质有关的资料。其成果既是研究评价勘查区水文地质条件的重要基础，又是合理布置专门水文地质钻孔的依据。

5.7.1.2 进行简易水文地质观测的钻孔应观测和详细记录钻进中涌（漏）水、掉块、塌孔、缩（扩）径、逸气、涌砂、掉钻、水温异常等现象发生的层位和深度，测量涌（漏）水量，必要时应测量近似稳定水位并进行简易放（注）水试验。

5.7.1.3 描述岩芯的岩性、结构构造、裂隙性质、密度、含水层厚度、深度、岩石的风化程度和深度以及岩溶形态、大小、充填情况、发育深度，统计裂隙率、岩溶率。

5.7.1.4 单一含水层（组）的钻孔应测定终孔近似稳定水位。

5.7.1.5 根据勘查区具体的水文地质条件，对观测层段或观测内容有所选择时，须在勘查设计中提出，并在钻孔设计（技术指示书）中加以明确。

5.7.1.6 需要进行消耗量观测的钻孔，冲洗液的循环系统要符合钻探规程的规定，并在开钻前进行检查验收,以保证观测成果的质量。

5.7.1.7 钻进过程中发现漏水需堵漏时,对堵漏起止深度及所用的方法、材料、时间、效果等情况,应作详细的记录。

5.7.2 观测方法

5.7.2.1 消耗量观测

5.7.2.1.1 冲洗液消耗量系指纯钻进时间内钻孔中消耗的冲洗液。在正常钻进时,1 h 观测一次。不足 1 h 的回次,每回次观测一次。发现冲洗液漏失时,应每 10 min～30 min 观测一次。冲洗液全部漏失时,应开大水泵测定其最大漏失量。

5.7.2.1.2 冲洗液消耗量观测方法:钻具下至孔底,待冲洗液正常循环后开始观测水源箱(池)内冲洗液的数量,观测结果称原有量。然后 1 h 观测一次,直至钻程结束为止,每次观测结果称现有量。钻进期间在水源箱(池)内加入的冲洗液数量称新增量。计算公式如下:

原有量＋新增量－现有量＝消耗量

5.7.2.2 水位观测

5.7.2.2.1 回次水位观测,系指在每次钻程的提钻后和下钻前各测一次水位。灌孔、采煤、处理事故、扩孔、专门提取岩芯、扫孔及人工补斜,可不观测回次水位。

5.7.2.2.2 钻进中若遇涌水,提钻后水位涌出井口,可不测回次水位,但应在下钻前观测一次涌水量。

5.7.2.2.3 停钻时间较长,应每 2 h 观测一次水位,水位基本稳定后,可改为每 4 h 观测一次,直到重新钻进。

5.7.2.2.4 水位测量工具的深度记号要清楚准确,便于读数。

5.7.2.3 近似稳定水位观测

5.7.2.3.1 钻进中遇有严重漏水、涌水的层段,应根据需要进行近似稳定水位的观测,必要时可将钻孔改做专门水文孔,进行抽(放)水试验。

5.7.2.3.2 近似稳定水位观测符合下列条件之一时,可停止观测:

a) 1 h 观测一次,连续 2 h 水位无变化;

b) 水位呈单一方向变化,1 h 水位差不超过 5 cm,且已连续观测 3 h;

c) 水位呈锯齿状变化,1 h 水位差不超过 10 cm,且已连续观测 3 h;

d) 虽达不到上述要求,但总观测时间已超过 24 h。

5.7.3 资料整理

5.7.3.1 钻孔简易水文地质观测的原始记录要及时、真实,不得追记。观测内容要齐全,记录要清晰,不得涂改。

5.7.3.2 钻孔简易水文地质观测成果资料应及时整理,并提出如下资料:

a) 钻孔简易水文地质观测原始记录;

b) 钻孔简易水文地质柱状图;

c) 钻孔简易水文地质观测统计表。

5.7.3.3 根据勘查区水文地质条件,必要时尚需编制如下分析图件:

a) 主要含水层消耗量分区(分段)图;

b) 主要隔水岩层厚度变化图;

c) 含水层等水位线图。

5.8 抽水试验

5.8.1 一般要求

5.8.1.1 抽水试验是煤炭资源地质勘查的重要手段,其目的是研究含水层重要水文地质特征,取得含水层水文地质参数,评价含水层的富水性,并为预计矿井涌水量与对地下水综合利用的评价提供资料。

5.8.1.2 抽水试验工作应在分析勘查区及邻区已有水文地质资料的基础上，根据《煤、泥炭地质勘查规范》的相应要求进行合理布置。对富水性不均一的含水层，应注意选择遇有漏（涌）水的地质钻孔改做抽水试验孔。根据水文地质条件复杂程度、水量大小和设计目的，可分别选择单孔、多孔及群孔进行抽水试验。

5.8.1.3 抽水试验孔必须编制施工设计书。内容包括：抽水试验任务及要求，试验含水层（段）的起、止深度，孔径、止水套管的直径及下入层位、深度及止水方法，简易水文地质观测，采用的抽水设备以及抽水试验质量要求等。

5.8.1.4 抽水试验的段距应根据抽水的目的确定，以能获得含水层（带）的水位、流量、水质及渗透性为原则，一般宜分层（组）进行，段距一般不超过100 m。

5.8.1.5 抽水试验层（段）孔隙含水层过滤管的直径不应小于108 mm；裂隙及岩溶含水层的孔径不应小于91 mm，下过滤器时，过滤管的直径不应小于89 mm。观测孔的孔径不应小于75 mm，下过滤器时，过滤管的直径不应小于73 mm。大口径抽水钻孔的抽水层（段）孔径一般不应小于200 mm；孔深超过300 m时，其孔径可减小到168 mm。

5.8.1.6 抽水试验层段与隔离止水层（段）必须取芯。

5.8.1.7 抽水试验钻孔的孔斜应满足选用抽水设备和水位观测仪器的工艺要求。

5.8.1.8 抽水试验钻孔与观测孔，一般均应采取清水钻进。若必须使用泥浆时，在正式抽水前必须采用有效手段洗井。

5.8.1.9 抽水试验钻孔和观测孔的止水层（段）必须选择在岩石完整的隔水层（段）内，且应用可靠的方法检查止水效果，并作正式记录。止水检查分别在止水封闭物扫孔前后进行，管内水位变化幅度应小于2 cm/h，且连续保持3 h。

5.8.1.10 抽水试验所抽放至孔外的水，若有可能重新渗入含水层时，必须有防渗漏措施。

5.8.1.11 过滤器应根据含水层的岩性、破碎程度及颗粒组分等情况选择。过滤器上的孔隙应分布均匀，孔隙率一般不小于20%。凡采用缠绕式或包扎式过滤器，其外壁均应焊有金属肋条。肋条间距选择应以能使滤网不接触过滤管为原则。

5.8.1.12 施工设计书必须在钻孔施工前下达到机组，并向施工机组人员交代施工的质量要求、抽水试验的原则、记录方法及注意事项。

5.8.1.13 抽水试验前，应对抽水设备的安装质量、测量水位、水量、水温的各种测试仪表和工具以及原始记录表格的准备情况作全面检查。

5.8.1.14 抽水试验方法分为稳定流和非稳定流两类，可根据概化的水文地质模型和水文地质参数计算的要求选定。

5.8.1.15 抽水试验结束后，应及时按现行质量标准进行验收评级。

5.8.2 稳定流抽水试验

5.8.2.1 试验抽水

5.8.2.1.1 在正式抽水前应作试验抽水。试验抽水前，应对抽水层（段）反复进行抽洗，直至孔内出水澄清无沉淀物时为止。松散层内洗孔时，要注意观察和记录洗出砂的粒径和体积，以及水由浑浊到清澈的时间和流量变化的情况。

5.8.2.1.2 试验抽水应作一次最大的水位降深，初步了解水位降低值与涌水量的关系，以便正式抽水时合理选择水位的降深。试抽过程的全部资料必须有正式记录。

5.8.2.2 正式抽水

5.8.2.2.1 抽水的水位降深，应尽设备能力作最大降深。降深次数一般不少于三次，每次降距不应小于3 m，且合理分布。若涌水量大于140 m^3/h，因条件所限降深达不到上述要求时，最小降距也不应小于1 m。含水层底板以上水柱不足10 m时，可酌情减少水位降低次数，但其最大降深应超过水柱高度的1/2。

5.8.2.2.2 抽水延续时间与稳定时间要求：

第1次水位降深的延续时间不少于24 h，其余各点降深的延续时间不作具体规定。各点稳定时间必须达8 h。有观测孔时，应以最远观测孔稳定2 h为准。有特殊要求时可适当延长。单位涌水量小于0.01 L/(s·m)，可尽机械能力作一次最大降深，但抽水延续时间应不低于36 h。

5.8.2.2.3 水位降深顺序：

基岩含水层一般宜先深后浅，松散含水层宜先浅后深，逐次进行。

5.8.2.2.4 在抽水过程中遇有大雨，对水位、涌水量观测产生影响时，应暂停抽水。在停止抽水期间，每1 h观测一次水位。

5.8.2.2.5 抽水孔的动水位与流量必须同时进行观测。开始宜按非稳定流抽水试验相应要求观测，连续1 h～2 h后，可每隔30 min观测一次，直至抽水结束。

观测孔水位应与主孔水位同时进行观测。

在抽水前及抽水过程中，应经常校正测绳的深度记号，发现误差及时修正。

5.8.2.2.6 抽水试验应连续进行。如抽水中断，而中断前抽水已超过6 h，且中断时间不超过1 h，则中断前的抽水时间仍可计入延续时间内，否则一律作废。在中断抽水时间内，应按观测稳定(静止)水位的要求观测水位(包括观测孔)，直到重新抽水为止。

5.8.2.2.7 水温、气温的测量，宜在抽水过程中每隔2 h～4 h同时观测一次，其精度要求为0.5 ℃。发现水温有异常时，应在抽水结束后进行井温测量。

测温时，温度表应放在空气通畅、背阴的地方，严禁放在日光直照和其他影响温度在变化处。

5.8.2.2.8 在抽水过程中，必须随时绘制$Q=f(S)$及$q=f(S)$曲线，以便及时发现和纠正抽水发生的错误。

5.8.2.2.9 水样应在最后一个降深结束前按设计要求采取。

5.8.2.3 稳定时间内水位和流量的波动相对误差要求

5.8.2.3.1 水位降深大于5 m时，主孔水位波动相对误差不大于1%；小于5 m时，则要求主孔水位变化小于5 cm。观测孔水位变化要求小于2 cm。水位埋深大于100 m可酌情适当放宽。

5.8.2.3.2 流量波动相对误差：$q \geqslant 0.01$ L/(s·m)，不大于3%；$q < 0.01$ L/(s·m)，不大于5%。

5.8.2.3.3 稳定时间内水位降低和流量波动相对误差计算方法如下：

$$\text{波动相对误差} = \frac{\text{观测值与平均值的最大差值}}{\text{平均值}} \times 100\%$$

5.8.2.4 静止水位与恢复水位观测要求

5.8.2.4.1 正式抽水前及正式抽水结束后，抽水孔和观测孔均应进行静止水位和恢复水位的观测。

5.8.2.4.2 恢复水位观测时间开始时一般宜按1、2、3、4、6、8、10、15、20、25、30 min的时间顺序观测，以后每隔30 min观测一次，直至稳定。观测孔与主孔应同时观测。

5.8.2.4.3 静止水位和恢复水位，符合下列条件之一方可停止观测：

a) 连续3 h水位不变；

b) 水位呈单向变化，连续4 h内每小时升降不超过1 cm；

c) 水位呈锯齿状变化，连续4 h内每小时升降最大差值不超过5 cm，如水位深度大于100 m可适当放宽；

d) 采用压力表观测时，应使用量程刻度分辨率适宜的压力表，并连续4 h指针不动；

e) 达不到上述要求，但总观测时间已超过72 h，一般可停止观测。

5.8.2.5 流量观测方法

5.8.2.5.1 流量应与水位在同一时间观测。

5.8.2.5.2 流量观测方法根据流量大小选择。流量不大时，可采用容积法，水箱的容积一般不小于 0.5 m^3；流量较大时可采用堰测法、管道流量计、流速流量计、自计流量计等方法。

5.8.2.6 钻孔深度的检查

抽水前和恢复水位观测结束后，应分别探测孔深，孔内沉淀物不得埋没含水层厚度的 1/5。当抽水层(段)为含水组时，孔内沉淀物不得埋没底部主要含水层厚度的 1/5。

5.8.2.7 抽水钻孔必须有确定含水层深度、厚度、结构可靠的测井资料。有条件时应进行流量测井。

5.8.3 非稳定流抽水试验

5.8.3.1 非稳定流抽水试验分为定流量与定降深抽水。定流量抽水时，要求流量变化幅度一般不大于 3%；定降深抽水时，水位变化幅度一般不超过 1%。非稳定流抽水一般宜采用潜水泵或深井泵。

5.8.3.2 非稳定流抽水试验的水位降深，应尽设备能力作一次最大降深，一般不宜小于 9m。若涌水量大于 140 m^3/h，因条件限制降深达不到上述要求时，最小降深也不得小于 3 m。含水层底板以上水柱不足 10 m 时，水位最大降深应超过水柱高度的 1/2。

5.8.3.3 水位、流量的观测，宜在抽水开始后按 1、2、3、4、6、8、10、15、20、25、30、40、50、60、80、100、120 min 的时间顺序进行，以后可每隔 30 min 观测一次，直到结束。观测孔水位与主孔同时观测。

5.8.3.4 抽水延续时间应根据试验目的参照水位降深-时间半对数曲线 S(或 h)-lg$t$ 形态确定，当曲线出现固定斜率的渐近线时，观测时间需后延续一个对数周期；有越流补给时，观测时间则需曲线经过拐点后趋于水平时为止；有观测孔时，应以代表性观测孔的 S(或 h)-lg$t$ 曲线判定。

5.8.3.5 当抽水尚未达到目的以前，因故中断抽水时，则应观测恢复水位，待水位达到稳定后再重新抽水。

5.8.3.6 非稳定流抽水试验时的静止水位、恢复水位观测要求参照 5.8.2.4 的规定。

5.8.4 多孔及群孔抽水试验

5.8.4.1 多孔及群孔抽水试验的抽水主孔一般宜采用大口径钻孔。

5.8.4.1.1 大型抽水试验宜在勘探后期进行，必须建立在获得矿区水文地质条件和天然流场及其动态变化资料的基础上。

5.8.4.1.2 水位降深、降深次数和延续时间视矿区水文地质条件、试验目的和计算方法确定。抽水水量应对天然流场有较大的扰动，尽可能暴露储存量与径流量的转化关系和矿区的水文地质边界。宜采用正向抽水，以不断扩展主孔降落漏斗。

5.8.4.1.3 观测孔(点)应根据试验目的和计算方法确定。宜布置在不同的富水区、参数区、边界水量交换地段以及地表水、"天窗"、断裂带等地段，必要时外围区亦应布置少数孔控制。

5.8.4.1.4 具体试验工程和方法要求应按编制的专项设计执行。

5.8.4.2 为保持大型抽水试验抽水过程中定流量的连续性，设备及操作应符合以下要求：

a) 抽水开始时各抽水孔应同时开泵，抽水结束时应同时停泵；

b) 抽水过程中，应保证各种设备的正常运转，不得随意调整、改变机械运转能力；

c) 个别抽水孔的设备发生故障，应立即开动备用设备。

5.8.5 资料整理

5.8.5.1 抽水过程中，必须及时、完整、准确地记录各项观测成果。如发生错误时，应及时划改，严禁涂改。

5.8.5.2 抽水过程中，对各项观测资料应随时进行检查。每一点抽水结束前，应计算稳定阶段内水位降低和涌水量的平均值及波动相对误差，并计算单位涌水量。

5.8.5.3 抽水结束后，应及时整理并提出如下资料：

5.8.5.3.1 整理、校对原始资料，计算水位标高、水位降低值、涌水量及单位涌水量、含水层厚度、深度、抽水段距等各种数据。

5.8.5.3.2 编制抽水试验综合成果图。内容包括：水位和流量过程曲线、水位和流量关系曲线、恢复水位曲线、抽水成果、水质化验和水文地质计算结果、抽水层(段)岩层柱状、钻孔结构(包括过滤器位置和规格)等必要资料。对非稳定流抽水试验根据需要选择编制下列曲线图：

$$S=f(\lg t)$$

$$S=f\left(\lg \frac{t}{r^2}\right)$$

$$\lg S=f(\lg t)$$

5.8.5.3.3 大型抽水试验应编制试验场水文地质平面图。内容应包括：抽水孔及观测孔的位置，抽水前、抽水稳定后(非稳定流为抽水后期)的等水位(压)线，试验场内的主要断裂及其他有关的重要水文地质资料；同时附观测线剖面图(包括静止水位、恢复水位、降落漏斗等内容)。

5.9 动态观测及水样采取

5.9.1 动态观测

5.9.1.1 在详查和勘探阶段均应不同程度地选择代表性井、泉、钻孔、生产矿井、地表水等进行动态观测，各观测点尽可能形成观测网控制。观测内容包括水位、水量、水温和水质，并同时观测或收集有关的气象资料。

5.9.1.2 水位、水量、水温观测，一般每隔 5 d～10 d 观测一次，雨季或急剧变化时段加密。日变幅大的地区，应选定一个时段进行微动态观测。连续观测时间不少于一个水文年，当勘探周期不足一年的中小型矿床或水文地质条件简单的矿区可视矿区条件酌定。

5.9.1.3 河流观测的主要内容除水位、水量、水质以外，还包括最高洪水位调查、水深、流速、瞬时暴雨量以及漏失量(或补给量)等，必要时应测定含砂量。断面选择以及观测方法可参照附录 K。

5.9.1.4 池塘、湖泊、内涝积水与塌陷集水区应选择易观测的地方设立固定标桩和水尺，测量水深、积水范围、积水时间，并计算其积水量。勘查区附近有水库时，应收集水库的水位标高、水深、坝高、汇水面积、库容量、水质与渗漏量等资料。对勘查区内地面渗水地段，应着重在雨季观测，记录其范围，估计渗漏量。

5.9.1.5 地下水动态观测钻孔的布置应以控制地下水流场和各类边界和污染源流向为原则。有条件时可采用遥测、自动观测系统等先进设备。水温观测要考虑滞后影响。

5.9.1.6 对自流钻孔、泉、老窑及地下暗河出水口的流量观测，一般可采用容积法、堰测法及流速仪等方法。民井观测必要时可进行简易抽水试验，简易抽水应形成一定的水头降低，直到水位稳定 2 h 后为止。

5.9.1.7 生产矿井的观测以收集矿井的观测资料为主。必要时可在井巷穿过的主要含水层出水点设站进行观测。对巷道所揭露的出水点，当其出水变化较大时，应加密观测，并同时观测井下其他出水点和地表长期观测点。

5.9.1.8 相邻水文地质条件类似的井田如有系统动态观测资料，可减少或不进行区内动态观测工程量。

5.9.2 水样采取

5.9.2.1 水样按其分析目的和内容的不同，分为简分析样、全分析样、细菌检验样、专门分析样、同位素样。各种水样采取数量一般要求：简分析样 1 L～1.5 L，全分析样 2.5 L，细菌检验样 0.5 L，专门分析样 5 L，同位素分析样 1 L。

5.9.2.2 长期观测点(站)的水样采取一般按季进行，每年至少采取两次(丰、枯季)，地下水化学成分不稳定时，应增加采样次数。

5.9.2.3 采取水样前，必须将水样瓶洗涤干净，并在采样时用采取水样的水再次冲洗。细菌检验样的水样瓶，在取样前应进行高压灭菌消毒，或遵照化验单位的要求进行清洗消毒。

5.9.2.4 在探井、民井、泉、河流、湖泊、池塘中采取水样，可在出水口中心处或离岸边 0.5 m 以外的水面下采取。采样时，应保证水样不受外界污染，尽量避免混入岩石微粒及悬浮物。

5.9.2.5 抽水过程中采取水样，可将水样瓶伸入出水口中心处采取，并同时采取备用样一个。长期观测孔如需取样，应先进行抽水，抽出水的体积应大于孔(井)中水体积的1.5倍，使钻孔中水柱更新，然后按抽水试验过程中取样方法采取；也可将取样器或水样瓶下入含水层深度采取。

5.9.2.6　采取气体样，一般采用排水集气法。采满气体后，在水中塞好瓶盖。瓶口要严密封闭。气样瓶在送到化验室前，应始终保持倒置。

5.9.2.7　作侵蚀性二氧化碳分析的水样，采取数量为0.5 L，采取后应加入3 g～5 g碳酸钙粉末。作重金属分析的水样，必须先用不含重金属的纯硫酸对水样瓶进行酸化处理。对含有机物质的水样，取样时必须在每升水中加入1 mL三氯甲烷($CHCl_3$)或甲苯($C_6H_5CH_3$)。特殊水样及同位素样采取应与化验单位联系，并按其要求采取。

5.9.2.8　采取水样时，应在现场初步鉴定水的颜色、气味、透明度等物理性质。水样采取后，应立即包装好，填写标签，注明化验项目，送往化验单位。细菌检验样应按有关规定的时间要求，及时送样。

5.9.2.9　各种水样化验分析内容：

5.9.2.9.1　简分析：分析水的物理性质、总硬度、干涸残渣、pH值、氯离子、硫酸根、重碳酸根、硝酸根、钙、镁、铁离子等项目。

5.9.2.9.2　全分析：除作简分析项目外，还需作水的暂时硬度和永久硬度、游离和固定及侵蚀性二氧化碳、耗氧量及亚硝酸根、碳酸根、钾、钠、三价铁、铝、铵等离子、过锰酸钾、二氧化硅、硫化氢、固形物、碱度等项目。

5.9.2.9.3　细菌检验：检定1 mL水中的细菌数量，测定大肠杆菌指数，分析传染病菌等。

5.9.2.9.4　专门分析：分析项目取决于样品分析的目的。一般分析水中的铜、铅、锌、砷、汞、钴、铀、氟、镉、氰化物等稀有和有害离子的含量，或按专门目的规定的项目进行分析。

5.9.2.9.5　同位素检测：根据需要选择测试项目。

5.9.3　资料整理

5.9.3.1　野外观测的原始记录必须认真填写，内容齐全、清晰，不涂改。各项观测成果，必须当日整理检查，如有疑点或异常时，应在翌日复测纠正。原始记录应及时整理装订成册。

5.9.3.2　各项观测和调查资料，应认真进行分析研究，并编入地质报告的有关章节和图纸中。

5.9.3.3　根据观测内容，一般需编制提交下列图表：

a）动态变化综合曲线图(包括水位、流量、降水量、蒸发量、水温、气温等)；

b）地下水等水位(压)线图；

c）水化学图；

d）动态观测统计表；

e）水质化学分析成果表；

f）生产矿井排水量与相关因素(面积、长度、降深等)关系曲线图。

5.10　矿井涌水量预算

5.10.1　一般要求

5.10.1.1　煤炭资源地质勘查的勘探阶段应预算先期开采地段(第一水平)矿井涌水量，为矿井建设可行性研究和初步设计提供依据。

5.10.1.2　勘探阶段应根据井田水文地质特征，分析边界条件和矿井充水方式，合理选择参数及计算方法，预算先期开采地段(第一水平)正常涌水量和最大涌水量，预测矿井涌水量的变化趋势。对含水性弱的小型井，可以预算全井田正常涌水量和最大涌水量。水文地质条件简单至中等的井田，区内或邻近有水文地质条件相似的生产矿井时，一般可用比拟法预算矿井涌水量。

5.10.1.3　预算矿井涌水量时，应充分估计到开采后自然流场的变化、某些岩层的渗透性能的改变等因素。开采浅部煤层时，要考虑大气降水、地表水及老窑水沿塌陷区的渗入对矿井充水的影响。

5.10.1.4　矿井涌水量预算应根据井田水文地质条件选用不同的计算方法和计算公式，宜采用多种方法计算对比，以便提高计算成果的可信度。

5.10.1.5　对矿井地下水的综合利用的可能性和途径进行研究和评价，估算其可供利用的水量。

5.10.2　计算方法及公式

计算矿井涌水量的方法很多，无论采取何种方法，其预测结果的准确性很大程度上取决于矿床水文地质条件的查明程度。常用的计算公式和方法，可参阅附录L。

6　工程地质勘查评价

6.1　勘查类型

6.1.1　依据煤层及围岩工程地质特征、主要工程地质问题出现层位，分为三类：

第一类，松散、软弱岩类，以第四系砂、砂砾石及黏性土，或第三系弱胶结的砂质、黏土质岩石为主的岩类。岩体稳定性取决于岩性、岩层结构和饱水情况，稳定性差。勘查中应着重查明岩（土）体的岩性、结构及其物理力学特性。

第二类，块状岩类，以火成岩、结晶变质岩为主的岩类。块状结构，岩体稳定性取决于构造破碎带、蚀变带及风化带的发育程度，一般岩体稳定性好。勘查中应着重查明Ⅱ、Ⅲ级结构面（附录B）的分布、产状、延伸情况、充填物、粗糙度及其结合关系，蚀变带的宽度、破碎程度，风化带深度及风化程度。

第三类，层状岩类，以碎屑岩、沉积变质岩、火山沉积岩、碳酸盐岩为主的岩类。层状结构，岩体各向异性，强度变化大。岩体稳定性主要取决于层间软弱面、软弱夹层、构造破碎及岩体风化程度。勘查中应着重查明岩层组合特征，软弱夹层分布位置、数量、黏土矿物成分、厚度及其水理、物理力学性质。

6.1.2　根据地形、地貌、地层岩性、地质构造、岩体风化及岩溶发育程度、第四系覆盖厚度、地下水静水压力等因素，将工程地质勘查的复杂程度划分为三型：

简单型：地形地貌条件简单，地形有利于自然排水；地层岩性单一，地质构造简单，产状平缓、岩溶不发育，岩体结构以整块或厚层状结构为主，岩石强度高，稳定性好，岩体完整及较完整，岩体质量等级好～特好或Ⅰ～Ⅱ级，不易发生矿山工程地质问题。

中等型：地层岩性较复杂，地质构造发育，产状不平缓、风化及岩溶作用中等或有软弱夹层及局部破碎带和饱水砂层影响岩体稳定，岩体中等完整，岩体质量等级一般或Ⅲ级，局部地段易发生矿山工程地质问题。

复杂型：地层岩性复杂，产状陡倾、岩石风化、岩溶作用强，构造破碎带发育，岩石破碎，岩体完整性差及破碎，岩体质量等级坏～极坏或Ⅳ～Ⅴ级，新构造活动强烈或松散软弱层厚、含水砂层多、分布广，地下水具有较大的静水压力，矿山工程地质问题发生得比较普遍和经常。

6.2　基本要求

6.2.1　预查阶段不要求进行工程地质勘查工作；普查阶段大致了解勘查区开发建设的工程地质条件；详查阶段要求基本查明可采煤层顶底板工程地质特征，对可能影响矿区开发建设的工程地质条件作出评价。

6.2.2　勘探阶段应详细研究先期开采地段主要可采煤层顶底板及井巷围岩的工程地质特征并作出相应评价，评述开采后工程地质条件的可能变化。根据矿井不同的开拓方式，应分别达到下述基本要求。

6.2.2.1　井工开采

6.2.2.1.1　在研究勘查区地层岩性、厚度及分布规律的基础上，划分岩（土）体的工程地质岩组，查明对煤层开采不利的软弱岩组的性质、产状与分布。

6.2.2.1.2　详细查明勘查区所处构造部位，主要构造线方向，各级结构面的分布、产状、规模及充填、充水情况，确定结构面的级别（附录B）及主要不良优势结构面，指出其对煤层开采的影响。

6.2.2.1.3　测定可采煤层顶底板及井巷围岩各种岩石（土）的物理力学参数，详细查明其岩体结构、岩体质量，参照附录C、F对岩体质量及其稳定性作出评价。

6.2.2.1.4 在构造活动强烈的高地应力地区，有条件时，应专门进行地应力测量，确定最大主应力方向及大小。

6.2.2.1.5 扩大延深勘探矿区，应详细调查矿床开采中已发生的各种工程地质问题，查明其产生的条件和原因，并针对扩大延深可能产生的工程地质问题进行相应的工作。

6.2.2.2 露天开采

6.2.2.2.1 除须达到前述井工开采的相应要求外，勘探阶段还应满足边坡及剥离物强度勘探的有关要求。

6.2.2.2.2 边坡勘探：

a) 松散岩(土)类边坡：查明岩(土)层的岩性、厚度、结构；黏土岩的矿物成分、含量、分布范围、物理力学性质(特别是抗剪切)和水理性质，含水层的水压、透水性和岩石力学强度差异明显的岩层界面位置及特征；

b) 层状岩类边坡：查明软弱夹层的层位、岩性、厚度、产状、分布；黏土矿物成分、含量、物理力学和水理性质；各类结构面的发育程度和组合关系，含水层的水压等；

c) 块状岩类边坡：查明边坡与各类结构面的产状、组合关系、结构面的发育程度、充填物成分、分布及物理力学性质。

6.2.2.2.3 剥离物强度勘探：

a) 对适宜建设特大型露天开采的矿床，应着重查明岩(煤)石强度的空间分布规律，为能否采用轮斗开采提供岩(煤)石的力学强度基础资料；

b) 运用地质方法及物探测井配合岩石物理力学试验进行岩(煤)层对比，着重查明剖面上岩(煤)层层序、岩性、厚度、结构；岩(煤)石强度变化；岩(煤)石裂隙发育程度、规模、密度、产状、充填胶结情况，建立完整的地质柱状及其对比剖面。尤其应查明硬岩的层位、岩性、厚度、分布及其在剥离物中的比例。

6.3 工程布置原则

6.3.1 勘探工程应能控制采矿工程可能影响的范围。

6.3.2 已确定开采方式的矿区，勘探工程的布置应结合开采方式。

6.3.3 井工开采的矿区，主要工作量应放在先期开采地段，根据工程地质条件复杂程度沿煤层走向与倾向以工程地质剖面控制。

6.3.4 应重视地表工程地质测绘、工程地质物探和地质孔的岩芯编录等基础工作，在此基础上结合采矿工程需要，布置工程地质勘探剖面，工程地质孔应与地质、水文地质孔相结合，一孔多用。

6.3.5 露天开采矿区，边坡勘探的重点是首期开采地段的长久帮和边帮，以勘探剖面进行控制。

6.3.6 剥离物强度勘探，重点是首期开采地段，同时对全区作适当控制。勘探线沿岩石强度变化的主导方向布置，其线距视岩石强度均匀程度、勘探面积大小而定。剥离物强度小于 6 MPa 的松散软岩类矿区，可选择少量钻孔取芯进行采样试验；6 MPa～15 MPa 的中硬岩类矿区线距 400 m～1200 m；强度大于 15 MPa 的硬岩类矿区一般只宜布少量钻孔进行控制。

6.3.7 工程地质勘查工程量可按附录 J 执行。所控制的面积与水文地质勘查面积一致，结合面积的大小可酌情增减工程量。工程地质测绘工作可与水文地质测绘综合进行。

6.4 勘查技术要求

6.4.1 工程地质测绘

6.4.1.1 范围以达到采矿工程可能影响的边界外 200 m～300 m，比例尺为 1：10000～1：2000。

6.4.1.2 测绘内容

6.4.1.2.1 划分工程地质岩组，详细调查软弱岩组的性质、分布及其工程地质特征。

6.4.1.2.2 调查区内软弱夹层及各类结构面的分布、物质组成、胶结程度、结构面的特征及组合关系，按附录B进行分级。

6.4.1.2.3 按岩组和不同构造部位进行节理裂隙统计，测量其产状、宽度及延伸长度，编制玫瑰花图或极射赤平投影图，确定优势节理裂隙发育方向，参照附录F划分岩体结构类型。

6.4.1.2.4 对主要围岩的风化特征进行研究，可参照附录G划分岩体的强弱风化带。

6.4.1.2.5 对自然斜坡和人工边坡进行实地测定，研究边坡坡高、坡面形态与岩体结构的关系；调查各种物理地质现象。

6.4.1.2.6 对矿区工程地质条件有影响的地下水露头点、含水岩层与隔水层接触界面特征、构造破碎带的水理性质进行重点调查研究。

6.4.1.2.7 详细调查生产矿井及相邻矿山的各类工程地质问题；调查露采边坡变形特征、变形类型、形成条件和影响因素，井巷变形破坏特征、支护情况，变形破坏与软弱层、破碎带、节理裂隙发育带等结构面的关系。

6.4.1.3 遥感技术的应用

具备条件的工作地区，应采用遥感技术进行工程地质测绘。

6.4.2 工程地质物探

6.4.2.1 进行工程地质物探时，技术要求应按DZ/T 0080、MT/T 897、MT/T 898的规定执行。

6.4.2.2 工作方法

6.4.2.2.1 地面物探方法，主要包括电法、磁法、放射性探测法、声波探测法、地震和重力等，电阻率法、自然电场法、激发极化法、交变磁场法、测氡法、磁法和浅层地震法等是主要常用的物探方法。

6.4.2.2.2 地球物理测井方法，主要包括电阻率测井、扩散法电阻率测井、自然电位测井、密度测井、中子测井、自然伽玛测井和声波测井等。

6.4.3 工程地质钻探

6.4.3.1 钻探深度：露天开采宜控制最终坡脚或坑底以下30 m～50 m，井工开采控制到可采煤层及主要井巷标高以下20 m～30 m。

6.4.3.2 钻孔孔径以满足采取岩(土)物理力学试验规格为准。

6.4.3.3 要求全部取芯钻进。岩芯采取率可根据不同目的确定。

6.4.3.4 应进行物探测井，结合钻探地质剖面，确定岩石风化带深度、构造破碎带、岩溶发育带及层间软弱夹层的分布部位。

6.4.3.5 剥离物强度勘探工作中，为评价轮斗工艺开采的可能性，需取得完整钻孔断面岩石强度资料，建立钻孔岩石强度柱状。充分发挥物探测井的作用，配合力学试验成果，评价岩石强度及其变化规律。

6.4.4 钻孔工程地质编录

6.4.4.1 钻孔工程地质编录内容包括：统计与描述岩芯块度及采取率，绘制岩芯块度柱状图；统计节理裂隙；确定钻孔中流砂层、破碎带、裂隙密集带、风化带与软弱夹层、岩溶发育带的位置和深度；并可按工程地质岩组用点载荷仪测定岩石力学指标。

6.4.4.2 按钻进回次测定岩石质量指标(*RQD*)，确定不同岩组 *RQD* 值的范围和平均值。*RQD* 值一般按式(1)计算确定：

$$RQD=\frac{L_{\mathrm{p}}}{L_{\mathrm{t}}}\times 100\% \qquad \cdots\cdots(1)$$

式中：

L_{p}——某岩组大于10 cm完整岩芯长度之和，单位为米(m)；

L_{t}——某岩组钻探总进尺，单位为米(m)。

6.4.4.3 根据 *RQD* 值，按附录C划分岩石质量等级和岩体质量等级。

6.4.4.4 野外岩石点载荷强度试验的标准试件规格 $\phi50$ mm，不同直径岩样的点载荷强度值换算为标准试件的强度值称为点载荷强度指数，按式(2)计算：

$$I_{s(50)}=\frac{PD^{-\frac{3}{2}}}{\sqrt{50}} \quad \cdots\cdots(2)$$

式中：

$I_{s(50)}$——点载荷强度指数，单位为兆帕每平方厘米(MPa/cm^2)；

P——破坏载荷，单位为兆帕(MPa)；

D——试样直径，单位为厘米(cm)。

抗压强度和点载荷强度指数的关系按式(3)计算：

$$R_c=25I_{s(50)} \quad \cdots\cdots(3)$$

式中：

R_c——岩石轴向抗压强度，单位为兆帕每平方厘米(MPa/cm^2)；

$I_{s(50)}$——点载荷强度指数，单位为兆帕每平方厘米(MPa/cm^2)。

6.4.5 工程地质测试

6.4.5.1 应选取代表性岩(土)室内试样，测定其物理力学性质，工程地质条件中等至复杂的矿区，除选取代表性室内试样外，还可应用点载荷仪、携带式剪切仪进行钻孔及野外现场测试。

6.4.5.2 室内岩(土)样试验项目，按开采方式、勘查区实际情况，结合工程地质评价要求参照附录H选作。

6.4.5.3 岩(土)样采样要求

6.4.5.3.1 井工开采对先期开采地段可采煤层及其冒裂带围岩按不同岩石分别采样；露天开采应在边坡地段自上而下分组采样。

6.4.5.3.2 松散软弱岩类，根据需要采样。

6.4.5.3.3 块状、层状岩类按不同岩石采样，可直接从岩芯采样；松散软弱岩类应利用坑道或山地工程采样，如在钻孔中取样，则应采取专门取芯工具，砂砾石样应保持原级配。

6.4.5.3.4 采样规格与数量可根据实验室的具体要求确定。

6.5 工程地质评价

6.5.1 评价要求

工程地质评价应在查明工程地质条件的基础上结合开采方式，对边坡稳定性或煤层顶底板及井巷围岩岩体质量给予定性和半定量的预测评价。

6.5.2 边坡稳定性评价

6.5.2.1 坚硬、半坚硬岩类* 边坡稳定性评价：根据边坡与各类结构面的组合关系、软弱夹层情况，分析判断并预测边坡可能滑动变形的地段、范围、变形的性质、滑动面、切割面的可能位置，根据需要以类比法、经验数据法建议最终边坡角。

* 按岩石单轴极限抗压强度(R)将岩石强度分为：坚硬的 $R\geqslant60$ MPa；半坚硬的 60 MPa～30 MPa；软弱的 $R\leqslant$ 30 MPa。

6.5.2.2 松散软岩类边坡稳定性评价：一般将拟建采场划分为不同的工程地质区，并分区进行稳定性评价，应利用岩土样测试成果及邻近露天煤矿实际资料，建议最终边坡角；对具有饱水砂层的边坡，应根据需要进行专门性的预先疏干试验及饱水抗剪试验，在试验的基础上，建议边坡角。

6.5.3 煤层顶底板及井巷围岩岩体质量评价

宜采用两种方法对比评价，常用的方法为岩体质量系数法和岩体质量指标法。

6.5.3.1 岩体质量系数(Z)法:依据式(4)求得岩体质量系数 Z,按附录C中表C.2确定岩体质量优劣。

$$Z = IfS \quad \cdots\cdots(4)$$

式中:

Z——岩体质量系数;

I——岩体完整系数(无资料时可用 RQD 值代替);

f——结构面摩擦系数(影响稳定的主要结构面);

S——岩块坚硬系数,$S=\frac{R_c}{10}$;

R_c——岩块饱和轴向抗压强度,单位为兆帕每平方厘米(MPa/cm^2)。

6.5.3.2 岩体质量指标(M)法:可按近似式(5)粗略计算。

$$M = \frac{R_c}{30} \cdot RQD \quad \cdots\cdots(5)$$

参照附录C中表C.3评价岩体质量的优劣。

7 环境地质调查与评价

7.1 一般要求

7.1.1 煤炭资源地质勘查工作中,除预查阶段外,均应进行环境地质调查评价工作。

7.1.2 环境地质工作的任务是在综合研究勘查区(井田)的自然地理、地质环境现状的基础上,对在煤矿建设和生产过程中可能产生的生态环境问题及环境污染进行预测和评价。

7.1.3 普查阶段:调查了解区域及勘查区的自然地理及地质环境现状及其存在的主要环境地质问题,了解区域性历史地震及近代地震烈度、新构造活动,了解已有工矿企业对环境的影响程度,必要时可对污染源(物)采取少量的代表性样品进行分析化验。

7.1.4 详查阶段:结合水文地质、工程地质勘查,初步查明勘查区内环境地质背景和现状及存在的主要环境地质问题,研究不良地质现象的诱发因素、活动规律及其危害程度,对勘查区内已有的污染源(物)采取代表性的样品进行分析化验,对勘查区环境地质作出初步评价。

7.1.5 勘探阶段:基本查明煤矿区内环境地质背景和现状及存在的主要环境地质问题,着重研究与煤矿开发活动有关的环境地质问题,研究煤炭开发可能产生的不良地质现象和生态影响,提出相应的防治建议。

7.2 环境地质调查

7.2.1 区域稳定性调查:收集勘查区附近历史地震资料,调查地质构造和新构造活动情况,分析是否有活动性断裂的存在。

7.2.2 调查勘查区所处社会环境、生态环境和自然地理环境(旅游区、文物保护区、自然保护区等)。

7.2.3 勘查区调查内容

a) 调查、收集地表水、地下水的环境背景值(污染起始值)或对照值;

b) 对开发影响范围的滑坡、崩塌、山洪、泥石流等物理地质现象及地面建筑、土地资源污染现状进行野外调查;

c) 调查地质体中可能成为污染源的物质的赋存状态、含量、分布规律及影响;

d) 当调查区有热(气)水时,应查明其分布、控制因素、水温、流量、水中气体及化学成分,了解热(气)水的补给、径流、排泄条件;

e) 按 DZ/T 0215 的相应要求,选择钻孔进行地温测量,确定恒温带深度、温度及地温梯度;

f) 调查生态环境地质现状、植被及动物种类和分布范围,预测煤矿开采后可能发生的变化及破坏程度;

g） 矿区发现有放射性元素时，确定放射性元素的放射强度、分布范围、赋存层位等，当确认无工业价值时，应对其影响安全生产和环境污染的程度作出评价。

7.2.4 扩大延深勘查区除上述调查内容外，还应调查以下内容：

a） 调查矿坑排水而引起的区域地下水位下降及井、泉枯竭对当地用水的影响和地下水补给、径流、排泄条件的变化；

b） 地表水污染调查，包括点源、面源污染位置及废水、废渣中排出的主要污染物的浓度、年排放量、排放方式、排放途径和去向、处理和综合利用状况；

c） 矿坑水污染调查，着重调查高硫煤矿床中对人体有害元素的矿坑排水及煤矸石堆在降水淋滤作用下对水体的污染，调查矿坑排放的高悬浮物（大于 400 mg/L）和高矿化水的排放浓度、分布范围以及对环境的危害程度；

d） 调查煤矿开采中引起的岩溶塌陷、山体失稳、崩落、地裂缝、地面沉降等对地质环境的影响范围、破坏程度；

e） 调查煤矿不同开采水平的井巷温度，确定其地温梯度；

f） 调查煤矸石堆放场的稳定性，根据地形、地貌、水文、气象等因素，分析形成山洪、泥石流的可能性以及复垦还田的情况。

7.2.5 环境地质调查应重视遥感技术的应用

进行环境地质调查工作时，具备条件的地区应采用包括遥感技术的综合方法。

7.2.6 地球物理勘探

7.2.6.1 地球物理勘探（以下简称物探），应紧密结合其他方法进行，根据勘查区的地质环境条件、地质体的物理特征和需要查明的主要环境地质问题等因素确定。重点布置在地面调查难以判断而又需要解决的地段。

7.2.6.2 物探主要探明下列环境地质问题：

a） 人类工程活动对含隔水层的破坏位置、范围、面积以及含隔水性等；

b） 滑坡的空间分布状态，地质结构及滑坡床埋藏情况等；

c） 采空区、老窑、岩溶陷落柱的分布位置、范围，及其充水情况；

d） 地下水位埋深和地下水矿化度变化规律以及咸水分布范围、咸淡水界面等。

7.3 环境地质评价

7.3.1 区域稳定性评价

根据断裂的活动性及工程地质条件，初步阐明区域稳定性及对工程建筑物的影响。

7.3.2 水环境质量评价

7.3.2.1 基础评价：对未遭到污染破坏的近似天然状态（或大规模开采之前的地表、地下水物质组合及其地质环境背景状况）进行评价。

7.3.2.2 现状评价：对人类工程活动对地表、地下水水质、水量的影响，以及可能发生的环境水文地质问题作出半定量评价。

7.3.2.3 评价方法：背景值对比法、污染起始对比法、标准对比法、水质指数法、环境水文地质制图法、水质数学模型法等。

7.3.3 灾害地质评价

7.3.3.1 对岩土体边坡稳定性进行定性评价。

7.3.3.2 对煤炭资源开发引发或可能引发的地面沉降、地裂缝、岩溶塌陷等作出半定量评价。

7.3.3.3 评价方法：观测法、地形测量对比法、经验计算法、三维应力应变数学模型法等。

7.3.4 生态环境影响评价

7.3.4.1 在地质环境现状评价基础上，提出煤矿建设可能对大气、土壤、动植物和建筑物的影响程度。

7.3.4.2 评价方法可采用背景值对比法、标准对比法等。

7.3.5 环境地质问题发展趋势预测

根据勘查区的具体情况及存在的主要环境地质问题，可选择经验公式法、回归分析法、趋势外推法、数学模型法、模糊评判法、基于GIS的层次叠加分析法等，应尽量采用先进的评价预测方法。

7.3.6 确定勘查区地质环境类型

第一类，地质环境质量良好：附近无污染源，地表、地下水水质良好（Ⅰ、Ⅱ）*。煤炭和矸石不易分解出有害组分，生态环境及地面建筑、土地影响很小。

* 地表水水质按GB 3838判别。

第二类，地质环境质量中等：采煤可产生局部地表变形，但对地质环境破坏不大；区内无重大的污染源；无热害；地表水、地下水水质较好（不低于Ⅲ类），矿坑排水对附近水体有一定污染；煤炭和矸石化学成分基本稳定，无其他环境地质隐患，生态环境及地面建筑、土地有一定影响。

第三类，地质环境质量不良：水文地质工程地质条件复杂，因采煤可带来严重的环境地质问题，如地面塌陷、山体开裂失稳、井泉干涸，有热害或矿坑排水以及煤炭、矸石有害组分的分解易造成对附近水体的污染，水体水质超过Ⅲ类标准，生态环境影响严重，建筑物、土地等破坏严重。

附 录 A
（规范性附录）
含水层富水性分级

A.1 按钻孔单位涌水量(q)富水性分为以下四级：

a） 弱富水性：$q<0.1$ L/(s·m)；

b） 中等富水性：0.1 L/(s·m)$<q\leq$1.0 L/(s·m)；

c） 强富水性：1.0 L/(s·m)$<q\leq$5.0 L/(s·m)；

d） 极强富水性：$q>$5.0 L/(s·m)。

A.2 按天然泉水流量含水层富水性分为以下四级：

a） 弱富水性：$Q<1$ L/s；

b） 中等富水性：1.0 L/s$<Q\leq$10.0 L/s；

c） 强富水性：10.0 L/s$<Q\leq$50.0 L/s；

d） 极强富水性：$Q>$50.0 L/s。

注：评价含水层的富水性，钻孔单位涌水量以口径 91 mm、抽水水位降深 10 m 为准，若口径、降深与上述不符时，应进行换算再比较富水性。

附 录 B
（规范性附录）
结构面分级表

表 B.1 结构面分级表

分段	结构面型式	规模		对岩体稳定性的影响
		走向	倾向垂深	
Ⅰ	区域断裂带	延展达数千米以上	至少切穿一个构造层	控制区域稳定，应着重研究断裂力学机制、构造应力场方向及断裂带的活动性
Ⅱ	矿区内主要断裂或延伸较稳定的原生软弱层	数千米	数百米	控制山体稳定，应着重研究结构面产状、形态、物理力学性质
Ⅲ	矿区内次一级断裂及不稳定的原生软弱层及层间错动带	数百米以内	数十米至数百米	影响岩体稳定，应着重研究可能出现的滑动面及滑动面的力学性质
Ⅳ	节理裂隙、层理、片理	延展有限	无明显深度及宽度	破坏岩体完整，影响岩体的力学性质及局部稳定性，研究其节理、裂隙发育组数、密度
Ⅴ	微小的节理劈理、不发育片理			降低岩石强度

附　录　C

（规范性附录）

岩石、岩体质量及岩体优劣分级表

表 C.1　岩石质量等级表

等　级	RQD %	岩石质量描述	岩体完整性评价
Ⅰ	90～100	极好的	岩体完整
Ⅱ	75～90	好的	岩体较完整
Ⅲ	50～75	中等的	岩体中等完整
Ⅳ	25～50	劣的	岩体完整性差
Ⅴ	＜25	极劣的	岩体破碎

表 C.2　岩体 Z 值范围及其优劣分级表

岩体结构类型	代号	岩体质量系数 Z 值一般范围			
整体结构	Ⅰ$_1$	2.5～20			
块状结构	Ⅰ$_2$	0.3～10			
层状结构	Ⅱ$_1$	0.2～5			
薄层状结构	Ⅱ$_2$	0.08～3			
镶嵌结构	Ⅲ$_1$	0.2～2.5			
碎裂结构	Ⅲ$_2$、Ⅲ$_3$	0.05～0.1			
散体结构	Ⅳ	0.002～0.1			
岩体质量系数(Z)	＜0.1	0.1～0.3	0.3～2.5	2.5～4.5	＞4.5
岩体质量等级	极坏	坏	一般	好	特好

表 C.3　岩体质量分级表

岩体分类	Ⅰ	Ⅱ	Ⅲ	Ⅳ	Ⅴ
岩体质量指标(M)	＞3	1.0～3.0	0.12～1.0	0.01～0.12	＜0.01
岩体质量	优	良	中等	差	坏

附 录 D
（资料性附录）
冒落带、导水裂隙带最大高度经验公式表

表 D.1 冒落带、导水裂隙带最大高度经验公式表

煤层倾角 (°)	岩石抗压强度 MPa	岩石名称	顶板管理方法	冒落带最大高度 m	导水裂隙带（包括冒落带）最大高度 m
0～54	40～60	辉绿岩、石灰岩、硅质石英岩、砾岩、砂砾岩、砂质页岩等	全部陷落	$H_c=(4\sim5)M$	$H_f=\frac{100M}{2.4n+2.1}+11.2$
	20～40	砂质页岩、泥质砂岩、页岩等	全部陷落	$H_c=(3\sim4)M$	$H_f=\frac{100M}{3.3n+3.8}+5.1$
	<20	风化岩石、页岩、泥质砂岩、黏土岩、第四系和第三系松散层等	全部陷落	$H_c=(1\sim2)M$	$H_f=\frac{100M}{5.1n+5.2}+5.1$
55～85	40～60	辉绿岩、石灰岩、硅质石英岩、砾岩、砂砾岩、砂质页岩等	全部陷落		$H_f=\frac{100mh}{4.1h+133}+8.4$
	<40	砂质页岩、泥质砂岩、页岩、黏土岩、风化岩石、第三系和第四系松散层等	全部陷落	$H_c=0.5M$	$H_f=\frac{100mh}{7.5h+293}+7.3$

注 1：M—累计采厚，单位为米（m）；n—煤分层层数；m—煤层厚度，单位为米（m）；h—采煤工作面小阶段垂高，单位为米（m）。

注 2：冒落带、导水裂隙带最大高度，对于缓倾斜和倾斜煤层，系指从煤层顶面算起的法向高度；对于急倾斜煤层，系指从开采上限算起的垂向高度。

注 3：岩石抗压强度为饱和单轴极限强度。

附 录 E
(资料性附录)
安全隔水厚度和突水系数计算公式

$$t=\frac{L\left(\sqrt{\gamma^{2}L^{2}-8K_{p}H}-\gamma L\right)}{4K_{p}} \qquad \text{(E.1)}$$

式中：

t——安全隔水厚度，单位为米(m)；

L——采掘工作面底板最大宽度，单位为米(m)；

γ——隔水层岩石的视密度，单位为吨每立方米(t/m^3)；

K_p——隔水层岩石的抗张强度，单位为帕(Pa)；

H——隔水层底板承受的水头压力，单位为帕(Pa)。

$$T_s=\frac{p}{M-C_p} \qquad \text{(E.2)}$$

式中：

T_s——突水系数，单位为兆帕每米(MPa/m)；

p——隔水层承受的水压，单位为兆帕(MPa)；

M——底板隔水层厚度，单位为米(m)；

C_p——采矿对底板隔水层的扰动破坏厚度，单位为米(m)。

按式(E.1)计算，如底板隔水层实际厚度小于计算值时，就是不安全的。按式(E.2)计算，就全国实际资料看，底板受构造破坏块段突水系数一般不大于0.06 MPa/m，正常块段不大于0.15 MPa/m。

附 录 F
（资料性附录）
岩体结构分类表

表 F.1

结构类型		亚类		地质背景	完整状态		结构面特征	结构体特征		水文地质特征
代号	名称	代号	名称		结构面间距 cm	完整性系数		形态	强度 MPa	
Ⅰ	整体块状结构	Ⅰ$_1$	整体结构	岩性单一，构造变形轻微的巨（极）厚层沉积岩、变质岩和火成岩体	＞100	＞0.75	Ⅳ、Ⅴ级结构面存在，无或偶见Ⅲ级结构面，组数一般不超过3组，而且延展性极差，多呈闭合、粗糙状态，无充填或夹少量碎屑，$\tan\phi \geqslant 0.60$	岩体呈整体状态，或由巨型块状体所组成	＞60	地下水作用不明显
		Ⅰ$_2$	块状结构	岩性单一，构造变形轻～中等的厚层沉积岩、变质岩和火成岩体	100～50	0.75～0.35	以Ⅳ、Ⅴ级结构面为主，少见Ⅱ、Ⅲ级结构面，层间有一定的结合力，结构面一般发育有2～3组，以两组高角度剪切节理发育。面多闭合、粗糙或夹碎屑或附薄膜，一般 $\tan\phi = 0.40～0.60$	长方体、立方体、菱形块体以及占多数的多角形块体	＞30，一般均在60以上	裂隙水甚为微弱，沿面可以出现渗水、滴水现象，主要表现为对半坚硬岩石的软化
Ⅱ	层状结构	Ⅱ$_1$	层状结构	主要指构造变形轻～中等的、中～厚（单层厚度大于30 cm）层的层状岩体	50～30	0.6～0.3	以Ⅲ、Ⅳ级结构面（层面、片理、节理）为主，亦存在Ⅱ级结构面（原生软弱夹层、层间错动），延展性较好，一般有2～3组结构面，层面尤为显著，层间结合力较差，结构面的摩擦系数一般为0.30～0.50	长方体、厚板体、块体和柱状体	＞30	由于岩层的组合和变位的程度不同，就有不同的水文地质结构；地下水的贮存情况和水动力条件则不相同。不仅地下水渗透压力所引起的问题明显，而且地下水的软化、泥化作用亦明显
		Ⅱ$_2$	薄层状结构	同Ⅱ$_1$，但层厚小于30 cm，在结构变动作用下表现为相对强烈的褶皱（或褶曲）和层间错动	＜30	＜0.40	层理、片理发育，Ⅲ级、Ⅱ级结构面如原生软弱夹层、层间错动和小断层不时出现，结构面多为泥膜、碎屑和泥质物所充填，一般结合力差，$\tan\phi \approx 0.30$ 上下	组合板状体或薄板状体	一般30～10	

表 F.1(续)

结构类型		亚类		地质背景	完整状态		结构面特征	结构体特征		水文地质特征
代号	名称	代号	名称		结构面间距 cm	完整性系数		形态	强度 MPa	
Ⅲ	碎裂结构	$Ⅲ_1$	镶嵌结构	一般发育于脆硬岩层中的压碎岩带，节理、劈理组数多、密度大	<50 一般为数厘米	<0.35	以Ⅳ、Ⅴ级结构面(节理、劈理及隐微裂隙)为主，结构面组数多(均多于3组)，密度大，但其延展性甚差。结构面粗糙，闭合无充填或夹少量碎屑，$\tan\phi \approx 0.40$～0.60	形态不一，大小不同，棱角显著彼此咬合	>60	本身即为统一含水体，虽然导水性能并不显著，但渗水亦有一定的渗透压力
		$Ⅲ_2$	层状碎裂结构	软硬相间的岩石组合，如大理石建造，火山岩建造和变质岩建造中，通常有一系列近于平行的软弱破碎带，它们与完好的岩体相间存在	<100	<0.40	Ⅱ、Ⅲ、Ⅳ级结构面均发育，Ⅱ、Ⅲ级(软弱夹层和各种成因类型的破碎带)尤为突出，在岩体中大致平行分布，起着控制性作用，其摩擦系数一般为0.20～0.40；相对坚硬完整的、与软弱破碎带相间存在的骨架岩体中，以Ⅳ、Ⅴ级结构面为主，一般$\tan\phi \approx 0.40$	软弱破碎带以碎屑、碎块、岩粉、泥为主；滑架部分岩体为大小不等、形态不同的岩块	骨架岩体中岩块强度在30上下或更大些	亦具层状水文地质结构特征，软弱破碎带两侧地下水呈带状渗流、同时对软弱结构面(包括破碎带)的软化、泥化作用甚为明显
		$Ⅲ_3$	碎裂结构	岩性复杂，构造变动剧烈，断裂发育，亦包括风化作用下的弱风化带	<50	<0.30	Ⅱ、Ⅲ、Ⅳ、Ⅴ级结构面均发育，组数不下4～5组，彼此交错结构面多被充填；或为泥夹碎屑，或为泥膜，或为矿物薄膜，擦痕镜面多见，结构面光滑度不等，形态不一。有的破碎带中黏土矿物成分甚多。结构面的摩擦系数一般为0.20～0.40	碎屑和大小不等、形态不同的岩块	岩块中隐微裂隙甚多，不堪一击，小于30	地下水各方面作用均为显著，不仅有软化、泥化作用，而且由于渗流还可能引起化学管涌和机械管涌现象
Ⅳ	散体结构			构造变动剧烈，一般为断层破碎带、岩浆岩侵入接触破碎带以及剧～烈强风化带		<0.20	断层破碎带、接触破碎带中一般均具有数条滑动面，带中节理、劈理密集而呈无序状。整个破碎带(包括剧～强烈风化带)呈块夹泥的松散状态或泥包块的松软状态。摩擦系数一般约为0.20	泥、岩粉、碎屑、碎块、碎片等	岩块的强度在此无实际意义	泥质物多，所以破碎带起隔水作用，使地下水沿破碎带两侧富集；同时，地下水可以促使破碎带物质软化、泥化、崩解、膨胀，还可以产生化学管涌和机械管涌

表 F.2

结构类型		亚类		力学界质类型	岩体变形破坏的特征	工程地质评价要点
代号	名称	代号	名称			
Ⅰ	整体块状结构	I_1	整体结构	连续介质	硬脆岩石中的深埋地下工程可能出现岩爆，即脆性破裂，一般是沿裂隙端部产生。在半坚硬岩层中可能产生微弱的塑性变形	埋深大或处地震危险区的地下工程的围岩中，初始应力大，能产生岩爆
		I_2	块状结构	连续或不连续介质	压缩变形微量，主要决定于结构面的规模、数量和方位以及结构体的强度。剪切滑移受结构面抗剪强度及岩块刚度、形状、大小所制约，部分岩石抗剪断强度可以发挥作用，滑移面多迁就已有结构面	结构面的分布与特征，尤其Ⅱ、Ⅲ级结构面的存在及其组合的块体的规模、形状和方位；深埋或地震危险区地下开拓时，岩体中隐微裂隙的存在，可导致岩爆
Ⅱ	层状结构	II_1	层状结构	不连续介质	变形受岩石组合、结构面所控制。压缩变形取决于岩性、岩层变位程度、结构面发育情况，缓倾和陡立岩层在拱顶和边墙可能出现弯曲拗折现象。剪切滑移受结构面及软弱夹层的抗剪强度及其方位所制约	岩石组合；层面特性及其结合力，岩层的产状；要特别注意软弱夹层、层间错动的存在和Ⅱ、Ⅲ级结构面的组合；水文地质结构和水动力条件
		II_2	薄层状结构		岩体的变形受破坏整体特征所控制，特别是软弱破碎岩层可能出现压缩、挤出、底鼓等现象。硐室顶部、边墙易产生拗折现象。剪切滑移受结构面抗剪强度和薄板体的强度所控制	层间结合状态、软弱岩层的褶曲和坚硬岩层的破裂及其变化情况；地下水对弱破碎岩层的软化和泥化，块体及组合块体的存在及其稳定性
Ⅲ	碎裂结构	III_1	镶嵌结构	似连续介质	压缩变形量直接与结构体的大小、形态、强度有关。结构面抗剪强度、结构体彼此镶嵌能力，在岩体变形破坏过程中起决定性作用。崩落坍塌是由表及里逐渐发展的，若及时喷锚即可改善表层的应力状态，防止变形的发展	结构面发育的组数及其特征；地下水的渗透特征以及工程岩体所处的振动、风化条件；Ⅱ、Ⅲ级结构面的存在及其组合关系，这些软弱结构面的特征以及块体、组合块体的稳定性
		III_2	层状碎裂结构	不连续介质	岩体的变形破坏受软弱破碎带所控制，具备坍塌、滑移条件，还有压缩变形的可能	控制性软弱破碎带的方位、规模、组成物质的特性及其抗剪强度；相对完整岩体的骨架作用；地下水的赋存条件及其对岩体稳定性所起的作用
		III_3	破碎结构	不连续介质或似连续介质	整体强度低，坍塌、滑移、压缩变形均可产生。岩体塑性强，变形时间效应明显。岩体的变形破坏受软弱结构面的规模、数量、特性及其组合特征所决定	软弱结构面方位、规模、数量特征及其组合特征；结构面软弱物质的水理性以及地下水的赋存条件和作用；岩体变形的时间效应；组合块体对变形初始阶段的控制作用
Ⅳ	散体结构			似连续介质	是岩体中工程地质特征最坏的部位，近松散介质，具显著的塑性特征，变形时间明显。基础的压缩沉降、边坡的塑性挤出、坍塌滑移、硐室的坍塌、鼓胀无不产生。其变形、破坏受破碎带的物质组成及其强度所控制	构造岩、风化岩的破碎特征；物质组成、物理-力学性质、水理特性等；注意断层破碎带的多期活动性和新构造应力场

附 录 G
（资料性附录）
岩体风化程度野外鉴定表

表 G.1 岩体风化程度野外鉴定表

分 带	鉴 定 特 性
强风化带	捶击浊音，易粉碎，岩石全部退色，多数矿物黏土化，裂隙面明显且黏土化，岩芯块度 5 mm～15 mm，多角砾～岩块（片）状，为团块～碎裂结构
弱风化带	岩石表面和裂隙面有风化迹象，部分矿物风化变质，颜色变浅，有少量裂隙将岩体切割成 20 cm～50 cm 块体，不易击碎，基本保持母岩结构

附 录 H
（资料性附录）
岩（土）样室内试验项目表

表 H.1 岩(土)样室内试验项目表

试验项目		砂质土	黏性土	多年冻土	软岩	半坚硬岩石	坚硬岩石	备注
成分	颗粒成分	+	+	+	+	−	−	
	矿物成分	+	+	+	+	+	+	
	化学成分	−	+	+	+	+	−	
	黏土矿物	−	+	+	+	−	−	
物理性质	密度	+	+	+	+	+	+	
	视密度	+	+	+	+	+	+	
	相对密度	+	−	+	−	−	−	
	天然含水量	+	+	−	+	+	+	
	软化系数	−	−	−	+	+	+	
	孔隙度(比)	+	+	−	+	−	−	
	界限含水量	−	+	−	−	−	−	
	膨胀性(膨胀量、冻胀量)	−	+	+	+	−	−	露天开采剥离物强度应进行切割强度试验
	耐崩解性指数	−	−	−	+	+	−	
	安息角	+	−	+	−	−	−	
吸水率(含水率)		−	−	+	+	+	+	
力学性质	压缩性	+	+	−	+	−	−	
	抗压强度(干、湿)	−	−	+	+	+	+	
	抗拉强度	−	−	+	−	+	+	
	抗剪强度(干、湿)	−	+	+	+	+	+	
	弹性模量(干、湿)	−	−	−	+	+	+	
	泊桑比	−	−	−	−	+	−	
	抗冻性	−	−	−	+	+	−	
	加利福尼亚承载比试验	−	−	−	−	+	+	
	洛杉矶拉磨试验	−	−	−	−	+	+	

附 录 I
（资料性附录）
水文地质勘查基本工程量表

表 I.1 孔隙、裂隙类充水矿床一般所需基本工程量表

项目		阶段	类型					
			孔隙类			裂隙类		
			简单	中等	复杂	简单	中等	复杂
水文地质测绘		预、普、详	1∶50 000～1∶25 000			1∶50 000～1∶25 000		
		勘探	1∶10 000～1∶5 000			1∶10 000～1∶5 000		
钻孔简易水文地质、工程地质观测		普、详、勘	全部钻孔均进行观测，根据实际需要选择观测项目			全部钻孔均进行观测，根据实际需要选择观测项目		
抽水试验次	单孔	详	直 1～2	直 2～4，间 1～2	直 4～6，间 2～3	直 1～2	直 2～4，间 1～2	直 4～6，间 2～3
		勘探	直 1～2	直 2～3，间 1～2	直 3～4，间 2～3	直 1～2	直 2～3，间 1～2	直 3～4，间 2～3
	孔组（群孔）	勘探	—	—	直 1～2 组	—	—	直 1～2 组
	大径孔组（群孔）	勘探	—	—	必要时直 1～2 组	—	—	必要时直 1 组
长期观测	钻孔	详、勘探	—	—	直 6～8，间 1～2	—	—	直 6～8，间 1～2
	生产矿井	普	进行一般性了解			进行一般性了解		
		详、勘	系统地详细收集资料			系统地详细收集资料		
	井泉	普、详、勘	选择有代表性的点			选择有代表性的点		
	地表水	普	有必要时设站观测			有必要时设站观测		
		详、勘	对开采有影响的地段设足够的站进行观测			对开采有影响的地段设足够的站进行观测		
	物理地质现象	普、详、勘	对开采可能有影响的地段设站观测			对开采可能有影响的地段设站观测		
揭露底板直接充水含水层的地质钻孔 km^2		普、详	少量			少量		
		勘探	累计 0.5	累计 0.6	累计 0.7	累计 0.4	累计 0.5	累计 0.6
第四系加密孔		详、勘	煤层隐伏露头附近加密到			煤层隐伏露头附近加密到		
			500 m～750 m	250 m～500 m		500 m～750 m	250 m～500 m	
岩（土）样		详、勘	除工程地质勘探线上的钻孔外，选择有代表性的钻孔分层取样			按要求选择有代表性的点分层取样		
水样		普、详、勘	选择有代表性的点取样			选择有代表性的点取样		
地面物探		普、详、勘	一般应进行地面物探			一般应进行地面物探		
水文测井		详、勘	第四系加密孔、专门水文孔均应进行水文测井			第四系加密孔、专门水文孔均应进行水文测井		

注：直表示直接充水含水层；间表示间接充水含水层。直接充水含水层系指通过井巷及露天矿坑的大面积揭露煤层回采后的冒裂带以及底鼓突水等途径，直接向矿井进水的含水层。

表 I.2　岩溶类充水矿床一般所需基本工程量表

项目		阶段	类型：顶板进水为主			类型：底板进水为主		
			简单	中等	复杂	简单	中等	复杂
水文地质测绘		预、普、详	1∶50 000～1∶25 000			1∶50 000～1∶25 000		
		勘探	1∶10 000～1∶5 000			1∶10 000～1∶5 000		
钻孔简易水文地质、工程地质观测		普、详、勘	全部钻孔均进行观测，根据实际需要选择观测项目			全部钻孔均进行观测，根据实际需要选择观测项目		
抽水试验次	单孔	详	直3～4，间1～2	直4～6，间2～3	直6～8，间3～5	直3～5，间2～3	直5～8，间3～5	直8～10，间5～6
		勘探	直1～2	直2～3，间1～2	直3～4，间2～3	直1～2	直3～4，间2～3	直4～5，间2～3
	孔组（群孔）	勘探	—	直1组	—	—	直1～2组	—
	大径孔组（群孔）	勘探	—	—	直1～2组	—	—	直1～2组
长期观测	钻孔	详、勘	—	—	直6～8，间1～2	—	—	直6～8 间1～2
	生产矿井	普	进行一般性了解			进行一般性了解		
		详、勘	系统地详细收集资料			系统地详细收集资料		
	井泉	普、详、勘	选择有代表性的点			选择有代表性的点		
	地表水	普	有必要时设站观测			有必要时设站观测		
		详、勘	对开采有影响的地段设足够的站进行观测			对开采有影响的地段设足够的站进行观测		
	物理地质现象	普、详、勘	对开采可能有影响的地段设站观测			对开采可能有影响的地段设站观测		
揭露底板直接充水含水层的地质钻孔 km²		普	—			少量		
		详				0.1～0.2	0.2～0.4	0.3～0.6
		勘探				累计 0.5～1.0	累计 1.0～1.5	累计 1.5～2.5
第四系加密孔		详、勘	煤层隐伏露头附近加密到 500 m～750 m		煤层隐伏露头附近加密到 250 m～500 m	煤层隐伏露头附近加密到 500 m～750 m		煤层隐伏露头附近加密到 250 m～500 m
岩（土）样		详、勘	选择有代表性的钻孔分层取样			揭露底板含水层孔数20%取化学分析样		
水样		普、详、勘	选择有代表性的点取样			选择有代表性的点取样		
地面物探		普、详、勘	一般应进行地面物探			一般应进行地面物探		
水文测井		详、勘	第四系加密孔、专门水文孔均应进行水文测井			底板含水层段要测井，第四系加密孔、专门水文孔均应进行水文测井		

注：直表示直接充水含水层，间表示间接充水含水层。直接充水含水层系指通过井巷及露天矿坑的大面积揭露煤层回采后的冒裂带以及底鼓突水等途径，直接向矿井进水的含水层。

表 I.3 露天抽水试验工程量表

类	型	直接充水含水层		
		单 孔	群孔(组)	大径孔组(群孔)
孔隙充水矿床	第一型	2～3		
	第二型	3～5	1～2	0～1
	第三型	5～8	2～3[a)]	2～3
裂隙充水矿床	第一型	2～3		
	第二型	3～6	1～2	0～1
	第三型	6～9		1～2
岩溶充水矿床	第一型	2～3		
	第二型	5～7	1～2	1～2
	第三型	7～10		2～3

a) 只适用于第三类第二种情况。

附 录 J
（资料性附录）
工程地质勘查工程量表

表 J.1 工程地质勘查工程量表

<table>
<tr><th rowspan="2">项 目</th><th rowspan="2">阶段</th><th colspan="3">工程地质条件复杂程度</th></tr>
<tr><th>简单型</th><th>中等型</th><th>复杂型</th></tr>
<tr><td rowspan="2">工程地质测绘比例尺</td><td>详查</td><td colspan="3">1∶25 000～1∶10 000</td></tr>
<tr><td>勘探</td><td colspan="3">1∶10 000～1∶2 000</td></tr>
<tr><td rowspan="2">钻孔工程地质编录占地质孔数
%</td><td>详查</td><td>5～10</td><td>10～15</td><td>15～20</td></tr>
<tr><td>勘探</td><td>10～20</td><td>20～30</td><td>30～50</td></tr>
<tr><td rowspan="2">工程地质钻孔
个</td><td>详查</td><td colspan="2">一般不布置</td><td>根据需要布置</td></tr>
<tr><td>勘探</td><td colspan="2">一般不布置</td><td>根据需要布置</td></tr>
<tr><td rowspan="2">工程地质剖面1)
条</td><td>详查</td><td>0</td><td>1～2</td><td>2～3</td></tr>
<tr><td>勘探</td><td>0～1</td><td>2～3</td><td>3～5</td></tr>
<tr><td rowspan="2">室内岩（土）样</td><td>详查</td><td colspan="3">不同工程地质岩组分层取样，井工开采主要可采煤层控制顶板 30 m、底板 20 m 及井巷围岩位置，露天采场控制坑底 30 m～50 m。取样数：每种岩石不少于 3 组，每组岩块数按试验项目确定；松散岩类按岩性、厚度取样，剥离物强度勘探不受此限</td></tr>
<tr><td>勘探</td><td colspan="3">不同工程地质岩组分层取样，井工开采主要可采煤层控制顶板 30 m、底板 20 m 及井巷围岩位置，露天采场控制坑底 30 m～50 m。取样数：每种岩石不少于 3 组，每组岩块数按试验项目确定；松散岩类按岩性、厚度取样，剥离物强度勘探不受此限</td></tr>
<tr><td colspan="5">1) 每条勘查剖面由 2 个～5 个工程地质孔或具有工程地质编录的地质孔、水文地质孔组成。</td></tr>
</table>

附　录 K
（资料性附录）
河流观测方法及工具制作

K.1　河流观测站位置的选择

K.1.1　河流观测站应选择在顺直匀整的河段。顺直河段的长度一般不少于洪水时主河槽河宽的3倍～5倍。

K.1.2　河流观测站的水流要平稳，避开回流、死水及显著比降的地方。

K.1.3　应避开妨碍观测工作的地物、地貌、冰塞、冰坝及工业生产中排泄废水、污水的地点。

K.1.4　观测站的上下游附近，不应有沙洲、浅滩、淤积故道（牛轭湖）。

K.1.5　山区河流观测站应选择在急滩或窄口的上游，水流比较稳定、河底比较平坦的河段。

K.2　测流断面、设置的要求

K.2.1　测流断面应设在顺直匀整河段的中央，垂直于平均流向，并尽可能与基本水尺断面重合。

K.2.2　浮标测流应在中断面的上下游以相等距离平行布设辅助断面，其间距一般不小于该河段平均流速的10～50倍。辅助断面之间的水流断面应基本一致。

K.2.3　主要测流断面的位置，应用全仪器法测定，其精度按同比例尺水文地质点的要求。测流断面两岸所设置的固定标桩及水尺的水准测量，其精度不得低于等外水准点的要求。

K.3　流量测定方法

应根据观测精度要求，以及流量大小、水深、水位涨落等情况选择。为保证实测流量的准确，必要时可选择几种方法互相配合使用。

K.3.1　流速仪法：一般适用于水深不小于0.16 m的河流，同时在一次测流过程中的水位涨落，一般不大于平均水深的10%～20%；水深较浅而涨落急剧的河流不大于20%～30%。

K.3.2　浮标法：对测量精度要求较低，或用流速仪施测困难时，可采用浮标法测量。河流水深不小于0.16 m，可用水面浮标法测量。因漂浮物或投放设备故障，无法在全断面内均匀投放浮标时，或因洪水涨落急剧，需缩短测流时间时，可采用中泓浮标法。水深过浅时，可采用小浮标法。水深大于1 m时，可用深水浮标法或浮杆法。

K.3.3　量水建筑物法：在流量很小时适用，常用的有人工控制断面法、容积法、堰测法等。

K.4　流速仪法测流的具体要求

测速垂线数和分布的位置，应根据河宽、水深、河道地形、流速横向分布的复杂程度以及采用的测流方法确定。一般测速垂线数可参照表K.1的规定。

表 K.1　流速仪测速垂线数表

水面宽 m	＜5	20	50	100	300
测速垂线数	5	8	10	15	20

表 K.2　流速测点分布表

水深或有效水深 m		垂线上测点数量和位置	
悬杆悬吊	悬索悬吊	畅 流 期	冰 期
>1.0	>3.0	5点(水面、0.2、0.6、0.8水深、河底)	6点(水面、冰底或冰基底,0.2、0.4、0.6、0.8有效水深,河底)
0.6～1.0	2.0～3.0	3点(0.2、0.6、0.8水深)或2点(0.2、0.8水深)	3点(0.15、0.5、0.8有效水深)
0.4～0.6	1.5～2.0	2点(0.2、0.8水深)	2点(0.2、0.8有效水深)
0.2～0.4	0.8～1.5	1点(0.6水深)	1点(0.5有效水深)
0.16～0.2	0.6～0.8	1点(0.5水深)	1点(0.5有效水深)

K.5　浮标法测流的具体要求

K.5.1　水面浮标法

采用固定垂线位置测流时,可根据水情的变化设辅助测线。

K.5.1.1　每次测流都要同时对测流断面所有的测速垂线作水深测量。每一垂线应连续测取两次以上的读数,取其平均值。

K.5.1.2　垂线上流速测点的分布(包括位置和数量),应根据水深和流速仪的型号,并考虑风浪、河床底面组成、水情和冰情等决定,一般可参照表K.2的规定。

K.5.1.3　各测点测速历时一般不少于100 s。洪水时期可适当缩短,但不得少于50 s。河流暴涨暴落或受漂浮物、流冰严重影响时,可缩短至不少于20 s。测点上流速脉动现象严重时,应延长测速历时。

a）　浮标的选用:浮标不要过于光滑,其形状可为柱形、十字形或井字形。风浪较大时可在下面系缚重物,但入水部分的深度不应大于水深的1/10。白天使用的浮标应有醒目的标志,夜间测流应配备照明设备;

b）　浮标的投放:可根据河宽、流速等情况的不同,用测船或浮标投放器投放。若河面不宽,可用人力直接投放。投放时,应自一岸顺序投至对岸。为抢测洪流,可先投中泓部分。浮标应在全河段均匀分布。有效浮标一般应有10个～20个,随河面宽窄不同适当增减。有独股水流处,每股水流投放的有效浮标应不少于3个～5个。

K.5.2　中泓浮标法

中泓浮标法用于测河流主流部分的最大流速,一次测流中应投放不少于3个～5个浮标(或选漂浮物),在其中选用历时最短,运行正常,运行历时相差不超过10%～15%的有效浮标2个～3个,取其流速的平均值。有效数不足时应补投。投放要求与水面浮标法相同。

K.5.3　小浮标法

a）　小浮标可就地取材,一般用小木板制作,其水面以上部分要尽可能小;

b）　每次投放有效浮标个数应不少于流速仪测速垂线数,每个浮标的运行历时应不少于20 s,流速较大时也不应少于10 s,每个浮标位置应重复施测,取其平均历时计算流速。

K.5.4　深水浮标或浮杆测流法

a）　测速垂线数应符合流速仪测流时的要求;

b）　浮标投放位置,应在上游断面以上0.2 m～0.5 m;

c）　用深水浮标测流时,垂线上流速测点数和分布位置,在水深大于0.5 m的垂线上,测水深的0.2

及 0.8 两点流速；水深小于 0.5 m 的垂线上，只测水深的 0.6 一点流速；

d） 用浮杆测流时，浮杆入水深度应不小于水深的 0.9。浮杆上端露出水面的高度不得超过 1 cm～2 cm。

K.6　观测河流流速时所使用的有关工具的制作要求

K.6.1　深水浮标的规格：深水浮标由上浮标和下浮标组成，其间以细线连接，细线长度视水的深浅调节，以使下浮标恰好位于测点深度上。下浮标为深水浮标的主体，可用直径 4 cm～5 cm 的油浸木球，内装沙子的乒乓球或小玻璃瓶，以及密度稍大于水的材料做成。上浮标起浮托作用，其体积和密度宜小，直径为下浮标的 1/4～1/5，一般可用小软木塞制成。

K.6.2　浮杆的规格：用直径小于 2 cm 的木杆两根，分别制成凹凸槽，互相并拢，用铁皮包起；或用直径 3 cm 的木杆与另一直径稍大的铁皮筒套接，可上下错动，以便根据水的深浅调节其长度。杆（铁皮筒）的底部应系重物，木杆表面应涂刷油漆。

K.7　量水建筑物法使用工具的制作要求

K.7.1　容积法测流容器：一般可用木板、钢板、混凝土或浆砌块石做成，容积的大小可根据水量的大小而定，一般不应小于 $1m^3$。使用时必须安放平稳，无漏水现象，并应连续测定。此法在水量很小时使用，准确性较高。

K.7.2　堰测法：一般用矩形堰、梯形堰、三角堰。堰板一般用木板或铁板制成，应平整光滑。堰口边缘应做成坡度 45°的斜坡。堰下水流应形成自由落体。

a） 矩形堰适用于大于 50 L/s 的流量，矩形堰堰板顶应严格保持水平，顶宽一般为 2 倍～5 倍最大堰上水头，最小不少于 0.25 m，最大不宜大于 2 m；

b） 梯形堰适用于 10 L/s～300 L/s 的流量，采用坡度 1：0.25 的梯形缺口堰板，堰口应严格保持水平，缺口底宽应大于 3 倍堰上水头，一般应在 0.25 m～1.5 m 范围内；

c） 三角堰适用于 1 L/s～70 L/s 的流量，采用底角为 90°的等腰三角形缺口堰板，使其分角线恰好在垂线上，堰上水头不宜超过 0.3 m，最小不宜小于 0.05 m。

K.8　浮标实测流量的计算

K.8.1　各浮标虚流速的计算：各浮标通过中断面各点的水面流速，是各浮标的虚流速。若浮标较多，可绘制虚流速横向（断面）分布图。

K.8.2　根据虚流速与浮标中断面面积，利用流速仪法断面流量计算公式，即可算出断面虚流量（Q'）。

K.8.3　以虚流量（Q'）乘以浮标系数 K，算出断面流量 $Q=KQ'$。

K.8.4　浮标系数（K）有两种方法求得：

a） 试验法：利用流速仪法在该河流的一个断面求算出断面流量，再用浮标法求算出同一断面虚流量，以公式 $K=Q/Q'$，求出 K 值；

b） 用下列经验公式推算：

$$K=1-\frac{5.8F(h_m\cdot i)^{\frac{1}{2}}}{Q'} \qquad \cdots\cdots\cdots\cdots(K.1)$$

式中：

F——过水断面面积，单位为平方米（m^2）；

h_m——过水断面平均水深，单位为米（m），$h_m=F/B$，B 为断面长度，单位为米（m）；

i——水面比降（或河床坡降）。

K.9　中泓浮标测流计算公式

$$Q = K_{mf} v_{max} F \qquad \text{(K.2)}$$

式中：

v_{max}——最大虚流速，采用中泓浮标平均流速，单位为米每秒(m/s)；

F——过水断面面积，单位为平方米(m^2)；

K_{mf}——中泓浮标系数，应作试验测定，不宜采用经验系数。

附　录　L
（资料性附录）
矿井涌水量预算常用方法及公式

L.1　比拟法

比拟法是一种应用相当广泛的传统方法。它是当新矿井与生产矿井的水文地质条件相类似时，用生产矿井的资料来预测新矿井涌水量的方法，虽属一种近似的预测方法，但往往可以获得满意的效果，特别是对于那些水文地质条件简单或者中等的矿井。比拟法包括富水系数法、矿井单位涌水量比拟法、相关关系分析法等。其中富水系数法、矿井单位涌水量比拟法的计算结果准确性较差，已不常采用，目前趋向于采用在实际观测资料和相关分析基础上的相关关系分析法。

L.1.1　富水系数法

$$Q=K_p\times P \qquad \cdots\cdots(L.1)$$

$$K_p=\frac{Q_1}{P_1} \qquad \cdots\cdots(L.2)$$

式中：

Q——新矿井预计涌水量，单位为立方米每年（m^3/a）；

K_p——富（含）水系数，单位为立方米每吨（m^3/t）；

P——新矿井设计产量，单位为吨每年（t/a）；

Q_1——生产矿井年涌水量，单位为立方米每年（m^3/a）；

P_1——生产矿井年产煤量，单位为吨每年（t/a）。

L.1.2　矿井单位涌水量比拟法

当矿井涌水量增长幅度与开采面积、水位降低呈直线比例的情况下：

$$q_0=\frac{Q_1}{F_1P_1} \qquad \cdots\cdots(L.3)$$

$$Q=q_0FS \qquad \cdots\cdots(L.4)$$

当矿井涌水量增长幅度与开采面积、水位降低不呈直线比例时：

$$Q=Q_1\sqrt[n]{\frac{F}{F_1}}\sqrt[m]{\frac{S}{S_1}} \qquad \cdots\cdots(L.5)$$

式中：

Q——新矿井预计涌水量，单位为立方米每年（m^3/a）；

F——新矿井设计开采面积，单位为平方米（m^2）；

S——新矿井设计水位降低，单位为米（m）；

q_0——生产矿井单位涌水量，单位为立方米每吨平方米（m^3/tm^2）；

Q_1——生产矿井总涌水量，单位为立方米每年（m^3/a）；

F_1——生产矿井开采面积，单位为平方米（m^2）；

S_1——生产矿井水位降低，单位为米（m）；

m、n——地下水流态系数，根据两年以上生产矿井涌水量采用最小二乘法或图解法求得。

L.1.3　相关关系分析法

通过矿井涌水量和生产条件之间的相关分析，合理选择相关要素，建立它们的相关关系式作为比拟依据，可以预测新井涌水量。这种方法的比拟要素和关系的建立是以生产矿井的实际资料为基础，要求生产矿井要有比较系统的和完善的观测资料。总结生产矿坑涌水量的变化规律，根据实际情况，找出主要影响因素建立相关关系式，是用比拟法计算水文地质条件类似的新矿井矿坑涌水量的值得提倡的方法。

当生产矿井涌水量与两个影响因素存在直线关系时，采用下述三元直线相关数学表示式预算新井矿井涌水量(Q)：

$$Q=b_0+b_1x_1+b_2x_2 \quad \cdots\cdots(L.6)$$

式中：

x_1、x_2——影响矿井涌水量的两个因素变量；

b_1、b_2——Q 对 x_1、x_2 的回归系数，在多元回归中，Q 对某一自变量的回归系数表示当其他自变量都固定时，该自变量变化一个单位时 Q 平均改变的数值。

b_0、b_1、b_2 用最小二乘法确定。

$$b_0=\bar{Q}-b_1\overline{x_1}-b_2\overline{x_2} \quad \cdots\cdots(L.7)$$

其中，$\bar{Q}$ 、$\overline{x_1}$、$\overline{x_2}$ 分别为 Q 、x_1、x_2 观测数据的平均数。

L.2 $Q=f(s)$曲线外推法

$Q=f(s)$曲线外推法是利用抽水试验获得抽水井的涌水量 Q 与水位降低 s 之间的曲线方程，来推算未来矿坑设计水位降深的涌水量的方法。在一些水文地质条件不易查清，边界条件又比较复杂，难以利用解析公式的矿区，利用此法常能获得较好的效果。

利用主孔流量和主孔水位降低建立的曲线方程用来外推矿坑涌水量，应该利用群孔抽水试验资料，并用主孔的流量 Q 和适当距离的观测孔中的水位降低 s 所建立起来的曲线方程 $Q=f(s)$，来推算未来矿坑的涌水量。观测孔至主孔的距离可根据首采区的大小加以大致估算：

$$r=\sqrt{\frac{F}{\pi}} \quad \cdots\cdots(L.8)$$

式中：

r——所选用的观测孔至主孔的距离；

F——初期采区的面积，根据开采情况和井田的具体条件决定。

利用主孔的流量和适当距离的观测孔建立 $Q=f(s)$曲线方程的方法，可以在很大程度上减少含水层的非均质性、主孔孔径及钻孔结构、抽水时主孔孔壁的附加阻力以及近主孔处可能产生的紊流和三维流等对曲线方程的影响，使之更符合开采时的实际情况。

得到 $Q=f(s)$曲线后，应鉴别曲线类型。$Q=f(s)$曲线一般可分为直线型、抛物线型、指数曲线型、对数曲线型。鉴别曲线类型后，再求曲线方程中的有关参数，得出曲线方程式，便可推算矿坑涌水量。

L.3 解析法

解析法是根据地下水动力学的原理，用数学分析的方法，针对具体的水文地质条件进行理想化，同时各种计算参数的选择也有很大的人为因素。其计算结果是否准确与公式及参数的选择是否合理有很大的关系。

不同的边界条件下，矿井涌水量计算公式有很多。稳定流条件下，常用的基本公式如下：

a） 大井法

潜水完整井 $$Q=1.366K\frac{(2H-S)S}{\lg R_0-\lg r_0} \quad \cdots\cdots(L.9)$$

承压水完整井 $$Q=2.73K\frac{MS}{\lg R_0-\lg r_0}\quad\text{(L. 10)}$$

承压转无压水完整井 $$Q=1.366K\frac{(2H-M)M-h^2}{\lg R_0-\lg r_0}\quad\text{(L. 11)}$$

b) 狭长地沟法(水平廊道法)

潜水完整井(两侧进水) $$Q=BK\frac{(2H-S)S}{R}\quad\text{(L. 12)}$$

承压水完整井(两侧进水) $$Q=2BK\frac{MS}{R}\quad\text{(L. 13)}$$

承压转无压水完整井(两侧进水) $$Q=BK\frac{(2H-M)M-h^2}{R}\quad\text{(L. 14)}$$

式中:

Q——矿井涌水量,单位为立方米每天(m^3/d);

K——渗透系数,单位为米每天(m/d);

H——水柱高度,单位为米(m);

S——水位降低,单位为米(m);

B——巷道水平长度,单位为米(m);

h——动水位至底板隔水层水柱高度,单位为米(m);

M——含水层厚度,单位为米(m);

R——影响半径,单位为米(m);

r_0——“大井”半径,单位为米(m);

R_0——“大井”影响半径,单位为米(m)。

L.4 水均衡法

水均衡法是在查明矿床开采条件的情况下,利用直接充水含水层的补给水量和支出水量之间的关系,根据水均衡原理,获得开采地段涌水量的方法。

在直接充水含水层的补给条件和补给量易于查清的情况下,均衡法往往可以获得满意的计算结果。

矿井充水含水层的收入项一般由下面几部分组成:

Q_1——大气降水渗入补给含水层的水量,单位为立方米每天(m^3/d);

Q_2——从其他地区同一含水层中流入矿区含水层的水量,单位为立方米每天(m^3/d);

Q_3——从矿区内其他含水层流入充水含水层的水量,单位为立方米每天(m^3/d);

Q_4——地表水渗入补给充水含水层的水量,单位为立方米每天(m^3/d);

Q_5——灌溉水、废水、人工补给水、排水流入矿区含水层的水量,单位为立方米每天(m^3/d)。

矿井充水含水层的排泄量一般由下面几部分组成:

Q_1'——从含水层中蒸发消耗的水量,单位为立方米每天(m^3/d);

Q_2'——从矿区含水层流出矿区外围同一层中的水量,单位为立方米每天(m^3/d);

Q_3'——从矿区含水层流向其他含水层的水量,单位为立方米每天(m^3/d);

Q_4'——矿区含水层排入地表水中的水量,单位为立方米每天(m^3/d);

Q_5'——矿区含水层的排水和供水量,单位为立方米每天(m^3/d)。

水均衡方程式的一般形式如下:

对于潜水含水层：

$$\pm \frac{\Delta h}{\Delta t}F\mu = (Q_1 + Q_2 + Q_3 + Q_4 + Q_5) - (Q_1{}' + Q_2{}' + Q_3{}' + Q_4{}' + Q_5{}') \quad \cdots\cdots(L.15)$$

对于承压水含水层：

$$\pm \frac{\Delta s}{\Delta t}F\mu^* = (Q_1 + Q_2 + Q_3 + Q_4 + Q_5) - (Q_1{}' + Q_2{}' + Q_3{}' + Q_4{}' + Q_5{}') \quad \cdots\cdots(L.16)$$

式中：

F——均衡区面积，单位为平方米（m^2）；

μ——潜水含水层给水度；

μ^*——承压含水层贮水系数；

Δt——均衡计算时期，单位为天（d）；

Δh——潜水含水层水位升降，单位为米（m）；

Δs——承压含水层水压升降，单位为米（m）。

L.5 数值法

数值法是随着电子计算机的出现而迅速发展起来的一种计算方法，分为有限单元法和有限差分法。

数值法能灵活地适应各种非均质含水层和各种边界条件，并能与开拓方案结合起来进行运算，从而比较真实地描述勘查区水文地质模型的各种特征，较好地达到预测精度，但要求工程控制程度较高。

数值法计算一般可用来解决下列问题：

a） 利用地下水动态观测或者大流量抽水观测资料，反求水文地质参数，验证水文地质模型；

b） 模拟地下水的疏干过程，预报地下水位和矿井疏排水量。

ICS 73.100.99
D 98
备案号:31784—2011

MT

中华人民共和国煤炭行业标准

MT/T 1128—2011

煤矿排水监控系统通用技术条件

General specifications of the draining supervision system in the coal mine

2011-04-12 发布　　　　2011-09-01 实施

国家安全生产监督管理总局　发布

前言

本标准按照 GB/T 1.1—2009 给出的规则起草。

本标准由中国煤炭工业协会提出。

本标准由煤炭行业煤矿专用设备标准化技术委员会归口。

本标准起草单位：中国矿业大学（北京）、中煤科工集团常州自动化研究院、平顶山煤业（集团）有限责任公司。

本标准起草人：孙继平、彭霞、田子建、伍云霞、刘晓阳、孙哲星、于励民。

煤矿排水监控系统通用技术条件

1　范围

本标准规定了煤矿排水监控系统的产品分类、技术要求、试验方法和检验规则。

本标准适用于煤矿排水监控系统(以下简称系统)及其产品。

2　规范性引用文件

下列文件对于本文件的应用是必不可少的。凡是注日期的引用文件,仅注日期的版本适用于本文件。凡是不注日期的引用文件,其最新版本(包括所有的修改单)适用于本文件。

GB/T 2887　电子计算机场地通用规范

GB 3836.1　爆炸性气体环境用电气设备　第1部分:通用要求

GB 3836.2　爆炸性气体环境用电气设备　第2部分:隔爆型"d"

GB 3836.3　爆炸性气体环境用电气设备　第3部分:增安型"e"

GB 3836.4　爆炸性气体环境用电气设备　第4部分:本质安全型"i"

GB/T 5080.1—1986　设备可靠性试验　总要求

GB/T 5080.7　设备可靠性试验　恒定失效率假设下的失效率与平均无故障时间的验证试验方案

GB/T 10111　随机数的产生及其在产品质量抽样检验中的应用程序

GB/T 12173　矿用一般型电气设备

GB/T 17626.3—2006　电磁兼容　试验和测量技术　射频电磁场辐射抗扰度试验

GB/T 17626.4—2008　电磁兼容　试验和测量技术　电快速瞬变脉冲群抗扰度试验

GB/T 17626.5—2008　电磁兼容　试验和测量技术　浪涌(冲击)抗扰度试验

MT/T 286　煤矿通信、自动化产品型号编制方法和管理办法

MT/T 772—1998　煤矿监控系统主要性能测试方法

MT/T 899　煤矿用信息传输装置

MT/T 1004　煤矿安全生产监控系统通用技术条件

MT/T 1005　矿用分站

MT/T 1007　矿用信息传输接口

MT/T 1008　煤矿安全生产监控系统软件通用技术要求

MT/T 1078　矿用本质安全输出直流电源

MT/T 1081　矿用网络交换机

3　产品分类

3.1　型号

产品型号应符合 MT/T 286 的规定。

3.2　分类

3.2.1　按传输技术分类:

a)　矿用以太网;

b)　矿用现场总线;

c)　其他。

3.2.2　按传输介质分类：

a）　光缆；

b）　电缆；

c）　其他。

4　技术要求

4.1　一般要求

4.1.1　系统应符合本标准、MT/T 1004 和 MT/T 1008 的相关规定，系统中的其他设备应符合 MT/T 1005、MT/T 1007、MT/T 1078、MT/T 1081 和国家及行业有关标准的规定，并按照经规定程序批准的图样及文件制造和成套。

4.1.2　中心站、入井电缆和带金属导体的光缆的入井口处应具有防雷措施。

4.2　环境条件

4.2.1　系统中用于机房、调度室的设备，应能在下列条件下正常工作：

a）　环境温度：15 ℃～30 ℃；

b）　相对湿度：40%～70%；

c）　温度变化率：小于 10 ℃/h，且不得结露；

d）　大气压力：80 kPa～106 kPa；

e）　GB/T 2887 规定的尘埃、照明、噪声、电磁场干扰和接地条件。

4.2.2　除有关标准另有规定外，系统中用于煤矿井下的设备应在下列条件下正常工作：

a）　环境温度：0 ℃～40 ℃；

b）　平均相对湿度：不大于 95%(25 ℃)；

c）　大气压力：80 kPa～106 kPa；

d）　有爆炸性气体混合物，但无显著振动和冲击、无破坏绝缘的腐蚀性气体。

4.3　供电电源

4.3.1　地面设备交流电源：

a）　额定电压：380 V/220 V，允许偏差－10%～＋10%；

b）　谐波：不大于 5%；

c）　频率：50 Hz，允许偏差±5%。

4.3.2　井下设备交流电源：

a）　额定电压：127 V/380 V/660 V/1 140 V，允许偏差：

——专用于井底车场、主运输巷：－20%～＋10%；

——其他井下产品：－25%～＋10%。

b）谐波：不大于 10%。

c）　频率：50 Hz，允许偏差±5%。

4.4　系统组成

系统一般由主机、传输接口、分站、传感器、执行器、电源箱、电缆（或光缆）、接线盒、避雷器、软件和其他必要设备组成。

4.5　主要功能

4.5.1　数据采集功能

4.5.1.1　系统应具有水仓水位、流量、压力（含管路压力、真空泵负压等）、设备温度（水泵轴承温度、电机绕组及轴承温度等）、电流、电压、功率等模拟量采集、显示及报警功能。

4.5.1.2　系统应具有水泵、阀门、真空泵、防水门状态等开关量采集、显示及报警功能。

4.5.1.3 系统应具有排水量、有功电量、水泵运行时间等累计量采集、显示及报警功能。

4.5.1.4 系统宜具有水泵、电机轴承振动等采集、显示、故障诊断及报警功能。

4.5.2 控制功能

4.5.2.1 系统应具有地面远程控制功能，实现水泵等启/停地面遥控。

4.5.2.2 系统应具有自动控制功能，根据水位、用电峰谷等自动启/停水泵。

4.5.2.3 系统应具有人工就地控制功能，实现水泵等启/停就地人工控制。

4.5.2.4 系统应具有按设定顺序启停多台水泵功能。

4.5.2.5 系统应具有远程控制、自动控制、就地控制、检修等功能设置，并可设定优先级，检修时闭锁其他控制状态。

4.5.2.6 系统应具有过流(短路、过负载等)、过压、欠压、断相、接地、漏电、误操作等保护功能。

4.5.3 调节功能

系统宜具有自动、手动、就地、远程和异地调节功能。

4.5.4 存储和查询功能

4.5.4.1 系统应具有以地点和名称为索引的存储和查询功能，内容包括：

a) 水仓水位、流量、压力、设备温度、电流、电压、功率等模拟量实时监测值；

b) 模拟量统计值(最大值、平均值、最小值)；

c) 水泵、阀门、真空泵、防水门等开关量变化时刻及状态；

d) 排水量、有功电量、水泵运行时间等累计量；

e) 过流(短路、过负荷等)、过压、欠压、断相、接地、漏电、误操作等保护/恢复时刻及状态；

f) 水泵、阀门、真空泵、防水门控制命令及时刻；

g) 设备故障/恢复正常工作时刻及状态等。

4.5.4.2 分站应具有存储功能。当系统通信中断时，分站存储有关监控信息，系统通信正常时，上传至中心站。

4.5.5 显示功能

4.5.5.1 系统应具有列表显示功能。其中：

a) 模拟量显示内容应包括：地点、名称、单位、报警上(下)限、控制上(下)限、监测值、最大值、最小值、平均值、传感器工作状态、报警及解除报警状态及时刻、闭锁/解锁状态及时刻等；

b) 开关量显示内容应包括：地点、名称、动作时刻、状态、工作时间、动作次数、传感器工作状态、报警及解除报警状态和时刻、闭锁/解锁状态及时刻等；

c) 累计量显示内容应包括：地点、名称、单位、累计量值、时间等。

4.5.5.2 系统应具有模拟量实时曲线和历史曲线显示功能。在同一坐标上用不同颜色显示最大值、平均值、最小值等曲线。并设时间标尺，可显示出对应时间标尺的模拟量值和时间等。

4.5.5.3 系统应具有开关量状态图及柱状图显示功能。显示内容应包括：地点、名称、最后一次动作时刻和状态、工作时间、开机率、动作次数、传感器状态等，并设时间标尺。

4.5.5.4 系统应具有模拟图显示功能。显示内容包括：排水系统图、水泵状态、阀门状态、水仓水位、流量、压力等模拟量数值等。

4.5.5.5 系统应具有系统设备布置图显示功能。显示内容应包括：传感器、执行器、分站、电源箱、控制器、传输接口和电缆等设备的设备名称、相对位置和运行状态等。若系统庞大一屏无法容纳，可漫游、分页或总图加局部放大。

4.5.6 打印功能

系统应具有报表、曲线、柱状图、状态图、模拟图、初始化参数等召唤打印功能(定时打印功能可选)。报表应包括：模拟量日(班)报表、模拟量报警日(班)报表、开关量报警日(班)报表、开关量状态变动日

(班)报表、监控设备故障日(班)报表、模拟量统计值历史记录查询报表、累计量日(班、月)报表等。

4.5.7 人机对话功能

系统应具有人机对话功能,以便于系统生成、参数修改、功能调用、控制命令输入等。并具有操作权限管理功能。

4.5.8 自诊断功能

系统应具有自诊断功能。当系统中传感器、执行器、分站、传输接口、电源、传输电缆(或光缆)等设备发生故障时,报警并记录故障时刻和故障设备,以供查询及打印。

4.5.9 双机切换功能

系统应具有双机切换功能。系统主机应双机备份,并具有手动切换功能或自动切换功能。当工作主机发生故障时,备份主机投入工作。

4.5.10 数据备份功能

系统应具有数据备份功能。

4.5.11 备用电源功能

系统应具有备用电源。

4.5.12 视频监视功能

系统宜具有视频监视功能。

4.5.13 网络通信功能

系统应具有网络通信功能。

4.5.14 软件自监视功能

系统应具有软件自监视功能。

4.5.15 软件容错功能

系统应具有软件容错功能。

4.5.16 实时多任务功能

系统应具有实时多任务功能。

4.6 主要技术指标

4.6.1 模拟量输入传输处理误差

模拟量输入传输处理误差应不大于1.0%。

4.6.2 模拟量输出传输处理误差

模拟量输出传输处理误差应不大于1.0%。

4.6.3 累计量输入传输处理误差

累计量输入传输处理误差应不大于1.0%。

4.6.4 系统巡检周期

系统巡检周期应不大于30 s,并应符合监控要求。

4.6.5 控制响应时间

远程控制响应时间应不大于系统巡检周期。异地控制响应时间应不大于2倍的系统巡检周期。就地控制响应时间应不大于2 s。

4.6.6 调节响应时间

调节响应时间应不大于系统巡检周期。

4.6.7 画面响应时间

调出整幅画面85%的响应时间应不大于2 s,其余画面应不大于5 s。

4.6.8 误码率

误码率应不大于10^{-8}。

4.6.9 最大传输距离

传感器及执行器至分站之间的最大传输距离应不小于2 km(另有注明除外);分站至传输接口、分站至分站之间最大传输距离不小于10 km。

4.6.10 最大监控容量

系统允许接入的分站数量宜在8、16、32、64、128等中选取;被中继器等设备分隔成多段的系统,每段允许接入的分站数量宜在8、16、32、64、128等中选取。分站所能接入传感器、执行器的数量宜在2、4、8、16、32、64、128等中选取。

4.6.11 双机切换时间

从工作主机故障到备用主机投入正常工作时间应不大于5 min。

4.6.12 备用电源工作时间

在电网停电后,备用电源应能保证系统连续监控时间不小于2 h。

4.6.13 存储时间

存储时间应满足下列要求:

a) 重要监测点模拟量的实时监测值存盘记录应保存7 d以上;模拟量统计值、报警/解除报警时刻及状态、开关量状态及变化时刻、累计量值、设备故障/恢复正常工作时刻及状态等记录应保存1年以上。当系统发生故障时,丢失上述信息的时间长度应不大于5 min;

b) 分站存储数据时间应不小于2 h。

4.6.14 统计值时间

模拟量统计值应是5 min的统计值。

4.6.15 供电距离

向传感器及执行器远程本安供电距离应不小于2 km。

4.6.16 累计量时间间隔

累计量时间间隔不大于系统巡检周期。

4.7 传输性能

系统的信息传输性能应符合MT/T 899的有关要求。

4.8 电源波动适应能力

供电电压在规定的电压波动范围内变化时,系统的主要功能和主要技术指标应不低于本标准的要求。

4.9 工作稳定性

系统应进行工作稳定性试验,通电试验时间不小于7 d,其主要功能和主要技术指标应不低于本标准的要求。

4.10 抗干扰性能

4.10.1 系统应能通过GB/T 17626.3—2006规定的、试验等级不低于1级的射频电磁场辐射抗扰度试验,系统应能正常工作。

4.10.2 系统应能通过GB/T 17626.4—2008规定的、试验等级不低于1级的电快速瞬变脉冲群抗扰度试验,系统应能正常工作。

4.10.3 系统应能通过GB/T 17626.5—2008规定的、试验等级不低于1级的浪涌(冲击)抗扰度试验,系统应能正常工作。

4.11 可靠性

系统平均无故障工作时间(MTBF)应不小于800 h。

4.12 防爆性能

防爆型设备应符合GB 3836.1～3836.4的规定,其输入输出信号应是本质安全型。

4.13 **矿用一般型性能**

矿用一般型设备应符合 GB/T 12173 的规定。

5 试验方法

5.1 环境条件

除环境试验或有关标准中另有规定外，试验应在下列环境条件中进行：

a） 环境温度：15 ℃～35 ℃；

b） 相对湿度：45％～75％；

c） 大气压力：86 kPa～106 kPa。

5.2 电源条件

除非有关标准另有规定，测试用电源应符合以下要求：

a） 交流供电电源：

1） 电压：误差应不大于 2％；

2） 频率：50 Hz，其误差应不大于 1％；

3） 谐波失真系数：应不大于 5％。

b） 直流供电电源：

1） 电压：误差应不大于 2％；

2） 周期与随机偏移：ΔU[1] /U_0[2] 应不大于 0.1％。

5.3 试验仪器和设备

5.3.1 试验仪器和设备的准确度应保证所测性能对准确度的要求，其自身准确度应不大于被测参数 1/3 倍的允许误差。

5.3.2 试验仪器和设备的性能应符合所测性能的特点。

5.3.3 试验仪器和设备应按照计量法的相关规定进行计量，并检定或校准合格。

5.3.4 试验仪器和设备的配置应不影响测量结果。

5.3.5 主要试验仪器和设备的特性要求应符合附录 A 的规定。

5.4 受试系统的要求

5.4.1 现场检验时，按实际配置的系统进行检验。

5.4.2 出厂检验和型式检验时，系统测试至少应具备下列设备：

a） 中心站设备 1 套，一般包括传输接口 1 台、主机（含显示器）、打印机等设备（对双机系统可根据具体情况适当增加设备）；

b） 分站：出厂检验时，为订货的全部分站；型式检验时应不少于 3 台；若具备分站电源，应包括在其中；若有多种型式的分站或具有分站功能的设备，每种至少 1 台；

c） 每种本安电源最大组合负载的各种传感器及其他设备；

d） 输入电压下限大于 9 V 的各种传感器及其他设备；

e） 构成系统的其他必要设备。

5.4.3 受试系统中的设备应是出厂检验和型式检验合格的产品。

5.5 受试系统的连接

5.5.1 受试系统使用规定的传输介质按以下要求连接：

a） 树形系统按图 1 连接设备，N 为参与试验的分站数（实际分站数加模拟分站数）；

1） ΔU 为周期与随机偏移的峰到峰值。

2） U_0 为直流供电电压的额定值。

b）　环形系统按图 2 连接设备；

c）　星形系统按图 3 连接设备。

图 1、图 2 和图 3 中，光缆 1 为最大传输距离的光缆，光衰减器 1 模拟光缆 1；光缆 2 为最大传输距离 1/2 倍的光缆，光衰减器 2 模拟光缆 2；电缆 1 为最大传输距离的电缆，仿真线 1 模拟电缆 1；电缆 2 为最大传输距离 1/2 倍的电缆，仿真线 2 模拟电缆 2。

5.5.2　分站及有关试验设备的连接见图 4。仿真线 3 模拟传感器及执行器至分站和电源的最大传输距离及供电距离。

5.5.3　中心站设备的连接见图 5。

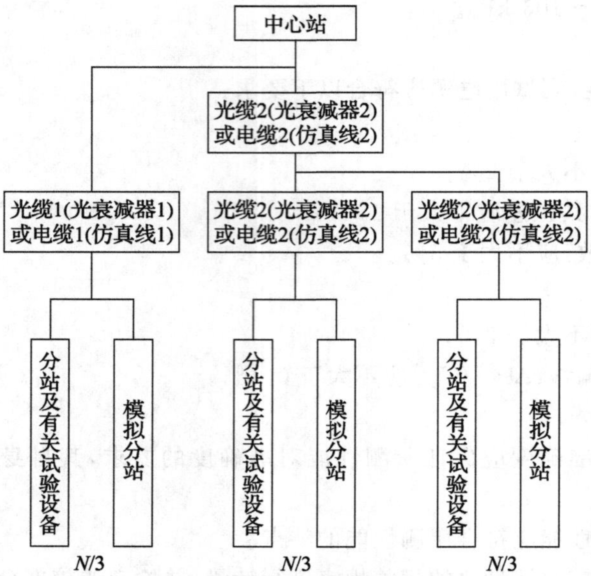

图 1　树形系统设备连接

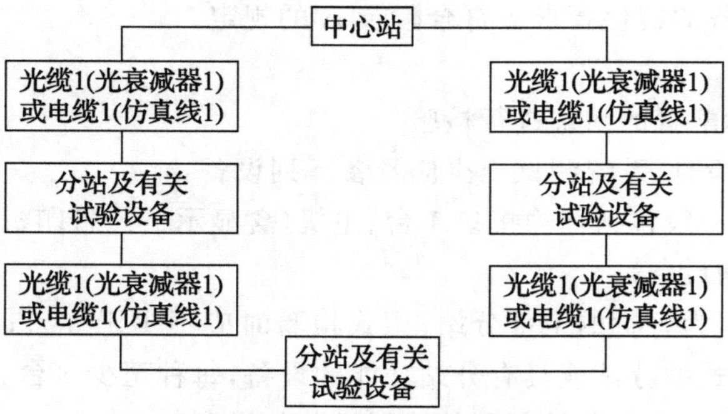

图 2　环形系统设备连接

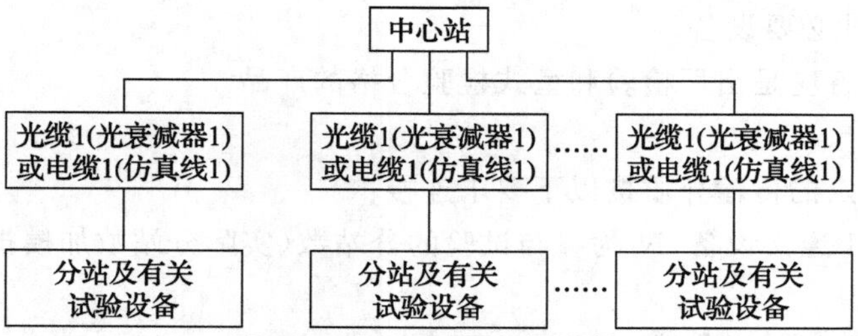

图 3　星形系统设备连接

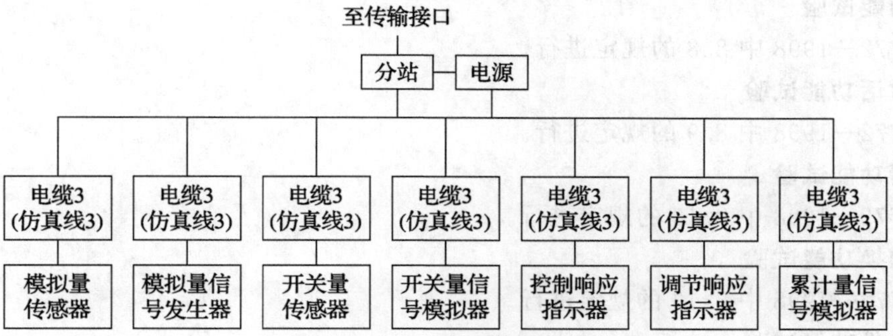

图4　分站设备连接

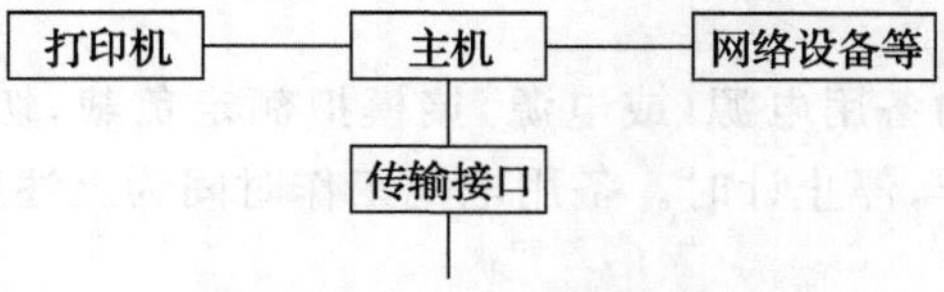

图5　中心站设备连接

5.6　系统运行检查

按 MT/T 772—1998 中第 7 章的有关规定进行。

5.7　主要功能试验

5.7.1　试验系统的连接

试验系统按 5.5 的规定进行连接。

5.7.2　模拟量采集、显示及报警功能试验

按 MT/T 772—1998 中 8.2 的规定进行。

5.7.3　开关量采集、显示及报警功能试验

按 MT/T 772—1998 中 8.3 的规定进行。

5.7.4　累计量采集、显示功能试验

按 MT/T 772—1998 中 8.4 的规定进行。

5.7.5　控制功能试验

按 MT/T 772—1998 中 8.5 的规定进行。

5.7.6　调节功能试验

按 MT/T 772—1998 中 8.6 的规定进行。

5.7.7　存贮和查询功能试验

按 MT/T 772—1998 中 8.7 的规定进行。

5.7.8　列表显示功能试验

按 MT/T 772—1998 中 8.8 的规定进行。

5.7.9　模拟量实时曲线和历史曲线显示功能试验

按 MT/T 772—1998 中 8.8 的规定进行。

5.7.10　开关量状态图及柱状图显示功能试验

按 MT/T 772—1998 中 8.8 的规定进行。

5.7.11　模拟图显示功能试验

按 MT/T 772—1998 中 8.8 的规定进行。

5.7.12　设备布置图显示功能试验

按 MT/T 772—1998 中 8.8 的规定进行。

5.7.13 **打印功能试验**

按 MT/T 772—1998 中 8.8 的规定进行。

5.7.14 **人机对话功能试验**

按 MT/T 772—1998 中 8.9 的规定进行。

5.7.15 **自诊断功能试验**

按 MT/T 772—1998 中 8.10 的规定进行。

5.7.16 **双机切换功能试验**

按 MT/T 772—1998 中 8.13 的规定进行。

5.7.17 **数据备份功能试验**

关闭主机或服务器，检查是否可以通过备用主机或服务器查询到重要数据。

5.7.18 **备用电源试验**

将备用电池处于充满状态的备用电源（或电源）接模拟额定负载，切断交流电源，开始工作并计时；直到备用电源（或电源）停止工作，停止计时。备用电池工作时间为上述时间的 80%。

5.7.19 **视频监视功能试验**

调用系统视频监视功能，检查是否可以通过系统看到被监视地点图像。

5.7.20 **网络通信功能试验**

将系统接入网络，检查是否可以通过网络进行监测、报警和查询等。

5.7.21 **系统软件自监视功能试验**

按 MT/T 772—1998 中 8.11 的规定进行。

5.7.22 **软件容错功能试验**

按 MT/T 772—1998 中 8.12 的规定进行。

5.7.23 **实时多任务功能试验**

按 MT/T 772—1998 中 8.14 的规定进行。

5.8 **主要技术指标测试**

5.8.1 **模拟量输入传输处理误差测试**

按 MT/T 772—1998 中 9.1 的有关规定进行。

5.8.2 **模拟量输出传输处理误差测试**

按 MT/T 772—1998 中 9.3 的有关规定进行。

5.8.3 **累计量输入传输处理误差测试**

按 MT/T 772—1998 中 9.2 的有关规定进行。

5.8.4 **系统巡检时间测试**

按 MT/T 772—1998 中 9.4 的有关规定进行。

5.8.5 **控制响应时间测试**

按 MT/T 772—1998 中 9.5 的有关规定进行。

5.8.6 **调节响应时间测试**

按 MT/T 772—1998 中 9.6 的有关规定进行。

5.8.7 **画面响应时间测试**

按 MT/T 772—1998 中 9.9 的有关规定进行。

5.8.8 **系统传输误码率测试**

按 MT/T 772—1998 中 9.11 的有关规定进行。

5.9 **传输性能试验**

按 MT/T 899 的有关规定进行。

5.10 电源波动适应能力试验

按 MT/T 772—1998 中第 11 章的有关规定进行。

5.11 工作稳定性试验

按 MT/T 772—1998 中第 10 章的有关规定进行，试验中的测量时间间隔应不大于 24 h。

5.12 抗干扰性能试验

按 GB/T 17626.3—2006、GB/T 17626.4—2008 和 GB/T 17626.5—2008 的规定进行，功能正常或功能暂时丧失，但能自动恢复。

5.13 可靠性试验

按 GB/T 5080.7 的有关规定进行。若无其他标准另行规定，采用定时截尾试验方案。失效判定应符合 GB/T 5080.1—1986 中 9.2 的有关规定。

5.14 防爆性能试验

按 GB 3836.1～3836.4 的有关规定进行。

5.15 矿用一般型性能试验

按 GB/T 12173 的有关规定进行。

6 检验规则

6.1 检验分类

检验一般分出厂检验与型式检验两类。

6.2 出厂检验

6.2.1 每套系统均需进行出厂检验，合格产品应给予合格证。

6.2.2 出厂检验一般由制造厂质检部门负责进行，必要时用户可提出参加。

6.2.3 检验项目应符合表 1 中出厂检验项目的规定。

表 1 检验项目

检验项目	质量特征类别	技术要求	试验方法	出厂检验	型式检验
主要功能	A	4.5	5.7	○	○
主要技术指标	A	4.6	5.8	○	○
传输性能	B	4.7	5.9	—	○
电源波动适应能力	B	4.8	5.10	—	○
工作稳定性	B	4.9	5.11	○	○
抗干扰性能	B	4.10	5.12	—	○
可靠性	B	4.11	5.13	—	△
防爆性能	A	4.12	5.14	—	○
矿用一般型性能	A	4.13	5.15	—	○
注："○"表示需要进行检验的项目；"△"表示根据具体情况选择确定的项目。					

6.2.4 出厂检验的各项性能和指标应符合本标准和相关标准的规定，否则按不合格处理。

6.3 型式检验

6.3.1 在下列情况之一时，应进行型式检验：

a）　新产品或老产品转厂定型时；

b）　正式生产后，系统中设备或系统组成有较大变化，可能影响系统性能时；

c）　正常生产时每 3 年 1 次；

d）　停产 1 年恢复生产时；

e）　国家有关部门提出进行型式检验时。

6.3.2　检验项目应符合表 1 中的型式检验项目的规定。

6.3.3　按照 GB/T 10111 规定的方法，在出厂检验合格的产品中抽取受试系统的各组成设备。样品数量应符合试验要求。

6.3.4　型式检验的各项性能和指标应符合本标准和相关标准的规定；对 A 类项目，有 1 项不合格则判该批不合格；对 B 类项目，有 1 项不合格应加倍抽样检验，若仍不合格则判该批为不合格。

附 录 A
（规范性附录）
试验仪器和设备的特性要求

A.1 仿真线1和仿真线2

模拟传输接口至分站传输距离的仿真线1和仿真线2应满足以下要求：

a） 应能分别模拟传输接口至分站的最大传输距离及其1/2；

b） 用平衡均匀电路，每公里网络应符合图A.1规定，其中R为每公里环路电阻的1/4，L为每公里环路电感量的1/4，C为每公里分布电容量；

c） 每一段模拟网络的仿真线长度应不大于1 km，且不大于所传输信号最短波长的1/100；

d） 仿真线1可根据试验需要由两个仿真线2组成或合在一起。

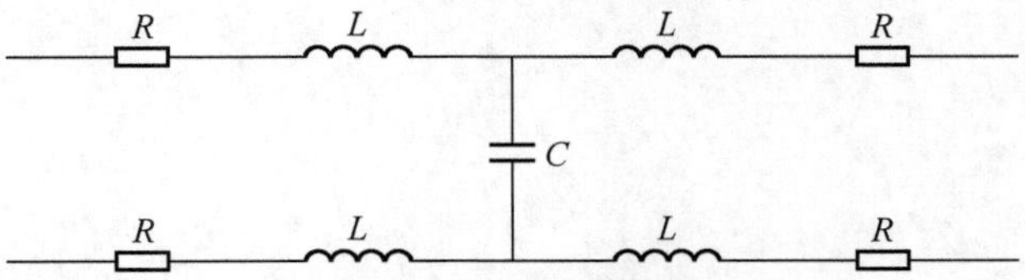

图A.1 仿真线

A.2 仿真线3

模拟传感器及执行器至分站和电源传输距离及供电距离的仿真线3应满足以下要求：

a） 应能模拟传感器及执行器至分站和电源的最大传输距离及供电距离；

b） 其他同A.1 b)、c)的有关要求。

A.3 光衰减器

应能模拟最大传输距离的光缆。

A.4 模拟分站

模拟分站的电气特性应与实际分站一致，每一模拟分站只能等效一台分站。系统试验中所带试验分站的数量与模拟分站的数量之和应等于系统所带分站的最大容量。

A.5 开关量信号模拟器

应能输出规定指标和路数的开关量信号。

A.6 模拟量信号发生器

应能输出规定指标和路数的模拟量信号。

A.7 累计量信号模拟器

应能输出规定指标和路数的累计量信号。

A.8　控制响应指示器

应能显示控制信号的输出状态或显示执行机构接收到的控制信号。

A.9　调节响应指示器

应能显示调节(模拟)信号输出量或显示执行机构接收到的调节信号。

ICS 73.040
D 20
备案号:34150—2012

MT

中华人民共和国煤炭行业标准

MT/T 1163—2011

煤矿床水文地质勘查工程质量标准

Quality Standard of Hydrogeological Exploration Projects for Coal Deposits

2011-11-16 发布　　2012-05-31 实施

国家安全生产监督管理总局　发 布

前 言

本标准是为适应煤矿床水文地质勘查工作的需要，规范煤矿床水文地质勘查工程质量验收评级，结合我国经济发展和科技进步而制订的。

本标准的附录 A、附录 B、附录 C、附录 D 为资料性附录。

本标准由中国煤炭工业协会提出。

本标准由全国煤炭标准化技术委员会归口。

本标准起草单位为中国煤炭地质总局水文地质局。

本标准主要起草人：傅耀军、孙玉臣、方向清、季学庭、翟立娟、马祥山、段建华、李曦滨、华解明、任虎俊、杨光辉。

本标准为首次发布。

煤矿床水文地质勘查工程质量标准

1 范围

本标准规定了煤矿床水文地质勘查中水文地质钻探、水文地质测井、钻孔抽(放、注)水试验、水文地质物探、水文地质测绘、动态观测等工程质量。

本标准适用于上述煤矿床水文地质勘查工程的质量要求、质量验收和勘查报告中相应的质量评价。

2 规范性引用文件

下列文件对于本文件的应用是必不可少的。凡是注日期的引用文件,仅注日期的版本适用于本文件。凡是不注日期的引用文件,其最新版本(包括所有的修改单)适用于本文件。

GB 50027 供水水文地质勘察规范

DZ/T 0080 煤炭地球物理测井规范

DZ/T 0215 煤、泥炭地质勘查规范

MT/T 898 煤炭电法勘探规范

MT/T 1043 遥感煤田地质填图技术规程

3 术语和定义

下列术语和定义适用于本文件。

3.1

煤矿床水文地质钻探工程质量 quality for coal deposits hydrogeological drilling projects

为查明煤矿床水文地质条件而施工钻孔过程中有关钻进、下套管、封闭止水、岩芯采取、简易水文观测、孔深误差测量与校正、孔口封闭以及钻探过程有关的资料整理等技术工作质量。以下简称“水文地质钻探工程质量”。

3.2

煤矿床水文地质钻孔 coal deposits hydrogeological drill-hole

在煤矿床水文地质勘查中施工的钻孔,包括地面和井下施工的勘查孔(含探采结合孔)、观测孔、抽(放、注)水试验孔。

3.3

过滤器 well screen

位于水文地质钻孔的试验含水层部位,起滤水、挡砂及护壁作用的装置。

3.4

止水 water shut-off

穿过几个含水层的水文地质钻孔,为了查明某个含水层的水位、水质和水量,需在孔中隔离其他含水层,以防止不同含水层中的水通过钻孔发生混合而进行的工艺。

3.5

封孔 sealing of hole

指钻孔完工后,为了防止各含水层通过钻孔连通或地下水涌入矿井,而进行的含水层的全封闭工作。一般情况下,采用全孔封固水泥的方法进行。

3.6

单孔抽水试验 single-well pumping test

没有观测孔，只有一个抽水孔的抽水试验。

3.7

多孔抽水试验 pumping test with multiple observation wells

有一个抽水孔和周围若干个观测孔的抽水试验。

3.8

群孔（孔组）抽水试验 interference wells pumping test

两个或两个以上的抽水孔同时抽水，各抽水孔的水位和水量有明显相互影响的抽水试验。

3.9

稳定流抽水试验 steady pumping test, pumping test for steady flow

在抽水过程中，要求出水量和动水位同时相对稳定，并有一定延续时间的抽水试验。

3.10

非稳定流抽水试验 un-steady pumping test, pumping test for unsteady flow

在抽水钻孔中一般仅保持抽水量稳定并使井水位不断改变，或仅保持水位稳定而使抽水量不断变化的抽水试验。

3.11

注水试验 water injecting test

往钻孔中连续注水，使孔内水位保持一定高度，测定岩层渗透系数的水文地质试验。

3.12

水文测井 hydrogeological logging

应用地球物理测井仪器测定钻孔内的地质、水文地质情况及岩石物理性质的工作。

3.13

水文地质地球物理勘探 hydro-geophysical prospecting

应用不同的物理方法和物探仪器，探测地下水及其介质天然的或人工的地球物理场的变化，通过分析、研究所获得的物探资料来推断、解释水文地质现象的工作。简称水文地质物探。

3.14

水文地质测绘 hydrogeological mapping

对地面地质、地貌、地下水露头及与地下水有关的各种地质现象所进行的实地观测和填图工作。

3.15

动态观测 observation of regime

对一个地区的地下水以及地表水的动态要素（如水位、水温、流量、水质），选择有代表性的井、孔、泉等按照一定的时间间隔和技术要求进行观测、记录和资料整理的工作。

4 水文地质钻探工程质量

4.1 基本规定

4.1.1 未进行质量评定的煤矿床水文地质钻孔，不得列入竣工工程。

4.1.2 凡有下列情形之一的煤矿床水文地质钻孔，不得进行钻探质量验收。

a） 没有施工组织设计（或作业指导书），或施工组织设计（或作业指导书）未经相关部门审批；

b）煤矿床水文地质钻孔作业过程没有在质量管理体系或相应管理体系控制下；

c） 施工设计要求进行的钻探分部/分项工作缺失或其他未按施工设计要求施工；

d） 没有达到施工设计要求目的层位且未进行施工设计变更的；

e） 没有或严重缺失施工过程原始资料记录；

f） 施工过程原始资料记录不真实或有严重数据错误。

4.2 水文地质钻探工程质量评级

4.2.1 钻探工程质量分为甲级、乙级、丙级和废孔4级。

4.2.2 钻探工程质量评级见表1。

表1 水文地质钻探工程质量评级表

序号	项目	甲级	乙级	丙级
1	目的层施工工艺方法	采用清水或泡沫或空气或生物降解冲洗液施工工艺	经地质部门同意采用泥浆钻进，并采取了配套补救措施，对目的层污染较轻	
2	岩、土芯采取率	设计要求取芯的层段95％以上（含95％）的层次达到下列要求（遇溶洞直径在0.3 m以上的要详细记录其起止深度、充填情况及充填物，采取率不做要求）： 基岩： 1. 完整岩层 ≥70％ 2. 半胶结岩层 ≥50％ 3. 构造破碎带、风化裂隙、岩溶带 ≥30％ 松散层： 1. 黏性土 ≥70％ 2. 砂层、砂性土 ≥50％ 3. 砾石 ≥30％	设计要求取芯的层段85％以上（含85％）的层次达到左列要求	
3	简易水文观测	1. 钻进中遇冲洗液漏失、涌水、溶洞、大裂隙、破碎带、严重坍塌层段和水温异常等，做到起止深度记录清楚。按设计要求测定主要含水层的近似稳定水位。对严重漏水（不返水）层段测定近似稳定水位及最大漏失量。对涌水层段进行简易放水试验并测定近似稳定水位 2. 冲洗液消耗量和回次水位的观测次数达到应测次数的100％ 3. 详细记录冲洗液性质及变化情况	1. 同左 2. 冲洗液消耗量和回次水位的观测次数≥应测次数的90％ 3. 同左	达不到乙级又不属于废孔者
4	封闭止水质量	1. 有封闭止水设计书，按设计进行封闭止水 2. 封闭止水质量合格，并提出封闭止水报告书	同左	
5	孔（直）径或过滤器	1. 勘查孔、观测孔：试验段或过滤器直径≥73 mm 2. 抽水孔（基岩）：试验段或过滤器直径≥108 mm 3. 大口径抽水试验孔（基岩）：试验段过滤器直径≥168 mm 4. 抽水孔（松散层）：孔深小于50 m，过滤器直径≥200 mm；孔深50 m～100 m，过滤器直径≥168 mm；孔深100 m～300 m，过滤器直径≥127 mm；孔深大于300 m时按设计要求 5. 抽水试验孔过滤器骨架管的孔隙率≥20％ 6. 套管材质和规格满足设计要求 7. 抽水试验孔过滤器的长度符合要求，下入位置合理	满足左列1、2、3、5、6条款要求。没有满足左列4、7条款要求，但达到了设计勘查目的	

表 1 水文地质钻探工程质量评级表（续）

序号	项目	甲 级	乙 级	丙级
6	钻孔偏斜	1. 水文地质勘查孔孔深 300 m 内(下泵段)孔斜≤3° 2. 大口径抽水试验孔下泵段孔深 100 m 内孔斜≤1.5° 3. 孔深每增加 100 m，孔斜递增≤1°；孔深 1 200 m 以下每增加 100 m 孔斜递增≤1.5° 4. 孔深不足百米，按百米计算	满足左列 1、2、4 条款要求，没有满足左列 3 条款要求，但对后续施工影响较小且达到了设计勘查目的	达不到乙级又不属于废孔者
7	孔深误差	每钻进 100 m、换径、终孔以及遇漏(涌)水、溶洞、钻具下落、大裂隙、破碎带、水温异常等重要水文地质现象均进行钻具深度丈量，孔深误差>1.5‰时，进行合理平差	同左	
8	终孔层位和沉淀物	1. 终孔层位达到设计要求 2. 孔内沉淀物埋没主要含水层厚度小于 1/5	同左	
9	采样	1. 岩、土样采取种类及数量达到设计要求 2. 岩芯保管达到设计或有关规定	同左	
10	原始记录	原始记录内容齐全，整齐清晰，无涂改，划改次数大于 3 次/页的比率小于 5%	原始记录内容齐全；基本整齐；无涂改，划改次数大于 3 次/页的比率小于 10%	
11	其他设计要求	1. 长期观测孔设有固定水准标志，井口按要求安装井口装置 2. 井下钻孔孔口加装高压阀门，额定压力不小于钻孔涌水层水压力的 2 倍，其他满足设计要求 3. 完成地质测试达到该钻孔地质目的后作为弃孔钻孔，严格按照设计要求进行封孔处理，并有封孔报告	同左	

4.2.3 废孔：属于下列情况之一者，钻孔钻探工程质量为废孔。

a） 未按要求进行封闭止水或封闭止水失效；

b） 没有达到勘查设计目的。

4.2.4 钻孔终孔后填写质量检查验收报告书(附录 A)。钻探综合质量评级按单项质量评级从低原则，有一项达不到高一级要求则为低一级级别。

5 水文地质测井质量

5.1 水文测井质量分级

水文测井质量分为甲级、乙级、丙级和废品 4 级。

5.2 水文测井原始资料及成果质量评级

水文测井原始资料及成果质量评级见表 2、表 3。

5.3 废品

有下列情况之一者，测井质量为废品：

a） 原始数据无使用价值；

b） 少于两种物性参数；

c） 地层、含水层不能用曲线定性解释；

d） 扩散法盐化前曲线达不到乙级，盐化后甲、乙级曲线条数少于两条。

5.4 全孔测井综合质量评级

填写测井质量评级表(附录 A)。全孔测井综合质量评级按原始资料评级和成果质量评级从低原则，有一项达不到高一级要求则为低一级级别。

表 2 水文测井原始资料质量评级表

<table>
<tr><th colspan="2">项　目</th><th>甲　级</th><th>乙　级</th><th>丙级</th></tr>
<tr><td rowspan="7">数据采集质量</td><td>原始数据</td><td>无遗漏，无涂改</td><td>主要技术数据无遗漏，无涂改</td><td rowspan="13">达不到乙级又不属于废品者</td></tr>
<tr><td>测　速</td><td>符合出厂指标</td><td>不超过出厂指标的 1.2 倍</td></tr>
<tr><td>丢错码率</td><td>丢、错码率不大于 1%；无连续丢、错码</td><td>丢、错码率不大于 2%；不超过两个的连续丢、错码每百米不超过两处，且不在目的层及界面上</td></tr>
<tr><td>深度误差</td><td>井深 500 m 以内不大于 0.25 m，500 m 以上不大于 0.05%</td><td>不超过甲级的两倍</td></tr>
<tr><td>采样间隔</td><td>目的层 0.05 m，非目的层不大于 0.1 m</td><td>应测自然伽玛异常段为 0.1 m，其余符合甲级的要求</td></tr>
<tr><td>仪器刻度</td><td>仪器刻度及井场检查符合 DZ/T 0080 的要求</td><td>距前次刻度时间间隔不超过规定的 1.5 倍；刻度合格项目不少于规定的 1/2</td></tr>
<tr><td>单条综合</td><td>以上 6 项均达到甲级</td><td>以上 6 项均达到乙级或以上</td></tr>
<tr><td colspan="2">井　斜</td><td>符合 DZ/T 0080 的要求</td><td>测点间距及最下测点与井底距离均不大于 50 m；重复测量点数不低于应测数的 2/3，且重复测量差值不超过甲级的 1.5 倍</td></tr>
<tr><td colspan="2">井　温</td><td>1. 点距及最下测点与井底距离均不大于 10 m
2. 下井前进行检查测量，测量值与给定值差值不大于 1 ℃
3. 曲线形态反常时进行重复测量，重复测量差值不大于 1 ℃</td><td>1. 点距及最下测点与井底距离均不大于 20 m
2. 下井前进行检查测量，测量值与给定值差值不大于 1.5 ℃
3. 曲线形态反常时重复测量不低于应测数的 2/3，重复测量差值不大于 1.5 ℃</td></tr>
<tr><td colspan="2">扩散法</td><td>1. 数据采集质量为甲级
2. 盐化后井液电阻率幅值应下降 1/3，盐化后曲线条数不少于 3 条</td><td>1. 数据采集质量达到乙级或以上
2. 盐化后曲线条数及幅度不低于甲级要求的 2/3</td></tr>
<tr><td colspan="2">流量测井</td><td>测量内容符合设计要求，数据采集质量为甲级</td><td>测量内容符合设计要求，数据采集质量达到乙级或以上</td></tr>
<tr><td colspan="2">原始资料评级</td><td>1. 四种物性参数达到甲级；或测量了五种物性参数，其中三种达到甲级、两种达到乙级；新生界可降低一种参数要求
2. 井斜及设计要求的井温、扩散法、流量测井达到甲级，井径达到乙级或以上</td><td>1. 三种物性参数达到乙级或以上
2. 井斜及设计要求的井温、扩散法、流量测井、井径达到乙级或以上</td></tr>
</table>

表3 水文测井成果质量评级表

<table>
<tr><td colspan="2">项 目</td><td colspan="2">甲 级</td><td colspan="2">乙 级</td><td>丙级</td></tr>
<tr><td rowspan="4">含水层</td><td colspan="5">含水层定性可靠，两种物性参数按各自原则解释，与两参数成果平均值相差符合下列规定</td><td rowspan="6">达不到乙级又不属于废品者</td></tr>
<tr><td>深度、厚度</td><td>深度差
m</td><td>厚度差
m</td><td>深度差
m</td><td>厚度差
m</td></tr>
<tr><td>裂隙、岩溶含水层(段)</td><td>≤0.30</td><td>≤0.20</td><td>≤0.40</td><td>≤0.30</td></tr>
<tr><td>孔隙含水层</td><td>≤0.60</td><td>≤0.40</td><td>≤0.80</td><td>≤0.60</td></tr>
<tr><td colspan="2">岩层</td><td colspan="2">有三种以上有效物性参数进行解释，成果与岩芯分层成果基本一致</td><td colspan="2">只有一种参数分层定厚，其他物性参数仅起辅助作用，主要层段的解释成果与岩芯分层基本一致</td></tr>
<tr><td colspan="2">成果质量</td><td colspan="2">1. 参与评级的直接充水含水层(段)甲级率≥80%；间接充水含水层(段)甲级率≥60%；其余为乙级
2. 其他各项为甲级</td><td colspan="2">1. 参与评级的直接充水含水层(段)甲、乙级率≥80%；间接充水含水层(段)甲、乙级率≥60%；且不出现废品
2. 其他各项为乙级以上</td></tr>
<tr><td colspan="7">注1：含水层两种参数有显示，其中一种参数两种方法的深度、厚度差符合乙级或以上要求的为乙级。
注2：双侧向可比照一种参数执行。</td></tr>
</table>

6 抽(放、注)水试验质量

6.1 稳定流抽(放)水试验质量

6.1.1 稳定流抽(放)水试验质量分为优质、合格、不合格和废品4级。

6.1.2 稳定流抽(放)水试验质量评级见表4。

表4 稳定流抽(放)水试验质量评级表

<table>
<tr><td rowspan="2">项目</td><td colspan="3">优 质</td><td colspan="4">合 格</td><td rowspan="2">不合格</td></tr>
<tr><td>$Q>140\ m^3/h$</td><td>$q\geq0.01$
L/s·m</td><td>$q<0.01$
L/s·m</td><td>$Q>140\ m^3/h$</td><td>$q\geq0.01$
L/s·m</td><td>$q<0.01$
L/s·m</td><td>第四系含水层底板以上水柱$H<10$ m</td></tr>
<tr><td>水位降低次数</td><td colspan="3">3次</td><td>3次</td><td>3次</td><td rowspan="2">尽机械能力作一次最大降深</td><td>2次</td><td rowspan="4">达不到合格又不属于废品</td></tr>
<tr><td>每次降距
m</td><td>≥5</td><td>≥10</td><td>≥20</td><td>≥3</td><td>≥6</td><td>最大降深
$\geq0.5H$</td></tr>
<tr><td>每次稳定时间
h</td><td colspan="7">≥8</td></tr>
<tr><td>水位降误差</td><td colspan="3">≤1%</td><td>≤5 cm</td><td colspan="2">≤1%</td><td>≤1%</td></tr>
</table>

表 4 稳定流抽(放)水试验质量评级表(续)

<table>
<tr><td rowspan="2">项目</td><td colspan="3">优　质</td><td colspan="4">合　格</td><td rowspan="2">不合格</td></tr>
<tr><td>Q>140 m^3/h</td><td>q≥0.01 L/s·m</td><td>q<0.01 L/s·m</td><td>Q>140 m^3/h</td><td>q≥0.01 L/s·m</td><td>q<0.01 L/s·m</td><td>第四系含水层底板以上水柱 H<10 m</td></tr>
<tr><td>流量误差 %</td><td>≤2</td><td>≤1</td><td>≤3</td><td>≤3</td><td>≤5</td><td>≤3</td><td rowspan="2">达不到合格又不属于废品</td></tr>
<tr><td>Q-S 曲线</td><td colspan="3">正常</td><td colspan="4">正常</td></tr>
<tr><td colspan="9">注 1:稳定时间内水位降低和流量变化幅度(误差)计算方法:变化幅度=(观测值与平均值的最大差值/平均值)×100%。
注 2:3 次降深宜分布合理,其中最大降深值可接近孔内的设计动水位,其余两次降深值宜分别约为最大降深值的 1/3 和 2/3。</td></tr>
</table>

6.1.3 稳定流抽(放)水试验质量合格以上等级还应符合以下条件:

a) 止水效果经检查合格,洗孔质量可靠;

b) 试验段孔径和过滤器规格符合要求;

c) 静止水位和恢复水位观测符合要求;

d) 第一点抽水的延续时间不少于 24 h;

e) 尽机械能力作一次最大降深时,其延续时间大于 36 h;

f) 多孔、群孔抽水每次水位降低,最远的一个观测孔水位稳定时间不少于 2 h;

g) 抽水试验前、后,孔内沉淀物不得埋没主要含水层厚度的 1/5;

h) 按设计要求采取水样;

i) 原始记录及时、正确、清楚、完整;

j) 168 mm 以上大口径群孔抽水总延续时间达到设计要求;

k) 水位埋深大于 150 m,且水量较大,现有抽水设备满足不了水位降低要求时,按照设计批复意见验收。

6.2 非稳定流抽(放)水试验质量

6.2.1 非稳定流抽(放)水试验质量分为优质、合格、不合格和废品 4 级。

6.2.2 非稳定流抽(放)水试验质量评级见表 5。

表 5 非稳定流抽(放)水试验质量评级表

<table>
<tr><td colspan="2">项　目</td><td>优　质</td><td>合　格</td><td>不合格</td></tr>
<tr><td>1</td><td>流量</td><td>保持常量,其误差不大于 3%</td><td>保持常量,其误差不大于 4%</td><td></td></tr>
<tr><td>2</td><td>水位降低</td><td>做一次最大降深,降深值≥9 m</td><td>做一次最大降深,降深值≥6 m</td><td rowspan="2">达不到合格要求又不属于废品</td></tr>
<tr><td>3</td><td>延续时间</td><td>1. $S(\Delta h^2)-\lg t$ 关系曲线有拐点,延续时间至拐点后的线段趋于水平
2. $S(\Delta h^2)-\lg t$ 关系曲线无拐点,延续时间可根据试验的目的确定</td><td>同左</td></tr>
</table>

表5 非稳定流抽(放)水试验质量评级表(续)

项 目		优 质	合 格	不合格
4	流量、动水位观测	1. 动水位、流量的观测符合 GB 50027 非稳定流观测要求 2. 观测孔与主孔的流量及水位都必须同时观测 3. 抽水试验应连续进行。若因故中断抽水,但中断前抽水已超 6 h,且中断时间不超过 1 h,可继续进行;否则,应观测恢复水位,待水位达到稳定后再重新抽水	同左	达不到合格要求又不属于废品
5	s—t 曲线	抽水和恢复水位曲线完整、连续	同左	
6	其他	1. 封闭止水合格;洗井质量可靠 2. 试验段孔径和过滤器规格符合要求 3. 静止和恢复水位观测符合要求 4. 孔内沉淀物不得埋没主要含水层厚度的 1/5 5. 168 mm 以上大口径群孔抽水总延续时间达到设计要求 6. 按设计要求采取水样 7. 原始资料记录及时、正确、清楚、完整	同左	

6.3 废品

钻孔抽(放)水试验质量属于下列情况之一者即为废品:

a) 从钻孔抽出的水又流入孔内或渗入抽水含水层,形成抽循环水;

b) 封孔止水失效,而且无有效的流量测井资料予以补救者;

c) 钻孔坍塌、堵塞或孔内沉淀物埋没主要含水层厚度超过 1/5 者。

6.4 抽(放)水试验质量评级

填写抽水试验质量表(附录 A)。抽(放)水试验质量评级按单项质量评级从低原则,有一项达不到高一级要求则为低一级级别。

6.5 注水试验质量

6.5.1 注水试验质量合格

进行一次水位抬升试验,在孔内形成抬升明显的稳定水位,其余同稳定流抽水试验合格质量要求。

6.5.2 注水试验质量不合格

注水试验未形成抬升明显的稳定水位或达不到稳定流抽水试验相应的合格质量要求。

7 水文地质物探质量

7.1 试验资料质量

7.1.1 水文地质物探试验资料质量分为合格、不合格两级。

7.1.2 水文地质物探试验资料质量评级见表 6。

表 6　水文地质物探试验资料质量评级表

等级	合　格	不 合 格
内容	1. 试验目的明确，方法正确，符合设计或试验方案的要求 2. 因素变化单一，有分析和说明问题的价值 3. 达到试验目的	1. 不符合合格记录要求之一者 2. 存在原始资料评级标准中对废品评价条件之一者（对反射波品质要求除外）

7.2　电法原始资料质量

7.2.1　电法原始资料必须经系统检查，检测值与原测值限差见表 7。

表 7　检测值与原测值限差

施工方法	分　类	单个极距（测点）限差；检测点（段）限差；全区限差
电测深法	AB/2≤50 m	10%
	AB/2＞50 m	5%
电剖面法	AB/2≤50 m	10%
	AB/2＞50 m	5%
激发极化法	视极化率 η_s	7%
	衰减度 D_s	10%
	衰减时 S_s	10%
	激发比 J_s	10%
充电法	电位 V_s	5%
自然电场法	异常段	15 mV
	非异常段	5 mV
电磁频率测深法	电场 ρ_s	5%
	磁场 ρ_s	8%
	比值 ρ_s	10%
甚低频电磁法	垂直磁分量 H	数值接近
	水平磁分量 H_r	数值接近
	电场 E_r	数值接近
	椭圆极化倾角 D	数值接近
	波阻抗 $\rho(E_r/H_z)$	数值接近
瞬变电磁法	归一化场强	15%

7.2.2 测点(测线)曲线质量

按剖面法和测深法两种类型进行。剖面类按测线段、测深类按测点。曲线质量分为甲级、乙级、废品3级,见表8。

表8 测点(测线)曲线质量评级表

<table>
<tr><th colspan="2">项　目</th><th colspan="2">甲　级</th><th>乙　级</th><th>废品</th></tr>
<tr><td colspan="2">电剖面法</td><td colspan="2">曲线连续性好,无不符合质量要求的测点,构造现象显示清楚,真实地反映测线上的地质情况</td><td>曲线较连续,不符合质量要求的测点不超过测点总数的5%,且不连续三点出现,构造现象显示基本清晰,可反应测线上的地质情况</td><td rowspan="15">达不到乙级要求</td></tr>
<tr><td rowspan="4">电测深法</td><td>不符合质量要求的极距总数(个)</td><td colspan="2">≤1</td><td>≤2</td></tr>
<tr><td rowspan="3">不符合质量要求的极距分布(个)</td><td colspan="2">仅AB/2≤50 m部分≤1</td><td>仅AB/2≤50 m部分≤2</td></tr>
<tr><td colspan="2">仅AB/2>50 m部分≤1</td><td>仅AB/2>50 m部分≤1</td></tr>
<tr><td colspan="2">曲线前后部分0</td><td>曲线前后部分各1</td></tr>
<tr><td rowspan="5">激发极化法</td><td>不符合质量要求的极距总数(个)</td><td colspan="2">≤2</td><td>≤3</td></tr>
<tr><td rowspan="3">不符合质量要求的极距分布(个)</td><td colspan="2">仅AB/2≤50 m部分≤2</td><td>仅AB/2≤50 m部分≤3</td></tr>
<tr><td colspan="2">仅AB/2>50 m部分≤1</td><td>仅AB/2>50 m部分≤2</td></tr>
<tr><td colspan="2">曲线前后部分各1</td><td>曲线前后部分前2后1</td></tr>
<tr><td>综合评级</td><td colspan="2">乙级不超过1条,其余为甲级</td><td>全部曲线在乙级或以上</td></tr>
<tr><td rowspan="3">电磁频率测深法</td><td rowspan="3">不符合质量要求的频点总数(个)</td><td>电场 ρ_s</td><td>≤1</td><td>≤3</td></tr>
<tr><td>磁场 ρ_s</td><td>≤2</td><td>≤4</td></tr>
<tr><td>比值 ρ_s</td><td>≤2</td><td>≤4</td></tr>
<tr><td>瞬变电磁法</td><td>不符合质量要求的测道分布(个)</td><td colspan="2">≤1</td><td>≤2</td></tr>
<tr><td colspan="6">注:凡不符合MT/T 898质量要求的任意一项者,则为不符合质量要求的极距(频点、测道)。</td></tr>
</table>

7.2.3 全区质量评级

经系统检查观测,其误差超限点(段)不超过检查点总数的20%,且全区误差值符合7.2.1要求者方可进行全区质量评级。全区质量评级分为优秀、良好、合格和废品4级,见表9。

表9 电法全区质量评级表

方法	优秀		良好		合格		废品
	甲级率%	废品率%	甲级率%	废品率%	甲级率%	废品率%	
电测深法	≥90	≤1	≥75	≤3	≥60	≤5	达不到合格要求或经系统检查观测,其误差超限点(段)
电剖面法	≥80	≤2	≥70	≤3	≥60	≤5	
激发极化法	≥80	≤5	≥70	≤3	≥60	≤5	

表 9 电法全区质量评级表（续）

方　法	优　秀		良　好		合　格		废　品
	甲级率 %	废品率 %	甲级率 %	废品率 %	甲级率 %	废品率 %	
充电法	≥80	≤2	≥70	≤3	≥60	≤5	超过检查点总数的20%，且全区误差值不符合 7.2.1 限差者
自然电场法	≥80	≤2	≥70	≤3	≥60	≤5	
电磁频率测深法	≥80	≤2	≥70	≤3	≥60	≤5	
甚低频电磁法	≥80	≤2	≥70	≤3	≥60	≤5	
瞬变电磁法	≥80	≤2	≥70	≤3	≥60	≤5	

7.3 地震资料质量

7.3.1 地震原始资料质量

原始资料质量分为甲级、乙级、废品 3 级，见表 10。

表 10 地震原始资料评级表

等级	甲　　级	乙级	废　　品
内容	1. 爆炸信号、井口信号准确（井口信号设计不要求者除外） 2. 激发点、检波点位置正确 3. 工作不正常道（狂跳、感应、串道、反相、不工作道等）不超过仪器接收道数的 1/48，并无连续的不正常道 4. 记录有效段（最深目的层以浅）无明显的炮井（激发）噪声和工频干扰；面波干扰有效波不超过仪器接收道数的 1/8（可控震源激发时不超过 1/3）；初至波前的背景噪声或感应幅度（回放增益为 30 dB 时），大于 3 mm 的不超过仪器接收道数的 1/12 5. 勘探深度满足设计要求，目的层反射波齐全，且能识别主要目的层反射波（因地质构造原因目的层反射波缺失者除外） 6. 采用可控震源时，扫描参数正确、稳定，辅助道工作正常 7. 磁带（盘）质量符合要求，无明显丢漏码错误	凡达不到甲级又不属废品者	1. 爆炸信号不准；多台可控震源的工作频率和相位不一致 2. 测线布置不合理，未按设计要求施工 3. 仪器班报记录不清，测线号、带盘号、激发点桩号、文件号等之一有错误而又无法查对 4. 不正常工作道超过仪器接收道数的 1/12；面波干扰主要反射波超过接收道数的 1/3（可控震源激发时超过 2/3）；一贯不正常道连续超过 4 炮，自第 5 炮起为废品 5. 因仪器、激发、接收等因素不正确，未能获得主要目的层反射波 6. 可控震源扫描参数有错误，存在二次或多次初至 7. 无法解编的记录

7.3.2 地震资料处理成果质量

地震资料处理成果质量分为合格、不合格两级，见表 11。

合格时间剖面的质量分为Ⅰ类、Ⅱ类、Ⅲ类，见表 12。

表 11 地震资料处理成果质量评级表

方法	合格	不合格
二维地震	1. 针对水文地质勘查的目的与特点，采用了正确的处理方法与手段，处理流程和参数选择合理 2. 在资料处理过程中注重了保真及保幅处理 3. 波形无畸变，无振荡噪音和感应现象，无随机干扰和野值，没有因能量不均匀引起的条带现象，偏移剖面在目的层范围内无划弧现象 4. 采用了保幅处理等特殊处理手段，直接充水含水层段的反射波明显 5. 剖面清晰美观，内容齐全无涂改，无人为差错，总 CDP 道数与实际相符 6. 剖面的边图、顶图内容齐全，且无差错 7. 进道方向正确，显示的道间距离均匀，记时线标注清楚 8. 变面积适当，灰阶度符合要求 9. 彩色剖面进道均匀，色标合理，顶图正确	凡达不到合格剖面要求之一者为不合格剖面 不合格剖面不能出站，必须进行重新处理
三维地震	垂直剖面按照二维地震勘探的要求进行评价 水平切片评价时应和垂直剖面进行比较，切片显示清晰，构造形态可靠者为合格，否则为不合格	

表 12 地震资料处理成果质量

类别	Ⅰ类剖面	Ⅱ类剖面	Ⅲ类剖面
内容	目的层齐全，频带较宽，具有丰富的低频信息，信噪比高，压制多次波效果明显，构造现象清楚，真实地反映了测线上的地质情况	凡达不到Ⅰ类，又不是Ⅲ类剖面者	剖面信噪比低，主要目的层未显示出来，低频信息缺失，地质现象反映不清

7.3.3 地震资料全区质量要求

地震地质条件一般地区，甲级率不低于 60%，丢炮率不高于 5%；地震地质条件复杂地区，甲级率不低于 40%，丢炮率不高于 7%；地震地质条件特别复杂地区，甲级率不低于 20%，丢炮率不高于 10%。全区合格率(甲级+乙级)不低于 98%，单条测线合格率不低于 95%。

全区Ⅰ类+Ⅱ类剖面应达到 80%以上(三维数据体剖面质量评价网格密度一般为 40 m×80 m)。

7.4 水文地质物探质量验收书

填写水文地质物探质量验收书见附录 C。

8 水文地质测绘质量

8.1 水文地质测绘质量分为优质、合格和不合格 3 级。

8.2 水文地质测绘质量评级见表 13。

8.3 填写水文地质测绘质量验收书(见附录 B)。水文地质测绘质量评级按单项质量评级从低原则，有一项达不到高一级要求则为低一级级别。

表 13 水文地质测绘质量评级表

项目	优 质	合 格	不合格
测绘范围	1. 水文地质条件复杂的矿区，水文地质测绘范围应包括一个完整的水文地质单元 2. 水文地质条件中等、简单矿区，水文地质测绘范围包括煤矿床疏干可能影响的范围	同左或满足设计要求	达不到合格要求者
测绘精度	水文地质测绘的比例尺，符合 DZ/T 0215 要求。	同左	
观测路线布置	1. 沿垂直岩层(或岩浆岩体)、构造线走向 2. 沿地貌变化显著方向 3. 沿河谷、沟谷和地下水露头多的地带 4. 沿含水层(带)走向	同左	
观测点布置	1. 地层界线、断层线、褶皱轴线、岩浆岩与围岩接触带、标志层、典型露头和岩性、岩相变化带等 2. 地貌分界线和自然地质现象发育处 3. 井、泉、钻孔、矿井、坎儿井、地表坍陷、岩溶水点(如暗河入口、落水洞、地下湖)和地表水体等	同左	
观测点定位	观测点定位方法满足相应测绘比例尺的仪器要求。点位误差满足成图精度要求	同左	
观测点数量	1. 观测点数量满足 GB 50027 要求 2. 采用遥感影像填图时，满足 MT/T 1043 相关技术要求，地质观测点数大于水文地质测绘地质观测点数的 50%；水文地质观测点数大于水文地质测绘水文地质观测点数的 90%	1. 同左 2. 采用遥感影像填图时，满足 MT/T 1043 相关技术要求，地质观测点数大于水文地质测绘地质观测点数的 30%；水文地质观测点数大于水文地质测绘水文地质观测点数的 70%	
观测路线长度	1. 观测路线长度满足 GB 50027 要求 2. 采用遥感影像填图时，观测路线长度大于 GB 50027 要求的 60%	1. 同左 2. 采用遥感影像填图时，观测路线长度大于 GB 50027 要求的 40%	
水质调查	1. 对代表性的地下水水点和地表水水点采取水样进行测试分析。分析项目符合 GB 50027 要求 2. 水质简易分析取样水点数，不少于水文地质观测点总数的 40% 3. 水质专门分析取样水点数，不少于简易分析点数的 20%	同左	
野外记录	1. 调查记录表式统一，整洁清晰 2. 各类调查点观察仔细，记录内容详细，描述准确 3. 相应的照片或素描图清晰准确	1. 调查记录表式基本统一 2. 各类调查点记录内容较详细 3. 具有相应的照片或素描图	

表 13 水文地质测绘质量评级表（续）

项目	优 质	合 格	不合格
野外图件	1. 内业作业及时准确。记录及图件相应一致 2. 工作手图、清绘图、实际材料图齐全、清晰 3. 标绘内容及图式符合制图要求	1. 内业作业基本及时。记录及图件相应一致 2. 工作手图、清绘图、实际材料图齐全 3. 同左	达不到合格要求者

9 动态观测质量

9.1 动态观测质量分为优质、合格、不合格 3 级。

9.2 地下水动态观测质量评级见表 14；地表水动态观测质量评级见表 15。

9.3 填写动态观测质量验收书(附录 D)。动态观测质量评级按单项质量评级从低原则，有一项达不到高一级要求则为低一级级别。

表 14 地下水动态观测质量评级表

项目	优 质	合 格	不合格
水位观测	1. 观测网布置合理，符合设计要求 2. 观测频率一般每 5 d～10 d 观测 1 次，遇突变情况时，加密观测 3. 观测精度准确到 mm	同左	达不到合格要求者
水量观测	1. 与水位观测同时。单纯水位观测孔除外。 2. 观测精度准确到 L	同左	
水温观测	1. 与水量观测同时 2. 观测精度准确到 0.5 ℃	同左	
采样化验	1. 水样采取方法和数量符合要求 2. 水样采取按季进行，每年 4 次 3. 水样存放限时：清洁水样 72 h；受污染水样 12 h；细菌分析水样 4 h	1. 同左 1 2. 水样采取每半年 1 次 3. 同左 3	
原始记录	原始记录内容齐全；整齐清晰；无涂改，划改次数小于 3 次/页	原始记录内容齐全；基本整齐；无涂改，划改次数小于 5 次/页	
观测工具	按规定经过检查合格	同左	
成果资料	资料整理及时，整理方式适宜。成果资料齐全，规律性反映明显	资料整理基本及时。成果资料基本齐全	

表 15　地表水动态观测质量评级表

项目	优　质	合　格	不合格
测站设置	1. 测站选择合理,测段长宽比符合要求 2. 渗漏断面布置合理 3. 测站设置的固定标桩及水尺水准测量精度不得低于等外水准点的要求 4. 绘制大比例尺的测站平面及剖面图	1. 测站选择合理,测段长宽比基本符合要求 2. 同左 2 3. 同左 3 4. 同左 4	达不到合格要求者
流量观测	1. 观测方法选择合理 2. 测定方法符合要求 3. 流量精度准确到 L	同左	
水位、水温观测	1. 与流量观测同时 2. 观测精度水位到 cm;水温到 0.5 ℃	同左	
观测频率	1. 水量稳定测站每年不少于 12 次 2. 水量不稳定测站满足各项特征值要求 3. 洪水期应加密观测,并测到最高洪水位	满足设计要求	
采样化验	1. 水样采取方法和数量符合要求 2. 水样存放限时:清洁水样 72 h;受污染水样 12 h;细菌分析水样 4 h	同左	
原始记录	原始记录内容齐全;整齐清晰;无涂改,划改次数小于 3 次/页	原始记录内容齐全;基本整齐;无涂改,划改次数小于 5 次/页	
观测工具	按规定经过检查合格	同左	
成果资料	资料整理及时,整理方式适宜。成果资料齐全,规律性反映明显	资料整理基本及时。成果资料基本齐全	

注: 坑、塘、湖泊等地表集水体观测质量要求同上。

附录A
（资料性附录）
钻孔终孔质量检查验收报告书

________勘查区________号钻孔

钻孔终孔质量检查验收报告书

施工机号________ 机长________

勘查区水文地质负责人________ 鉴定员________

钻探负责人________ 测井负责人________

验收负责人________ 验收日期________年 月 日

参加验收人员________

（施工单位）________

施工情况一览表

共 5 页第 1 页

钻机型号	开工日期	完工日期	设计孔深(m)	终孔深度(m)	设计终孔层位	终孔达到层位	经距(x)	纬距(y)	地面标高(m)	测标高(m)
设计目的					实际达到					
钻孔结构					孔内套管结构					
口径(mm)					规格					
深度(起/止 m)					深度(起/止 m)					
厚度(m)					连接方法					
泥浆钻进(起/止)					有缝或无缝					
清水钻进(起/止)					管皮厚(mm)					

钻孔质量情况

(一) 孔斜 (主测人______________)

应测点数	实测点数	最大斜度/深度	方位角	级别

(二) 封孔止水 (负责人______________)

封孔材料	封孔段距/起止	封孔方法	检查方法	检查结果	评级

(三) 岩、土芯采取率(单位:m)

项目 段距	无岩芯(起/止)	取芯段(起/止)	采长	采取率(%)	评级
完整段					
破碎段					

(四) 孔深误差丈量

应量次数	实量次数	实量占应量(%)	最大误差/深度(m)	超限次数	评级

(五) 简易水文观测

	应测段(起/止)(m)	应测次数	实测次数	实测占应测%	消耗量	应测段(起/止)(m)	应测次数	实测次数	实测占应测%	全漏段(起/止)(m)
水位										

(六)孔径(mm)及孔深(m)

开孔孔径	终孔孔径	终孔孔深	完工后孔深	评级

钻孔质量情况

<table>
<tr><td colspan="6">（七）原 始 记 录</td><td colspan="6">（八）孔 口 装 置</td></tr>
<tr><td>总页数</td><td>涂改次数</td><td>划改次数</td><td>平均划改次/页</td><td>齐、准、清、整 等</td><td>评级</td><td>套管高出地面</td><td>管口距离测标</td><td>测标规格</td><td>井台封固情况</td><td>孔口盖装置</td><td>评级</td></tr>
<tr><td></td><td></td><td></td><td></td><td></td><td></td><td>m</td><td>m</td><td></td><td></td><td></td><td></td></tr>
<tr><td colspan="12">（九）其 他</td></tr>
</table>

<table>
<tr><td colspan="3">采样化验(个)
(设计/实际)</td><td colspan="6">含 水 层 层 次</td><td rowspan="4">钻探综合评级：</td></tr>
<tr><td>土样</td><td>岩样</td><td>水样</td><td>层 位</td><td></td><td></td><td></td><td></td><td></td></tr>
<tr><td rowspan="2">/</td><td rowspan="2">/</td><td rowspan="2">/</td><td>顶/底板深度 m</td><td></td><td></td><td></td><td></td><td></td></tr>
<tr><td>含水层厚度 m</td><td></td><td></td><td></td><td></td><td></td></tr>
</table>

<table>
<tr><td rowspan="4">钻孔套管结构、地层、封孔示意图</td><td>岩石名称</td><td></td></tr>
<tr><td>岩石柱状
结构及
封孔</td><td></td></tr>
<tr><td>厚度
(m)</td><td></td></tr>
<tr><td>深度
(m)</td><td></td></tr>
</table>

全孔测井质量评级表

共5页第3页

序号	项目		内容							等级
1	测井参数									
2	记录质量	测量速度								
		丢、错码率								
		深度误差								
		采样间隔								
		仪器刻度								
3	原始数据等级			扩散法等级		流量测井等级				
4	工程测量	测井方法	井斜		井温		井径			
		等级								
5	解释成果质量	等级	总层数		甲		乙		丙	
		岩层								
		含水层(段)								
原始资料评级			成果资料评级			全孔测井综合评级				
简要说明										

验收人：　　　　验收日期：　　年　　月　　日　　　　填表人：　　　　测井负责人：

________孔含水层成果解释表

编号	确定值		各参数解释值				最大相差		质量评级
	深度（m）	厚度（m）	方法名称	深度（m）	厚度（m）	曲线反映	深度（m）	厚度（m）	

解释人：　　　　　　　　验收人：　　　　　　　　日期：　　年　　月　　日

抽水试验质量表

共5页第5页

试验层位			自然水位（m）		恢复水位（m）		试验成果						
层位	起/止深度（m）	出水段厚度（m）	深度	标高	深度	标高	动水位（m）	Q（L/s）	S（m）	q（L/s·m）	观测孔号	观测孔距离（m）	降深（m）

试验时间及误差												$Q=f(s)$	原始记录
延续（h）	稳定（h）	水位误差（%）	流量误差（%）	延续（h）	稳定（h）	水位误差（%）	流量误差（%）	延续（h）	稳定（h）	水位误差（%）	流量误差（%）		

套管止水			试验段			洗孔		孔深		水位观测	水样采取	质量等级
深度（m）	材料、数量（kg）	止水效果	直径（mm）	过滤管直径（mm）	滤管孔隙率（%）	方法	质量	抽水前（m）	抽水后（m）			
验收结论												

验收人：　　　　验收日期：　　年　　月　　日　　　　填表人：　　　　抽水负责人：

附 录 B
（资料性附录）
水文地质测绘质量验收书

水文地质测绘质量验收书

项目名称：________________

测绘区名称：________________

测绘区范围：纵坐标________至________ 横坐标________至________ 面积________km^2

开工日期：________________ 完工日期：________________

测绘施工单位：________________

验收单位（部门）：________________ 验收日期：________________

参加验收人员（签字）：________________

质量评级结果：________________

填写人：________________ 审核人：________________

水文地质测绘质量评级表

项　目	测绘范围	测绘精度	观测路线布置	观测点布置	观测点定位	观测点数量	观测路线长度	水质调查	野外记录	野外图件
分项评级										
综合评级										
说　明										

附 录 C
（资料性附录）
水文地质物探质量验收书

水文地质物探质量验收书

项目名称：________________________________

施工地点：____________________ 勘探面积__________ km^2

勘探区范围：纵坐标__________至__________ 横坐标__________至__________

设计生产物理点：____________________ 完成生产物理点：____________________

开工日期：____________________ 竣工日期：____________________

施工单位：________________________________

验收单位(部门)：____________________ 验收日期：____________________

参加验收人员(签字)：________________________________

质量评级：甲级______个，甲级率______%；乙级______个，乙级率______%；废品______个，废品率______%

全区质量评价：____________

填写人：____________ 审核人：____________________

水文地质物探质量评级表

测线(束)号	设计物理点（个）	完成物理点（个）	甲级（个）	甲级率（%）	乙级（个）	乙级率（%）	废品（个）	废品率（%）
合 计								
全区评价								

附　录　D
（资料性附录）
动态观测质量验收书

动态观测质量验收书

项目名称：________________________________

观测日期：________________至________________

施工单位：________________________________

验收单位（部门）：____________________　　验收日期：________________

参加验收人员（签字）：________________________________

质量评级结果：__________

填写人：__________　　审核人：______________

动态观测质量评级表

项　目	测(点)站设置	流量观测	水位、水温观测	观测频率	采样化验	原始记录	观测工具	成果资料
地下水								
地表水								
综合评级								
说　明								

ICS 07.060
D 14

DZ

中华人民共和国地质矿产行业标准

DZ/T 0285—2015

矿山帷幕注浆规范

Specification of mine curtain grouting

2015-06-11 发布　　2015-10-01 实施

中华人民共和国国土资源部　发布

前　言

本标准按 GB/T 1.1—2009《标准化工作导则　第 1 部分：标准的结构和编写》给出的规则起草。

本标准由中华人民共和国国土资源部提出。

本标准由全国国土资源标准化技术委员会(SAC/TC 93)归口。

本标准起草单位：华北有色工程勘察院有限公司、中国水电顾问集团贵阳勘测设计研究院、中金岭南有色金属股份有限公司凡口铅锌矿、成都理工大学、长沙矿山研究院有限公司、天地科技建井研究院、中国矿业大学、河海大学。

本标准主要起草人：刘新社、韩贵雷、于同超、王军、高岗荣、高永刚、裴向军、欧阳仕元、韩立军、朱珍德、宋峰、范福平、蒋鹏飞、刘殿凤、马履霞、赵恰、袁进科、贾伟杰、赵晓明、隋旺华、王云、高学通、冯旭海、林木金。

引 言

为总结矿山帷幕注浆技术，统一技术标准，加强质量管理，进一步规范矿山帷幕注浆工程设计、试验、施工、检测等各个环节，特制定本规范。

随着我国对矿产资源需求量的增加和开采强度的不断加大，矿山开采过程中排水带来的一系列环境、水资源保护及安全等问题日益凸显。帷幕注浆技术能够有效解决保护区域地下水环境与安全开采矿产资源之间的矛盾，其应用越来越广泛。国内众多水患矿山已经采用了帷幕注浆技术进行地下水治理，收到良好的效果，今后仍然有大量矿山需要采用帷幕注浆技术进行水患治理。为了进一步规范矿山帷幕注浆实施过程中各个环节，对国内矿山帷幕注浆工程采用的各项技术、工艺进行总结，形成了本标准。

矿山帷幕注浆规范

1 范围

本标准规定了矿山帷幕注浆的设计、试验、施工、检查与监测的技术要求。

本标准适用于矿山地面基岩帷幕注浆工程，矿山其他注浆工程可参考使用。

2 规范性引用文件

下列文件对于本文件的应用是必不可少的。凡是注日期的引用文件，仅所注日期的版本适用于本文件。凡是不注日期的引用文件，其最新版本（包括所有的修改单）适用于本文件。

GB 175 通用硅酸盐水泥

GB/T 1596 用于水泥和混凝土中的粉煤灰

GB/T 4209 工业硅酸钠

GB 8076 混凝土外加剂

GB 12719 矿区水文地质工程地质勘探规范

GB/T 20973 膨润土

DL/T 5237 灌浆记录仪技术导则

JGJ 63 混凝土用水标准

3 术语和定义

下列术语和定义适用于本文件。

3.1

矿山帷幕注浆 mine curtain grouting

在地表利用钻孔和注浆设备将可凝浆液注入岩体含水层，在矿体周围形成一条帷幕状相对隔水带，以减少帷幕内矿坑涌水量的一种矿山防治水技术措施。

3.2

全封闭帷幕 full closed curtain

布置在矿体周围，在平面上首尾相连或利用隔水体形成封闭的堵水帷幕。

3.3

局部帷幕 partial curtain

布置在含水层主要径流带上，用于阻断矿区主要过水通道的堵水帷幕。

3.4

悬挂式帷幕 hanging curtain

注浆下限布置在相对弱含水层［透水率 $1 \leqslant q < 5$ Lu（吕荣）[1)]］的堵水帷幕。

3.5

接底式帷幕 reaching bottom curtain

注浆底板进入相对隔水层（透水率 $q < 1$ Lu）一定深度的堵水帷幕。

1） 1 吕荣值等于 1 MPa 试验压力时每米试段内每分钟压入的水量（水量单位为升）。

3.6

水固比 water gelling material rate

浆液中水与固体材料的数量比，通常使用质量比，用数字或分式表示。

3.7

帷幕防渗指标 curtain anti-seepage index

评价帷幕渗透性的参数。用单位透水率 q 表示，单位为吕荣(Lu)。

3.8

纯压式注浆 pure pressure grouting

在一定压力的作用下，浆液通过管路压入注浆段岩体中的注浆方式。

3.9

孔内循环注浆 hole-circulation grouting

孔口安装封闭器，注浆管深入到注浆段一定深度，部分浆液注入岩体中，部分浆液返回，保持浆液在孔内循环的注浆方式。

3.10

自流式注浆 self-flowing grouting

在浆液重力的作用下，浆液通过管路流入注浆段岩体中的注浆方式。

3.11

下行法注浆 downward grouting

从上向下逐段进行钻进，逐段注浆的方式。

3.12

上行法注浆 up ward grouting

注浆孔钻进一定深度后，自下而上逐段注浆的方式。

3.13

简易压水试验 simple water pressure test

利用水泵将清水压入钻孔，采用单级压力进行压水，依据一定时间内压入的水量和施加压力大小的关系，计算岩体透水性的现场试验。

3.14

简易注水试验 simple water injection test

利用水泵将清水注入钻孔，依据一定时间内注入的水量和钻孔内水位抬升高度关系计算岩体透水性的现场试验。

3.15

单位注浆量 unit quantity of grouting

注浆段平均每米的浆液注入量。

4 总则

4.1 矿山帷幕注浆应坚持因地制宜、安全可靠、经济合理、保护环境的原则。

4.2 根据帷幕钻探和注浆工作量可将矿山帷幕注浆工程分为以下 3 个等级：

a） 大型：钻探延米大于 10×10^4 m，或注浆量大于 15×10^4 m^3；

b） 中型：除大型、小型以外的工程；

c） 小型：钻探延米小于 2×10^4 m，且注浆量小于 $5\times10^4 m^3$。

4.3 矿山帷幕注浆工程实施流程按图 1 进行。

4.4 帷幕注浆工程应选择环保、安全的注浆材料，禁止使用有毒的注浆材料。

4.5　矿山帷幕注浆工程属于隐蔽工程，实施中应严格过程控制。

5　帷幕注浆设计

5.1　一般规定

5.1.1　帷幕注浆设计可分为初步设计、帷幕注浆试验及施工图编制3个阶段。

5.1.2　大、中型矿山帷幕注浆工程，水文地质条件复杂矿区或有特殊要求的矿山帷幕注浆工程，施工图编制前应进行帷幕注浆试验。

5.1.3　帷幕注浆应根据矿区地下水渗流场的变化进行动态设计，及时调整技术参数。

5.2　基础资料

5.2.1　帷幕注浆初步设计应依据(但不限于)以下资料：

a）经有关部门批准的矿区水文地质工程地质勘探报告。其勘探程度应符合GB 12719的要求，并应包括下列内容：

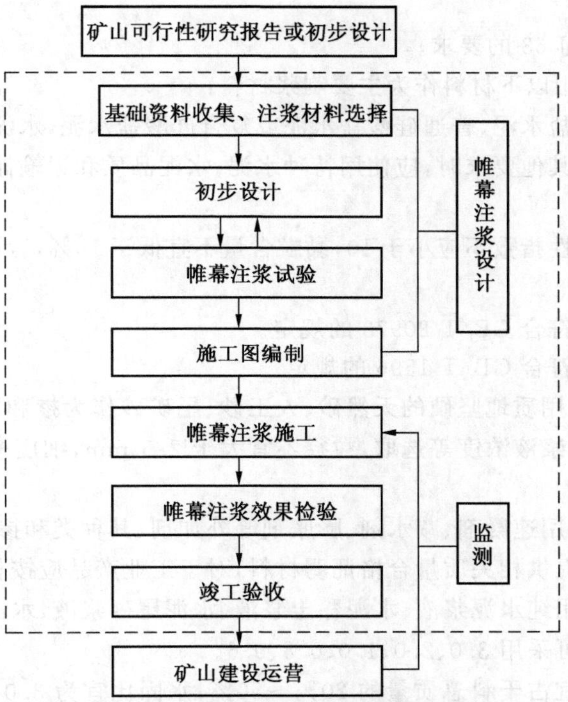

图1　矿山帷幕注浆工程实施流程图

1）矿区自然地理、水文与气象；

2）矿区周边环境条件；

3）矿区各含水层渗透性、给水度、软弱夹层允许渗透比降，矿区地下水变化规律及地下水物理、化学特征；

4）矿区主要构造破碎带产状、规模、分布、充填和胶结程度、透水性以及对矿床开采的影响；

5）矿区岩溶分布规律、规模、充填和胶结程度及对矿床开采的影响；

6）矿区老窿分布的范围、深度及相互连通情况，老窿积水状态、补给来源、补给量及对矿床开采的影响；

7）矿区附近地表水体的特征及其与各含水层的水力联系程度和对矿床开采的影响；

8）矿山水文地质模型及矿坑涌水量计算；

9）矿区主要水文地质及工程地质问题的结论性意见及对矿山地下水防治、综合利用、防止污染等方面的建议。

b） 矿山建设可行性研究报告或初步设计。

c） 注浆材料的调查研究报告。

d） 矿山开采的现状。

e） 矿区主要的防排水工程、开拓系统及布置图。

5.2.2 大、中型帷幕注浆施工图设计除依据5.2.1所列资料外，还应依据帷幕注浆试验报告。

5.2.3 当基础资料无法满足帷幕注浆设计时，应进行帷幕注浆工程详细勘察，并需查明以下内容：

a） 拟建帷幕地段含水层及隔水层的空间分布、岩性、厚度，岩石的破碎程度、透水性、风化程度、物理力学性质；

b） 拟建帷幕地段主要构造破碎带的分布及规模；

c） 拟建帷幕地段主要进水通道的位置、规模、导水性以及与地表水的水力联系；

d） 含水层岩溶、裂隙的发育规律及充填程度，充填物的成分、胶结程度及抗冲刷的能力。

5.3 注浆材料

5.3.1 注浆用水应符合JGJ 63的要求。

5.3.2 矿山帷幕注浆宜选用以下材料作为主要制浆材料：

a） 水泥：可采用硅酸盐水泥、普通硅酸盐水泥或复合硅酸盐水泥，水泥的强度等级应为32.5或以上；当有抗侵蚀或其他要求时，应使用特种水泥；水泥品质和运输储存条件应符合GB 175的相关规定。

b） 黏土：黏性土的塑性指数不应小于10，黏粒含量不宜低于15%，含砂量不宜大于5%，有机物含量不宜大于3%。

c） 膨润土：其品质应符合GB/T 20973的规定。

d） 粉煤灰：其品质应符合GB/T 1596的规定。

5.3.3 根据注浆需要，可选用质地坚硬的天然砂、人工砂、尾矿砂作为掺和料。砂的粒度应根据被灌岩层裂隙的宽度、岩溶的大小、浆液浓度等选取，粒径不宜大于2.5 mm，细度模数不宜大于2，SO_3含量不宜大于3%。

5.3.4 有特殊要求时，可选用速凝剂、减水剂、膨胀剂等外加剂，其种类和掺量应通过试验确定。

5.3.5 制浆材料进场时应提供相关质量合格证明材料，对于工业产品应按相关规定进行抽样送检。

5.3.6 矿山帷幕注浆可使用纯水泥浆液、水泥黏土浆液、水泥尾砂浆液、水泥粉煤灰浆液等。

5.3.7 纯水泥浆液水固比可采用3.0、2.0、1.0、0.8、0.6。

5.3.8 水泥黏土浆中水泥宜占干料总质量的20%～50%，水固比宜为3.0～0.8，水玻璃用量可为水泥质量的2%～5%，水玻璃品质应符合GB/T 4209的规定，水玻璃的M（模数）值宜为2.4～3.2，水玻璃溶液波美度宜为30～45。

5.3.9 水泥尾砂浆中水泥宜占干料总质量的50%～70%，水固比宜为3.0～0.8。水泥宜选用普通硅酸盐水泥。为保证浆液的稳定性，宜在水泥尾砂浆中掺加膨润土或黏土，膨润土用量可为水泥质量的10%～20%。

5.3.10 水泥粉煤灰浆应为稳定浆，水固比宜为2.0～0.8，水泥宜占干料总质量的50%～80%，可根据地层吃浆量适当增减。

5.3.11 矿山帷幕注浆工程中遇到特殊复杂地层时可选用化学浆液，选用化学浆液时应符合环保要求。

5.3.12 矿山帷幕注浆现场浆液适配及性能检测应遵循以下规定：

a） 除纯水泥浆液外，其余各类混合浆液、化学浆液在使用前均需进行浆液适配，浆液性能应与工程要求相适应；

b） 应在施工现场对浆液进行密度、流动性、凝结时间、析水率等性能监测，有条件时可测试浆液的结石率、结石密度、抗压强度、抗渗等级、渗透性等参数。

5.4 初步设计

5.4.1 帷幕注浆设计应考虑帷幕自身稳定性，考虑对矿区生态环境的影响以及帷幕耐久性等因素。

5.4.2 帷幕线位置选择应考虑以下内容：

a） 矿体分布；

b） 矿山的采矿方式；

c） 帷幕线应设置在地下开采地表错动界线、露天矿最终境界线或静水位面处错动界线 10 m 以外；

d） 矿区的地下水进水通道；

e） 对正在疏干排水的矿山，帷幕线与疏干排水系统的距离应大于 50 m；

f） 矿床开拓和开采进度计划的要求；

g） 矿山疏干排水可能引起环境的破坏程度；

h） 矿区的施工条件，如高压线、古墓、文物等。

5.4.3 帷幕线位置选择应拟定 2～3 条进行对比、论证，选择最优方案。

5.4.4 帷幕形式应根据矿区水文地质条件和堵水要求，按表 1 确定。

表 1 帷幕形式选择

帷幕形式		适用条件
平面形式	全封闭	要求堵水率≥80%，矿体集中
	局部	要求堵水率<80%，存在主要的过水通道
要求垂向形式	接底式	要求堵水率≥80%，垂向上矿体开采底限存在隔水层
	悬挂式	要求堵水率<80%，含水层厚度较大，透水性随深度增加有明显减弱

5.4.5 帷幕注浆工程参数设计应符合下列规定：

a） 帷幕注浆工程堵水率：应根据矿区水文地质条件、帷幕注浆工程主要目的及经济合理性等综合因素提出合理的堵水率指标；

b） 帷幕幕体透水率：应根据堵水率要求，利用矿山水文地质数值模型计算确定，不具备计算条件时，帷幕体透水率可参考表 2 确定；

c） 帷幕体上限：应使帷幕建成后地下水不漫顶流入矿坑；

d） 帷幕体下限：接底式帷幕下限进入隔水层应不小于 5 m；悬挂式帷幕下限进入相对弱透水层应不小于 5 m；

e） 帷幕体厚度：可溶岩地层中帷幕厚度不宜小于 10 m，非可溶岩地层中帷幕厚度不宜小于 5 m。

表 2 帷幕体透水率要求

地层特性	帷幕体透水率/Lu
非可溶岩	2～5
可溶岩	3～5

5.4.6 矿山帷幕注浆工程应包含注浆孔、检查孔、加密孔和监测孔。检查孔数量宜为注浆孔数量的 10%；加密孔数量宜为注浆孔数量的 10%～15%；监测孔数量宜为注浆孔数量的 8%～12%。

5.4.7 矿山堵水帷幕宜采用单排布置注浆孔，岩溶发育带、构造破碎带可采用多排孔加密注浆，注浆孔孔距可参照附录 A 确定。

5.4.8 浆液注入量可根据矿区水文地质条件，结合国内矿山帷幕注浆工程经验参照表 3 估算；帷幕注入量也可依据式(1)进行近似计算。

表 3 矿山帷幕注浆钻孔单位注浆量参考值

含水层裂隙发育程度	未受矿坑排水影响 单位注浆量/(m^3/m)	受矿坑排水影响 单位注浆量/(m^3/m)
细裂隙(0.3 mm～3.0 mm)	0.5～1.0	0.5～1.0
中裂隙(3 mm～6 mm)	1.0～2.0	1.0～3.0
大裂隙(6 mm～13 mm)	1.5～3.0	3.0～5.0
破碎带(＞13 mm)或溶洞发育区	4.0～6.0	6.0～8.0

帷幕浆液注入量计算公式：

$$Q=\lambda\frac{VnB}{m} \quad \cdots\cdots(1)$$

式中：

Q——帷幕注浆量，单位为立方米(m^3)；

λ——超注系数，宜取 1.1～1.5，岩溶发育或动水条件取大值；

V——设计帷幕体积，单位为立方米(m^3)；

n——岩层裂隙率或岩溶率，用百分比表示(%)；

β——浆液充填系数，取 0.8～0.9；

m——浆液结石率，用百分比表示(%)。

5.4.9 根据水文地质条件、工程要求，应选择经济合理、技术可行的注浆材料。

5.4.10 当矿区基础资料满足不了下一步施工图编制需要时，初步设计报告应针对矿区水文地质特征提出帷幕补勘要求。

5.4.11 大、中型帷幕注浆工程，初步设计报告应提出帷幕注浆试验设计及要求。

5.5 帷幕注浆试验

5.5.1 帷幕注浆试验应达到以下目的：

a) 验证实施帷幕注浆的可行性；

b) 检验注浆方法、钻探工艺和注浆工艺的有效性；

c) 检验帷幕注浆参数；

d) 确定合适的制浆材料、设备、浆液配比。

5.5.2 试验段选择应符合以下规定：

a) 帷幕注浆试验段应布置在水文地质条件、施工条件等具有代表性的帷幕线上；

b) 帷幕线较长、水文地质及工程地质条件复杂多变时，可选取 2～3 个地段有针对性地进行帷幕注浆试验。

5.5.3 帷幕注浆试验前应编制试验大纲。

5.5.4 帷幕注浆试验段每段应不小于 30 m，注浆孔数量应不少于 5 个，检查孔数量应不少于 2 个，试验段孔深应达到初步设计帷幕体下限。

5.5.5 试验段布孔原则及施工顺序应符合下列规定：

a) 按三序次布置，按序施工；

b) 两个以上试验段的，各段内注浆孔孔距应保持一致。

5.5.6 帷幕注浆试验应包括(但不限于)以下内容：

a) 帷幕注浆技术参数试验：排距、孔距、浆液扩散半径、段高等；

b) 钻探工艺试验：钻进、取心、防斜、控斜、纠斜、简易压水试验等；

c） 注浆工艺试验：注浆方式、注浆压力、浆液变换、结束标准等；

d） 制浆材料选择与试验：材料性能、材料选择等；

e） 注浆浆液试验：浆液配比、浆液性能试验等；

f） 设备调试与适配：钻探、制浆、注浆、检验、计量等设备。

5.5.7 帷幕注浆试验效果检查参照“7 帷幕注浆效果检验”执行。

5.5.8 检查结果不能满足防渗堵水要求时，应分析原因，修改设计，调整工艺，继续试验，直到检查结果符合防渗堵水要求。

5.5.9 帷幕注浆试验报告应包括（但不限于）以下内容：

a） 帷幕注浆试验段的工程地质、水文地质条件评价；

b） 帷幕注浆设计参数分析评价；

c） 注浆材料选用及浆液制作的分析评价；

d） 钻探、注浆方法及工艺试验成果；

e） 相关设备匹配分析评价；

f） 钻探注浆资料的综合分析成果；

g） 注浆质量检查成果；

h） 结论及建议；

i） 附图、附表。

5.6 帷幕注浆施工图编制

5.6.1 帷幕注浆施工图编制应结合矿区水文地质条件以及帷幕注浆试验结果（大、中型帷幕），在初步设计的基础上，调整并确定帷幕线位置，考虑岩溶、构造、裂隙发育程度对注浆有效扩散半径及帷幕厚度的影响，调整并确定注浆孔距。

5.6.2 钻孔参数设计应符合以下规定：

a） 注浆段孔径不宜小于 91 mm，当帷幕设计深度大于 400 m 时，终孔孔径不应小于 75 mm；

b） 注浆孔宜采用垂直孔，孔底偏差应满足帷幕的整体性要求，设计值可参考表 4；

c） 含水层透水性较均一时宜等距布孔，不均一时宜不等距布孔，构造带和岩溶发育区宜加密布孔；

d） 注浆孔孔深应达到设计帷幕体下限；

e） 作为补充勘查孔的注浆孔应全孔取心，一般岩层中岩心采取率不宜小于 70%，构造带、软弱夹层中岩心采取率不宜小于 50%。

表 4 孔底允许偏斜率

钻孔设计深度 H/m	允许偏斜率/%
$H\leqslant200$	1.5～1.2
$200<H\leqslant400$	<1.2～0.8
$H>400$	<0.8

5.6.3 注浆可选用以下方式：

a） 纯压式：适用于孔壁地层较完整地段；

b） 孔内循环式：适用于孔深小于 200 m 的孔壁地层欠完整地段；

c） 自流式：适用于溶洞或裂隙发育、注浆量大的地段。

5.6.4 孔内注浆方法可选上行法注浆和下行法注浆两种，一般宜采用下行法注浆。当注浆段裂隙不发育时，可采用上行法注浆。

5.6.5 注浆材料和浆液应根据帷幕注浆试验成果和矿山的实际情况因地制宜选择。

5.6.6 根据帷幕注浆试验成果，结合注浆层岩溶、裂隙发育情况确定注浆段高，可按表5进行选择。

表5 注浆段高参考值

岩溶裂隙发育情况	段 高/m
溶洞发育区	3～10
断层破碎带	5～20
裂隙发育区	10～30
裂隙不发育区	20～40

5.6.7 注浆终压应大于静水压力的2倍，三序孔的注浆压力应高于一、二序孔。

5.6.8 孔段注浆结束指标：各注浆段注浆结束指标应根据地质条件、注浆压力、注浆量、段高等确定。一般情况下，当注浆段在达到设计压力，每米注入率不大于1 L/min时，继续灌注30 min即可结束注浆；岩溶发育地层在注浆压力达到设计压力，每米注入率不大于2 L/min时，继续灌注30 min即可结束注浆。

5.6.9 施工图编制文件应包含编制说明、工艺及施工技术要求、工程量及材料、工期、预算、安全环保要求、附图、附表等内容。

6 帷幕注浆施工

6.1 一般规定

6.1.1 设计单位应将帷幕注浆工程设计内容向施工单位交代清楚，明确设计目的、技术参数、施工技术要求等。

6.1.2 施工单位应根据施工图、现场施工条件编制施工组织设计，报建设、监理单位审批后实施。

6.1.3 施工单位应将施工组织设计内容向现场施工人员和管理人员交代清楚。

6.1.4 施工单位应做好施工人员的技能培训工作。项目负责人、技术负责人及特种作业人员应持证上岗。

6.1.5 施工用电宜专线专供，无法满足要求时应配备应急发电机。

6.1.6 具备开工条件时施工单位应提交开工报告，签证备案。

6.1.7 帷幕注浆施工记录应详细、真实，严禁事后补编。

6.2 钻孔

6.2.1 应根据地层特点和孔深要求选择合适的钻机。宜选用回转式钻机，也可采用冲击式钻机。钻进过程中应加强钻孔和裂隙的冲洗。

6.2.2 钻探设备应按相应说明书或有关技术资料使用和维护保养，保证钻探设备处于良好技术状态。

6.2.3 施工前应由具有测量资格的人员进行钻孔测放。孔位测放误差不得大于1 cm。

6.2.4 钻机安装前应进行地面平整，钻机安装与孔位误差不应大于10 cm。

6.2.5 钻孔开孔孔径应根据地层情况确定，终孔孔径不应小于设计口径。

6.2.6 注浆钻孔应按设计要求分序施工。相邻次序钻孔同时施工时，注浆段的高差宜大于100 m。

6.2.7 覆盖层宜采用护壁或跟管钻进。护壁管宜进入较完整基岩1 m～3 m深处。

6.2.8 注浆段宜采用清水钻进。每注浆段钻探完成后，应洗孔10 min～20 min，孔底沉渣厚度不宜超过20 cm。

6.2.9 钻进过程应采取控斜措施，宜每50 m～100 m测斜一次。当出现偏差时应及时纠正，钻孔偏斜率要求见表4。

6.2.10 钻孔孔深不得小于帷幕体下限。终孔后应有孔深验证记录，孔深误差不应大于0.1%。

6.2.11　岩心采取率应达到设计要求。

6.2.12　钻孔过程中，应做好各种记录，填写班报表、岩心登记表、护壁管下放记录表、测斜记录表、孔深验证表、水位观测表等。

6.2.13　应对作为勘查孔的注浆孔及时、准确地进行水文地质编录，及时绘制钻孔柱状图。

6.2.14　岩心应摆放整齐，岩心牌、岩心箱编号、岩心回次编号应清楚，并拍照存档。

6.2.15　钻孔过程中发生孔内事故时，应及时进行处理，并记录事故位置、原因、处理方法和结果。当孔内事故无法处理需要移孔时，应经设计和监理单位同意。

6.3　制浆

6.3.1　浆液制作应根据浆液类型选择合适的制浆设备。所选择的设备性能应与注浆量、浆液密度和注浆方式相适应，应能安全、稳定、均匀、连续制浆。

6.3.2　制浆材料应按规定的浆液配比计量，主材和外加剂计量误差应小于3%，掺和料计量误差应小于5%。水泥等固相材料宜采用重量称量法计量。各种计量设备须经质检部门检验合格后方可使用。

6.3.3　大、中型注浆工程应建立集中制浆站，其制浆能力应满足注浆高峰期所有机组的用浆需要；应配备防尘、除尘设施。

6.3.4　纯水泥浆液的拌制时间，使用高速制浆机时应大于 30 s，使用普通搅拌机时应大于 3 min。

6.3.5　搅拌水泥黏土浆，黏性土加入制浆前宜进行浸泡、润胀，充分分散颗粒。浆液在使用前应过筛，浆液从制备到用完的时间不宜大于 4 h。

6.3.6　搅拌水泥黏土浆混合浆液的拌制时间不宜小于 2 min。

6.3.7　其他水泥基浆制浆过程可参照水泥黏土浆制浆过程。

6.3.8　外加剂应以水溶液状态加入搅拌好的浆液中，搅拌时间不应小于 2 min。

6.3.9　注浆前、浆液浓度变换后及注浆超过 2 h 时，应检测浆液密度、流动性等性能，及时调配，使浆液性能满足工程要求。

6.3.10　寒冷季节施工应做好机房和注浆管路的防冻措施，浆液温度不宜低于 5 ℃。炎热季节施工应采取防晒和降温措施，浆液温度不宜超过 40 ℃。

6.3.11　应定期保养搅拌和计量设备，及时清除搅拌桶、搅拌池、贮浆池中的残留物和杂物，保持搅拌系统的清洁。

6.4　注浆

6.4.1　注浆设备应满足流量和压力可调、耐磨和抗腐蚀等要求，可选用专用注浆泵、泥浆泵等。

6.4.2　注浆泵额定工作压力应大于设计最大注浆压力的 1.5 倍，压力波动范围宜小于注浆压力的 20%。

6.4.3　注浆管路应保证浆液流动畅通，并能承受 1.5 倍的最大注浆压力。

6.4.4　注浆管路配套阀门应采用耐蚀、耐磨、耐高压的高强度材质阀门。

6.4.5　注浆压力表的最大量程应为最大设计注浆压力的 2～2.5 倍。

6.4.6　注浆记录仪应能自动测量记录注浆压力、注入率、浆液密度，其技术性能和安装使用应满足 DL/T 5237《灌浆记录仪技术导则》的规定。

6.4.7　注浆方式应遵循施工组织设计的规定，当遇特殊情况需改变注浆方式时，需要经过设计、监理单位认可。

6.4.8　注浆封闭采用孔口封闭方式，注浆前应检查封闭器密封性并有防爆出措施。

6.4.9　注浆封闭采用孔内封闭方式，止浆设备的选择与安装应与注浆方法、注浆压力、注浆孔孔径及地质条件相适应，并应满足下列要求：

a）　止浆塞应有良好的膨胀和耐压性能，并易于安装和卸除；

b）　采用分段卡塞注浆方式时，止浆塞应安装在注浆段段顶以上 2 m～3 m 井壁完整处，注浆前应检查止浆塞的封闭性，止浆塞压力应大于设计注浆总压力的 1 MPa；

6.4.10 采用分段注浆时，应分段计算注浆段压力，压力计算点应取段中位置。

6.4.11 注浆前应进行简易压水试验，判断注浆段透水性，确定注浆起始水固比。当注浆段透水率大于矿区地层平均透水率 2 倍时，可采用浓一级浆液浓度作为起始浆液浓度。简易压水试验方法见附录 B。采用简易压水试验无法取得相关数据资料时，可采用简易注水试验。简易注水试验方法见附录 C。

6.4.12 浆液浓度变换应遵循以下原则：

a） 当注浆压力保持不变，流量持续减少时，或流量不变而压力持续升高时，不得改变浆液浓度；

b） 当某级浓度浆液注入量已达 5 m^3～10 m^3 或注浆时间已达 20 min～30 min，而注浆压力和流量均无改变或改变不显著时，应改浓一级浆液浓度。

6.4.13 注浆达到结束指标后，应先孔内浆液自行卸压至井口压力为零，然后止浆塞松压，待凝一定时间后进行钻孔扫孔，扫孔到底并通过段次简易压水试验检验该段注浆效果。段次压水试验结果符合设计要求，可结束该段次注浆。段次压水试验结果不符合设计要求，应进行复注。

6.4.14 最后一级浓度浆液连续注浆 5 h 或注浆达到设计注浆量而注浆压力和流量仍无明显变化时，可采用以下措施：

a） 间歇注浆，一般待凝 6 h 以上，不同浆液类型应通过浆液试验确定待凝时间；

b） 采用浓浆、速凝浆液、混合浆液注浆。

6.4.15 注浆必须连续进行，若因故中断，应按以下原则处理：

a） 尽快恢复注浆，否则立即冲洗钻孔；若无法冲洗或冲洗无效，则应进行扫孔，再恢复注浆。

b） 恢复注浆时，应使用起始水固比浆液，如注入率和中断前相近，即可采用中断前浆液浓度继续注入；如注入率较中断前减少较多，应降低浆液浓度继续注浆；如在短时间内停止吸浆，则应采取补救措施。

6.4.16 注浆孔注浆结束，扫孔到底进行全孔简易压水试验，试验结果达到设计要求时，应使用浓浆浆液进行全孔封孔注浆，并进行二次填平；如果试验结果未达到设计要求时，应查原因进行复注。

6.4.17 对岩溶、构造带、破碎带等注浆量大的注浆段，应遵循以下原则：

a） 应查明溶洞充填类型、规模和渗流情况；

b） 根据溶洞的发育情况可采用骨料充填，将岩溶地下水管流变成渗流后再进行注浆；

c） 缩短注浆段段高；

d） 低压、浓浆、限流、限量、间歇注浆；

e） 注入速凝浆液、混合浆液；

f） 投放适量谷壳、稻草等惰性草木材料。

6.4.18 注浆过程中出现地面冒浆现象时应及时查明原因，并宜采取以下措施处理：

a） 地面出现冒浆现象即停止注浆，间歇一定时间后进行复注；

b） 采用低压循环注浆或浓浆慢注；

c） 采用表面封堵，低压、浓浆、限流、限量注浆。

7 帷幕注浆效果检验

7.1 帷幕注浆质量检查

7.1.1 帷幕注浆孔注浆结束后，应复查注入量、弃浆量和地质条件的符合性，尤其是单位注入量大于设计注浆量 2 倍的注浆孔需重点检查。

7.1.2 帷幕注浆质量应利用检查孔简易压水试验、物探检测，结合施工记录、施工成果资料进行综合评定。

7.1.3 帷幕注浆质量合格指标应满足设计要求。

7.1.4 检查孔应在分析施工资料的基础上于以下部位布置：

a） 设计帷幕体范围内；

b） 断层、破碎带、裂隙岩溶发育、渗流场变化剧烈等复杂地质条件的部位；

c） 末序孔注入量大的孔段附近；

d） 经查注浆过程中不正常、分序递减不合理、对防渗能力有影响的部位。

7.1.5 检查孔的数量宜为注浆孔总数的10%，帷幕线不同区段至少应布置一个检查孔。

7.1.6 检查孔的孔径宜为75 mm，孔深宜超过帷幕体下限5 m左右。检查孔应采取岩心，绘制钻孔柱状图，岩心采取率应不小于75%。岩心应全部拍照，重要检查孔岩心宜长期保留。

7.1.7 检查孔简易压水试验应在该区段注浆结束14 d后自上而下分段卡塞进行，压水试验段高宜小于20 m。

7.1.8 帷幕注浆质量的评定指标为：经简易压水试验检查，试段的合格率不小于90%，不合格试段的透水率不超过设计规定的150%，且分布不集中，注浆质量可评为合格。

7.1.9 检查孔应自下而上分段卡塞按设计要求注浆并封孔，检查孔确认注浆不合格的地段进行加密注浆，并在影响范围内重新检查注浆效果。

7.1.10 检查孔中有结石心样宜进行抗渗性能检测，试验结果提供给相关部门存档。

7.1.11 物探检测可利用注浆孔或检查孔进行跨孔测试，分析裂隙或岩溶中浆液的填充程度。检测可在注浆完成14 d后进行。

7.1.12 进行物探测试的注浆孔或检查孔，在物探测试工作未开始前应保护好孔口，待物探测试结束后，应按6.4.16规定进行封孔。

7.1.13 注浆孔和检测孔封孔质量应满足设计要求。

7.1.14 施工资料分析宜包括(但不限于)以下内容：

a） 频率曲线分析；

b） 叠加效应分析；

c） 离散性分析；

d） 地下水流场分析。

7.1.15 资料分析确认质量隐患的部位，应分析布置加密孔的必要性。

7.2 堵水效果检查

7.2.1 矿山帷幕注浆防渗能力评价应以矿坑疏干排放水后矿坑涌水量减小程度为主要依据。

7.2.2 如矿山不具备疏干放水条件时，可利用矿区内已有井巷和钻孔进行抽水试验验证，必要时可专门布置抽水孔。矿山基建达到一定程度时可采用矿坑放水试验，并结合注浆后地下水流场的变化，进行综合评价。抽水试验、放水试验方法见附录D。

8 监测

8.1 一般规定

8.1.1 矿山帷幕注浆监测应结合矿山开采整体监测，矿区已有的监测系统应妥善保护。

8.1.2 矿山帷幕注浆工程应进行注浆施工期监测和运行期监测。

8.1.3 监测应简便易行，宜采用计算机实时自动记录，监测记录应详细，并长期保存。

8.2 施工期监测

8.2.1 帷幕注浆工程实施前应对环境状况进行评价，分析注浆对地下水环境及地面环境的影响。

8.2.2 注浆影响区域内(帷幕线以外100 m内)的监测项目应包括(但不限于)以下内容：

a） 地表沉陷或隆起；

b） 建(构)筑物及设施的变形；

c） 水源点（如水井、水库、河道、泉水点等）水位、水量及水质；水位、水量监测频率宜为 5 d～10 d 监测一次，水质宜定期定点进行监测。

8.2.3 注浆施工期监测应连续，并将监测结果与设计要求比较，及时检查偏差原因，适时调整设计参数和施工参数。

8.2.4 发现监测对象发生重大变化应及时报告有关部门。

8.3 运行期监测

8.3.1 运行期监测应结合矿山特点和水文地质条件确定监测项目、方法和参数。

8.3.2 帷幕体两侧应布置水位监测孔，并符合以下规定：

a） 水位监测孔沿帷幕线走向间距宜为 200 m～300 m；

b） 地质结构和水文地质条件复杂的部位应设置监测孔；

c） 水位监测孔宜沿帷幕轴线对称布置，距离帷幕轴线距离宜为 20 m～40 m；

d） 水位监测孔的孔径确定应考虑观测方法，一般宜为 91 mm，孔深宜达到矿区疏干放水后地下水位线以下 10 m；

e） 水位监测宜采用自动化监测设备；采用测绳监测时，丰水期频率宜 5 d 一次，枯水期频率宜 10 d 一次。

8.3.3 矿井排放水应有计量设备，详细记录矿井排放水量。

8.3.4 对有可能产生透水事故的井巷工程，应确定涌水量安全警戒等级和监测预警标准。

9 竣工资料与验收

9.1 一般规定

9.1.1 帷幕注浆工程完工后，施工单位应及时编写竣工报告，申请验收，正式验收之前应由监理单位组织预验收。

9.1.2 帷幕注浆工程验收应提供以下文件：

a） 设计文件：施工图及设计变更文件；

b） 施工资料：施工报告、施工记录和成果、检测资料等；

c） 质量检验报告：工程质量评定及有关说明等。

9.1.3 矿山帷幕注浆工程验收可分为单孔验收、区段验收、竣工验收。小型帷幕注浆工程可简化验收形式。

9.2 竣工资料

9.2.1 帷幕注浆工程竣工技术资料应包括（但不限于）：注浆工程记录、注浆成果、检测资料。

9.2.2 帷幕注浆工程记录应包括（但不限于）以下内容：

a） 钻孔记录：含孔位测放、开孔、孔深校正、孔斜测试及纠斜、洗孔、封孔等记录；

b） 制浆记录：含设备校核、材料进场、浆液配比、浆液性能检测等记录；

c） 注浆记录：含简易压水试验、注浆压力和注浆量记录等；

d） 观测记录：含地下水水位观测、矿区排水量、地表抬动及变形记录等；

e） 其他记录。

9.2.3 注浆成果应包括（但不限于）以下内容：

a） 注浆孔平面布置图和注浆综合剖面图；

b） 各序注浆孔透水率频率曲线图；

c） 各序注浆孔单位注入量频率曲线图；

d） 分序注浆统计表；

e） 注浆综合统计表；

f） 注浆孔测斜成果统计表。

9.2.4 检测资料应包括(但不限于)以下内容：

a） 检查孔简易压水试验成果表；

b） 检查孔钻孔柱状图；

c） 注浆材料试验报告；

d） 地下水水质检测报告；

e） 地面(建筑物)变形监测报告；

f） 物探测试报告。

9.3 验收

9.3.1 单孔验收按以下规定进行：

a） 单孔验收应由监理工程师组织建设、监理、施工等单位项目专业技术人员进行验收；

b） 施工单位应提供资料(但不限于)包括：孔位、终孔孔径、孔斜、孔深、段高、浆液和配比、注浆压力、注浆量、段次注浆结束标准、封孔记录、注浆过程说明等；

c） 验收后应提交单孔注浆质量评价。

9.3.2 区段验收按以下规定进行：

a） 一个注浆区段一般可由20～30个注浆孔组成。

b） 区段验收应由总监理工程师组织建设、设计、监理、施工等单位项目负责人进行验收。

c） 区段验收应满足以下要求：

1） 单孔注浆质量评价完善；

2） 检查孔检验已完成；

3） 评价区段注浆质量，并对是否进行加密补强注浆提出意见。

9.3.3 竣工验收按以下规定进行：

a） 建设单位收到工程竣工报告后，应在1个月内组织施工、设计、监理等单位项目负责人进行注浆工程验收。

b） 竣工验收应满足下列要求：

1） 区段工程质量评价和加密补强后检查报告已提交；

2） 对帷幕注浆工程质量做出评价。

c） 矿山帷幕注浆工程验收合格后，建设单位应在3个月内办清相关手续。

附 录 A
（资料性附录）
注浆孔孔距确定

A.1 概述

矿山帷幕注浆工程注浆孔孔距的确定主要有经验法和近似计算法。一般采用经验法确定，在具有完善的地层条件、浆液类型等研究资料的基础上可选用近似计算法确定注浆孔孔距。

A.2 经验法

矿山帷幕注浆工程宜采用单排注浆孔，注浆孔孔距宜为 6 m～12 m；岩溶发育带、构造破碎带等强透水性局部地段可采用多排孔加密注浆，排距宜为 2 m～3 m，孔距宜为 4 m～8 m。

A.3 近似计算法

A.3.1 单排注浆孔距可按式（A.1）计算：

$$a=\sqrt{4R^2-L^2} \qquad \cdots\cdots(A.1)$$

式中：

a——注浆孔间距，单位为米（m）；

L——帷幕厚度，单位为米（m）；

R——浆液扩散半径，单位为米（m）。

A.3.2 牛顿流体浆液扩散半径 R 可按式（A.2）计算：

$$R=\sqrt[2.21]{\frac{9.3\times10^{-8}(P-P_0)tb^2r_0^{0.21}}{\eta}+r_0} \qquad \cdots\cdots(A.2)$$

式中：

R——浆液扩散半径，单位为米（m）；

P——注浆压力，单位为兆帕（MPa）；

P_0——裂隙内静水压力，单位为兆帕（MPa）；

t——注浆时间，单位为秒（s）；

b——裂隙宽度，单位为米（m）；

r_0——注浆孔半径，单位为米（m）；

η——浆液初始黏度，单位为帕[斯卡]秒（Pa·s）。

A.3.3 宾汉流体浆液扩散半径 R 可按式（A.3）近似计算：

$$R=\frac{Pb}{2\tau}+r_0 \qquad \cdots\cdots(A.3)$$

式中：

R——浆液扩散半径，单位为米（m）；

P——注浆压力，单位为兆帕（MPa）；

b——裂隙宽度，单位为米（m）；

τ——浆液屈服强度，单位为兆帕（MPa）；

r_0——注浆孔半径，单位为米（m）。

附　录　B
（规范性附录）
简易压水试验

B.1　试验目的

了解地层透水性，用于确定注浆浆液起始水固比和检查注浆效果。

B.2　试验方法

B.2.1　采用单级压力进行压水试验。
B.2.2　根据工程具体情况和地质条件选用适当的压力值。检查孔各孔段压水试验的压力应不大于注浆施工时该孔段所使用的最大注浆压力的80%。
B.2.3　在稳定的压力下每3 min～5 min测读一次压入流量，连续5次读数中最大值与最小值之差小于最终值的10%，或最大值与最小值之差小于1 L/min时，试验即可结束，取最终值作为计算值。

B.3　压水试验计算

B.3.1　单位透水率的计算

单位透水率按式(B.1)计算：

$$q=\frac{Q}{PL} \qquad \text{(B.1)}$$

式中：
q——试验段透水率，单位为吕荣(Lu)；
Q——压入流量，单位为升每分(L/min)；
P——作用于试验段内的全压力，单位为兆帕(MPa)；
L——试验段长度，单位为米(m)。
计算成果取2位有效数字。

B.3.2　压水试验压力的组成和计算

压力表在孔口处的进水管上(图B.1)，按式(B.2)计算压水试验压力：

$$P=P_1+P_2-P_f \qquad \text{(B.2)}$$

式中：
P——作用于试验段内的全压力，单位为兆帕(MPa)；
P_1——压力表指示压力，单位为兆帕(MPa)；
P_2——压力表中心至压力起算零线的水柱压力，单位为兆帕(MPa)；
P_f——压力损失，一般情况下忽略不计，单位为兆帕(MPa)。

B.3.3　压力起算零线的确定

当地下水水位在试段以上时，压力起算零线为地下水水位线。
当地下水水位在试段以下时，压力起算零线为通过试段中点的水平线。
当地下水水位在试段以内时，压力起算零线为通过地下水水位以上的试段的中点的水平线。

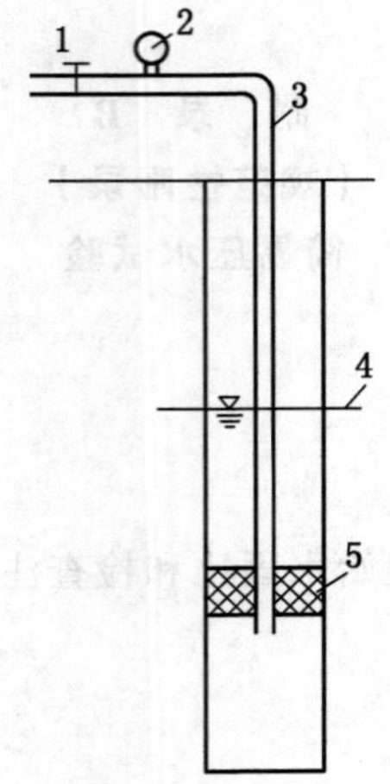

说明：

1——进水阀门；

2——压力表；

3——进水管；

4——地下水水位；

5——橡胶塞。

图 B.1 进水管上安设压力表示意图

附　录　C
（规范性附录）
简易注水试验

C.1　试验目的

采用简易压水试验无法取得泵压等相关数据时，可用简易注水试验评价地层透水性，为确定注浆初始水固比提供依据。

C.2　试验要求

C.2.1　简易注水试验采用定流量注水。

C.2.2　注水试验段应与注浆段相结合。

C.2.3　注水设备可利用注浆设备，并与钻孔口径相匹配。

C.2.4　水位测量可采用测绳及其他测试设备，测试前应按相关要求进行校正，确保测试精度。

C.2.5　注水试验水位稳定标准为：开始时每 5 min 测读一次水位，连续测读 5 次；以后每隔 10 min 测读一次并至少连续观测 5 次。当连续两次测得水位之差不大于最后一次测量的水位抬升值的 10%时，水位观测即可结束，取最后一次水位抬升值作为计算值。

C.3　试验成果计算

简易注水试验的成果按式（C.1）计算：

$$q = 100 \times \frac{Q}{H \cdot L} \qquad \cdots\cdots\cdots\cdots(C.1)$$

式中：

q——试段透水率，单位为吕荣（Lu）；

Q——注水试验稳定流量，单位为升每分（L/min）；

H——作用于试段水位抬升值，单位为米（m）；

L——试段长度，单位为米（m）。

附　录 D
（规范性附录）
矿山帷幕抽水试验与放水试验

D.1　抽水试验

D.1.1　试验目的：通过抽水试验，评价帷幕注浆堵水效果。

D.1.2　试验原则：

a）利用矿区内竖井或钻孔作为抽水试验井（孔），观测系统应利用帷幕监测孔及矿区内其他钻孔，必要时可增加部分监测孔。

b）大、中型矿山短期内不能进行放水或疏干，帷幕形成后可进行专门群孔抽水试验。

D.1.3　试验类型：宜采用群孔抽水试验，抽水量宜大于帷幕形成后预计矿坑涌水量的三分之一。

D.1.4　试验要求：

a）抽水试验应按 GB 12719 相关规定做专门的抽水试验设计。

b）抽水试验所取得的各项数据应满足可预测矿坑涌水量要求。

D.1.5　试验结束后应编制抽水试验报告，计算帷幕形成后矿坑涌水最和评价帷幕防渗性能。

D.2　放水试验

D.2.1　试验目的：通过放水试验，分析评价矿山帷幕注浆堵水效果。

D.2.2　试验原则：

a）放水试验必须在矿井排水系统形成后进行。

b）放水试验应该在试放水的基础上进行，试验开始前应编制系统的放水试验设计。

c）放水试验前，放水巷、放水硐室、放水钻孔及监测孔等已形成。

D.2.3　试验要求：

a）放水试验应按相关规定做专门的放水试验设计。

b）放水试验所取得的各项数据应满足可预测矿坑涌水量要求。

D.2.4　试验结束后应编制放水试验报告，计算帷幕形成后矿坑涌水量和评价帷幕防渗性能。

参 考 文 献

[1] MT/T 1058—2008 立井井筒地面预注粘土水泥浆技术规范[S]. 北京:煤炭工业出版社,2009

[2] MT/T 1057—2008 立井井筒地面预注浆效果压水试验检查方法[S]. 北京:煤炭工业出版社,2009

[3] DL/T 5148—2012 水工建筑物水泥灌浆施工技术规范[S]. 北京:中国电力出版社,2012

[4] GB 51060—2014 有色金属矿山水文地质勘探规范[S]. 北京:中国计划出版社,2014

[5] 常士骠,张苏民,项勃,等. 工程地质手册 4 版[M]. 北京:中国建筑出版社,2007

[6] 汪民,殷跃平,文冬光,等. 水文地质手册 2 版[M]. 北京:地质出版社,2012

[7] 邝健政,昝月稳,王杰,等. 岩土注浆理论与工程实例[M]. 北京:科学出版社,2001

[8] 孙钊. 大坝基岩灌浆[M]. 北京:中国水利水电出版社,2004

ICS 23.080
J 71
备案号：15455—2005

AQ

中华人民共和国安全生产行业标准

AQ/T 1012—2005

煤矿在用主排水系统安全检测检验规范

Safety inspecting-testing specification of in-service main dewatering system for coal mine

2005-03-07 发布　　　　2005-08-01 实施

国家安全生产监督管理局　　发 布

前　言

为了获得煤矿在用水泵的实际运行工况，以确保排水设备指标达到设计要求和满足《煤矿安全规程》对排水系统的要求，制定本标准。

在本标准的编制中，参考了 GB 3236—1989《离心泵、混流泵和旋涡泵试验方法》等国家标准和行业标准，且符合《煤矿安全规程》(2004 版)对矿井排水的有关规定。

本标准由国家安全生产监督管理局归口。

本标准的主要起草单位：矿用产品安全标志办公室、国家安全生产抚顺矿用设备检测检验中心、河南煤矿安全监察局等。

本标准的主要起草人：陈在学、韩正菊、袁庆国、张大力、王亚林。

本标准为首次发布。

煤矿在用主排水系统安全检测检验规范

1 范围

本标准规定了煤矿在用水泵及主排水系统性能检验方法。

本标准适用于全国各生产矿井在用主排水系统的技术性能的检测。

2 规范性引用文件

下列文件中的条款通过在本标准的引用而成为本标准的条款。凡是注日期的引用文件，其随后所有的修改单(不包括勘误的内容)或修订版均不适用于本标准。然而，鼓励根据本标准达成协议的各方研究是否可使用这些文件的最新版本。凡是不注日期的引用文件，其最新版本适用于本标准。

GB 1032—85 《三相异步电机试验方法》

GB 3214—1991 《水泵流量的测定方法》

GB 3216—89 《离心泵、混流泵、轴流泵和旋涡泵试验方法》

GB/T 5657—1995 《离心泵技术条件》

JB/T 8097—1999 《泵的振动测量与评价方法》

JB/T 8098—1999 《泵的测量与评价方法》

MT 114—85 《煤矿用耐磨离心水泵技术条件》

《煤矿安全规程》2004 版

3 术语和定义

以下术语和定义适用于本标准。

3.1 流量

流量——单位时间内从泵出口排出并进入管路的液体体积。

3.2 扬程

扬程——单位质量的水经过水泵后获得的能量，其单位为 m。

3.3 功率

功率——某一时间间隔内所传递的能量被间隔时间除的商。

3.4 效率

效率——指有效功率与轴功率的比值。

3.5 密度

密度——单位体积水的质量。

3.6 流速

流速——体积流量被管路横截面积除的商。

3.7 转速

转速——转数被时间除的商。

3.8 波动

波动——在一次读数的时间内，读数相对平均值的短周期变动。

3.9 变化

变化——同一量相邻两次读数间的数值改变。

4 主要参数及符号

4.1 排水设备主要参数及符号见表1。

4.2 排水设备应是符合 GB/T 5657、JB/T 8098 和 MT 114 等相关标准化的正式产品。

表1 本标准使用符号

符号	量的名称	单位	
		符号	中文名称*
Q	流量	m^3/s、L/s、m^3/h	立方米每秒、升每秒、立方米每小时
H	扬程	m	米
H_x	吸水高度	m	米
H_p	排水高度	m	米
H_a	实际排高	m	米
z	表位差	m	米
P	功率	kW	千瓦
P_{gr}	电动机输入功率	kW	千瓦
P_a	泵轴功率	kW	千瓦
P_u	泵输出功率	kW	千瓦
U	电压	V	伏
I	电流	A	安
n	转速	r/min	转每分
ρ	密度	kg/m^3	千克每立方米
η	效率	—	—
g	自由落体加速度	m/s^2	米二次方秒
v	速度	m/s	米/秒
p_z	真空表读数	MPa	兆帕
p_y	压力表读数	MPa	兆帕
D	排水管直径	m	米
d_x	吸水管内径	m	米
d_p	排水管内径	m	米
*说明:此处的名称是单位的名称。			

5 技术要求

5.1 性能要求

5.1.1 在实际工况下测定水泵的流量、扬程、轴功率和转速,并调整工况记录水泵的流量、扬程、轴功率和转速,以获得水泵的性能曲线,该性能曲线应符合 GB 3216。

5.1.2 排水系统联合试运转以获得排水系统的综合排水能力。

5.1.3 振动 泵的振动不得超过 JB/T 8097 的相关规定。

5.1.4 噪声 在运行工况下,水泵房的噪声不得超过 90 dB。

5.2 检测的组织要求

精确的测量不仅取决于所使用的测量设备和仪表质量，而且也取决于测试人员的工作素质和技术水平。检测负责人应由在测试技术方面有丰富经验的技术人员担任，一般检测人员应由具有一定的检测专业知识并能够对矿用主排水泵检测进行熟练操作的人员担任，所有检测人员都应有经过主管部门考核合格后颁发的检测员证，并做到持证上岗。

5.3 测试设备要求

所有测试设备均应附有证明其精度符合本标准要求(见表2)的报告，并在检定周期内方可使用。

表2 测试设备精度要求

设备、仪表名称	精度等级/级	说明
压力表	1.5	应根据压力选择压力表量程，指示的压力值应处于是1/3～2/3满量程
真空表	1.5	
流量计	±2%	
电参数测试仪	0.5	
转速	±1 r/min	

5.4 检测操作要求

5.4.1 性能检测

5.4.1.1 性能检测是为了确定泵的扬程、轴功率、效率与流量之间的关系。

5.4.1.2 测试时应从闸门开启1/3流量开始，直到闸门全开为止。

5.4.1.3 测试应有足够的持续时间，以获得一致的结果和达到预期的测试精度。每一个流量点应有一定的时间间隔，并应同时测量流量、扬程、转速和轴功率。

5.4.1.4 测试点应取3～5个不同的流量点。

5.4.1.5 流量等于零及其附近测点的运行时间不能过长，以免水泵发热。

5.4.2 排水系统检测

启动排水系统所有工作泵、备用泵、工作管路、备用管路，测量总的排水量，检验系统总的排水能力。适用时，也可采取其他方法检测总的排水能力。

5.5 检测条件

5.5.1 检测的进行

检测的持续时间应足够长，以获得一致的结果。对于取多次读数以降低误差的场合，应在不等的时间间隔取读数。所有的测量均应在运转稳定的情况下进行。

5.5.2 运转的稳定性

允许读数波动幅度应符合表3的要求。

表3 最大允许波动幅度

测定量	流量	扬程	功率	转速
最大允许波动幅度/%	±6			±2

5.5.3 成组观测读数

5.5.3.1 在运转稳定的条件下，只记录各个测定量的一组读数。这一组读数只有当检测人员确定波动已稳定在表3和表4规定范围内时方可进行记录。

5.5.3.2 当检测时由于系统运行不稳定引起对精度产生怀疑时，应按下述方法处理：

a) 各流量点的读数应重复多次，最低限度应取三组读数，并且应记录每一个独立读数的值，以及由每组读数得出的效率值。每一量的最大值与最小值之间的波动应不大于表3的规定；

b） 这些允差用来保证由于离散所致的误差和表5所限定的系统误差之总测量误差将不大于表6的规定值；

c） 取每一量的各次读数的算术平均值作为该量的检测实际值；

d） 如果不能达到表4的规定，则应找出原因，重取一组新的读数，即原先的一组读数应全部作废。但是不应该以读数超出范围为理由，而拒绝读数或从成组观测值中选择读数；

e） 要是读数变化过大，但不是由于操作方法或仪表误差等所致，误差限应以统计分析法计算。

表4 同一量多次重复测量的变化范围(基于95%的置信度)

重复读数组数	每一量重复读数的最大值与最小值间的最大允差/%	
	流量 扬程 功率	转速
3	3.5	2.0

注：最大值与最小值之间的最大允差等于：

$$\frac{最大值-最小值}{最大值}\times 100\%$$

表5 测量仪表的允许系统误差

测定量	流量	扬程	泵轴功率	电机输入功率	转速
允许范围/%	±2.5			±2	±1.0

如果符合表5所规定的仪表系统误差，则可认为总的误差不会超过表6的规定。

表6 最大总误差限

测定量	允许范围/%
流量	±3.5
泵扬程	
泵轴功率	
电动机输入功率	
转速	±1.8
泵效率	±5.0
系统效率	±4.5

5.6 检测周期

水泵的检测周期为一年。

6 检测方法及仪器

6.1 流量 Q 的测定

6.1.1 采用超声波流量计测定水泵的流量。

测定时传感器的安装应满足下列要求：

a） 安装前应将放置传感器的地方清洁出一片较传感器探头稍大的位置，直至见到裸露的金属，涂上一层耦合剂；

b） 传感器应安装在仪器说明书规定的管路上；

c） 选择的测量段管路内必须充满流体，而且不含气泡。

6.1.2 按 GB 3214 选择以下方法之一进行测量：

a） 差压式流量计测流量；

b） 水堰测流量；

c） 涡轮流量计测流量；

d） 电磁流量计测流量。

6.1.3 还可以选择精度相同的其他的检测方法来测定流量。

6.2 扬程 *H* 的测定

扬程测试系统图，如图1所示。

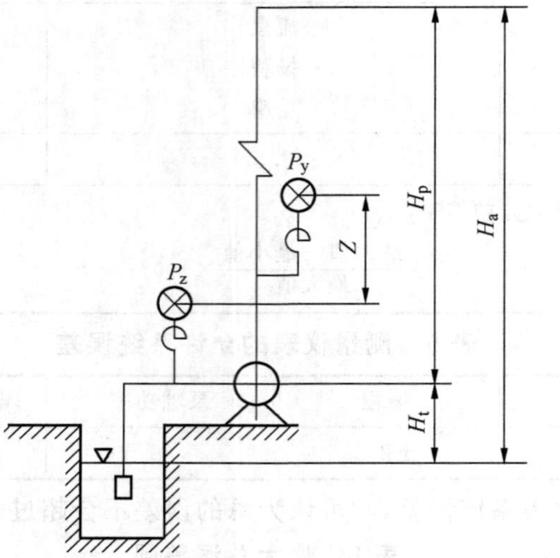

P_z——真空压力表；

P_y——压力表；

H_x——吸水高度；

H_p——水泵排水高度；

H_a——水泵实际排高；

Z——表位差。

图1 水泵扬程测试布置图

6.2.1 采用压力表测量出口和入口压力，计算扬程 H，计算公式如下：

$$H=\frac{(p_z+p_y)\times 10^6}{\rho g}+z+\frac{8}{\pi^2 g}\left(\frac{1}{d_p^4}-\frac{1}{d_x^4}\right)Q^2 \quad\cdots\cdots(1)$$

6.2.2 压力表的选择

6.2.2.1 量程的选择 压力表的量程最大应不小于1.3～1.6倍工作压力。

6.2.2.2 精度的选择 压力表精度不低于1.5级。

6.2.2.3 种类和外形的选择 应选择金属弹簧压力表，压力表的示值清楚且满足要求，或选用其他符合要求的压力测量仪表。

6.2.3 压力表的安装 扬程检测用的真空表和压力表通过螺纹装在出口合适的位置。压力表和真空表的联接导管上，应有旋塞和360°的弯管与测孔相通，以稳定读数和保护仪表免受压力冲击。

6.2.4 压力表的使用 检测中，在启动泵时，应先将压力表前的旋塞关闭，待水泵启动后再慢慢开启旋塞；检测用的压力表必须在检定周期内。

6.2.5 水泵实际排高 H_a 的测定

6.2.5.1 水泵排水高度 H_p，由矿井地质资料结合实测得到。

6.2.5.2 水泵吸水高度 H_x，现场测量。

6.2.5.3 水泵实际排水高度为排水高度和吸水高度之和，即 $H_a = H_p + H_x$。

6.3 转速的测量

采用激光转速表、非接触式手持数字转速表测定水泵转速。

6.4 电参数的测量

6.4.1 电机效率 η_d（如测量地点瓦斯≥1.0%，读电度表）

当通过测量与泵直接联接的电动机输入电功率来确定泵的轴功率时，使用的电动机应当是以足够的精度确定其效率的。交流异步电动机的效率按 GB 1032 标准规定的方法测定。

在现场无法对电机效率进行测定的情况下，电机的效率按铭牌效率选取。

6.4.2 采用电参数综合测试仪测定电参数

在井下设备没有二次线的情况下，应在自带的电流、电压互感器的二次侧进行接线，电参数测量时要严格按电气作业操作规程进行。检测使用的仪表系统误差满足表 4 的规定。

仪表的量程选择应使测量值尽可能在仪表额定值的 20%～95%范围内。

6.4.3 已知电动机效率 η_d 的泵轴功率

$$p_a = p_{gr} \times \eta_d \qquad \cdots\cdots(2)$$

6.4.4 泵的输出功率

$$p_u = \frac{\rho g Q H}{1\ 000} \qquad \cdots\cdots(3)$$

6.5 效率的计算

6.5.1 泵的效率

$$\eta_b = \frac{p_u}{p_a} \times 100\% \qquad \cdots\cdots(4)$$

6.5.2 管路效率

$$\eta_g = \frac{H_x + H_p}{H} = \frac{H_a}{H} \times 100\% \qquad \cdots\cdots(5)$$

6.5.3 排水系统效率

$$\eta_x = \eta_d \times \eta_b \times \eta_g \qquad \cdots\cdots(6)$$

6.5.4 排水电耗的计算

吨水百米电耗

$$W_{t\cdot 100} = \frac{1}{3.67\eta_x} < 0.5\ \mathrm{kW \cdot h} \qquad \cdots\cdots(7)$$

6.6 性能曲线图的测试与绘制

6.6.1 泵的性能曲线采用图 2 的形式，横坐标轴上表示流量 Q，纵坐标上分别表示扬程 H、轴功率 p_a 和效率 η。

6.6.2 性能曲线，一般测 3～5 个测点，各个测点以流量大小来划分，测点的分布不一定等距离，在工业利用区内可以密一些。

6.6.3 流量的大小用闸阀开度来调整，每改变一次工况，大约停留 3～10 min，待水流稳定后读取数据。

6.6.4 根据测定与计算得出的数据绘制曲线，曲线应该圆滑。

6.6.5 绘制的性能曲线应当是换算到额定转速时的性能曲线。

6.7 排水系统的检测

联合运转状态下的最大排水能力检测，是为了检验多台泵同时工作时管路工作的排水能力，以确定排水系统的综合排水能力是否能达到《煤矿安全规程》第 278 条规定。

6.8 泵的振动测定

6.8.1 振动测点的选择

测点必须选在泵的关键部位，测点一般为轴承座、底座和出口法兰处。并规定轴承座处和靠近轴承处的测点作为主要测点，把底座和出口法兰处的测点作为辅助测点。

每个测点都要在三个互相垂直的方向，即水平、垂直、轴向进行振动测量。

6.8.2 测量仪器

测量仪器应该具有测量振动宽频带有效值的能力，其通频响应范围至少为 10 Hz～1000 Hz，根据振动准则可以要求进行位移或速度或者这二者结合在一起测量，但对于转速接近或低于 600 r/min 的泵，其通频响应范围下限应达到 2 Hz。要保证振动传感器正确地被固定，以保证测量精度。

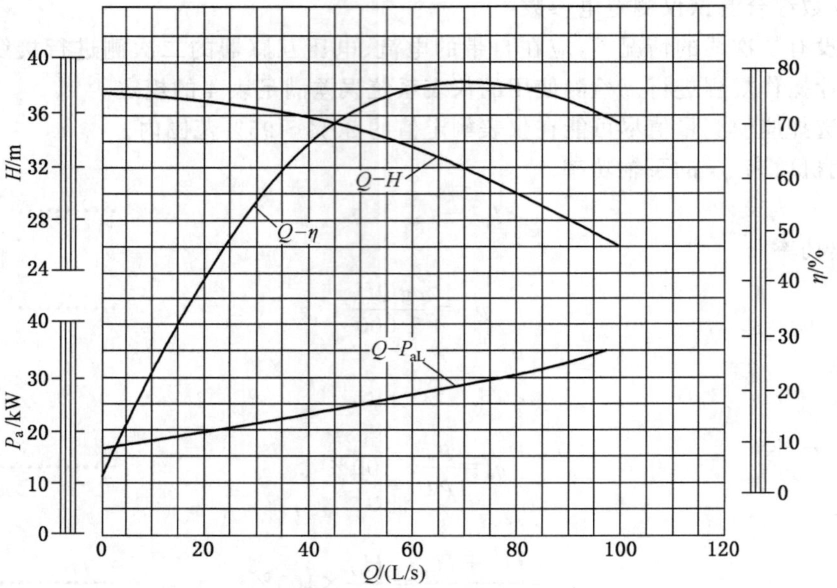

图 2 泵性能曲线图

6.8.3 泵的分类

为了评价泵的振动级别，按泵的中心高和转速将泵分为四类，见表 7。

表 7 泵的分类

类 别	中心高/mm		
	≤225	>225～550	>550
	转速/(r/min)		
第一类	≤1 800	≤1 000	—
第二类	>1 800～4 500	>1 000～1 800	>600～1 500
第三类	>4 500～12 000	>1 800～4 500	>1 500～3 600
第四类	—	>4 500～12 000	>3 600～12 000

注：中心高是指泵的轴线到泵的底座上平面间的距离。

6.8.4 泵的振动的评价

水泵振动的评价按 JB/T 8097 进行。泵的振动级别分为 A、B、C、D 四级（表 8），D 级为不合格。

表 8　水泵振动分级

<table>
<tr><th colspan="2">振动烈度范围</th><th colspan="4">判定泵的振动级别</th></tr>
<tr><th>振动烈度级</th><th>振动烈度分级界限/(mm/s)</th><th>第一类</th><th>第二类</th><th>第三类</th><th>第四类</th></tr>
<tr><td>0.28</td><td rowspan="12">0.28
0.45
0.71
1.12
1.8
2.8
4.5
7.1
11.2
18
28.00</td><td rowspan="3">A</td><td rowspan="4">A</td><td rowspan="5">A</td><td rowspan="6">A</td></tr>
<tr><td>0.45</td></tr>
<tr><td>0.71</td></tr>
<tr><td>1.12</td><td rowspan="2">B</td></tr>
<tr><td>1.80</td><td rowspan="2">B</td></tr>
<tr><td>2.80</td><td>C</td><td rowspan="2">B</td></tr>
<tr><td>4.50</td><td rowspan="6">D</td><td>C</td><td rowspan="2">B</td></tr>
<tr><td>7.10</td><td rowspan="5">D</td><td>C</td></tr>
<tr><td>11.20</td><td rowspan="4">D</td><td>C</td></tr>
<tr><td>18.00</td><td rowspan="3">D</td></tr>
<tr><td>28.00</td></tr>
<tr><td>45.00</td></tr>
</table>

7　检验及检测结果判定

7.1　水泵的运行工况点应在工业利用区内，即 $\eta_b \geqslant 0.85\eta_e$，$\eta_e$ 为水泵的额定效率。

7.2　水泵在运行工况下，应不超过电动机的容量。

7.3　排水系统的吨水百米电耗应低于要求值，即 $W_{t \cdot 100} < 0.5$ kW·h。

7.4　运行工况下，不允许振动超标。

7.5　运行工况下，水泵噪声不允许超标，即水泵房的噪声不得超过 90 dB。

系统排水能力对泵的要求：

7.6　水泵。矿井主排水泵必须有工作、备用和检修的水泵。工作水泵的能力，应能在 20 h 内排出矿井 24 h 的正常涌水量。备用水泵的能力应不小于工作水泵能力的 70%。工作和备用泵的总能力，应能在 20 h 内排出矿井 24 h 的最大涌水量。检修水泵的能力应不小于工作水泵能力的 25%。

7.7　管路。主要泵房必须有工作和备用水管。工作水管的能力应能配合工作水泵在 20 h 内排出矿井 24 h 的正常涌水量。工作和备用水管的总能力，应配合工作和备用水泵在 20 h 内排出矿井 24 h 的最大涌水量。

7.8　配电设备。应同工作、备用以及检修水泵相适应，并能够同时开动工作和备用水泵。当泵房有多台水泵时，单台水泵的起动时间应不大于 5 min。

7.9　主要泵房至少有 2 个出口，一个出口用斜巷通到井筒，并应高出泵房底板 7 m 以上；另一个出口通到井底车场，在此出口通路内，应设置易于关闭的既能防水又能防火的密闭门。

7.10　水仓。主要水仓必须有主仓和副仓，当一个水仓清理时，另一个水仓能正常使用。水仓的容积应能容纳 8 h 的正常涌水量，正常涌水量大于 1 000 m^3/h 的矿井，主要水仓的有效容积 $V=2(Q+3\,000)$（Q 为每小时正常涌水量），并不得小于 4 h 的正常涌水量。

7.11　机房的温度应小于 30 ℃。

8 检验报告和检测记录

8.1 检测记录

检测记录由检测人员填写并签名，确保现场记录的真实、准确。

8.2 检验报告

本着科学、公正、客观的原则出具检验报告，检验项目要准确清晰、明确和客观。报告格式、内容应满足检验规范中规定的要求，且应具有足够的信息。

ICS 73.100.10
CCS D 09

AQ

中华人民共和国安全生产行业标准

AQ/T 1087—2020
代替 AQ 1087—2011

煤矿堵水用高分子材料

Polymer material for water shutoff at coal mine

2020-11-10 发布　　　　2021-05-01 实施

中华人民共和国应急管理部　发布

前 言

本文件按照 GB/T 1.1—2020《标准化工作导则 第1部分：标准化文件的结构和起草规则》的规定起草。

本文件代替 AQ 1087—2011《煤矿堵水用高分子材料技术条件》，与 AQ 1087—2011 相比，除结构调整和编辑性改动外，主要技术变化如下：

a） 补充完善了闪点的合格判定方法（见 5.4，2011 年版的 5.5）；

b） 修改了抗老化性能的指标（见表 1，2011 年版的表 1）；

c） 修改了水质影响的要求和试验方法（见表 1 和 5.10，2011 年版的表 1 和 5.11）；

d） 删除了黏接强度的要求和试验方法（见 2011 年版的表 2 和 5.15）；

e） 增加了规范性引用文件 GB 5749—2006《生活饮用水卫生标准》（见第 2 章）；

f） 修改了抗剪强度测试方法（见 5.13，2011 年版的 5.14）；

g） 细化了最高反应温度的检测方法（见 5.6，2011 年版的 5.7）；

h） 标明了多个试验方法的试样制备要求（见 5.7、5.9 和 5.10）；

i） 增加了使用方现场检验的规定和检验项目（见表 4 和 6.5）；

j） 修改了产品包装上的标志要求（见 7.1，2011 年版的 7.1）；

k） 修改了产品包装要求（见 7.2，2011 年版的 7.2）。

本文件由中华人民共和国应急管理部提出。

本文件由全国安全生产标准化技术委员会煤矿安全分技术委员会（SAC/TC 288/SC 1）归口。

本文件起草单位：巴斯夫浩珂矿业化学（中国）有限公司、中国煤炭工业协会生产力促进中心、中国矿业大学、淮北矿业（集团）有限责任公司。

本文件主要起草人：张凯、崔金声、徐忠正、刘富、王多春、张农、张克虎、邓鑫星、杨扬、孙会文、周海贞。

本文件及其所代替文件的历次版本发布情况为：

——AQ 1087—2011。

煤矿堵水用高分子材料

1 范围

本文件规定了煤矿堵水用高分子材料(以下简称“高分子堵水材料”)的要求,试验方法,检验规则,标志、包装、运输和贮存,安全操作规范。

本文件适用于煤矿注浆封堵煤岩体出水用高分子材料。

2 规范性引用文件

下列文件中的内容通过文中的规范性引用而构成本文件必不可少的条款。其中,注日期的引用文件,仅该日期对应的版本适用于本文件;不注日期的引用文件,其最新版本(包括所有的修改单)适用于本文件。

GB/T 191 包装储运图示标志

GB/T 2567—2008 树脂浇铸体性能试验方法

GB/T 3536—2008 石油产品 闪点和燃点的测定 克利夫兰开口杯法

GB 5749—2006 生活饮用水卫生标准

GB/T 5750.1—2006 生活饮用水标准检验方法 总则

GB/T 6343—2009 泡沫塑料及橡胶 表观密度的测定

GB/T 6680—2003 液体化工产品采样通则

GB 15258—2009 化学品安全标签编写规定

GB/T 18244—2000 建筑防水材料老化试验方法

GB 18583—2008 室内装饰装修材料 胶粘剂中有害物质限量

GB/T 23561.11—2010 煤和岩石物理力学性质测定方法 第11部分:煤和岩石抗剪强度测定方法

AQ 1116 煤矿加固、堵水、充填和喷涂用高分子材料通用安全技术规范

AQ 1117 煤矿井下注浆用高分子材料安全使用管理规范

JG/T 25—2017 建筑涂料涂层耐温变性试验方法

MT/T 224—1990 煤和岩石渗透系数测定方法

3 术语和定义

AQ 1116 界定的下列术语和定义适用于本文件。

煤矿堵水用高分子材料 polymer material for water shutoff at coal mine

指以高分子材料为基材,配以添加剂、填料等组分混合形成的注浆产品,通过注浆实现黏结和封堵出水通道的煤矿用轻型硬质材料。

[来源:AQ 1116—2020,3.2]

4 要求

4.1 外观

高分子堵水材料各组分应分布均匀,无结块。

4.2 闪点

高分子堵水材料各组分的闪点应高于 100 ℃,且应高于材料最高反应温度。

4.3 有害物质限量

高分子堵水材料各组分中有害物质限量应符合 GB 18583—2008 溶剂型部分中其他胶粘剂部分的相关规定。

4.4 理化性能

4.4.1 高分子堵水材料的基本性能应符合表 1 的规定。

表 1 基本性能

序号	项 目	指 标
1	最高反应温度	≤140 ℃
2	膨胀倍数	≥1.0
3	抗老化性能[(80±2)℃,168 h]	表面无变化,抗压强度损失≤5%
4	渗透系数	≤1×10^{-6} cm/s
5	水质影响	总硬度、氯化物、硫酸盐、锌、砷、镉、铅、汞和化学需氧量符合 GB 5749—2006 规定的生活饮用水质量要求

4.4.2 高分子堵水材料的强度和抗冻融性能应符合表 2 的规定。

表 2 强度和抗冻融性能

序号	项 目	指 标
1	抗压强度	≥50 MPa
2	抗拉强度	≥20 MPa
3	抗剪强度	≥20 MPa
4	抗冻融性能(200 次)	无粉化、开裂、剥落、起泡和明显变色

5 试验方法

5.1 试验条件

对于引用标准测试方法的试验项目,其试验条件应符合所引用标准规定的试验条件。

对于试验项目 5.6,按照该项目试验方法中所规定的试验条件进行测试。

5.2 试样制备

5.2.1 试样应取无表皮的固化物。

5.2.2 测试龄期为固化后 3 天。

5.3 外观的检查

在自然光下,用目测法观察。

5.4 闪点的测定

按 GB/T 3536—2008 规定的方法进行高分子堵水材料液体组分的闪点测定,结果精确到 1 ℃。对于闪点难以测量的特殊情况,设定温度高于 100 ℃或最高反应温度仍不闪燃,则判定合格。

5.5 有害物质限量的测定

按 GB 18583—2008 溶剂型部分中其他胶粘剂部分规定的仪器和方法测定和评判高分子堵水材料液体组分中的有害物质限量。

5.6 最高反应温度的测定

5.6.1 试验器具

最高反应温度的测定使用以下试验器具：

a） 搅拌机：转速 500 r/min～1000 r/min，搅拌头直径 40 mm～50 mm；

b） 电子温度计（附热电偶线）：最大量程不小于 150 ℃，精度 0.1 ℃；

c） 混合胶枪：胶枪混合管长度 100 mm～200 mm。

5.6.2 测试方法

标准试验条件：温度（23±2）℃，相对湿度（50±5）%，材料温度 20 ℃。

按产品设计使用配比称取总体积为 200 mL 的测试样品，在搅拌器下搅拌 15 s～30 s 后（对于反应速度太快的体系，采用混合胶枪混合），倒入直径 50 mm 的圆柱形容器中，将电子温度计的热电偶线前头测试点插入试样中心处（图 1），记录最高反应温度。

取 3 次测试得到的最高反应温度值的平均值记为该产品的最高反应温度值，结果精确到 0.1 ℃。3 次连续测得的温度允许偏差不应大于 10%；否则，应重新进行测试。

单位为毫米

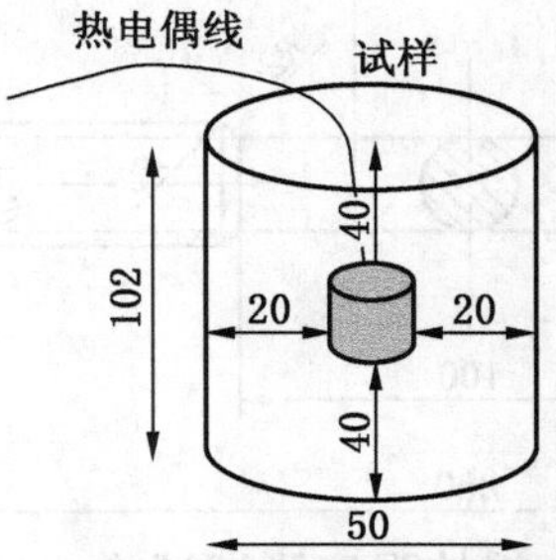

图 1 最高反应温度测试

5.7 膨胀倍数的测定

膨胀倍数为液体组分混合前平均密度除以固化物表观芯密度的比值。

制取边长（100±1）mm 的正方体或直径（50±1）mm、高度（100±1）mm 的圆柱体试样 5 个，按 GB/T 6343—2009 测定其表观芯密度，按式（1）计算，结果精确到 0.1。

$$n=\frac{\rho_0}{\rho} \qquad (1)$$

式中：

n——膨胀倍数；

ρ_0——材料各液体组分平均密度，单位为克每立方厘米（g/cm^3）；

ρ——固化物表观芯密度，单位为克每立方厘米（g/cm^3）。

每组试样中剔除最大、最小两个值，取剩余 3 个试样的算术平均值为膨胀倍数的计算结果，计算结果精确到 0.1。3 个试样的计算结果差值不应大于 10%；否则，重新进行试验。

5.8 抗老化性能的测定

将试样放置于（80±2）℃的环境 168 h 后，按下述规定进行抗老化性能测试。

按 GB/T 18244—2000 第 4 章规定的方法测定高分子堵水材料固结体的抗老化性能。观察外观变化的试样规格：（300±6）mm×（150±3）mm×（25±0.5）mm。

制取边长（50±1）mm×（50±1）mm×（100±2）mm 的方柱体或直径（50±1）mm、高度（100±2）mm 的圆柱体试样，按 GB/T 2567—2008 中 5.2 测定抗压强度，计算结果精确到 1 MPa。

5.9 渗透系数的测定

按 MT/T 224—1990 规定的方法测定高分子堵水材料固结体的渗透系数。

5.10 水质影响的测定

将高分子堵水材料固结体边长(50±1)mm×(50±1)mm×(100±1)mm 的方柱体或直径(50±1)mm、高度(100±1)mm 的圆柱体试样放入装有 20 L、温度(23±2)℃的生活饮用水的容器中浸泡 24h 后，取浸泡过试样的水按 GB/T 5750.1—2006 测定水质影响，并按 GB 5749—2006 对生活饮用水的要求评判检验结果。

5.11 抗压强度的测定

抗压强度定义为无侧面约束状态下所能承受的最大压力，即样品加压至破裂所需要的应力，不受变形影响。

制取边长(50±1)mm×(50±1)mm×(100±1)mm 的方柱体或直径(50±1)mm、高度(100±1)mm 的圆柱体试样，按 GB/T 2567—2008 中 5.2 测定抗压强度，计算结果精确到 1 MPa。

5.12 抗拉强度的测定

按 GB/T 2567—2008 中 5.1 测定抗拉强度，试样形状、尺寸如图 2 所示，计算结果精确到 1 MPa。

单位为毫米

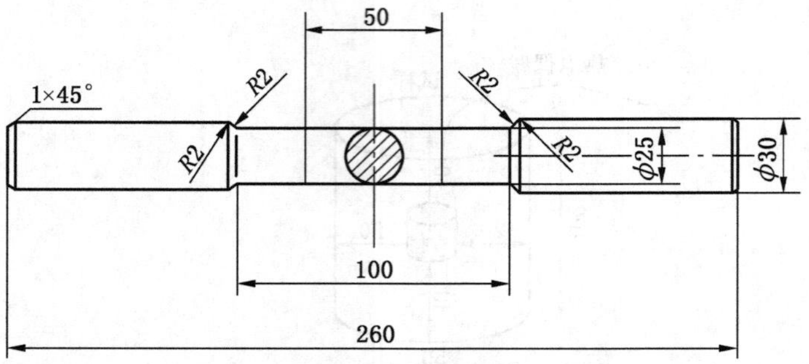

图 2 抗拉强度测试试样

5.13 抗剪强度的测定

制取直径和高度都为(50±0.5)mm 的圆柱体试样，按 GB/T 23561.11—2010 测定抗剪强度，测试时的剪切角设定为 45°，计算结果精确到 1 MPa。

5.14 抗冻融性能的测定

按 JG/T 25—2017 测定高分子堵水材料的抗冻融性能。

6 检验规则

6.1 抽样

单项试验的最少抽样量应符合表 3 的规定。进行多项试验时，如能使试样经一项试验后不致影响另一项试验结果，可用同一试样进行多项不同的试验。

表 3 单项试验抽样量

单位为克

序 号	项 目	抽 样 量
1	闪点	1 500
2	有害物质限量	1 500
3	最高反应温度	1 500
4	膨胀倍数	1 500
5	抗老化性能	5 000
6	渗透系数	5 000

表 3(续)

单位为克

序　号	项　　目	抽　样　量
7	水质影响	5 000
8	抗压强度	3 000
9	抗拉强度	3 000
10	抗剪强度	3 000
11	抗冻融性能	5 000

6.2　检验分类

检验分为出厂检验、型式检验和使用方现场检验。

6.3　出厂检验

6.3.1　高分子堵水材料由制造厂的质量检验部门逐批进行检验，检验合格并签发合格证后，方可出厂。

6.3.2　出厂检验按表 4 规定的项目进行。

6.3.3　以每生产一反应釜高分子材料为一批，不足一反应釜视为一批。煤矿用高分子材料出厂前，按 GB/T 6680—2003 中 7.1.1.2 的规定逐批抽样。所抽取样品装入干燥、清洁的密闭容器中密封好，将样品分为两份，一份为检验样品，另一份为备用样品。备用样品的保存期限应与材料的质保期一致，注明产品名称、型号、批号、生产日期、取样日期。

6.3.4　出厂检验的各项性能指标均应符合本文件的规定，否则按不合格处理。

6.4　型式检验

6.4.1　型式检验按表 4 规定的项目进行。

6.4.2　有下列情况之一时，应进行型式检验：

a）新产品或老产品转厂生产时的试制定型鉴定；

b）正式生产后，如材料、工艺有较大改变，可能影响产品性能时；

c）正常生产时，每 5 年进行一次；

d）产品停产一年以上，恢复生产时；

e）出厂检验结果与上次型式检验有较大差异时；

f）国家相关管理部门提出型式检验的要求时；

g）因材料在现场使用出现问题，用户提出要求进行型式检验时。

表 4　检验项目

序号	项目	技术要求	试验方法	检验项目		
				出厂检验	型式检验	使用方现场检验
1	外观	4.1	5.3	√	√	—
2	闪点	4.2	5.4	√	√	√
3	有害物质限量	4.3	5.5	—	√	—
4	最高反应温度	4.4.1	5.6	√	√	√
5	膨胀倍数	4.4.1	5.7	—	√	—
6	抗老化性能	4.4.1	5.8	—	√	—
7	渗透系数	4.4.1	5.9	—	√	—

表 4(续)

序号	项目	技术要求	试验方法	检验项目		
				出厂检验	型式检验	使用方现场检验
8	水质影响	4.4.1	5.10	—	√	—
9	抗压强度	4.4.2	5.11	√	√	—
10	抗拉强度	4.4.2	5.12	—	√	—
11	抗剪强度	4.4.2	5.13	—	√	—
12	抗冻融性能	4.4.2	5.14	—	√	—
注:"√"表示进行检验,"—"表示不进行检验。						

6.4.3 型式检验的抽样:从出厂检验合格的高分子堵水材料中,按 GB/T 6680—2003 中 7.1.1.2 的规定抽样,抽取样品数量不少于 3 个包装物,样品总质量 10 kg。抽取样品上应注明产品名称、型号、批号、生产日期、取样日期。

6.4.4 型式检验的检验项目全部合格则判定该批为合格;检验项目一项不合格,取双倍试样对该项目进行复检,仍不合格的则判定该批为不合格;检验项目两项及两项以上不合格,则判定该批为不合格。

6.5 使用方现场检验

6.5.1 使用方到货材料入库储存或下井使用前、或质保期处于到期前 1 个月之内的库存材料下井使用前,应对材料进行现场检验。

6.5.2 使用方现场检验按表 4 规定的项目进行。

6.5.3 按 GB/T 6680—2003 中 7.1.1.2 和表 3 规定的抽样数量抽样。

6.5.4 使用方现场检验的各项性能指标均应符合本文件的规定,否则按不合格处理。

7 标志、包装、运输和贮存

7.1 标志

高分子堵水材料产品包装物上应有牢固、清晰的标志,标志应按 GB 15258—2009 和 GB/T 191 的规定进行编写,其内容应包括:

a) 商标;
b) 生产单位;
c) 厂址;
d) 产品名称;
e) 批号;
f) 净含量;
g) 化学品危险性分类标志符号及其防范措施说明;
h) 包装储运图示标志符号;
i) 生产日期和有效期;
j) 合格证明书,内容包括生产单位、产品名称、检验员、检验日期、批号。

7.2 包装

高分子堵水材料各组分应分别用符合阻燃和抗静电要求的塑料桶或金属桶密封包装,不同组分的包装上应有明显区分标志。每批产品都应附有使用说明,产品使用说明应写明材料配比、可操作时间、贮存条件(包括贮存温度)、施工注意事项等内容。

7.3 运输

高分子堵水材料运输中应轻装轻卸,避免日晒、雨淋及剧烈冲击和包装破损。

7.4 贮存

高分子堵水材料应贮存于干燥、防晒、通风处。同时按供应商包装贮存说明进行贮存,码放高度不应超过 1.5 m。

8 安全操作规范

高分子堵水材料安全操作规范应按 AQ 1117 执行。

参 考 文 献

[1] Testing of Non-metallic Materials for Use in Underground Coal Mines, Australian NSW Department of Primary Industries

[2] Mine Safety Technology Services, Materials Testing. Australian NSW Department of Mineral Resources(NO. 98/1070)

ICS 73.100.10
CCS D 09

AQ

中华人民共和国安全生产行业标准

AQ 1116—2020

煤矿加固、堵水、充填和喷涂用高分子材料通用安全技术规范

General safety specification of polymer material for consolidation, water stopping, void filling and sprayed sealing at coal mine

2020-11-10 发布　　2021-05-01 实施

中华人民共和国应急管理部　发布

前 言

本文件的全部技术内容为强制性条款。

本文件按照 GB/T 1.1—2020《标准化工作导则 第1部分：标准化文件的结构和起草规则》的规定起草。

本文件由中华人民共和国应急管理部提出。

本文件由全国安全生产标准化技术委员会煤矿安全分技术委员会(SAC/TC 288/SC 1)归口。

本文件起草单位：巴斯夫浩珂矿业化学(中国)有限公司、中国煤炭工业协会生产力促进中心、中国矿业大学和淮北矿业(集团)有限责任公司。

本文件主要起草人：崔金声、郑厚发、徐忠正、张农、张凯、张克虎、王多春、杨扬、李培春、李钊、邓鑫星、赵玉新、陈志博、周海贞、储春艳、孙会文。

煤矿加固、堵水、充填和喷涂用高分子材料通用安全技术规范

1 范围

本文件规定了煤矿加固煤岩体用高分子材料、煤矿堵水用高分子材料、煤矿充填密闭用高分子发泡材料和煤矿喷涂堵漏风用高分子材料(以下简称煤矿用高分子材料)的分类、技术要求、试验方法和检验规则。

本文件适用于煤矿加固煤岩体用高分子材料、煤矿堵水用高分子材料、煤矿充填密闭用高分子发泡材料和煤矿喷涂堵漏风用高分子材料。

2 规范性引用文件

下列文件中的内容通过文中的规范性引用而构成本文件必不可少的条款。其中,注日期的引用文件,仅该日期对应的版本适用于本文件;不注日期的引用文件,其最新版本(包括所有的修改单)适用于本文件。

GB/T 2406.2 塑料 用氧指数法测定燃烧行为 第2部分:室温试验

GB/T 2567—2008 树脂浇铸体性能试验方法

GB/T 3536 石油产品 闪点和燃点的测定 克利夫兰开口杯法

GB 5749 生活饮用水卫生标准

GB/T 5750.1 生活饮用水标准检验方法 总则

GB/T 6680—2003 液体化工产品采样通则

GB/T 18244 建筑防水材料老化试验方法

GB 18583 室内装饰装修材料 胶粘剂中有害物质限量

MT 113—1995 煤矿井下用聚合物制品阻燃抗静电性通用试验方法和判定规则

NES 713 Determination of the toxicity index of the products of combustion from small specimens of materials(确定材料的毒性指数测试)

3 术语和定义

下列术语和定义适用于本文件。

3.1

煤矿加固煤岩体用高分子材料 polymer material for consolidating coal and rock at coal mine

指以高分子材料为主剂,配以添加剂、填料等组分经一定工艺加工制成的注浆产品,通过注浆工艺反应成型的具有黏结和加固功能的煤矿用材料。

3.2

煤矿堵水用高分子材料 polymer material for water shutoff at coal mine

指以高分子材料为基材,配以添加剂、填料等组分混合形成的注浆产品,通过注浆实现黏结和封堵出水通道的煤矿用轻型硬质材料。

3.3

煤矿充填密闭用高分子发泡材料 polymer foam material for filling and sealing at coal mine

指以高分子材料为主剂，配以添加剂、填料等组分混合形成的注浆产品，通过充填工艺快速膨胀成型的煤矿用密闭固体材料。

煤矿充填密闭用高分子发泡材料按其使用场所和性能的不同分为P类和N类两类。

a） P类：用于需承载的充填密闭空间，如采掘工作面冒顶空间、承压密闭墙体等类似可能需要整体承压的应用场所。

b） N类：用于非承载的充填密闭空间，如瓦斯抽采钻场、采煤工作面上下隅角及其他仅需要类似充填而无须承压的应用场所。

3.4

煤矿喷涂堵漏风用高分子材料 spraying polymer material for sealing ventilation at coal mine

指在高分子材料中加入塑化剂、添加剂等经过搅拌混合，通过喷涂工艺喷射到煤岩体表面的具有黏结和封堵漏风功能的煤矿用塑性密封材料。

3.5

毒性指数 toxicity index

指试样在空气明火条件(1 150±50)℃中完全燃烧所产生的一些选定气体毒性比的数值之和。所测得的选定气体浓度换算成与人体接触 30 min 致命浓度的比率，称为毒性比。

4 技术要求

4.1 煤矿加固煤岩体用高分子材料

4.1.1 闪点

煤矿加固煤岩体用高分子材料各液态组分的闪点应高于 100 ℃。

4.1.2 有害物质限量

煤矿加固煤岩体用高分子材料各液态组分中有害物质限量应符合 GB 18583 溶剂型部分中其他胶粘剂部分的相关规定。

4.1.3 基本理化性能

煤矿加固煤岩体用高分子材料固结体的基本理化性能应符合表1的要求。

表1 煤矿加固煤岩体用高分子材料固结体的基本理化性能

序号	项目			指标
1	最高反应温度			≤100 ℃
2	氧指数			≥28%
3	阻燃性能	酒精喷灯燃烧试验	有焰燃烧时间	≤3 s
			无焰燃烧时间	≤10 s
			火焰扩展长度	≤280 mm
		酒精灯燃烧试验	有焰燃烧时间	≤6 s
			无焰燃烧时间	≤20 s
			火焰扩展长度	≤250 mm

4.2 煤矿堵水用高分子材料

4.2.1 闪点

煤矿堵水用高分子材料各液态组分的闪点应高于 100 ℃，且应高于材料最高反应温度。

4.2.2 有害物质限量

煤矿堵水用高分子材料各液态组分中有害物质限量应符合 GB 18583 溶剂型部分中其他胶粘剂部

分的相关规定。

4.2.3 基本理化性能

煤矿堵水用高分子材料固结体的基本理化性能应符合表2的要求。

表2 煤矿堵水用高分子材料固结体的基本理化性能

序号	项目	指标
1	最高反应温度	≤140 ℃
2	抗老化性能[(80±2)℃,168 h]	表面无变化,抗压强度损失≤5%
3	水质影响	总硬度、氯化物、硫酸盐、锌、砷、镉、铅、汞和化学需氧量符合 GB 5749 规定的生活饮用水质量要求

4.3 煤矿充填密闭用高分子发泡材料

4.3.1 闪点

煤矿充填密闭用高分子发泡材料各液态组分的闪点应高于100 ℃。

4.3.2 有害物质限量

煤矿充填密闭用高分子发泡材料各液态组分中有害物质限量应符合 GB 18583 溶剂型部分中其他胶粘剂部分的相关规定。

4.3.3 基本理化性能

煤矿充填密闭用高分子发泡材料固结体的基本理化性能应符合表3的要求。

表3 煤矿充填密闭用高分子发泡材料固结体的基本理化性能

<table>
<tr><th rowspan="2">序 号</th><th rowspan="2" colspan="3">项 目</th><th colspan="2">指 标</th></tr>
<tr><th>P类</th><th>N类</th></tr>
<tr><td>1</td><td colspan="3">最高反应温度</td><td>≤95 ℃</td><td>≤50 ℃</td></tr>
<tr><td>2</td><td colspan="3">氧指数</td><td>≥35%</td><td>≥28%</td></tr>
<tr><td rowspan="7">3</td><td rowspan="7">阻燃性能</td><td rowspan="3">酒精喷灯燃烧试验</td><td>有焰燃烧时间</td><td colspan="2">≤3 s</td></tr>
<tr><td>无焰燃烧时间</td><td colspan="2">≤10 s</td></tr>
<tr><td>火焰扩展长度</td><td colspan="2">≤280 mm</td></tr>
<tr><td rowspan="3">酒精灯燃烧试验</td><td>有焰燃烧时间</td><td colspan="2">≤6 s</td></tr>
<tr><td>无焰燃烧时间</td><td colspan="2">≤20 s</td></tr>
<tr><td>火焰扩展长度</td><td colspan="2">≤250 mm</td></tr>
<tr><td colspan="2">延燃性能试验</td><td colspan="2">不延燃</td></tr>
<tr><td>4</td><td colspan="3">烟气毒性指数</td><td colspan="2">≤5</td></tr>
</table>

4.4 煤矿喷涂堵漏风用高分子材料

4.4.1 闪点

煤矿喷涂堵漏风用高分子材料液态组分的闪点应高于100 ℃。

4.4.2 有害物质限量

煤矿喷涂堵漏风用高分子材料液态组分中有害物质限量应符合 GB 18583 溶剂型部分中其他胶粘剂部分的相关规定。

4.4.3 基本理化性能

煤矿喷涂堵漏风用高分子材料固结体的基本理化性能应符合表4的要求。

表 4　煤矿喷涂堵漏风用高分子材料固结体的基本理化性能

序　号	项　目			指　标
1	最高反应温度			≤100 ℃
2	氧指数			≥28%
3	阻燃性能	酒精喷灯燃烧试验	有焰燃烧时间	≤3 s
			无焰燃烧时间	≤10 s
			火焰扩展长度	≤280 mm
		酒精灯燃烧试验	有焰燃烧时间	≤6 s
			无焰燃烧时间	≤20 s
			火焰扩展长度	≤250 mm
4	表面电阻			≤3×10^8 Ω

5　试验方法

5.1　试验条件

对于引用标准测试方法的试验项目，其试验条件应符合所引用标准规定的试验条件。

对于试验项目 5.5 和 5.8，按照该项目下试验方法中所规定的试验条件进行测试。

5.2　试样制备

5.2.1　试样应取固化物无表皮部分。

5.2.2　测试龄期为固化后 3 天。

5.3　闪点的测定

按 GB/T 3536 规定的方法测定煤矿加固煤岩体用高分子材料、煤矿堵水用高分子材料、煤矿充填密闭用高分子发泡材料和煤矿喷涂堵漏风用高分子材料液体组分的闪点，结果精确到 1 ℃。对于闪点难以测量的特殊情况，设定温度高于 100 ℃或最高反应温度仍不闪燃，则判定合格。

5.4　有害物质限量的测定

选择合适的稀释剂对液体组分进行稀释后，按 GB 18583 溶剂型部分中其他胶粘剂部分规定的仪器和方法测定和评判煤矿加固煤岩体用高分子材料、煤矿堵水用高分子材料、煤矿充填密闭用高分子发泡材料和煤矿喷涂堵漏风用高分子材料液体组分中的有害物质限量。

5.5　最高反应温度的测定

5.5.1　试验器具

最高反应温度的测定使用以下试验器具：

a）　搅拌机：转速 500 r/min～1 000 r/min，搅拌头直径 40 mm～50 mm；

b）　电子温度计（附热电偶线）：最大量程不小于 150 ℃，精度 0.1 ℃；

c）　混合胶枪：胶枪混合管长度为 100 mm～200 mm。

5.5.2　测试方法

标准试验条件：温度(23±2)℃，相对湿度(50±5)%，材料温度 20 ℃。

按产品设计使用配比称取总体积为 200 mL 的测试样品，在搅拌器下搅拌 15 s～30 s 后（对于反应速度太快的体系，如酚醛树脂体系，采用混合胶枪混合），倒入直径 50 mm 的圆柱形容器中，将电子温度计的热电偶线前头测试点插入试样中心处（图 1），记录最高反应温度。

取 3 次测试得到的最高反应温度值的平均值记为该产品的最高反应温度值，结果精确到 0.1 ℃。3 次连续测得的温度允许偏差不应大于 10%；否则，应重新进行测试。

5.6 抗老化性能的测定

将试样放置于(80±2)℃的环境 168 h 后，按下述规定进行抗老化性能测试。

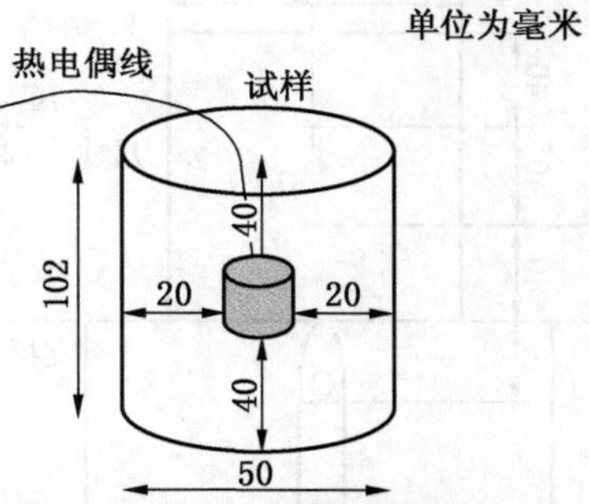

图 1 最高反应温度测试

按 GB/T 18244 规定的方法测定煤矿堵水用高分子材料固结体的抗老化性能。观察外观变化的试样规格：(300±6)mm×(150±3)mm×(25±0.5)mm。

制取边长(50±1)mm×(50±1)mm×(100±2)mm 的方柱体或直径(50±1)mm、高度(100±2)mm 的圆柱体试样，按 GB/T 2567—2008 中 5.2 测定抗压强度，计算结果精确到 1 MPa。

5.7 氧指数的测定

按 GB/T 2406.2 中的“10 方法 C”规定的数值设定氧气浓度，按其规定的方法测定煤矿加固煤岩体用高分子材料、煤矿充填密闭用高分子发泡材料和煤矿喷涂堵漏风用高分子材料固结体的氧指数，并判定试样是否合格。试样种类及规格如下：

a) 塑料试样标准样条：(150±3)mm×(10±2)mm×(4±0.1)mm，30 根；

b) 泡沫材料：(150±3)mm×(10±0.2)mm×(1.0±0.2)mm，30 根；

c) 缠绕状的薄膜：(200±4)mm×(20±0.4)mm，30 片。

5.8 阻燃和延燃性能的测定

5.8.1 阻燃性能

按 MT 113—1995 第 4 章规定的方法测定煤矿加固煤岩体用高分子材料、煤矿充填密闭用高分子发泡材料和煤矿喷涂堵漏风用高分子材料固结体的阻燃性能。

试样规格：(360±7)mm×(50±1)mm×(10±0.2)mm，12 块。

5.8.2 延燃性能

5.8.2.1 试验条件和器具

试验条件：温度(23±2)℃，相对湿度(50±5)%。

试验器具如下：

a) 支撑架；

b) 电数显温度计(量程：大于 1 000 ℃；双插孔，电数显温度计的分辨率为 0.1 ℃)；

c) 测温线(2 条)；

d) 本生灯。

5.8.2.2 试样的制备

选择完好无损的煤矿充填密闭用高分子发泡材料固结体成品，制作成(120±2)mm×(120±2)mm×(120±2)mm 规格的试样。

5.8.2.3 试样的放置

将试样放于支撑架上，保证试样的下面正中心距离本生灯火焰口(25±2)mm，如图 2 所示。

5.8.2.4 调整火焰

点燃本生灯并调整火焰高度为(50±5)mm。

单位为毫米

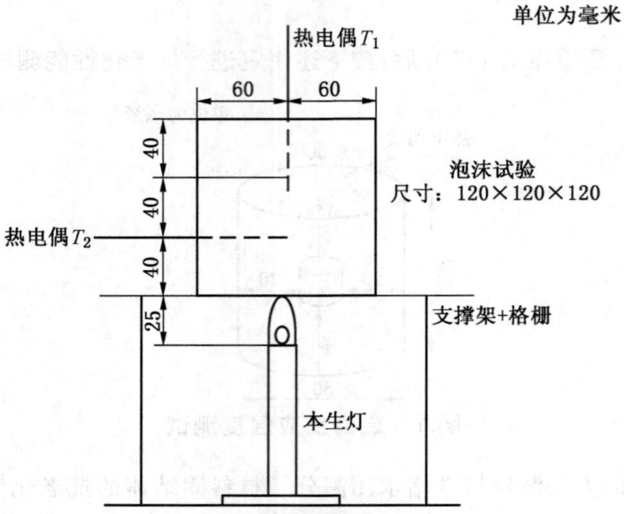

图 2 延燃性能试验

5.8.2.5 测试方法

取出本生灯，离开试样。打开本生灯阀门，点燃甲烷气体，将本生灯放回原处。当热电偶 T_2 的温度达到 180 ℃时撤走本生灯，继续跟踪两个热电偶的温度变化，请注意最高温度不应超过 400 ℃。

5.8.2.6 结果评判

如果有任何一个热电偶的温度超过 360 ℃，说明试样有延燃的倾向。如果两个热电偶的温度都不超过 360 ℃，说明试样具有不延燃特性。

5.9 表面电阻的测定

按 MT 113—1995 第 5 章测定煤矿喷涂堵漏风高分子材料固结体的表面电阻。

试样规格：尺寸大于 300 mm×300 mm、厚度 5 mm～10 mm 的试样 3 块。

5.10 烟气毒性指数的测定

按 NES 713 测定煤矿充填密闭用高分子发泡材料的烟气毒性指数。

5.11 水质影响的测定

将煤矿堵水用高分子材料固结体边长(50±1)mm×(50±1)mm×(100±1)mm 的方柱体或直径(50±1)mm、高度(100±1)mm 的圆柱体试样放入装有 20 L、温度(23±2)℃的生活饮用水的容器中浸泡 24 h 后，取浸泡过试样的水按 GB/T 5750.1 测定水质影响，并按 GB 5749 对生活饮用水的要求评判检验结果。

6 检验规则

6.1 抽样

单项试验的最少抽样量应符合表 5 的规定。进行多项试验时，如能使试样经一项试验后不致影响另一项试验结果，可用同一试样进行多项不同的试验。

表 5 单项试验抽样量

单位为克

序号	项目	抽样量
1	闪点	1 500
2	有害物质限量	1 500
3	最高反应温度	1 500

表5(续)

单位为克

序 号	项 目	抽 样 量
4	抗老化性能	5 000
5	阻燃性能	5 000
6	氧指数	5 000
7	表面电阻	3 000
8	延燃性能	5 000
9	烟气毒性指数	5 000
10	水质影响	5 000

6.2 检验分类

检验分为出厂检验、型式检验和使用方现场检验。

6.3 出厂检验

6.3.1 煤矿用高分子材料由制造厂的质量检验部门逐批进行检验，检验合格并签发合格证后，方可出厂。

6.3.2 出厂检验按表6至表9规定的项目进行。

6.3.3 以每生产一反应釜高分子材料为一批，不足一反应釜视为一批。煤矿用高分子材料出厂前，按GB/T 6680—2003中7.1.1.2的规定逐批抽样。所抽取样品装入干燥、清洁的密闭容器中密封好，将样品分为两份，一份为检验样品，另一份为备用样品。备用样品的保存期限应与材料的质保期一致，注明产品名称、型号、批号、生产日期、取样日期。

6.3.4 出厂检验的各项性能指标均应符合本文件的规定，否则按不合格处理。

表6 煤矿加固煤岩体用高分子材料检验项目

序号	项目	技术要求	试验方法	检验项目		
				出厂检验	型式检验	使用方现场检验
1	闪点	4.1.1	5.3	√	√	√
2	有害物质限量	4.1.2	5.4	—	√	—
3	最高反应温度	4.1.3	5.5	√	√	√
4	氧指数	4.1.3	5.7	√	√	√
5	阻燃性能	4.1.3	5.8	√	√	√

注："√"表示进行检验，"—"表示不进行检验。

表7 煤矿堵水用高分子材料检验项目

序号	项目	技术要求	试验方法	检验项目		
				出厂检验	型式检验	使用方现场检验
1	闪点	4.2.1	5.3	√	√	√
2	有害物质限量	4.2.2	5.4	—	√	—
3	最高反应温度	4.2.3	5.5	√	√	√
4	抗老化性能	4.2.3	5.6	—	√	—
5	水质影响	4.2.3	5.11	—	√	—

注："√"表示进行检验，"—"表示不进行检验。

表 8　煤矿充填密闭用高分子发泡材料检验项目

序号	项目	技术要求	试验方法	检验项目		
				出厂检验	型式检验	使用方现场检验
1	闪点	4.3.1	5.3	√	√	√
2	有害物质限量	4.3.2	5.4	—	√	—
3	最高反应温度	4.3.3	5.5	√	√	√
4	氧指数	4.3.3	5.7	√	√	√
5	阻燃性能	4.3.3	5.8	√	√	√
6	延燃性能	4.3.3	5.8	—	√	—
7	烟气毒性指数	4.3.3	5.10	—	√	—
注："√"表示进行检验，"—"表示不进行检验。						

表 9　煤矿喷涂堵漏风用高分子材料检验项目

序号	项目	技术要求	试验方法	检验项目		
				出厂检验	型式检验	使用方现场检验
1	闪点	4.4.1	5.3	√	√	√
2	有害物质限量	4.4.2	5.4	—	√	—
3	最高反应温度	4.4.3	5.5	√	√	√
4	氧指数	4.4.3	5.7	√	√	√
5	阻燃性能	4.4.3	5.8	√	√	√
6	表面电阻	4.4.3	5.9	√	√	—
注："√"表示进行检验，"—"表示不进行检验。						

6.4　型式检验

6.4.1　有下列情况之一时，应进行型式检验：

a)　新产品或老产品转厂生产时的试制定型鉴定；

b)　正式生产后，如材料、工艺有较大改变，可能影响产品性能时；

c)　正常生产时，每 5 年进行一次；

d)　产品停产一年以上，恢复生产时；

e)　出厂检验结果与上次型式检验有较大差异时；

f)　国家相关管理部门提出型式检验的要求时；

g)　因材料在现场使用出现问题，用户提出要求进行型式检验时。

6.4.2　型式检验：按表 6 至表 9 规定的项目进行。

6.4.3　型式检验的抽样：从出厂检验合格的煤矿用高分子材料中，按 GB/T 6680—2003 中 7.1.1.2 的规定抽样，抽取样品数量不少于 3 个包装物，样品总质量 10 kg。抽取样品上应注明产品名称、型号、批号、生产日期、取样日期。

6.4.4　型式检验的检验项目全部合格则判定该批为合格；检验项目一项不合格，取双倍试样对该项目进行复检，仍不合格的则判定该批为不合格；检验项目两项及两项以上不合格，则判定该批为不合格。

6.5 使用方现场检验

6.5.1 使用方到货材料入库储存或下井使用前、或质保期处于到期前1个月之内的库存材料下井使用前,应对材料进行现场检验。

6.5.2 使用方现场检验按表6至表9规定的项目进行。

6.5.3 按GB/T 6680—2003中7.1.1.2和表5规定的抽样数量逐批抽样。

6.5.4 使用方现场检验的各项性能指标均应符合本文件的规定,否则按不合格处理。

ICS 13.100
CCS D 09

AQ

中华人民共和国安全生产行业标准

AQ 1117—2020

煤矿井下注浆用高分子材料安全使用管理规范

Safety operation specification of polymer material used and managed at coal mine

2020-11-10 发布　　2021-05-01 实施

中华人民共和国应急管理部　发布

前 言

本文件的全部技术内容为强制性条款。

本文件按照 GB/T 1.1—2020《标准化工作导则　第1部分:标准化文件的结构和起草规则》的规定起草。

本文件由中华人民共和国应急管理部提出。

本文件由全国安全生产标准化技术委员会煤矿安全分技术委员会(SAC/TC 288/SC 1)归口。

本文件起草单位:巴斯夫浩珂矿业化学(中国)有限公司、中国煤矿工业协会生产力促进中心、中国矿业大学、淮北矿业集团公司。

本文件主要起草人:张克虎、郑厚发、徐忠正、张凯、王多春、张农、李培春、邓鑫星、杨扬、陈志博、周海贞。

煤矿井下注浆用高分子材料安全使用管理规范

1 范围

本文件规定了使用煤矿井下注浆用高分子材料的采购管理、使用方现场检验与储存、施工现场环境、施工准备、施工操作等安全使用要求。

本文件适用于煤矿井下注浆用聚氨酯、酚醛树脂、丙烯酸、脲醛树脂、环氧树脂等高分子材料的安全使用和管理。

2 规范性引用文件

下列文件中的内容通过文中的规范性引用而构成本文件必不可少的条款。其中，注日期的引用文件，仅该日期对应的版本适用于本文件；不注日期的引用文件，其最新版本（包括所有的修改单）适用于本文件。

GB/T 191 包装储运图示标志

GB 15258 化学品安全标签编写规定

AQ 1116 煤矿加固、堵水、充填和喷涂用高分子材料通用安全技术规范

3 术语和定义

本文件没有需要界定的术语和定义。

4 使用方采购管理要求

4.1 材料使用方应根据 AQ 1116 的技术要求选择和采购煤矿注浆用高分子材料，确保材料各组分及反应后固结体的各项性能符合安全要求。

4.2 材料使用方应建立高分子材料生产厂家及其产品的准入制度，在严格实地考核评估、试验试用等基础上，建立准入清单，并应采购和使用列入清单的厂家生产的相应产品。

4.3 采购的每批产品应具有 AQ 1116 规定项目的出厂检验报告、产品合格证、产品使用说明书和安全性能说明书（MSDS）。

4.4 对于采购入矿的高分子材料产品，其包装应完整，不同组分的包装应有形状或颜色上的明显差异。包装上标志清晰完整，标志应符合本文件 7.3.3 的要求。

4.5 属于化学危险品的应有化学危险品分类标志，并明确标示出材料的潜在危害性及其防范措施。

5 使用方现场检验和储存要求

5.1 每批高分子材料产品入库前应进行抽样质量检验，检验项目、检验方法和评判准则按照 AQ 1116 的规定执行，不合格的产品不应入库，检测结果应记录存档。

5.2 检验合格的高分子材料产品应按组分分类入库存放，且有明显的标识。储存应避免日晒、雨淋，不应倒置包装桶。搬运过程中应轻拿轻放，发现有包装桶破损现象时，应及时更换包装桶。

6 施工现场环境要求

6.1 工作条件要求

6.1.1 环境温度

煤矿井下注浆用高分子材料的施工环境温度为 5 ℃～35 ℃。当施工环境温度低于 5 ℃时，应对材

料采取预热保温措施。预热方法及预热温度应按照材料使用说明书进行，不应采用明火或蒸汽直接预热。当施工环境温度高于35 ℃时，应对材料采取恒温储藏或者降温处理。

当煤矿井下注浆用高分子材料使用低于5 ℃或高于35 ℃工作温度的环境时，施工方案设计者或使用者应模拟现场温度环境对材料进行试验验证，做好记录并出具报告，以确定其各项性能是否达到设计和使用要求。

6.1.2 通风条件

煤矿井下注浆用高分子材料施工期间的操作地点应保持通风良好，风速满足《煤矿安全规程》要求，以保障注浆场所气味的去除和降温。

6.1.3 围岩条件

施工区域围岩存在事故隐患的应先行排除，确保安全后方可进入施工区域。

6.2 安全及其他要求

6.2.1 煤矿井下注浆用高分子材料的安全、卫生与环保方面的性能要求应符合AQ 1116的相应要求。

6.2.2 注浆施工人员在施工时应佩戴好个人防护用品，包括工作服、胶鞋、胶皮手套、防护眼镜、口罩等。若材料不慎溅到眼中或皮肤上，应立即用清水冲洗，必要时应到医院处理。

6.2.3 盛装煤矿井下注浆用高分子材料产品的包装桶应回收升井。

6.2.4 注浆管路冲洗时产生的废弃浆液应装桶回收升井，不应在现场随意丢弃、倾倒。

6.2.5 在运输和施工过程中出现材料泄漏，应按照材料供应商提供的材料安全使用说明进行处理。

7 施工准备要求

7.1 人员要求

7.1.1 注浆施工人员的安全技术和劳动保护应符合国家现行有关标准的规定，参加注浆施工的施工操作和管理人员，应在接受煤矿安全技术教育和专业技术（包括注浆材料、注浆工艺和设备及其故障处理、维修等）培训合格后方可上岗。

7.1.2 高分子材料注浆作业应在厂家专业人员或经培训合格的人员指导下进行，或者由材料供应商专业队伍施工。

7.1.3 注浆施工人员下井时应配备齐专用工具，携带备用的易损部件。

7.1.4 如果具备施工资格的单位或材料供应商的专业人员下井进行注浆施工时，应进行矿井安全培训后方可下井。施工人员上、下井过程中应有矿方人员陪同，在井下应服从矿方安排和指挥，遵守矿方相关规章制度。

7.1.5 注浆施工人员的身体健康状态应能满足井下工作和注浆施工工作的要求。

7.2 设备要求

7.2.1 注浆所使用的设备应符合煤矿安全要求，并且取得煤矿矿用产品安全标识。

7.2.2 注浆设备在下井前应进行检修，确保设备能够正常工作。设备的泵送比例应满足注浆材料的混合比例要求。

7.2.3 注浆设备及相应的注浆配件在施工前应运送至施工地点并分类存放。

7.2.4 现场准备设备清洗剂，以用于清洗设备。

7.2.5 堵水用注浆泵应配置压力表和安全阀，如有失灵应立即更换。

7.3 材料要求

7.3.1 只有符合质量要求的注浆用高分子材料方可下井使用，如矿方储存的材料处于质保期到期前1个月之内时，材料下井前应参照AQ 1116中关于使用方现场检验的规定对材料进行现场检验，确保材料各组分及反应后固结体的各项性能符合标准的相应要求。

7.3.2 注浆时材料温度应满足材料供应商提供的最低使用温度要求。

7.3.3　煤矿井下注浆用高分子材料的包装应完好，标志应清晰完整。标志应按 GB 15258 和 GB/T 191 的规定进行编写，其内容应包括：

a）商标；

b）生产单位；

c）厂址；

d）产品名称；

e）批号；

f）净含量；

g）化学品危险性分类标志符号及其防范措施说明；

h）包装储运图示标志符号；

i）生产日期和有效期；

j）合格证明书，内容包括生产单位、产品名称、检验员、检验日期、批号。

煤矿井下注浆用高分子材料产品安全性能说明书（MSDS）和产品使用说明书中应注明高分子材料构成/成分及其识别方法、化学反应、物理性能及材料用途、产品使用过程中的危害健康信息、安全风险、注意事项以及出现危险事件时的紧急应对措施、使用配比及不同配比浓度下化学反应的差异性说明等。

7.3.4　煤矿井下注浆用高分子材料下井时，不应与其他物料一起混合运输，运输中应避免日晒、雨淋及剧烈冲击，防止包装破损，不应倒置包装桶，运输时应轻拿轻放。搬运过程中发现有包装桶破损现象时，应及时更换包装桶。

7.3.5　煤矿井下注浆高分子材料应按下列要求存放：

a）井下注浆用高分子材料应按供应商提供的材料技术说明书的要求进行存放；

b）在井下的贮存时间若超过两周时，高分子材料应运至地面进行贮存；

c）同一注浆施工地点同时使用两种或两种以上的材料时，材料应分类并分开存放。

8　施工操作要求

8.1　施工现场应备好清水，以备在化学液体材料迸溅到人员身上时做应急清洗使用。

8.2　设备应放置在安全、顶板无淋水地点，条件不具备时应进行防水处理，以防止淋水滴入注浆材料中。

8.3　应按照注浆方案的要求进行注浆系统中的高压风管和注浆管路的连接，检查各个连接部位是否连接牢固，并确认注浆管路的各个连接处在注浆过程中不出现漏浆现象。检查设备的各个部件是否能够正常工作。

8.4　施工前，应根据施工点围岩状况、裂隙发育情况等地质概况，制定有针对性注浆技术方案，方案中应明确注浆威胁人员安全的区域并撤出受威胁区域的人员。技术方案包括钻孔孔径、位置、深度、角度、所选择的注浆材料、最大单孔注浆量、安全注意事项等。大批量使用注浆材料时，单孔一次注浆量一般不应超过 1 000 kg。特殊情况确需超过这个注浆量时，注浆方案中应列明完善的应急预案和措施。注浆施工应严格按照已制定的注浆技术方案及施工措施要求进行施工。如现场条件发生变化应适时调整、完善注浆技术方案及施工措施，并按程序审批。注浆人员应监督和纠正不合格的钻孔施工。

8.5　注浆操作流程和规定：

a）注浆开始时，应适当降低注浆设备的泵送速度，观察注浆过程无异常现象后，再将泵送速度调至正常注浆速度；

b）应经常观察注浆泵两个进料管的吸料比例，发现吸料比例的误差超出允许范围时应立即停泵，并对吸料系统进行检查和调整；

c）应有专人观察注浆区附近的围岩情况，如有异常现象应及时停止注浆；

d） 应有专人观察注浆材料扩散情况，如发现有跑浆现象，应及时与设备操作人员取得联系，并采取相应的措施进行处理；

e） 与注浆无关的人员不应在注浆区域停留；在独头巷道内大批量使用高分子材料进行注浆作业时，应撤出作业点以内的所有人员；

f） 操作人员应避开正对着注浆孔的位置站立；

g） 应按照产品使用说明书规定的用途和使用场所使用，不应随意变更用途或者扩大使用范围；不应在同一施工地点同时混合使用多种材料；

h） 在进行涌水量较大或水压较大注浆堵水施工时，应先打孔埋设导管导水，然后再进行注浆；

i） 在立井中注浆堵水时，应制定专门的吊盘注浆安全施工措施；

j） 应严格遵守如下停止注浆的判定标准，以避免发生注浆事故：

1） 达到注浆方案设计注浆压力，并稳压 3 min 以上；

2） 虽未达到注浆压力，但发生返浆现象，且采用间歇式注浆仍然返浆；

3） 注浆过程中发现注浆区域煤、岩体中有异常劈裂响动情况；

4） 当单孔注浆量已达到注浆方案设计的用量。

8.6 注浆结束流程和注意事项：

a） 注浆完毕后应先卸去系统压力、再拆卸注射混合枪及其他管路；

b） 及时用清洗剂将注浆设备及管路冲洗干净，以便下次注浆能够正常使用；

c） 将设备的动力源及管路拆开并盘放好，并将设备及管路放置在安全、不影响生产及行人处；

d） 将剩余的未注浆材料及配件码放在安全、不影响生产及行人处；

e） 将空桶及设备冲洗的废弃液回收并清理施工现场，将回收的废弃液和现场的废弃物装车升井；

f） 如需连班作业，交接班人员应在井下进行交接班，当班人员向接班人员交代清楚当班存在的问题和注意事项，并填写注浆记录。

8.7 在大批量使用材料的注浆结束后，矿方安监人员应当继续监测施工现场 CH_4、CO、O_2 浓度和温度变化情况，连续观测时间不应低于 48 h，前 24 h 每 30 min 至少观测一次，后 24 h 每 2 h 至少观测一次。

参 考 文 献

[1] AQ/T 1087 煤矿堵水用高分子材料
[2] AQ/T 1089 煤矿加固煤岩体用高分子材料
[3] AQ/T 1090 煤矿充填密闭用高分子发泡材料

ICS 73.100.99
D 98

NB

中华人民共和国能源行业标准

NB/T 10522.1—2021

矿用自动控制防水闸门
第1部分:机械装置

**Automatic waterproof door for mining—
Part 1:Mechanical devices**

2021-01-07 发布 2021-04-01 实施

国 家 能 源 局 发布

前 言

NB/T 10522《矿用自动控制防水闸门》分为四个部分：

——第 1 部分：机械装置；

——第 2 部分：电液控制系统；

——第 3 部分：工程设计、施工及验收规范；

——第 4 部分：操作及维护要求。

本部分为 NB/T 10522 的第 1 部分。

本部分按照 GB/T 1.1—2009 给出的规则起草。

请注意本文件的某些内容可能涉及专利。本文件的发布机构不承担识别这些专利的责任。

本部分由中国煤炭工业协会提出。

本部分由中国煤炭工业协会科技发展部归口。

本部分起草单位：神东煤炭集团有限责任公司、中煤科工集团武汉设计研究院有限公司、武汉明清技术工程有限公司。

本部分主要起草人：杨鹏、杜善周、王存飞、王发达、王志刚、刘混田、张想明、彭志刚、杜芳田、吴桂陈、魏子良、刘少军、房敏、高天强、李世忠。

矿用自动控制防水闸门　第1部分:机械装置

1　范围

NB/T 10522的本部分规定了矿用自动控制防水闸门的门扇、门框、门枢及与其配套产品的分类、标记、型号、技术要求、检验方法、检验规则、标志、包装、运输和储存要求。

本部分适用于断面面积为5.0 m^2～21 m^2的巷道。

2　规范性引用文件

下列文件对于本文件的应用是必不可少的。凡是注日期的引用文件,仅注日期的版本适用于本文件。凡是不注日期的引用文件,其最新版本(包括所有的修改单)适用于本文件。

GB/T 713—2014　锅炉和压力容器用钢板

GB/T 985.1—2008　气焊、焊条电弧焊、气体保护焊和高能束焊的推荐坡口

GB/T 3098.1　紧固件机械性能　螺栓、螺钉和螺柱

GB 6514　涂装作业安全规程　涂漆工艺安全及其通风净化

GB/T 8923.1—2011　涂覆涂料前钢材表面处理　表面清洁度的目视评定　第1部分:未涂覆过的钢材表面和全面清除原有涂层后的钢材表面的锈蚀等级和处理等级

GB/T 11345　焊缝无损检测　超声检测　技术、检测等级和评定

GB/T 11375　金属和其他无机覆盖层　热喷涂　操作安全

GB/T 12608　热喷涂　火焰和电弧喷涂用线材、棒材和芯材　分类和供货技术条件

MT/T 5017—2011　煤矿井筒装备防腐蚀技术规范

3　术语和定义

下列术语和定义适用于本文件。

3.1

防水闸门　waterproof door

在井下可能受水害威胁地段,为预防井下突然涌水而设置的一种带门的矿山防水设施。

3.1.1

自动控制防水闸门　automatic waterproof door

具备就地控制、远程控制、应急功能的防水闸门。

3.2

远程控制　remote control

控制终端(工控计算机)设在地面,经网络完成开、闭的控制方式。

3.3

就地控制　local control

可实现现场人工操作的控制方式。

3.4

门枢　hinge

连接门框与门扇的机构并承载门扇重量。

3.5

门托 device for supporting weight of door

支撑门扇重量的装置。

3.6

轨道拆卸装置 track removal device

防水闸门来水侧拆卸轨道的装置。

3.7

架线拆卸装置 frame removal device

防水闸门来水侧拆卸电机车架线的装置。

3.8

带式输送机机架自移装置 self-shifting device for belt conveyor frame

防水闸门来水侧自行移动带式输送机机架的装置。

3.9

箅子门 grate

防水闸门来水侧阻截杂物的装置。

4 分类、标记、型号

4.1 分类

4.1.1 防水闸门

根据其门扇开闭方式、结构型式分为平开式、对开式及上开式三种类型，参见附录A结构示意图。

4.1.2 机械系统

根据布置位置分为非带式输送机巷及带式输送机巷两种类型，参见附录B图B.1、图B.2。其中图B.3为一种不切断皮带、无需拆除机架，可实现自动关闭防水闸门，其适用于标称压力≤3.2 MPa的巷道。

4.2 标记

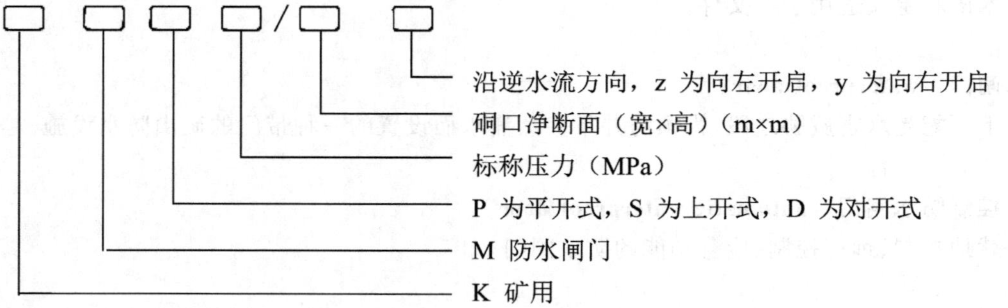

注：按MT/T 154.1—2011，将产品命名为KM型。

示例：

矿用平开式防水闸门，标称压力为3.2 MPa，硐口净断面为2 m×2.5 m，向左开启，其标记为：KMP-3.2/2.0×2.5z。

4.3 标称压力等级及主要规格型号参数，见附录C表C.1、表C.2。

5 技术要求

5.1 一般要求

5.1.1 防水闸门及与其配套装置应符合本部分的技术要求，并按规定程序批准的标准图样和技术文件制造。

5.1.2　平开式、对开式适用于非带式输送机巷道，上开式适用于带式输送机巷道。

5.2　主要结构

5.2.1　防水闸门

5.2.1.1　门扇

门扇结构应符合以下要求：

a）　圆筒薄壳穹形组合构件；

b）　背水面应布设筋板。

5.2.1.2　门框

门框结构应符合以下要求：

a）　工字形组合框架构件，工字形构件与门扇及混凝土结合面应为45°布置，除翼缘外、其余均埋入混凝土中；

b）　门框上下横梁应可拆解。

5.2.1.3　密封

密封方式采用方截面橡胶条密封。

5.2.2　配套装置

5.2.2.1　门托

门托可以调整门扇高度，应采用螺纹丝杆调节，丝杆顶部应设有斜形钢板，钢板倾角为4°～7°。

5.2.2.2　轨道拆卸装置

轨道拆卸装置结构应符合以下要求：

a）　拆卸段的轨道由主动段及从动段组成，下部应设有滑道；

b）　主动段与机架间由油缸连接，主动段尾部与机架支座连接；

c）　主、从动段间为铰接，从动段与固定轨道间应采用定位机构连接；

d）　轨道拆卸段与固定轨道间应设定位机构。

5.2.2.3　架线拆卸装置

架线拆卸装置结构应符合以下要求：

a）　拆卸段的架线由主动段及从动段组成，主动段上布置有液压油缸及锁紧机构，在锁紧状态下两段连接为一整体；

b）　主动段固定在硐室内，从动段固定在硐室外；

c）　固定架线经电缆与主动段、从动段连接。

5.2.2.4　带式输送机机架自移装置

带式输送机机架自移装置结构应符合以下要求：

a）　移动机架宽度大于固定机架宽度，平常处于锁紧状态；

b）　移动机架上设2根油缸，分别驱动机架及托辊；

c）　移动机架下设滑道。

5.2.2.5　箅子门

箅子门结构应符合以下要求：

a）　开闭方式可分为：

- 平开式；
- 对开式；

b）　向来水方向开启；

c）　箅子门中应设安全门；

d）　上部栏栅间距小于100 mm，中部栏栅间距小于40 mm，下部为直径10 mm的网板，高度

400 mm～500 mm。

5.3 材料

5.3.1 门扇

门扇壳板材料应符合 GB/T 713—2014 中力学性能的规定，并具有生产厂的材质合格证书。

5.3.2 架线拆卸装置

架线拆卸装置中，拆卸段应采用纯铜型材。

5.3.3 焊条

应选用符合或接近门扇材料化学成分的材质。

5.3.4 密封条

宜选用丁腈橡胶，表面应手感光滑、平直、无裂纹、扭曲等缺陷。

5.4 工艺要求

5.4.1 加工

门扇应符合以下要求：

a） 采用同径相切原理，将门扇分割为 3 块～4 块进行拼焊；

b） 卷板工艺成型，形成穹状面。

5.4.2 焊接

焊接应符合以下要求：

a） 构件焊缝接头的基本型式与尺寸，应符合 GB/T 985.1—2008 的规定；

b） 焊缝应严密、均匀，不应出现烧穿、裂纹、弧坑、未焊透、未熔合等缺陷；

c） 门扇组焊完成后应进行热处理、消除焊接内应力。

5.5 现场安装要求

5.5.1 防水闸门

5.5.1.1 闸门安装宜具备以下条件：

a） 与防水闸门承压等级相适应的钢筋混凝土防水闸门硐室已竣工；

b） 已预留固定拉紧装置的壁龛；

c） 已预留动力机构的基础；

d） 已预设有大于防水闸门重量的起重梁或起重环。

5.5.1.2 防水闸门安装应符合以下要求：

a） 门框与混凝土接触处应焊接钢筋、钢筋焊接数量每米长度上不应少于 4 根，钢筋采用直径≥16 mm 的螺纹钢，长度≥300 mm；

b） 门框安装时，应上部向顺水方向倾斜 0.8°～1°；

c） 门扇上的密封条应粘接牢固、平直，无间断粘接、局部凸起等缺陷。

5.5.2 配套装置

5.5.2.1 轨道拆卸装置

轨道拆卸装置装配应符合以下要求：

a） 该装置应设置在硐室来水侧；

b） 从动段轨道应进入硐室的长度不得少于 200 mm；

c） 轨道拆卸段与固定轨道的中心应在同一中心线上；

d） 轨道拆卸段应与固定轨道处于同一水平线上，与固定轨道的间隙应小于 6 mm；

e） 两股钢轨顶面的高度差误差不大于 5 mm。

5.5.2.2 架线拆卸装置

架线拆卸装置装配应符合以下要求：

a） 主动段端头固定在硐室内，从动段端头固定在安装梁上；

b） 拆卸段架线高度应与固定架线一致。

5.5.2.3 **带式输送机机架自移装置**

带式输送机机架自移装置装配应符合以下要求：

a） 移动机架的纵向中心线应与固定机架一致；

b） 托辊型号、高度应与固定机架一致。

5.5.2.4 **箅子门**

箅子门装配应符合以下要求：

a） 在防水闸门来水方向 15 m～25 m 设一道箅子门，箅子门上部应设横梁，下部应设置挡块；

b） 安装时，应上部向顺水方向倾斜 1°～2°；

c） 底部与巷道底板的间隙应小于 30 mm；

d） 门扇下部钢板上固定橡胶板，用于底部间隙的封闭，门框与巷道的间隙也应用栏栅封闭。

5.6 防腐工艺要求

5.6.1 一般规定

热喷涂操作安全应符合 GB/T 11375 的规定，涂漆工艺安全及通风净化应符合 GB 6514 的规定。

5.6.2 表面预处理

表面预处理应符合 GB/T 8923.1—2011 中 3.2 的规定。

5.6.3 金属热喷涂层

5.6.3.1 金属热喷涂材料的种类、规格、质量要求应符合 GB/T 12608 的规定。

5.6.3.2 金属热喷涂预处理应符合 MT/T 5017—2011 中 4.3 的规定。

5.6.3.3 热喷涂厚度应符合设计要求，涂层外观平整致密，结合状态良好。

5.6.4 涂料保护层

5.6.4.1 涂料保护层应符合 MT/T 5017—2011 中 4.4 的规定。

5.6.4.2 涂层厚度及为涂料种类应符合 MT/T 5017—2011 中表 A.1 的规定。

5.7 性能要求

5.7.1 门扇耐压性能

门扇耐压性能应符合以下要求：

a） 门扇耐压试验后应符合设计要求的压力等级；

b） 无变形及开焊现象；

c） 门扇壳板各测点的应力值，不准许大于材料的屈服极限。

5.7.2 防水闸门整机性能

5.7.2.1 门框、门枢应与门扇承压等级相适应。

5.7.2.2 防水闸门关闭后，门扇与门框之间应有 4 mm～5 mm 斜向间隙，在水压的作用下，门扇可沿巷道顺水方向平移 6 mm～7 mm。

5.7.2.3 整机试验前，宜具备以下条件：

a） 业主应制定出试压操作规程及安全措施；

b） 防水闸门硐室顶端宜设置量程大于试验压力的压力表；

c） 距防水闸门 20 m 处宜设躲避硐室，用大于 3 倍的望远镜记录压力数值并观察巷道动态，有条件时可采用远程监测方式；

d） 距防水闸门 40 m 处宜设测水堰，测量门缝及硐室墙体的总漏水量。

5.7.2.4 防水闸门整机性能试验应符合以下要求：

a） 整机试验的压力值不得低于设计水压，其稳压在 24 h 以上；

b） 门扇应符合 5.7.1.1a)、5.7.1.1b)的要求；

c） 门框、门枢无变形及开焊现象；

d） 密封面的泄漏量不大于 0.052 m^3/h。

5.7.3 **轨道拆卸装置**

轨道拆卸装置性能应符合以下要求：

a） 拆卸轨道移动距离应大于门扇旋转至轨道中心线的半径；

b） 移动无卡阻、掉道、停顿现象；

c） 移动距离应到设定位置。

5.7.4 **架线拆卸装置**

架线拆卸装置应符合以下要求：

a） 正常处于固定状态，拆卸时主动段与从动段应自动断开；

b） 拆卸段的架线长度应大于门扇转动半径；

c） 断开后架线应自动下垂，不得接地；

d） 固定端应绝缘。

5.7.5 **带式输送机机架自移装置**

带式输送机机架自移装置应符合以下要求：

a） 移动距离应满足防水闸门关闭需要；

b） 移动时应平稳、无卡阻、掉道现象；

c） 锁紧机构连接固定机架与移动机架间应牢固可靠，不应有位移。

5.7.6 **箅子门**

箅子门应符合以下要求：

a） 门体结构应具有通水又能阻截杂物的功能；

b） 门体中的安全门应方便人员撤离，并能自行关闭。

5.8 **表面质量**

5.8.1 防水闸门表面不应有明显的划伤，划伤深度不大于 1.5 mm。

5.8.2 门框、门扇经整形，以两者配合面互为基准面，允许对角平面变形量不大于 6 mm。

5.8.3 门框与门扇配合面的垂直度不应大于 3 mm。

5.8.4 门框宽度及高度的上偏差为 5 mm，下偏差为－2 mm。

5.8.5 上、下门枢旋转中心应在同一轴线上，同轴度公差为 1.5 mm。

5.8.6 门扇表面及构件切割面不应有铁屑、毛刺、油斑或其他污迹，密封面不应溢出粘接剂。

5.8.7 防水闸门及各装置部件，除转动面外均应涂刷防腐涂料，防腐涂料应符合 5.6.3、5.6.4 的规定。

5.8.8 门框、门扇及各装置构件表面应平整光洁，无明显凹痕和机械损伤。

5.8.9 铭牌标志应端正、牢固、清晰。

5.9 **标准件**

使用螺栓、螺钉标准件应符合 GB/T 3098.1 的规定。

6 检验方法

6.1 **材料检查**

门扇板材应符合以下要求：

a） 应符合 5.3.1 的规定，并应核准该板材出厂时的合格证书；

b） 同一规格、同一材质、同一批次抽检率为 10%，单一产品检验率为 100%。

6.2 焊缝质量检查

6.2.1 主要构件的焊缝检查，应在热处理或整形前进行，用目测和低于10倍的放大镜观察是否有裂纹、夹渣及低于焊缝高度的弧坑等缺陷。

6.2.2 主要构件焊缝发现有质量缺陷部位时，应按GB/T 11345进行无损探伤检测。

6.3 表面质量检查

6.3.1 检查门扇表面划伤深度，应在防腐处理前进行，对超出5.8.1的规定时，应填焊磨平。

6.3.2 所有构件表面涂层应光滑、平坦、色泽均匀，无裂纹剥落。

6.4 形位公差检查

用钢卷尺、钢板尺、角尺及塞尺对5.2.2.1、5.2.2.5d)、5.5.1.2a)、5.5.1.2b)、5.5.2.1b)、5.5.2.1d)、5.5.2.1e)中尺寸检查，一次测出。

6.5 装配质量检查

6.5.1 防水闸门

防水闸门装配后，应进行以下检查：

a） 密封圈与门扇应粘接牢固、平直、无间断粘接、局部弯曲等缺陷，用木锤轻敲打密封圈是否出现松动、剥离等现象；
b） 防水闸门装配完成后，由1人启闭门扇，应转动灵活；
c） 锁紧机构可自由调节并牢固可靠；
d） 装配后应符合5.7.2.1、5.7.2.2的规定。

6.5.2 轨道拆卸装置

轨道拆卸装置装配后宜进行以下检查：

a） 点动油缸将主动段与从动段间逐步顶起，再放下，检查拆卸装置的轨道是否与固定轨道在同一中心线上，若有错位应予以调整；
b） 检查滑道曲轨与轨道滑轮的配合，应能使从动段顺利进入门框设定位置内；
c） 检查所有紧固件是否固牢锁紧；
d） 装配完毕后应符合5.7.3的规定。

6.5.3 架线拆卸装置

架线拆卸装置装配后宜进行以下检查：

a） 检查主动段及从动段支座的绝缘情况，若漏电应及时处理；
b） 检查主动段与从动段的锁紧机构是否锁紧可靠，当主动段及从动段需断开时锁紧机构应自动解锁；
c） 架线拆卸后应符合5.7.4b)、5.7.4c)的规定。

6.5.4 带式输送机机架自移装置

带式输送机机架自移装置装配后宜进行以下检查：

a） 点动上托辊油缸使上托辊来回移动，检查是否有卡阻现象；
b） 点动机架油缸，检查机架滑轮与滑道的配合，应移动灵活；
c） 移动距离应符合5.7.5b)、5.7.5c)的规定。

6.5.5 箅子门

箅子门装配后宜进行以下检查：

a） 关闭箅子门，检查门枢是否转动灵活，若关闭不畅需调整上下门枢的同心度；
b） 检查门扇是否与上横梁及底部挡块吻合。

6.5.6 门托

门托装配后宜进行以下检查：

a） 检查调节丝杆与螺母的转动是否灵活，锁紧是否牢靠；

b） 检查丝杆顶部的斜形钢板是否顶托至门扇底部，若有间隙应调高整丝杆高度。

6.6 耐压试验

6.6.1 门扇应满足采矿设计的标称水压要求，检测时将两门扇对称固定在结合器上，投入压力筒（参见附录D图D.1）内进行加载试验，具体试验按照以下进行：

a） 试验压力为产品使用压力的1.1倍及1.05倍，承压1.6 MPa～3.2 MPa取1.1倍，承压4.0 MPa～8.0 MPa取1.05倍；

b） 试验时，第一次加载至设计压力的60%，然后缓慢泄压至零值；第二次加载至设计压力的80%后，再以0.1 MPa为增量的压力递增至试验压力值，并保压0.5 h；

c） 测点的应变量宜用数字式静态应变仪测量。

6.6.2 门扇经过耐压试验后应符合5.7.1的要求。

6.6.3 门扇耐压试验达不到额定承压值又大于下级的承压值时，应降至下一个承压等级使用。

6.6.4 耐压试验应委托有检测资质的单位完成。

6.7 整机试验

6.7.1 首次加压至标定压力的60%，保压1 h；第二次加压至标定压力的80%，保压2 h；之后以0.1 MPa的压力为增量递增至试验压力值，每增量间保压0.5 h。

6.7.2 当发现泄漏水量大于5.7.2.4d)或硐室墙体变形应及时停止试压，查明密封面及硐室墙体的泄漏点，及时采取补救措施。

7 检验规则

7.1 出厂检验

7.1.1 每台防水闸门及配套装置应经厂质检部门检查合格，并附有产品质量合格证方可出厂。

7.1.2 防水闸门出厂检验按附录E表E.1的要求进行检验。

7.2 型式检验

7.2.1 有下列情况之一时，应进行型式检验：

——新产品或老产品转厂生产的试制定型鉴定；

——生产后，如结构、材料、工艺有较大改变可能影响产品性能时；

——产品因故停产两年以上，又重新恢复生产时；

——凡生产的各种品种、规格的第一台时；

——国家质量监督机构提出要求时。

7.2.2 防水闸门型式检验按表E.1的要求进行检验。

7.3 判定规则

7.3.1 产品经检验凡不符合5.7.1均为不合格品。

7.3.2 不合格品经整改补强，并应进行产品复验，承压等级以复验承压值为出厂标称压力。

8 标志、包装、运输、储存

8.1 标志

防水闸门均应有清晰牢固的标志，标志应有下列内容：

a） 按4.2的规定标明有关代号及标记；

b） 生产厂家或专用商标或符号；

c） 在产品明显部位或指定部位应标明下列标志：

——制造厂名和商标；

——生产日期和出厂编号；

——设备总质量。

8.2 包装

8.2.1 产品辅件的包装箱应有足够的强度并有防潮措施。

8.2.2 附件装箱后，箱内应有装箱清单及产品随机文件(见附录F表F.1)。

8.3 运输

8.3.1 装运产品的运输车辆，应有固定产品的装置，保证产品在运输过程中防止涂料保护层破坏。

8.3.2 产品应采用合适的方式装卸，保证产品几何形状不变，表面完好。

8.3.3 起吊、运输前，应制定安全及质量保证措施。

8.4 储存

8.4.1 产品应放在通风、干燥的地方，不应与酸、碱、盐类的物质接触，并防止雨水浸蚀。

8.4.2 产品应水平放置在垫木上，立放角度不小于70°。

附 录 A

（资料性附录）

防水闸门结构示意图

图 A.1～图 A.3 给出平开式、对开式及上开式三种类型防水闸门结构示意图。

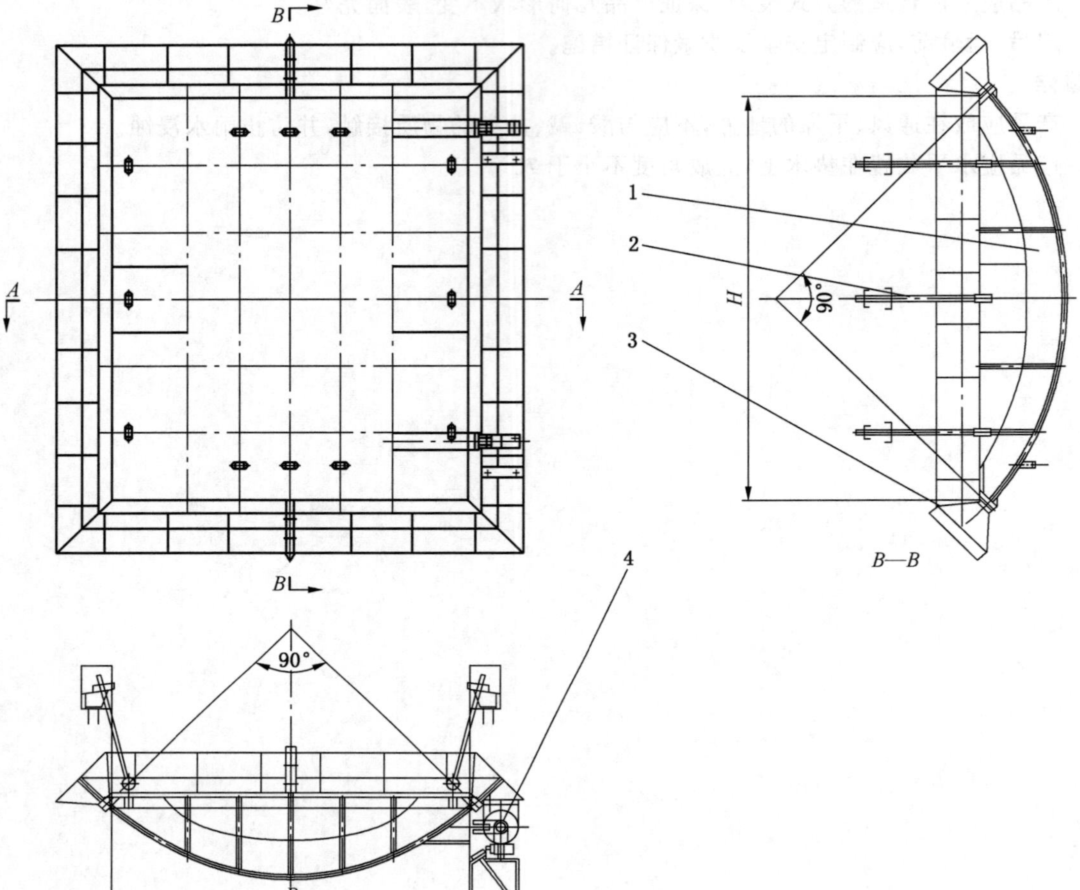

说明：

1——门扇；

2——拉紧装置；

3——门框；

4——门枢。

图 A.1 KMP 型防水闸门

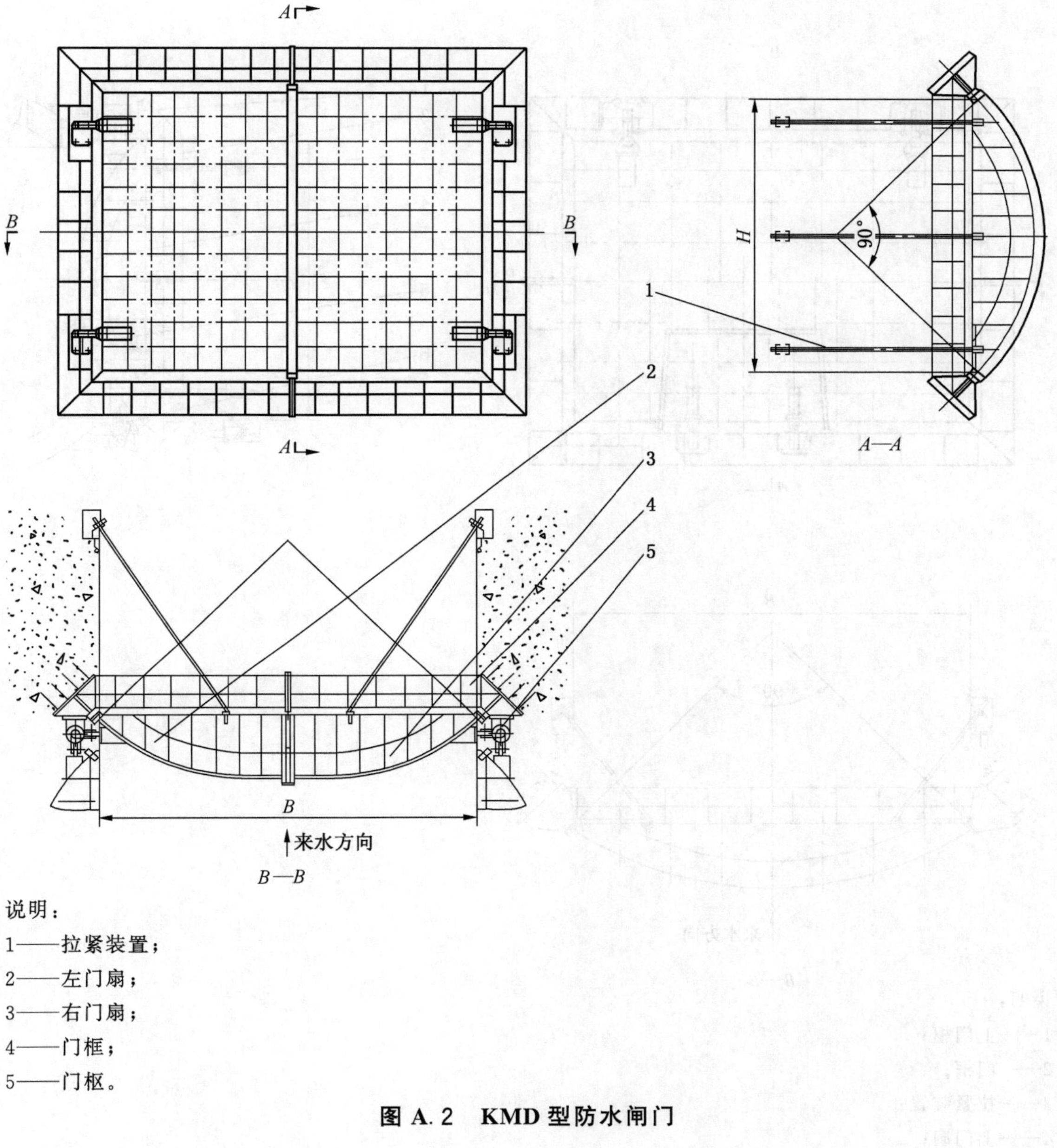

说明：

1——拉紧装置；

2——左门扇；

3——右门扇；

4——门框；

5——门枢。

图 A.2 KMD 型防水闸门

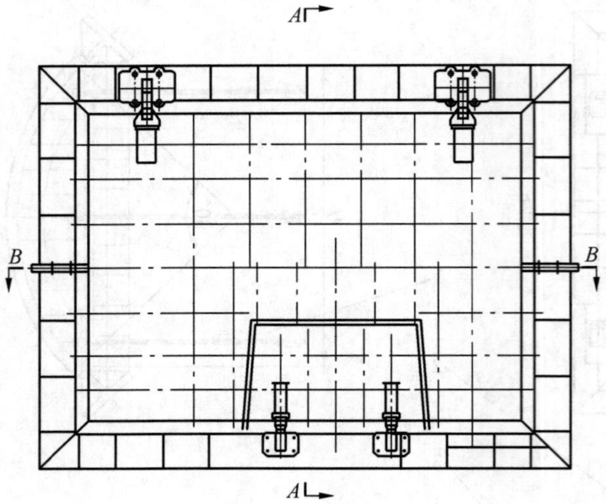

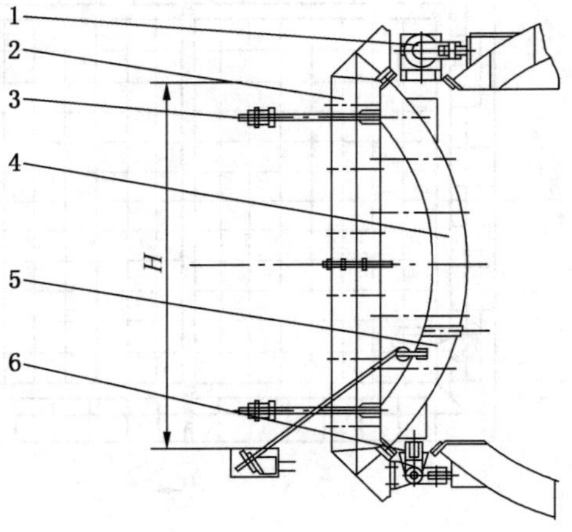

A—A

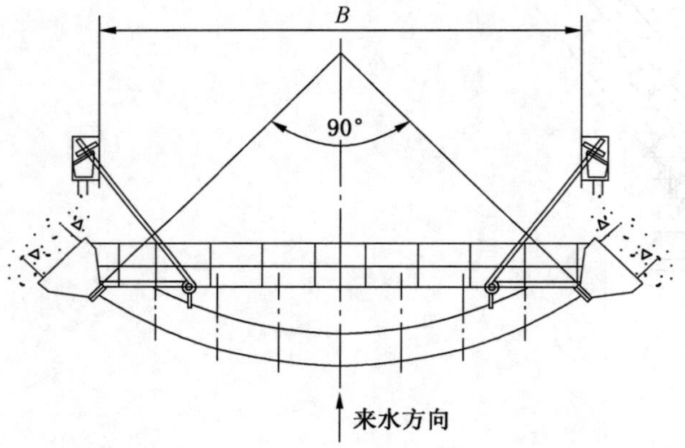

B—B

说明：

1——上门枢；

2——门框；

3——拉紧装置；

4——上门扇；

5——下门扇；

6——下门枢。

图 A.3　KMS 型防水闸门

附　录　B
（资料性附录）
防水闸门系统布置示意图

图 B.1～图 B.3 给出了防水闸门系统布置示意图。其中，图 B.1、图 B.2 给出了轨道巷和带式输送机巷两种示意图。另外，图 B.3 为一种不切断皮带、无需拆除机架，可实现自动关闭防水闸门，其适用于标称压力≤3.2 MPa 的巷道。

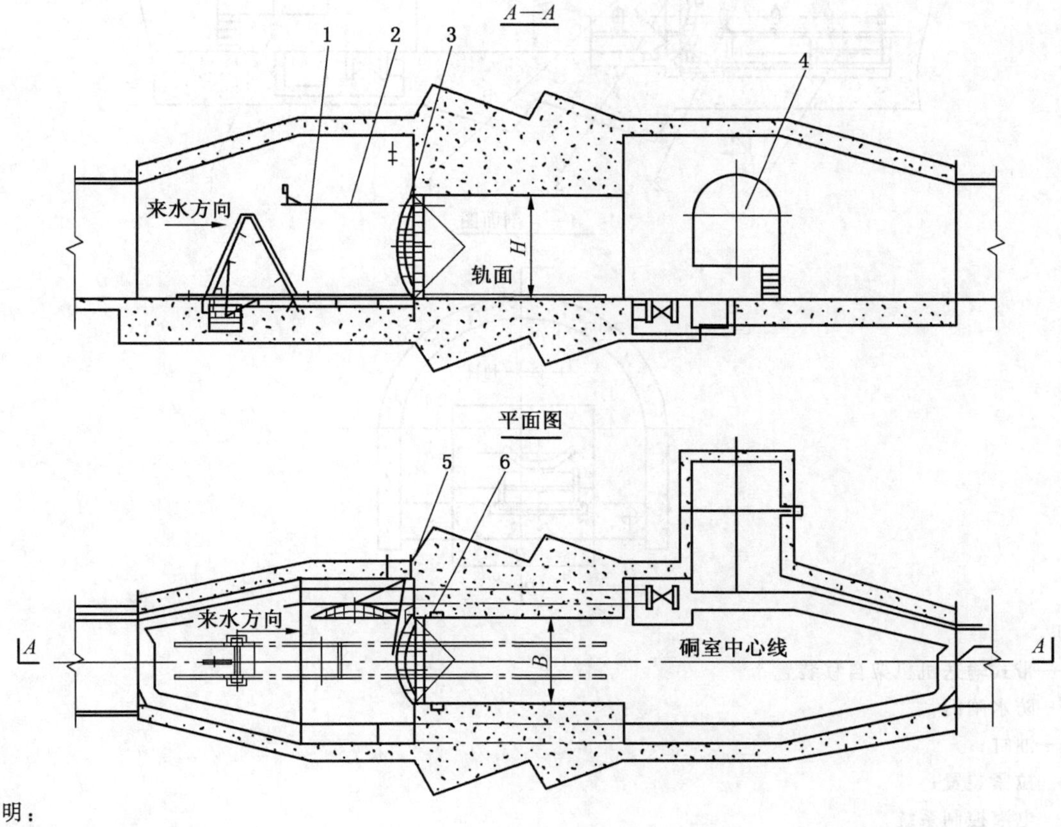

说明：
1——轨道拆卸装置；
2——架线拆卸装置；
3——防水闸门；
4——电液控制系统；
5——油缸；
6——拉紧装置。

图 B.1　轨道巷防水闸门系统布置示意图

B—B剖面图

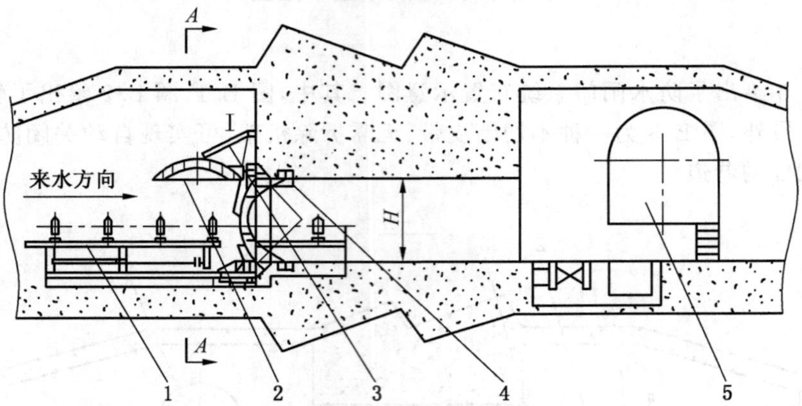

A—A剖面图

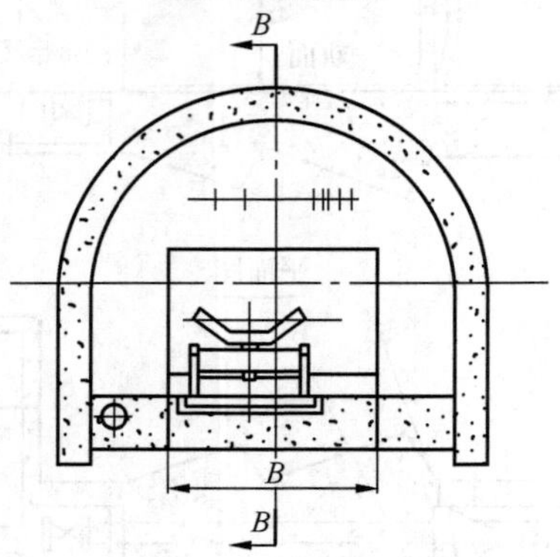

说明：

1——带式输送机机架自移装置；

2——防水闸门；

3——油缸；

4——拉紧装置；

5——电液控制系统。

图 B.2　带式输送机巷防水闸门系统布置示意图

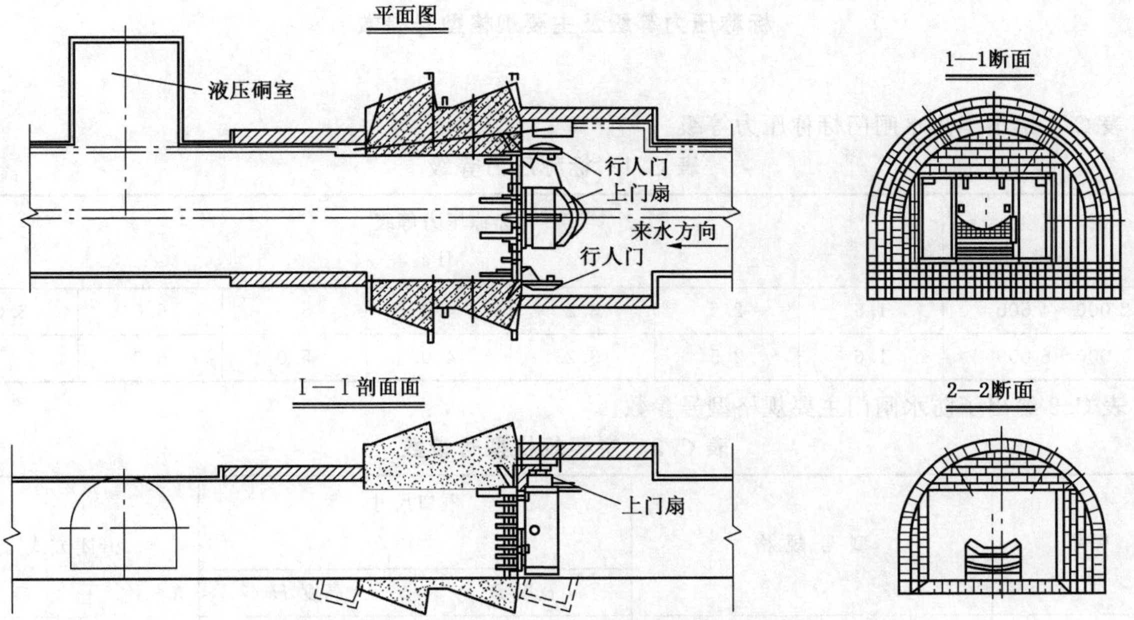

图 B.3　带式输送机巷防水闸门布置示意图(适用于≤3.2 MPa)

附 录 C
（规范性附录）
标称压力等级及主要规格型号参数

表 C.1 给出了防水闸门标称压力等级。

表 C.1 标称压力等级

硐口宽度 mm	标称压力等级 MPa						
2 000～4 500	1.6	2.5	3.2	4.0	5.0	6.0	8.0
5 000～6 000	1.6	2.5	3.2	4.0	5.0	6.0	

表 C.2 给出了防水闸门主要规格型号参数。

表 C.2 主要规格型号参数

序号	型号规格	硐口尺寸 mm		开闭方式
		宽度 B	高度 H	
1	KMP-2×2.5	2 000	2 500	平开式
2	KMP-2.2×2.75	2 200	2 750	平开式
3	KMP-2.5×3	2 500	3 000	平开式
4	KMS-2.75×2	2 750	2 000	上开式
5	KMS-3.2×2	3 200	2 000	上开式
6	KMS-2.75×2.2	2 750	2 200	上开式
7	KMS-3.2×2.2	3 200	2 200	上开式
8	KMD-3.5×2.5	3 500	2 500	对开式
9	KMD-4.0×3.0	4 000	3 000	对开式
10	KMD-4.5×3.0	4 500	3 000	对开式
11	KMD-4.5×3.2	4 500	3 200	对开式
12	KMD-5×3.0	5 000	3 000	对开式
13	KMD-5×3.5	5 000	3 500	对开式
14	KMD-5.5×3.5	5 500	3 500	对开式
15	KMD-6.0×3.5	6 000	3 500	对开式

附　录　D
（资料性附录）
压力筒示意图

图 D.1 给出了压力筒示意图。

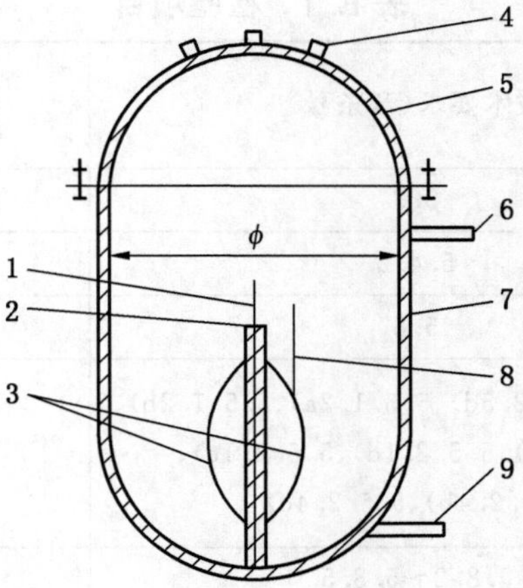

说明：
1——起重绳；
2——结合器；
3——试验门扇；
4——水密接头；
5——压力筒；
6——进水管；
7——筒体；
8——电线；
9——排水管。

图 D.1　压力筒示意图

附 录 E
（规范性附录）
检 验 项 目

表 E.1 规定了检验项目。

表 E.1 检验项目

序号	检验项目	技术要求(章条号)	试验方法(章条号)	检验类型		
				出厂	现场	型式
1	材料检查	5.3	6.1.1	√	×	√
2	焊接质量检查	5.4.2	6.2	√	×	√
3	表面质量检查	5.8	6.3	√	×	√
4	几何尺寸检查	5.2.2.1、5.2.2.5d)、5.5.1.2a)、5.5.1.2b)、5.5.2.1b)、5.5.2.1d)、5.5.2.1e)、5.5.2.4b)、5.5.2.4c)	6.4	√	√	×
	形位公差检查	5.8.2～5.8.5	6.4	√	√	×
5	装配质量检查	5.7.2.2、5.7.3、5.7.4、5.7.5	6.5	√	√	×
6	耐压性能试验	5.7.1	6.6.1	×	×	√
7	整机性能试验	5.7.2.4	6.7.1	×	√	×
注1:表中“√”表示该项目进行检查。 注2:表中“×”表示该项目不进行检查。						

附 录 F
（规范性附录）
产品随机文件

表 F.1 给出了产品随机文件。

表 F.1 产品随机文件

序 号	文件名称		说 明
1	产品合格证	防水闸门	门扇
		液压系统	含液压站、油缸、液压元件
		电控系统	工控计算机、控制箱、控制开关等
		配套装置	轨道、架线、机架拆卸装置等
		防爆电机	
2	附图	安装图	
		基础图	
3	产品使用说明书		
4	防水闸门检测报告		
5	随机备件清单		
6	装箱单		

参 考 文 献

[1] GB/T 150(所有部分) 压力容器
[2] GB/T 1184—1996 形状和位置公差 未注公差值
[3] GB/T 5118—2012 热强钢焊条
[4] GB/T 9286—1998 色漆和清漆 漆膜的划格试验
[5] GB/T 11373—2017 热喷涂 金属零部件表面的预处理
[6] GB 50017—2017 钢结构设计标准
[7] GB 50205—2001 钢结构工程施工质量验收规范
[8] MT/T 154.1—2011 煤矿机电产品型号编制方法 第1部分:导则
[9] MT/T 587—2011 液压支架结构件制造技术条件
[10] MT/T 788—1998 PM型平板防水闸门
[11] SL 105—2007 水工金属结构防腐蚀规范

ICS 73.100.99
D 98

NB

中华人民共和国能源行业标准

NB/T 10522.2—2021

矿用自动控制防水闸门 第2部分：电液控制系统

Automatic waterproof door for mining—
Part 2: Electro-hydraulic control system

2021-01-07 发布　　2021-04-01 实施

国 家 能 源 局　发 布

前 言

NB/T 10522《矿用自动控制防水闸门》分为四个部分：

——第 1 部分：机械装置；

——第 2 部分：电液控制系统；

——第 3 部分：工程设计、施工及验收规范；

——第 4 部分：操作及维护要求。

本部分为 NB/T 10522 的第 2 部分。

本部分按照 GB/T 1.1—2009 给出的规则起草。

本部分由中国煤炭工业协会提出。

本部分由中国煤炭工业协会科技发展部归口。

本部分起草单位：神东煤炭集团有限责任公司、北京天地玛珂电液控制系统有限责任公司、中国煤炭工业协会生产力促进中心。

本部分主要起草人：杨鹏、杜善周、王存飞、魏子良、王志刚、刘混田、石晓红、贺海涛、罗宇、魏冠伟、王发达、刘少军、张国彦、高天强、牛剑峰、郑厚发、吴桂陈、刘正明。

矿用自动控制防水闸门　第2部分：电液控制系统

1　范围

NB/T 10522的本部分规定了矿用自动控制防水闸门(以下简称闸门)电液控制系统(以下简称控制系统)的术语和定义、技术要求、试验方法、检验规则、标志、包装、运输和贮存。

本部分适用于矿用自动控制防水闸门电液控制系统的设计、制造、检测。

2　规范性引用文件

下列文件对于本文件的应用是必不可少的。凡是注日期的引用文件，仅注日期的版本适用于本文件。凡是不注日期的引用文件，其最新版本(包括所有的修改单)适用于本文件。

GB 3836.1　爆炸性环境　第1部分：设备　通用要求

GB 3836.2　爆炸性环境　第2部分：由隔爆型外壳"d"保护的设备

GB 3836.3　爆炸性环境　第3部分：由增安型"e"保护的设备

GB 3836.4　爆炸性环境　第4部分：由本质安全型"i"保护的设备

GB/T 3836.6　爆炸性环境　第6部分：由油浸型"o"保护的设备

GB 3836.9　爆炸性环境　第9部分：由浇封型"m"保护的设备

GB/T 4208—2017　外壳防护等级(IP代码)

GB 11118.1—2011　液压油(L-HL、L-HM、L-HV、L-HS、L-HG)

GB/T 13306　标牌

GB/T 15478—2015　压力传感器性能试验方法

GB/T 15622—2005　液压缸试验方法

GB/T 17626.3—2016　电磁兼容　试验和测量技术　射频电磁场辐射抗扰度试验

GB/T 17626.4—2018　电磁兼容　试验和测量技术　电快速瞬变脉冲群抗扰度试验

GB/T 17626.5—2008　电磁兼容　试验和测量技术　浪涌(冲击)抗扰度试验

GB/T 25974.3—2010　煤矿用液压支架　第3部分：液压控制系统及阀

JB/T 10205—2010　液压缸

MT/T 98—2006　液压支架用软管及软管总成检验规范

MT/T188.1—2006　煤矿用乳化液泵站　第1部分：泵站

MT 209—1990　煤矿通信、检测、控制用电工电子产品通用技术要求

MT 210—1990　煤矿通信、检测、控制用电工电子产品基本试验方法

MT 443—1995　煤矿井下环境监测用传感器通用技术条件

MT/T 772—1998　煤矿监控系统主要性能测试方法

MT/T 825—1999　矿用水位传感器通用技术条件

MT/T 986—2006　矿用U形销式快速接头及附件

3　术语和定义

下列术语和定义适应于本文件。

3.1

电液控制系统　electro-hydraulic control system

具有控制器、传感器、液压部件等的，可以根据生产需要，利用液压流体作为工作介质实现液压执行元件动作的一种控制系统。

3.2

闸门控制装置　gate control device

采集传感器数据、发出指令、接收指令、实现逻辑控制、控制电磁换向阀驱动装置动作的装置。

3.3

电磁驱动装置　electromagnetic directional valve driver

依据从闸门控制装置接收到的控制信号驱动电磁换向阀动作的装置。

3.4

电磁换向阀　electromagnetic directional valve

依据从电磁换向阀驱动装置接收到的控制信号，实现对高压液体的流动方向进行控制的阀组。

3.5

远程监控装置　remote monitor and control device

显示、存储、分析闸门系统数据的装置，可与闸门控制装置通信并可控制闸门相关动作。

3.6

急停响应时间　system emergency-stop response time

从急停装置(可为闸门控制装置一部分)发出信号到闸门电磁换向阀动作完毕所经历的时间。

3.7

关门时间　gate-close time

从操作闸门控制装置发出命令关闭闸门开始到闸门完全关闭所经历的时间。

4　技术要求

4.1　电控系统

4.1.1　一般要求

电控系统一般由闸门控制装置、电磁驱动装置、电磁换向阀、传感器、蓄能器、不间断电源、声光报警器等组成。

4.1.2　环境条件

电控系统及有关设备应能在下列条件下正常工作：

a)　环境温度：0 ℃～40 ℃；

b)　平均相对湿度：不大于 98%(25 ℃)；

c)　大气压力：80 kPa～110 kPa；

d)　无显著振动和冲击的场合；

e)　煤矿井下有甲烷、煤尘等爆炸危险性混合物。

4.1.3　供电电源

采用交流电源供电，供电电源应符合以下要求：

a)　额定电压：380 V/660 V/1 140 V，允许偏差±7%；

b)　谐波：不大于 10%；

c)　频率：50 Hz，允许偏差±5%。

4.1.4　安装位置

整套电控系统需安装在距离底板 2 m 处的硐室内。

4.1.5　电源波动适应能力

供电电压在 4.1.3 规定的波动范围内变化时，系统的基本功能不得低于本部分的要求。

4.1.6 工作稳定性

电控系统应进行工作稳定性试验，通电试验时间不小于 7 d，其基本功能不得低于本部分的要求。

4.1.7 抗干扰性

4.1.7.1 电控系统应能通过 GB/T 17626.3—2016 第 5 章规定的、试验等级不低于 1 级的射频电磁场辐射抗扰度试验，系统应能正常工作。

4.1.7.2 电控系统应能通过 GB/T 17626.4—2018 第 5 章规定的、试验等级不低于 1 级的电快速瞬变脉冲群抗扰度试验，系统应能正常工作。

4.1.7.3 电控系统应能通过 GB/T 17626.5—2008 第 5 章规定的、试验等级不低于 1 级的浪涌（冲击）抗扰度试验，系统应能正常工作。

4.1.8 可靠性

平均无故障工作时间（MTBF）执行 MT 209—1990 的规定。

4.1.9 防爆性能

电控系统内防爆型设备应执行 GB 3836.1、GB 3836.2、GB 3836.3、GB 3836.4、GB/T 3836.6、GB 3836.9 的规定。

4.1.10 外观

4.1.10.1 外壳表面不应有明显的凹痕、划伤、裂缝和变形，表面涂层均匀，不应起泡、龟裂和脱落。

4.1.10.2 铭牌与标志应字迹清晰，安装牢固。

4.1.10.3 急停装置应采用红色设计，与其他停止装置明显不同。

4.1.11 外壳防护

电控系统的设备按照 GB/T 4208—2017 定义的外壳防护等级应不低于 IP54。

4.2 电控系统主要功能及技术指标

4.2.1 急停控制功能

电控系统在任何正常运行的情况下，都能够通过操作急停装置实现所有动作的紧急停止，急停响应时间应不大于 300 ms。

4.2.2 手动控制功能

通过手动操作液压系统的手动操纵杆实现闸门油缸的动作控制，从而实现闸门启闭的相应动作。手动控制功能是在没有电力或电控系统全部失灵的情况下，保证闸门可以实现其基本动作的控制功能。

4.2.3 就地控制功能

通过直接操作闸门控制装置键盘上相应动作按键，实现闸门每个独立动作的控制。采用按下动作，抬手停止的方式，操作者可以随时观察动作的执行情况，并随时停止动作的执行。

4.2.4 自动控制功能

通过操作闸门控制装置的一键按钮，闸门控制装置按照既定逻辑，实现开、关门。关门流程：关箅子门⟶升下门挡⟶关闭来水侧左门⟶闭锁来水侧左门⟶关闭来水侧右门⟶闭锁来水侧右箅门⟶开逃生门，开门流程：解锁来水侧右门⟶开启来水侧右门⟶解锁来水侧左门⟶开启来水侧左门⟶降下门挡⟶开箅子门，自动实现关门和开门动作。其中，在无水条件下自动控制的一次完整关门动作时间不大于 70 s。

4.2.5 远程控制功能

通过操作地面远程监控系统，实现闸门每个独立动作的控制和整套动作的自动控制。能够将传感数据、视频数据、动作数据等实时上传至远程监控装置进行显示和存储。

4.2.6 监控功能

4.2.6.1 视频监控功能：在闸门两侧安装摄像仪，监视闸门的开闭角度、是否开闭到位等、闸门附近是否有水及大概水位等实时情况，并将视频信号传输到地面调度监控室。

4.2.6.2 泵站监控功能:在泵站系统安装油温、油压、流量、压力等传感器,实现对泵站相应数据进行实时监测。

4.2.6.3 水位监控功能:沿来水侧巷道方向每 50 m 布置 1 个水位传感器,水位传感器布置高度参照正态分布曲线,最低位置 100 mm,最高位置 1 500 mm。有 2 个及以上水位传感器检测到有水时,在地面远程监控系统页面上自动弹出“关门”按钮并发出报警声,同时自动触发井下声光报警器报警。

4.2.6.4 自动补压功能:系统压力低于液压系统工作压力 25 MPa 的 80%(20 MPa)时,自动开启泵站,压力达到工作压力 25 MPa 时,停止泵站。

4.2.6.5 故障诊断及预处理功能:电控系统应能够对液压系统进行爆管检测,并能够做出故障指示和紧急停机;应能够对闸门的开闭过程进行监测,并判断是否出现卡滞(表现为关闭速度变缓或停止,未在规定时间内到达指定位置),并进行相应预处理;应能够对控制系统运行状态数据(如泵站油温、油压、油位等数据,电磁换向阀驱动电流数据等)进行分析,判断是否出现故障并进行预处理。

4.2.6.6 系统交互功能:电控系统应能够提供相应接口,同矿井人员定位系统、水文监测系统等进行数据交互。

4.2.7 备用电源功能

电控系统应配备不间断电源。在外部供电电源切断时,不间断电源应能保证控制系统运行时间不小于 3 h;其中,不间断电源包括两种,一种为闸门控制装置提供后备电源,一种为远程监控装置提供后备电源。备用电源安装在距离底板 2 m 处硐室内的架子上,架子高度不低于 200 mm。

4.2.8 声光报警

在闸门两侧 10 m 处安装声光报警,防水闸门动作预警和动作过程中进行声光报警,在距离声光报警装置 1 m 处声级应大于 85 dB。

4.3 液压系统功能及要求

4.3.1 液压系统组成

液压系统由动力源部分(泵站、蓄能器组)、操控部分(电磁换向阀)、定位部分(双向锁、液控单向阀等)、执行部分(液压油缸)、辅助部分(过滤器、同步液压马达、单向阀、球形截止阀、压力表、接头、胶管等)和其他设备组成,见附录 A。

4.3.2 密封性能

液压系统中软管总成及接头等在泵站公称压力条件下不应有渗漏。

4.3.3 动作控制

应满足以下要求:

a) 应能依靠蓄能器供液,通过手动操作电磁换向阀按钮,实现闸门相应动作的控制;
b) 应能通过手动换向阀就地解锁,实现人力推动防水闸门启闭,在门扇最外侧用不大于 360 N 的力作用下应能关闭和开启;
c) 关闭闸门的动力应不小于 196 kN;
d) 闸门开关位置应具有锁定功能。

4.3.4 泵站公称压力和公称流量

泵站的公称压力不小于 25 MPa,公称流量不小于 25 L/min。

4.3.5 备用动力源功能

液压系统应配备蓄能器组储备动力源,蓄能器组的容量能实现闸门至少完成胶运巷闸门 1 次完整的开门和关门动作;辅运巷闸门 1 次完整的开门和关门动作,辅运巷逃生门 3 次完整开门和关门动作。

4.3.6 系统工作压力

系统工作压力应不小于 20 MPa。压力不足时,执行 4.2.6.4。

4.3.7 蓄能器充气压力

蓄能器的充气压力应在系统工作压力的70%~90%。

4.3.8 软管总成

液压控制系统中的软管总成应符合MT/T 98—2006的规定。

4.3.9 管路附件

液压控制系统中的管路附件应符合MT/T 986—2006的规定。

4.3.10 阀的要求

液压控制系统中的阀应符合GB/T 25974.3—2010的规定。

4.3.11 液压缸的要求

液压控制系统中的液压缸应符合JB/T 10205—2010的规定。

5 试验方法

5.1 电控系统试验

5.1.1 环境条件

按MT/T 772—1998中3.1的有关规定进行。

5.1.2 电源条件

按MT/T 772—1998中3.2的有关规定进行。

5.1.3 测试仪器和设备

按MT/T 772—1998中4.1的有关规定进行。

5.1.4 受试系统的要求

5.1.4.1 现场检验时，按实际配置的系统进行检验。

5.1.4.2 出厂检验和型式检验时，系统测试至少应具备下列设备：

a) 闸门控制装置1台；
b) 电磁驱动装置1台；
c) 电磁换向阀1组；
d) 闸门控制装置不间断电源1台，远程监控装置不间断电源1台；
e) 直流稳压电源1台；
f) 声光报警器1台；
g) 摄像仪1台；
h) 远程监控装置1台(可以是PC机或工控机)；
i) 传感器1套(系统压力传感器、水位传感器、角度传感器、接近开关传感器等)。

5.1.4.3 受试设备应是出厂检验和型式检验合格的产品。

5.1.5 受试系统的连接

受试系统按图1进行连线。

5.1.6 系统功能试验

5.1.6.1 传感器数据采集、存储试验按照MT/T 772—1998中8.2、8.3、8.4、8.7的要求进行。

5.1.6.2 自诊断功能试验按照MT/T 772—1998中8.10的要求进行。

5.1.6.3 控制系统急停响应时间测试：

使用示波器监测急停装置信号，同时监测电磁换向阀的动作机构信号。当控制系统正常运行，电磁换向阀正在工作时，触发急停装置，急停命令传递到闸门控制装置，控制电磁换向阀停止动作。示波器记录急停装置触发至电磁换向阀停止动作的间隔时间即为急停响应时间。

5.1.6.4 关门时间测试：

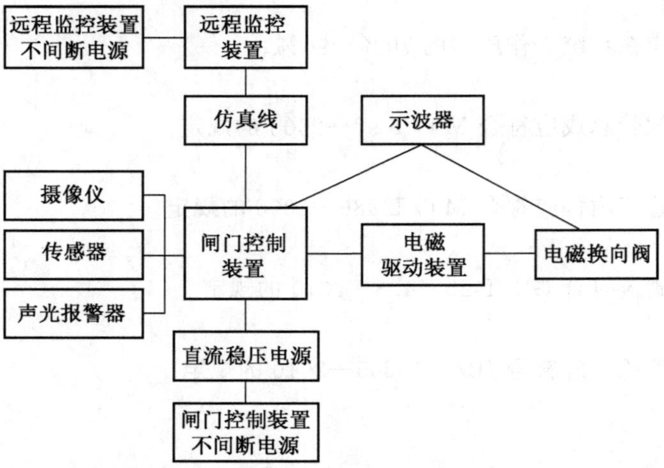

注:仿真线用于模拟远程监控装置至闸门控制装置最大传输距离的传输线。

图 1 受试系统连接示意图

按照 4.2.2 的要求控制闸门自动关闭,用秒表测量开始操作至关门动作结束的间隔时间。

5.1.7 传感器指标试验

传感器指标试验时,应满足以下要求:

a) 系统压力传感器:按照 GB/T 15478—2015 的规定进行。

b) 水位传感器:按照 MT/T 825—1999 的规定进行。

c) 声光报警器:按照 MT/T 443—1995 的规定进行。

5.1.8 电源波动适应能力试验

按照 MT/T 772—1998 中第 11 章的有关规定进行。

5.1.9 工作稳定性试验

按照 MT/T 772—1998 中第 10 章的有关规定进行,试验中的测量时间间隔不得大于 24 h。

5.1.10 抗干扰性试验

按照 GB/T 17626.3—2016、GB/T 17626.4—2008、GB/T 17626.5—2008 的相关规定进行。

5.1.11 可靠性试验

可靠性试验应符合 MT 210—1990 的规定。

5.1.12 防爆性能试验

电控系统的防爆性能试验方法按 GB 3836.1、GB 3836.4 的有关要求进行检验。

5.1.13 外观检查

外观检查按 MT 210—1990 第 5 章的有关规定进行。

5.1.14 外壳防护性能试验

外壳防护性能试验按 GB/T 4208—2017 的有关规定进行。

5.2 液压系统试验

5.2.1 试验条件

5.2.1.1 试验工作液应满足 GB 11118.1—2011 中 68#液压油要求。

5.2.1.2 试验全过程中,环境温度在 0～40 ℃范围内。

5.2.2 试验方法

5.2.2.1 阀类元件的试验方法按 GB/T 25974.3—2010 进行。

5.2.2.2 液压缸按 GB/T 15622—2005 进行。

5.2.2.3 泵站的公称压力按 MT/T 188.1—2006 中第 6 章执行。

5.2.2.4 在液压系统运转 3 min～5 min，取连续的 3 次～5 次泵站卸载压力的算术平均值为测量值，即系统工作压力的平均值。

5.2.2.5 蓄能器充气压力试验方法按 MT/T 188.1—2006 中 6.2.8 执行。

5.2.2.6 系统停电后，应能依靠蓄能器组供液，通过手动操作电磁换向阀按钮，蓄能器组的压力和容量能保证胶运巷闸门开门和关门各 1 次，辅运巷闸门开门和关门各 1 次，辅运巷逃生门开门和关门各 3 次。在此期间，并保证 70 s 完成一次完整的关门动作。

5.2.2.7 液压管路系统在许用工作压力 40 MPa 条件下，试验 3 次，每次 1 min，液压管路系统不应渗漏和损坏。

5.2.2.8 液压控制系统中的软管总成按 MT/T 98—2006 进行检验。

5.2.2.9 液压控制系统中的管路附件按 MT/T 986—2006 进行检验。

6 检验规则

6.1 检验分类

检验一般分出厂检验和型式检验两种。检验项目见表 1。

6.2 出厂检验

6.2.1 每套控制系统均需进行出厂检验。合格产品应给予合格证。

6.2.2 出厂检验一般由制造厂质检部门负责进行。

6.2.3 试验项目应符合表 1 中出厂检验项目的规定。

表 1 试验项目

检验项目	质量特征类别	试验项目要求	试验方法	出厂检验	型式检验
电源波动适应能力	A	4.1.5	5.1.8	—	○
工作稳定性	B	4.1.6	5.1.9	○	○
抗干扰性	B	4.1.7	5.1.10	—	△
可靠性	B	4.1.8	5.1.11	—	△
防爆性能	A	4.1.9	5.1.12	—	○
外观检查	C	4.1.10	5.1.13	○	○
外壳防护性能	A	4.1.11	5.1.14	—	○
电控系统功能	A	4.2	5.1.6	○	○
液压系统功能	A	4.3	5.2	○	○
注："○"表示需要进行检验的项目。"△"表示根据具体情况选择的项目。"—"表示不需要进行检验的项目。					

6.2.4 出厂检验各项性能和指标需符合本标准和相关标准的规定。否则按不合格处理。

6.3 型式检验

6.3.1 在下列情况之一时，应进行型式检验：

a） 新产品及老产品转厂定型时；

b） 正式生产后，如结构、材料、工艺有较大改变，可能影响产品性能时；

c） 正常生产时每 5 年一次（防爆性能除外）；

d） 停产 1 年恢复生产时；

e） 出厂检验结果与上次型式检验结果有较大差异时；

f） 国家有关机构提出进行型式检验时。

6.3.2 检验项目应符合表1中的型式检验项目的规定。

6.3.3 按照GB/T 17626.3—2016、GB/T 17626.4—2018、GB/T 17626.5—2008规定的方法，在出厂检验合格的产品中抽取受试系统的各组成设备。样品数量应满足试验要求。

6.3.4 型式检验的各项性能和指标应符合本标准和相关标准的规定。对A类项目，有1项不合格则判该批为不合格。对B类项目，有1项不合格应加倍抽样检验，若仍不合格则判该批为不合格。对C类项目，累计3处以上不合格则判该批为不合格。

7 标志、包装、运输和贮存

7.1 标志

系统设备标牌应符合GB/T 13306的规定，牢固地固定在产品明显部位并标明安全标志标识。

7.2 包装

包装应有防潮、防锈措施，结实可靠。出厂装箱时，应附带下列文件：

a） 产品合格证；

b） 使用说明书；

c） 安全标志证书复印件；

d） 装箱单。

7.3 运输

包装后的控制系统在运输过程中应防止雨淋。

7.4 贮存

7.4.1 系统液压阀类设备检验合格后，应排尽工作液，所有通内腔的孔应加塑料堵或帽封好。

7.4.2 系统设备应放在空气流通、干燥的库房内。

附 录 A
（规范性附录）
液压系统原理图

液压系统原理图见图 A.1 和图 A.2。

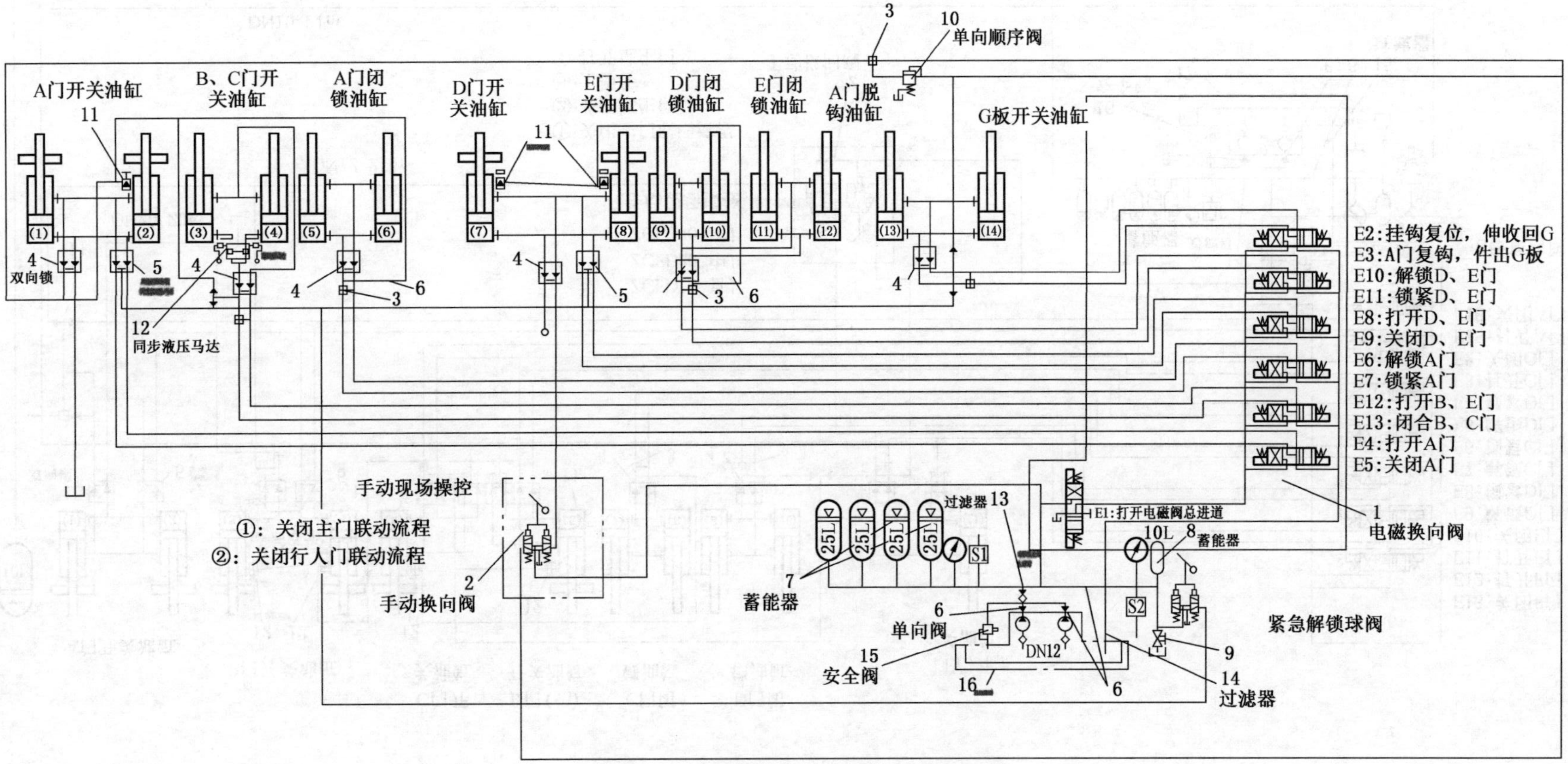

图A.1 胶带运输巷防水闸门液压原理图

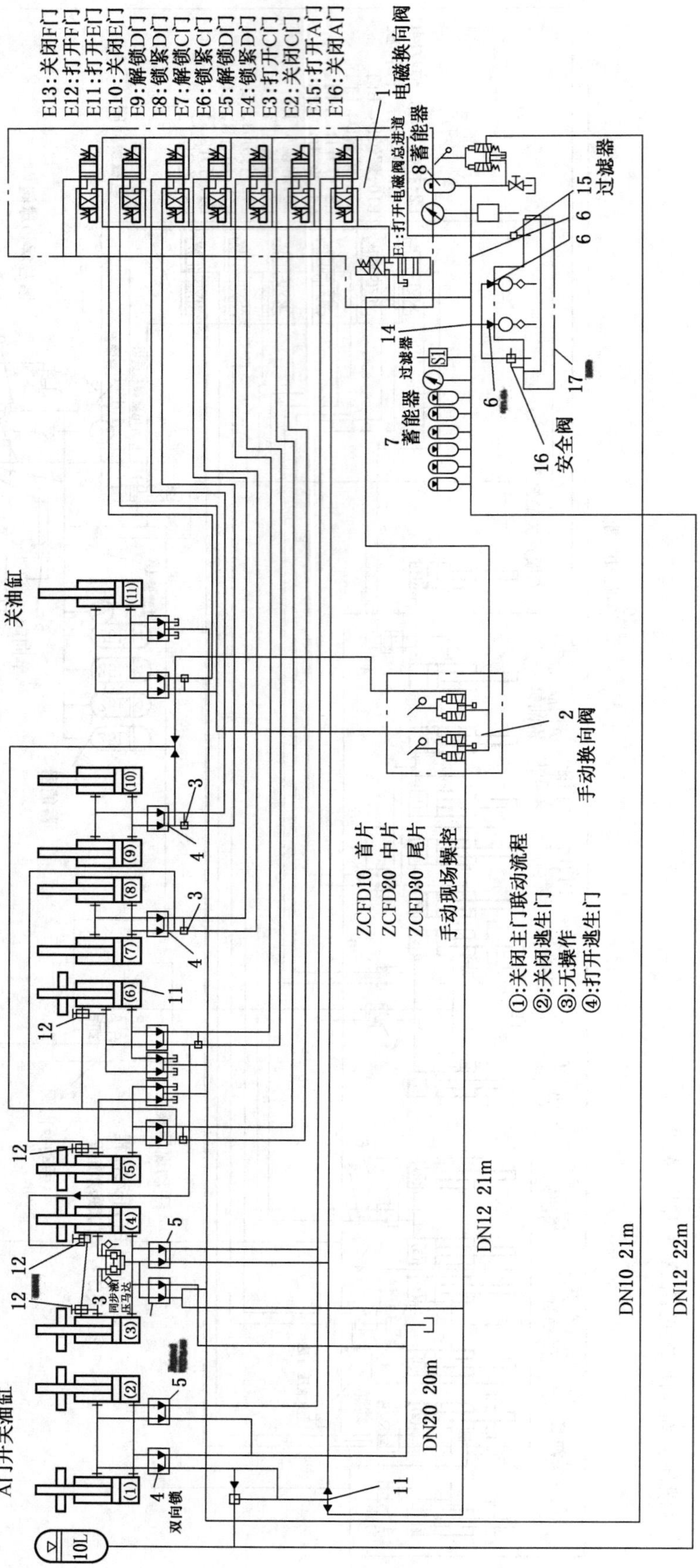

图A.2　辅助运输大巷防水闸门液压原理图

参 考 文 献

[1] GB/T 12325—2008 电能质量 供电电压偏差
[2] AQ 1043—2007 矿用产品安全标志标识
[3] MT 111—2011 矿用防爆型低压交流真空电磁起动器
[4] MT 287—1992 煤矿信号设备通用技术条件

ICS 73.100.99
D 98

NB

中华人民共和国能源行业标准

NB/T 10522.3—2021

矿用自动控制防水闸门 第3部分:工程设计、施工及验收规范

Automatic waterproof door for mining—
Part 3:Code for engineering design,construction and acceptance

2021-01-07 发布　　2021-04-01 实施

国家能源局　发布

前言

NB/T 10522《矿用自动控制防水闸门》分为四个部分：

——第1部分：机械装置；

——第2部分：电液控制系统；

——第3部分：工程设计、施工及验收规范；

——第4部分：操作及维护要求。

本部分为NB/T 10522的第3部分。

本部分按照GB/T 1.1—2009给出的规则起草。

本部分由中国煤炭工业协会提出。

本部分由中国煤炭工业协会科技发展部归口。

本部分起草单位：神东煤炭集团有限责任公司、鄂尔多斯市神东工程设计有限公司、中煤科工集团武汉设计研究院有限公司。

本部分主要起草人：杨鹏、杜善周、杨俊哲、张斌昌、赵美清、彭志刚、智战平、李山、郝忠军、罗文、石晓红、高天强、辛德林、陈团团、刘艳。

矿用自动控制防水闸门
第3部分:工程设计、施工及验收规范

1　范围

NB/T 10522 的本部分规定了矿用自动控制防水闸门工程设计、施工、安装及验收遵守的原则和要求。

本部分适用于矿用自动控制防水闸门工程设计、施工、安装及验收。

2　规范性引用文件

下列文件对于本文件的应用是必不可少的。凡是注日期的引用文件,仅注日期的版本适用于本文件。凡是不注日期的引用文件,其最新版本(包括所有的修改单)适用于本文件。

GB 50010　混凝土结构设计规范

GB 50204　混凝土结构工程施工质量验收规范

GB 50231—2009　机械设备安装工程施工及验收通用规范

GB 50946　煤矿设备安装工程质量验收规范

GB 51062　煤矿设备安装工程施工规范

GB 51070—2014　煤炭矿井防治水设计规范

MT 5010　煤矿安装工程质量检验评定标准

3　基本规定

3.1　防水闸门工程应根据矿井水文地质条件和防治水安全要求,由具有相应资质的单位进行设计,设计应遵循安全可靠、技术经济合理的原则。

3.2　防水闸门工程应经煤矿主要负责人审查批准后方可施工,投入使用前应由煤矿总工程师组织竣工验收。

3.3　防水闸门安装前应有相应的技术标准、施工组织设计、安装方案、安全技术措施等技术文件。

3.4　防水闸门及其控制系统中的各种机械设备、电控设备、零部件和主要材料及其计量、检测器具、仪器、仪表等,应符合煤矿安全规程等有关规定,其精度等级应满足被检测项目的精度要求。

3.5　防水闸门工程施工中,应对工程质量进行检验和记录。对于隐蔽工程,应在工程隐蔽前进行检验并作出记录,合格后方可继续施工。工程验收时,应以有关记录为依据进行验收和必要的抽检工作。

4　工程设计

4.1　设置条件

存在下列情况之一时,应设置防水闸门及硐室:

a）　水文地质条件复杂、极复杂或有突水淹井危险的矿井,井下未设置抗灾排水系统的井底车场周围;

b）　在有突水危险的区域布置采掘工作面时;

c）　受承压水威胁的煤层需分水平或分采区隔离开采时;

d）　钻孔打透富水性强的含水层或老空积水区,有突水危险时。

4.2 硐室选址

4.2.1 防水闸门硐室的选址应结合矿井的水文地质条件、围岩条件、开拓布置等因素确定，并应符合下列要求：

a） 应设于坚硬、稳定、完整致密的岩(煤)层中；

b） 应避开岩溶、断层、节理、裂隙发育的破碎地带；

c） 所选位置应不受井下采动影响，并应符合通风、运输、行人、放水、安全等方面要求；

d） 应有利于施工和灾后恢复生产，宜设在小断面和直线巷道内；

e） 硐室四周应留设保护煤岩柱。

4.2.2 防水闸门及硐室设计前应具备以下资料：

a） 最大静水压力和来水方向；

b） 硐室所处位置的围岩物理力学性质及水文地质资料；

c） 硐室所处位置的巷道平、剖及断面图；

d） 防水闸门安装图纸，防水闸门预埋件(管线、电缆、门框等)的规格、数量、位置及安装要求；

e） 通过防水闸门硐室的设备的最大外形尺寸、通过的最大风量及风速。

4.3 闸门选型

防水闸门选型设计应符合下列要求：

a） 防水闸门选型应采用定型设计；

b） 应根据通过设备的最大外形尺寸、人行道宽度、巷道通过的最大风量和风速等因素确定；

c） 防水闸门所承受的设计水压，应根据矿井水文地质资料和含水层的水位标高计算或通过实际观测水压等确定，并应与矿井井巷所承受的水头压力相一致。

4.4 硐室设计

4.4.1 硐室的承压设计，应满足以下要求：

a） 与矿井防水闸门所承受的水头压力相一致；

b） 防水闸门硐室围岩强度低于防水和抗压强度时，对硐室围岩应采取加固措施；

c） 防水闸门及硐室的设计应有防渗漏技术措施，设计水压下不得漏水。

4.4.2 防水闸门硐室墙体结构形式，可根据硐室承受水压，选用圆柱形结构、楔形结构、倒截锥形结构，并应符合下列要求：

a） 承受水压不大于 1.6 MPa 的硐室应选用圆柱形或楔形结构；

b） 承受水压大于 1.6 MPa 的硐室应选用倒截锥形结构。

4.4.3 防水闸门硐室承受 1.6 MPa 以上水压时，闸门墙体迎水端及门框背后混凝土应通过计算配置钢筋，并应核算闸门及闸框、墙体的抗剪能力。

4.4.4 防水闸门硐室的长度和基础深度，宜根据硐室结构形式应参照附录 A 进行计算。计算硐室壁厚及嵌入围岩的深度时，应视围岩情况取不小于 2 的安全系数。硐室混凝土承压和抗剪安全系数应按 GB 50010 的有关规定执行。

4.4.5 防水闸门硐室前、后两端，应分别砌筑不小于 5 m 的混凝土护碹，碹后用混凝土填实，不得空帮、空顶。

4.4.6 防水闸门硐室及两端护碹砌筑时应预留注浆管，预留注浆管径应与注浆材料相适宜，壁厚根据注浆压力等因素确定。

4.4.7 防水闸门硐室内壁两侧应有保证闸门完全开启的空间。防水闸门完全打开后，门后应留有不小于 200 mm 的间隙。

4.4.8 电气设备硐室应就近布置在防水闸门非来水侧。电气设备硐室底板应高于防水闸门硐室底板 1.0 m 以上。电气设备硐室的建设，不应影响防水闸门硐室强度。

4.4.9 防水闸门硐室应留设隔离煤(岩)柱，并应按照GB 51070—2014附录B对隔离煤(岩)柱进行详细的分析和核算。

4.4.10 防水闸门硐室的混凝土强度等级不应低于C30，并应符合GB 50010的有关规定。

4.4.11 防水闸门硐室的泄水方式应根据硐室所处巷道的水沟泄水流量确定。可采用水管泄水、水沟泄水或泄水巷泄水。

4.4.12 通过防水闸门硐室的预埋件应符合下列要求：

a) 管路、闸阀和线缆等的耐压能力不应低于防水闸门的设计压力；

b) 通过防水闸门硐室墙体内的泄水管应配置闸阀，压风、洒水等各种管路应在来水侧设置盲盖或堵头封堵严密，动力、控制、通信等线缆应作防水封堵；

c) 预埋通过硐室的钢管，应采取防止钢管滑动、位移措施；

d) 通过硐室的电缆应封堵严密。

4.5 配电及控制

4.5.1 供配电及控制系统的电源应引自非来水侧，并应采用双回路供电。电源应来自不同的变压器和母线段，线路上不应分接任何负荷。

4.5.2 防水闸门处应设置集中监控装置，控制系统应具备就地和远程控制功能，并应能实现故障报警，同时应能将防水闸门的状态及闸门内巷道的水位、水压等监测信息传入矿井安全监控系统。装置应具备与安全监测监控、人员作业管理等系统联动的功能。

4.5.3 电气设备硐室应设固定照明和直通调度室的电话。

4.5.4 防水闸门内外应设置人员监测基站、工业电视监视器、声光报警装置和固定照明等装置。

4.6 附属设施

4.6.1 防水闸门来水一侧15 m～25 m处，应设1道挡物箅子门。

4.6.2 通过防水闸门的轨道、电机车架空线、带式输送机等，应易拆装，宜优先实现自动拆除功能。

4.6.3 防水闸门应安设观测水压的装置，并有放水管和放水闸阀。

5 硐室施工

5.1 施工准备

5.1.1 硐室施工应采用先进的施工工艺，施工前应及时进行初次支护。

5.1.2 工程施工前，应编制施工组织设计和施工安全技术措施，并贯彻到施工各相关人员，施工时应严格贯彻执行施工组织设计和安全技术措施，要严格按照施工图纸要求进行施工。

5.2 混凝土施工

5.2.1 硐室混凝土浇筑前应做好下列准备工作：

a) 对所用材料应做好抽查和复检；

b) 工程技术人员应做好技术交底和现场指导工作，每班应配备专职质量检查员对质量进行监督检查；

c) 石子、砂、水泥的运输应使用专用运输设备，运输设备料箱应刷洗干净；

d) 底部的浮矸、活石、杂物应清理干净，应用压力水冲洗岩帮；

e) 及时取试块，抽查混凝土的强度；

f) 进一步校核门框等构件的水平度和垂直度，并检查固定是否牢固。

5.2.2 防水闸门墙体和两端护碹砌筑时应预留注浆管，预留注浆管径应与注浆材料相适宜，壁厚应根据注浆压力等因素确定。硐室浇筑的混凝土养护结束后应对硐室壁后进行注浆加固，其最终注浆压力应大于防水闸门设计承受压力的1.5倍。

5.2.3 硐室混凝土浇筑时应符合下列规定：

a） 当闸门门框、注浆管、放水管等各管线安装好后方可进行混凝土浇筑施工，混凝土浇筑完成后养护应符合 GB 50204 的要求。

b） 防水闸门硐室墙体和护碹段应整体砌筑，在门硐四周、门框附近，砌筑时应采取加固措施。硐室浇注混凝土的顺序宜先里后外，先下后上，即先来水端护碹(包括铺底)，后背水端护碹段。

c） 混凝土浇筑宜机械搅拌、机械振捣，做到连续浇筑，相邻两次浇筑混凝土的间隔时间不超过 4 h。如相邻两次浇筑混凝土的间隔时间超过 4 h，应留接茬面时，门硐上、下接茬面距门硐边缘的距离不小于 0.8 m，接茬面应预埋连接钢筋，并将接茬面打毛，清理干净，再继续浇筑混凝土。

d） 混凝土强度等级、添加剂应符合设计要求。

e） 钢筋绑扎及加工制作应符合 GB 50204 的要求。

5.3 设备基础施工要求

防水闸门基础、地坪和相关建筑结构，应符合下列要求：

a） 机械设备基础的质量应符合 GB 50204 的有关规定，并应有验收资料和记录；机械设备基础的位置和尺寸应按表 1 的规定进行复检；

b） 基础或地坪有防震隔离要求时，应按工程设计要求施工完毕；

c） 基础有预压和沉降观测要求时，应经预压合格，并应有预压和沉降记录。

表 1 机械设备基础位置和尺寸的允许偏差

项 目		允许偏差/mm
坐标位置		20
不同平面的标高		0，−20
平面外形尺寸		±20
凸台上平面外形尺寸		0，−20
凹穴尺寸		+20，0
平面的水平度	每米	5
	全长	10
垂直度	每米	5
	全高	10
预埋地脚螺栓	标高	+20，0
	中心距	±2
预埋地脚螺栓孔	中心线位置	10
	深度	+20，0
	孔壁垂直度	10
预埋活动地脚螺栓锚板	标高	+20，0
	中心线位置	5
	带槽锚板的水平度	5
	带螺纹孔锚板的水平度	2

检查坐标、中心线位置，应沿纵横两个方向测量，并取其中的最大值。
预埋地脚螺栓的标高，应在其顶部测量。
预埋地脚螺栓的中心距，应在根部和顶部测量。

6 闸门安装

6.1 安装准备

6.1.1 防水闸门施工及安装前，应具备下列工程设计图样和技术文件：

a） 防水闸门设备工艺平面位置图、防水闸门设备安装图、设备基础图、施工说明和解释性技术文件；

b） 防水闸门使用说明书及防水闸门设备安装有关的技术文件。

6.1.2 设备开箱时，应按下列项目进行检查和记录：

a） 防水闸门出厂时的压力检测报告、合格证书、设备名称、型号和规格；

b） 电气设备产品合格证、防爆合格证、MA 证书；

c） 随机技术文件及专用工具；

d） 机械设备有无缺损件，表面有无损坏和锈蚀；

e） 其他设备技术文件。

6.1.3 防水闸门在入井前，应对井下通过的井巷断面进行检查，保证运输线路畅通。

6.1.4 防水闸门入井的运输车辆，应有固定设备的装置，保证设备在运输、装卸过程中不发生变形。

6.2 安装要求

6.2.1 防水闸门安装应符合设计图纸的要求。

6.2.2 防水闸门安装过程中，若利用起吊装置、搬运设备的承力点时，应对起吊装置的承载力进行核算。

6.2.3 防水闸门门框就位后，应检查门框是否变形，保证门框的四个边（安装密封条的边）在同一个平面上，且四个边相互垂直。

6.2.4 防水闸门门框浇注混凝土时应采取措施，确保浇筑后门框不变形、不移位，门扇等附属设施应在混凝土终凝后进行安装。

6.2.5 防水闸门门框浇筑时，混凝土不得高出密封条与门框衔接处。

6.2.6 防水闸门安装过程中的螺栓固定应符合 GB 50231—2009 第 4 章的相关规定。

6.2.7 配电控制柜应安装在电气设备硐室内。控制柜与防水闸门之间的管线应按标准吊挂，不得交叉。门体处的活动管线应留出足够余量。

6.2.8 防水闸门液压系统安装时，应符合 GB 50231—2009 中 5.4 的相关规定。

6.2.9 设备安装时除符合 6.2.1～6.2.8 外，还应按照 GB 50231、GB 51062 执行。

6.3 其他要求

6.3.1 管道通过防水闸门墙体时，应用堵头或阀门封堵严密；电缆穿过防水闸门墙体时，应设套管并作防水封堵，并符合防水闸门设计压力要求。

6.3.2 防水闸门附件应齐全，安装位置正确、牢固、启闭灵活。

6.3.3 防水闸门配套的传感器应按照出厂说明书或在厂家指导下安装。

6.3.4 防水闸门密封条与门扇应粘接牢固、平直，无间断粘接、局部弯曲等缺陷。

7 工程验收

7.1 设备安装质量检查

设备安装质量应检查下列内容：

a） 防水闸门的几何尺寸及形位公差检查，用专用测量工具一次测出。

b） 验证防水闸门平直度是否符合 6.2.3 的要求。

c） 检查密封条，是否出现松动、剥离等现象。

d） 设备安装质量验收应符合 GB 50231、GB 50946、MT 5010 的要求。

7.2 联合试运行

7.2.1 安装工程验收时，应进行联合试运行，按照煤矿防水闸门产品说明书，逐一验证各动作，是否运行平稳、灵活可靠。

7.2.2 对照设计文件，检查各配套系统是否满足设计要求。

7.3 耐压试验

7.3.1 对新掘进巷道内建筑的防水闸门，应进行注水耐压试验，水闸门内巷道的长度不得大于 15 m，试验的压力不得低于设计水压，其稳压时间应在 24 h 以上，试压时应有专门安全措施，且防水闸门和闸门硐室不得漏水。

7.3.2 防水闸门注水耐压试验完成后应出具相应报告。

7.4 工程验收资料

防水闸门安装工程应具备下列验收资料：

a） 设备(零件、部件)、材料、加工件和成品的出厂合格证、检验记录或试验资料；

b） 设备安装水平、间隙等实测检查记录；

c） 隐蔽工程质量检查及验收记录；

d） 地脚螺栓、无垫铁安装和垫铁灌浆所用混凝土的强度试验记录；

e） 设计及修改的有关文件；

f） 竣工图；

g） 具备耐压试验条件的，应出具耐压试验报告；

h） 试运转各项检查记录；

i） 质量问题处理的有关文件和记录；

j） 其他有关资料。

7.5 工程质量评定

工程质量评定标准参见附录 B。

附 录 A
（资料性附录）
防水闸门硐室参数计算方法

A.1 结构形式

防水闸门硐室按结构形式分为圆柱形、楔形、倒截锥形三种，分别见图 A.1～图 A.3。

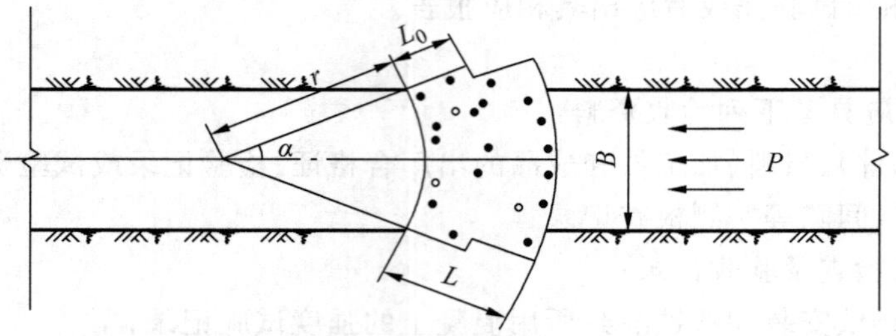

图 A.1 圆柱形防水闸门硐室结构形式示意图

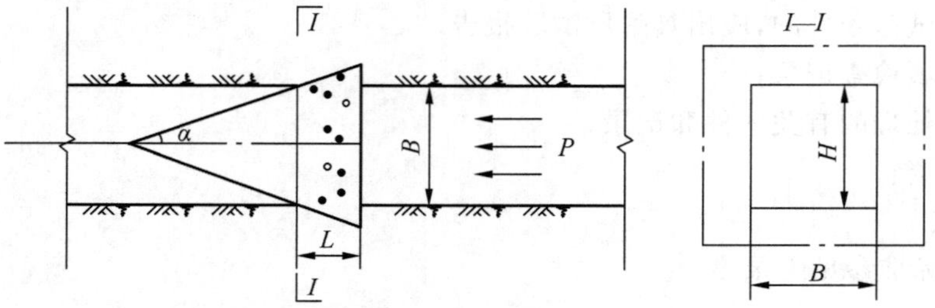

图 A.2 楔形防水闸门硐室结构形式示意图

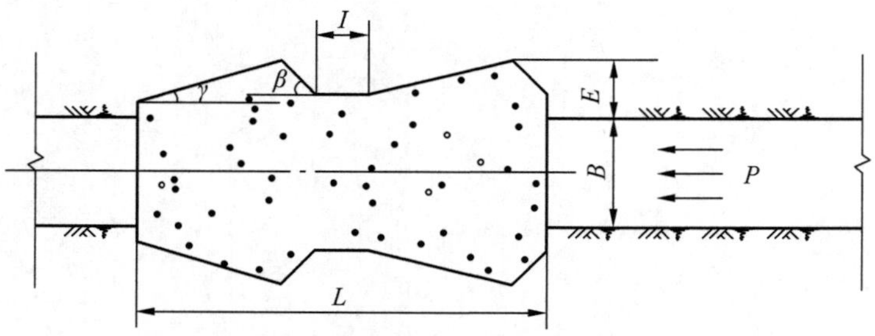

图 A.3 倒截锥形防水闸门硐室结构形式示意图

A.2 混凝土强度参数的确定

防水闸门硐室混凝土强度设计值，应按表 A.1 选取，并符合 GB 50010 的有关规定。

表 A.1 混凝土强度设计值

强度种类	符号	混凝土强度设计值													
		C15	C20	C25	C30	C35	C40	C45	C50	C55	C60	C65	C70	C75	C85
轴心抗压	f_c	7.2	9.6	11.9	14.3	16.7	19.1	21.1	23.1	25.3	27.5	29.7	31.8	33.8	35.9
抗拉	f_t	0.91	1.10	1.27	1.43	1.57	1.71	1.80	1.89	1.96	2.04	2.09	2.14	2.18	2.22

A.3 墙体长度计算公式及适用范围

承受水压不大于 1.6 MPa 的防水闸门硐室墙体长度应按下列各式计算：

a) 圆柱形(图 A.1,即向来水方向呈凸弧形)

$$r=\frac{B}{2\sin\alpha} \quad\cdots\cdots(A.1)$$

$$L_0=\frac{r}{\dfrac{nf_{cc}}{r_0r_fr_dP}-1} \quad\cdots\cdots(A.2)$$

$$L=nL_0 \quad\cdots\cdots(A.3)$$

b) 楔形(图 A.2,四方柱体前大后小)

$$L=\frac{H+B}{4\mathrm{tg}\alpha}\left(\sqrt{1+\frac{4r_0r_fr_dHBP}{(B+H)^2f_{cc}}}-1\right) \quad\cdots\cdots(A.4)$$

式中：

r——闸门墙体圆柱内侧半径,单位为米(m);

B——闸门墙体前、后巷道净宽,单位为米(m);

α——凸缘基座支承面与硐室中心线夹角,单位为度(°);大小应根据围岩性质确定,取 $\alpha=20°\sim30°$;一般普氏硬度系数 $f<6$ 时,$\alpha=20°$,$f>6$ 时,$\alpha=30°$;

L_0——一段闸门墙体长度,单位为米(m);

n——闸门墙体分段段数;

f_{cc}——素混凝土的轴心抗压强度设计值,单位为兆帕(MPa),其值由混凝土轴心抗压强度设计值 f_c 乘以系数 0.85 确定;

r_0——结构的重要性系数,取 1.1;

r_f——作用的分项系数,取 1.3;

r_d——结构系数,取 1.20～1.75,硐室净断面大时,取大值;

P——防水闸门硐室设计承受的水压,单位为兆帕(MPa);

H——闸门墙体前、后巷道净高,单位为米(m);

L——闸门墙体长度,单位为米(m)。

承受水压大于 1.6 MPa 的倒截锥形(图 A.3)防水闸门硐室按下列各式计算：

$$L_i=\frac{\ln(r_0r_f+r_dP)-\ln(f_t)}{0.3986} \quad\cdots\cdots(A.5)$$

$$L=L_i+L_0 \quad\cdots\cdots(A.6)$$

$$S_2=\frac{(r_0r_fr_dr_{sd}P+f_{cc})S}{f_{cc}} \quad\cdots\cdots(A.7)$$

$$E=\frac{-(\pi B+2B+4h_3)+\sqrt{(\pi B+2B+4h_3)^2-4(4+\pi)(2Bh_3+0.25\pi B^2-2S_2)}}{2(4+\pi)} \quad \cdots\cdots(A.8)$$

式中：

L_i——闸门墙体应力衰减段计算长度，单位为米(m)；

r_d——取 1.2～2.0，水压大、硐室净断面积大时，取大值；

f_t——混凝土轴心抗拉强度设计值，单位为兆帕(MPa)；

L_0——闸门墙体应力回升段长度，单位为米(m)，取 1.0 m～2.0 m；

S_2——防水闸门硐室最大掘进断面积，单位为平方米(m^2)；

r_{sd}——作用不定性系数，取 1.2～2.0，水压大、围岩抗压强度较低者取大值；

S——闸门墙体前、后巷道净断面积，单位为平方米(m^2)；

E——闸门墙体嵌入围岩深度(含砌壁厚)，单位为米(m)；

h_3——闸门墙体前、后巷道墙高，单位为米(m)；

β、γ——闸门硐室支撑面与巷道中心线夹角，单位为度(°)；β 值不小于 50°，一般取 60°～70°；γ 一般取 20°。

r_0、r_f、P、L、f_{cc}、B 的解释见 A.3b)。

围岩较软时应设平直段，其值 L 为 0.5 m～1.0 m，闸门墙体长度长时取大值，墙体长度短时取小值。

附 录 B
（资料性附录）
防水闸门工程质量验收评定表

表 B.1 防水闸门工程质量验收评定表

单位工程名称： 施工单位：

序号	资料名称	份数	评定意见	评定人
1	质量管理检查记录		○符合○不符合	
2	开工报告		○符合○不符合	
3	设计交底、图纸会审记录		○符合○不符合	
4	施工组织设计、作业规程、技术措施		○符合○不符合	
5	施工技术（安全）交底记录		○符合○不符合	
6	工程测量记录		○符合○不符合	
7	各种通知、记录及质量处理结果资料		○符合○不符合	
8	主要设备、材料、加工件的出厂合格证，检查记录或试验资料		○符合○不符合	
9	混凝土试块试验报告及原材料质量证明书		○符合○不符合	
10	注浆工程记录		○符合○不符合	
11	焊接检查及试验报告、焊条（剂）合格证		○符合○不符合	
12	安装相关记录		○符合○不符合	
13	防腐工程记录		○符合○不符合	
14	隐蔽工程质量检查及验收记录		○符合○不符合	
15	设备（设施）检测检验报告和设备性能检测报告		○符合○不符合	
16	试运转记录		○符合○不符合	
17	工程施工及安装记录		○符合○不符合	
18	工程质量问题（事故）及其处理的有关文件和记录		○符合○不符合	
19	工程竣工报告		○符合○不符合	
20	工程勘察质量检查报告		○符合○不符合	
21	工程设计质量检查报告		○符合○不符合	
22	工程质量评估、验收及总结的有关文件和记录		○符合○不符合	
23	工程竣工验收记录		○符合○不符合	
24	设计变更		○符合○不符合	
25	竣工图		○符合○不符合	

结论 项目经理 年 月 日	结论 总监理工程师 年 月 日	结论 建设单位项目负责人 年 月 日

ICS 73.100.99
D 98

NB

中华人民共和国能源行业标准

NB/T 10522.4—2021

矿用自动控制防水闸门 第4部分:操作及维护要求

Automatic waterproof door for mining—Part 4:Technical regulation for operation and maintenance

2021-01-07 发布　　2021-04-01 实施

国家能源局　发布

前　言

NB/T 10522《矿用自动控制防水闸门》分为四个部分：

——第 1 部分：机械装置；

——第 2 部分：电液控制系统；

——第 3 部分：工程设计、施工及验收规范；

——第 4 部分：操作及维护要求。

本部分为 NB/T 10522 的第 4 部分。

本部分按照 GB/T 1.1—2009 给出的规则起草。

本部分由中国煤炭工业协会提出。

本部分由中国煤炭工业协会科技发展部归口。

本部分起草单位：神东煤炭集团有限责任公司、中国煤炭工业协会生产力促进中心、淮北中矿机械电子工程有限责任公司。

本部分主要起草人：杨鹏、杜善周、彭志刚、南海龙、王永军、李建华、张国彦、王世栋、郭建军、张博成、杜芳田、郑厚发、杨扬、高天强、刘灏泽。

矿用自动控制防水闸门　第4部分:操作及维护要求

1 范围

NB/T 10522的本部分规定了矿用自动控制防水闸门(以下简称防水闸门)操作的一般技术要求及各系统机构中零部件的维护质量要求。

本部分适用于矿用自动控制防水闸门。

2 规范性引用文件

下列文件对于本文件的应用是必不可少的。凡是注日期的引用文件,仅注日期的版本适用于本文件。凡是不注日期的引用文件,其最新版本(包括所有的修改单)适用于本文件。

GB/T 150—2011(所有部分)　压力容器

GB/T 3766—2015　液压传动系统及其元件的通用规则和安全要求

GB 3836.1　爆炸性环境　第1部分:设备　通用要求

GB 3836.2　爆炸性环境　第2部分:由隔爆外壳"d"保护的设备

GB 3836.4　爆炸性环境　第4部分:由本质安全型"i"保护的设备

GB 3836.13　爆炸性环境　第13部分:设备的修理、检修、修复和改造

GB/T 9877　液压传动　旋转轴唇形密封圈设计规范

GB/T 14048.4—2020　低压开关设备和控制设备　第4-1部分:接触器和电动机起动器　机电式接触器和电动机起动器(含电动机保护器)

MT/T 661—2011　煤矿井下用电器设备通用技术条件

MT/T 1097—2008　煤矿机电设备检修技术规范

TSG R0004—2009　固定式压力容器安全监察规程

3 术语和定义

下列术语和定义适用本文件。

3.1

防水闸门手动操作方式　manual operation mode of waterproof door

通过手动操作的方式控制防水闸门的动作。

3.2

防水闸门自动操作方式　automatic operation mode of waterproof door

通过自动控制程序完成防水闸门的动作。

3.3

防水闸门应急操作方式　emergency operation mode of waterproof door

发生突水时防水闸门的应急操作方式。

4 操作

4.1 操作技术要求

4.1.1　操作人员与监护人员应经过相关安全培训,熟悉防水闸门安装位置、结构原理及操作规范。

4.1.2　防水闸门应保证每年进行2次关闭试验,其中1次在雨季前进行。关闭闸门所用的工具和零配

件应专人保管，专门地点存放，不得挪用丢失。

4.1.3　防水闸门关闭试验前应制定安全技术措施。

4.1.4　防水闸门关闭试验操作前，通风系统受影响的地点，应停止采掘作业、切断电源，作业人员撤至通风系统正常的进风巷道中，试验结束前不得进入。

4.1.5　防水闸门关闭试验操作前，应设监护人员协助操作，并在防水闸门两侧设置警戒，禁止车辆及人员通过。

4.1.6　防水闸门关闭前应拆除影响防水闸门关闭的附属设施（如通过防水闸门的轨道、电机车架空线、带式输送机等）。

4.1.7　防水闸门关闭操作时，操作人员不得离开操作按钮箱，出现意外时能及时按急停按钮，监护人员应实时监护防水闸门运行区域人员安全和防水闸门各系统的运行状况。

4.1.8　防水闸门关闭试验时，门体完全关闭后应立即执行开门操作，关闭试验时间不得超过 10 min。

4.1.9　防水闸门关闭试验结束后，由操作人员负责、监护人员辅助完成防水闸门试验报告，并至少保存 2 年。

4.2　试验操作方式

4.2.1　手动操作方式

手动操作应按照以下方式执行：

a）　控制开关工作方式切换至手动位置。

b）　关闭操作时，依次按照以下步骤手动操作：

　1）　启动油泵；
　2）　关箅子门；
　3）　关防水闸门；
　4）　锁紧安全锁（若无此装置，忽略此步骤）；
　5）　停止油泵。

c）　打开操作时，依次按照以下步骤手动操作：

　1）　启动油泵；
　2）　解除安全锁（若无此装置，忽略此步骤）；
　3）　开防水闸门；
　4）　开箅子门；
　5）　停止油泵。

d）　在开关门操作时，确认对应的销轴动作到位。

e）　在手动操作时，应一人监护、一人操作，由监护人员在安全位置观察设备部件运行状况，以防出现意外。

4.2.2　自动操作方式

自动操作应按照以下方式执行：

a）　控制开关工作方式切换至远控位置。

b）　关闭操作时，远程按下自动关门按钮。

c）　打开操作时，远程按下自动开门按钮。

d）　在自动操作前，操作人员应与现场监护人员联系，确认防水闸门现场安全状况，具备试验条件后，方可进行试验操作。

e）　自动操作时，操作人员应与现场监护人员保持通信畅通，操作人员通过远程监控系统实时监测闸门各部件运行状况，监护人员在安全位置观察设备部件运行状况。操作过程中出现故障时，操作人员可根据实际情况分别远程控制防水闸门各部件。操作过程中出现意外时，操作人员和监护人员应及时按下急停按钮。

4.3　应急操作方式

4.3.1　当发生突水时，矿井应立即启动应急操作，立即做好关门准备。

4.3.2　关闭时应设监护人员监护防水闸门现场情况，若监护人员安全受到威胁，应立即撤离，由操作人员远程监控防水闸门状况。

4.3.3　确认人员全部撤离后，应急指挥部下令立即启动自动关门操作。

4.3.4　自动操作方式失效且现场安全时，监护人员使用手动操作方式关闭防水闸门。

4.3.5　电控系统出现故障、自动操作方式和手动操作方式均失效且现场安全时，监护人员打开蓄能器截止阀，根据需要操作相应的手动阀，操作顺序应符合 4.2.1.b)的要求。

5　维护

5.1　维护技术要求

5.1.1　防水闸门的各零部件均应齐全、完好。

5.1.2　防水闸门应指定专人维护，做好防范措施，防止无关人员随意操作。维护闸门所用的工具和零部件应专人保管，专门地点存放，不得挪用丢失。

5.1.3　维护人员应经过相关安全培训，熟悉防水闸门安装位置、结构原理及操作规程，电气维护人员应经过相关考试并取得相应证件。

5.1.4　损坏的零部件、密封件应更换。

5.1.5　液压系统中过滤器无法清洗时应更换。

5.1.6　磨损、变形的零部件在不影响安装尺寸、强度、刚度等要求情况下可修复，否则应更换。

5.1.7　各机械、电气、液压保护装置及系统间闭锁、联锁装置应动作灵敏、可靠。

5.1.8　转动机构应转动灵活、摆动自如、摆动范围符合设计要求。

5.1.9　所有更换的电器零部件应具有产品合格证，电控设备应具有防爆合格证及煤矿安全标志。

5.1.10　月度及年度维护后，应保持防水闸门各零部件、各系统结构的完整性，并做针对性的动作试验，如需关闭试验，应按照 4.2 完成。

5.1.11　月度及年度维护后，应由维护人员对系统状况进行分析评价，并做好记录，记录至少保存 1 年。

5.1.12　月度及年度维护后，应由机电管理部门检查验收，并做好记录，记录至少保存 1 年。

5.2　维护方式

5.2.1　日常维护

防水闸门日常维护项目见表 1。

表 1　日常维护项目表

序号	项目	内容	要求	备注
1	防水闸门硐室照明、信号指示器、声光报警	是否正常	硐室照明充足，信号指示器、声光报警外观无破损	
2	泵站外表、控制柜及硐室卫生	是否干净	泵站、控制柜外表面无积尘，硐室无杂物，卫生干净、整洁	
3	远程监控装置与闸门控制器通信	是否正常	通信状态正常，数据传输正常	
4	液压管路	是否漏油	液压管路无渗漏，表面无油渍，胶管无折痕、压痕或明显的永久变形	

表 1（续）

序号	项目	内容	要求	备注
5	锁紧装置	是否正常	防水闸门锁紧装置完好、有效、表面无裂纹	
6	箅子门、闸门门框、门体及附属件	是否变形	门框、门体及附属件无变形，门表面不应有明显的损伤，划伤深度不大于 1.5 mm	

5.2.2 月度维护

防水闸门月度维护项目见表 2。

表 2 月度维护项目表

序号	项目	内容	要求	备注
1	紧固件	是否紧固	螺纹连接件和锁紧件应齐全、牢固可靠，应符合 MT/T 1097—2008 中 2.1.1 的规定	
2	连接件	是否完好	连接件完好、无裂纹	
3	转动部位	是否润滑	应执行“定点、定质、定量、定时、定人”	
4	系统电压	是否正常	电压保持在额定电压的＋5％～－15％范围内	
5	控制开关、电机	是否完好	防爆性能应符合 GB 3836.1、GB 3836.2、GB 3836.4 及 GB 3836.13 的规定	
6	语音报警系统	功能是否正常	功能正常，报警声音清晰	在设备运行中监视工况
7	控制器按钮	是否灵敏、可靠	控制器按钮动作灵活、响应灵敏、运行可靠	
8	传感器	是否正常	传感器外观完好，数据正常	启动前检查
9	继电器、接触器、保护器	功能是否正常	继电器、接触器动作灵敏、可靠，保护器试验正常	在设备运行中监视工况
10	液压泵运行情况	压力、噪声、油温是否正常	系统压力稳定在 18 MPa～20 MPa，噪声小于等于 90 dB，油温保持在 35 ℃～55 ℃	在设备运行中监视工况
11	蓄能器	压力是否正常	压力保持在设计压力范围内	设计压力
12	安全阀、压力表	外观是否完好	各仪表外观无破损、无渗漏，压力显示正常	
13	油箱液位	是否正常	油箱液位在正常刻度范围内	启动前检查
14	泵体、管路、密封件	有无泄漏	泵体、管路、密封件无泄漏	在设备运行中监视工况
15	电磁阀、手动控制阀	是否处于原始状态	电磁阀处于原始位置，电磁阀无漏液、串液，电磁阀动作灵敏、可靠	启动前检查

5.2.3 年度维护

防水闸门年度维护项目见表 3。

表3　年度维护项目表

序号	项目	内容	要求	备注
1	箅子门、防水闸门门框、门体	防腐处理	门框、门体表面防腐质量应达到设计要求，否则应重新喷涂。喷涂材料的种类、规格、质量及喷涂方法应根据设计要求选择	
2	润滑脂	更换润滑脂	根据设备轴承，确定润滑量，并保证润滑后的轴承温升正常	
3	轴	尺寸、形状检查	轴不得有裂纹、严重腐蚀或损伤。轴的直线度、圆柱度、轴与轴孔的配合应符合 MT/T 1097—2008 中 2.1.4.1 的规定	
4	轴承	外观及间隙检查	轴承元件不得有裂纹、脱落、伤痕、锈斑、点蚀或变色，保持架应完整无变形、转动灵活、无异响。轴承内圈与轴颈、轴承外圈与轴承座配合，轴承径向磨损间隙应符合 MT/T 1097—2008 2.1.4.3 的规定	
5	电机	绝缘性能检测	电机绝缘阻值满足 MT/T 661—2011 中 5.3.3.3 的规定	
6	保护器	保护性能校验	校验后动作灵敏、可靠，应符合 GB/T 14048.4—2020 的有关规定	
7	泵	泵壳内外表面、电机及机架防腐处理	使用砂纸打磨锈蚀部位后均匀涂刷防锈漆	
8	蓄能器	性能检验	根据 TSG R0004—2009，按照相应安全等级定期校验，校验项目和性能要求按照 GB/T 150 执行	
9	安全阀、压力仪表校验	性能检验	根据 TSG R0004—2009，按照相应安全等级定期校验，校验项目和性能要求按照 GB/T 150 执行	
10	活塞与液压油缸	性能检查	液压油缸无漏油，运行时无振动、无异响，否则应更换，安装应符合 GB/T 3766—2001 中 5.3 的规定	
11	液压系统密封件	更换密封件	更换后的密封件质量应符合 GB/T 9877 的规定	
12	液压油	清洁度	取样数量约为每次 300 mL～500 mL，清洁度达到 21/18，否则应更换	
13	过滤器	清洁度	清洗后清洁度等级达到 17/14，否则应更换	
14	液压阀组及附属阀件	清洁度	清洗后清洁度等级达到 19/16	
15	急停	响应时间	满足设计要求	
16	防水闸门联合关闭试验	关闭动作时间	满足设计要求	

ICS 73.040
D 00/09

NB

中华人民共和国能源行业标准

NB/T 10528—2021

煤矿老空区普查技术规范

Technical specification for census of goaf area in coal mine

2021-01-07 发布　　2021-04-01 实施

中华人民共和国国家能源局　　发布

前 言

本标准按照 GB/T 1.1—2009 给出的规则起草。

本标准由国家能源局提出。

本标准由中国煤炭工业协会科技发展部归口。

请注意本文件的某些内容可能涉及专利。本文件的发布机构不承担识别这些专利的责任。

本标准起草单位：中国地质科学院水文地质环境地质研究所、中国煤炭地质总局水文地质局、河北地质大学、太原理工大学、冀中能源峰峰集团有限责任公司。

本标准主要起草人：李向全、方向清、蔺国华、刘国辉、张永波、侯新伟、王振兴、王铁记、马剑飞、张春潮。

煤矿老空区普查技术规范

1 范围

本标准规定了煤矿老空区普查工作的总则、遥感解译、地面调查与测绘、地球物理探测、钻探验证、老空水评价、成果报告编制的基本要求。

本标准适用于为煤矿企业防灾和政府国土规划而开展的老空区专项普查工作。

2 规范性引用文件

下列文件对于本文件的应用是必不可少的。凡是注日期的引用文件，仅注日期的版本适用于本文件。凡是不注日期的引用文件，其最新版本（包括所有的修改单）适用于本文件。

GB 3838 地表水环境质量标准

GB/T 14848 地下水质量标准

DZ/T 0069 地球物理勘查图图式图例及用色标准

MT/T 898 煤炭电法勘探规范

3 术语和定义

下列术语和定义适用于本文件。

3.1

垮落带 caving zone

由采煤引起的上覆岩层破裂并向采空区垮落的岩层范围。

［煤矿防治水细则（国家煤矿安全监察局关于印发《煤矿防治水细则》的通知，煤安监调查［2018］14号）第八章附则，第一百三十七条］。

3.2

导水裂缝带 water flowing fractured zone

开采煤层上方一定范围内的岩层发生垮落和断裂，产生裂缝且具有导水性的岩层范围。

3.3

弯曲带 sagging zone

导水裂缝带上方的岩层产生弯曲下沉的范围。

3.4

采空区 gob area

采煤以后不再维护的空间。

3.5

小窑 old kiln

开采历史久远、资料缺失的小煤矿采空区。

3.6

老空区 goaf area

采空区、小窑和已经报废井巷的总称。

3.7

老空水　goaf water

老空区中的积水。

4　总则

4.1　目的任务

通过调查与测绘、遥感解译、地球物理探测、钻探验证等综合手段，查明工作区区域水文地质条件、老空区及积水分布，分析老空区充水条件，为科学有效地进行煤矿水害防治工作和政府国土规划提供科学依据。

4.2　老空区基本类型

4.2.1　根据老空区积水情况划分为两种类型：

a）　无水老空区：不存在积水的老空区；

b）　积水老空区：存在积水的老空区。

4.2.2　根据煤层开采层数划分为两种类型：

a）　单层老空区：由单个煤层开采所形成的老空区；

b）　多层老空区：由多个煤层开采所形成的老空区。

4.2.3　根据开采深度划分为三种类型：

a）　浅部老空区：老空区埋藏深度在 50 m 以浅；

b）　中深部老空区：老空区的埋藏深度在 50 m～200 m 之间；

c）　深部老空区：老空区的埋藏深度在 200 m 以深。

4.3　普查条件复杂程度类型

根据基础资料积累情况、地形条件、煤炭开采层数、分布情况、充水条件将老空区普查复杂程度划分成三种类型，见表 1。

表 1　老空区普查条件复杂程度类型表

分类依据	简单型	中等型	复杂型
基础资料	煤矿开采资料全面清楚	有部分的煤矿开采资料	无煤矿开采资料
地形条件及地面建设情况	地形平坦，无建筑设施	地形较为平坦，少量建筑设施	地形起伏较大且有大量建筑设施
开采层数	单个水平开采煤层	单个水平开采煤层	多个水平开采煤层
煤层倾角	煤层倾角小于或等于 15°	煤层倾角 15°～55°	煤层倾角大于或等于 55°
煤层分布情况	分布规律单一	分布规律较单一	分布规律复杂
充水条件	附近无地表水体，含水层富水性弱，钻孔平均单位涌水量 $q \leqslant 0.1$ L/(s·m)	附近无地表水体，含水层富水性较强，钻孔平均单位涌水量 0.1 L/(s·m)$<q\leqslant$1.0 L/(s·m)	附近存在地表水体且与地下水水力联系密切；存在沟通区域性强含水层（带）的强导水构造，含水层富水性强，钻孔平均单位涌水量 $q>1.0$ L/(s·m)
注：本着就高不就低的原则，符合两条及以上即划分为该类型。			

4.4　普查程度要求

4.4.1　重点查明井田与外围小窑分布情况。

4.4.2　查明工作区区域水文地质条件，主要查明含水层类型、富水性、地表主要水源、历年来突水等情况。

4.4.3　大致查明工作区煤矿开采历史及现状情况，包括煤层开采编号、开采层数、开采深度，不同时期的开采手段、开采规模。

4.4.4　基本查明老空区的分布、范围、埋藏深度、单层或多层结构情况，圈定老空区分布范围。

4.4.5　基本查明老空区积水埋深、积水范围，评价积水量，分析积水来源。

4.4.6　查明老空水水质情况，包括水温、pH、主要水化学成分、有毒有害成分，分析地表水与地下水水力联系。

4.4.7　对无水老空区，进行气体成分检测，确定有毒有害气体聚集和分布特征。

4.4.8　对老空区垮落带、导水裂缝带、弯曲带进行调查。

4.5　普查工作布置原则及工程量

4.5.1　布置原则

4.5.1.1　根据国民经济建设战略布局、人文生态环境需要、煤矿安全开采影响程度，结合以往地质工作确定普查区。优先考虑闭坑矿山区、矿山水害严重区，调查范围一般根据井田确定。

4.5.1.2　按照广泛收集资料、高精度遥感解译、详细地质调查、综合地球物理方法探测、钻探施工验证、样品测试分析、综合评价的工作程序和技术手段开展调查。依据现有老空区资料，在不影响普查任务的前提下，上述工作程序和技术方法可酌情取舍。

4.5.1.3　地质调查成果、地球物理探测成果和钻探验证情况要进行综合对比分析和科学研究，提高老空区、老空水探测解释准确性。

4.5.1.4　普查区复杂程度简单型，以资料收集为主，不投入实际工作量。普查区复杂程度中等型，普查比例尺一般为1∶5 000。普查区复杂程度复杂型，普查比例尺一般为1∶2 000。对于老空区范围较小的井田，可适当放大比例尺。

4.5.2　工程量

4.5.2.1　普查基本工程量

普查基本工程量应依据复杂程度类型、调查方法的特点，结合普查区具体情况确定，以满足普查程度要求为原则。

4.5.2.2　地面调查工程量

依据复杂程度类型布设地面调查工程量，工程量定额见表2。

4.5.2.3　地面地球物理探测工程量

地面地球物理探测工程量布设，依据普查区复杂程度类型和探测深度来安排。根据不同老空区类型、地形地质情况变化及工作精度要求，优先采用探测效果好、采集信号可靠、低成本高效率的方法。一般采用两种或两种以上的地球物理探测方法，取长补短，提高探测精度。地球物理探测技术工程量定额见表3。

4.5.2.4　钻探工程量

验证钻孔布设在地球物理探测工作圈定的疑似老空区。钻探工程量定额总体依据调查区面积大小、老空区数量、疑似积水区数量而定。钻孔深度需根据实际老空区深度确定。基本工程量定额见表4。

表2　地面调查主要技术定额

复杂类型	比例尺	水文地质观测点 个/km^2	地裂缝、地面塌陷 条	小窑 个	采样分析 件
中等	1∶5 000	5～10	全部	全部	主要控制水点
复杂	1∶2 000	15～20	全部	全部	全部水点

表 3 地球物探探测主要技术定额

复杂类型	电法勘探 点/km²	地震勘探 点/km²	放射性勘探 点/km²	其他方法 点/km²
浅部老空区				
中等	≥1 200	≥500	1 200～2 000	400～625
复杂	≥2 400	≥1 000	2 500～5 000	625～1 250
中深部老空区				
复杂类型	电法勘探 点/km²	地震勘探 点/km²	放射性勘探 点/km²	其他方法 点/km²
中等	≥900	≥500	1 000～1 500	400～625
复杂	≥1 200	≥1 000	1 250～2 500	625～1 250
深部老空区				
复杂类型	电法勘探 点/km²	地震勘探 点/km²	放射性勘探 点/km²	其他方法 点/km²
中等	≥400	≥500	800～1 200	200～400
复杂	≥900	≥1 000	1 000～2 000	400～625

表 4 钻探查证工程量表

老空区类型	疑似无水老空区	疑似积水老空区
钻孔查证百分比 %	10	100

4.6 工作流程

4.6.1 前期准备工作

前期准备工作包括以下内容：

a） 资料收集：充分收集普查区自然地理、社会经济、地质环境背景、煤炭资源勘查开发、水文地质工程地质环境地质勘查、开采矿井等方面的资料；

b） 综合分析：对收集资料进行综合分析，初步制定野外工作计划；

c） 野外踏勘：进行野外踏勘和走访调查；

d） 编写实施方案：在综合分析和野外踏勘的基础上，编写实施方案。

4.6.2 遥感解译

对普查区进行两期以上遥感解译，初步圈定重点普查区。

4.6.3 地面调查与测绘

进行老空区特征和水文地质条件调查。

4.6.4 地球物理探测

运用多种地球物理勘探方法组合，圈定疑似老空区和老空积水区。

4.6.5 钻探验证

对圈定的疑似老空区和老空积水区进行钻探验证。

4.6.6 老空水评价

对于圈定的老空区积水量进行计算，进行老空水水质评价，分析充水来源、充水通道及评价对煤炭开采的危险性。

4.6.7 成果报告

根据调查资料，综合分析，绘制图件，编写煤炭老空区普查成果报告。

5 遥感解译

5.1 解译原则

5.1.1 多种遥感影像相结合在开展工作之前，要尽量收集不同空间分辨率、不同时像、高波谱分辨率等各种类型的遥感影像。将各种遥感影像结合起来进行解译，取长补短，获取更多的地质信息。

5.1.2 遥感扫描影像解译时，首先要了解影像图框外提供的各种信息，包括图像覆盖的区域及其所处的地理位置、影像比例尺、影像重叠符号、影像注记、影像灰阶等。

5.1.3 了解图外相关信息后，再对影像作认真观察并遵循先整体、后局部的原则，对解译的影像作整体的观察，了解各种地理环境要素在空间上的联系，综合分析目标地物与周围环境的关系。

5.1.4 从已知地区(掌握资料多或所熟悉的地质情况)着手，摸清各种自然要素之间相互依存、相互制约的关系，逐步掌握解译标志，相互阐明，彼此印证，然后重点突破，弄清遥感图像上未知的影像显示并推广到面。

5.1.5 先勾绘比较清楚的，把握性较大的地质界线，然后再逐一解决疑难问题。

5.1.6 与地面调查与测绘相互配合、补充、修正。

5.1.7 选择遥感影像的空间分辨率，需要考虑两个因素：一是遥感解译比例尺，二是最小地物的大小，可按照表5执行。

表5 成图比例尺与遥感图像空间分辨率

遥感影像的成图比例尺	1∶2 000	1∶5 000
空间分辨率 R/m	0.2	0.6

5.2 老空区地表特征解译标志

5.2.1 塌陷坑的遥感解译标志

色调呈深色调夹浅色调，影像特征为指纹状或带状斑状，形状似圆形或椭圆形碟状洼地，植被分布不均匀。

5.2.2 地裂缝的遥感解译标志

色调深浅不一，影像特征呈线状或条带状，形状似直线状陡坎或线状低凹地形。植被分布不均匀，山体出现垭口，平地常有陡坎。

5.2.3 老空区解译间接标志

5.2.3.1 道路污染和改线是从遥感影像上识别塌陷区的重要间接标志。

5.2.3.2 居民点密度的降低是塌陷区识别的一个间接标志。

5.2.3.3 地表水系改变、植被和土地利用类型变化等也可以作为识别塌陷地的间接标志。

5.3 提交成果

应提交成果如下：

a） 老空区遥感解译成果报告；

b） 老空区遥感解译成果图；

c） 老空区原始遥感影像资料。

6 地面调查与测绘

6.1 目的任务

通过资料收集和现场踏勘，初步确定老空区范围，分析老空区充水条件，为探查工程布置和技术方法选择提供依据。

6.2 布置原则

6.2.1 地面调查顺序为走访调查、现场调查。

6.2.2 老空区的调查应以收集资料、调查访问为主。调查内容包括历史资料、以往老空区危害、老空区地面沉降监测资料、正在进行的采掘活动。

6.2.3 现场踏勘路线应控制老空区对地面、人文生态环境、地层破坏影响范围。

6.2.4 开采历史及塌陷情况调查应以自老空区形成以来为起始；水文地质条件变化及历史突水情况，应重点对近五年情况进行调查。

6.2.5 应对普查区地面裂缝、建筑物裂隙走向、倾向、地面塌陷程度进行详细调查。

6.2.6 点坐标及高程要采用国家坐标系（2 000 坐标系）进行实测，参见 MT/T 1091。

6.3 调查内容

6.3.1 资料收集

6.3.1.1 普查区开采历史、规模、深度、采掘手段、采掘范围及以往老空区危害。

6.3.1.2 矿区历史上形成的地质、水文地质、地球物理勘探、矿井、核实、闭坑报告。

6.3.1.3 矿产采掘工程平面图、井上下对照图、采区平面布置图、开采规划图、矿区充水性图以及相关的文字资料。

6.3.1.4 原开采矿井的历年产量报表、开采工艺资料。

6.3.1.5 普查区的覆岩破坏和地表移动、变形观测资料。

6.3.1.6 普查区已有的勘察、设计、施工、监测与检测资料。

6.3.2 老空区特征

6.3.2.1 煤层的分布、层数、厚度、深度、埋藏特征和上覆岩层的岩性、地质构造等。

6.3.2.2 煤层的采高，开采范围、时间、方法、老空区的塌落、密实程度、空隙和积水等。

6.3.2.3 矿井的井巷分布、断面尺寸、空间形态及相应的地表对应位置，顶板管理方法、顶板支护方式、顶板垮落情况（垮落带、导水裂缝带高度和垮落物充填情况）。

6.3.2.4 老空区积水赋存、分布及其变化幅度、水质和补给情况，各矿井充水条件、涌水量情况，老空区附近的抽水和排水情况及其对老空区稳定性的影响。

6.3.2.5 矿井突水、冒顶和有害气体类型、分布特征和危害程度等灾害性事故情况。

6.3.2.6 地表变形特征及分布，包括地表陷坑、地面沉陷、台阶、地裂缝的位置、形状、大小、深度、延伸方向及其与地质构造、开采边界、工作面推进方向等的关系。

6.3.3 水文地质条件

6.3.3.1 工作区的气象条件及其对地下水动态的影响。

6.3.3.2 工作区附近的河流、渠道、湖泊、水库等地表水体的相对位置、水位、流量等水文情况。

6.3.3.3 工作区井泉位置、标高、深度、出水层位、水位、涌水量、水质、水温、气体溢出情况。

6.3.3.4 含水层和隔水层的埋藏条件，地下水类型、流向、水位及其变化幅度，地下水的补给排泄及径流条件。

6.3.3.5 工作区开采煤层的充水水源、充水通道、充水强度、充水方式，垮落带、断裂带、弯曲带的富水性及其与含水层的关系。

6.3.3.6 矿井生产期间井巷出水层位、涌水量，水害及防治情况，地下水的水质、污染源及其可能的污染程度和腐蚀性。

6.4 提交成果

地面调查与测绘需提交以下成果：

a） 老空区调查与测绘成果报告；

b） 老空区地表形变特征及小窑分布图；

c） 调查测绘实际材料图；

d） 调查测绘原始资料(记录卡片、野外记录簿等)。

7 地球物理探测

7.1 目的任务

应用地面电法勘探、地震勘探、放射性勘探、高精度重力勘探、井间层析成像(以下简称 CT 法)等地球物理探测方法，查明老空区空间分布，圈定垮落带、导水裂缝带大致分布范围及其埋深，确定老空区积水范围。

7.2 工作布置原则

7.2.1 在基本掌握工作区地形、地层、岩性、构造、矿层分布及其开采方式和开采状况的前提下，根据探测对象的埋深、规模及其与周围介质的物性差异，选择符合普查设计要求的地球物理方法(参见附录 A 中 A.1)。

7.2.2 通过工作区内已知地段的方法有效性试验，证明其所选方法有效并确定最佳施工参数。

7.2.3 优先选择在以往的同类探测中经过证实的有效成熟方法或经钻孔验证其探测效果可靠的新技术。

7.2.4 针对实际地形、地层、老空区特征情况，一般须采用两种或两种以上的地球物理探测方法组成综合探测模式，其方法的选用参考 A.2。

7.2.5 探测精度依据老空区或老空区积水的规模及其分布复杂程度等因素确定，一般不小于 1：5 000。探测范围的相对误差应小于或等于 30%，参见 DZ/T 0153。

7.2.6 地球物理测线布置范围应大于设定的探测范围，一般要求测线为直线形式，覆盖全区，测量剖面尽量通过已知钻孔、老空区或采空塌陷区。

7.2.7 测线尽量避开地形起伏、地面建筑物和干扰源(振动噪声，电磁干扰)影响区域。

7.2.8 测线方向与探测老空区或巷道走向应垂直，根据所掌握的工作区内的老空区分布布线，测线间距要以达到控制探测老空区的分布精度要求为准，至少要有 2 条～3 条物探测线穿过老空区异常分布区，异常区测线上至少有 3 个～5 个以上探测目标体的异常测点，地质条件复杂时还应适当加密。

7.2.9 地球物理探测资料的数据处理不得使用未经检查或检查不合格的数据，处理软件应使用经实践检验证明有效的软件。在资料解释中，不同类型采空区的地球物理异常判别特征可参照附录 B。

7.2.10 地球物理探测方法应与现场地面调查、遥感解译和钻探方法相结合，采用由已知到未知的工作方式。

7.2.11 每种地球物理探测方法的野外重复检查工作量不小于总工作量的 5%，质量不满足设计要求时，检查工作量应增至总工作量的 20%，质量仍不符合设计要求，应重新探测。

7.3 电法勘探

7.3.1 适用条件

7.3.1.1 电法勘探适用于老空区探测，查明其垮落带和导水裂缝带的埋深、分布形态及边界，依据其电异常分布特征，或结合其他地球物理探测方法可判断老空区积水或充填情况。

7.3.1.2 电法勘探适用于地下巷道探测，在巷道的深径比大于或等于 1/5 时，能查明其埋深、分布形态及边界，依据其电异常分布差异，或结合其他地球物理方法可判断其积水情况，一般情况下，可初步查明其平面分布位置与大致埋深。其探测相对误差小于或等于±20%。

7.3.1.3 地势平坦、接地条件较好、场地环境等可满足观测仪器设备布设范围的情况下，优先选择探地雷达技术、高密度电阻率法、电测深法（电阻率和激发极化）、直流电剖面法；对于接地条件不好或中深部老空区宜选择甚低频电磁法、瞬变电磁法、音频大地电磁法、可控源大地电磁法等。

7.3.1.4 存在明显电磁干扰的工作区要优先选用传导类电法。

7.3.1.5 对于老空区的含水性探测应优先采用核磁共振法或激发极化法。

7.3.2 工程布置

7.3.2.1 埋深小于50 m的老空区地面电法测点点距不宜大于10 m，埋深50 m～200 m的老空区点距应以20 m为宜，埋深大于200 m的老空区一般采用40 m点距，可根据实际情况对局部异常地段进行加密控制，按照MT/T 898执行。

7.3.2.2 老空区埋深中、浅区域，一般采用探地雷达或瞬变电磁法进行扫面控制，利用高密度电法或电测深剖面法对扫面电异常解释的老空区边界进行佐证性探测，其佐证剖面应布置在老空区的主要分布区域或复杂分布地段。探测深部老空区主要采用音频大地电磁法、可控源音频大地电磁法瞬变电磁法等，必要时可布置若干条电测深剖面。

7.3.2.3 地表高压线、建筑物影响区域，采用多极距直流电阻率剖面法对瞬变电磁法进行补充探测。

7.3.2.4 通过建筑物、道路、高压电线和其他障碍区域时，电磁法测线可进行适当偏移，但电磁法的线框偏移误差不宜大于10%。直流电法测线偏移时，供电极距应进行相应同等偏移。

7.3.2.5 直流电法可根据河谷、山谷、山脊等实际情况布设测线。

7.3.3 试验工作

7.3.3.1 选择工作区内典型已知地段进行方法有效性试验，对其地电异常特征进行研究，分析其探测效果和精度是否满足设计要求。在试验前对测区自然电场、电磁噪声水平进行调查。

7.3.3.2 试验剖面选择1条～3条，点距以5 m～20 m为宜。

7.3.3.3 高密度电法试验极距不得大于设计最小水平分辨尺度的1/3，最小隔离系数为1，最大隔离系数不得使其勘探深度小于设计探测深度的1.5倍，依据其试验结果确定实际布极间距和隔离系数区间。

7.3.3.4 对于埋深小于200 m的老空区，直流电剖面法应采用2个～3个供电极距进行试验；对于埋深≥200 m的老空区，直流电剖面法应采用3个～4个供电极距进行试验。

7.3.3.5 对于埋深小于200 m的老空区，瞬变电磁试验线框大小应以40 m～80 m为间隔变化，选择3个以上发射频率进行试验；试验线跨过已知老空区和正常地层，采用两组参数进行试验。对于埋深大于或等于200 m的老空区，瞬变电磁试验线框大小应以80 m～100 m为间隔变化，仍选择3个以上发射频率进行试验；试验剖面线应跨过已知老空区和正常地层，采用两组参数进行试验。

7.3.3.6 音频大地电磁法或可控源音频大地电磁法除了进行仪器设备的校正外，要进行大于探测深度1.5倍范围内的不同步长频点上的试验观测。

7.3.3.7 对试验采集数据进行相应处理和解译，选定最佳资料处理解释流程及相应软件。

7.3.4 野外工作

7.3.4.1 一般情况下，按照MT/T 898开展野外地球物理探测工作。

7.3.4.2 野外观测记录本应统一编号和编页，试验和参数测定工作应设专用记录本。原始记录内容和格式符合相关规范。

7.3.4.3 测线通过老空区沉降地表裂隙时，应记录裂隙位置、走向、发育大小。测点进行偏移时，应对测点坐标、高程进行实测。

7.3.4.4 野外观测数据应采用电子文件形式储存，也可采用纸质书写记录方式；在发现异常时，应对异常区位置进行记录、对异常点进行重复观测，同时对上一个点进行回测。

7.3.5 **数据处理**

7.3.5.1 处理前应根据试验得出的结论，有针对性地选择处理流程和处理参数。

7.3.5.2 处理前应具备下列基础资料：

a) 野外原始记录本、野外原始记录电子文档；

b) 测线、测点坐标；

c) 测线、测点位置图(包括地层、构造和钻孔分布)；

d) 已有的钻孔柱状及测井曲线；

e) 工作区地面塌陷变形及地形图。

7.3.5.3 数据处理时要对初步处理结果进行分析，将获得的相关电性图件与已知资料对比，对解释异常区，必要时进行补充探测。

7.3.5.4 原始数据可靠，测点空间位置正确，处理方法选择适当，处理参数及流程选择合理，图件布局合理、清晰、美观，有效异常显示突出。

7.3.5.5 反演计算结果既符合曲线拟合精度，又符合实际地质和老空区的分布规律。

7.3.6 **地面电法数据解释**

7.3.6.1 **解释基本原则**

解释工作应遵循下列原则：

a) 结合所承担的地质任务，研究并掌握老空区及相关地层的相应电性标志特征；

b) 结合实际地质资料，采用正反演技术确定老空区及相关地层对应电性标志；

c) 在识别各种电性标志特征的基础上，进行老空区及相关地层电性标志特征的对比；

d) 对浅、中、深层均应全面对比并分清主次，特别注意采空区的对比，确定点、线、面标志及其相关标志，并分析各标志的纵、横向联系；

e) 依据定性、定量解释结果，结合区域地质规律、勘探区地质规律，划分老空区及相关煤层和地层的综合解释标志；

f) 综合分析老空区及相关煤层和地层的综合标志的空间展布规律，推断出工作区内构造、地层与煤层形态和老空区及其积水区分布。

7.3.6.2 **典型老空区电异常特征**

7.3.6.2.1 **小窑电异常特征**

小窑一般表现小范围、不规则的、零乱断续的高阻异常，老空区充水的情况下则出现局部的低阻或高低相间异常。

7.3.6.2.2 **大型老空区电异常特征**

对于无水老空区，变形带、裂缝带和垮落带的岩层，分别对应于盖层下凹异常、弱低阻异常和高阻异常，只有裂缝带对应于高激电异常反映；对于充水老空区其上述三带分别对应于盖层下凹异常、弱低阻异常和低阻异常；对应于自上而下激电异常增高的趋势，电磁异常在其水体内消失，核磁共振异常与水体有直接对应关系。

7.3.6.2.3 **特殊情况老空区电异常特征**

老空区上覆地层冒落至煤层采空区，其上覆岩层异常在此出现中断下移，呈现相对低阻异常分布，若采空积水则为明显低阻区。

7.4 **地震勘探**

7.4.1 **适用条件**

7.4.1.1 地震勘探适用于探测老空区的分布边界，大致划分出其垮落带和裂缝带的分布形态，查明地下巷道分布位置，配合电法勘探推测其积水程度。

7.4.1.2 地势相对平坦，地下岩层界面相对分布稳定，场地环境满足观测仪器设备布设范围需要，能获取有效地震波信号。

7.4.1.3 折射波法还应满足下列条件，参照DZ/T 0300：

a） 被探测界面的下层波速应大于上覆地层的波速；或局部虽然有低速层，但检波器排列范围内能够接收到返回地面的折射波；

b） 被探测界面应相对稳定并应有延续性。

7.4.1.4 反射波法和地震映像法还应满足被探测采空区、标志层厚度不宜小于有效波长的1/4，多层采空区间的垂直距离不小于2倍煤层厚度。

7.4.1.5 面波法和微振法适用于存在明显环境震动噪声干扰的工区和点测方式。

7.4.2 **工程布置**

7.4.2.1 应优先选择地震映像法、二维地震折射波法，其次选用地震折射波法、面波法和微动法，对需要精准查明分布复杂的老空区选用三维地震反射波法。

7.4.2.2 测线布设应符合下列规定：

a） 测线应呈直线布置，当受场地条件限制时，可平移测线，对于二维地震勘探要保持每条测线上的激发和接收沿该线分布，也可布置成非纵测线，同时应考虑旁侧、界面倾角和速度变化的影响；

b） 地形坡度大于15°时，应实测激发点和检波点的位置及高程，并沿排列方向测绘地形剖面；

c） 地震映像法、二维地震反射法和地震折射法应布置测线间的联络测线。

7.4.2.3 地震勘探野外工作的观测系统类型选定和测量参数的设置，应在工作区内已知地层和老空区分布地段通过现场试验方式确定并有相应的试验记录。

7.4.2.4 同一工作区地震仪器设备、观测系统和测量参数应相同，观测点距或道间距不大于探测目标体水平尺度的1/3，展开排列的最大炮检距应为目的层深度的1.0倍～2.0倍。

7.4.3 **试验工作**

7.4.3.1 应选择工作区内典型已知地段进行方法有效性试验，对其地震异常特征进行研究，分析其探测效果和精度是否达到设计要求。

7.4.3.2 场地环境噪声调查

在工区内的典型地震地质条件地段，按实际设计观测系统的排列方式布置接收系统，利用地震仪的内置触发方式接收场地环境震动噪声信号并以数据文件的形式对其保存。

7.4.3.3 表层速度调查

为获取表层速度分布，初步了解折射波盲区范围及地下岩性界面的倾斜程度，开展大于表层深度4倍的排列长度的零偏移相遇折射波法试验。

7.4.3.4 排列参数选择(选排)试验

在工作区内的地层界面相对平缓、标志层和已知采空区地段进行选择试验。试验排列长度一般为实际排列长度的4倍～6倍，道间距≤实际初设道间距，选用3种以上的记录采样间隔(频率)，进行零偏移距激发，仪器工作因素的选择应以尽可能接收到来自设计探测深度内的各种波的信息为原则。实际试验中可采取固定排列，通过改变震源偏移距的方式获取多个不同偏移距的记录剖面。利用该选排试验结果作为地震探测最佳(时间、空间)窗口选择的依据。

7.4.4 **野外工作**

7.4.4.1 原则上参照DZ/Z 0300开展野外工作。

7.4.4.2 观测记录长度或最低频点应满足探测深度的1.5倍，每道样点不应少于1 024个。

7.4.4.3 每日野外开工、收工时，应对仪器工作状态，电源、导线进行漏电检查，记录场地干扰调查；操作员认真做好每一点的班报观测记录(观测系统，震源位置及接收点线号，道间距值，记录长度，记录文件名，地形，岩性，干扰情况)，每天做好室内验收和资料归档并填写验收与归档登记卡。

7.4.4.4 同一记录中相邻道或10%以上道为坏道，或抽检重复观测大于或等于总测线长度的5%，复测的波速均方相对误差超过±15.0%，界面深度相对误差大于10.0%的资料为不合格观测数据，不得作为原始记录资料，应重新测量。

7.4.5 数据处理

7.4.5.1 地震探测资料应采用专业软件进行处理和反演解释，主要处理内容包括数字滤波、速度谱分析、反褶积，处理和解释结果应采用二维或三维图件表示。

7.4.5.2 折射波法应进行初始时刻的拾取，反射波法应进行静、动校正，对于多次覆盖反射波资料还应抽道，并进行共深度点(CDP)叠加，微震法应进行相关分析，面波法应进行频率～波数(f～k)变换并拾取波速频散曲线。

7.4.6 数据解释

7.4.6.1 折射波法的资料解释应根据地球物理条件、方法特点和精度选择折射波解释计算方法；横向突变低速异常，结合原始记录上有无伴随振幅衰减、波形变化等现象一般为采空区反映。

7.4.6.2 面波法和微动法资料推断解释应以钻孔或物性资料为依据，速度频散曲线的“之”字形拐点和曲率变化异常往往属采空区反映，其反演低速带则对应于采空区分布位置。

7.4.6.3 地震映像法和地震反射波法利用波组分布异常特征推断采空区及其充水程度，即：变形带对应同相轴向下弯曲分布；裂缝带对应同相轴突变，强度变弱，频率变低；垮落带对应相轴消失或分叉。对于横向范围较小的采空区和巷道则呈现上凸绕弧分布，其下方分布低频波异常。采空区如充水，往往呈现多次反射波异常。

7.4.6.4 处理和反演工作应结合已知矿区勘查报告、开采进度图、现场地面塌陷调查和物性资料进行老空区分布的定性与定量推断解释，绘制出地震探测成果图。

7.5 放射性勘探

7.5.1 适用条件

7.5.1.1 放射性勘探适用于圈定老空区及其裂缝带的分布位置，佐证其他地球物理方法对老空区探测的推断结论。主要方法为常规法测氡和活性炭法测氡。

7.5.1.2 工作区应有表土层，厚度宜大于1 000 mm。

7.5.1.3 仅用于陆地非水域探测工作。

7.5.2 工程布置

7.5.2.1 在工期允许的条件下，优先选用活性炭法测氡，其次采用常规法测氡。

7.5.2.2 放射性勘探的测线布置应避开扰动土、沼泽地、田埂和地下潜水面接近地表的地段，尽量与其他地球物理方法的测线重合。

7.5.2.3 测点间距在工作比例尺平面图中应为0.5 cm～2.0 cm，一般实地为5 m～10 m，在异常区应加密测点，至少有3个异常点分布在异常区内。

7.5.3 试验工作

7.5.3.1 工区内选择横跨已知采空区边界或穿越已知小窑地段进行方法有效性试验，研究氡异常分布特征，分析探测效果和精度是否达到设计要求。

7.5.3.2 试验点距不应大于设计最小水平分辨目标尺度的1/4，同一条试验剖面上要求在不同日期重复观测，将两次观测结果进行相关分析，证明方法的有效性和可靠性并对试验观测数据进行背景值和异常下限分析。

7.5.3.3 开展常规法测氡的不同抽气次数试验，确定最佳抽气次数；进行活性炭法测氡的活性炭吸附器不同埋置时间的试验，确定最佳埋置时间。

7.5.4 野外工作

7.5.4.1 天然放射性γ测量法的现场施工参照EJ/T 605执行。

7.5.4.2 常规法测氡的现场施工应符合下列规定：

a) 取气深度一般为 700 mm～1 000 mm 并应有防止大气渗入的措施，一般抽气为 6 次～10 次。每点记录其点线号及其坐标，取气深度、观测时间和 3 次～4 次观测均值；并对测点处的岩性和地面沉降程度进行记录。

b) 测试时间宜在 8:00～18:00 之间，且不应在雨天开展取样测量工作；若遇雨天，应雨后 24 h 方能工作。

7.5.4.3 活性炭法测氡的现场施工应符合下列规定：

a) 盖有罩杯的活性炭吸附器埋深一般为 400 mm，并应有防止大气渗入的措施，埋置时间一般为 4 d～6 d，同一测区活性炭吸附器的埋置深度和埋置时间应相同；

b) 野外记录相应测点号及其坐标、埋置日期、老空区沉降程度等内容；

c) 野外取回的活性炭样品应在 10 h 之内测量完毕，并进行活性炭样品本底数测定，上述测量和标定结果均应做好记录。

7.5.5 数据处理

7.5.5.1 参照 EJ/T 605 对测氡数据分别进行质量评价和数据处理。

7.5.5.2 数据处理主要包括：

a) 由实测仪器示值(计数率)计算相应点处的氡(活度)浓度。其中，活性炭法测氡还需将活性炭样品的埋置时间归一化至 30 d，对野外收回活性炭样品超过 10 h 后的测量结果进行伽马照射量率衰减修正。

b) 对剖面测量需绘制氡浓度或计数率剖面图，对面积测量需绘制氡浓度或计数率等值线图。图件比例尺一般不小于 1∶500。

c) 利用数理统计的方法确定背景参数(背景值和标准差)。当测区内地质条件，景观条件和工作方法影响其背景参数的确定时，应采取分区统计方式确定背景参数。

d) 一般以背景值的 1.5 倍～3.0 倍定为氡异常下限，以此进行异常登记。同时依据背景参数进行异常晕的划分与圈定。

7.5.6 数据解释

7.5.6.1 研究异常的分布规律和特征，分辨异常性质，排除假异常。

7.5.6.2 因观测条件变化引起观测数值的变化时，应进行多次观测，查明原因后再进行解释。

7.5.6.3 结合已知矿区勘查报告、开采进度图、现场地面塌陷调查、物性资料和试验结论，解释推断老空区范围，通常依据异常最大值的二分之一等值线圈定老空区或小窑在地面的投影分布范围。

7.6 高精度重力勘探

7.6.1 适用条件

7.6.1.1 高精度重力勘探适用于规模较大的老空区探测，初步查明垮落带和裂缝带的大致分布范围，配合其他地球物理方法探测其埋深、分布形态及边界。

7.6.1.2 工作区无影响正常观测的震动。

7.6.2 工程布置

7.6.2.1 根据任务性质、探测对象的大小及其异常特征来确定测网密度和工作比例尺，线距应不大于最小探测采空区部位可引起的异常的长度，点距的选择应使异常特征能在平面图或剖面图上反映出来，一般线距为 20 m～50 m，点距为 5 m～20 m。

7.6.2.2 根据探测老空区的规模和埋深确定布伽重力异常的总精度。误差分配上应重点控制测点重力值误差及布伽改正误差。

7.6.2.3 重力仪精度应优于 $\pm 10\times10^{-8}$ m/s^{-2}，分辨率应达到 $\pm 5\times10^{-8}$ m/s^{-2}。

7.6.2.4 根据重力仪性能、工作区大小等情况布置重力观测基点网。基点网应均匀分布全工作区，组成基点网的闭合圈独立边数应不大于12边。总基点的重力值可以是假设的,但其大小应保证全区不出现负的重力观测值。总基点的高程可采用实测高程或假设(相对)高程。

7.6.2.5 收集或实测用于地形改正的地形图,其比例尺视地形改正的精度而定,一般不小于1∶2 000。

7.6.3 试验工作

7.6.3.1 选择工作区内典型已知地段进行方法有效性试验,对重力异常特征进行研究,分析其探测效果和精度是否达到设计要求。

7.6.3.2 试验点距一般为设计点距的二分之一,异常变化较大处适当加密。

7.6.3.3 试验剖面要求进行重复观测,以分析和评价观测精度和可靠性。

7.6.3.4 进行近、中、远区地形改正试算,分析地形影响范围。

7.6.4 野外工作记录

7.6.4.1 原则上参照DZ/T 0171—2017的规定开展野外工作。

7.6.4.2 野外使用的重力仪性能稳定、精度、分辨率等各项技术指标满足设计要求,其重力格值已在国家标准基点上标定。

7.6.4.3 每日野外观测开始前应检查仪器的纵、横水泡(粗检),并测定光线灵敏度,检查和测定结果均应记入记录本。

7.6.4.4 每日野外观测前或中途停顿后再开始观测前,应按基点—测点—基点的次序进行单程观测法,以检测仪器的工作状态。基点上前后两次平均读格之差一般应不大于0.3格,否则应检查原因。

7.6.4.5 基点观测应记录连续三次读数均值,在测点上观测应记录两次读数均值。同时记录观测时间和仪器内温。

7.6.4.6 基、测点观测时,同一组读数中任意两个读数相差不得超过10×10^{-8} m/s^{-2}。水泡调平要求准到1/5刻度,观测中允许变化1/2刻度。

7.6.4.7 野外观测时,重力仪平盘脚架面与高程测量放尺点的高度应尽量一致,要求高差不超过2 cm,在特殊情况下不能满足这一要求时,应量取高差,并进行架高改正。

7.6.4.8 高精度重力野外观测点位误差不大于0.1 m,并记录或保存其点线号、坐标和高程、岩性、地貌和干扰情况。

7.6.5 数据处理

7.6.5.1 高精度重力资料各项校正值应精确到1×10^{-8} m/s^{-2}。

7.6.5.2 地形改正分近区、中区和远区,即近区地改范围为0 m～20 m,中区范围为20 m～200 m,远区范围为200 m以远。可根据地形起伏和测量精度选择地改范围。

7.6.5.3 处理后的重力异常数据绘制出重力异常剖面图、平面图。

7.6.6 数据解释

高精度重力异常的解释采用专用二维或三维反演拟合软件,充分利用已知地质、钻孔和物性资料对其反演约束,并对反演成果做出地质属性和老空区分布的解释,做出相应的解释成果图。

7.7 井间CT法

7.7.1 适用条件

7.7.1.1 井间CT法可查明井间老空区的分布,多用于精确圈定巷道式老空区和古巷道分布范围,推断其积水状况。主要方法为电磁波CT法和弹性波CT法。

7.7.1.2 工作区段的两侧具有平行井孔,孔口间标高不宜相差太大。

7.7.1.3 被探测的老采区或小窑规模大小与成像单元应具有可比性。

7.7.2 工程布置

7.7.2.1 井深至少应为井间距的1.5倍,一般井距为20 m～50 m,成像段要大于孔间距。

7.7.2.2 依据探测老空区的特点、井壁质量、泥浆条件、井间距离和成像精度要求等条件选择成像方法。

7.7.2.3 跨井观测方式既可采用一发一收方式，也可采用一发多收方式。一般情况下，接收和发射点距相等，即：0.5 m～5 m。在井内完成一次完整的观测后，发射井和接收观测井应互换后实施第二次测量。

7.7.2.4 对水平分辨要求较高的探测任务，应在井间的地表处补加激发点或观测点。

7.7.2.5 深度标记间隔应与深度比例尺相适应，长度相对误差不宜大于 2%。

7.7.2.6 电阻率 CT 法钻井应为静充水条件下的裸眼井。

7.7.3 试验工作

7.7.3.1 选择工作区内典型已知地段内的井孔进行方法有效性试验，对重建异常体特征进行研究，分析探测效果和精度是否达到设计要求。

7.7.3.2 采用两种或两种以上的震源或供电强度在同一井间互为对测，以便筛选最佳发射强度。

7.7.3.3 弹性波 CT 法采用不少于两种采样频率和记录长度进行试验，选择满足探测精度要求的最佳记录参数。

7.7.3.4 电磁波 CT 法采用两种以上的供电时间进行试验，选择满足观测数据信噪比要求的最佳观测参数。

7.7.3.5 开展场地噪声调查，评估观测数据的信噪比。

7.7.4 野外工作

7.7.4.1 投入观测系统的各项技术指标应满足设计要求，各观测道间一致性满足设计要求，应对井中缆绳进行抗拉和绝缘试验，对刻度进行校对。

7.7.4.2 弹性波 CT 法应符合下列规定：

a） 井下震源或地表震源的激发能量能保证在观测井产生足够的信号强度，各炮记录有效地震波组信号连续可追踪，具有一定的信噪比；

b） 井下检波器采用三分量接收，每一接收点处的三个分量记录均为合格记录；

c） 检波器串移动时，至少有一个点的重复测量；

d） 每对井间观测要求记录内容包括：收、发井号，井位坐标及井口高程，观测起止坐标位置，炮距和接收道距，接收数据等。

7.7.4.3 电磁波 CT 法应符合下列规定：

a） 所采用的工作频率和发射功率能使接收信号的信噪满足设计要求，重复观测信号稳定；

b） 每对井间观测要求记录内容包括：收、发井号，井位坐标及井口高程，井间距，孔深及地层岩性，观测方式，工作频率，发射强度，收、发点距，收、发点位及接收数据等。

7.7.5 数据处理

对井间 CT 法的观测数据进行地震接收坏道剔除或视电阻率中的系统误差的消除，通过数字滤波提高观测数据的信噪比。

7.7.6 数据解释

井间 CT 法的观测数据要利用专用层析成像软件反演重建井间剖面内的物性图像，结合已知水文地质、物性和钻孔资料，在综合分析的基础上，划分井间老空区或古巷道分布，编制解释成果图，推测其充水范围。

7.8 提交成果

7.8.1 地球物理探测提交纸质归档成果

7.8.1.1 工作设计及工作布置图。

7.8.1.2 工作成果报告，实物工作量图，仪器性能检测、标定表，野外观测质量检查表，原始地球物理异常图，综合解释成果图（符合 DZ/T 0069 的规定）。

7.8.2 地球物理探测提交电子归档成果

7.8.2.1 工作设计及工作布置图。

7.8.2.2 工作成果报告，原始观测记录，野外工作GPS记录，实物工作量图，地球物理异常图，数据处理图，反演成果图，综合解释成果图。仪器性能检测标定表，野外观测质量检查表，物性测量成果表，编辑整理后基本数据表，反演解释成果表。

8 钻探验证

8.1 目的任务

为验证老空区地球物理探测结果的准确性，应对地球物理方法圈定的老空区和疑似老空积水区进行钻探验证。

8.2 布置原则

8.2.1 对地球物理方法圈定的老空区数量进行不低于10％的抽查钻探验证。

8.2.2 对所有的老空积水区进行钻探验证。

8.2.3 钻孔穿过垂向所有老空区的深度范围。

8.2.4 对钻探查证结果与物探解释不一致的异常区，重新进行物探解释，再次钻探验证。

8.2.5 针对地表条件复杂或埋藏深度较大的老空区，可采用定向钻探技术。

8.3 技术要求

8.3.1 准备工作

8.3.1.1 分析研究调查和物探资料，现场踏勘确定验证孔位置。

8.3.1.2 编制钻孔施工设计书。主要内容包括预想钻孔柱状图、钻孔结构、工程技术要求其他注意事项。

8.3.1.3 除要求施工定向斜孔外，设备安装应牢固、周正，确保三点在一条垂线上。

8.3.1.4 在确保安全施工的同时，确保煤矿生产安全。

8.3.2 终孔原则

钻孔最终深度至最下层老空区开采煤层底板以下5 m。

8.3.3 岩芯采取率

8.3.3.1 完整基岩岩层大于或等于70％，半胶结岩层大于或等于50％，基岩构造破碎带、风化带、导水裂缝带大于或等于30％。

8.3.3.2 一般松散层不做取芯要求，应进行岩屑录井，岩屑录井每5 m取一个岩屑样，判定岩屑位置要消除滞后时间影响。如需要取芯采取率一般为30％～70％。

8.3.3.3 取芯钻进回次进尺应控制在2 m～5 m。

8.3.4 简易水文(地质)观测

8.3.4.1 全孔进行简易水文(地质)观测，初步查明导水裂缝带发育程度。

8.3.4.2 每回次进尺前后应各观测一次孔内水位，钻进过程中每小时观测一次冲洗液消耗量。若不足一小时的回次，每回次观测一次。若消耗量突变，则加密观测，必要时观测稳定水位。

8.3.4.3 钻进过程中如发现掉钻、耗漏水等异常情况，应严格记录起止深度，漏失量及漏失层位等。终孔后进行终孔近似稳定水位观测，并做好记录。

8.3.5 钻孔结构

一般终孔口径不应小于110 mm，根据孔深或探测目的可适当调整，以满足设计要求。

8.3.6 钻孔偏斜

孔斜要求深度在100 m内斜度不大于1.5°，孔深每增加百米。孔斜递增不大于1°。每孔测斜不应少于2次，钻孔孔斜小于2°。

8.3.7 孔深误差

钻孔施工中严格执行钻孔孔深丈量规定。每钻进50 m～100 m，测量一次；终孔或漏水严重处丈量钻具；孔深误差不大于1.5‰，超过限差的，应查明原因并进行合理评差。

8.3.8 **水文地质测井**

根据需要进行水文地质测井，测井方法包括：自然电位、视电阻率、自然伽马、伽马～伽马、井下电视等。

8.3.9 **采样**

8.3.9.1 岩、土样根据工作需要进行确定。

8.3.9.2 采集老空区积水水样。

8.3.9.3 水样采取、保存、送样应按现行国家相关规程规范执行。

8.3.10 **地质录井**

8.3.10.1 地质描述内容包括：岩石的岩性、结构、构造、裂隙充填情况，统计裂隙率；全孔 RQD 指标统计。具备测量地层倾角条件的岩芯，应进行倾角测量。

8.3.10.2 典型钻孔应保存岩芯，并拍彩色岩芯照片。所有钻孔要保存岩芯，至野外验收后再处理。

8.3.10.3 密切注意观察导水裂缝带判别现象，见表 6。

表 6 老空区钻探现场描述要点与“三带”识别标志

老空区垮落带判据	导水裂缝带判据	无老空区判据
a） 突然掉钻； b） 埋钻、卡钻； c） 孔口水位突然消失； d） 孔口吸风或吹风； e） 进尺特别快； f） 岩芯破碎混杂，有岩粉、煤灰等； g） 打钻时有响声； h） 可见淤泥、粉末状煤渣等； i） 见坑木、砖瓦片等； j） 有瓦斯气上涌	a） 突然严重漏水或漏水量显著增加； b） 钻孔水位明显下降； c） 岩芯有纵向裂纹或陡倾角裂缝； d） 钻孔有轻微吸风现象； e） 钻孔有瓦斯气； f） 岩芯采取率小于 75%	a） 全孔返水； b） 无耗水量或耗水量小； c） 取芯率大于 75%； d） 进尺平稳； e） 开采矿层岩芯完整，无漏水现象
注：无老空区判据满足 2 条即可。		

8.3.11 **钻孔编录**

8.3.11.1 现场记录应及时、准确，按回次进行，不得多回次合并记录，不得事后追记。

8.3.11.2 记录内容应规范、完整、清晰、可证实。

8.3.11.3 钻探班报表由专人填写和保存。

8.3.12 **钻探施工**

8.3.12.1 致密稳定地层采用清水钻进。

8.3.12.2 较松散及裂隙发育地层中可用泥浆钻进。若要求统计地层耗水量，宜采用清水钻进。

8.3.12.3 钻遇导水裂缝带和垮落带泥浆漏失严重或塌孔时，采用堵漏措施施工。

8.3.13 **水样品分析**

8.3.13.1 查明老空水水质状况，分析老空水作为污染水源的可能性或开发利用价值。

8.3.13.2 现场分析内容应包括：水温、颜色、浑浊度、嗅和味，电导率、Eh 值、pH 值、溶解氧、肉眼可见物。

8.3.13.3 简分析内容应包括：Ca^{2+}、Mg^{2+}、Na^{+}、K^{+}、$NH_4{}^{+}$、Cl^{-}、$SO_4{}^{2-}$、$HCO_3{}^{-}$、CO_3^{2-}、$NO_2{}^{-}$、$NO_3{}^{-}$、F^{-}、As^{3+}、As^{5+}、硬度，溶解性总固体、游离 CO_2 等。

8.3.13.4 全分析除简分析内容外应增加项目包括：Fe^{2+}、Fe^{3+}、Mn^{2+}、Hg^{+}、Al^{3+}、Zn^{2+}、Cu^{2+}、Pb^{2+}、Cr^{6+}、Cd^{2+}、I^{-}、Br^{-}、PO_4^{3-}、可溶性二氧化硅、耗氧量(BOD)和高锰酸盐指数(COD)。

8.3.14 **气体分析**

老空区无积水时宜抽取气体样本进行气体成分检测，确定气体成分、浓度和分布特征。

8.3.15　**同位素分析**

采取相关同位素样品，分析老空区积水来源。

8.3.16　**封孔**

钻孔施工结束后，对钻孔采用水泥浆封闭，以保证矿井生产安全。漏浆不严重时，全孔封孔；漏浆严重时，在裂隙密集带以上进行封孔。

8.4　**提交成果**

提交成果如下：

a）　老空区钻探验证成果报告；

b）　验证钻孔柱状图；

c）　钻探野外原始资料；

d）　水化学同位素测试资料。

9　老空水评价

9.1　目的任务

9.1.1　对圈定的老空积水区进行积水量评价计算，为疏排水提供依据。

9.1.2　对老空水水质进行评价，为老空水的处置提供依据。

9.2　老空水来源

9.2.1　根据水化学、同位素测试数据，分析老空水来源及补给情况。

9.2.2　根据物探、钻探和开采矿井资料，结合矿区水文地质条件，分析老空水充水通道。

9.2.3　根据煤层地质条件，确定老空区与煤层的空间关系，分析对相邻开采煤层的危险性。

9.3　动态监测

对老空水进行动态监测，监测内容包括水位、水量、水温、水质和气体等。

9.4　积水量计算

9.4.1　老空区巷道积水量计算，可参照附录C进行。

9.4.2　老空区积水量计算，可参照附录C进行。

9.5　老空水水质评价

9.5.1　老空区水质评价污染因子应根据地下水背景值，矿物成分主要污染物，难降解、易生物蓄积、长期接触对人体和生物产生危害作用的污染物，持久性有机污染物，国家和地方要求控制的污染物，反映地下水循环特征和水质成因类型的常规因子或超标因子来确定。

9.5.2　老空区水质评价标准采用GB/T 14848Ⅲ类水质标准。

9.5.3　老空区水质评价方法采用单因子评价法。

9.5.4　对于评价标准为定值的水质因子，其标准指数可按式(1)计算。

$$P_i = \frac{C_i}{C_{si}} \tag{1}$$

式中：

P_i——第 i 个水质因子的标准指数，无量纲；

C_i——第 i 个水质因子的监测浓度值，单位为毫克每升(mg/L)；

C_{si}——第 i 个水质因子的标准浓度值，单位为毫克每升(mg/L)。

9.5.5　对于评价标准为区间值的水质因子(如pH值)，其标准指数可按式(2)和式(3)计算。

$$P_{\mathrm{pH}} = \frac{7.0 - \mathrm{pH}}{7.0 - \mathrm{pH}_{\mathrm{sd}}} \quad \mathrm{pH} \leqslant 7 \text{ 时} \tag{2}$$

$$P_{\mathrm{pH}} = \frac{\mathrm{pH} - 7.0}{\mathrm{pH}_{\mathrm{su}} - 7.0} \quad \mathrm{pH} > 7 \text{ 时} \tag{3}$$

式中：

P_{pH}——pH 的标准指数，无量纲；

pH——pH 监测值；

pH_{su}——标准中 pH 的上限值；

pH_{sd}——标准中 pH 的下限值。

9.6 老空水的处置

9.6.1 煤矿开采前应查明老空区积水情况，包括老空区积水的分布、积水量和积水水质等。

9.6.2 为了避免煤矿突水事故的发生，提前对老空区积水进行疏排。

9.6.3 劣质老空水疏排应经过处置，处置方法可采用物理处理法、化学处理法、物理化学处理法、生物化学处理法等。经过处置的水尽可能综合利用。

9.6.4 经过处置的水如果排放，应达到 GB 3838Ⅲ类水质标准。

9.7 气体处置

针对老空区聚积气体的类型、成分、浓度和分布特征，对其环境影响和可利用情况进行评价，提出处置和利用建议。

10 煤矿老空区普查成果报告

10.1 成果文字报告

成果文字报告主要包括工作概况、地质环境概况、老空区遥感解译、地面调查与测绘、地球物理探测、钻探验证、老空区普查综合分析等内容，成果报告提纲参见附录 D。

10.2 附图

附图包括如下图件：

a） 实际材料图；

b） 老空区遥感解译成果图；

c） 综合地球物理成果图；

d） 钻探验证钻孔柱状图；

e） 老空区分布图（比例尺 1：2 000～1：5 000）；

f） 老空区积水分布图（比例尺 1：2 000～1：5 000）；

g） 工作区环境地质图（比例尺 1：2 000～1：5 000）；

h） 老空区纵、横剖面图。

10.3 附表

附表如下：

a） 水质分析表；

b） 同位素分析表；

c） 气体分析表。

10.4 附件

附件如下：

a） 老空区遥感解译成果报告；

b） 老空区地球物理探测成果报告；

c） 老空区钻探验证成果报告。

附　录　A
（资料性附录）
地球物理探测方法选择

地球物理探测方法的选择参考表 A.1 和表 A.2。

表 A.1　方法适用范围

地球物理探测方法		探测相对误差	无水老空区			积水老空区		
			浅层	中层	深层	浅层	中层	深层
电法勘探	电测深法	±10%	○	●	○	○	●	○
	直流电剖面法	±10%	●	○	○	○	○	○
	高密度电法	±5%	●			●		
	激发极化法	±10%	○	○	○	●	●	○
	甚低频电磁法	±15%	○	○	○	○	○	○
	音频大地电磁法	±20%		○	●		○	●
	可控源音频大地电磁法	±20%		○	●		○	●
	瞬变电磁法	±15%		●	○		●	○
	探地雷达法	±2%	●			●		
	核磁共振法	±5%	○	○		●	●	
地震勘探	地震折射波法	±10%	○			○		
	地震反射波法	±5%	●	●	●	●	●	●
	微动法	15%	○	○	○	○	○	○
	面波法	±5%	○			○		
	地震映像法	±5%	●			●		
放射性勘探	常规法测氡	±20%	○	○	○	○	○	○
	活性炭法测氡	±15%	●	●	●	●	●	●
高精度重力勘探	重力（场）测量	±15%	●	●	○	●	●	○
	重力梯度测量	±10%	○	○	○	○	○	○
井间 CT 法	电阻率 CT 法	±10%	●	●	●	●	●	●
	弹性波 CT 法	±5%	○	○	○	○	○	○

注 1：浅层为 50m 以浅，中层为 50m～200m，深层为 200m 以深。

注 2：●为推荐方法，○为可选方法。

表 A.2　方法组合条件表

采空区类型	单一方法缺陷					推荐最佳互补组合方法		
	电法勘探	地震勘探	放射性勘探	重力勘探	井间 CT	浅部	中部	深部
无水老空区	a)存在电性等值效应;b)三带异常边界不明显	a)存在明显散射和吸收作用用;b)受地形影响;c)成本高,且效率低;d)不便于分析采空区充填物属性	a)受地表采样条件限制;b)不能判断地下采空区埋深和空间展布	a)常强度低,要求采空区具有一定规模;b)对地形校正要求精度高;c)定量解释易产生多解性	a)阻率 CT 存在电性等值效应;b)弹性波 CT 不便分析采空区充填物的属性	探地雷达或地震映像法或高密度电阻率法与活性炭氡气吸附测量法	瞬变电磁法或地震反射波法与活性炭氡气吸附测量法	音频大地电磁法或地震反射波与活性炭氡气吸附测量法
积水老空区	a)存在电性等值效应;b)存在低阻效应;c)三带边界划分精度低	a)存在明显散射和吸收作用;b)受地形影响;c)成本高,且效率低;d)不便于分析采空区充填物属性	a)受地表采样条件限制;b)不能判断地下采空区埋深和空间展布	a)异常强度低,要求采空区积水具有一定规模;b)对地形校正要求精度高;c)定量解释易产生多解性	a)电阻率 CT 存在电性等值效应;b)弹性波 CT 不便分析采空区充填物的属性	高密度电阻率法与活性炭氡气吸附测量法	瞬变电磁法和地震反射波法与活性碳氡气吸附测量法或核磁共振法	地震反射波和音频大地电磁法或可控源音频大地电磁法与活性炭氡气吸附测量法

附 录 B
（资料性附录）
煤矿老空区地球物理异常特征

老空区地球物理异常特征见表B.1。

表B.1 不同类型老空区地球物理异常表

采空区类型	电性异常	弹性异常	放射性异常	重力异常	井间CT异常
无水老空区	中高阻、弱介电、低激电，电磁低衰减，相对未采煤层呈高阻	低速、低密性，顶部呈现强反射绕弧型波组或未采煤层反射波同相轴中断，呈杂乱、显低频反射波异常特征	上方近地表富氡性，沿其边界分布明显高氡异常	较低密性，呈相对重力低异常	相对高阻、低密和低速性，呈现上边界过度分布的高阻或低速异常
积水老空区	中低阻、高介电、高激电、高核磁共振幅值性，电磁高衰减，相对未采煤层呈低阻或低频弱反射杂乱波异常	相对低速、低密性，顶部呈现强反射绕弧型波组或未采煤层反射波同相轴中断，呈弱杂乱低频、低幅反射波异常特征	上方近地表富氡性，沿其边界分布相对高氡异常	中低密性，呈弱重力低异常	相对低阻、低密和低速性，呈现上边界过度分布的低阻或低速异常

附　录　C
（资料性附录）
老空水积水量计算

C.1　老空区巷道积水量计算

老空区巷道积水量计算采用式(C.1)。

$$W_{巷}=WLK_{巷} \quad \cdots\cdots(C.1)$$

式中：

$W_{巷}$——与老空区连通的巷道积水量，单位为立方米(m^3)；

$K_{巷}$——巷道充水系数，可根据巷道的垮塌情况确定，一般情况下，煤巷取0.5～0.8，岩巷取0.8～1.0；

W——积水巷道原有断面面积，单位为平方米(m^2)；

L——积水巷道长度，单位为米(m)。

C.2　根据老空积水区的形态和规模，采用不同的公式计算老空区积水量

C.2.1　当老空积水区形状不规则，积水区走向长度和垂高不容易计算得到时，采用式(C.2)计算。

$$W_{静}=\frac{K_{采}HF}{\cos\alpha} \quad \cdots\cdots(C.2)$$

式中：

$W_{静}$——采空积水区静储量，单位为平方米(m^3)；

$K_{采}$——老空积水区充水系数；

H——老空区积水高度，单位为米(m)；

F——老空积水区面积，单位为平方米(m^2)；

α——煤层倾角，单位为度(°)。

C.2.2　当老空积水区形状呈长方形，积水区走向长度和垂高比较容易计算得到时，采用式(C.3)计算。

$$W_{静}=\frac{K_{采}HLh}{\cos\alpha} \quad \cdots\cdots(C.3)$$

式中：

$W_{静}$——老空积水区静储量，单位为平方米(m^3)；

$K_{采}$——老空积水区充水系数；

H——老空区积水高度，单位为米(m)；

L——老空积水区走向长度，单位为米(m)；

h——老空积水区垂高，单位为米(m)；

α——煤层倾角，单位为度(°)。

C.2.3　当老空积水区形状为倒锥形分布时，采用式(C.4)计算。

$$W_{静}=\frac{1}{3}K_{采}SH \quad \cdots\cdots(C.4)$$

式中：

$W_{静}$——老空积水区静储量，单位为平方米(m^3)；

$K_{采}$——老空区充水系数；

S——倒锥体底面积，单位为平方米(m^2)；

H——老空区积水高度，单位为米(m)。

C.3 老空积水区充水系数

老空区充水系数的确定，主要考虑上覆岩层的垮落及采空区的充填情况，可参照表 C.1 确定。

表 C.1 老空积水区充水系数

顶板类型	采区回采率		
	小于 30%	30%～60%	大于 60%
坚硬顶板	0.6～0.8	0.5～0.6	0.4～0.5
中等坚硬顶板	0.5～0.6	0.4～0.5	0.3～0.4
软弱顶板	0.4～0.5	0.3～0.4	0.2～0.3

附 录 D
（资料性附录）
煤矿老空区普查成果报告提纲

D.1 前言

D.2 工作概况

D.2.1 目的任务
D.2.2 工作区调查研究现状
D.2.3 工作方法、工作量及质量评述

D.3 地质环境概况

D.3.1 自然地理
D.3.2 区域地质条件
D.3.3 井田地质条件
D.3.4 井田水文地质条件
D.3.5 采掘现状

D.4 老空区遥感解译

D.4.1 遥感影像资料
D.4.2 遥感解译方法
D.4.3 解译结果

D.5 地面调查与测绘

D.5.1 地面调查工作量
D.5.2 调查与测绘方法与内容
D.5.3 地面调查成果

D.6 地球物理探测

D.6.1 物探方法类型与工作量
D.6.2 物探方法与工作内容
D.6.3 物探成果

D.7 钻探验证

D.7.1 钻探工作量
D.7.2 钻探方法与工作内容
D.7.3 钻探验证结果

D.8 老空区普查综合分析

D.8.1 老空区类型

D.8.2　老空区空间分布特征
D.8.3　老空区水质分析
D.8.4　老空区充水水源分析
D.8.5　老空区积水评价计算

D.9　结论建议

D.9.1　结论
D.9.2　建议

参　考　文　献

[1] DZ/T 0153　物化探工程测量规范
[2] DZ/T 0171　大比例尺重力勘查规范
[3] DZ/T 0300　煤田地震勘探规范
[4] EJ/T 605　铀矿勘查氡及其子体测量规范
[5] MT/T 1091　煤矿床水文地质、工程地质及环境地质勘查评价标准

ICS 73.020
D 10

NB

中华人民共和国能源行业标准

NB/T 10549—2021

采煤工作面底板注浆效果直流电阻率探测方法

Resistivity testing method for grouting reinforcement effect of coal mining face floor

2021-01-07 发布　　　　2021-04-01 实施

国　家　能　源　局　发布

前　　言

本文件依据GB/T 1.1—2020《标准化工作导则　第1部分：标准化文件的结构和起草规则》给出的规则起草。

请注意本文件的某些内容可能涉及专利。本文件的发布机构不承担识别这些专利的责任。

本文件由中国煤炭工业协会提出。

本文件由中国煤炭工业协会科技发展部归口。

本文件起草单位：安徽晟北辰地质勘测设计有限公司、安徽兴皖能源交通安全工程有限公司、淮南华林电气有限公司、安徽恒源煤电股份有限公司、广州市邦富软件有限公司、淮南矿业（集团）有限公司、中国科学技术大学、安徽双盈标准技术服务有限公司、中国矿业大学等。

本文件主要起草人：宫耀、计承富、曹煜、胡云强、周官群、王瑞丽、陈向前、张海江、宫彪、甘林堂、段中稳、范仕清、许能清、牛彦、朱轶叶、龚必全。

本文件为首次发布。

采煤工作面底板注浆效果直流电阻率探测方法

1 范围

本文件规定了采煤工作面底板注浆效果直流电阻率探测方法的术语和定义、一般要求、测试方法、数据采集与质量评价、数据处理与解释。

本文件适用于采煤工作面底板注浆效果直流电阻率法探测工作。

2 规范性引用文件

下列文件对于本文件的应用是必不可少的。凡是注日期的引用文件，仅所注日期的版本适用于本文件。凡是不注日期的引用文件，其最新版本（包括所有的修改单）适用于本文件。

GB 3836.1 爆炸性环境 第1部分：设备 通用要求

GB 3836.2 爆炸性环境 第2部分：由隔爆型“d”保护的设备

GB 3836.3 爆炸性环境 第3部分：由增安型“e”保护的设备

GB 3836.4 爆炸性环境 第4部分：由本质安全型“i”保护的设备

MT/T 898—2000 煤炭电法勘探规范

NB/T 51038—2015 煤矿并行电法采集方法

煤矿防治水细则

3 术语和定义

下列术语和定义适用于本文件。

3.1

底板注浆 grouting reinforcement of floor

工作面底板存在含水层和隔水层。隔水层中存在或产生的导水裂隙会将底板含水层的水导入工作面中。采用钻探注浆方法，将含水层改造成相对隔水层，同时将隔水层中存在导水裂隙进行注浆充填，从而封堵底板隔水岩层裂隙，增强底板强度，阻止底板水突入采煤工作面发生水害。

3.2

工作面底板直流电法探测方法 the method of Resistivity Detection in Working Face Floor

朝工作面底板布置电阻率观测系统，采集工作面底板电阻率数据，通过电阻率空间分布规律，检测底板岩体的相对完整情况，为工作面底板水害探测及防治提供数据支持。

4 一般要求

4.1 方法原理

在采煤工作面底板注浆的巷道或钻孔中布置电极阵列，形成观测系统，采集视电阻率数据。保持相同的观测系统和相同的采集参数，分别采集底板注浆前和注浆后的工作面底板岩层中视电阻率数据，通过对前后视电阻率数据进行差异分析、对比，达到检测底板注浆效果。

4.2 应用设备参数要求

应满足 GB 3836.1、GB 3836.2、GB 3836.3、GB 3836.4 的规定要求，同时仪器工作参数满足如下要求：

a） 电压分辨率不大于 0.001 mV；

b） AD位数不小于24位。

4.3 基础地质资料及工程资料

资料要求如下：

a） 采煤工作面回采地质说明书；

b） 采煤工程平面布置图；

c） 采煤工作面巷道地质素描图；

d）采煤工作面地层柱状图；

e） 注浆孔设计资料；

f） 注浆孔柱状资料；

g） 注浆孔注浆量资料。

5 测试方法

5.1 基本要求

根据底板注浆的工作面长宽及注浆范围，设计直流电法观测系统。观测系统探测范围必须完全覆盖底板注浆区域，在注浆前后确保观测系统和采集参数保持不变。

5.2 测试方法

如图1和图2所示，在采煤工作面底板注浆的巷道或钻孔中布置电极，钻孔的参数及电极间距根据项目技术要求进行设计布置，形成直流电阻率法观测系统。通过该观测系统可以采集各类电法装置和电透视装置的视电阻率数据，分两次采集视电阻率数据，第一次是巷道底板注浆前的视电阻率数据，第二次是注浆后的工作面底板岩层中视电阻率数据。

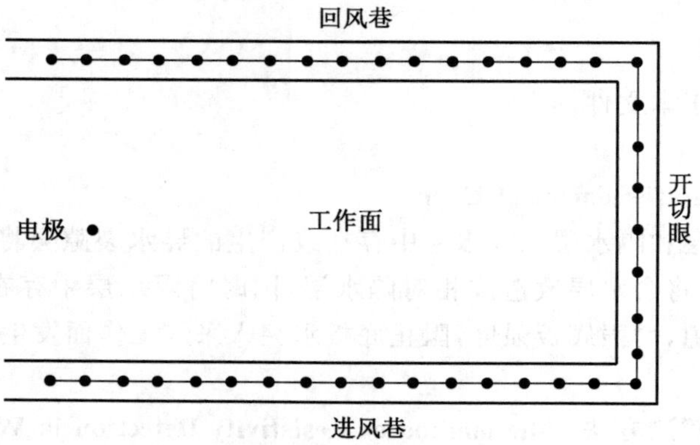

图1 注浆效果探测布置平面图

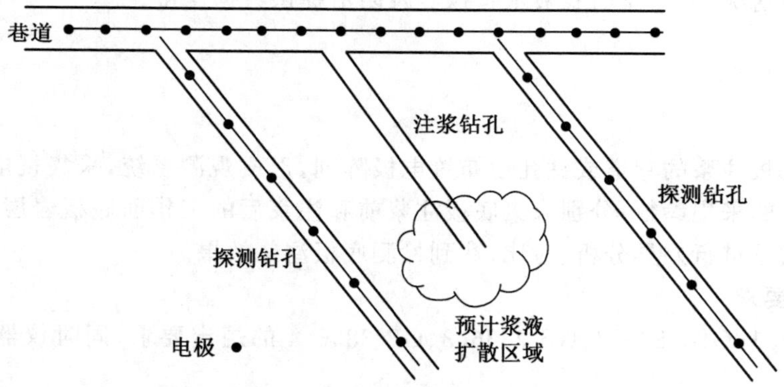

图2 注浆效果探测钻孔巷道布置剖面图

6 数据采集与质量评价

6.1 数据采集

6.1.1 数据采集内容应满足 NB/T 51038—2015 中 6.1 对数据采集的规定要求。数据采集包含内容如下：

a) 检查电法仪器及附属设备是否完好；

b) 编写数据采集计划表，进行数据采集工作；

c) 仪器设备应符合 MT/T 898—2000 中 4.2 的规定要求；

d) 参数测定应符合 MT/T 898—2000 中 4.3 的规定要求；

e) 开展工作前的试验工作应该符合 MT/T 898—2000 中 4.5 的规定要求；

f) 在应用电阻率法勘探工作中的电测深和电剖面方法时应符合 MT/T 898—2000 中 4.6.1 和 4.6.2 的规定要求。

6.1.2 在工作面不同的巷道中布置电法供电与测量电极，形成观测系统，获得工作面底板岩层中视电阻率数据。

6.2 质量评价

现场数据采集应进行复测工作。采集的原始数据质量及评级和验收应符合 MT/T 898—2000 中 4.9 的规定要求。每站数据采集需采用不同恒流供电方波采集数据，以校验数据采集的可靠性。同时符合 NB/T 51038—2015 的规定要求，保证原始数据质量可靠。

7 数据处理与解释

7.1 数据处理

7.1.1 建立坐标系

对电法观测系统所在空间位置确定各电极的空间相对坐标。根据所采用的反演软件要求，建立二维或三维相对坐标。

7.1.2 电阻率计算

按视电阻率计算公式直接得到电法测试孔的视电阻率，未反演的视电阻率结果反映巷道周边及底板的视电阻率变化特征。

7.1.3 电阻率反演

7.1.3.1 对采集数据采用专业电阻率反演软件进行解编、拼接、整理。要求电极序号、电极坐标满足电法反演软件的数据要求。

7.1.3.2 采用二维或三维电阻率反演软件，得到观测系统控制范围的视电阻率结果。每次采集数据进行数据反演的参数应相同，视电阻率反演结果有连续性。

7.1.4 电阻率解释图绘制

解释图绘制包含以下内容：

a) 巷道地质剖面图；

b) 视电阻率图；

c) 将注浆前后相关的视电阻率图进行对比分析，输出电法检测解释图。

7.2 数据解释

7.2.1 将底板注浆前的视电阻率数据作为背景参考，将底板注浆后的视电阻率数据与背景数据做比值或者差值，从而得到底板注浆前后的视电阻率差异变化，通过差异变化的范围及幅度范围来检测底板注浆效果。得到如图 3 所示的底板注浆效果评价资料后，采用钻探技术验证评价效果。

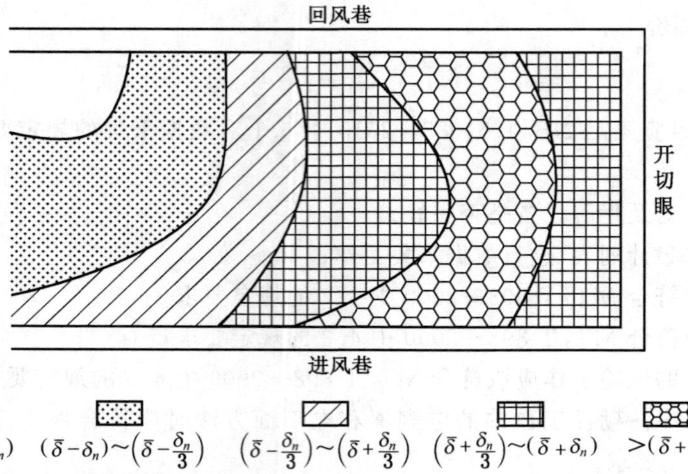

图 3 注浆效果差异对比分析示意图

把前后对比差异数据分成$<(\bar{\delta}-\delta_n)$、$(\bar{\delta}-\delta_n)\sim\left(\bar{\delta}-\frac{\delta_n}{3}\right)$、$\left(\bar{\delta}-\frac{\delta_n}{3}\right)\sim\left(\bar{\delta}+\frac{\delta_n}{3}\right)$、$\left(\bar{\delta}+\frac{\delta_n}{3}\right)\sim(\bar{\delta}+\delta_n)$、$>(\bar{\delta}+\delta_n)$5 个级别：

a） 其中 $\bar{\delta}$ 为异常数据的算术平均值，$\bar{\delta}_n$ 为异常数据标准偏差值；

b） 前后对比差异数据$>(\bar{\delta}+\delta_n)$的表明注浆效果很好；

c） 前后对比差异数据位于$\left(\bar{\delta}+\frac{\delta_n}{3}\right)\sim(\bar{\delta}+\delta_n)$之间表明注浆效果良好；

d） 前后对比差异数据位于$\left(\bar{\delta}-\frac{\delta_n}{3}\right)\sim\left(\bar{\delta}+\frac{\delta_n}{3}\right)$之间表明注浆效果一般；

e） 前后对比差异数据在位于$(\bar{\delta}-\delta_n)\sim\left(\bar{\delta}-\frac{\delta_n}{3}\right)$之间表明注浆效果较差；

f） 前后对比差异数据$<(\bar{\delta}-\delta_n)$的表明注浆效果很差。

7.2.2 数据解释应符合 MT/T 898—2000 中 6.2、6.3、6.4 和 6.5 的规定要求。

ICS 73.020
D 10

NB

中华人民共和国能源行业标准

NB/T 10550—2021

复杂矿井底板突水微震与电法耦合监测预警方法

Microseismic and electrical coupling method for floor water inrush monitoring around the coal face

2021-01-07 发布　　2021-04-01 实施

国　家　能　源　局　　发布

前 言

本文件依据 GB/T 1.1—2020《标准化工作导则 第1部分：标准化文件的结构和起草规则》的规定起草。

请注意本文件的某些内容可能涉及专利。本文件的发布机构不承担识别这些专利的责任。

本文件由中国煤炭工业协会提出。

本文件由中国煤炭工业协会归口。

本文件起草单位：安徽晟北辰地质勘测设计有限公司、安徽兴皖能源交通安全工程有限公司、广州市邦富软件有限公司、安徽恒源煤电股份有限公司、淮南矿业（集团）有限公司、安徽理工大学、中国科学技术大学、安徽万泰地球物理技术有限公司、中国矿业大学、合肥师范学院、华北科技学院等。

本文件主要起草人：计承富、陈向前、周官群、张海江、曹煜、谢超、王瑞丽、李冲、范仕清、甘林堂、李培根、许能清、查华胜、连会青、朱轶叶、龚必全。

本文件为首次发布。

复杂矿井底板突水微震与电法耦合监测预警方法

1 范围

本文件规定复杂矿井底板突水微震与电法耦合监测预警方法的术语和定义、一般要求、测试方法、数据采集与质量评价、数据处理与解释。

本文件适用于受底板承压水威胁的水文地质类型复杂、极复杂矿井。

2 规范性引用文件

下列文件对于本文件的应用是必不可少的。凡是注日期的引用文件，仅所注日期的版本适用于本文件。凡是不注日期的引用文件，其最新版本(包括所有的修改单)适用于本文件。

GB 3836.1 爆炸性环境 第1部分：设备 通用要求

GB 3836.2 爆炸性环境 第2部分：由隔爆型"d"保护的设备

GB 3836.3 爆炸性环境 第3部分：由增安型"e"保护的设备

GB 3836.4 爆炸性环境 第4部分：由本质安全型"i"保护的设备

MT/T 898—2000 煤炭电法勘探规范

NB/T 51038—2015 煤矿并行电法采集方法

煤矿防治水细则

3 术语和定义

下列术语和定义适用于本文件。

3.1

微震 microseismic method

由自然或者人为因素导致岩石破裂发生或者原生裂缝活化产生的微小震动。微震的震级一般在－3级～2级之间，一般以剪切破裂为主，常在非常规油气开发、固体矿产开采、隧道挖掘等工程生产过程中发生。

3.2

电法 electrical method

通过人工激发电场，以电极接地形式发射和接收，从而反映地层或岩层导电性的一种地球物理勘探方法。本文中均指直流电阻率法。

3.3

微震与电法耦合作用 microseismic and electrical coupling

地下岩层中发生微震事件，岩层的结构发生破裂改变，引起岩层中电阻率大小的变化，同时在岩石破裂过程中发生水体侵入，进一步改变岩层的电阻率值。当岩层中电阻率发生变化时，也影响到岩层中微震事件的发生，这种岩层中微震与电法的相互作用、相互影响的现象称为微震与电法耦合作用。通过观测岩层中的微震与电法耦合作用特征，可以获得岩层中的岩石破裂和水害分布情况。

4 一般要求

4.1 微震

通过观测、分析工程生产过程中产生的微震事件，来监测工程生产过程对周围介质的影响，进而评价工程生产的效果或者分析预警可能发生的灾害的地球物理技术，见图 1。当地下岩石受人为因素或自然因素发生破裂时，会产生一种微弱的地震波向周围介质传播。通过在破裂区周围布置多组传感器并实时采集微震数据，经过微震事件检测处理后，采用空间定位算法，确定破裂发生的位置。

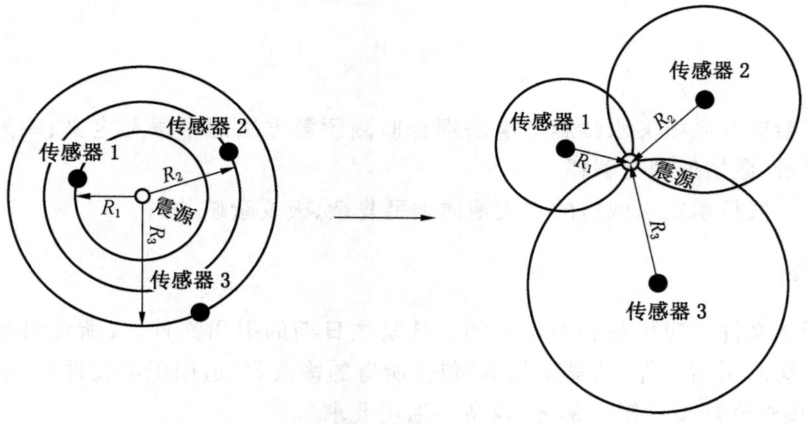

图 1　微震监测定位示意图

4.2　电法

地下水运动于岩土孔隙、裂隙及溶隙中，以渗流形式进行运动与物质交换，渗流场对于地下工程，特别是煤矿开采过程中出现的底板突水事故具有密切相关性，见图 2。地下水在运动过程中与各种岩土介质相互作用，使其成为一种复杂的溶液，这种溶液里含有多种离子，离子含量愈多，离子价愈高，则水的导电性愈强。随着地下水的渗流迁移，发生溶液扩散、吸附、过滤及氧化还原等效应，在固、液介质中产生地电场的异常。

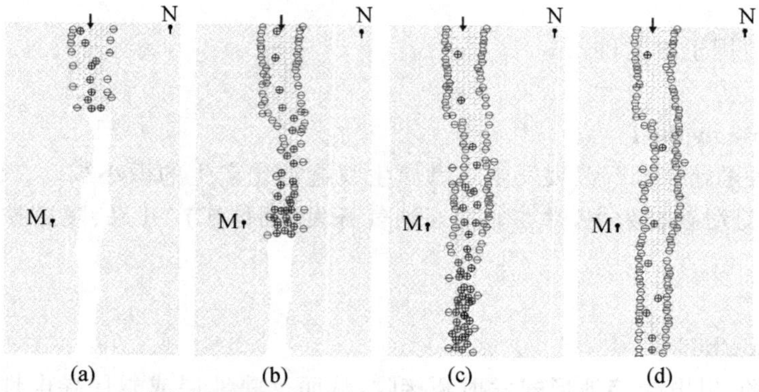

图 2　岩层中渗流电法监测原理图

4.3　适用条件

本文件适用于受底板承压水威胁的水文地质类型复杂、极复杂矿井，应当采用微震、微震与电法耦合等科学有效的监测技术，建立突水监测预警系统，探测水体及导水通道，评估注浆等工程治理效果，监测导水通道受采动影响变化情况。

4.4　应用设备参数要求

4.4.1　微震

应满足如下要求：

a）　仪器装备应符合 GB 3836.1、GB 3836.2、GB 3836.3、GB 3836.4 的规定要求；

b） 通道数宜不低于12道；

c） 仪器动态范围宜不小于120 dB；

d） 采样频率宜不小于2 kHz；

e） 采样方式宜动态连续采集。

4.4.2 电法

应满足GB 3836.1、GB 3836.2、GB 3836.3、GB 3836.4的规定要求，同时仪器工作参数满足如下要求：

a） 电法仪器采集道数不小于32道；

b） 电压分辨率不大于0.001 mV；

c） AD位数不小于24位。

4.5 基础地质资料

资料要求如下：

a） 采煤工作面回采地质说明书；

b） 采煤工程平面布置图；

c） 采煤工作面巷道地质素描图；

d） 采掘工程平面图；

e） 巷道掘进地质资料（含工作面钻孔柱状图）；

f） 底板钻孔柱状图。

5 测试方法

5.1 方案设计

5.1.1 电法观测系统设计应满足NB/T 51038—2015对现场施工的规定要求。

5.1.2 微震观测系统设计应满足：

a） 微震传感器应在空间上覆盖底板潜在突水灾害发生区域；

b） 微震传感器应打孔布设在底板致密岩体中，避免巷道噪声信号的干扰和保持高质量的微震波形信号；

c） 微震传感器之间应在时间上具有高度的同步性；

d） 微震监测系统应该具有绝对授时功能。

5.1.3 微震和电法观测系统设计应充分考虑背景地质资料、巷道环境、支护条件，掘进资料和回采资料，圈定监测范围，设计最优的传感器和电极的布置位置，确保传感器、电极、采集器和监测传输电缆布置采集数据稳定可靠，不会受到人工扰动影响。

5.2 施工要求

监测系统的传感器和电极埋设深度应大于巷道围岩松动圈破坏范围，并采用锚固剂使之与岩层充分耦合接触，并在整个监测时间段能保存稳定布置。

6 数据采集与质量评价

6.1 数据采集

6.1.1 电法监测数据采集应满足NB/T 51038—2015中数据质量评价要求。

6.1.2 微震监测应连续采集并实时传输数据：

a） 微震监测系统应满足连续采集和实时传输数据的要求，采样率应当至少为2000点/s；

b） 微震系统建议采用速度型传感器进行数据采集；

c） 微震系统传感器敏感度应该不低于50 V/(m·s)；

d）　微震系统应包含至少两只三分量传感器。

6.1.3　所有传感器和电极三维空间位置需要记录精确。

6.2　采集系统质量评价

6.2.1　微震系统应采用已知位置的井下校正炮方式进行系统标定，设计校正炮的药量以所有传感器能接收到震动信号为基准，炮孔设计及爆破满足《煤矿安全规程》要求，通过校正炮激发的数据，校正微震定位所用的速度模型。校正炮定位误差应该在最远接收传感器距离的5%以内。

6.2.2　电法监测数据采集应满足NB/T 51038—2015中6.3对数据质量评价的规定要求。

7　数据处理与解释

7.1　数据处理

7.1.1　建立坐标系

对微震和电法监测系统中的传感器和电极所在空间位置进行精确定位。根据所采用的反演软件要求，建立二维或三维坐标。

7.1.2　微震数据处理和反演

对微震系统采集到的连续数据，基于微震事件在振幅、频率、相位等方面与噪声和其他干扰信号的差异，可靠进行微震事件的识别并进行定位。根据微震事件在各个传感器上的波形信息，可靠确定其震源机制和震级以及对应的能量。利用微震事件在各个传感器上的到时信息，进行地震CT成像反演，确定底板下方的速度异常带。

7.1.3　电阻率反演

采用二维或三维电阻率反演软件，得到监测控制范围的电阻率结果。

7.2　数据解释

7.2.1　利用微震事件的时空分布，分析底板由于煤矿开采引起的裂缝动态分布情况，确定底板裂缝的空间分布范围。

7.2.2　利用底板速度异常，结合微震分布以及电阻率异常，分析底板裂缝的发育情况。

7.2.3　利用微震震源机制，分析底板裂缝对应的破裂类型。

7.2.4　利用微震事件能量的时空分布信息，分析大能量事件发生的概率。

7.2.5　电法数据解释还应符合MT/T 898—2000中6.2、6.3和6.4的规定要求。